高等学校规划教材

河南科技大学教材出版基金资助

Inorganic and Analytical Chemistry

无机及分析化学

张长水　台玉萍　主编

牛睿祺　卢　敏　刘红宇　杜西刚　郑喜俊　黄新辉　副主编

化学工业出版社

·北京·

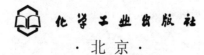

内容简介

《无机及分析化学》坚持“基础和创新”的基本原则，以化学热力学和物质结构等基本化学原理为主线，将分析化学的四大滴定与无机化学的四大平衡融合到一起，做到两门课的有机统一。全书共分十三章，包括溶液和胶体溶液、热力学基础和化学平衡、物质结构、四大平衡及滴定分析、元素性质选述、吸光光度分析和电势分析、生活中的化学等内容。

《无机及分析化学》可作为高等院校大生命类专业如农林、医学、生物、食品等本科生的教材，也可供相近专业及工程人员参考使用。

图书在版编目（CIP）数据

无机及分析化学/张长水，台玉萍主编.—北京：化学工业出版社，2022.8（2024.8重印）

高等学校规划教材

ISBN 978-7-122-41431-1

Ⅰ.①无…　Ⅱ.①张…②台…　Ⅲ.①无机化学-高等学校-教材②分析化学-高等学校-教材　Ⅳ.①O61 ②O65

中国版本图书馆CIP数据核字（2022）第082196号

责任编辑：宋林青　　　文字编辑：刘志茹
责任校对：边　涛　　　装帧设计：史利平

出版发行：化学工业出版社（北京市东城区青年湖南街13号　邮政编码100011）
印　　装：大厂聚鑫印刷有限责任公司
787mm×1092mm　1/16　印张23¾　彩插1　字数623千字　2024年8月北京第1版第4次印刷

购书咨询：010-64518888　　　售后服务：010-64518899
网　　址：http://www.cip.com.cn
凡购买本书，如有缺损质量问题，本社销售中心负责调换。

定　　价：58.00元

前　言

21 世纪是生命科学的世纪，化学在生命科学中起着举足轻重的作用，为了适应新时代下科学技术的迅速发展和高等教育教学改革，加强培养创新型人才，针对学生考研、学习新变化的需要，我们组织教学经验丰富的教师编写了《无机及分析化学》一书，本教材坚持以"基础和创新"为基本原则，以化学热力学和物质结构等基本化学原理为主线，贯穿到其他平衡中，并阐述相对应的化学分析基本原理及应用。教材特点如下：

1. 将农科的《无机及分析化学》和医科的《医用基础化学》综合到一起，拓宽了教材的知识面，突出了生命科学的特征，这样便于学生了解化学在整个生命科学中的应用，也为学生的自学提供了广阔空间。

2. 紧扣考研大纲，每章后都附有"本章小结"和大量练习题，便于学生课后复习，满足学生考研需要。

3. 将《分析化学》的四大滴定与《无机化学》的四大平衡融合到一起，做到两门课的有机统一，减少了内容的重复。

4. 在每章的最后增加了知识拓展，提高了趣味性和可读性，能够更好地拓宽学生的知识面和激发学习兴趣。

5. 精选与生活息息相关的颜色、味道两大元素，从化学的角度进行阐述，在科学普及的同时，将美育渗透到教材中。

6. 遴选教材重点章节，结合具体内容，融入思政元素，实现思政教育进教材、进课堂、进头脑，实现全程育人、全方位育人。

7. 打造数字化新形态教材，书中附有二维码，扫描即可观看相关教学短视频。

本书共 13 章，由张长水、台玉萍任主编。具体编写分工（按章节编写顺序）为：第 1 章、附录由郑喜俊编写，第 2、10 章由卢敏编写，第 3、5 章由牛睿祺编写，第 4 章由刘红宇编写，第 6 章由张长水编写，第 7、11、12 章由台玉萍编写，第 8 章由杜西刚编写，第 9 章由黄新辉编写，第 13 章由台玉萍、牛睿祺、杜西刚、黄新辉、刘红宇、卢敏共同编写。各章编写人员负责本章节统稿，最后主编进行了审阅并定稿。

本书在编写过程中，参考了兄弟院校的相关教材和资料，同时得到了河南科技大学教务处和化工与制药学院、化学工业出版社的大力支持，在此一并表示感谢。由于编者水平有限，书中难免有疏漏之处，恳请各位读者批评指正。

编　者

2022 年 3 月于洛阳

目　录

第 1 章　溶液和胶体溶液

溶液和胶体溶液是物质在自然界中的存在形式，它们与人类的生产活动、科学实验、生命过程以及日常生活均有密切的联系。许多科学实验和化学反应是在溶液中进行的。生物体内的各种无机盐、有机物质等都是以溶液或胶体溶液的形式在体内流通。在工农业生产中，农药的使用、无土栽培技术的应用、组织培养液的配制、土壤的改良、工业废水的净化处理等都离不开溶液与胶体溶液的知识。因此，学习和研究溶液和胶体溶液的性质具有重要意义。

1.1　溶液

1.1.1　分散系

一种或几种物质分散在另一种物质中所形成的体系称为分散系（dispersed system）。在分散系中，被分散的物质称为分散质或分散相，容纳分散质的物质称为分散介质或分散剂。例如，水滴分散在空气中形成云雾；碘分散在酒精中形成碘酒；各种金属化合物分散在岩石中形成矿石；泥土分散在水中形成泥浆。上述例子中的水滴、碘、金属化合物、泥土是分散质，空气、酒精、岩石、水是分散介质，云雾、碘酒、矿石、泥浆是分散系。

根据分散系中分散质粒子的大小，可将分散系分为溶液、胶体分散系（colloidal dispersed system）和粗分散系三种类型（见表 1-1）。

表 1-1　分散系的分类

<table>
<tr><th colspan="2">分散系类型</th><th>分散相粒子直径/nm</th><th>分散相粒子组成</th><th>主要特征</th><th>实　例</th></tr>
<tr><td colspan="2">溶液</td><td><1</td><td>小分子、离子或原子</td><td>均相、稳定体系；分散相粒子扩散快，能透过半透膜，光散射极弱</td><td>氯化钠溶液、葡萄糖溶液</td></tr>
<tr><td rowspan="2">胶体分散系</td><td>溶胶</td><td rowspan="2">1～100</td><td>分子、离子或原子的小聚集体</td><td>多相、相对稳定体系；分散相粒子扩散慢，不能透过半透膜，光散射强</td><td>氢氧化铁溶胶、金溶胶</td></tr>
<tr><td>高分子溶液</td><td>高分子</td><td>均相、稳定体系；分散相粒子扩散慢，不能透过半透膜，光散射弱</td><td>蛋白质溶液、血浆</td></tr>
<tr><td colspan="2">粗分散系</td><td>>100</td><td>分子、离子或原子的大聚集体</td><td>多相、不稳定体系；分散相粒子不扩散，不能透过半透膜，无光散射</td><td>泥浆、乳汁</td></tr>
</table>

上述三种分散系之间虽然有区别，但没有明显的界限，三者之间的过渡是渐变的，以分散质粒子直径作为分散系分类的依据是相对的，某些系统可以同时表现出两种或三种分散系的性质。

溶液是分散相粒子以分子或离子状态分散在分散介质中形成的均匀的、稳定的分散系。溶液不限于液态，也可以是气态和固态。如空气是气态溶液，而金属合金是固态溶液。通常所说的溶液指液态溶液，常把溶液中的分散质称为溶质，而把分散介质称为溶剂。如果溶液中有一个组分为水时，则水为溶剂。若溶液中两种组分都是液态时，通常以含量较多的组分作为溶剂。水是最常用的溶剂。除水外，其他液体（如酒精、苯、乙醚等）也可作为溶剂，所形成的溶液称为非水溶液。一般不指明溶剂的溶液就是水溶液。对于非水溶液，通常注明溶剂名称。

胶体分散系根据分散相粒子的聚集状态不同，又可分为溶胶（sol）和高分子溶液（solution of macromolecule）。溶胶的分散相粒子是由许多分子、原子或离子聚集而成，是高度分散的非均相体系，稳定性较差。高分子溶液的分散相粒子是单个高分子或高分子离子，属均相体系，稳定性较大。

粗分散系主要包括悬浮液和乳浊液，属多相、不稳定体系。

1.1.2 溶液的组成标度

溶液的组成标度是指一定量的溶液或溶剂中所含溶质的量。根据不同的需要，溶液的组成标度有多种表示方法，常用的有以下几种。

（1）物质的量浓度

物质B的物质的量浓度（molar concentration/molarity）用符号$c(\mathrm{B})$表示，定义为物质B的物质的量［$n(\mathrm{B})$］除以溶液的体积（V）。表示为：

$$c(\mathrm{B})=\frac{n(\mathrm{B})}{V} \tag{1-1}$$

物质的量浓度的SI单位为$\mathrm{mol \cdot m^{-3}}$，常用单位为$\mathrm{mol \cdot L^{-1}}$、$\mathrm{mmol \cdot L^{-1}}$、$\mathrm{\mu mol \cdot L^{-1}}$。

物质的量浓度简称为浓度。使用时应用化学式注明其基本单元。基本单元可以是原子、分子、离子或其他粒子，也可以是某些粒子的特定组合。例如：$c(\mathrm{HCl})=1\mathrm{mol \cdot L^{-1}}$，表示每升盐酸溶液中含有HCl 36.50g，基本单元是HCl；$c\left(\frac{1}{2}\mathrm{HCl}\right)=1\mathrm{mol \cdot L^{-1}}$，表示每升盐酸溶液中含有HCl 18.25g，基本单元是$\frac{1}{2}$HCl。

【例1-1】 100mL正常人血清中含326mg Na^+，计算血清中Na^+的物质的量浓度。

解： 正常人血清中Na^+的物质的量浓度为

$$c(\mathrm{Na^+})=\frac{n(\mathrm{Na^+})}{V}=\frac{0.326\mathrm{g}/23.0\mathrm{g \cdot mol^{-1}}}{0.100\mathrm{L}}=0.14\mathrm{mol \cdot L^{-1}}$$

（2）质量浓度

物质B的质量浓度（mass concentration）用符号$\rho(\mathrm{B})$表示，定义为物质B的质量［$m(\mathrm{B})$］除以溶液的体积（V）。表示为：

$$\rho(\mathrm{B})=\frac{m(\mathrm{B})}{V} \tag{1-2}$$

质量浓度的SI单位为$\mathrm{kg \cdot m^{-3}}$，常用单位为$\mathrm{g \cdot L^{-1}}$、$\mathrm{mg \cdot L^{-1}}$、$\mathrm{\mu g \cdot L^{-1}}$。

物质B的物质的量浓度与其质量浓度之间的关系为：

$$c(\mathrm{B})=\frac{\rho(\mathrm{B})}{M(\mathrm{B})} \tag{1-3}$$

式中，$M(\mathrm{B})$为物质B的摩尔质量。

【例1-2】 500mL葡萄糖溶液中含有25.0g葡萄糖（$C_6H_{12}O_6$）晶体，计算此葡萄糖溶液的质量浓度和物质的量浓度。

解： 由式(1-2)，葡萄糖溶液的质量浓度为

$$\rho(\mathrm{C_6H_{12}O_6})=\frac{m(\mathrm{C_6H_{12}O_6})}{V}=\frac{25.0\mathrm{g}}{0.500\mathrm{L}}=50.0\mathrm{g \cdot L^{-1}}$$

葡萄糖的摩尔质量为$180\mathrm{g \cdot mol^{-1}}$，由式(1-3)，葡萄糖溶液的物质的量浓度为

$$c(C_6H_{12}O_6)=\frac{\rho(C_6H_{12}O_6)}{M(C_6H_{12}O_6)}=\frac{50.0g\cdot L^{-1}}{180g\cdot mol^{-1}}=0.278mol\cdot L^{-1}$$

(3) 质量摩尔浓度

物质 B 的质量摩尔浓度（molality）用符号 $b(B)$ 表示，定义为物质 B 的物质的量 [$n(B)$] 除以溶剂 A 的质量 [$m(A)$]。表示为：

$$b(B)=\frac{n(B)}{m(A)} \tag{1-4}$$

质量摩尔浓度的 SI 单位为 $mol\cdot kg^{-1}$。对于稀的水溶液 $c(B)\approx b(B)$。

【例 1-3】 1.00g 尿素 [$CO(NH_2)_2$] 溶于 48.0g 水中配制成溶液，计算其质量摩尔浓度为多少？

解： 尿素的摩尔质量为 $60.0g\cdot mol^{-1}$，由式(1-4)，尿素的质量摩尔浓度为

$$b[CO(NH_2)_2]=\frac{n[CO(NH_2)_2]}{m[H_2O]}=\frac{1.00g/60.0g\cdot mol^{-1}}{0.0480kg}$$
$$=0.347mol\cdot kg^{-1}$$

(4) 摩尔分数

物质 B 的摩尔分数（mole fraction）用符号 $x(B)$ 表示，定义为 B 的物质的量 [$n(B)$] 除以混合物的总物质的量（n）。表示为：

$$x(B)=\frac{n(B)}{n} \tag{1-5}$$

摩尔分数的 SI 单位为 1。

对于由溶剂 A 和溶质 B 两组分组成的溶液，则 A、B 的摩尔分数分别为：

$$x(A)=\frac{n(A)}{n(A)+n(B)}$$

$$x(B)=\frac{n(B)}{n(A)+n(B)}$$

显然

$$x(A)+x(B)=1$$

对于多组分体系，则有：

$$\sum x_i=1$$

【例 1-4】 将 17.1g 蔗糖溶解在 100g 水中，配制成蔗糖水溶液。求蔗糖的摩尔分数。

解： 已知蔗糖的摩尔质量为 $342g\cdot mol^{-1}$，水的摩尔质量为 $18.0g\cdot mol^{-1}$。由式(1-5)，蔗糖的摩尔分数为

$$x(C_{12}H_{22}O_{11})=\frac{n(C_{12}H_{22}O_{11})}{n(C_{12}H_{22}O_{11})+n(H_2O)}$$
$$=\frac{17.1g/342g\cdot mol^{-1}}{17.1g/342g\cdot mol^{-1}+100g/18.0g\cdot mol^{-1}}$$
$$=8.91\times10^{-3}$$

(5) 质量分数

物质 B 的质量分数（mass fraction）用符号 $w(B)$ 表示，定义为物质 B 的质量 [$m(B)$] 除以溶液的质量（m）。表示为：

$$w(B)=\frac{m(B)}{m} \tag{1-6}$$

质量分数的 SI 单位为 1。

(6) 体积分数

物质 B 的体积分数（volume fraction）用符号 φ(B) 表示，定义为物质 B 的体积 [V(B)] 除以同温同压下混合物的体积（V）。表示为：

$$\varphi(\mathrm{B})=\frac{V(\mathrm{B})}{V} \tag{1-7}$$

体积分数的 SI 单位为 1。

1.2　稀溶液的依数性

稀溶液的依数性（一）

溶质溶解在溶剂中形成溶液，溶液的性质既不同于纯溶剂，也不同于纯溶质。溶液的某些性质与溶质的本性有关，如溶液的颜色、酸碱性、导电性、密度等；但溶液的另一些性质却只与单位体积溶液中所含溶质的微粒数目有关，而与溶质的本性无关，如难挥发性非电解质稀溶液的蒸气压下降、沸点升高、凝固点降低和溶液的渗透压等，这些只与溶质微粒的数目有关，而与溶质本性无关的性质，称为稀溶液的依数性（colligative properties），也称为稀溶液的通性。

稀溶液的依数性（二）

1.2.1　溶液的蒸气压下降

（1）蒸气压

在一定温度下，将纯水置于密闭的、抽真空的容器中，水面上一部分动能较大的水分子克服分子间的引力，逸出水面成为水蒸气分子，这一过程称为蒸发（evaporation）。同时，不断运动的蒸气分子在相互碰撞过程中也会接触到水面，而被吸引到液相中变为液态水分子，此过程称为凝结（condensation）。开始，蒸发过程占优势，但随着水蒸气分子逐渐增多，凝结的速率增大，最后，水的蒸发速率与水蒸气的凝结速率相等，气相与液相处于平衡状态。

$$H_2O(l) \rightleftharpoons H_2O(g) \tag{1-8}$$

平衡时，液相的水分子数与气相的水蒸气分子数不再发生改变，但蒸发和凝结仍在进行，只是二者的速率相等。这种与液相处于动态平衡的气体叫作饱和蒸汽（saturated vapor）。饱和蒸汽所具有的压力称为该温度下的饱和蒸气压，简称为蒸气压（vapor pressure），用符号 p 表示，SI 单位是 Pa（帕）或 kPa（千帕）。

蒸气压的大小由液体的本性和温度决定，在一定温度下，不同的液体具有不同的蒸气压。表 1-2 列出了几种液体在 293.15K 时的蒸气压。

表 1-2　几种液体在 293.15K 时的蒸气压

物　质	水	乙醇	苯	乙醚	汞
p/kPa	2.34	5.85	9.96	57.74	0.16

蒸气压随温度变化，因为液体的蒸发是吸热过程，升高温度，液体中动能较大的分子所占的比例增大，式(1-8) 所表示的平衡向右移动，故液体的蒸气压随温度升高而增大。因此在一定温度下，任何纯液体都具有恒定的蒸气压。表 1-3 列出了不同温度下水的蒸气压。

表 1-3　水在不同温度下的蒸气压

T/K	273.15	283.15	293.15	303.15	333.15	353.15	373.15
p/kPa	0.6106	1.2279	2.3385	4.2423	19.9183	47.3426	101.3247

不仅液体能蒸发，固体也能蒸发为气体。固体直接蒸发为气体的过程称为升华（sublimation）。因此，固体也具有一定的蒸气压，固体的蒸气压同样随温度的升高而增大。但固

体的蒸气压一般较小。表 1-4 列出了不同温度下冰的蒸气压。

表 1-4　冰在不同温度下的蒸气压

T/K	273.15	272.15	268.15	263.15	258.15	253.15	248.15
p/kPa	0.6106	0.5626	0.4013	0.2600	0.1653	0.1035	0.0635

无论是液体还是固体，通常把常温条件下蒸气压较小的称为难挥发性物质，蒸气压较大的称为易挥发性物质。

本节在讨论稀溶液的依数性时，忽略难挥发性溶质自身的蒸气压，只考虑溶剂的蒸气压。

(2) 溶液的蒸气压下降

实验证明，难挥发性非电解质稀溶液的蒸气压总是低于同温度下纯溶剂的蒸气压。这是由于在溶剂中，加入一种难挥发性非电解质溶质后，溶液的部分液面被溶质分子占据，因此在单位时间内从溶液液面逸出的溶剂分子数比其为纯溶剂时有所减少。当在一定温度下达到平衡时，溶液上方的水分子数比纯水上方的少，因此难挥发性非电解质溶液中水的蒸气压要比纯水的低，这种现象称为溶液的蒸气压下降（vapor pressure lowering）。表示为：

$$\Delta p = p^* - p$$

式中，Δp 为溶液的蒸气压下降值；p^* 为纯溶剂的蒸气压；p 为溶液的蒸气压。

显然，溶液的浓度越大，蒸气压下降得越多。

1887 年，法国化学家拉乌尔（F. M. Raoult）根据大量实验结果指出，在一定温度下，难挥发性非电解质稀溶液的蒸气压等于纯溶剂的蒸气压与溶剂的摩尔分数的乘积。这一规律称为拉乌尔定律，表示为：

$$p = p^* x(\mathrm{A}) \tag{1-9}$$

式中，p 为难挥发性非电解质稀溶液的蒸气压；p^* 为纯溶剂的蒸气压；$x(\mathrm{A})$为稀溶液中溶剂的摩尔分数。

由于 $x(\mathrm{A})$小于 1，故 p 必然小于 p^*。对于只含有一种溶质的稀溶液，则 $x(\mathrm{A}) = 1 - x(\mathrm{B})$，式(1-9) 可改写为：

$$p = p^*[1 - x(\mathrm{B})] = p^* - p^* x(\mathrm{B})$$

则稀溶液的蒸气压下降值为：

$$\Delta p = p^* x(\mathrm{B}) \tag{1-10}$$

式(1-10) 为拉乌尔定律的又一表达式，它表明在一定温度下，难挥发性非电解质稀溶液的蒸气压下降值仅与溶质的摩尔分数成正比，而与溶质的本性无关。

拉乌尔定律仅适用于难挥发性非电解质稀溶液。在稀溶液中，由于 $n(\mathrm{A}) \gg n(\mathrm{B})$，所以 $n(\mathrm{A}) + n(\mathrm{B}) \approx n(\mathrm{A})$。则

$$x(\mathrm{B}) = \frac{n(\mathrm{B})}{n(\mathrm{A}) + n(\mathrm{B})} \approx \frac{n(\mathrm{B})}{n(\mathrm{A})} = \frac{n(\mathrm{B})}{m(\mathrm{A})/M(\mathrm{A})}$$

将 $b(\mathrm{B}) = \dfrac{n(\mathrm{B})}{m(\mathrm{A})}$代入上式，则

$$x(\mathrm{B}) = M(\mathrm{A}) b(\mathrm{B}) \tag{1-11}$$

将式(1-11) 代入式(1-10) 中，得：

$$\Delta p = p^* M(\mathrm{A}) b(\mathrm{B})$$

在一定温度下，对一定溶剂，p^* 和 $M(\mathrm{A})$均为常数，二者的乘积也为常数，用 K 表示。

$$\Delta p = Kb(\mathrm{B}) \tag{1-12}$$

式(1-12) 表明，在一定温度下，难挥发性非电解质稀溶液的蒸气压下降与溶液的质量摩尔浓度成正比，而与溶质的本性无关。因此，难挥发性非电解质稀溶液的蒸气压下降为溶液的依数性之一。

【例 1-5】 20℃时，水的饱和蒸气压为 2.34kPa，将 10.0g 蔗糖溶于 100g 水中，计算此溶液的蒸气压。

解： 蔗糖溶液中水的摩尔分数为

$$x(\mathrm{H_2O}) = \frac{n(\mathrm{H_2O})}{n(\mathrm{H_2O}) + n(\mathrm{C_{12}H_{22}O_{11}})}$$

$$= \frac{100\mathrm{g}/18.0\mathrm{g \cdot mol^{-1}}}{100\mathrm{g}/18.0\mathrm{g \cdot mol^{-1}} + 10.0\mathrm{g}/342\mathrm{g \cdot mol^{-1}}} = 0.995$$

由式(1-9)，蔗糖溶液的蒸气压为

$$p = p^*(\mathrm{H_2O})x(\mathrm{H_2O})$$

$$= 2.34\mathrm{kPa} \times 0.995 = 2.33\mathrm{kPa}$$

1.2.2 溶液的沸点升高

(1) 液体的沸点

液体的沸点 (boiling point) 是指液体的蒸气压等于外界大气压（一般为 101.3kPa）时的温度。

液体的沸点随外压而变化，外压越大，沸点越高。如，海平面处的大气压力为 101.3kPa，水的沸点为 373.15K；高原地区气压低，水在小于 373.15K 时就沸腾了；高压锅中的压力是常压的 2 倍，水的沸点可达 373.15K 以上。

通常把 101.3kPa 压力下的沸点称为正常沸点 (normal boiling point)。水的正常沸点是 373.15K。未指明压力条件的沸点通常都是指正常沸点。

(2) 溶液的沸点升高

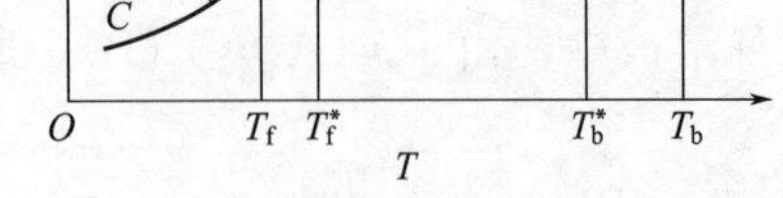

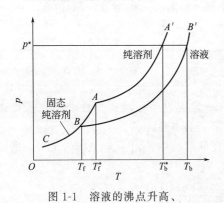

图 1-1 溶液的沸点升高、凝固点降低示意图

若在纯溶剂中加入难挥发性非电解质溶质形成溶液，其沸点要高于纯溶剂的沸点，这种现象称为溶液的沸点升高 (boiling point elevation)。图 1-1 中，AA'为纯水的蒸气压曲线，BB'为稀溶液的蒸气压曲线。从纯水的蒸气压曲线可看出，当水的蒸气压等于外压 101.3kPa 时的温度 (373.15K)，即为水的沸点(T_b^*)。难挥发性非电解质的加入，引起溶液的蒸气压下降。曲线 BB'处于 AA'的下方，说明溶液的蒸气压在任何温度下，都低于同温度纯溶剂的蒸气压。从稀溶液的蒸气压曲线 BB'可看出，在水的沸点 373.15K 时，溶液的蒸气压小于外压 (101.3kPa)，此时溶液不会沸腾，只有升高温度使溶液的蒸气压达到 101.3kPa，溶液才能沸腾，此时的温度为溶液的沸点 (T_b)。显然，难挥发性非电解质稀溶液的沸点高于纯溶剂的沸点。表示为：

$$\Delta T_b = T_b - T_b^*$$

式中，ΔT_b 为稀溶液沸点升高数值；T_b^* 为纯溶剂的沸点；T_b 为稀溶液的沸点。

综上所述，稀溶液沸点升高的原因是溶液的蒸气压下降。根据拉乌尔定律，稀溶液蒸气压下降的数值与溶质的质量摩尔浓度成正比，因此，难挥发性非电解质稀溶液的沸点升高值必然与溶质的质量摩尔浓度成正比，而与溶质的性质无关。沸点升高是稀溶液的又一依数性，表示为：

$$\Delta T_b = K_b b(B) \tag{1-13}$$

式中，ΔT_b 为稀溶液沸点升高数值；$b(B)$ 为溶质 B 的质量摩尔浓度；K_b 为溶剂的沸点升高系数，它只与溶剂的性质有关，而与溶质的本性和温度无关，其 SI 单位为 $K \cdot kg \cdot mol^{-1}$。几种常见溶剂的沸点和沸点升高系数见表 1-5。

表 1-5　常见溶剂的沸点和沸点升高系数

溶剂	T_b/K	$K_b/K \cdot kg \cdot mol^{-1}$	溶剂	T_b/K	$K_b/K \cdot kg \cdot mol^{-1}$
水	373.15	0.512	乙醚	307.75	2.02
苯	353.15	2.53	乙酸	391.15	2.93
萘	491.15	5.80	氯仿	334.55	3.85
乙醇	351.55	1.22	四氯化碳	349.85	5.03

由质量摩尔浓度的定义：

$$b(B) = \frac{n(B)}{m(A)} = \frac{m(B)/M(B)}{m(A)}$$

将上式代入式(1-13)，整理得：

$$M(B) = K_b \frac{m(B)}{m(A)\Delta T_b} \tag{1-14}$$

若测定出难挥发性非电解质稀溶液的沸点升高值 ΔT_b，并已知溶质的质量 $m(B)$、溶剂的质量 $m(A)$ 和溶剂的沸点升高系数 K_b，利用式(1-14) 可计算溶质 B 的摩尔质量。

【例 1-6】 将 1.11g 葡萄糖溶于 20.0g 水中所得溶液，在 101.3kPa 下沸点升高 0.158K，计算该溶液的沸点以及水的沸点升高常数。

解： 葡萄糖水溶液的沸点为

$$T_b = \Delta T_b + T_b^* = 0.158K + 373.15K = 373.308K$$

由 $\Delta T_b = K_b b(B)$ 得水的沸点升高常数为

$$K_b = \frac{\Delta T_b}{b(B)} = \frac{\Delta T_b}{\dfrac{m(C_6H_{12}O_6)}{M(C_6H_{12}O_6)m(H_2O)}}$$

$$= \frac{0.158K}{\dfrac{1.11g}{180g \cdot mol^{-1} \times 0.020kg}} = 0.512K \cdot kg \cdot mol^{-1}$$

1.2.3　溶液的凝固点降低

（1）液体的凝固点

物质的凝固点（freezing point）是指在一定的外压（101.3kPa）下，物质的固相和液相具有相同的蒸气压，且可以平衡共存时的温度。溶液的凝固点是固相纯溶剂的蒸气压与它的液相蒸气压相等时的温度。

在图 1-1 中，CA 为冰的蒸气压曲线，该曲线与纯水的蒸气压曲线 AA' 交于 A 点，在 A 点冰和水两相平衡共存，二者的蒸气压相等，均为 0.611kPa。A 点对应的温度（273.15K）即为水的凝固点（T_f^*），又称为冰点。

（2）溶液的凝固点降低

从图 1-1 可知，273.15K 时，冰和水平衡共存。当向纯水中加入难挥发性非电解质溶质时，引起溶液的蒸气压下降。由于溶质是溶解在纯水中，因此加入溶质只影响了溶液中水的蒸气压，而冰的蒸气压不受影响，273.15K 时冰的蒸气压仍是 0.611kPa，而此温度下溶液的蒸气压小于冰的蒸气压，冰与溶液不能平衡共存，冰会发生融化，冰在融化过程中吸收能量，使系统温度降低。由于冰的蒸气压随温度下降而减小的幅度比溶液蒸气压减小的幅度大，因此当温度降至 273.15K 以下某一温度时，溶液的蒸气压曲线 BB' 与冰的蒸气压曲线 CA 交于 B 点，此时溶液的蒸气压与冰的蒸气压相等，溶液和冰平衡共存。因此，B 点所对应的温度为溶液的凝固点 T_f。显然，溶液的凝固点总是低于纯溶剂的凝固点，这一现象称为溶液的凝固点降低（freezing point depression）。凝固点降低是稀溶液的又一依数性，表示为：

$$\Delta T_f = T_f^* - T_f$$

式中，ΔT_f 为稀溶液的凝固点降低值；T_f^* 为纯溶剂的凝固点；T_f 为稀溶液的凝固点。

溶液的凝固点降低的原因同样是溶液的蒸气压下降，与沸点升高一样，难挥发性非电解质稀溶液的凝固点降低与溶质的质量摩尔浓度成正比，而与溶质的性质无关。

$$\Delta T_f = K_f b(\mathrm{B}) \tag{1-15}$$

式中，ΔT_f 为稀溶液的凝固点降低值；$b(\mathrm{B})$ 为溶质的质量摩尔浓度；K_f 为溶剂的凝固点降低常数，K_f 值只与溶剂的本性有关，而与溶质的本性和温度无关，其 SI 单位为 $\mathrm{K \cdot kg \cdot mol^{-1}}$。几种常见溶剂的凝固点和凝固点降低常数见表 1-6。

表 1-6　常见溶剂的凝固点和凝固点降低常数

溶剂	T_f/K	K_f/K·kg·mol^{-1}	溶剂	T_f/K	K_f/K·kg·mol^{-1}
水	273.15	1.86	乙醚	156.95	1.8
苯	278.65	5.12	乙酸	290.15	3.90
萘	353.65	6.9	四氯化碳	250.25	32.0

由质量摩尔浓度的定义和式(1-15) 可推导出计算溶质摩尔质量的公式。

$$M(\mathrm{B}) = K_f \frac{m(\mathrm{B})}{m(\mathrm{A})\Delta T_f} \tag{1-16}$$

通过测定稀溶液的沸点升高值和凝固点降低值，均能计算溶质的摩尔质量进而推知其分子量。在医学和生物学实验中大多采用凝固点降低法测定溶质的分子量。因为用凝固点降低法测定溶质的摩尔质量相对误差较小，而且不会破坏生物样品，同样不会引起其变性及溶液浓度的改变。

利用溶液蒸气压下降和凝固点降低的原理，可以解释植物的防寒抗旱功能。研究表明，当外界气温发生变化时，植物细胞内会生成可溶性碳水化合物，使细胞液浓度增大，凝固点降低，细胞液在较低温度时不结冰，表现出一定的防寒能力；而且细胞液浓度增大，其蒸气压下降，细胞中水分的蒸发量减少，可以保持植物中的水分，使其在较高的气温下不枯萎，具有相当的抗旱能力。利用溶液凝固点下降的原理，常用冰和盐的混合物作冷却剂。如在食品的贮藏和运输中，用氯化钠和冰的混合物制作冷却剂，当冰融化而形成盐水溶液时，会吸收大量的热量，温度可降到－22℃以下。$CaCl_2 \cdot H_2O$ 和冰的混合物可将温度降到－55℃。冬季，在汽车的水箱中加入甘油或乙二醇等物质，防止水结冰冻裂水箱，同样也是利用这个原理。

【例 1-7】 将 0.322g 萘溶于 80.0g 苯中，配成溶液，测得溶液的凝固点为 278.49K，求萘的分子量。

解： 已知苯的凝固点为 278.65K，凝固点降低常数 $K_f = 5.12\mathrm{K \cdot kg \cdot mol^{-1}}$，则

$$\Delta T_f = T_f^* - T_f = 278.65\mathrm{K} - 278.49\mathrm{K} = 0.16\mathrm{K}$$

根据式(1-16)，有

$$M(C_{10}H_8)=K_f\frac{m(C_{10}H_8)}{m(C_6H_6)\Delta T_f}$$

$$=5.12K\cdot kg\cdot mol^{-1}\times\frac{0.322g}{0.0800kg\times0.16K}=128.8g\cdot mol^{-1}$$

故萘的分子量为 128.8。

1.2.4　溶液的渗透压

(1) 渗透现象和渗透压

日常生活中有许多现象，如在淡水中游泳会感到眼睛胀痛；植物缺水时枝叶会枯萎，浇水后又会重新复原；淡水鱼和海水鱼不能互换生活环境等。这些现象都与细胞膜的渗透有关。渗透是溶液的重要性质，一般是通过半透膜（semi-permeable membrane）进行的。

半透膜是只允许某种或某些物质透过，而不允许另外一些物质透过的多孔性薄膜。半透膜有多种类型，如细胞膜、毛细血管壁、肠衣、萝卜皮等生物膜；人工合成的火棉胶、玻璃纸、羊皮纸等。半透膜的种类不同，通透性也不同。

若将纯水和非电解质稀溶液如蔗糖溶液用只允许水分子透过而不允许蔗糖分子透过的半透膜隔开，并使两液面高度相同［如图 1-2(a)］。经过一段时间后就可看到溶液的液面上升，而纯水的液面下降［如图 1-2(b)］。若将半透膜左侧的纯水换成较右侧浓度低的蔗糖溶液，则浓度较低的蔗糖稀溶液中的水分子会透过半透膜进入浓度较高的稀溶液，使较浓溶液的液面升高。这种溶剂分子透过半透膜由纯溶剂进入溶液或由浓度较低的溶液进入浓度较高的溶液的过程称为渗透。

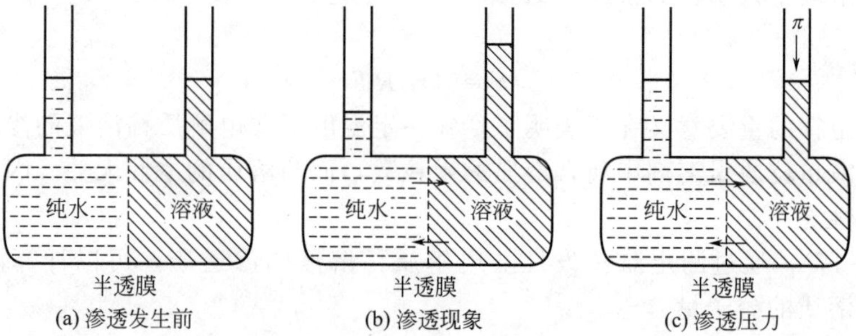

图 1-2　渗透现象和渗透压

渗透现象产生的原因是半透膜两侧单位体积内溶剂分子数目不相等。相同体积的纯水中的水分子数目比溶液中的多，因而在相同时间内，由纯水通过半透膜进入溶液的水分子数目要比由溶液进入纯水的水分子数多，其结果是水分子由纯水进入溶液，使溶液的液面升高。

随着溶液液面的不断升高，静水压力也不断增大，它使溶液中的水分子通过半透膜进入纯水的速率增大，同时纯水中水分子进入溶液的速率减小。当压力增大到一定数值时，单位时间膜两侧透过半透膜的水分子数目相等，达到渗透平衡，溶液液面停止上升。

从上面的讨论可以看出，渗透现象的发生必须具备两个条件：一是有半透膜；二是半透膜两侧单位体积内的溶剂分子数目不相等。渗透的方向总是溶剂分子从纯溶剂向溶液一方，或从单位体积内溶剂分子数目较多的一方向溶剂分子数目较少的一方渗透。渗透的结果是缩小半透膜两侧的浓度差。

如前所述，用半透膜把蔗糖溶液和纯水隔开后，必然要发生渗透，为了阻止渗透现象的发生，必须在溶液液面上施加一额外压力，这种恰好能阻止渗透进行而施加于溶液液面上的额外压力，称为溶液的渗透压（osmotic pressure）[如图 1-2(c)]。渗透压的符号用 π 表示，单位为 Pa 或 kPa。

若用半透膜把两种浓度不同的溶液隔开，为维持渗透平衡而在浓度较高的溶液液面上施加的额外压力，既不是较浓溶液的渗透压，也不是较稀溶液的渗透压，而是这两种溶液的渗透压的差值。

如果用半透膜将纯水和溶液隔开，在溶液的液面上施加一个大于该溶液渗透压的外压，则渗透逆向进行，溶液中的水分子将透过半透膜向纯水一侧渗透。这种使渗透逆向进行的过程称为反向渗透（reverse osmosis）。利用反向渗透的原理，可以进行海水的淡化、工业废水的处理以及溶液的浓缩等。

（2）渗透压与浓度、温度的关系

1886 年，荷兰化学家范特霍夫（Van't Hoff）从理论上推导出难挥发性非电解质稀溶液的渗透压与溶液浓度和温度的关系。表示为：

$$\pi V = n(\mathrm{B})RT$$

或

$$\pi = c(\mathrm{B})RT \tag{1-17}$$

式(1-17) 称为范特霍夫定律，范特霍夫定律仅适用于难挥发性非电解质稀溶液。式中，π 为难挥发性非电解质稀溶液的渗透压，kPa；$c(\mathrm{B})$ 为难挥发性非电解质 B 的物质的量浓度，$\mathrm{mol \cdot L^{-1}}$；$R$ 为摩尔气体常数，数值为 $8.314\mathrm{kPa \cdot L \cdot mol^{-1} \cdot K^{-1}}$；$T$ 为热力学温度，K。

对于稀水溶液，其物质的量浓度近似地等于质量摩尔浓度，即 $c(\mathrm{B}) \approx b(\mathrm{B})$，式(1-17) 可以改写为：

$$\pi = b(\mathrm{B})RT \tag{1-18}$$

范特霍夫定律的重要意义在于表明了，在一定温度下非电解质稀溶液的渗透压只取决于单位体积溶液或单位质量溶剂中所含溶质的微粒数，而与溶质的本性无关。因此，渗透压也是溶液的依数性之一。

根据式(1-17)，通过测定难挥发性非电解质稀溶液的渗透压，可以计算溶质的摩尔质量，从而得到溶质的分子量。

$$\pi V = n(\mathrm{B})RT = \frac{m(\mathrm{B})}{M(\mathrm{B})}RT$$

整理得：

$$M(\mathrm{B}) = \frac{m(\mathrm{B})}{\pi V}RT \tag{1-19}$$

式中，$M(\mathrm{B})$ 为溶质 B 的摩尔质量；$m(\mathrm{B})$ 为溶质 B 的质量。

【例 1-8】 临床上补液用的葡萄糖溶液的质量浓度为 $50.0\mathrm{g \cdot L^{-1}}$，求此葡萄糖溶液的凝固点降低值及 37℃时的渗透压。

解： 葡萄糖的摩尔质量为 $180\mathrm{g \cdot mol^{-1}}$，由式(1-4) 得

$$c(\mathrm{B}) \approx b(\mathrm{C_6H_{12}O_6}) = \frac{50.0\mathrm{g \cdot kg^{-1}}}{180\mathrm{g \cdot mol^{-1}}} = 0.278\mathrm{mol \cdot kg^{-1}}$$

$$\begin{aligned}\Delta T_\mathrm{f} &= K_\mathrm{f} b(\mathrm{C_6H_{12}O_6}) \\ &= 1.86\mathrm{K \cdot kg \cdot mol^{-1}} \times 0.278\mathrm{mol \cdot kg^{-1}} = 0.517\mathrm{K}\end{aligned}$$

$$\pi = b(C_6H_{12}O_6)RT$$
$$= 0.278\text{mol}\cdot\text{kg}^{-1} \times 8.314\text{kPa}\cdot\text{L}\cdot\text{mol}^{-1}\cdot\text{K}^{-1} \times 310.15\text{K} = 716.85\text{kPa}$$

故该葡萄糖溶液的凝固点降低值为0.517K，37℃时的渗透压为717kPa。

【例1-9】 将2.00g白蛋白溶于水中，配成100mL水溶液，25℃时此溶液的渗透压为0.717kPa，求此溶液的凝固点降低值以及白蛋白的分子量。

解： 由式(1-18)得 $b(\text{B}) = \dfrac{\pi}{RT}$，代入式(1-15)得

$$\Delta T_f = K_f \frac{\pi}{RT}$$
$$= 1.86\text{K}\cdot\text{kg}\cdot\text{mol}^{-1} \times \frac{0.717\text{kPa}}{8.314\text{kPa}\cdot\text{L}\cdot\text{mol}^{-1}\cdot\text{K}^{-1} \times 298.15\text{K}}$$
$$= 5.38 \times 10^{-4}\text{K}$$

根据式(1-19)可得

$$M(\text{B}) = \frac{m(\text{B})}{\pi V}RT$$
$$= \frac{2.00\text{g}}{0.717\text{kPa} \times 0.100\text{L}} \times 8.314\text{kPa}\cdot\text{L}\cdot\text{mol}^{-1}\cdot\text{K}^{-1} \times 298.15\text{K}$$
$$= 6.91 \times 10^4\text{g}\cdot\text{mol}^{-1}$$

故该白蛋白溶液的凝固点降低值为 5.38×10^{-4}K（检验测定），白蛋白的分子量为 6.91×10^4。

测定溶质的分子量的方法主要有凝固点降低法和渗透压法。通常凝固点降低法适用于低分子溶质的分子量的测定。渗透压法主要用于测定高分子溶质的分子量。

（3）强电解质稀溶液的依数性

以上讨论了难挥发非电解质稀溶液的依数性，这四个依数性的实验测定值与计算值基本相符。强电解质稀溶液同样也存在蒸气压下降、凝固点降低、沸点升高和渗透压等性质，称为强电解质溶液的依数性。但实验测得的强电解质稀溶液依数性与由非电解质依数性公式得到的计算值有较大的偏差，几种强电解质稀溶液凝固点降低的实验值与计算值见表1-7。由于强电解质在水中是完全解离的，因此单位体积强电解质溶液中所含有的溶质粒子数多于同浓度非电解质溶液中所含有的溶质粒子数。理论上强电解质稀溶液的依数性应是非电解质稀溶液的整数倍。但事实并非如此，由表1-7知，0.01mol·kg^{-1}的NaCl溶液凝固点降低的实验值为 $\Delta T'_f = 0.0361$K，计算值为 $\Delta T_f = 0.0186$K，二者的比值为 $i = 1.94$，而不是2；0.01mol·kg^{-1}的 K_2SO_4 溶液的 $\Delta T_f{}' = 0.0521$K，与计算值的比值为 $i = 2.80$，而不是3。由此可见强电解质在水溶液中好像并不是完全解离，其原因可从强电解质理论中得到解释。

表1-7　几种电解质水溶液的凝固点降低值

电解质	$b(\text{B})/\text{mol}\cdot\text{kg}^{-1}$	$\Delta T_f{}'$(实验值)/K	ΔT_f(计算值)/K	$i = \dfrac{\text{实验值}}{\text{计算值}}$
NaCl	0.01	0.0361	0.0186	1.94
	0.10	0.347	0.186	1.87
K_2SO_4	0.01	0.0521	0.0186	2.80
	0.10	0.454	0.186	2.44
$MgCl_2$	0.10	0.519	0.186	2.79
KNO_3	0.20	0.664	0.372	1.78

综上所述，在电解质溶液中，由于电解质的解离，使溶液的依数性发生较大的偏差。因

而在强电解质稀溶液的依数性公式中引入一个校正系数（i）进行校正，校正系数可以通过实验测定，常用的方法是测定凝固点降低值。以 $\Delta T_f'$ 表示实验测得的电解质溶液的凝固点降低值，ΔT_f 表示由非电解质稀溶液依数性公式所得的凝固点降低的计算值，则校正系数可从下式求得。

$$i=\frac{\Delta T_f'}{\Delta T_f}$$

凝固点降低法测得的 i 值也适用于蒸气压下降、沸点升高和渗透压等依数性计算值的校正。

$$i=\frac{\Delta p'}{\Delta p}=\frac{\Delta T_b'}{\Delta T_b}=\frac{\pi'}{\pi}$$

式中，$\Delta p'$、$\Delta T_b'$、π' 分别表示由实验测得的电解质溶液的依数性数值；Δp、ΔT_b、π 分别表示由非电解质稀溶液依数性公式所得的依数性计算值。

从表 1-7 可知，溶液的浓度减小，i 值增大。在极稀的溶液中，不同类型电解质的 i 值趋近于 2、3、4 等整数值。i 值可视为一“分子”电解质解离出的微粒数目。因此近似地认为电解质稀溶液单位体积溶质的粒子数是同浓度非电解质的整数倍。如对于 NaCl、$MgSO_4$、$NaHCO_3$ 等 AB 型电解质，$i\approx2$；对于 $MgCl_2$、K_2SO_4 等 AB_2 或 A_2B 型电解质，$i\approx3$。故强电解质稀溶液的蒸气压下降、沸点升高、凝固点降低和渗透压公式表示为：

$$\Delta p=iKb(\mathrm{B}) \tag{1-20}$$

$$\Delta T_b=iK_b b(\mathrm{B}) \tag{1-21}$$

$$\Delta T_f=iK_f b(\mathrm{B}) \tag{1-22}$$

$$\pi=ic(\mathrm{B})RT\approx ib(\mathrm{B})RT \tag{1-23}$$

【例 1-10】 计算 37℃ 时，$0.15\mathrm{mol\cdot L^{-1}}$ KCl 溶液的渗透压。

解： 根据式(1-23) 得

$$\begin{aligned}\pi&=ic(\mathrm{KCl})RT\\&=2\times0.15\mathrm{mol\cdot L^{-1}}\times8.314\mathrm{kPa\cdot L\cdot mol^{-1}\cdot K^{-1}}\times310.15\mathrm{K}\\&=773.58\mathrm{kPa}\end{aligned}$$

(4) 渗透浓度

由于渗透压具有依数性，它只与溶液中溶质的微粒数目有关，而与溶质的本性无关。所以通常把溶液中产生渗透效应的溶质微粒（分子、离子）统称为渗透活性物质。根据范特霍夫定律，在一定温度下，对于任一稀溶液，其渗透压都与其渗透活性物质的物质的量浓度成正比。因此可以用渗透活性物质的物质的量浓度来衡量溶液渗透压的大小。

医学上常用渗透浓度（osmolarity）来表示溶液渗透压的大小，其定义为渗透活性物质的物质的量除以溶液的体积，符号为 c_{os}，单位为 $\mathrm{mol\cdot L^{-1}}$ 或 $\mathrm{mmol\cdot L^{-1}}$（由于通常情况下溶液的浓度较小，所以临床上常用 $\mathrm{mmol\cdot L^{-1}}$ 来作为渗透浓度的单位）。显然：

对于非电解质溶液： $$c_{os}=c(\mathrm{B}) \tag{1-24}$$

对于电解质溶液： $$c_{os}=ic(\mathrm{B}) \tag{1-25}$$

其中，i 为电解质的校正系数。

【例 1-11】 计算临床上补液用的 $50.0\mathrm{g\cdot L^{-1}}$ 的葡萄糖溶液和 $9.0\mathrm{g\cdot L^{-1}}$ 的 NaCl 溶液（生理盐水）的渗透浓度为多少（$\mathrm{mmol\cdot L^{-1}}$）？

解： 葡萄糖的摩尔质量为 $180\mathrm{g\cdot mol^{-1}}$，葡萄糖为非电解质，$50.0\mathrm{g\cdot L^{-1}}$ 的葡萄糖溶液的渗透浓度为

$$c_{os}=c(B)=\frac{50.0g\cdot L^{-1}}{180g\cdot mol^{-1}}\times 1000mmol\cdot mol^{-1}=278mmol\cdot L^{-1}$$

NaCl 的摩尔质量为 $58.5g\cdot mol^{-1}$，NaCl 为电解质，$i=2$，$9.0g\cdot L^{-1}$的 NaCl 溶液的渗透浓度为

$$c_{os}=ic(B)=2\times\frac{9.0g\cdot L^{-1}}{58.5g\cdot mol^{-1}}\times 1000mmol\cdot mol^{-1}=308mmol\cdot L^{-1}$$

(5) 等渗、低渗和高渗溶液

溶液渗透压的高低是相对的，半透膜两边溶液渗透压高的那个就是高渗溶液。在医学上，溶液的等渗、低渗和高渗是以正常人血浆的渗透浓度为标准确定的。人体血浆的渗透浓度的正常范围为 $280\sim 320mmol\cdot L^{-1}$。因此，医学上规定凡渗透浓度在 $280\sim 320mmol\cdot L^{-1}$范围内的溶液为等渗溶液（isotonic solution）；渗透浓度低于 $280mmol\cdot L^{-1}$的为低渗溶液（hypotonic solution）；渗透浓度高于 $320mmol\cdot L^{-1}$的为高渗溶液（hypertonic solution）。在实际应用时，略低于（或略高于）此范围的溶液，在临床上也看作等渗溶液，如 $50.0g\cdot L^{-1}$的葡萄糖溶液。表 1-8 列出了正常人血浆、组织间液和细胞内液中各种溶质粒子的渗透浓度。

表 1-8　正常人血浆、组织间液和细胞内液中各种溶质粒子的渗透浓度　　单位：$mmol\cdot L^{-1}$

渗透活性物质	血　浆	组织间液	细胞内液
Na^+	144	137	10
K^+	5	4.7	141
Ca^{2+}	2.5	2.4	
Mg^{2+}	1.5	1.4	31
Cl^-	107	112.7	4
HCO_3^-	27	28.3	10
HPO_4^{2-}、$H_2PO_4^-$	2	2	11
SO_4^{2-}	0.5	0.5	1
磷酸肌酸			45
肌肽			14
氨基酸	2	2	8
肌酸	0.2	0.2	9
乳酸盐	1.2	1.2	1.5
三磷酸腺苷			5
一磷酸己糖			3.7
葡萄糖	5.6	5.6	
蛋白质	1.2	0.2	4
尿素	4	4	4
c_{os}	303.7	302.2	302.2

掌握等渗、低渗和高渗溶液的概念十分重要，临床上给病人大量补液时，应使用等渗溶液，否则会造成严重后果。

① 将红细胞置于等渗氯化钠溶液（$9.0g\cdot L^{-1}$）中，在显微镜下观察红细胞的形态未发生变化［图 1-3(a)］。因为氯化钠溶液与细胞内液的渗透浓度相等，细胞内外液处于渗透平衡状态。$9.0g\cdot L^{-1}$的氯化钠溶液能维持红细胞正常的生理机能，故称为生理盐水。

② 将红细胞置于低渗氯化钠溶液中，在显微镜下观察到红细胞逐渐膨胀，最后导致破裂，释放出红细胞内的血红蛋白，使溶液呈现红色，医学上称为溶血（hemolysis）［图 1-3(b)］。产生溶血现象是由于细胞内液渗透浓度大于细胞外液，因而细胞外液的水分子透过细胞膜向细胞内渗透所造成的。

③ 将红细胞置于高渗氯化钠溶液中，在显微镜下观察到红细胞内水分外逸，细胞逐渐皱缩，皱缩的红细胞容易相互聚结形成团块［图 1-3(c)］。这种现象若发生在血管内，将导

致“栓塞”。这是由于细胞内液的渗透浓度小于高渗氯化钠溶液，细胞内的水分子透过细胞膜向外渗透而产生的。

临床上根据治疗需要也使用高渗溶液，如 $100g \cdot L^{-1}$ 的葡萄糖溶液、甘露醇等。使用高渗溶液时，剂量不宜过大，注射速率要缓慢，以使血液和组织有足够的容量和时间去稀释和利用高渗溶液，避免造成局部高渗。

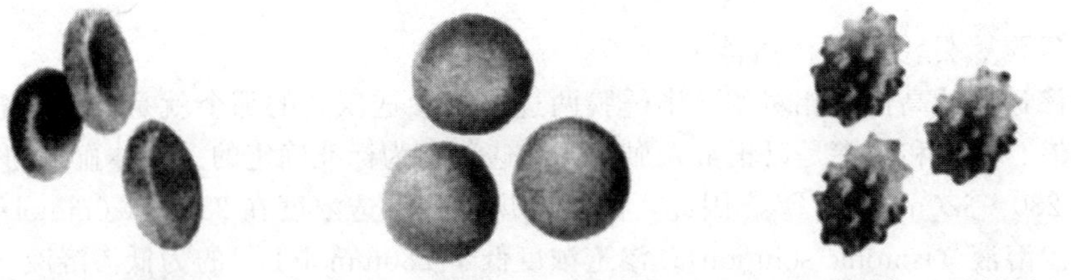

(a) 在等渗 NaCl 溶液中　(b) 在低渗 NaCl 溶液中　(c) 在高渗 NaCl 溶液中

图 1-3　红细胞在不同浓度的氯化钠溶液中的形态图

（6）晶体渗透压和胶体渗透压

血浆等生物体液中含有电解质（如 NaCl、KCl、$NaHCO_3$ 等）、小分子物质（如葡萄糖、尿素、氨基酸等）和高分子化合物（如蛋白质、糖类、脂类等）。医学上把电解质、小分子物质称为晶体物质，由晶体物质产生的渗透压为晶体渗透压（crystalloid osmotic pressure）；把高分子物质称为胶体物质，由胶体物质产生的渗透压为胶体渗透压（colloidal osmotic pressure）。

血浆的渗透压是晶体渗透压和胶体渗透压的总和。血浆中晶体物质的质量浓度约为 $7.5g \cdot L^{-1}$，而胶体物质的质量浓度约为 $70g \cdot L^{-1}$。37℃时血浆的总渗透压约为 770kPa，其中约 99.5%来源于晶体渗透压，说明血浆的渗透压主要是由晶体物质产生的，而胶体渗透压仅占极少部分。

人体内存在半透膜，如细胞膜和毛细血管壁等，由于这些半透膜的通透性不同，晶体渗透压和胶体渗透压的功能也有所不同。

细胞膜间隔细胞内液和细胞外液，它只允许水分子通过，其他分子或离子等晶体物质不能透过。由于晶体渗透压远大于胶体渗透压，因此，晶体渗透压是决定细胞间液和细胞内液水分子转移的主要因素。当人体缺水时，细胞外液中盐的浓度就会升高，其晶体渗透压增大，细胞外液的晶体渗透压大于细胞内液的晶体渗透压，就会引起细胞内液中的水分子向细胞外液渗透，细胞发生皱缩；若体液水量增加过多，细胞外液中盐的浓度就会下降，其晶体渗透压减小，引起细胞外液水分子向细胞内液渗透，造成细胞膨胀，严重时会导致水中毒。因此，晶体渗透压对维持细胞内液和细胞外液水和电解质的相对平衡起主要作用。临床上通常使用低分子晶体物质的溶液（如生理盐水，$50.0g \cdot L^{-1}$ 葡萄糖溶液）纠正某些疾病引起的水盐失调。

毛细血管壁间隔着血浆和组织间液，它的通透性与细胞膜不同，它允许水和低分子晶体物质透过，而蛋白质等高分子物质不能透过。因此，胶体渗透压对维持血容量以及血浆与组织间液水和电解质的相对平衡起着主要作用。由于某种疾病，当血浆中蛋白质浓度下降时，血浆的胶体渗透压也随之降低，血浆中的水和盐进入组织液，造成血容量降低，组织液增加，这是引起水肿的原因之一。临床上对于大面积烧伤或失血过多的患者进行补液时，除了补充生理盐水外，还要输入血浆或右旋糖酐等代血浆，以增加血容量并恢复血浆的胶体渗透压。

渗透现象和渗透压原理在生命活动中具有重要意义。动植物的细胞膜和其他组织膜大多具有半透膜的性质，因此水分、养分在动植物体内循环、吸收大多都是通过渗透实现的。例如：植物细胞液的渗透压可达 2×10^3 kPa，所以水由植物的根部可输送到高达数十米的顶部。植物生长需要从土壤中吸收水分和养分，只有当土壤溶液的渗透压低于植物细胞液的渗透压时，植物才能不断地从土壤中吸收水分和养分，所以盐碱地庄稼不能很好地生长。同样的道理，如果给庄稼一次施用太多化肥也会导致庄稼死亡。人和动物在生命活动中体内的血液和各种体液都要维持等渗关系。人口渴需要补充水分的时候，必须摄入淡水或低渗的饮料，海水不能饮用。医学临床上给病人使用的眼药水、注射液等，静脉输液时必须考虑溶液的渗透压是否合适，否则可能会造成严重后果。日常生活中腌制咸菜、食品行业制作点心时放入大量的食盐或糖，正是利用高渗透压的原理抑制细菌的生长达到防腐的目的。

1.3 电解质溶液

电解质（electrolyte）是指在水溶液中或熔融状态下能导电的化合物，如无机化合物中的酸、碱、盐均为电解质，这类化合物的水溶液称为电解质溶液。

根据电解质在水溶液中或熔融状态下导电能力的不同，有强电解质和弱电解质之分。在水溶液中能全部解离成离子的电解质，称为强电解质（strong electrolyte），强电解质包括离子型化合物和强极性分子，如 NaCl、$MgSO_4$、HCl 等物质。在水溶液中仅能部分解离成离子的电解质，称为弱电解质（weak electrolyte），它们在水溶液中只有很少部分解离成离子，大部分还是以分子的形式存在于溶液中，如 HAc、$NH_3 \cdot H_2O$ 等物质。

电解质的解离程度可以用解离度（dissociation degree）定量表示，解离度是指电解质达到解离平衡时，已解离的分子数和原有的分子总数之比。用符号 α 表示。表示为：

$$\alpha=\frac{\text{平衡时已解离的分子数}}{\text{原有分子总数}}$$

解离度的单位为 1，也可用百分率表示。

实验证明，强电解质在水溶液中是完全解离的，全部以离子的形式存在，不存在分子。它们在水溶液中的解离度应为 100%。但导电性实验数据表明，强电解质溶液的解离度都小于 100%。为了解释这种现象，1923 年，德拜（P. Debye）和休克尔（E. Hückel）提出了强电解质离子相互作用理论（ion interaction theory）。

1.3.1 离子相互作用理论

离子相互作用理论认为，强电解质在水溶液中是全部解离的，但由于离子间的静电引力，使溶液中的正、负离子不能完全独立和自由地运动。

在强电解质溶液中，电解质完全解离，正、负离子的浓度较大，异性离子相互吸引，同性离子相互排斥，这种离子间的静电引力使得每个离子的周围都吸引了许多带相反电荷的离子，形成球形对称的离子氛（ion atmosphere）（如图 1-4）。每一个正离子周围形成了负离子组成的离子氛，每一个负离子周围同样被正离子组成的离子氛所包围。每一个离子氛的中心离子同时又是另一个离子氛的异性离子的成员。因此，溶液中离子的分布是许多离子氛交错在一起的。由于离子不断地运动，使得离子氛时而被拆散，时而又形成，离子氛是一个统计的平均结果。由于离子氛的存在，强电解质溶液中的离子不是独立的自由离子，不能完全自由运动。在电场中，由于离子氛中异性离子之间的相互吸引，使得离子向异性电极迁移的速率降低，因而实际测得的解离度必然低于理论值。离子浓度越大，离子氛的作用越强，这种偏差就越大。强电解质水溶液只有在无限稀释时离子才能完全自由。所以通过实验测得的电解质溶液的解离度仅反映出溶液中离子间相互牵制

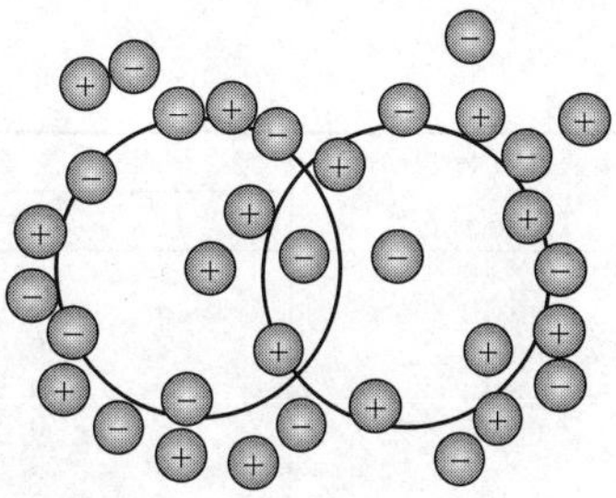

图 1-4　离子氛示意图

作用的程度，并不代表电解质溶液中离子的实际存在状况，这种解离度称为表观解离度(apparent dissociation degree)。表观解离度小于理论解离度。

在强电解质溶液中，不仅存在离子氛，而且部分带相反电荷的离子之间还会缔合成离子对，在溶液中作为独立运动的单位，使溶液中自由离子的浓度降低，也导致溶液的导电能力下降。

由于“离子氛”和“离子对”的存在，强电解质稀溶液的依数性比完全解离时的计算值小。溶液越浓，离子所带电荷越高，这种差别就越大。

1.3.2 离子的活度和活度系数

在强电解质溶液中，由于离子间的相互牵制作用使离子的有效浓度（表观浓度）小于理论浓度。路易斯（G. N. Lewis）提出了活度（activity）的概念，活度是指电解质溶液中离子作为独立运动单位所表现出的有效浓度。活度与浓度的关系为：

$$a=\gamma \frac{c}{c^{\ominus}}$$

式中，a 为活度，单位为 1；$c^{\ominus}$ 为标准态的浓度，$c^{\ominus}=1\text{mol}\cdot\text{L}^{-1}$；$\gamma$ 为校正系数，又称为活度系数，它反映溶液中离子间相互作用的程度。

通常在电解质溶液中，$a<c$，则 $r<1$。当溶液无限稀时，离子间的距离很大，离子间的相互作用可以忽略不计，此时可近似认为 $\gamma=1$，$a=c/c^{\ominus}$；对于弱电解质稀溶液和难溶强电解质溶液，由于溶液中离子浓度很小，离子间的相互作用很弱，其活度系数视为 1，活度近似等于浓度；对于液态、固态纯物质以及溶液中的中性分子，其活度系数也视为 1。

在电解质溶液中，正、负离子是同时存在的，目前还无法用实验测定正离子或负离子的活度系数，但可用实验方法求得电解质溶液中离子的平均活度系数 $\gamma_{\pm}$。1∶1 型电解质离子的平均活度系数为正离子和负离子活度系数的几何平均值，即 $\gamma_{\pm}=\sqrt{\gamma_{+}\gamma_{-}}$，式中，$\gamma_{+}$ 和 γ_{-} 分别是正、负离子的活度系数。离子的平均活度等于正离子和负离子活度的几何平均值，即 $a_{\pm}=\sqrt{a_{+}a_{-}}$。

1.3.3 离子强度

离子的活度系数不仅取决于该离子本身的浓度和电荷数，还受溶液中其他离子的浓度和电荷数的影响。为了说明这些影响因素，路易斯提出了离子强度（ionic strength）的概念，其定义为：

$$I=\frac{1}{2}(b_1 z_1^2+b_2 z_2^2+\cdots+b_i z_i^2)=\frac{1}{2}\sum b_i z_i^2 \tag{1-26}$$

式中，b_i 和 z_i 分别为溶液中第 i 种离子质量摩尔浓度和电荷数，近似计算时，也可用 c_i 代替 b_i。I 的单位为 $\text{mol}\cdot\text{kg}^{-1}$ 或 $\text{mol}\cdot\text{L}^{-1}$。

离子强度反映了离子间作用力的强弱。由式(1-26) 可知，离子的浓度越大，所带电荷数越高，离子强度越大，离子间作用力越强，活度系数就越小。表 1-9 列出了不同离子强度时的活度系数。

表 1-9 不同离子强度时的活度系数

离子强度	活度系数		
$I/\text{mol}\cdot\text{kg}^{-1}$	$z=1$	$z=2$	$z=3$
1×10^{-4}	0.99	0.95	0.90
5×10^{-4}	0.97	0.90	0.80
1×10^{-3}	0.96	0.86	0.73
5×10^{-3}	0.92	0.72	0.51
1×10^{-2}	0.89	0.63	0.39
5×10^{-2}	0.81	0.44	0.15
0.1	0.78	0.33	0.08
0.2	0.70	0.24	0.04

1.4 胶体溶液

胶体溶液是分散相粒子直径在 1～100nm 范围内的分散体系。胶体分散系可分为溶胶和高分子化合物溶液。

胶体在自然界普遍存在，如动物和人体是由各种粗分散系、溶胶、凝胶及高分子溶液所组成的复杂分散系统，体液、细胞、血液、软骨等都是典型的胶体，所以生物体的许多生理现象和病理变化均与胶体的性质有密切联系。

1.4.1 表面吸附

1.4.1.1 比表面

在多相共存的体系中，相与相之间存在的界面称为相界面（interface）。常见的相界面有气-液、固-液、气-固、液-液、固-固等，液相或固相与空气或与其蒸气接触的界面习惯上称为表面（surface）。

在相界面上的物质的性质有明显的变化，物质在相界面上发生的物理现象和化学现象称为界面现象或表面现象。表面现象与物质的表面积密切相关，物质被分割得越细，即分散度越高，表面积越大，表面现象越显著。常用比表面表示分散系的分散度（degree of dispersion）。比表面（specific surface area）是物质的总表面积与体积或质量的比值。表示为：

$$S_0=\frac{A}{V} \quad \text{或} \quad S_0=\frac{A}{m} \tag{1-27}$$

式中，S_0 为比表面；A 为总表面积；V 为体积；m 为质量。

式(1-27) 表明，粒子越小，比表面越大，分散度越大。例如，将边长为 1cm 的立方体分割成 10^{-5}～10^{-7}cm 的小立方体时，达到胶体分散相粒子范围，总表面积为 60～6000m^2，比表面为原来的 10 万～1000 万倍。因此，胶体分散系是分散程度很高的体系，具有很大的比表面，这对胶体溶液的性质有较大的影响。

1.4.1.2 表面能

以气-液表面为例说明物质的表面现象。如图 1-5 所示，物质表面的粒子（分子、原子或离子）和内部分子所受到的作用力不同。处于液体内部的分子受到的周围分子的吸引力相等，彼此互相抵消，所受到的合力为零，因此液体内部的分子可以自由移动而不消耗能量。处于液体表面的分子则不同，由于气体的密度较液体小，表面粒子受到周围分子的吸引力不相等，受液体内部分子的引力大于气相分子的吸引力，其合力指向液体内部，因而表面粒子都有向内部迁移，而使表面自动收缩至最小的趋势。如液滴总是呈球形。若要增加液体表面积，必须将内部的粒子迁移到表面，就要克服向内的合力而消耗能量，这种能量转变成表面分子的势能，因而表面分子的能量高于内部分子，高出的这部分能量称为表面自由能（free surface energy），简称表面能（surface energy）。系统的分散度越高，比表面越大，表面自由能就越高，系统就越不稳定。因此液体和固体都有自动降低表面自由能的能力，表面吸附（surface ad-

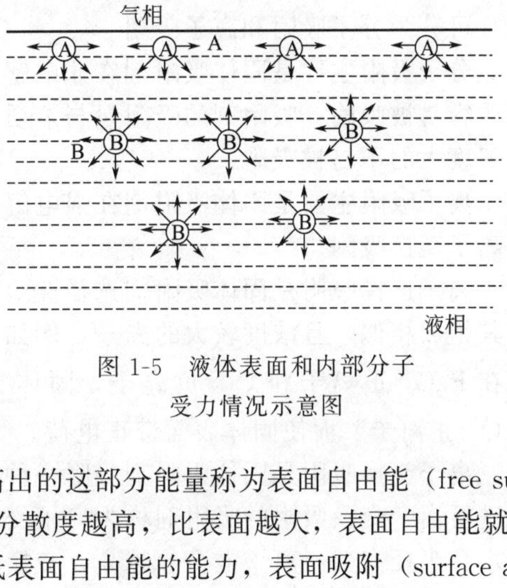

图 1-5　液体表面和内部分子受力情况示意图

sorption）是降低表面能的有效手段之一。

吸附（adsorption）是指一种物质的分子或原子附着在另一种物质表面上的现象。也可以认为，吸附是物质在两相界面上的浓度自动发生变化的现象。具有吸附能力的物质称为吸附剂（adsorbent），被吸附的物质称为吸附质（adsorbate）。吸附剂的吸附能力与比表面有关，比表面越大，吸附能力越强。通过吸附质在吸附剂表面的浓集，改善吸附剂表面分子的受力情况，降低其表面自由能。

（1）气体在固体表面上的吸附

固体对气体的吸附往往存在两个相反的过程，一个是吸附过程：气体分子（吸附质）在固体表面（吸附剂）聚集；另一个是解吸（desorption）过程：分子的热运动使被吸附的气体分子脱离吸附剂表面。当吸附速率与解吸速率相等时，达到平衡，称为吸附平衡（adsorption equilibrium）。表示为：

$$\text{吸附剂}+\text{吸附质}\longrightarrow\text{吸附剂}\cdot\text{吸附质}+\text{吸附热}$$

吸附过程是放热过程。吸附平衡时，吸附质的量不发生改变，即吸附达到了饱和。在一定温度下，吸附平衡时，单位质量吸附剂所吸附气体的体积或气体的物质的量称为吸附量（adsorbance）。吸附量是衡量吸附剂在吸附平衡时，吸附气体能力大小的物理量。

根据吸附分子与固体表面作用力的性质不同，可以将吸附分为物理吸附和化学吸附。

物理吸附是吸附质分子通过范德华力吸附在吸附剂表面上，由于范德华力普遍存在于吸附质和吸附剂之间，因而物理吸附无选择性，其吸附程度随吸附剂和吸附质的种类、性质的不同而异。吸附过程中无电子的转移，也没有化学键的生成和断裂等。通常低温时，易发生物理吸附，而且越易液化的气体越易被吸附，吸附速率和解吸速率都较快，易于达到吸附平衡。由于物理吸附是放热的，因此升高温度不利于物理吸附。

化学吸附是吸附质与吸附剂之间形成化学键而被吸附的，此类吸附是有选择性的。化学吸附和解吸都较慢，达到吸附平衡也较慢。升高温度对化学吸附有利。

在一个吸附系统中，往往既有物理吸附又有化学吸附。

固体对气体的吸附有广泛的应用，如利用活性炭、硅胶、活性氧化铝和分子筛等吸附剂的吸附作用除去大气中的有毒有害气体，防止环境污染。硅胶等吸附剂可作为贮存仪器和药品的干燥剂。

（2）液体在固体表面上的吸附

固体对溶液中的溶质和溶剂都可能产生吸附作用。根据吸附剂在溶液中的吸附对象不同，可分为分子吸附和离子吸附。

分子吸附主要是固体吸附剂在非电解质或弱电解质溶液中的吸附。与吸附剂极性相近的物质容易被吸附；吸附剂的吸附量与溶质的溶解度有关，一般溶解度小的溶质容易被吸附，溶解度大的不易被吸附。

离子吸附主要是固体吸附剂在强电解质溶液中的吸附。离子吸附又可分为离子选择吸附和离子交换吸附。

离子选择吸附是固体吸附剂选择性地吸附溶液中的某种离子。吸附剂总是优先选择吸附与其组成相似，且浓度较大的离子。例如，在水解 $FeCl_3$ 制备 $Fe(OH)_3$ 溶胶的反应溶液中，存在 FeO^+ 正离子和 Cl^- 负离子，固体 $Fe(OH)_3$ 选择性地吸附溶液中与其组成相似的 FeO^+ 正离子，而使固体表面带正电荷。

离子交换吸附是固体吸附剂吸附一种离子的同时释放出等电荷的其他同号离子的过程。能进行离子交换吸附的吸附剂称为离子交换剂。离子交换能力的强弱与离子的电荷数及离子的水合半径有关。离子电荷数越高，交换能力越强；对于同价离子，水合半径越小，离子交换能力越强。例如：

$$Cs^+ > Rb^+ > K^+ > Na^+ > Li^+$$

目前常用的离子交换剂是人工合成的有机高分子化合物，称为离子交换树脂。按其性能分为阳离子交换树脂和阴离子交换树脂。阳离子交换树脂中含有$—SO_3H$、—COOH 等基团，可与溶液中的阳离子进行交换。阴离子交换树脂中含有$—NH_2$、$—\overset{+}{N}(CH_3)_3$ 等基团，可以与溶液中的阴离子进行交换。

离子交换吸附在工农业生产和科学研究中有着非常广泛的应用。如硬水的软化是将硬水通过装有阳离子交换树脂的交换柱，水中的 Ca^{2+}、Mg^{2+} 等阳离子被吸附在树脂上，同时树脂上的 H^+ 进入水中。

$$2R—SO_3H + Ca^{2+} = (R—SO_3)_2Ca + 2H^+$$

然后将除去阳离子的水通过阴离子交换柱，水中的 Cl^-、SO_4^{2-} 等阴离子与树脂上的 OH^- 进行离子交换。

$$R—N(CH_3)_3^+OH^- + Cl^- = R—N(CH_3)_3^+Cl^- + OH^-$$

用这样的方法处理后的水为软水。在实验室常用同样的方法制备去离子水代替蒸馏水。

土壤也是一种良好的离子交换剂，在土壤中施入氮肥后，NH_4^+ 就与土壤中的 K^+、Ca^{2+} 等阳离子进行离子交换。

$$\boxed{\text{土壤}}\begin{matrix}K^+\\ \\ Ca^{2+}\end{matrix} + 3NH_4^+ \rightleftharpoons \boxed{\text{土壤}}\begin{matrix}NH_4^+\\ NH_4^+\\ NH_4^+\end{matrix} + Ca^{2+} + K^+$$

经过交换吸附后，NH_4^+ 可以贮存在土壤里，当植物根系在代谢过程中分泌出 H^+ 时，H^+ 与土壤中的 NH_4^+ 进行离子交换。

$$\boxed{\text{土壤}}\begin{matrix}NH_4^+\\ NH_4^+\\ NH_4^+\end{matrix} + 3H^+ \rightleftharpoons \boxed{\text{土壤}}\begin{matrix}H^+\\ H^+\\ H^+\end{matrix} + 3NH_4^+$$

交换出的 NH_4^+ 进入土壤，作为养分供植物吸收。

1.4.2　溶胶

溶胶是固态原子、离子或分子的聚集体分散在液体介质中所形成的胶体分散系。分散相粒子和分散介质之间存在相界面，属于非均相分散系。胶体分散体系是高度分散的多相系统，它的分散程度很高，具有很大的比表面，因而胶体具有很多特殊的性质。

1.4.2.1　溶胶的性质

（1）溶胶的光学性质

1869 年，英国物理学家丁铎尔（Tyndall）发现，在暗室里让一束光线透过溶胶时，在与光束垂直的方向上可以观察到一个圆锥形的光柱（图 1-6），这种现象称为丁铎尔效应。

分散系统对光的照射可发生吸收、反射、散射等作用，吸收主要由分散系中的化学结构引起，而反射和散射则与分散相粒子大小有关。丁铎尔效应的产生与分散相粒子的直径及入射光的波长有关。当光线照射到分散相粒子上时，若分散相粒子的直径远大于入射光的波长时，则发生光的反射。如粗分散系反射入射光，而且由于分散颗粒较大，阻挡了光的继续传

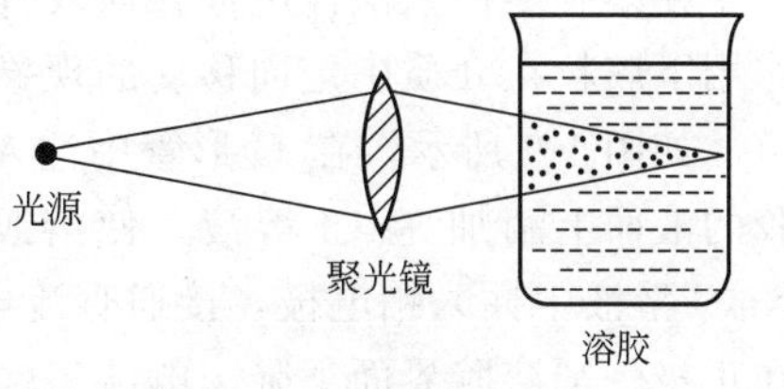

图 1-6　丁铎尔效应

播，只能观察到浑浊现象。若分散相粒子的直径略小于入射光的波长时，则发生光的散射，此时可观察到光波环绕粒子向各个方向散射的散射光。当可见光照射溶胶时，产生明显的丁铎尔效应。溶液分散相粒子的直径远小于入射光的波长，对光的散射作用很微弱，观察不到丁铎尔效应。高分子溶液的分散相粒子被分散介质的分子包裹住，对光的散射也很微弱，也难以观察到丁铎尔效应。因此，丁铎尔效应是溶胶的特有性质。

(2) 溶胶的动力学性质

1827 年，英国植物学家布朗（Brown）在超显微镜下观察到悬浮在水中的花粉小颗粒不停地做无规则运动（图 1-7），这种无规则的运动就称为布朗运动（Brown motion）。后来发现溶胶的分散相粒子也在进行布朗运动。布朗运动是由于分散介质的分子不断地从各个方向撞击这些粒子，使其受力不均衡而造成的。实验证明，温度愈高，布朗运动就愈激烈。

布朗运动的存在导致了胶粒的扩散作用，当溶胶中的粒子存在浓度差时，胶粒就自发地从浓度较大的部位向浓度较小的部位进行扩散，扩散使粒子浓度趋于均匀。同时，溶胶粒子又受到重力的作用，会自动沉降。当扩散速率与沉降速率相等时，系统处于沉降平衡（sedimentation equilibrium）状态。沉降平衡时溶胶粒子的浓度在容器中从上到下逐渐增大，形成一个稳定的浓度梯度（图 1-8）。

由于溶胶粒子很小，再加上剧烈的布朗运动，故沉降速率很慢，达到沉降平衡所需时间较长。利用超速离心机，可使溶胶分散相粒子迅速沉降。超速离心技术是科学研究中不可缺少的分离手段。

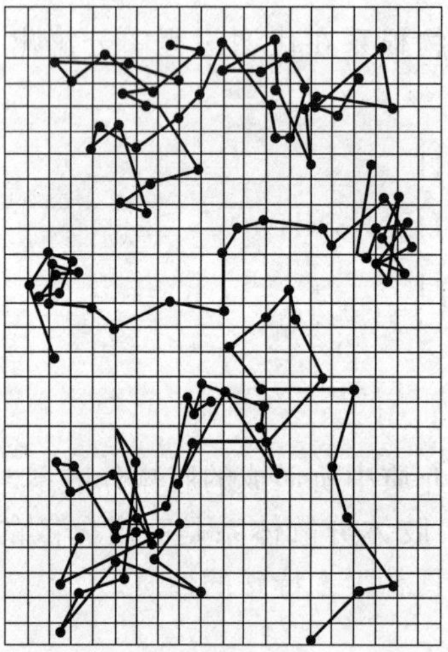

图 1-7 布朗运动示意图

图 1-8 溶胶沉降平衡浓度梯度示意图

(3) 溶胶的电学性质

在溶胶中插入惰性电极并通入直流电，可以看到胶粒向某一电极方向移动。这种在电场作用下胶粒在介质中定向移动的现象称为电泳（electrophoresis）。

如图 1-9 所示，在 U 形管中注入棕红色的 $Fe(OH)_3$ 溶胶，然后小心地在 $Fe(OH)_3$ 溶胶的液面上滴加 NaCl 溶液，使溶胶与 NaCl 溶液间有清晰的界面，并使两液面水平。在 NaCl 溶液中插入铂电极，接通直流电源后，可观察到棕红色溶胶界面在负极一端上升，而在正极一端溶胶界面下降。电泳实验说明 $Fe(OH)_3$ 溶胶粒子带正电荷。大多数金属氢氧化物的胶粒带正电荷，称为正溶胶；而大多数金属硫化物、硅酸、重金属、黏土等溶胶粒子带负电荷，称为负溶胶。

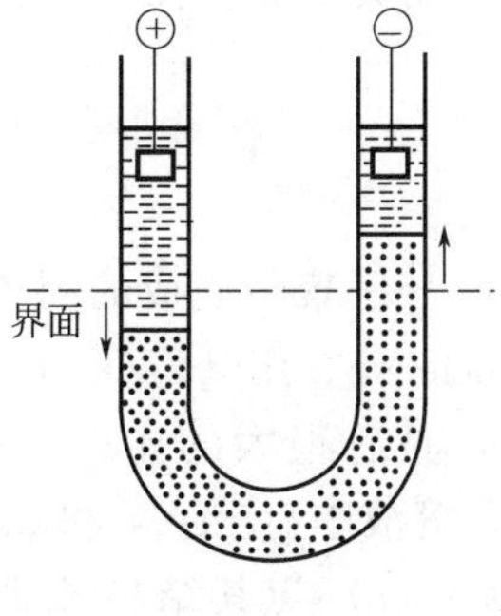

图 1-9　电泳装置

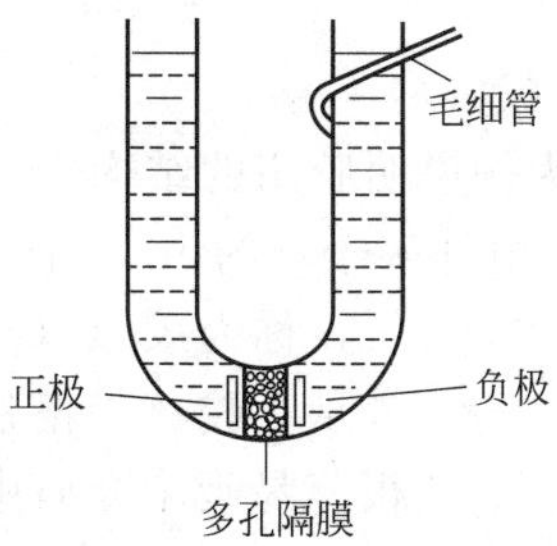

图 1-10　电渗示意图

胶体电性和胶团结构

由于整个胶体系统呈现电中性，因此，若溶胶中胶粒带某种电荷，则分散介质必然带与胶粒相反的电荷。在外电场作用下，分散介质发生移动的现象称为电渗（electroosmosis）。图 1-10 是电渗示意图，若将溶胶吸附于活性炭、黏土或高分子多孔隔膜中，使其不能随介质流动。通入直流电后液体介质将通过多孔隔膜向与介质电荷相反的电极方向移动，可从毛细管中液面的升降观察到液体介质的流动方向。

电泳和电渗都是由于分散相和分散介质作相对运动时产生的电动现象。利用电动现象可以研究胶粒的结构及其性质。电泳在氨基酸、多肽、蛋白质及核酸等物质的分离和鉴定方面有广泛的应用。

1.4.2.2　胶团的结构

（1）胶粒带电的原因

电泳和电渗的实验结果都说明胶粒带有电荷，胶粒带电的原因有吸附作用和解离作用。

a. 吸附作用　溶胶分散系是高度分散的多相系统，由于分散相粒子的比表面很大，产生强烈的吸附作用降低其表面能。实验证明，分散相粒子总是选择性吸附与其组成相似的某种离子，而使其表面带有一定量的电荷。

例如，水解法制备 $Fe(OH)_3$ 溶胶的反应为：

$$FeCl_3 + 3H_2O \longrightarrow Fe(OH)_3 + 3HCl$$

许多 $Fe(OH)_3$ 分子聚集成为 $Fe(OH)_3$ 溶胶的胶核，而部分 $Fe(OH)_3$ 与 HCl 作用，反应为：

$$Fe(OH)_3 + HCl \longrightarrow FeOCl + 2H_2O$$

其中 FeOCl 发生解离，反应为：

$$FeOCl \longrightarrow FeO^+ + Cl^-$$

胶核表面选择吸附与其组成相似的 FeO^+ 正离子而带正电荷，形成正溶胶。

又如，用 $AgNO_3$ 溶液和 KI 溶液制备 AgI 溶胶，反应为：

$$AgNO_3 + KI \longrightarrow AgI + KNO_3$$

制备时，若 $AgNO_3$ 过量，则胶核选择性吸附与其组成相似的 Ag^+ 而带正电荷；如果 KI 过量，则胶核优先吸附 I^- 而带负电荷。

b. 解离作用　溶胶的分散相粒子在分散介质中其表面分子发生解离，也能造成胶粒带电。

例如，硅酸溶胶中的分散相粒子是由许多 $SiO_2 \cdot H_2O$ 分子组成，其表面层的分子与水作用生成硅酸 H_2SiO_3，H_2SiO_3 在水分子的作用下解离为：

$$H_2SiO_3 \rightleftharpoons HSiO_3^- + H^+$$

$$HSiO_3^- \rightleftharpoons SiO_3^{2-} + H^+$$

解离反应生成的 SiO_3^{2-} 负离子留在胶粒表面使其带负电荷，形成负溶胶。而 H^+ 扩散到介质中。

(2) 胶团的结构

以水解法制备 $Fe(OH)_3$ 溶胶为例说明胶团的结构。

$Fe(OH)_3$ 溶胶的分散相粒子是由许多个（约1000个）$Fe(OH)_3$ 分子聚集而成的固体粒子，称为胶核（colloidal nucleus）。用 $[Fe(OH)_3]_m$ 表示。胶核是溶胶的核心，具有很大的比表面积，很容易吸附介质中的离子。溶液中有 FeO^+ 和 Cl^-，胶核选择地吸附了 n 个($n<m$) 与其结构相似的 FeO^+(电位离子)，而使胶核表面带正电荷。由于静电引力，在 FeO^+ 周围必然分布着带相反电荷的 Cl^-(反离子)。Cl^- 负离子受 FeO^+ 正离子的吸引，有靠近胶核的趋势，同时，由于扩散作用，又有远离胶核的趋势。当这两种作用达平衡时，有 $n-x$ 个 Cl^- 负离子被紧密地吸附在 FeO^+ 正离子的周围。胶核表面吸附的 FeO^+ 与这部分 Cl^- 形成的带电层，称为吸附层。胶核与吸附层构成了胶粒（colloidal particle)。在吸附层的外侧还有 x 个 Cl^- 松散地分布在胶粒周围，形成了与胶粒总电荷符号相反的另一个带电层，即扩散层。胶粒与扩散层构成了胶团（colloidal micell)。$Fe(OH)_3$ 溶胶胶团的结构如图1-11。$Fe(OH)_3$ 溶胶的结构式为：

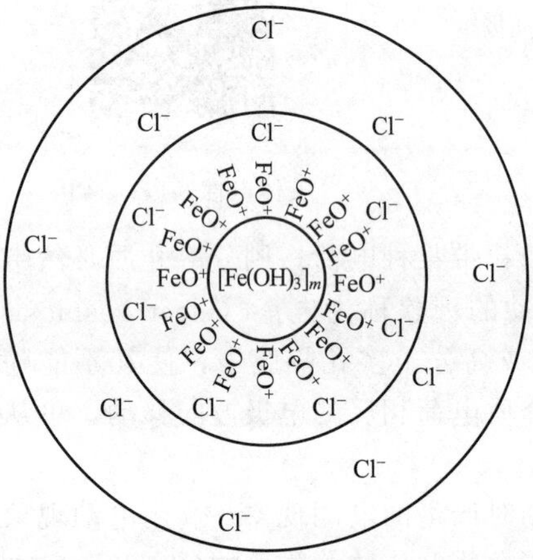

图1-11 $Fe(OH)_3$ 溶胶胶团的结构示意图

$$\underbrace{\{\overbrace{[Fe(OH)_3]_m}^{\text{胶核}} \cdot \overbrace{nFeO^+ \cdot (n-x)Cl^-}^{\text{吸附层}}\}^{x+}}_{\text{胶粒}} \cdot \underbrace{xCl^-}_{\text{扩散层}}$$

胶团

又如，硅酸溶胶的结构式为：

$$[(H_2SiO_3)_m \cdot nSiO_3^{2-} \cdot 2(n-x)H^+]^{2x-} \cdot 2xH^+$$

综上所述，胶团是由胶粒和扩散层构成的，而胶粒又是由胶核和吸附层组成。胶粒所带电荷与扩散层的电荷数相等，符号相反，因此胶团是电中性的。溶胶带电是指胶粒带电。在溶胶中，胶粒是独立运动的单位。在外电场的作用下，胶团的吸附层和扩散层之间裂开，胶粒向与其电性相反的电极移动，而扩散层则向另一电极移动。吸附层和扩散层构成的电性相反的两层结构，称为溶胶的双电层结构。

由于溶胶的吸附层和扩散层带相反符号的电荷，因此在外电场的作用下发生相对位移时，两层之间存在电势差（图1-12中 b、c 间的电势差），称为电动电势（electrokinetic potential)，也称为 ζ 电势（zeta potential)。ζ 电势越高，溶胶越稳定。由于胶核表面吸附了正离子或负离子，所以胶核表面与溶液之间也存在电势差，称为 φ 电势，也

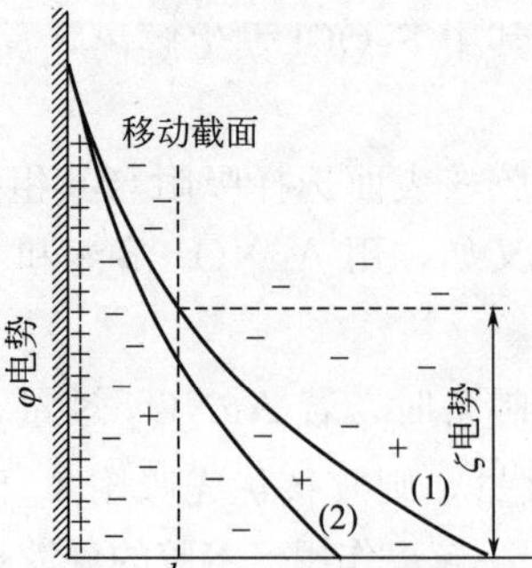

图1-12 双电层中的电势示意图

称为热力学电势（图 1-12 中 a、c 间的电势差）。φ 电势和 ζ 电势发生在胶团双电层结构的不同部位。φ 电势只与胶核表面吸附的离子浓度有关，而 ζ 电势不仅与此离子浓度有关，还与吸附层中的反离子浓度有关。当向溶胶中加入一定量的电解质，会使反离子由扩散层进入吸附层，扩散层变薄，ζ 电势降低，溶胶稳定性下降。

1.4.2.3　溶胶的稳定性及聚沉

（1）溶胶的稳定性

溶胶是高度分散的多相系统，有较大的表面能，因而具有不稳定性。然而溶胶往往可以存放较长时间而不发生聚沉，说明溶胶具有相对稳定性。其主要原因有动力学稳定性和聚结稳定性。

动力学稳定性即布朗运动，溶胶的胶粒很小，剧烈的布朗运动使其能反抗重力作用而不下沉或降低下沉的速率。聚结稳定性是指溶胶放置过程中不发生分散质粒子相互聚结，从而保持系统的稳定。产生聚结稳定性的原因有两个：一是胶粒带电，同一种溶胶的胶粒带有相同的电荷，胶粒之间强烈的静电排斥作用，可以阻止和减少彼此间因聚结而发生的沉降，使溶胶稳定存在。二是溶剂化作用，溶胶的吸附层和扩散层离子都是溶剂化的，对于以水为溶剂的溶胶，胶粒表面被水分子所包围形成的水化膜，同样阻止了胶粒之间的聚结。

（2）电解质的聚沉作用

溶胶的稳定性是相对的和有条件的，只要减弱或消除使其稳定的因素，就能使胶粒聚集成较大颗粒而发生沉降，这种现象称为聚沉（coagulation）。

促使溶胶聚沉的方法很多，如加入电解质、升高温度、增加溶胶的浓度和加入带相反电荷的溶胶等，以下主要讨论电解质对溶胶的聚沉作用和溶胶之间的聚沉作用。

溶胶对电解质十分敏感，少量电解质就能使溶胶聚沉。电解质的作用主要是影响溶胶的双电层结构。在溶胶中加入适量电解质，受电解质相同符号离子的排斥作用，胶粒扩散层中的反离子进入吸附层，因此扩散层变薄或消失，胶粒呈电中性，使水化膜也变薄，溶胶就容易聚集变大，从而发生聚沉。

不同电解质对溶胶的聚沉能力不同。通常用聚沉值来衡量。聚沉值是指一定量的溶胶在一定时间内发生完全聚沉所需电解质溶液的最低浓度，常用单位为 $mmol \cdot L^{-1}$。聚沉值越小，表示电解质的聚沉能力越强。表 1-10 列出了不同电解质对几种溶胶的聚沉值。

表 1-10　不同电解质对几种溶胶的聚沉值　　单位：$mmol \cdot L^{-1}$

电解质	As_2S_3(负溶胶)	电解质	AgI(负溶胶)	电解质	Al_2O_3(正溶胶)
LiCl	58	$LiNO_3$	165	NaCl	43.5
NaCl	51	$NaNO_3$	140	KCl	46
KCl	49.5	KNO_3	136	KNO_3	60
KNO_3	50	$RbNO_3$	126	K_2SO_4	0.30
$CaCl_2$	0.65	$Ca(NO_3)_2$	2.40	$K_2Cr_2O_7$	0.63
$MgCl_2$	0.72	$Mg(NO_3)_2$	2.60	$K_2C_2O_4$	0.69
$MgSO_4$	0.81	$Pb(NO_3)_2$	2.43	$K_3[Fe(CN)_6]$	0.08
$AlCl_3$	0.093	$Al(NO_3)_3$	0.067		
$Al_2(SO_4)_3$	0.048	$La(NO_3)_3$	0.069		
$Al(NO_3)_3$	0.095	$Ce(NO_3)_3$	0.069		

通过电解质对溶胶聚沉作用的研究表明，电解质中起聚沉作用的主要是与胶粒电性相反的离子，聚沉能力随反离子所带电荷数的升高而显著增大。这一规律称为叔尔采-哈代（Schulze-Hardy）经验规则。对于给定的溶胶，反离子电荷数为 1、2、3 的电解质，其聚沉值的比约为：

$$(1/1)^6 : (1/2)^6 : (1/3)^6$$

由表 1-10 可知，NaCl、$MgCl_2$ 和 $AlCl_3$ 三种电解质对 As_2S_3 负溶胶的临界聚沉浓度分别为 51、0.72 和 0.093，说明对于 As_2S_3 负溶胶，Al^{3+} 的聚沉能力最强，Na^+ 的聚沉能力最弱。

对于同价离子，其聚沉能力也有差异，聚沉能力随着离子水合半径的减小而增加。1 价正离子对负溶胶聚沉能力的次序为：

$$Cs^+ > Rb^+ > K^+ > Li^+$$

1 价负离子对正溶胶聚沉能力的次序为：

$$F^- > Cl^- > Br^- > I^-$$

这是因为离子的聚沉能力与离子在水溶液中的实际大小有关。离子在水溶液中都会形成水合离子，水合离子半径越小，聚沉能力越强。正离子因半径小，水合程度大。所以半径最小的 Li^+ 水合程度最大，造成水合 Li^+ 半径反而比水合 Cs^+ 半径更大。负离子因半径大，水合程度小。故水合离子的半径大小次序几乎与原来离子半径大小次序一致。

(3) 溶胶的相互聚沉作用

将两种带相反电荷的溶胶按适当比例混合，使两者所带电荷完全中和，形成沉淀而发生聚沉，称为溶胶的相互聚沉。溶胶的相互聚沉具有较大的实际意义。医学上常利用血液（胶体）相互聚沉现象判断血型；土壤中的 $Fe(OH)_3$、$Al(OH)_3$ 等正溶胶和黏土、腐殖酸等负溶胶之间的相互聚沉对土壤团粒的结构有重要影响；明矾的净水作用是利用明矾水解生成 $Al(OH)_3$ 正溶胶，与水中的带负电荷的溶胶污物相互聚沉，达到净化水的目的。

加热也能使溶胶发生聚沉。加热使胶粒的布朗运动加剧，从而破坏了胶粒的溶剂化膜，同时加热可使胶核对其表面离子的吸附力下降，减少胶粒所带的电荷数，降低其稳定性，增大了胶粒间碰撞聚沉的可能性。

(4) 溶胶的制备和净化

溶胶的制备方法主要有分散法和凝聚法两种。分散法使用物理方法将大颗粒物质粉碎成胶体粒子，常用的方法有研磨法和胶溶法等。凝聚法是使小粒子（分子、原子或离子）凝聚成溶胶粒子，常用物理凝聚法和化学凝聚法。

新制备的溶胶往往含有电解质等杂质，必须对其进行净化才能得到较纯净的溶胶。净化溶胶常用渗析法和超滤法。渗析法是将溶胶与纯溶剂用半透膜隔开，溶胶中电解质的小分子或小离子可以透过半透膜进入溶剂，而胶粒不能透过半透膜，经过不断地更换溶剂，可将电解质和杂质除去。超滤法是在加压或减压的条件下，将溶胶经过半透膜过滤除去杂质净化溶胶。

渗析法不仅可以提纯溶胶，还被广泛用在医学中。在临床上，用人工合成的高分子膜（如聚甲基丙烯酸甲酯薄膜等）作半透膜制成人工肾，帮助肾功能衰竭的患者除去血液中过剩的含氮化合物、代谢产物及过量药物等，净化血液。

1.4.3 高分子化合物溶液

(1) 高分子化合物溶液

高分子化合物（polymer）是指分子量在 1 万以上的化合物。它包括天然高分子和合成高分子两类。如蛋白质、核酸、糖原等都是与生命现象有关的生物高分子，其他如天然橡胶、聚乙烯塑料、合成纤维等也是高分子化合物。

高分子化合物是由一种或多种重复结构单位连接而成的链状分子，每个结构单位称为链节，链节重复的次数称为聚合度（n）。例如聚糖类的纤维素、淀粉、糖原都是由上千个葡萄糖单位$\left[C_6H_{10}O_5\right]$连接而成的。由于高分子化合物是由许多聚合度不同的链段组合而成的，所以高分子化合物的分子量和聚合度都是平均值。高分子化合物链节间的连接方式不同，则形成各种线形、支链形以及网状结构的分子。

高分子化合物在液态的分散介质中形成的单相分子或离子分散系称为高分子化合物溶液。高分子化合物溶液的分散相粒子直径为 1～100nm，与溶胶体分散相粒子大小相同，因此高分子化合物溶液具有一些与溶胶相似的性质。但高分子化合物溶液分散相是单个大分子，其组成和结构与溶胶胶粒有很大的不同，因此高分子溶液与溶胶的性质又有差异。表 1-11 列出了溶液、高分子溶液和溶胶的主要性质的异同点。

表 1-11　溶液、高分子溶液和溶胶的主要性质比较

性　　质	溶　　液	高分子溶液	溶　　胶
分散相粒子	单个分子、原子或离子	单个分子	多个分子、离子或原子的聚集体
稳定性	单相、稳定体系	单相、稳定体系	多相、不稳定体系
分散相扩散速率	快	慢	慢
丁铎尔现象	很不明显	不明显	明显
外加电解质	不敏感	不敏感，大量会盐析	敏感，少量即聚沉
黏度	小	大	小

高分子溶液的稳定性与高分子化合物的结构有关。高分子化合物具有较多亲水基团，如—OH、—COOH、$—NH_2$ 等，使它们与水分子有很强的亲和力，当高分子化合物溶解在水中时，在其表面上形成一层较厚的水化膜。这种水化膜与溶胶粒子的水化膜相比，从厚度和紧密程度上都大得多。这是高分子化合物溶液具有稳定性的重要原因。

电解质对溶胶和高分子化合物溶液都能起聚沉作用，但其作用机制和用量不同。因为这两种溶液的稳定因素不同，高分子化合物需要大量的电解质，才能使其从溶液中析出。高分子化合物的水合作用是高分子溶液稳定的主要因素，电解质的作用是与高分子溶液中的水分子产生强烈的水合作用，大幅度降低了高分子的水合程度，高分子化合物因其稳定因素遭受破坏而沉淀。这种因加入电解质，而使高分子化合物从溶液中析出的作用称为盐析（salting out）。而对于溶胶，只需少量电解质就能使其聚沉。

高分子化合物溶液的黏度比溶胶大得多，而溶胶的黏度与介质相比几乎无差别。由于高分子化合物是链状分子，长链之间相互吸引而结合，将部分溶剂包围在其中，使自由流动的溶剂减少，因此高度溶剂化的高分子化合物在流动时受到的阻力较大，其黏度较大。

（2）高分子化合物对溶胶的保护作用

在溶胶中加入一定量的高分子化合物溶液，可以提高溶胶的稳定性。例如将某种少量电解质加入到金溶胶中，可引起聚沉。若先在金溶胶中加入少量动物胶，再加入相同量的某电解质，就不会引起聚沉。这种现象称为高分子溶液对溶胶的保护作用。其原因是高分子吸附在胶粒表面，将胶粒包裹起来形成保护层，阻止胶粒之间以及胶粒与高分子之间的接触，增强了胶粒的稳定性。如图 1-13。

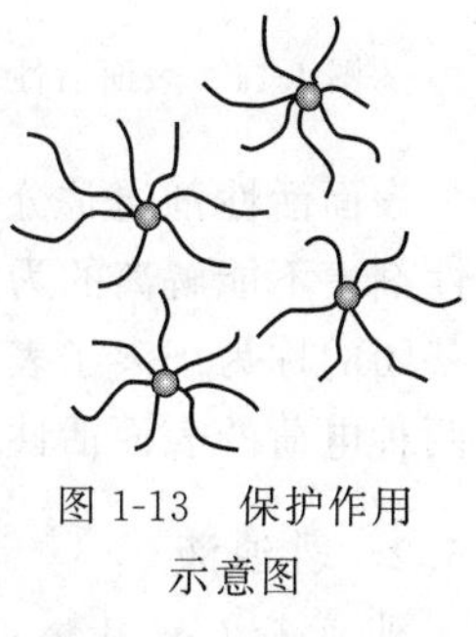

图 1-13　保护作用示意图

高分子化合物对溶胶的保护作用在人的生理过程中十分重要。碳酸钙和磷酸钙等难溶盐类在血液中以溶胶的形式存在，虽然它们在血液中的含量远超过在水中的溶解度，但仍能稳定存在而不聚沉，这正是由于血液中的蛋白质对这类溶胶具有保护作用。但若机体发生某些疾病使血液中的蛋白质浓度降低时，就减弱了对难溶盐溶胶的保护作用，使其在机体的某些部位发生聚沉，形成结石。

（3）凝胶

许多高分子溶液或溶胶在适当的条件下，黏度逐渐变大，最后失去弹性，成为具有一定形态的弹性半固体，这种弹性半固体称为凝胶（gel）。形成凝胶的过程称为胶凝。

凝胶是胶体的一种存在方式。它的形成是由高分子或线形结构的溶胶分子之间通过范德华力互相联结形成立体网状结构，溶剂被固定在网眼中，不能自由流动而形成半固体。因为高分子化合物或线形胶粒仍具有一定的柔顺性，所以凝胶还具有一定的弹性。凝胶中溶剂的量相差很大，如固体琼脂的含水量仅约 0.2%，而琼脂凝胶的含水量可高达 99.8%。液体含量高的凝胶称为冻胶，如血块；液体含量低的凝胶称为干胶，如干硅胶。

凝胶在医学上具有重要意义。人体内的肌肉组织纤维、细胞膜、毛细血管壁以及皮肤、指甲、毛发、软骨等都是凝胶。凝胶具有一定的强度而能保持一定形状，又具有一定的流动性，可以让许多化合物在其中进行物质交换。

1.5 表面活性剂和乳浊液

1.5.1 表面活性物质

表面活性物质是指溶于水后能显著降低水的表面自由能的物质，也称为表面活性剂(surface active substance)。如肥皂、洗涤剂、蛋白质等都是表面活性物质。

表面活性物质的结构特征是分子中含有极性基团和非极性基团，极性基团如—OH、—COOH、—SH、—NH_2、—SO_3H 等，对水的亲和力很强，易溶于水而难溶于油，称为亲水基或疏脂基。非极性基团如脂肪烃基—R、芳香烃基—Ar 等，对油的亲和力较强，难溶于水而易溶于油，称为亲脂基或疏水基。这两类基团称为两亲基团，表面活性物质是指含有两亲基团的有机化合物，如图 1-14 所示。当表面活性剂溶于水后，分子中的亲水基进入水相，疏水基进入气相或油相，表面活性物质的分子浓集于两相界面上，形成定向排列的分子膜，改善相界面上的分子受力不均匀的状况，从而降低了水的表面自由能（如图 1-15）。

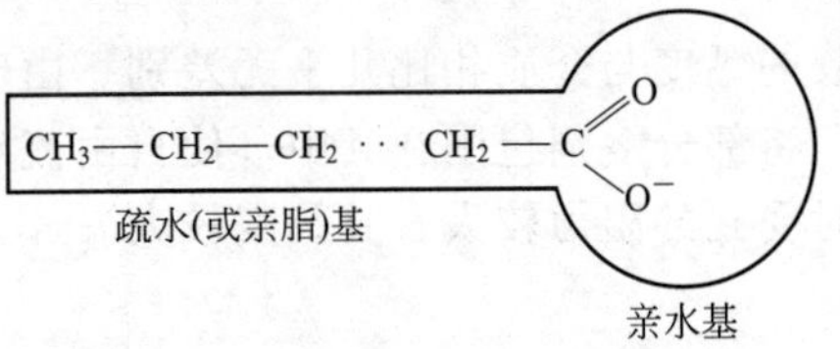

图 1-14 表面活性剂的结构示意图

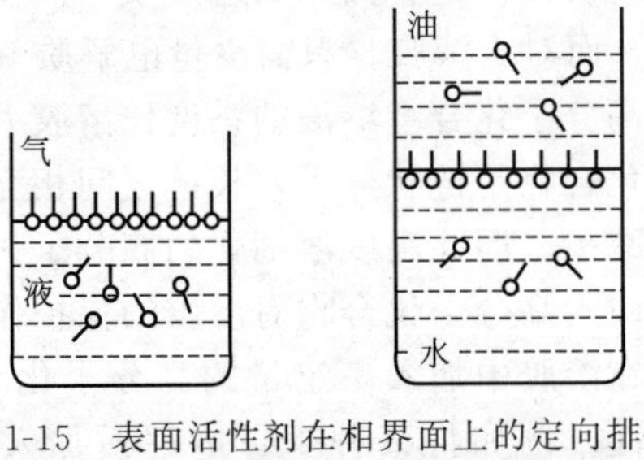

图 1-15 表面活性剂在相界面上的定向排列

表面活性剂通常分为离子型和非离子型两大类。溶于水后能发生解离的属于离子型表面活性剂，不能解离的为非离子型表面活性剂。在离子型表面活性剂中，含有带正电荷表面活性基团的称为阳离子表面活性剂，带负电荷表面活性基团的称为阴离子表面活性剂，带正、负两种电荷的表面活性基团的称为两性表面活性剂。

1.5.2 乳浊液

乳浊液（emulsion）是以液体为分散相分散在另一种不相溶的液体中所形成的粗分散系，属于多相分散系。

乳浊液是由水相和油相（包括非极性或极性小的有机溶剂）组成的系统，由此可将乳浊液分成两种类型。一类是油分散在水中，称为水包油型乳浊液，用符号 O/W 表示；另一类是水分散在油中，称为油包水型乳浊液，用符号 W/O 表示。如图 1-16 所示。

将两种互不相溶的液体，如油和水混合振摇后，油就会以微小液滴的形式高度分散在水中，但静置后两液体分层，不能得到稳定的乳浊液。这是由于两相液体被分散成液珠后，界面积增大，系统的界面自由能有很大提高，当小液滴相互碰撞就会自动聚集在一起，形成大液滴直至分层，自发地降低系统的自由能。欲得到稳定的乳浊液，必须向乳浊液中加入乳化剂（emulgent），乳化剂通常是表面活性剂。如果向油、水不相溶的系统中加入乳化剂，乳化剂被吸附在油-水界面上定向排列，降低了界面张力，同时乳化剂分子在液滴周围形成保护膜，阻止了液滴因碰撞而聚集变大，从而得到稳定的乳浊液。乳化剂稳定乳浊液的作用称为乳化作用（emulsification）。

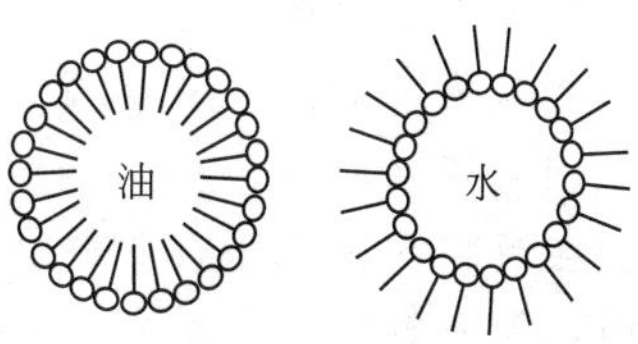

图 1-16　乳浊液类型示意图

乳浊液和乳化作用在医学上和农学上都有很重要的意义。如油脂在体内的消化、吸收和运输都依赖于乳化作用；临床上用的许多外用、内服药以及注射剂都是各种形式的乳浊液；农药杀虫剂也普遍使用乳化剂以提高药效。

【知识拓展】

纳米技术在医学中的应用

纳米微粒的尺寸一般界定为 1～100nm（与胶体分散系的颗粒大小范围相同），其粒度处于宏观物质与微观粒子交界的过渡区域，因而它具有许多既不同于宏观物质，又不同于微观粒子的特性。

纳米微粒因粒径小，表面积大，而且表面原子数与总原子数之比随粒径变小而急剧增大。纳米微粒粒径小、表面积大的特点，可使它产生特殊的表面和界面效应、临界尺寸效应、量子尺寸效应等特性。因此当材料的晶体尺寸小到纳米级时，性质上是由量变到质变，呈现出一系列奇异的物理和化学特性。

纳米技术是指在纳米尺度下对物质进行制备、研究、加工和工业化，它已成为 21 世纪的关键技术之一，对各个领域的科技进步具有极其重要的意义。其中，在生物医学方面，已经取得了较为喜人的成果。

1. 在医药方面的应用

（1）用作药物载体

药物纳米载体是纳米生物技术的重要发展方向之一。专利和文献资料的统计分析表明，作为药物载体的材料主要有金属纳米颗粒、无机非金属纳米颗粒、生物降解性高分子纳米颗粒和生物活性纳米颗粒等。

磁性纳米颗粒作为药物载体，在外磁场的引导下可集中于病患部位，进行定位病变治疗，利于提高药效，减少副作用。如采用金纳米颗粒制成金溶液，接上抗原或抗体，就能进行免疫学的间接凝聚实验，用于快速诊断。生物降解性高分子纳米材料作为药物载体还可以植入到人体的某些特定组织部位，如口、眼、耳、上下呼吸道、肛门、阴道、子宫等。这种给药方式避免了药物直接被消化系统和肝脏分解而代谢掉，并防止药物对全身的作用。药物纳米载体技术将给恶性肿瘤、糖尿病和老年痴呆症（阿尔茨海默病）的治疗带来变革。

（2）纳米抗菌药及创伤敷料

银可使细菌细胞膜上的蛋白失去活性，从而杀死细菌，添加纳米银粒子制成的医用敷料对诸如金黄色葡萄球菌、大肠埃希菌、铜绿假单胞菌等临床常见的 40 余种外科感染细菌有较好抑制作用。

（3）纳米抗癌药

纳米羟基磷灰石粒子可杀死癌细胞，有效抑制肿瘤生长，而对正常细胞组织丝毫无损，这一研究成果引起国际的关注。北京大学医学部等权威机构通过生物学试验证明，这种粒子可杀死肺癌、肝癌、食道癌等多种肿瘤细胞。

(4) 智能靶向药物

在超临界高压下，细胞会“变软”，而纳米生化材料微小易渗透，使药学家能改变细胞基因，因而纳米生化材料最有前景的应用是基因药物的开发。德国柏林医疗中心将铁氧体纳米粒子用葡萄糖分子包裹，在水中溶解后注入肿瘤部位，使癌细胞部位完全被磁场封闭，通电加热时温度达到47℃，慢慢杀死癌细胞，这种方法已在小鼠身上进行的实验中获得了初步成功。美国密歇根大学研制出一种仅 20nm 的微型智能炸弹，能够通过识别癌细胞的化学特征攻击癌细胞，甚至可钻入单个细胞内将它炸毁。依据病理学原理设计出在纳米空间识别出基因病变和修复基因的纳米机器人是生理学家的设想。

(5) 纳米中药及保健品

利用纳米技术将中药材制成纳米粒子口服胶囊、口服液或膏药，可克服中药在煎熬中有效成分损失及口感上的不足，使有效成分吸收率大幅度提高。巴西研究人员开发出一种可以装在脚上来增强脚力的轻型纳米材料驱动装置，这个装置可以用来辅助高龄者步行及保健等，将来也有望用在运动员的训练及娱乐器材上。

2. 介入性诊疗

日本科学家利用纳米材料，开发出一种可测人体或动物体内物质的新技术。科研人员使用的是一种纳米级微粒，它通过与人或动物体内的物质反应而产生光，研究人员用探入血管的光导纤维来检测这种反应产生的光，经光谱分析就可以了解是何种物质、物质特性和状态，初步实验已成功检测出放进实验溶液中的神经传导物质乙酰胆碱。利用这一技术可以辨别身体内物质的特性，以检测神经传递信号物质、测量人体内的血糖值及表示身体疲劳程度的乳酸值，并有助于糖尿病的诊断和治疗。

3. 在人体组织中的应用

纳米材料在生物医学领域的应用相当广泛，除上述内容外还有如基因治疗、细胞移植、人造皮肤和血管及实现人工移植动物器官的可能。首次提出纳米医学的科学家之一詹姆斯·贝克和他的同事已研制出一种树形分子的多聚物作为 DNA 导入细胞的有效载体。在大鼠实验中已取得初步成效，为基因治疗提供了一种更微观的新思路。国外已制备出纳米 ZrO_2 增韧氧化铝复合材料，用这种材料制成的人工髋骨和膝盖植入物的使用寿命可达 30 年之久。

4. 未来展望

纳米生物学的近期设想，是在纳米尺度上应用生物学原理，发现新现象，研制可编程的分子机器人，也称纳米机器人。纳米机器人是纳米生物学中最具有诱惑力的研究内容。

第一代纳米机器人是生物系统和机械系统的有机结合体，这种纳米机器人可注入人体血管内，进行健康检查和疾病治疗（疏通脑血管中的血栓，清除心脏脂肪沉积物，吞噬病菌，杀死癌细胞，监视体内的病变等）。还可以用来进行人体器官的修复，比如做整容手术，从基因中除去有害的DNA，或把正常的 DNA 安装在基因中，使机体正常运行或使引起癌症的 DNA 突变发生逆转而延长人的寿命，甚至使人返老还童。将由硅晶片制成的存储器（ROM）微型设备植入大脑中，与神经通路相连，可用于治疗帕金森综合征或其他神经性疾病。

第二代纳米机器人是直接从原子或分子装配成具有特定功能的纳米尺度的分子装置，可用其吞噬病毒，杀死癌细胞。这样，在不久的将来，被视为当今疑难病症的艾滋病、高血压、癌症等的治疗难题都将迎刃而解。

第三代纳米机器人将包含有纳米计算机，是一种可以进行人机对话的装置。这种纳米机器人一旦问世将彻底改变人类的工作和生活方式。

随着纳米技术在医学领域中的应用，临床医疗将变得节奏更快、效率更高，诊断检查更准确，治疗更有效。

本章小结

1. 稀溶液的依数性

当浓度很稀时，溶液的某些性质（如蒸气压下降、沸点升高、凝固点降低和渗透压）只与单位体积溶液中所含溶质的微粒数有关，而与溶质的种类无关，溶液的这种性质称为稀溶液的依数性。

对于难挥发非电解质稀溶液，其依数性可表示为：

$$\Delta p = Kb(\mathrm{B})$$
$$\Delta T_{\mathrm{b}} = K_{\mathrm{b}}b(\mathrm{B})$$
$$\Delta T_{\mathrm{f}} = K_{\mathrm{f}}b(\mathrm{B})$$
$$\pi = c(\mathrm{B})RT \approx b(\mathrm{B})RT$$

对于电解质稀溶液，其依数性需引入一个校正系数 i，可表示为：

$$\Delta p = iKb(\mathrm{B})$$
$$\Delta T_{\mathrm{b}} = iK_{\mathrm{b}}b(\mathrm{B})$$
$$\Delta T_{\mathrm{f}} = iK_{\mathrm{f}}b(\mathrm{B})$$
$$\pi = ic(\mathrm{B})RT \approx ib(\mathrm{B})RT$$

对于强电解质，校正系数 i 约等于其一个分子解离出的离子数。

医学上常用渗透浓度来表示溶液渗透压的大小，其定义为渗透活性物质（分子、离子）的物质的量浓度，符号为 c_{os}：

对于非电解质溶液　　$c_{\mathrm{os}} = c(\mathrm{B})$

对于电解质溶液　　$c_{\mathrm{os}} = ic(\mathrm{B})$

2. 电解质溶液

电解质的解离程度可用解离度 α 来表示：

$$\alpha = \frac{\text{已解离的分子数}}{\text{分子总数}} \times 100\%$$

强电解质离子相互作用理论：强电解质在水溶液中是完全解离的；离子间通过静电引力相互作用；离子氛和离子对限制了离子的运动。

活度是指单位体积电解质溶液中表现出来的有效浓度，以 a 表示：

$$a = \gamma \frac{c}{c^{\ominus}}$$

式中，γ 为活度系数，$c^{\ominus} = 1\mathrm{mol \cdot L^{-1}}$ 为标准浓度，上式也可简写作：$a = \gamma c$

3. 胶体溶液

分散相粒子直径在 1～100nm 之间的分散系属于胶体分散系。溶胶和高分子溶液都属于胶体分散系，但溶胶属于多相分散系，而高分子溶液属于均相分散系。溶胶是热力学不稳定系统，但具有一定的稳定性。其稳定性大于粗分散系，小于均相分散系（真溶液）。

溶胶具有丁铎尔现象、布朗运动、电泳、电渗等性质。

胶团由胶核、吸附层和扩散层组成，如下所示：

$$\underbrace{\underbrace{\{\underbrace{[Fe(OH)_3]_m}_{\text{胶核}} \cdot \underbrace{\underbrace{nFeO^+}_{\text{电位离子}} \cdot \underbrace{(n-x)Cl^-\}^{x+}}_{\text{反离子}}}_{\text{吸附层}}}_{\text{胶粒}} \cdot \underbrace{\underbrace{xCl^-}_{\text{反离子}}}_{\text{扩散层}}}_{\text{胶团}}$$

溶胶的稳定性因素主要有：动力学稳定性（布朗运动）和聚结稳定性（胶粒带电、胶粒的溶剂化作用）等。破坏这些稳定性因素可使溶胶发生聚沉，使溶胶聚沉的方法主要有：加入电解质、加入带相反电荷的溶胶、加热等。

习题

1. 一杯纯水和一杯等量的糖水同时放置，纯水为什么蒸发快？

2. 稀溶液刚凝固时，析出的溶液是纯溶剂还是溶质？还是溶质、溶剂同时析出？

3. 对难挥发非电解质稀溶液依数性进行计算的公式是否也适用于电解质稀溶液？为什么？

4. 难挥发非电解质稀溶液是否具有恒定的沸点？为什么？

5. 溶胶稳定的因素有哪些？用哪些方法可以促使溶胶聚沉？用电解质聚沉溶胶时有何规律？

6. 比较溶胶与高分子溶液性质上的异同。

7. 什么是表面活性剂？它们在结构上有何特点？

8. 已知 80% 硫酸溶液的密度为 $1.74g \cdot mL^{-1}$，求该硫酸溶液的物质的量浓度 $c(H_2SO_4)$ 和 $c(1/2H_2SO_4)$。

[$14.20mol \cdot L^{-1}$；$28.40mol \cdot L^{-1}$]

9. 市售浓 H_2SO_4 的质量分数为 0.98，密度为 $1.84kg \cdot L^{-1}$，试分别计算该溶液中 H_2SO_4 的物质的量浓度、质量浓度、质量摩尔浓度和摩尔分数（已知 H_2SO_4 的摩尔质量为 $98g \cdot mol^{-1}$）。

[$18.4mol \cdot L^{-1}$、$1803g \cdot L^{-1}$、$500mol \cdot kg^{-1}$、0.90]

10. 将 27.5g 含结晶水的葡萄糖（$C_6H_{12}O_6 \cdot H_2O$）配制成 500mL 水溶液，求该溶液的物质的量浓度和葡萄糖（$C_6H_{12}O_6$）的摩尔分数。

[$0.278mol \cdot L^{-1}$；4.95×10^{-3}]

11. 10.00mL NaCl 饱和溶液的质量为 12.00g，将其蒸干后得 3.17g NaCl 晶体。试计算此饱和溶液中：(1) NaCl 的质量浓度；(2) NaCl 的物质的量浓度；(3) NaCl 的质量摩尔浓度；(4) NaCl 和 H_2O 的摩尔分数。

[(1) $317g \cdot L^{-1}$；(2) $5.42mol \cdot L^{-1}$；(3) $6.14mol \cdot kg^{-1}$；(4) 0.10，0.90]

12. 在 298.15K 时，质量分数为 9.47% 的硫酸溶液的密度为 $1.06 \times 10^3 kg \cdot m^{-3}$。试计算 (1) 此硫酸溶液的物质的量浓度；(2) 此硫酸溶液中 H_2SO_4 的质量摩尔浓度；(3) 此硫酸溶液中 H_2SO_4 的摩尔分数。

[(1) $1.02mol \cdot L^{-1}$；(2) $1.07mol \cdot kg^{-1}$；(3) 1.89×10^{-2}]

13. 某患者需补充 Na^+ 3.0g，如果采用生理盐水（质量浓度为 $9.0g \cdot L^{-1}$）进行补充，需要生理盐水的体积为多少？

[0.85L]

14. 在 20℃时，水的饱和蒸气压为 2.34kPa。若 100g 水中溶有 10.0g 蔗糖（分子量 $M_r=342$），求此溶液的蒸气压。

[2.33kPa]

15. 甲溶液由 1.68g 蔗糖（分子量 $M_r=342$）和 20.00g 水组成，乙溶液由 2.45g、$M_r=690$ 的某非电解质和 20.00g 水组成。试通过计算说明：

(1) 在相同温度下，哪份溶液的蒸气压高？

[乙溶液的蒸气压较高]

（2）将两份溶液放入同一个恒温密闭的钟罩里，时间足够长，两份溶液的浓度会不会发生变化，为什么？

（3）当达到系统蒸气压平衡时，转移的水的质量是多少？

［3.22g］

16. 将 2.6g 尿素 $[CO(NH_2)_2]$ 溶于 100.0g 水中，计算此溶液的沸点和凝固点。

［100.2℃；－0.81℃］

17. 某些昆虫能够耐寒，是由于它们的血液中含有大量的甘油。已知某种寄生黄蜂的血液中甘油的质量分数约为 0.30，试估算这种黄蜂的血液的凝固点。

［－8.7℃］

18. 有两种溶液，一种为 1.50g 尿素（M_r＝60.05）溶于 200g 水中，另一种为 42.8g 某非电解质溶于 1000g 水中，这两种溶液在同一温度下结冰。试求该非电解质的分子量。

［342.7］

19. 乙二醇 CH_2OHCH_2OH 为非挥发性物质，水中加入乙二醇可使水的凝固点降低，从而达到抗冻的目的。为使溶液的凝固点达到－5℃，乙二醇的质量浓度应为多少（假设该溶液的密度为 $1kg\cdot L^{-1}$，已知乙二醇的摩尔质量为 $62g\cdot mol^{-1}$）？

［$143g\cdot L^{-1}$］

20. 按沸点从高到低顺序排列下列各溶液：

（1）$0.1mol\cdot L^{-1}$ HAc

（2）$0.1mol\cdot L^{-1}$ NaCl

（3）$0.1mol\cdot L^{-1}$ $MgCl_2$

（4）$0.1mol\cdot L^{-1}$葡萄糖

21. 在 37℃时，血浆的渗透压为 775kPa，计算血浆的渗透浓度。

［$300mmol\cdot L^{-1}$］

22. 血浆的渗透压在 37℃是 775kPa，欲配制注射用的葡萄糖溶液，要求与血浆具有相同的渗透压，每升溶液中应含葡萄糖（$C_6H_{12}O_6$）多少克？

［54.1g］

23. 100mL 水溶液中含有 2.00g 白蛋白，25℃时，此溶液的渗透压为 0.717kPa。求白蛋白的分子量。

［6.91×10^4］

24. 将 100mL $9.0g\cdot L^{-1}$的 NaCl 与 100mL $50.0g\cdot L^{-1}$的葡萄糖（$C_6H_{12}O_6$，M_r＝180）溶液混合，与血浆相比较，此混合溶液是高渗溶液、低渗溶液或等渗溶液？

［混合溶液 $c_{os}=293mmol\cdot L^{-1}$］

25. 将 101mg 胰岛素溶于 10.0mL 水形成溶液，该溶液在 25℃时的渗透压为 4.34kPa，计算胰岛素的摩尔质量。

［$5.77\times10^3 g\cdot mol^{-1}$］

26. 人体血浆的凝固点为 272.59K，计算在 37℃时血浆的渗透压。

［776kPa］

27. 试列出下列稀溶液的渗透压由大到小的顺序：

（1）$c(C_6H_{12}O_6)=0.1mol\cdot L^{-1}$；

（2）$c(1/2Na_2CO_3)=0.1mol\cdot L^{-1}$；

（3）$c(1/3Na_3PO_4)=0.1mol\cdot L^{-1}$；

（4）$c(NaCl)=0.1mol\cdot L^{-1}$。

28. 200mL 某难挥发非电解质溶液的 $T_f=-0.558$℃，求该溶液的渗透浓度为多少（$mmol\cdot L^{-1}$）？若在该溶液中加入 0.840g $NaHCO_3$（不影响体积变化），求 27℃时该混合溶液的渗透压为多少（kPa）？

［$300mmol\cdot L^{-1}$；998kPa］

29. 将 10.0mL $0.01mol\cdot L^{-1}$ KCl 溶液和 10.0mL $0.05mol\cdot L^{-1}$ $AgNO_3$ 溶液混合制备 AgCl 溶胶，写出胶团的结构，并指出该溶胶在电场中移动的方向。

30. 将 0.009mol·L^{-1} $AgNO_3$ 溶液和 0.006mol·L^{-1} K_2CrO_4 等体积混合制备 Ag_2CrO_4 溶胶。写出该溶胶胶团的结构式。现有 $MgSO_4$、$K_3[Fe(CN)_6]$、$[Co(NH_3)_6]Cl_3$ 三种电解质，它们对该溶胶起聚沉作用的是何种离子，聚沉作用的大小次序如何？

31. 设有带未知电荷的两种溶胶 A 和 B，溶胶 A 中需加入少量的 $BaCl_2$ 或多量的 NaCl，就有同样的聚沉效果；在溶胶 B 中加入少量的 Na_2SO_4 或多量的 NaCl，也有同样的聚沉效果，问 A 和 B 两种溶胶原带有何种电荷？

（编写人：郑喜俊）

第2章 化学热力学基础

在物理变化和化学变化的过程中总是伴随着能量的变化。热力学就是研究各种形式的能量相互转化规律的科学。即不需知道物质的内部结构，只从能量观点出发便可得到一系列的规律。热力学有三条基本定律：分别称为热力学第一定律、第二定律和第三定律。将热力学三条基本定律应用于化学过程或物理化学过程中就形成了化学热力学。化学热力学主要解决两大问题：一是化学过程中能量转化的衡算；二是判断化学反应的方向和限度。化学热力学主要是从宏观方面来研究物质在化学变化及其相关的物理化学变化过程中伴随发生的能量变化、化学反应的方向及反应进行限度等基本问题，推导出有用的结论以指导生产实践。热力学不考虑个别质点的单独行为，不研究系统的微观结构和变化机理，也不考虑时间因素，这些是热力学方法的局限性。

2.1 热力学基本概念

2.1.1 系统与环境

用热力学方法研究问题时，首先要确定研究的对象，并且把研究对象从周围其余部分之中划分出来，这种被划分出来的研究对象称为系统（system）。系统以外并与系统相联系的周围部分则构成环境（surroundings）或外界。例如，我们研究 HCl 和 NaOH 在水溶液中的反应，这个溶液就是我们研究的系统，而溶液以外的其他部分（例如烧杯、溶液上方的空气等）都是环境。

按照系统和环境之间物质和能量的交换情况不同，可将系统分为以下三类。

敞开系统（open system）：系统和环境之间，既有物质交换，又有能量交换。如，一杯正在加热的水，其中水为系统。水吸收环境的热，系统和环境之间发生了能量交换。受热后水蒸气进入环境，系统和环境之间发生了物质交换。即系统损失一定的物质，却从环境得到了一定的能量。

封闭系统（closed system）：系统和环境之间，没有物质交换，只有能量交换。如上述加热的水杯加上盖子，就不会有水蒸气蒸发掉，所以系统和环境之间没有物质交换，只有水吸收环境的热能，系统和环境之间发生了能量交换。这时系统和环境之间是有边界的。

孤立系统（isolated system）：系统和环境之间，既没有物质交换，也没有能量交换。如果将上述水杯改为带盖子的杜瓦瓶，瓶内外既无物质交换，也无能量交换。应当指出，真正的孤立系统并不存在。因为系统与环境之间的能量交换是绝对不可避免的。不过在实验中，我们可以尽量使这种能量交换减少到可以忽略不计的程度，或者把保温瓶看成孤立的系统。

2.1.2 状态与状态函数

系统的状态（state）是系统所有宏观性质的综合表现。也就是说，一个系统的物理性质和化学性质都确定了，则称为一个状态。为了描述一个系统的热力学状态，必须确定描述系统热力学状态的一系列物理量。它们与系统的状态有着一一对应的单值函数关系，当这些物理量都有确定值时，系统就处于一定状态；当这些物理量发生变化时，系统的状态也发生了变化，这些物理量就是系统的状态函数（state function）。例如，对某一理想的气体，压力（p）、体积（V）和物质的量（n）都是与系统状态有关的物理量，只要它们中的一个或几个发生变化，系统的状态就要随之改变，因此它们都是状态函数，它们之间有着一一对应的单值函数关系，即遵循理想气体状态方程：$pV=nRT$。

状态函数是与系统的状态相联系的，因此，当系统处于一定状态时，各个状态函数只能取一个确定的值，即状态一定，状态函数的值也一定。若某个、某些或所有的状态函数发生了改变，则系统所处的状态必然发生变化，由此可知状态函数的一个重要特征——单值性。实际上，描述系统状态的各个状态函数间往往有确定的关系，因此，只要确定系统的一些状态函数，其他的状态函数也就随之而定。例如，对于1mol理想气体，当温度和压力确定之后，系统的体积可由理想气体状态方程式计算而得。

化学中常用的状态函数可划分为两类。一类表现系统“质”的特征。如将烧杯中的溶液分装于几个试剂瓶中，状态函数如温度T、压力p以及组成等，它们在整体（烧杯）和部分（试剂瓶）中的数值是相同的，这类状态函数称为系统的强度性质，不具有加和性。另一类状态函数，表现系统“量”的特征。如体积、物质的量以及热力学能和焓等，它们在整体和部分中的数值是不相同的，与整体和部分中所含物质的多少成正比，这类状态函数称为系统的广度性质或容量性质，具有加和性。

状态函数还有一个重要的特征，就是状态函数的改变只决定于系统的始态和终态，而与变化的途径无关。例如，在压力恒定时，一种气体的温度由始态的298K变到终态的348K，其变化途径不论是先从298K降到273K，再升温到348K；或是先从298K升温到373K，再降温到348K；还是直接由298K升温到348K，状态函数的增量ΔT只由系统的终态348K和始态298K所决定，其结果相同。

各个状态函数之间是相互联系，而又相互制约的，所以在确定系统的状态时，不需要对系统的所有状态函数逐一描述，只要确定几个状态函数就可以确定系统的状态。

2.1.3　过程与途径

当系统和环境之间发生物质交换和能量交换时，系统的状态就会发生变化。系统状态发生变化的经过称为过程（process）。如果系统的状态是在温度一定的条件下发生变化，则此变化称为“定温过程”；同理，在压力或体积一定的条件下，系统的状态发生变化，则称“定压过程”或“定容过程”；如果状态发生变化时，系统和环境之间没有热交换发生，则称“绝热过程”；若系统在发生了一系列变化后仍回到原来的状态，则系统经历了一个“循环过程”。

系统状态发生变化时，由一始态变到一终态，可采取不同的步骤。这种由同一始态变到同一终态的不同步骤称为不同的途径（path）。例如，一系统由始态（298K，100kPa）变到终态（273K，500kPa）可采用两种途径：①先经恒压过程，再经恒温过程；②先经恒温过程，再经恒压过程。尽管两种途径是不同的，系统状态函数变化的数值却是相同的。

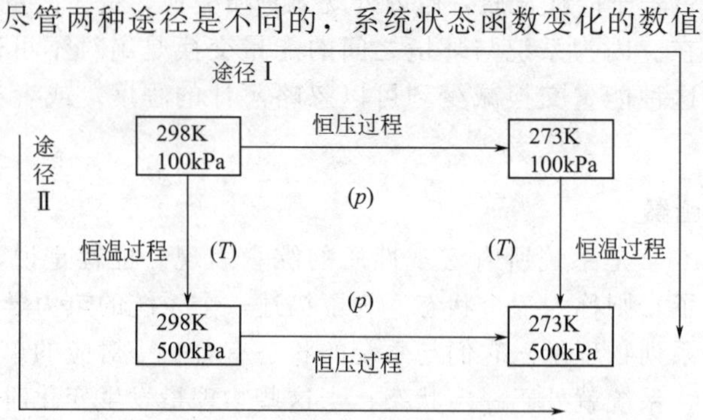

2.1.4　热和功

热和功是系统状态发生变化时与环境进行能量交换的两种形式。

(1) 热 (heat)

由于系统与环境之间存在着温度差而发生的能量交换，这种被传递的能量称为热，常用符号 Q 表示。热能自发地从高温物体传递到低温物体，具有一定的方向性。热力学中以 Q 值的正或负来表示热传递的方向，若系统从环境吸热，$Q>0$；系统向环境放热，$Q<0$。热的 SI 单位为 J。

热总与过程相联系，是途径的函数，不同的途径，系统与环境交换的热量可能不一样。由于能量交换是在界面上进行的，因而热不是系统的性质，也不是系统的状态函数，不能说系统含有多少热，而只能说系统在某一过程中放出或吸收多少热。

(2) 功 (work)

当系统状态发生变化时，在系统与环境之间除热以外的其他各种形式的能量传递都称为功，以符号 W 表示。系统对环境做功，$W<0$；环境对系统做功，$W>0$。与热一样，功也是与过程有关的量，所以功也不是系统的状态函数。功的种类很多，有体积功、电功、表面功等。热力学上把系统反抗外压体积变化时所做的功称为体积功（或称膨胀功，无用功）。除体积功以外的其他形式的功都称为非体积功（或称非膨胀功、有用功或其他功）。

在化学过程中，具有特殊意义的是膨胀功。因为大多数化学反应都是在敞口容器中进行的，反应时，系统由于体积变化而对抗外界压力做功。如果系统只做膨胀功，则系统向环境做的功为：

$$W=-p(V_2-V_1)=-p\Delta V \tag{2-1}$$

式中，W 是功；p 为外压；ΔV 是反应过程中的体积变化。通常规定：系统体积膨胀时，$\Delta V>0$，$p\Delta V>0$，W 为负值，表示系统对环境做功。系统体积收缩时，$\Delta V<0$，$p\Delta V<0$，W 为正值，表示环境对系统做功。

必须注意：系统做膨胀功时，反抗外压是先决条件，若外压 $p=0$，则系统不做功，此时 $W=0$。

2.1.5　热力学第一定律

热力学第一定律 (the first law of thermodynamics) 的内容就是众所周知的能量守恒定律："自然界中一切物质都具有能量，能量有各种不同的形式，能够从一种形式转化为另一种形式，从一个物体传递给另一物体，而在传递和转化的过程中能量的总数量不变。"热力学第一定律是人类长期经验的总结。17～19 世纪期间，由于资本主义经济的发展，许多人幻想制造一种机器——不需要外界提供能量，而本身也不减少能量，却能不断地对外做功，这就是所谓的第一类永动机。千百次的实践使人们认识到，这种凭空创造的第一类永动机是不可能制成的。但直到能量转化和守恒定律建立之后，才对制造第一类永动机的幻想作了科学的最后的判决，因而热力学第一定律也可以表述为："不可能制造出第一类永动机。"

热力学第一定律

根据热力学第一定律，在封闭系统中，系统和环境之间只有能量交换，而热和功是能量交换的两种形式。对于一个与环境只有能量交换的封闭系统，若环境对其做功，系统从环境吸热 Q，则系统的能量必定增加，根据能量转化和守恒定律，增加的这部分能量等于 W 与 Q 之和，即

$$\Delta U=W+Q \tag{2-2}$$

式(2-2)为热力学第一定律的数学表达式。式中，U 为系统的热力学能（thermodynamic energy）。

热力学能又称内能（internal energy），它是系统内部各种形式能量的总和，包括系统中分子的平动能、转动能、振动能、电子运动及原子核内的能量以及系统内部分子与分子间相互作用的位能等。一个系统热力学能有多少，我们无法知道，因为系统的能量不可能完全释放出来供我们测量，能量是物质运动的量度，运动和物质是不可分的，如果物质的热力学能完全释放出来，那么物质本身也就不存在了。热力学能和势能一样没有绝对值。虽然热力学能没有绝对值，但是当系统的状态发生变化后，热力学能的变化值 ΔU 可以测量，这个变化值只与变化的始终态有关，而与变化的途径无关。即热力学能具有状态函数的性质，是状态函数。

【例 2-1】 某系统从始态变到终态，从环境吸热 200kJ，系统对环境做功 300kJ，求系统和环境的热力学能改变量。

解： 系统吸热 200kJ，所以 Q(系统)$=200$kJ，系统对环境做功 300kJ，故 W(系统)$=-300$kJ，根据式(2-2)

$$\Delta U(\text{系统})=Q(\text{系统})+W(\text{系统})=-100\text{kJ}$$

对于环境而言，系统吸热，环境就要放热，故 Q(环)$=-200$kJ，环境接受系统做的功，故 W(环)$=300$kJ，同样代入式(2-2)

$$\Delta U(\text{环})=Q(\text{环})+W(\text{环})=100\text{kJ}$$

结果表明："系统与环境的总能量保持不变"，这也是热力学第一定律的一种表述方法。

2.1.6 反应进度

反应进度（advancement of reaction）是用来描述某一化学反应进行程度的物理量。对于任意一化学反应：

$$a\text{A}+b\text{B}=\!=\!=d\text{D}+e\text{E}$$

或写成：

$$0=d\text{D}+e\text{E}-a\text{A}-b\text{B}$$

简写为：

$$0=\sum\nu(\text{B})\text{R}(\text{B}) \tag{2-3}$$

式(2-3)中，$\nu(\text{B})$ 为反应物或生成物 R(B) 的化学计量系数。反应进度表示反应进行的程度，常用符号 ξ 表示，反应进度 ξ 定义式为：

$$\xi=\frac{\Delta n(\text{B})}{\nu(\text{B})} \tag{2-4}$$

式中，$\Delta n(\text{B})$ 为反应系统中任何一种反应物或生成物 B 在反应过程中物质的量 $n(\text{B})$ 的变化值；$\nu(\text{B})$ 为该物质的化学计量系数，为使反应进度的值统一为正值，规定反应物的化学计量系数 $\nu(\text{B})$ 为负值，生成物的 $\nu(\text{B})$ 为正值。$\nu(\text{B})$ 可以是整数，也可以是简单分数。式(2-4)也可以写成如下的形式：

$$\xi=\frac{n_{\xi}(\text{B})-n_{0}(\text{B})}{\nu(\text{B})} \tag{2-5}$$

$n_{\xi}(\text{B})$ 和 $n_{0}(\text{B})$ 分别为反应进度为 ξ 和零时物质 B 的物质的量。反应进度具有与物质的量相同的量纲，SI 单位为 mol。

由于化学计量数 $\nu(\text{B})$ 与反应方程式的写法有关，所以反应进度 ξ 也与反应方程式的写法有关。

【例 2-2】 在 I^- 催化下，34g H_2O_2 经 20min 后分解了一半，其反应方程式可写成如下两种形式：

$$H_2O_2(aq)=\!=\!=H_2O(aq)+\frac{1}{2}O_2(g) \tag{1}$$

$$2H_2O_2(aq) = 2H_2O(aq) + O_2(g) \qquad (2)$$

分别按式(1) 和式(2) 求算此反应的反应进度。

解：反应在 $t=0$ 和 $t=20$min 时不同物质的量为

	H_2O_2/mol	H_2O/mol	O_2/mol
$t=0$	1.0	0.0	0.0
$t=20$	0.50	0.50	0.25

按方程式 (1) 求 ξ

$$\xi=\frac{\Delta n(H_2O_2)}{\nu(H_2O_2)}=\frac{0.50-1.0}{-1}=0.50\ (\text{mol})$$

按产物 H_2O 和 O_2 也可求得 $\xi=0.50$mol

按方程式 (2) 求 ξ

$$\xi=\frac{\Delta n(H_2O_2)}{\nu(H_2O_2)}=\frac{0.50-1.0}{-2}=0.25\ (\text{mol})$$

按产物 H_2O 和 O_2 也同样求得 $\xi=0.25$mol。

从例 2-2 可以看出：反应进度与反应方程式的写法有关。但对于同一反应方程式，反应进度与用哪一反应物或产物求算无关。$\xi=1$mol，意味着按所写的反应方程式作为基本单元完成了 1mol 的反应。

2.2 化学反应的热效应

化学反应的热效应

2.2.1 化学反应热

化学反应进行时总是伴随着吸热或放热的现象，对这些以热的形式放出或吸收的能量的研究，是热力学中的一个分支，称为热化学（thermochemistry)。在热化学中为了定量研究化学反应过程中的热量变化，提出了反应热的概念。反应热是指化学反应发生后，使产物的温度回到反应前反应物的温度，且系统不做非体积功（有用功）时，所吸收或放出的能量。

由于热与过程有关，在研究反应热时不但要指明系统的始、终态，还应指明具体的过程。通常最重要的过程是定容过程和定压过程。

(1) 定容热

若系统在变化过程中保持体积恒定，此时的热称为定容热，用符号 Q_V 表示。

对于封闭系统，如果系统的变化是在定容下进行，则 $\Delta V=0$，所以 $W=0$，故

$$\Delta U=Q_V \qquad (2\text{-}6)$$

式(2-6) 表明在定容且不做非体积功时，定容热等于系统热力学能的改变。也就是说虽然热不是状态函数，但只要确定了过程定容和不做非体积功的特征，定容热就只与过程有关，而与途径无关。

(2) 定压热

若系统在变化过程中保持作用于系统的外压力恒定，此时的热称为定压热，用符号 Q_p 表示。

大多数化学反应都是在定压条件下进行的，定压热 Q_p 在实际应用中更为重要。

在定压和不做非体积功的条件下进行的反应，根据热力学第一定律可得：

$$\Delta U=Q+W=Q_p-p\Delta V$$

所以

$$Q_p = \Delta U + p\Delta V$$
$$= U_2 - U_1 + p(V_2 - V_1)$$
$$= (U_2 + pV_2) - (U_1 + pV_1)$$

由于 U、p、V 都是状态函数，所以 $U+pV$ 也是状态函数，热力学中定义这个新的状态函数为焓（enthalpy），用符号 H 表示。

$$H = U + pV \tag{2-7}$$

故可得：

$$Q_p = (U_2 + pV_2) - (U_1 + pV_1) = H_2 - H_1 = \Delta H \tag{2-8}$$

此式的物理意义是：在定压和不做非体积功的条件下，反应热等于系统焓的改变量。

焓是与热力学能相联系的一个物理量，与热力学能一样，无法确定其绝对值，但在一定的条件下，可以从系统和环境之间热量的传递来衡算系统焓的改变量。

(3) 定压热和定容热的关系

根据焓的定义式 $H=U+pV$，故有

$$\Delta H = \Delta U + \Delta(pV)$$

在定压条件下

$$\Delta H = \Delta U + p\Delta V$$

将式(2-6) 和式(2-8) 代入，得

$$Q_p = Q_V + p\Delta V$$

说明在定容条件下进行反应时，系统吸收的热增加了系统的热力学能；在定压条件下进行反应时，系统吸收的热除了增加了系统的热力学能外，还有一部分用于做体积功 $p\Delta V$。

对于反应物和产物都是固体或液体物质的反应，反应前后系统的体积变化很小，$p\Delta V$ 与 ΔU 和 ΔH 相比可忽略不计，即 $\Delta H \approx \Delta U$，$Q_p \approx Q_V$。

对于有气体参加或气体生成的反应，$p\Delta V$ 不能忽略。若把气体都看作理想气体，当反应进度 $\xi=1\text{mol}$ 时，$p\Delta V = \Delta nRT$，其中，Δn 是反应后与反应前气体物质的量的改变；T 是热力学温度；R 是气体常数，故有

$$Q_p = Q_V + \Delta nRT \tag{2-9}$$

【例 2-3】 在 79℃ 和 100kPa 压力下，将 1mol 乙醇完全汽化，已知该反应的 $Q_V = 40.6\text{kJ}$，求此过程的 Q_p。

解：

$$C_2H_5OH(l) = C_2H_5OH(g)$$

$$p\Delta V = \Delta nRT = (1\text{mol} - 0\text{mol}) \times (273.15 + 79)\text{K} \times 8.314\text{J}\cdot\text{K}^{-1}\cdot\text{mol}^{-1}$$
$$= 352.15 \times 8.314\text{J} = 2.93\text{kJ}$$
$$Q_V = 40.6\text{kJ}$$
$$Q_p = Q_V + \Delta nRT = 40.6 + 2.93 = 43.5\text{kJ}$$

2.2.2 热化学方程式

热化学方程式（thermochemical equation）是表示化学反应与反应热关系的方程式。例如：

$$H_2(g) + I_2(g) = 2HI(g) \qquad \Delta_r H_m^{\ominus}(298.15\text{K}) = -25.9\text{kJ}\cdot\text{mol}^{-1}$$

该方程式标出了在标准态时，1mol $H_2(g)$ 和 1mol $I_2(g)$ 生成 2mol HI(g) 这个反应及其对应的热效应，是一个完整的热化学方程式。一个完整的热化学方程式包括前后两部分：前一部分为反应的方程式，后一部分为反应对应的热效应。

由于热效应与反应进行的条件（温度、压力、定容、定压等）有关，也与反应物和生成

物的物态有关，为使热效应的数值具有可比性，重要的问题是要为物质的状态定义一个基线，标准状态就是这样一种基线。根据国际上的共识以及我国的国家标准，所谓的标准状态是指在某温度 T 和标准压力（$p^{\ominus}=100\text{kPa}$）下该物质的物理状态。

① 气体物质的标准态是指该物质的物理状态为气态，并且气体的压力或气体在混合气体中的分压为 100kPa。热力学上将 100kPa 规定为标准压力，用符号 $p^{\ominus}$ 表示，右上角“$\ominus$”是表示标准态的符号。

② 溶液的标准态是指在标准压力（100kPa）下，溶质的质量摩尔浓度 $b=1\text{mol}\cdot\text{kg}^{-1}$ 时的状态。热力学上用 $b^{\ominus}$ 表示标准质量摩尔浓度，即 $b^{\ominus}=1\text{mol}\cdot\text{kg}^{-1}$。在很稀的水溶液中，质量摩尔浓度和物质的量浓度相差很小，可将溶质的标准质量摩尔浓度改用 $c^{\ominus}=1\text{mol}\cdot\text{L}^{-1}$ 代替。

③ 纯液体和纯固体物质的标准态分别是指指定温度 T、标准压力 $p^{\ominus}$ 时纯固体和纯液体的状态。

在标准状态下化学反应的焓变称为化学反应的标准焓变，用 $\Delta_r H^{\ominus}$ 表示。反应进度 $\xi=1\text{mol}$ 时的标准焓变称为反应的标准摩尔焓变，用符号 $\Delta_r H_m^{\ominus}$ 表示。下标“r”代表一般的化学反应，下标“m”表示发生 1mol 反应。温度不是标准状态的规定条件，但因许多重要数据都是在 298.15K 时测定的，故常用 298.15K 下的标准摩尔焓变，记为 $\Delta_r H_m^{\ominus}(298.15\text{K})$。

书写和应用热化学方程式时必须注意以下几点。

① 明确写出反应的计量方程式，各物质化学式前的化学计量系数可以是整数，也可以是分数。

② 各物质化学式右侧用圆括弧表明物质的聚集状态。可以用 g、l、s 分别代表气态、液态、固态。固体有不同晶态时，还需将晶态注明，例如 S(斜方)、S(单斜)、C(石墨)、C(金刚石) 等。溶液中的反应物质，则须注明其浓度，以 aq 代表水溶液，(aq，∞) 代表无限稀释水溶液。

③ 必须标明反应的温度和压力等条件，如 $\Delta_r H_m^{\ominus}(T)$。温度为 298.15K 时不必注明，反应热可写成 $\Delta_r H_m^{\ominus}$。

④ 反应热与反应方程式相互对应。若反应式的书写形式不同，则相应的化学计量系数不同，反应热亦不同。如

$$H_2(g)+\frac{1}{2}O_2(g)=\!=\!=H_2O(l)\qquad \Delta_r H_m^{\ominus}=-285.8\text{kJ}\cdot\text{mol}^{-1}$$

$$2H_2(g)+O_2(g)=\!=\!=2H_2O(l)\qquad \Delta_r H_m^{\ominus}=-571.6\text{kJ}\cdot\text{mol}^{-1}$$

⑤ 正逆反应的热效应数值相等、符号相反。如

$$H_2O(l)=\!=\!=H_2(g)+\frac{1}{2}O_2(g)\qquad \Delta_r H_m^{\ominus}=285.8\text{kJ}\cdot\text{mol}^{-1}$$

2.2.3 反应热的计算

（1）盖斯定律

热化学研究的主要问题是确定化学反应的热效应，而确定热效应的最有效方法是通过实验测定。但是在许多情况下由于副反应的发生或者反应进行得不够彻底等，使得一些反应的热效应无法测定。因此用热化学的方法计算反应热是化学家们十分关注的问题。

1840 年俄国化学家盖斯（Hess）在总结大量事实的基础上，总结出了一条关于确定化学反应热效应的经验规律：“在恒压或恒容的条件下，一个化学反应无论是一步完成还是分几步完成，其热效应总是相同的”。这就是著名的盖斯定律。

盖斯定律可用下图来示意：

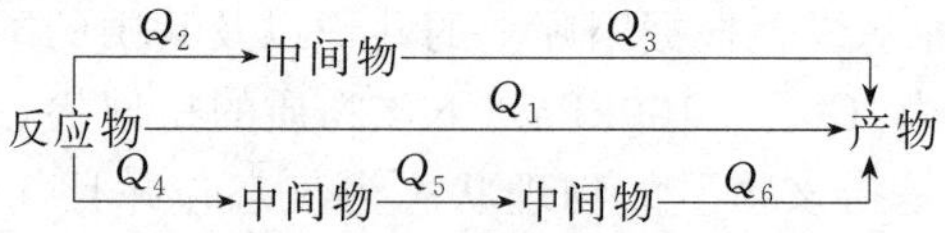

$$Q_1=Q_2+Q_3=Q_4+Q_5+Q_6$$

热力学第一定律建立之后，对盖斯定律做出了圆满的解释。因为在定压、只做膨胀功的情况下：$Q_p=\Delta H$，由于焓 H 是状态函数，ΔH 只取决于始态和终态而与途径无关。所以化学反应热效应只与始态和终态有关而与变化的途径无关。若是等容过程：$Q_V=\Delta U$，热力学能 U 也是状态函数，ΔU 也只取决于始态和终态而与途径无关。只要反应物和产物一定，其热效应也就随之而定。所以盖斯定律从本质上讲是热力学第一定律的推论，是热力学第一定律的必然结果。

盖斯定律的建立为各种化学过程热效应的研究提供了方便，使一些不易测量或暂时无法实现的化学过程的热效应可通过间接的方法推算求得。

运用盖斯定律求算化学反应热效应的方法有两个，即代数法和图解法。现举例如下。

【例 2-4】 已知

$$C(石墨)+O_2(g) \xlongequal{} CO_2(g) \qquad \Delta_r H_m^{\ominus}=-393.5kJ\cdot mol^{-1} \qquad ①$$

$$CO(g)+\frac{1}{2}O_2(g) \xlongequal{} CO_2(g) \qquad \Delta_r H_m^{\ominus}=-282.8kJ\cdot mol^{-1} \qquad ②$$

求 $$C(石墨)+\frac{1}{2}O_2(g) \xlongequal{} CO(g) \qquad \Delta_r H_m^{\ominus}=? \qquad ③$$

解：(1) 图解法

先把热效应已知和热效应未知的反应设计成一个循环圈路，找出相同始终态之间不同的反应途径。然后根据盖斯定律进行计算。

例题中的 $C(石墨)+O_2(g)$ 是始态，$CO_2(g)$ 是终态。由始态到终态的转变可以通过下面两种途径来完成。

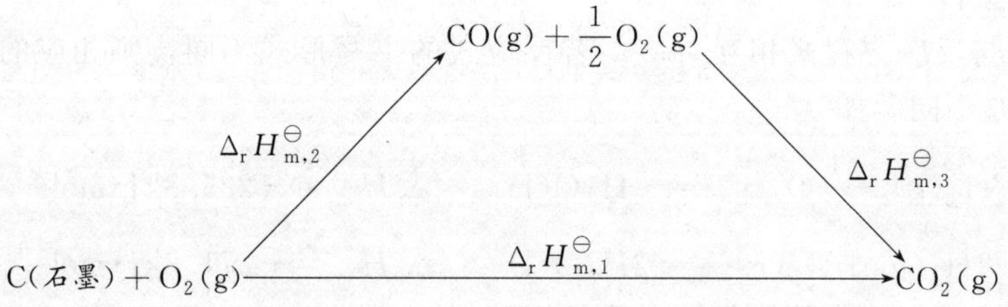

根据盖斯定律：

$$\Delta_r H_{m,1}^{\ominus}=\Delta_r H_{m,2}^{\ominus}+\Delta_r H_{m,3}^{\ominus}$$

所以

$$\begin{aligned}\Delta_r H_{m,2}^{\ominus}&=\Delta_r H_{m,1}^{\ominus}-\Delta_r H_{m,3}^{\ominus}\\&=-393.5kJ\cdot mol^{-1}+282.8kJ\cdot mol^{-1}\\&=-110.7kJ\cdot mol^{-1}\end{aligned}$$

(2) 代数法

把已知热效应的反应方程式和它们的热效应表示式分别平行地以同样格式排列并进行代数运算。当化学反应方程式的代数运算结果正好就是要求热效应的那个反应时，相对应的热效应的代数运算结果就是欲求反应的热效应。

在例中将已知热效应的①、②两式进行代数运算得到所求热效应的第③式。在①、②两

式中都有 CO_2，③式中没有 CO_2，因此在进行代数运算时，首先应当考虑的是消去 CO_2，消去的方法就是①、②两式相减。

$$C(石墨)+O_2(g) = CO_2(g) \quad \Delta_r H_m^{\ominus} = -393.5kJ\cdot mol^{-1} \quad ①$$

$$-)\ CO(g)+\frac{1}{2}O_2(g) = CO_2(g) \quad \Delta_r H_m^{\ominus} = -282.8kJ\cdot mol^{-1} \quad ②$$

$$C(石墨)+\frac{1}{2}O_2(g) = CO(g) \quad \Delta_r H_m^{\ominus} = -393.5+282.8 = -110.7kJ\cdot mol^{-1} \quad ③$$

对于比较复杂的化学反应，设计成循环圈路较为困难，这时多用代数法。

【例 2-5】 298.15K 和标准状态下

$$(1)\ S_8(s)+8O_2(g) = 8SO_2(g) \quad \Delta_r H_{m,1}^{\ominus} = -2374.4kJ\cdot mol^{-1}$$

$$(2)\ \frac{1}{8}S_8(s)+\frac{3}{2}O_2(g) = SO_3(g) \quad \Delta_r H_{m,2}^{\ominus} = -395.7kJ\cdot mol^{-1}$$

求：(3) $2SO_2(g)+O_2(g) = 2SO_3(g) \quad \Delta_r H_{m,3}^{\ominus} = ?$

解： 上述三个热化学方程式有如下关系：

$$(3) = \left[(2)-\frac{1}{8}\times(1)\right]\times 2$$

$$\Delta_r H_{m,3}^{\ominus} = \left[\Delta_r H_{m,2}^{\ominus}-\frac{1}{8}\Delta_r H_{m,1}^{\ominus}\right]\times 2$$

$$= \left[-395.7kJ\cdot mol^{-1}-\frac{1}{8}\times(-2374.4kJ\cdot mol^{-1})\right]\times 2$$

$$= -197.8kJ\cdot mol^{-1}$$

通过以上例题可以看出，利用盖斯定律进行计算时，应注意以下几点。

① 若干个热化学方程式进行代数运算时，若合并或消去相同的物质，物质的聚集状态、晶型等条件必须相同。

② 若干个热化学方程式进行代数运算时，若计量方程式乘以某一系数，其 $\Delta_r H_m^{\ominus}$ 也相应乘以某一系数。

③ 正逆反应的 $\Delta_r H_m^{\ominus}$ 绝对值相等、符号相反。

(2) 标准摩尔生成焓 (standard molar enthalpy of formation)

用盖斯定律计算反应热，需要已知许多相关反应的热效应，有时将一个复杂反应分解成几个已知热效应的反应并不是很容易的。为此化学家们寻求计算反应热的更简便的方法。前面已经推导出定压反应热在数值上等于该条件下系统状态发生变化时的焓变，即 $Q_p = H_2 - H_1$。如果知道反应物和产物的焓，反应热的计算将非常简单。但遗憾的是焓的绝对值是无法得到的，因此人们采取了一种相对的方法来定义物质的焓值，从而计算 $\Delta_r H_m^{\ominus}$。热力学规定，在一定温度和标准压力下，由指定单质生成 1mol 某物质时的反应热称为该物质的标准摩尔生成焓，用符号 $\Delta_f H_m^{\ominus}(T)$ 表示。298.15K 时，温度 T 可以省略。例如，

$$H_2(g)+\frac{1}{2}O_2(g) = H_2O(l) \quad \Delta_r H_m^{\ominus} = -285.85kJ\cdot mol^{-1}$$

即 $\Delta_f H_m^{\ominus}(H_2O,\ l,\ 298.15K) = -285.85kJ\cdot mol^{-1}$，表示在 298.15K 时由指定单质氢气和氧气生成 1mol 液态水时的标准摩尔焓变为放出热量 285.85kJ。

由此可见，物质的标准摩尔生成焓只是一种特殊的焓变，它是以指定单质的标准摩尔生成焓是零为标准的一个相对值。这里的指定单质一般选择 298.15K 时较稳定的形

态，如 I_2(s)，O_2(g)。但也有个别例外，如 P(白)为指定单质，但 298.15K 时 P(红)更稳定。

常见物质 298.15K 时标准摩尔生成焓数值可查热力学数据表及本书附录三，在没有特别指明温度时，本书所用 $\Delta_f H_m^\ominus$ 的数据为 298.15K 时数值。

用标准摩尔生成焓 $\Delta_f H_m^\ominus$ 的数据，可以计算化学反应的标准摩尔焓变 $\Delta_r H_m^\ominus$。利用盖斯定律，根据状态函数的改变值只与始终态有关，而与变化的途径无关这一性质，设计下列途径，就可方便地计算反应的标准摩尔焓变。

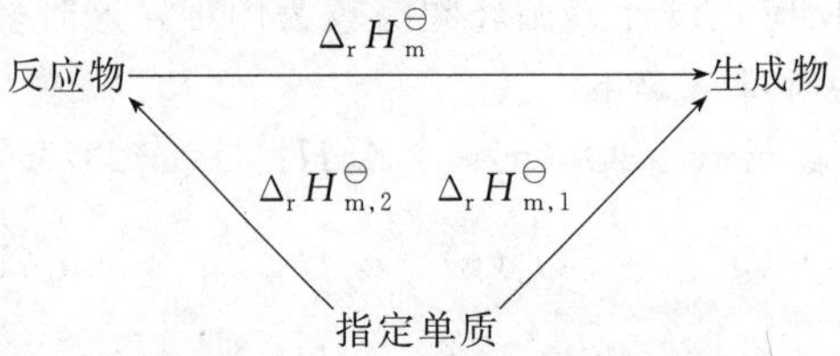

$$\Delta_r H_{m,1}^\ominus = \sum \nu_i \Delta_f H_m^\ominus(\text{生成物})$$
$$\Delta_r H_{m,2}^\ominus = \sum \nu_i \Delta_f H_m^\ominus(\text{反应物})$$

$\Delta_r H_m^\ominus$ 为要计算的反应的标准摩尔焓变，由盖斯定律得：

$$\Delta_r H_{m,1}^\ominus = \Delta_r H_{m,2}^\ominus + \Delta_r H_m^\ominus$$

所以

$$\Delta_r H_m^\ominus = \sum \nu(B) \Delta_f H_m^\ominus(B) \tag{2-10}$$

对于在标准状态和 298.15K 下的任意反应：

$$aA + bB \longrightarrow dD + eE$$
$$\Delta_r H_m^\ominus = [d\Delta_f H_m^\ominus(D) + e\Delta_f H_m^\ominus(E)] - [a\Delta_f H_m^\ominus(A) + b\Delta_f H_m^\ominus(B)] \tag{2-11}$$

应用式(2-11) 时，必须考虑各物质的聚集状态及其在反应方程式中的计量系数。在各反应物和生成物聚集状态不随温度改变的情况下，反应的标准摩尔焓变随温度变化不大。在近似计算中可视 $\Delta_r H_m^\ominus$ 与温度无关，即其他温度 T 时的 $\Delta_r H_m^\ominus(T)$ 近似等于 $\Delta_r H_m^\ominus$(298.15K)。

【例 2-6】 试用标准摩尔生成焓数据，计算下列反应的 $\Delta_r H_m^\ominus$。

$$2Na_2O_2(s) + 2H_2O(l) \longrightarrow 4NaOH(s) + O_2(g)$$

解： 查表可知 298.15K 时有关物质的 $\Delta_f H_m^\ominus$ 如下：

	$2Na_2O_2(s)$	$+2H_2O(l)$	$\longrightarrow 4NaOH(s)$	$+O_2(g)$
$\Delta_f H_m^\ominus/kJ\cdot mol^{-1}$	−510.9	−285.8	−426.8	0

$$\Delta_r H_m^\ominus = [4\Delta_f H_m^\ominus(NaOH,s) + \Delta_f H_m^\ominus(O_2,g)] - [2\Delta_f H_m^\ominus(Na_2O_2,s) + 2\Delta_f H_m^\ominus(H_2O,l)]$$
$$= [4\times(-426.8kJ\cdot mol^{-1}) + 0kJ\cdot mol^{-1}] - [2\times(-510.9kJ\cdot mol^{-1}) + 2\times(-285.8kJ\cdot mol^{-1})]$$
$$= -113.8kJ\cdot mol^{-1}$$

(3) 标准摩尔燃烧焓 (standard molar enthalpy of combustion)

某些无机化合物的生成焓可通过实验测定，但有机化合物通常是不能由单质直接合成的，因此生成焓的数据难以得到。然而有机化合物大都可以燃烧，燃烧热可以测定，所以用燃烧焓计算有机反应的热效应是常用的方法。

在标准状态和指定温度下，1mol 物质完全燃烧，并生成指定产物时的焓变，称为该物质的标准摩尔燃烧焓，用符号 $\Delta_c H_m^\ominus(T)$ 表示，下标 c 代表燃烧 (combustion)，单位也是 $kJ\cdot mol^{-1}$。若指定温度为 298.15K 时，通常写作 $\Delta_c H_m^\ominus$。一些常见化合物的标准摩尔燃烧焓数值列于附录二中。一些物质的标准摩尔燃烧焓见表 2-1。

表 2-1　一些物质的标准摩尔燃烧焓（298.15K）

物　质	$\Delta_c H_m^\ominus$/kJ·mol^{-1}	物　质	$\Delta_c H_m^\ominus$/kJ·mol^{-1}
H_2(g)	−285.84	HCOOH(l)	−269.9
C(石墨)	−393.51	CH_3COOH(l)	−871.5
CO(g)	−283.0	$(COOH)_2$(s,草酸)	−246.0
CH_4(g)	−890.31	C_6H_6(l)	−3267.62
C_2H_6(g)	−1559.88	C_6H_5CHO(l)	−3527.95
C_3H_8(g)	−2220.07	C_6H_5OH(s)	−3063
HCHO(g)	−563.6	C_6H_5COOH(s)	−3227.5
CH_3CHO(l)	−1166.37	$CO(NH_2)_2$(s,尿素)	−631.99
CH_3OH(l)	−726.64	$C_6H_{12}O_6$(s,葡萄糖)	−2815.8
C_2H_5OH(l)	−1366.75	$C_{12}H_{22}O_{11}$(s,蔗糖)	−5648

在掌握标准摩尔燃烧焓的定义和利用 $\Delta_c H_m^\ominus$ 数据进行计算时应注意以下几点。

① 有机化合物一般由碳、氢、氮、氧、硫和卤素组成，燃烧后生成的指定产物是指化合物中的碳生成 CO_2(g)，氢生成 H_2O(l)，氮生成 N_2(g)，硫生成 SO_2(g)，卤素生成 HX(aq)，由于这些物质不再燃烧或在一般情况下燃烧时，产物仍是这些物质，故规定它们的标准摩尔燃烧焓为零，如果反应物中含有金属，燃烧后的产物则为游离态金属。关于燃烧的最终产物，有时所指不同，与其对应的 $\Delta_c H_m^\ominus$ 值也就不同了，在使用 $\Delta_c H_m^\ominus$ 数据时应注意。

② 用标准摩尔燃烧焓 $\Delta_c H_m^\ominus$ 数据，可以计算化学反应的标准摩尔焓变 $\Delta_r H_m^\ominus$。利用盖斯定律，根据状态函数的改变值只与始终态有关，而与变化的途径无关这一性质，设计下列途径，就可方便地计算反应的标准摩尔焓变。

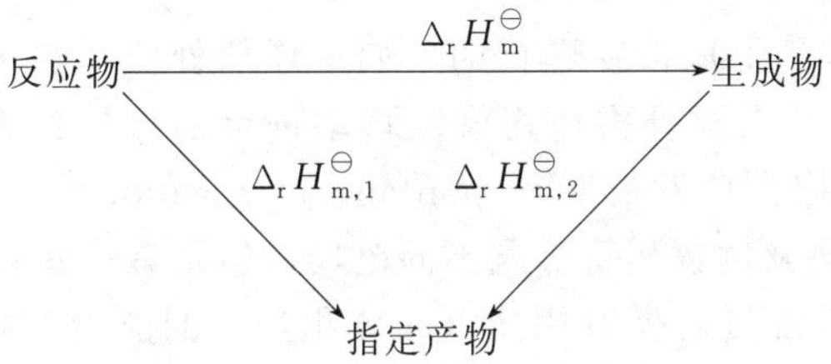

$\Delta_r H_m^\ominus$ 为要计算的反应的标准摩尔焓变，由盖斯定律得：

$$\Delta_r H_m^\ominus + \Delta_r H_{m,2}^\ominus = \Delta_r H_{m,1}^\ominus$$

$$\Delta_r H_m^\ominus = \Delta_r H_{m,1}^\ominus - \Delta_r H_{m,2}^\ominus$$

$$\Delta_r H_{m,1}^\ominus = \sum \nu(\mathrm{B}) \Delta_c H_m^\ominus(\text{反应物})$$

$$\Delta_r H_{m,2}^\ominus = \sum \nu(\mathrm{B}) \Delta_c H_m^\ominus(\text{生成物})$$

$$\Delta_r H_m^\ominus = -\sum \nu(\mathrm{B}) \Delta_c H_m^\ominus(\mathrm{B}) \qquad (2\text{-}12)$$

【例 2-7】 根据标准摩尔燃烧焓数据计算下列反应在 298.15K 时的标准摩尔焓变 $\Delta_r H_m^\ominus$。

$$CH_3CHO(l) + H_2(g) = CH_3CH_2OH(l)$$

解：从表 2-1 可查到 $\Delta_c H_m^\ominus$(CH_3CHO，l) = −1166.37kJ·mol^{-1}，$\Delta_c H_m^\ominus$(H_2，g) = −285.84kJ·mol^{-1}，$\Delta_c H_m^\ominus$(C_2H_5OH，l) = −1366.75kJ·mol^{-1}，代入式(2-12)，得

$$\Delta_r H_m^\ominus = -1166.37\text{kJ·mol}^{-1} - 285.84\text{kJ·mol}^{-1} - (-1366.75\text{kJ·mol}^{-1})$$

$$= -85.46\text{kJ·mol}^{-1}$$

标准摩尔焓变、标准摩尔生成焓和标准摩尔燃烧焓都是特殊的反应热，可以根据盖斯定

律，利用这些已知的数据，求某一反应的焓变。

【例 2-8】 利用标准摩尔生成焓和标准摩尔燃烧焓的数据，计算乙醛在 298.15K 时的标准摩尔生成焓。

解： 乙醛在 298.15K 和标准状态下的燃烧反应为

$$CH_3CHO(l)+\frac{5}{2}O_2(g)=\!=\!=2CO_2(g)+2H_2O(l)$$

从附录三可查出

$$\Delta_f H_m^\ominus(CO_2)=-393.51kJ\cdot mol^{-1};$$
$$\Delta_f H_m^\ominus(H_2O)=-285.85kJ\cdot mol^{-1};$$
$$\Delta_c H_m^\ominus(CH_3CHO)=-1166.37kJ\cdot mol^{-1}$$

该反应的标准摩尔焓变就是乙醛的标准摩尔燃烧焓，代入式(2-11) 得

$$-1166.37=[2\times(-393.51)+2\times(-285.85)]-[\Delta_f H_m^\ominus(CH_3CHO)+0]$$

解得
$$\Delta_f H_m^\ominus(CH_3CHO)=-192.35kJ\cdot mol^{-1}$$

2.3 化学反应的方向

化学反应的方向

在研究化学反应时，我们首先遇到的问题是将几种物质混合，能否发生反应，或者说对于想象中的化学反应，如 A+B ══C+D 有无发生的可能性，反应是双向的还是单向的？以上问题是热力学研究的重要内容。本节从系统能量变化的角度讨论化学反应的方向性。

2.3.1 自发过程

自然界中发生的许多变化是自发进行的，如水往低处流，热量的传递及许多化学反应等。这种在一定条件下，不需要外力作用就能自动进行的过程称为自发过程（spontaneous process）。对化学反应则称为自发反应（spontaneous reaction），反应的这种特性叫作自发性（spontaneity）。各种自发过程尽管分属不同范畴，但是有一些共同的特征。

① 进行自发过程的系统具有做有用功（非体积功）的能力。高处流下的水可以推动水轮机；热机就是利用热传导做功；某些化学反应可以设计成电池做电功。但系统做有用功的能力随着自发过程的进行逐渐减小，当系统达到平衡后，就不再具有做有用功的能力了。

② 自发过程是热力学不可逆过程。如水往低处流是一个自发过程，而它的逆过程不能自发进行，水不能自发地从低处流向高处；热量的传递是一个自发过程，而它的逆过程不能自发进行，热量不能自发地由低温物体传向高温物体。自发过程是热力学不可逆过程，这是自发过程的一个重要特征，是人类经验的总结，是热力学第二定律的基础，它可以作为热力学第二定律的一种表述方法。

③ 自发过程具有确定的方向和限度。例如热量的传递方向是从高温物体到低温物体，其限度就是高温物体和低温物体的温度相等。自发过程的不可逆性是它具有确定的方向和限度的根源。如果自发过程失去了不可逆性，而能任意地正向变化和反向变化的话，那么自发过程就不再具有确定的方向和限度了。

如何判断反应的方向和限度？若能预言一个化学反应的自发性，将会给人类研究和利用化学反应带来极大的帮助。为此，化学家们进行了大量的工作，寻找判断反应自发进行方向的判据。19 世纪 70 年代，曾经有人把热效应看作是化学反应的第一动力，认为只有放热反应（即 $\Delta H<0$）才能自发进行。这种以反应焓变作为判断反应方向的依据，简称焓变判据。

例如下面一些反应：

$$H_2(g)+\frac{1}{2}O_2(g)=\!=\!=H_2O(l) \qquad \Delta_r H_m^{\ominus}=-285.8kJ\cdot mol^{-1}$$

$$\frac{1}{2}H_2(g)+\frac{1}{2}Cl_2(g)=\!=\!=HCl(g) \qquad \Delta_r H_m^{\ominus}=-92kJ\cdot mol^{-1}$$

$$Mg(s)+\frac{1}{2}O_2(g)=\!=\!=MgO(s) \qquad \Delta_r H_m^{\ominus}=-601.83kJ\cdot mol^{-1}$$

$$OH^-(aq)+H^+(aq)=\!=\!=H_2O(l) \qquad \Delta_r H_m^{\ominus}=-57kJ\cdot mol^{-1}$$

但也有一些反应或过程却是向吸热方向进行的。例如：冰的融化，$H_2O(s)=\!=\!=H_2O(l)$，$\Delta_r H_m^{\ominus}>0$，是一吸热过程，在高于 273.15K 时，冰可以自发地变成水。又如工业上将石灰石煅烧分解为生石灰：

$$CaCO_3(s)=\!=\!=CaO(s)+CO_2(g)$$

在 1183K(910℃）时，$CaCO_3$ 能自发地进行热分解生成 CaO 和 CO_2。显然，这些情况不能用焓变来解释。这表明在给定条件下要判断一个反应或过程能否自发进行，除了焓变这一重要因素外，还有其他因素。

举例如下：

① 将一瓶氨水的瓶盖打开放在屋里，一会儿整个屋里就充满氨味，屋里的气体变为氨气和空气的混合物；

② 一滴墨水滴到一杯水中，不久蓝色就会充满整个杯子，水变为水和墨水的混合物。

从上面的例子可以看出，系统倾向于取得最大混乱度。

热力学研究表明，控制宏观系统自发变化方向的两个因素是：

① 系统将趋向于向降低能量的方向自发进行；

② 系统将趋向于向混乱度增大的方向自发进行。

2.3.2　熵和熵变

(1) 熵

1865 年，德国物理学家克劳修斯（R. J. E. Clausius）引进了一个新的物理量——熵（符号 S），以表示系统内部质点运动的混乱程度，故熵是系统或物质混乱度的量度。某系统或物质处于一定状态时，内部粒子的排列及运动的剧烈程度是一定的。高度无序的系统或物质，具有较高的熵值，井然有序的系统或物质，熵值较低。系统所处状态不同，其熵值也不同，所以熵是状态函数。

任何纯物质系统，温度越低，内部微粒运动的速率越慢，也越趋近于有序排列，混乱度越小，其熵值越低。若温度降到热力学温度 T 为零时，任何理想晶体中的粒子处于晶格结点上，系统处于理想的最有序状态，故“任何理想晶体在热力学温度 T 为零时，熵值等于零”。这是热力学第三定律的内容。当一物质的理想晶体从热力学温度 T 为零升高到 T 时，系统熵的增加即为系统在温度 T 时的熵，并定义此时的熵（S）与系统内物质的量（n）之比为该物质在温度 T 时的摩尔熵，用 S_m 表示。

$$S_m=\frac{S}{n} \tag{2-13}$$

标准状态下物质 B 的摩尔熵称为该物质的标准摩尔熵（standard molar entropy），用符号 $S_m^{\ominus}$ 表示，其单位为 $J\cdot mol^{-1}\cdot K^{-1}$。附录三列出了一些常见重要物质在 298.15K 时的标准摩尔熵以供查用。从附录三中可以看出物质的标准摩尔熵大小的一般规律。

① 同一物质，气态时的熵大于液态时的熵，而液态时的熵大于固态时的熵，即$S_m^\ominus(g)>S_m^\ominus(l)>S_m^\ominus(s)$。如：298.15K 时，$H_2O$ 的气、液、固 $S_m^\ominus$ 分别为$188.7J\cdot mol^{-1}\cdot K^{-1}$、$69.91 J\cdot mol^{-1}\cdot K^{-1}$和 $39.3J\cdot mol^{-1}\cdot K^{-1}$。

② 同类物质中，聚集状态相同时，摩尔质量大的熵值大，分子结构复杂的熵值大。

③ 气态多原子分子的标准摩尔熵大于单原子的标准摩尔熵，原子数目越多，其熵值越大。如 $S_m^\ominus(O, g) < S_m^\ominus(O_2, g) < S_m^\ominus(O_3, g)$。

④ 物质的熵值随温度的升高而增大。如 $CS_2(l)$ 在 161K 时，$S_m^\ominus=103J\cdot mol^{-1}\cdot K^{-1}$，而在 298K 时，$S_m^\ominus=150J\cdot mol^{-1}\cdot K^{-1}$。

(2) 化学反应的熵变

熵和焓一样是系统的状态函数，熵变的计算遵循热化学定律，在计算时，应注意物质在反应式中的计量系数。化学反应的标准摩尔熵变的计算公式是：

$$\Delta_r S_m^\ominus = \sum \nu(B) S_m^\ominus(B) \tag{2-14}$$

$\Delta_r S_m^\ominus>0$，是熵增反应，有利于反应自发进行；$\Delta_r S_m^\ominus<0$，是熵减反应，不利于反应自发进行。

【例 2-9】 计算 $CaCO_3$ 分解反应的 $\Delta_r S_m^\ominus(298.15K)$。

解：
$$\begin{aligned}\Delta_r S_m^\ominus(298.15K) &= S_m^\ominus(CO_2,g)+S_m^\ominus(CaO,s)-S_m^\ominus(CaCO_3,s)\\ &=213.8J\cdot mol^{-1}\cdot K^{-1}+39.7J\cdot mol^{-1}\cdot K^{-1}-92.9J\cdot mol^{-1}\cdot K^{-1}\\ &=160.6J\cdot mol^{-1}\cdot K^{-1}\end{aligned}$$

【例 2-10】 计算反应 $CaO(s)+SO_3(g) \longrightarrow CaSO_4(s)$的 $\Delta_r S_m^\ominus(298.15K)$。

解：
$$\begin{aligned}\Delta_r S_m^\ominus(298.15K) &= S_m^\ominus(CaSO_4,s)-S_m^\ominus(CaO,s)-S_m^\ominus(SO_3,g)\\ &=107J\cdot mol^{-1}\cdot K^{-1}-39.7J\cdot mol^{-1}\cdot K^{-1}-256.1J\cdot mol^{-1}\cdot K^{-1}\\ &=-188.8J\cdot mol^{-1}\cdot K^{-1}\end{aligned}$$

计算结果说明：$CaCO_3$ 分解是一个熵增的过程，而 $CaSO_4$ 的生成是一个熵减的过程。利用物质熵值的变化规律，可初步估算一个反应的熵变情况。

① 气体分子数增加的反应 $\Delta_r S_m^\ominus>0$，即熵增过程，如例 2-9。

② 气体分子数减少的反应 $\Delta_r S_m^\ominus<0$，即熵减过程，如例 2-10。

③ 不涉及气体分子数变化过程，如液体物质（或溶质的粒子数）增多，则为熵增，如固态熔化、晶体溶解等均为熵增过程。

尽管物质的熵值随温度升高而增加，但对于一个反应来说，温度升高时，产物和反应物的熵值增加程度相近，熵变不十分显著，在一般的计算中可作近似处理，$\Delta_r S_m^\ominus \approx \Delta_r S_m^\ominus(298.15K)$。

2.3.3 化学反应自发性的判据

(1) 吉布斯自由能

决定自发过程能否发生，既有能量因素，又有混乱度因素，因此要涉及焓（H）和熵（S）这两个状态函数。1876 年，美国物理化学家吉布斯（J. W. Gibbs）提出用自由能（free energy）来判断定温定压条件下过程的自发性。吉布斯自由能用符号 G 表示，其定义为：

$$G=H-TS \tag{2-15}$$

式中，H、T 和 S 都是状态函数，它们的线性组合 G 也一定是状态函数。G 具有能量的量纲，单位是 J 或 kJ。与热力学能和焓一样，吉布斯自由能的绝对值无法确定，但系统经历某一过程后，吉布斯自由能的改变量 ΔG 是可以求得的。

$$\Delta G=G_2-G_1 \tag{2-16}$$

式中，G_2 和 G_1 分别是终态和始态的吉布斯自由能，若是化学反应系统，则分别是生成物和反应物的吉布斯自由能。

自发过程的特点之一是可以对外做非体积功 W'，经热力学证明，系统在定温定压条件下，对外做的最大非体积功等于系统吉布斯自由能的减少，即

$$W'_{max}=\Delta G \tag{2-17}$$

但无论人们采用什么措施，系统对环境做的最大非体积功永远小于 ΔG。因此，对于定温定压且系统不做非体积功条件下发生的过程，若

$\Delta G<0$　过程能自发进行；

$\Delta G=0$　系统处于平衡状态；

$\Delta G>0$　过程不能自发进行。

由此可知："在定温定压和不做非体积功的条件下，自发过程总是朝着自由能减少的方向进行，吉布斯自由能增加的过程不能实现"。

化学反应大多数是在定温定压且不做非体积功的条件下进行的，因此可以利用反应的 $\Delta_r G_m$ 判断化学反应的方向和限度：

$\Delta_r G_m<0$　反应正向自发进行；

$\Delta_r G_m>0$　反应不能正向自发进行；

$\Delta_r G_m=0$　反应到平衡状态。

如果反应处于标准态，则可用标准摩尔吉布斯自由能变化去判断标准态下反应自发进行的方向和限度。

(2) 标准摩尔生成吉布斯自由能（standard molar free energy of formation）

物质的标准摩尔生成吉布斯自由能是在标准状态和某温度下，由指定单质生成 1mol 该物质时的吉布斯自由能变，用符号 $\Delta_f G_m^{\ominus}(T)$ 表示，其单位是 $kJ \cdot mol^{-1}$。298.15K 时温度 T 可以省略。

由标准摩尔生成吉布斯自由能的定义可知，任何一种指定单质的标准摩尔生成吉布斯自由能都等于零。对于有不同晶态的固体单质来说，只有指定单质的 $\Delta_f G_m^{\ominus}(T)$ 才等于零。例如，$\Delta_f G_m^{\ominus}$(石墨)$=0$，而 $\Delta_f G_m^{\ominus}$(金刚石)$=2.9kJ \cdot mol^{-1}$。对水合态离子，热力学规定水合氢离子 H^+(aq) 的标准摩尔生成吉布斯自由能为零，一些物质的标准摩尔生成吉布斯自由能数据 $\Delta_f G_m^{\ominus}$(298.15K) 见附录三。

(3) 化学反应标准摩尔吉布斯自由能变化的计算

利用物质的标准摩尔生成吉布斯自由能计算化学反应的自由能变化 $\Delta_r G_m^{\ominus}$(298.15K) 与摩尔焓变具有相同形式的公式，即

$$\Delta_r G_m^{\ominus}(298.15K)=\sum \nu(B)\Delta_f G_m^{\ominus}(B) \tag{2-18}$$

即化学反应的标准摩尔吉布斯自由能变化等于所有生成物的标准摩尔生成吉布斯自由能减去所有反应物的标准摩尔生成吉布斯自由能。

【例 2-11】 求 298.15K 和标准状态下反应

$$Cl_2(g)+2HBr(g) = Br_2(l)+2HCl(g)$$

的 $\Delta_r G_m^{\ominus}$，并判断反应的自发性。

解： 从附录三可查得 $\Delta_f G_m^{\ominus}(HBr)=-53.28kJ \cdot mol^{-1}$，$\Delta_f G_m^{\ominus}(HCl)=-95.27kJ \cdot mol^{-1}$。故

$$\begin{aligned}\Delta_r G_m^{\ominus}&=2\Delta_f G_m^{\ominus}(HCl)+\Delta_f G_m^{\ominus}(Br_2)-2\Delta_f G_m^{\ominus}(HBr)-\Delta_f G_m^{\ominus}(Cl_2)\\&=2\times(-95.27)+0-2\times(-53.28)-0\\&=-83.98kJ \cdot mol^{-1}\end{aligned}$$

因为 $\Delta_r G_m^{\ominus}<0$，所以反应可自发进行。

【例 2-12】 已知 298.15K 时，

(1) C(石墨)$+O_2(g)$══ $CO_2(g)$　　$\Delta_r G_m^\ominus=-394.4kJ\cdot mol^{-1}$

(2) $CO(g)+\frac{1}{2}O_2(g)$══ $CO_2(g)$　　$\Delta_r G_m^\ominus=-257.2kJ\cdot mol^{-1}$

求反应 (3) C(石墨)$+CO_2(g)$══ $2CO(g)$的 $\Delta_r G_m^\ominus$。

解：所求反应 (3) 可由反应 (1) 和反应 (2) 组合而成，即反应 (1)$-2\times$反应 (2)$=$反应 (3)

$$\begin{aligned}\Delta_r G_m^\ominus(3)&=\Delta_r G_m^\ominus(1)-2\Delta_r G_m^\ominus(2)\\&=-394.4kJ\cdot mol^{-1}-2\times(-257.2kJ\cdot mol^{-1})\\&=120kJ\cdot mol^{-1}\end{aligned}$$

(4) 吉布斯-亥姆霍兹方程 (Gibbs-Helmholtz)

根据吉布斯自由能定义式 $G=H-TS$，在定温过程中

$$\Delta G=\Delta H-T\Delta S \tag{2-19}$$

式(2-19) 称为吉布斯-亥姆霍兹方程。将此式应用于化学反应，得到：

$$\Delta_r G_m=\Delta_r H_m-T\Delta_r S_m \tag{2-20}$$

若反应在标准状态下进行，则：

$$\Delta_r G_m^\ominus=\Delta_r H_m^\ominus-T\Delta_r S_m^\ominus \tag{2-21}$$

$\Delta_r G_m$ 和 $\Delta_r G_m^\ominus$ 分别称为化学反应的摩尔吉布斯自由能（变）和标准摩尔吉布斯自由能（变）。

根据吉布斯-亥姆霍兹方程可以计算在标准状态和某温度 T 下进行的化学反应的 $\Delta_r G_m^\ominus(T)$。

$$\Delta_r G_m^\ominus(T)=\Delta_r H_m^\ominus(T)-T\Delta_r S_m^\ominus(T)$$

当反应系统的温度改变不太大时，$\Delta_r H_m^\ominus(T)$ 和 $\Delta_r S_m^\ominus(T)$ 变化不大，可近似认为是常数，如可用 298.15K 时的 $\Delta_r H_m^\ominus(298.15K)$ 和 $\Delta_r S_m^\ominus(298.15K)$ 代替温度 T 时的 $\Delta_r H_m^\ominus(T)$ 和 $\Delta_r S_m^\ominus(T)$，故有

$$\Delta_r G_m^\ominus(T)=\Delta_r H_m^\ominus(298.15K)-T\Delta_r S_m^\ominus(298.15K) \tag{2-22}$$

利用此式可近似计算不同温度下反应的 $\Delta_r G_m^\ominus$。

【例 2-13】 在 298.15K 时反应 C(石墨)$+CO_2(g)$══$2CO(g)$ 不能自发进行。已知标准状态下各物质的有关热力学数据：

	C(石墨)	$+CO_2(g)$ ══	$2CO(g)$
$\Delta_f H_m^\ominus/kJ\cdot mol^{-1}$	0	-393.5	-110.5
$S_m^\ominus/J\cdot mol^{-1}\cdot K^{-1}$	5.69	213.79	198.01

试判断该反应在 1000K 时能否自发进行？

解：

$$\begin{aligned}\Delta_r H_m^\ominus&=2\Delta_f H_m^\ominus(CO,g)-\Delta_f H_m^\ominus(CO_2,g)\\&=2\times(-110.5kJ\cdot mol^{-1})-(-393.5kJ\cdot mol^{-1})\\&=172.5kJ\cdot mol^{-1}\end{aligned}$$

$$\begin{aligned}\Delta_r S_m^\ominus&=2S_m^\ominus(CO,g)-[S_m^\ominus(CO_2,g)+S_m^\ominus(\text{石墨})]\\&=2\times198.01J\cdot mol^{-1}\cdot K^{-1}-(213.79J\cdot mol^{-1}\cdot K^{-1}+5.69J\cdot mol^{-1}\cdot K^{-1})\\&=176.54\times10^{-3}kJ\cdot mol^{-1}\cdot K^{-1}\end{aligned}$$

$$\begin{aligned}\Delta_r G_m^\ominus(1000K)&=\Delta_r H_m^\ominus(298.15K)-T\Delta_r S_m^\ominus(298.15K)\\&=172.5kJ\cdot mol^{-1}-1000K\times176.54\times10^{-3}kJ\cdot mol^{-1}\cdot K^{-1}\end{aligned}$$

$=-4.04\text{kJ}\cdot\text{mol}^{-1}$

$\Delta_r G_m^{\ominus}(1000\text{K})<0$，表明反应在标准态及 1000K 时能自发进行。

从吉布斯-亥姆霍兹方程还可以看出，焓变和熵变对反应的自发性都有贡献，但在不同条件下其贡献大小不同。若将吉布斯-亥姆霍兹方程写成 $\Delta H=\Delta G+T\Delta S$ 的形式，则可以知道，反应热只有一部分可用来做非体积功，这部分能量就是吉布斯自由能，而另一部分反应热用来改变系统的混乱度。从此意义上讲，在一个自发过程中，如果对系统的吉布斯自由能所示的那部分能量加以利用，就能使之转化为非体积功。因此，吉布斯自由能是系统提供非体积功的本领。

$\Delta_r G_m$ 作为反应自发性的判断标准，实际上包含焓变（$\Delta_r H_m$）和熵变（$\Delta_r S_m$）两个因素。由于 $\Delta_r H_m$ 和 $\Delta_r S_m$ 可以是正值，也可以是负值，在不同温度下对 $\Delta_r G_m$ 的影响可能出现下列四种情况（表 2-2）。

表 2-2　定温定压下反应自发性的几种类型

类　型	$\Delta_r H_m$	$\Delta_r S_m$	$\Delta_r G_m=\Delta_r H_m-T\Delta_r S_m$	反应的自发性
1	−	+	−	任何温度下反应均自发
2	+	−	+	任何温度下反应均非自发
3	+	+	低温为+ 高温为−	低温时反应为非自发 高温时反应为自发
4	−	−	低温为− 高温为+	低温时反应为自发 高温时反应为非自发

① 系统的 $\Delta_r H_m<0$(放热反应)，$\Delta_r S_m>0$(混乱度增大的反应)，焓变和熵变均有利于反应自发，故无论在任何温度下，反应都能自发进行。例如过氧化氢的分解反应

$$2H_2O_2(l) = 2H_2O(l)+O_2(g)$$

② 系统的 $\Delta_r H_m>0$(吸热反应)，$\Delta_r S_m<0$(混乱度减小的反应)，焓变和熵变均不利于反应自发，故无论在任何温度下，反应都不能自发进行。例如

$$CO(g) = C(s)+\frac{1}{2}O_2(g)$$

③ 系统的 $\Delta_r H_m>0$，$\Delta_r S_m>0$，焓变不利于反应自发，而熵变有利于反应自发。一般来说 $|T\Delta_r S_m|<|\Delta_r H_m|$，因为熵的单位是焦而不是千焦，常温下熵变的影响抵消不了焓变的影响，所以反应不能自发进行；当温度从低到高发生变化时，吉布斯自由能变 $\Delta_r G_m$ 随之变化，从 $\Delta_r G_m>0$，到 $\Delta_r G_m=0$，最后 $\Delta_r G_m<0$，化学反应在 $\Delta_r G_m=0$ 的温度时达到平衡，该温度称为转变温度（transition temperature）。转变温度可由吉布斯-亥姆霍兹方程求得，

$$\Delta_r G_m^{\ominus}=\Delta_r H_m^{\ominus}-T\Delta_r S_m^{\ominus}$$

当 $\Delta_r G_m^{\ominus}=0$ 时，则

$$T_{转}=\frac{\Delta_r H_m^{\ominus}}{\Delta_r S_m^{\ominus}}$$

【例 2-14】 利用热力学数据估算乙醇的正常沸点。

解： 在 100kPa 时，乙醇的沸点即为正常沸点，查有关附录数据

$$CH_3CH_2OH(l) = CH_3CH_2OH(g)$$

	$CH_3CH_2OH(l)$	$CH_3CH_2OH(g)$
$\Delta_f H_m^{\ominus}/\text{kJ}\cdot\text{mol}^{-1}$	−276.98	−234.81
$S_m^{\ominus}/\text{J}\cdot\text{mol}^{-1}\cdot\text{K}^{-1}$	160.67	282.70

$$\Delta_r H_m^{\ominus}=\Delta_f H_m^{\ominus}(CH_3CH_2OH,g)-\Delta_f H_m^{\ominus}(CH_3CH_2OH,l)$$

$$=-234.81\text{kJ}\cdot\text{mol}^{-1}-(-276.98\text{kJ}\cdot\text{mol}^{-1})$$

$$=42.17\text{kJ}\cdot\text{mol}^{-1}$$

$$\Delta_r S_m^\ominus = S_m^\ominus(CH_3CH_2OH,g) - S_m^\ominus(CH_3CH_2OH,l)$$
$$=282.70\text{J}\cdot\text{mol}^{-1}\cdot\text{K}^{-1} - 160.67\text{J}\cdot\text{mol}^{-1}\cdot\text{K}^{-1}$$
$$=122.03\text{J}\cdot\text{mol}^{-1}\cdot\text{K}^{-1}$$

$$T_{沸}=\frac{\Delta_r H_m^\ominus}{\Delta_r S_m^\ominus}=\frac{42.17\text{kJ}\cdot\text{mol}^{-1}}{122.03\times10^{-3}\text{kJ}\cdot\text{mol}^{-1}\cdot\text{K}^{-1}}=345.6\text{K}$$

故乙醇的沸点为 345.6K。

④ 系统的 $\Delta_r H_m<0$，$\Delta_r S_m<0$，焓变有利于反应自发，而熵变不利于反应自发。在较低温度时 $|T\Delta_r S_m|<|\Delta_r H_m|$，$\Delta_r G_m<0$，正反应自发。而在高温情况下，$-T\Delta_r S_m$ 项随 T 的升高而负得更多，以至能抵消 $\Delta_r H_m$ 的影响，即 $|T\Delta_r S_m|>|\Delta_r H_m|$，$\Delta_r G_m>0$，反应为非自发。

【例 2-15】 工业上用固体氧化钙与炉气中的三氧化硫反应，以减少三氧化硫对空气的污染。已知该反应的 $\Delta_r H_m^\ominus=-401.92\text{kJ}\cdot\text{mol}^{-1}$，$\Delta_r G_m^\ominus=-345.68\text{kJ}\cdot\text{mol}^{-1}$，计算标准状态时反应 $CaO(s)+SO_3(g)$ ══ $CaSO_4(s)$ 进行的最高温度。

解：将题中已知条件代入式(2-21)，并计算 $\Delta_r S_m^\ominus$

$$\Delta_r S_m^\ominus=\frac{\Delta_r H_m^\ominus-\Delta_r G_m^\ominus}{T}$$
$$=\frac{-401.92\text{kJ}\cdot\text{mol}^{-1}-(-345.68\text{kJ}\cdot\text{mol}^{-1})}{298.15\text{K}}$$
$$=-0.1886\text{kJ}\cdot\text{mol}^{-1}\cdot\text{K}^{-1}$$
$$=-188.6\text{J}\cdot\text{mol}^{-1}\cdot\text{K}^{-1}$$

$$T_{转}=\frac{\Delta_r H_m^\ominus}{\Delta_r S_m^\ominus}=\frac{-401.92\text{kJ}\cdot\text{mol}^{-1}}{-188.6\times10^{-3}\text{kJ}\cdot\text{mol}^{-1}\cdot\text{K}^{-1}}=2131\text{K}$$

即炉温在低于 2131K 时，反应能自发进行。实际炉温常低于 1000℃。用氧化钙除去炉气中的 SO_3，是解决工业废气 SO_3 污染空气的较有前途的方法之一，该方法不仅能除去 SO_3，而且产物 $CaSO_4$ 可做人造木材的原料。

【知识拓展】

石墨转化为金刚石的热力学分析

金刚石俗称钻石，是一种无色透明呈正八面体状的固体，是自然界中最硬的物质。金刚石的密度为 $3.52\text{g}\cdot\text{cm}^{-3}$，熔点极高，能够达到 4440℃ (12.4GPa)，折射率 2.417，色散度 0.044，电导率低、热导率高，难溶于常见溶剂。天然金刚石是典型的原子晶体，属于立方晶系。金刚石中的碳原子采取 sp^3 杂化的方式与邻近 4 个碳原子成键，形成 4 个 σ 键。所有的价电子都参与了共价键的形成，晶体中没有离域的 π 电子，所以金刚石不导电。在生活生产中，金刚石除作为装饰品外，主要用于制造钻头、精密仪器的轴和磨削工具。但是自然界中的金刚石极其稀少，仅靠天然开采的金刚石远远不能满足人类的需求，人们就尝试以人工合成来补充天然储量和产量的不足。

石墨是碳质元素结晶矿物，晶格为六边形层状结构，属六方晶系。石墨质软且具有润滑作用，是最软的晶体之一。每一层间的距离为 340pm，同一层中碳原子的间距为 142pm。石墨具有耐高温、导电、导热、润滑、抗热震等性质。因此，石墨被大量用来制作电极、电刷、铅笔芯等。石墨中每个碳原子以 sp^2 杂化的方式与邻近的 3 个碳原子成键，形成 3 个 σ

键，构成片层结构，每个碳原子均有 1 个未参与杂化的 p 电子，形成离域大 π 键。由于石墨结构中层与层之间的结合力很弱，所以层间易于滑动，且层与层之间原子的位置是相互错开的。

在热力学原理的指导下，人工合成金刚石经历了三次飞跃。第一次飞跃是利用石墨合成金刚石；第二次飞跃是 1998 年李亚栋博士和钱逸泰院士以 CCl_4 为碳源成功地合成了纳米金刚石；第三次飞跃是 2003 年中国科学技术大学陈乾旺教授科研组利用低温还原 CO_2 的方法合成得到了金刚石。他们利用高压反应釜进行实验，用安全无毒的二氧化碳作原料，使用金属钠作为还原剂，在 440℃和 800atm 的条件下，经过 12h 的化学反应，成功合成了 250μm 的大尺寸金刚石，首次实现了从二氧化碳到金刚石的逆转变。

1797 年，当发现金刚石是碳的一种同素异形体时，就有人预言：过不了多久，每位女士的脖子上都可以戴上一串钻石项链。伴随着热力学学科的发展，利用热力学性质计算石墨转化成金刚石所需要的条件，发现只有在超过 1 万个大气压下才有可能实现这种转化。在室温和常压下，石墨是碳的热力学稳定体，将石墨转变为金刚石比较难。分析如下：

	C(石墨) $\longrightarrow$	C(金刚石)
$\Delta_f H_m^\ominus/kJ\cdot mol^{-1}$	0	1.9
$\Delta_f G_m^\ominus/kJ\cdot mol^{-1}$	0	2.9

此过程中的热力学数据分别为：$\Delta_r H_m^\ominus = 1.9\ kJ\cdot mol^{-1}$，$\Delta_r G_m^\ominus = 2.9\ kJ\cdot mol^{-1}$。显然，石墨转化为金刚石的反应不能自发进行。

金刚石的密度为 $3.52g\cdot cm^{-3}$，石墨的密度为 $2.25g\cdot cm^{-3}$，可见石墨转变为金刚石是一个体积变小的反应。虽固相反应受压力影响极小，但加压对上述反应也是有利的，因而可以预言，加压可把石墨转化为金刚石。热力学上常用如下公式来计算压力对 $\Delta_r G$ 的影响：

$$\Delta_r G_m(p) = \Delta_r G_m^\ominus + \Delta V_m(p - p^\ominus)$$

式中，$\Delta_r G_m(p)$ 表示压力为 p 时反应的摩尔吉布斯自由能变；ΔV_m 是反应中固体的摩尔体积变。当 $\Delta_r G_m(p) \leqslant 0$ 时，石墨转化为金刚石的反应可自发进行，即可知所需要的最低压力。

$$\begin{aligned} p &= \frac{-\Delta_r G_m^\ominus}{\Delta V_m} + p^\ominus \\ &= \left(-\frac{2.9\times10^3 J\cdot mol^{-1}}{\frac{12g\cdot mol^{-1}}{3.52g\cdot cm^{-3}} - \frac{12g\cdot mol^{-1}}{2.25g\cdot cm^{-3}}} \right) + 1.0\times10^5 Pa \\ &= 1.52\times10^9 Pa \end{aligned}$$

由此可见，室温下需要超过 1.52×10^9Pa 的压力才可能实现上述转化。但即使压力达到也无法得到金刚石，因为室温下该反应的速率非常慢，即使合成一粒肉眼可见的金刚石也需要数万年。升温可以增加反应速率，但高温下对压力的要求更高。因为高温下此转化过程将会由吸热反应变成放热反应，所以升温虽利于反应速率却不利于转化。

1955 年，F. P. Bundy 等首先发表了高温高压法合成金刚石，向世人宣告了美国通用电气公司生产出世界第一颗人造金刚石的成果。以金属 Ni 作催化剂，在 1650℃、5×10^9Pa 的条件下实现了石墨向金刚石的转化。

$$C + Ni \rightleftharpoons Ni^{3+} + C^{3-} \rightleftharpoons C(金刚石) + Ni(金属膜)$$

其转化机理大致如下：在高温下，石墨内部的六方网格和层之间沿 C 轴方向相互接近，层间距被压缩。在高温下，C 原子的振动加剧，由于层间 C 原子错开半个格子，当层间相邻原子的振动方向相反时，就使得层与层之间相对应的原子有规律地上下靠近，并相互吸引而缩短距离，使得原有格点上的原子，一半向上垂直位移，另一半相邻原子垂直向下位移，而产生扭曲，最后建立起金刚石的立方格子。如下图所示：

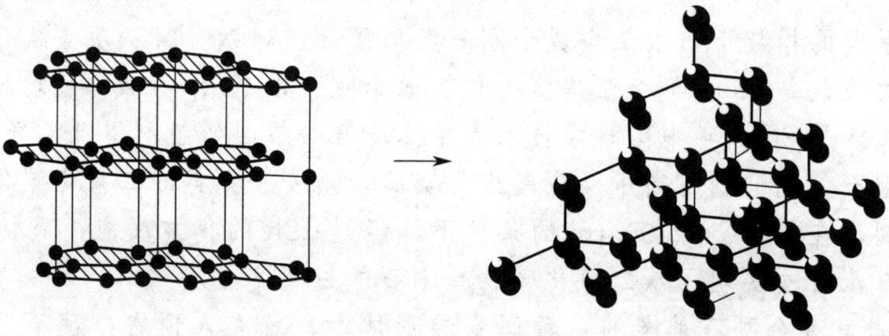

工业上利用高温、高压以 Co 或 Ni 为催化剂大量生产人造金刚石，得到的是金刚石的细晶，可用作磨料或钻头等。2016 年，河南工业大学材料学院超硬材料研究所成功打造重 2 克拉、尺寸为 8.2mm 的高质量黄色钻石，标志着中国在人造钻石领域已经处于世界领先水平。2017 年 5 月，施华洛世奇也宣布进入人造钻石市场，推出旗下首个合成钻石品牌 Diama。进入 21 世纪，建材、地质、石油天然气、机电、汽车等行业都将需要大量的金刚石，人造金刚石的需求更加旺盛，大规模进入市场已成必然趋势。但是人造金刚石的旅程还很长，对于技术的探索也将继续一往无前。

本章小结

化学热力学主要解决两大问题：一是化学过程能量转化的衡算，二是确定反应的方向和限度。本章研究的主要内容如下。

1. 一些热力学基本概念

系统与环境，状态与状态函数，过程和途径，反应进度等。

2. 三个热力学定律

（1）热力学第一定律

将能量守恒定律应用于热力学体系就是热力学第一定律，系统吸收的热加上环境对系统所做的功全部用于增加系统的热力学能，数学表达式为：

$$\Delta U = Q + W$$

（2）热力学第二定律

热力学第二定律可以表述为“在定温定压和不做非体积功的条件下化学反应总是向着自由能减小的方向移动，自由能增加的过程不能实现”。根据热力学第二定律可以判断任意化学反应的自发方向和限度。

$\Delta_r G_m < 0$　反应自发（向正反应方向进行）

$\Delta_r G_m > 0$　反应非自发，逆反应自发

$\Delta_r G_m = 0$　反应处于平衡状态

（3）热力学第三定律

热力学第三定律可以表述为“任何纯物质的完美晶体，在热力学零度时熵值都为零”。熵是状态函数，熵有绝对值，对任意化学反应其熵变为

$$\Delta_r S_m^{\ominus} = \sum \nu(B) S_m^{\ominus}(B)$$

3. 四个状态函数

热力学能（U）、焓（H）、熵（S）、自由能（G）；两个过程量：热（Q）和功（W）。

热和功都与过程相联系，系统吸热，$Q>0$，系统放热，$Q<0$；环境对系统做功，$W>0$，系统对环境做功，$W<0$。

4. 确定化学反应热效应的三种方法

利用盖斯定律计算；用标准摩尔生成焓（$\Delta_f H_m^\ominus$）计算；用标准摩尔燃烧焓（$\Delta_c H_m^\ominus$）计算。

$$\Delta_r H_m^\ominus = \sum \nu(B) \Delta_f H_m^\ominus(B)$$

$$\Delta_r H_m^\ominus = -\sum \nu(B) \Delta_c H_m^\ominus(B)$$

5. 在 298.15K 和标准状态下进行的化学反应可以用标准摩尔生成自由能（$\Delta_f G_m^\ominus$）计算反应的标准摩尔自由能变化 $\Delta_r G_m^\ominus$。

$$\Delta_r G_m^\ominus = \sum \nu(B) \Delta_f G_m^\ominus(B)$$

而对于在其他温度下进行的化学反应则应根据吉布斯-亥姆霍兹方程进行计算：

$$\Delta_r G_m^\ominus(T) = \Delta_r H_m^\ominus(T) - T\Delta_r S_m^\ominus(T)$$

当温度变化不太大时，$\Delta_r H_m^\ominus$ 和 $\Delta_r S_m^\ominus$ 可近似认为是常数，故有

$$\Delta_r G_m^\ominus(T) = \Delta_r H_m^\ominus(298.15\text{K}) - T\Delta_r S_m^\ominus(298.15\text{K})$$

利用该式可以近似计算不同温度下反应的 $\Delta_r G_m^\ominus$，也可以用来估算反应自发进行的温度。

习题

1. 什么是状态函数？它有什么重要特点？

2. 什么叫热力学能、焓、熵和自由能？符号 H、S、G、ΔH、ΔS、ΔG、$\Delta_f H_m^\ominus$、$\Delta_c H_m^\ominus$、$\Delta_f G_m^\ominus$、$\Delta_r H_m^\ominus$、$S_m^\ominus$、$\Delta_r S_m^\ominus$、$\Delta_r G_m^\ominus$ 各代表什么意义？

3. 什么是自由能判据？其应用条件是什么？

4. 判断下列说法是否正确，并说明理由。

(1) 指定单质的 $\Delta_f G_m^\ominus$、$\Delta_f H_m^\ominus$、$S_m^\ominus$ 皆为零。

(2) 298.15K 时，反应 $O_2(g)+S(g) = SO_2(g)$ 的 $\Delta_r G_m^\ominus$、$\Delta_r H_m^\ominus$、$\Delta_r S_m^\ominus$ 分别等于 $SO_2(g)$ 的 $\Delta_f G_m^\ominus$、$\Delta_f H_m^\ominus$、$S_m^\ominus$。

(3) $\Delta_r G_m^\ominus<0$ 的反应必能自发进行。

5. 298.15K 和标准状态下，HgO 在开口容器中加热分解，若吸热 22.7kJ 可形成 Hg(l) 50.10g，求该反应的 $\Delta_r H_m^\ominus$。若在密闭的容器中反应，生成同样量的 Hg(l) 需吸热多少？

6. 随温度升高，反应 (1)：$2M(s)+O_2(g) = 2MO(s)$ 和反应 (2)：$2C(s)+O_2(g) = 2CO(g)$ 的摩尔吉布斯自由能升高的为__________，降低的为__________，因此，金属氧化物 MO 被硫还原反应 $MO(s)+C(s) = M(s)+CO(g)$ 在高温条件下向______自发。

7. 热力学第一定律说明热力学能变化与热和功的关系。此关系只适用于（　）。

A. 理想气体　B. 封闭系统　C. 孤立系统　D. 敞开系统

8. 纯液体在其正常沸点时汽化，该过程中增大的量是（　）。

A. 蒸气压　B. 汽化热　C. 熵　D. 吉布斯自由能

9. 在 298.15K 时，反应 $N_2(g)+3H_2(g) = 2NH_3(g)$，$\Delta_r H_m^\ominus<0$，则标准状态下该反应

A. 任何温度下均自发进行　B. 任何温度下均不能自发进行

C. 高温自发　D. 低温自发

10. 298.15K，标准状态下，1.00g 金属镁在定压条件下完全燃烧生成 MgO(s)，放热 24.7kJ。则 $\Delta_f H_m^\ominus$(MgO，298.15K) 等于______________。已知 M(Mg) $=24.3\text{g}\cdot\text{mol}^{-1}$。

11. 已知 298.15K 和标准状态下

(1) $Cu_2O(s)+1/2O_2(g)=\!=\!=2CuO(s)$　　$\Delta_r H_m^{\ominus}=-146.02kJ\cdot mol^{-1}$

(2) $CuO(s)+Cu(s)=\!=\!=Cu_2O(s)$　　$\Delta_r H_m^{\ominus}=-11.30kJ\cdot mol^{-1}$

求(3)$CuO(s)=\!=\!=Cu(s)+1/2O_2(g)$的 $\Delta_r H_m^{\ominus}$。

[157.32kJ·mol⁻¹]

12. 已知 298.15K 和标准状态下

(1) $Fe_2O_3(s)+3CO(g)=\!=\!=2Fe(s)+3CO_2(g)$　　$\Delta_r H_m^{\ominus}=-24.77kJ\cdot mol^{-1}$

(2) $3Fe_2O_3(s)+CO(g)=\!=\!=2Fe_3O_4(s)+CO_2(g)$　　$\Delta_r H_m^{\ominus}=-52.19kJ\cdot mol^{-1}$

(3) $Fe_3O_4(s)+CO(g)=\!=\!=3FeO(s)+CO_2(g)$　　$\Delta_r H_m^{\ominus}=-39.01kJ\cdot mol^{-1}$

求(4)$Fe(s)+CO_2(g)=\!=\!=FeO(s)+CO(g)$的 $\Delta_r H_m^{\ominus}$。

[$-9.32kJ\cdot mol^{-1}$]

13. 甘氨酸二肽的氧化反应为

$$C_4H_8N_2O_3(s)+3O_2(g)=\!=\!=H_2NCONH_2(s)+3CO_2(g)+2H_2O(l)$$

已知 $\Delta_f H_m^{\ominus}(H_2NCONH_2,s)=-333.17kJ\cdot mol^{-1}$，$\Delta_f H_m^{\ominus}(C_4H_8N_2O_3,s)=-745.25kJ\cdot mol^{-1}$。计算：

(1) 298.15K 时，甘氨酸二肽氧化反应的标准摩尔焓变 $\Delta_r H_m^{\ominus}$。

[$-1340.15kJ\cdot mol^{-1}$]

(2) 298.15K 和标准状态下，1g 固体甘氨酸二肽氧化时放热多少？

[$-10.15kJ$]

14. 由 $\Delta_f H_m^{\ominus}$ 的数据计算下列反应在 298.15K 和标准状态下的 $\Delta_r H_m^{\ominus}$。

(1) $4NH_3(g)+5O_2(g)=\!=\!=4NO(g)+6H_2O(l)$

[$-1169.78kJ\cdot mol^{-1}$]

(2) $8Al(s)+3Fe_3O_4(s)=\!=\!=4Al_2O_3(s)+9Fe(s)$

[$-6327.86kJ\cdot mol^{-1}$]

(3) $CO(g)+H_2O(l)=\!=\!=CO_2(g)+H_2(g)$

[$2.88kJ\cdot mol^{-1}$]

15. 液态乙醇的燃烧反应：

$$C_2H_5OH(l)+3O_2(g)=\!=\!=2CO_2(g)+3H_2O(l)$$

利用附录提供的数据，计算 298.15K 和标准状态时，92g 液态乙醇完全燃烧放出的热量。

[$-2735.18kJ\cdot mol^{-1}$]

16. 由葡萄糖的 $\Delta_c H_m^{\ominus}$ 和水及二氧化碳的 $\Delta_f H_m^{\ominus}$ 数据，求 298.15K 和标准状态下葡萄糖的 $\Delta_f H_m^{\ominus}$。

[$-1260.36kJ\cdot mol^{-1}$]

17. 已知 298.15K 时，下列反应

	$BaCO_3(s)=\!=\!=$	$BaO(s)+$	$CO_2(g)$
$\Delta_f H_m^{\ominus}/kJ\cdot mol^{-1}$	-1218.8	-558.10	-393.51
$S_m^{\ominus}/J\cdot mol^{-1}\cdot K^{-1}$	112.1	70.30	213.79

求 298.15K 时该反应的 $\Delta_r H_m^{\ominus}$、$\Delta_r S_m^{\ominus}$ 和 $\Delta_r G_m^{\ominus}$，以及该反应可自发进行的最低温度。

[$\Delta_r H_m^{\ominus}=267.19kJ\cdot mol^{-1}$，$\Delta_r S_m^{\ominus}=171.99J\cdot mol^{-1}\cdot K^{-1}$，$\Delta_r G_m^{\ominus}=215.91kJ\cdot mol^{-1}$，$T=1554K$]

18. 将空气中的单质氮变成各种含氮化合物的反应叫固氮反应。利用附录提供的 $\Delta_f G_m^{\ominus}$ 数据计算下列三种固氮反应的 $\Delta_r G_m^{\ominus}$，从热力学角度判断选择哪个反应最好？

(1) $N_2(g)+O_2(g)=\!=\!=2NO(g)$

(2) $2N_2(g)+O_2(g)=\!=\!=2N_2O(g)$

(3) $N_2(g)+3H_2(g)=\!=\!=2NH_3(g)$

19. 已知 298.15K 时和标准状态下，$S_m^{\ominus}$(硫，s，单斜)$=32.6J\cdot mol^{-1}\cdot K^{-1}$，$S_m^{\ominus}$(硫，s，正交)$=31.8J\cdot mol^{-1}\cdot K^{-1}$。

$$S(s,单斜)+O_2(g)=\!=\!=SO_2(g)\qquad \Delta_r H_m^{\ominus}=-297.2kJ\cdot mol^{-1}$$

$$S(s,正交)+O_2(g) = SO_2(g) \qquad \Delta_r H_m^{\ominus} = -296.9\text{kJ}\cdot\text{mol}^{-1}$$

计算说明在标准状态下，温度分别为 25℃和 100℃时两种晶型硫的稳定性。

[25℃时正交硫稳定，100℃时单斜硫稳定]

20. 已知

	$2NO(g)+O_2(g) = 2NO_2(g)$	
$\Delta_f G_m^{\ominus}/\text{kJ}\cdot\text{mol}^{-1}$	86.69	51.99

计算 298.15K 时，上述反应的 $\Delta_r G_m^{\ominus}$，并说明 NO_2 气体的稳定性。

[$\Delta_r G_m^{\ominus}(298.15)=-69.4\text{kJ}\cdot\text{mol}^{-1}$，298.15K 时 $NO_2(g)$ 稳定]

21. 植物在光合作用中合成葡萄糖的反应可以表示为：

$$6CO_2(g)+6H_2O(l) = C_6H_{12}O_6(s)+6O_2(g)$$

计算该反应的标准摩尔吉布斯自由能变化，判断反应在 298.15K 及标准状态下能否自发进行？[已知葡萄糖的 $\Delta_f G_m^{\ominus}(C_6H_{12}O_6, s)=-910.5\text{kJ}\cdot\text{mol}^{-1}$]

[$\Delta_r G_m^{\ominus}(298.15K)=2878.62\text{kJ}\cdot\text{mol}^{-1}$]

22. 根据下列反应的热力学数据，讨论利用该反应净化汽车尾气中 NO 和 CO 的可能性。

$$CO(g)+NO(g) \longrightarrow CO_2(g)+\frac{1}{2}N_2(g)$$

	CO(g)	NO(g)	$CO_2(g)$	$N_2(g)$
$\Delta_f H_m^{\ominus}/\text{kJ}\cdot\text{mol}^{-1}$	−110.54	90.37	−393.51	0
$S_m^{\ominus}/\text{J}\cdot\text{mol}^{-1}\cdot\text{K}^{-1}$	198.01	210.77	213.79	191.60

[利用该反应可以净化汽车尾气]

23. 电解水是 H_2 的重要来源之一，若用水直接加热分解得到，需要多高的温度？该方法是否可行？

[已知 298.15K 时 $\Delta_f G_m^{\ominus}(H_2O, g)=-228.59\text{kJ}\cdot\text{mol}^{-1}$，$\Delta_f H_m^{\ominus}(H_2O, g)=-241.84\text{kJ}\cdot\text{mol}^{-1}$]

[不可行]

（编写人：卢　敏）

第3章　化学反应速率和化学平衡

化学热力学主要研究化学反应的能量和方向，而化学动力学则主要研究化学反应的速率和限度。有些化学反应进行得很快，如酸碱反应、爆炸反应等；有些反应则进行得非常缓慢，如废旧塑料的降解反应等。

再如在 298.15K，标准状态下 H_2 与 O_2 生成 H_2O 的反应。

$$H_2(g)+\frac{1}{2}O_2(g) = H_2O(l)$$

此反应从化学热力学分析，在常温下 $\Delta_r G_m^{\ominus}=-237.14kJ\cdot mol^{-1}$，反应可以正向自发进行并且自发趋势很大。但实际上在此条件下，将 H_2 与 O_2 混合，根本看不出有 H_2O 生成。究其原因是其反应速率太慢，如果改变反应条件，加热或加入催化剂 Pt 粉，则该反应可立即进行。

化学反应速率主要由化学反应的本性决定，除此之外，还与反应物的浓度、压力、温度及催化剂有关。我们研究化学反应的目的，就是要找出有关化学反应速率的规律并加以利用。

对于一个化学反应，我们不仅要研究它的方向，还必须研究在一定条件下，化学反应进行的限度即化学平衡问题，以及化学平衡移动与反应物浓度、压力和温度的关系，以此来指导化工生产及科学研究。

本章主要介绍有关化学反应速率的基本概念、基本理论和有关化学平衡问题。化学平衡是本章基本理论的主要部分。

3.1　化学反应速率

3.1.1　化学反应速率的表示方法

(1) 平均速率

在定容条件下，化学反应的平均速率（average rate）是用单位时间内反应物浓度的减少或生成物浓度的增加来表示的。

$$\bar{v}=\frac{c_2-c_1}{t_2-t_1}=\pm\frac{\Delta c}{\Delta t} \tag{3-1}$$

随着化学反应的进行，反应物浓度逐渐减小，生成物浓度逐渐增加。因为反应速率只能是正值，所以式(3-1) 加了正负号，正号表示以生成物的浓度变化来表示反应的速率，负号表示以反应物的浓度变化来表示反应的速率。

物质的量的浓度单位常用 $mol\cdot L^{-1}$，时间单位可用 s、min、h 等，因此反应速率的单位可用 $mol\cdot L^{-1}\cdot s^{-1}$、$mol\cdot L^{-1}\cdot min^{-1}$、$mol\cdot L^{-1}\cdot h^{-1}$ 等来表示。如反应

$$H_2(g)+I_2(g) = 2HI(g)$$

起始时 $H_2(g)$ 的浓度为 $1.5mol\cdot L^{-1}$，100s 时，测得 $H_2(g)$ 的浓度为 $1.0mol\cdot L^{-1}$，则以 $H_2(g)$ 浓度的变化来表示的平均速率为

$$\bar{v}=-\frac{1.0-1.5}{100}=5.0\times10^{-3}\ (mol\cdot L^{-1}\cdot s^{-1})$$

(2) 瞬时速率

在一个化学反应过程中，反应物和生成物的浓度不断变化，每时每刻的反应速率都不相

同，如用平均速率来表示，则有一定的不合理性。若用 $\Delta t \to 0$ 的瞬时速率（instantaneous rate）来表示反应速率就比较科学。

$$v_i = \pm \lim_{\Delta t \to 0} \frac{\Delta c_i}{\Delta t} = \pm \frac{dc_i}{dt} \tag{3-2}$$

式(3-2）表示某物质浓度随时间的变化速率即瞬时速率。也可以说 $\frac{dc}{dt}$ 是浓度 c 对时间 t 的一阶导数。

反应系统中任何一种物质浓度的变化都可以表示反应速率，由于各种物质化学计量系数不同，用不同物质浓度表示的反应速率数值也不同，如我们熟悉的合成氨反应：

$$N_2(g) + 3H_2(g) \xlongequal{\quad} 2NH_3(g)$$

若 dt 时间内 N_2 浓度减少为 dx，根据方程式中各物质的计量系数，可知 H_2 浓度必然减少 $3dx$，NH_3 浓度则相应增加 $2dx$，用 $N_2(g)$、$H_2(g)$、$NH_3(g)$ 浓度的变化表示的瞬时速率分别为：

$$v(N_2) = -\frac{dc(N_2)}{dt} = -\frac{dx}{dt}$$

$$v(H_2) = -\frac{dc(H_2)}{dt} = -\frac{3dx}{dt}$$

$$v(NH_3) = \frac{dc(N_2)}{dt} = \frac{2dx}{dt}$$

由此可见，用不同物质浓度变化来表示的速率数值上可能不同，这样一个反应就有几个化学反应速率，显然容易造成混乱，使用起来也不方便。目前国际单位制建议用物质B的化学计量系数 $\nu(B)$ 去除 $dc(B)/dt$，这样得到的反应速率 v 就有一个确定值。对于反应：

$$aA(g) + bB(g) \xlongequal{\quad} gG(g) + hH(g)$$

$$v = -\frac{1}{a} \times \frac{dc(A)}{dt} = -\frac{1}{b} \times \frac{dc(B)}{dt} = \frac{1}{g} \times \frac{dc(G)}{dt} = \frac{1}{h} \times \frac{dc(H)}{dt} \tag{3-3}$$

对合成氨反应

$$v = -\frac{dc(N_2)}{dt} = -\frac{1}{3} \times \frac{dc(H_2)}{dt} = \frac{1}{2} \times \frac{dc(NH_3)}{dt}$$

$$= -\frac{dx}{dt} = -\frac{1}{3} \times \frac{3dx}{dt} = \frac{1}{2} \times \frac{2dx}{dt}$$

3.1.2　化学反应历程

化学反应方程式通常只能表明反应物与生成物之间的数量关系，并不能说明反应物经过什么途径变成生成物。实验证明有些化学反应，是一步完成的，但大多数化学反应是分步完成的，在化学动力学中，把反应物转变为生成物一步而完成的反应叫基元反应（elementary reaction)，反应历程中只包含一个基元反应的称为简单反应。例如：

$$CO(g) + NO_2(g) \xlongequal{\quad} CO_2(g) + NO(g)$$

把反应物转变为生成物经过多步而完成的反应称为非基元反应，反应历程中包含两个或两个以上基元反应的称为复杂反应（complex reaction)。如反应

$$2N_2O_5 \xlongequal{\quad} 4NO_2 + O_2$$

由下面三个基元反应组成：

(1)　$N_2O_5 \longrightarrow N_2O_3 + O_2$

(2)　$N_2O_3 \longrightarrow NO_2 + NO$

(3)　$N_2O_5 + NO \longrightarrow 3NO_2$

这三个基元反应的组成表示了总反应所经历的途径。我们把反应物变成生成物实际经过的途径称为化学反应历程（chemical reaction mechanisms）（或反应机理）。

一个复杂反应的反应速率通常是由最慢的基元反应速率来决定，所以我们把复杂反应历程中最慢的基元反应称为复杂反应的定速步骤。如上述反应中（1）为定速步骤（rate-determining step）。

化学反应历程要靠实验确定，而绝对不能靠主观猜测。化学动力学的主要任务之一就是研究反应机理，深入探讨化学反应速率的本质，这在理论和实践上都具有重要意义。

3.1.3 速率方程

化学反应速率与反应物浓度有密切关系，挪威科学家古得堡（Guldberg）和魏格（Waage）对于基元反应的反应速率和反应物浓度之间的定量关系进行了总结："在一定温度下，反应速率与各反应物浓度以反应方程式中计量系数为指数的乘积成正比"。此规则为质量作用定律（mass action law）。

基元反应 $$aA+bB \longequal gG+hH$$

其速率方程为：$$v=kc^a(A)c^b(B) \tag{3-4}$$

式(3-4) 是质量作用定律的数学表达式，也称为基元反应的速率方程（rate equation）。式中，k 为速率常数（rate constant of reaction），指反应物浓度均为 $1mol\cdot L^{-1}$ 时的反应速率。k 的大小由反应物的本性决定，与反应物浓度无关。改变反应物的浓度可以改变反应速率，但不会改变 k 的大小。只有改变温度或使用催化剂时，k 的数值才会发生变化。当温度和浓度一定时，k 值越大，反应越快。速率常数 k 一般由实验测得。

质量作用定律只适用于基元反应，不适用于复杂反应。但复杂反应也可用实验的方法确定速率方程，求出速率常数 k。

3.1.4 反应级数

根据速率方程式：$v=kc^a(A)c^b(B)$，此反应对反应物 A 是 a 级反应，对反应物 B 是 b 级反应，a 和 b 分别为此反应对反应物 A、B 的级数，$a+b$ 为反应的总级数（order of reaction）。通常不特别说明，所说反应的级数一般就是指总级数，基元反应中反应物的级数与其计量系数一致，非基元反应中则可能不同，反应级数（reaction order）由实验测定，而且可能会因实验条件改变而发生变化。反应级数可以是整数，也可以是分数或零。如

$$2NO(g)+O_2(g) \longequal 2NO_2(g)$$

该反应对 NO 是二级反应，对 O_2 是一级反应，而整个反应则是三级反应（2+1=3）。再如：蔗糖的水解反应

$$\underset{\text{蔗糖}}{C_{12}H_{22}O_{11}(aq)}+H_2O \xrightarrow{H^+} \underset{\text{葡萄糖}}{C_6H_{12}O_6(aq)}+\underset{\text{果糖}}{C_6H_{12}O_6(aq)}$$

在此反应中水是大量的，在反应过程中可视水的浓度不变，反应速率只与蔗糖的浓度有关，而与水的浓度无关，即反应对 H_2O 是零级反应。

【例 3-1】 660K 时反应 $2NO+O_2 \longrightarrow 2NO_2$，NO 和 O_2 的初始浓度 $c(NO)$ 和 $c(O_2)$ 及反应的初始速率 v 的实验数据：

$c(NO)/mol\cdot L^{-1}$	$c(O_2)/mol\cdot L^{-1}$	$v/mol\cdot L^{-1}\cdot s^{-1}$
0.10	0.10	0.030
0.10	0.20	0.060
0.20	0.20	0.240

(1) 写出反应的速率方程；

(2) 求出反应的级数和速率常数；

(3) 求 $c(NO)=c(O_2)=0.15mol\cdot L^{-1}$ 时的反应速率。

解：(1) 设反应的速率方程为

$v=kc^{\alpha}(NO)c^{\beta}(O_2)$ 将数据代入得

$$0.030=k\times0.10^{\alpha}\times0.10^{\beta} \tag{1}$$

$$0.060=k\times0.10^{\alpha}\times0.20^{\beta} \tag{2}$$

$$0.240=k\times0.20^{\alpha}\times0.20^{\beta} \tag{3}$$

(2)/(1) 得 $\beta=1$，(3)/(2) 得 $\alpha=2$

反应的速率方程为　　$v=kc^2(NO)c(O_2)$

(2) 反应的级数为 $\alpha+\beta=3$，速率常数为 $k=30(mol\cdot L^{-1})^{-2}\cdot s^{-1}$。

(3) $v=0.101mol\cdot L^{-1}\cdot s^{-1}$。

3.1.5　化学反应速率理论

(1) 碰撞理论

碰撞理论（collision theory）是 1918 年路易斯（W. C. M. Lewis）在气体分子运动论的基础上建立起来的，主要适用于气相双分子反应，其主要内容如下。

① 反应物分子必须发生碰撞，才可能发生反应，分子碰撞是发生化学反应的必要条件。反应物分子碰撞是指两个分子相互靠近，彼此进入到分子力场的范围之内，并使各自的分子力场发生改变，在发生有效碰撞的同时，伴随着旧键断裂和新键生成，反应速率与反应物分子碰撞频率成正比。在一定温度下，反应物分子碰撞的频率又与反应物浓度成正比。

② 反应物分子并不是一碰撞就发生化学反应，只有分子间相对平均动能超过某一临界值 E_c 时，分子的碰撞才能发生反应，我们把这种碰撞称为有效碰撞。例如：在 298.15K、100kPa 下，每毫升 HI 分子内每秒碰撞的总次数为 10^{28} 次，如果每次碰撞都能发生反应，则该分解反应瞬间即可完成，但实际上该反应的速率仅为 $3.5\times10^{-13}mol\cdot L^{-1}\cdot s^{-1}$，说明有效碰撞的频率非常低。因此只有能量比较高的分子才能发生有效碰撞，才能克服分子间的排斥力，破坏原有的化学键，使原子分开而重新组合形成新的化学键，从而转化为生成物分子。我们把具有较高能量、能发生有效碰撞的分子称为活化分子，活化分子所具有的最低能量与体系中分子平均能量之差就是活化能 E_a（activation energy）。可见活化分子百分数越大，有效碰撞次数就越多，反应速率也就越快，因此反应速率与活化分子的百分数成正比，按照气体能量分布规律，活化分子百分数（f）为

$$f=e^{-E_a/RT} \tag{3-5}$$

式中，R 为摩尔气体常数（molar gas constant）；T 为热力学温度（thermodynamic temperature）；E_a 为反应的活化能。活化分子的百分数与分子能量的关系见图 3-1。

图 3-1 中横坐标表示分子的能量，纵坐标表示具有一定能量的分子分数，$\overline{E}$ 是在一定温度下气体分子所具有的平均能量，$\overline{E}\,\overline{E}$ 线表示具有平均能量的分子分数，由图 3-1 可知，大多数分子具有平均能量，能量很低或能量很高的分子占的比例都比较少。E_c 是活化分子所具有的最低能量，曲线与横坐标之间的面积代表全部具有不同能量的分子分数之和为 100%，其中画有斜线的面积代表活化分子的百分数（f）。对给定的反应，当温度一定时，曲线的形状就一定，所以 f 也是一定的。

活化能 E_a 的大小主要由反应的本性决定，与反应物浓度无关，受温度影响很小，尽管温度升高可使反应体系的分子平均能量提高，但这个变化值不大，与活化能相比可以忽略不计。即在温度变化幅度不大时，一般不考虑温度的影响。

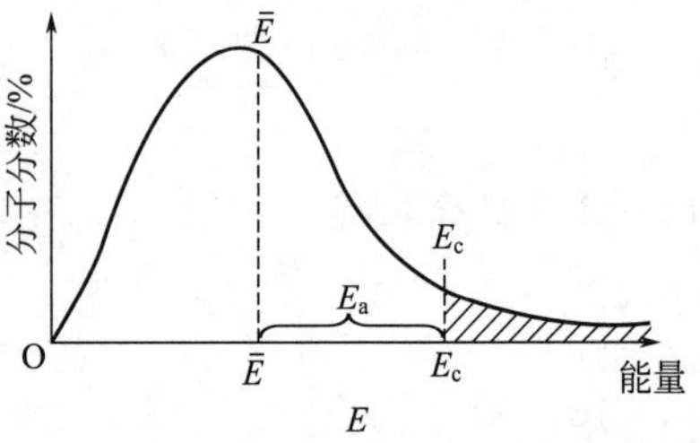

图 3-1 分子能量分布曲线

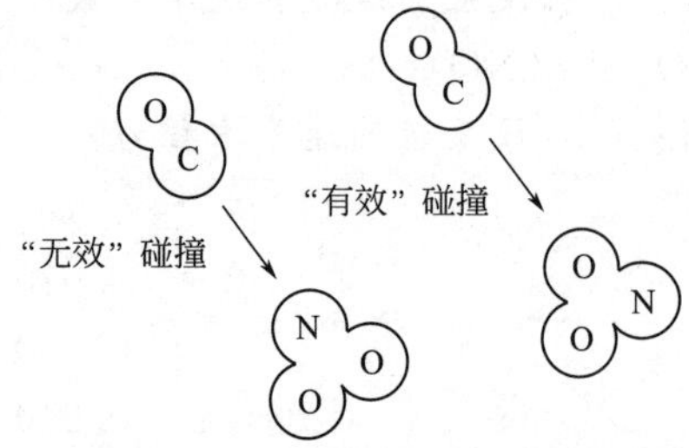

图 3-2 分子碰撞取向示意图

活化能受催化剂的影响很大，因为催化剂可以大大降低反应的活化能，大幅度地加快反应速率。由式(3-5) 可以看出，E_a 越小，f 就越大，反应速率就越大；E_a 越大，f 就越小，反应速率就越小。化学反应的活化能一般在 40～400kJ·mol^{-1}之间，多数在 60～250kJ·mol^{-1}之间，E_a<40kJ·mol^{-1}的反应，反应速率很大，如中和反应的活化能在 13～25kJ·mol^{-1}之间，反应瞬间完成，E_a>40kJ·mol^{-1}的反应，其反应速率就很小。

③ 方位因子（p）。要使分子发生化学反应，除了分子必须具有足够高的相对平均动能外，还必须考虑碰撞时分子的空间方位。例如：基元反应

$$CO(g) + NO_2(g) \longrightarrow CO_2(g) + NO(g)$$

只有当 CO 分子中的碳原子与 NO_2 分子中的氧原子接近，并沿着 C—O 与 N—O 键轴方向碰撞时，才可能发生反应，为有效碰撞（effective collision)。沿着 C 和 N 原子取向碰撞时，则为无效碰撞（ineffective collision)（见图 3-2)。

我们把两分子取向有利于发生反应的碰撞机会占总碰撞机会的分数称为方位因子（p)。碰撞理论认为：

$$v = pfz = pfz_0 c^a(A) c^b(B) \tag{3-6}$$

$$k = pfz_0 = pz_0 e^{-E_a/RT} \tag{3-7}$$

式中，p 为方位因子；z_0 为有效碰撞频率；k 为速率常数。显然方位因子越大，有效碰撞机会越多，反应速率就越快。碰撞理论成功地解决了某些反应的速率计算问题。但碰撞理论也存在一些不足，如临界能 E_c、方位因子 p 都无法从理论上进行计算，只有通过实验结果进行校正才能得出。

(2) 过渡状态理论

过渡状态理论（transition state）是在量子力学和统计力学的基础上提出来的，它是从分子的内部结构和运动状态去研究反应速率问题，其基本内容如下。

① 反应物分子必须经过一个高能量的过渡状态，再转化为生成物。其反应实质是反应物分子中旧键断裂，原子重组和能量重新分配，从而形成新的分子。在旧键断裂形成新键的过程中，生成了一种中间产物，称为过渡状态（transition state)，又称活性配合物（activated complex)。如反应：

$$CO(g) + NO_2(g) \longrightarrow CO_2(g) + NO(g)$$

其反应过程为

$$\underset{\text{(反应物)}}{CO(g) + NO_2(g)} \longrightarrow \underset{\text{(过渡状态)}}{O{-}N\cdots O\cdots C{-}O} \longrightarrow \underset{\text{(生成物)}}{CO_2(g) + NO(g)}$$

② 过渡状态具有较高的势能，极不稳定，会很快分解。由于反应过程中分子的碰撞，分子的动能大部分转变成势能，所以过渡态处于较高的势能状态。

由图 3-3 可知在反应物和生成物之间，有一道能量很高的能垒，过渡状态是反应历程中势

能最高的点。

反应物吸收能量成为过渡状态，反应的活化能就是翻越势能垒所需的能量，正反应的活化能与逆反应的活化能之差就是反应的热效应。

$$Q = E_{a,正} - E_{a,逆}$$

显然当 $E_{a,正} < E_{a,逆}$ 时，正反应为放热反应，当 $E_{a,正} > E_{a,逆}$ 时，正反应为吸热反应。

③ 过渡状态极不稳定，它分解生成产物的趋势大于重新变成反应物的趋势。

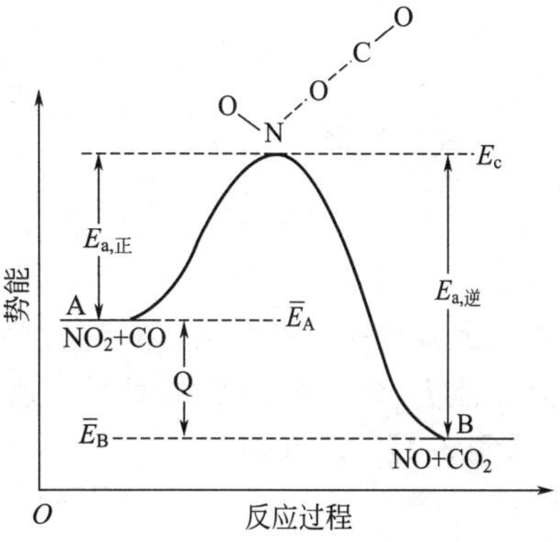

图 3-3　反应过程的势能图

过渡状态理论是从分子结构的角度去研究反应速率问题，方向是正确的，它考虑了分子结构的特点和化学键的特征，较好地揭示了活化能的本质，它比碰撞理论前进了一步。但由于过渡状态的结构难以确定，而且极不稳定，不能分离，无法通过实验进行验证，因此这一理论的应用受到了一定的限制。

3.2　影响化学反应速率的因素

化学反应的速率各不相同，主要是由化学反应的本质所决定，即由化学反应的活化能 E_a 的大小决定。此外，化学反应速率还与反应物浓度、温度、催化剂等因素有关。

3.2.1　浓度对化学反应速率的影响

对于一般的基元反应

$$aA + bB = gG + hH$$

其速率方程为

$$v = kc^a(A)c^b(B)$$

由此可见，在一定温度下，增大反应物的浓度，可以增大反应速率，浓度越大，反应速率越快。因为对某一反应，在温度一定时，活化分子的百分数是一定的，当增加反应物浓度时，单位体积内活化分子总数会相应增加。根据碰撞理论，单位时间内分子之间的有效碰撞次数会增大，从而大大加快了反应速率。

3.2.2　温度对化学反应速率的影响

温度对反应速率的影响比较大，随着温度的升高，绝大多数化学反应的速率都显著增大。因为浓度一定时，温度升高，反应物分子所具有的能量增加，活化分子的百分数也随之增加，有效碰撞次数增多，因而加快了反应速率。温度变化对反应速率的影响主要表现在对速率常数 k 值的影响。1889 年瑞典化学家阿伦尼乌斯（Arrhenius）提出了一个较为精确的经验公式：

$$k = A\mathrm{e}^{-E_a/RT} \tag{3-8}$$

$$\ln k = -\frac{E_a}{RT} + \ln A \tag{3-9}$$

式中，A 为常数，称为指前因子（pre-exponential factor）；R 是摩尔气体常数；E_a 是活化能。式(3-9) 表明 $\ln k$ 与 $1/T$ 之间呈线性关系，直线的斜率是 $-E_a/R$。

若温度分别为 T_1 和 T_2 时，反应速率常数分别为 k_1 和 k_2，则

$$(1)\quad \ln k_1 = -\frac{E_a}{RT_1} + \ln A$$

$$(2)\quad \ln k_2=-\frac{E_a}{RT_2}+\ln A$$

式(2)－式(1) 得
$$\ln\frac{k_2}{k_1}=\frac{E_a}{R}\times\frac{T_2-T_1}{T_1T_2} \tag{3-10}$$

$$\lg\frac{k_2}{k_1}=\frac{E_a}{2.303R}\times\frac{T_2-T_1}{T_1T_2} \tag{3-11}$$

以上式(3-8)～式(3-11) 都称为阿伦尼乌斯公式。根据这些公式可计算不同温度下反应的活化能 E_a，或从一个温度下的速率常数 k_1 求另一温度下的速率常数 k_2。

【例 3-2】 求反应

$$C_2H_5Br \longrightarrow C_2H_4 + HBr$$

在 700K 时的速率常数。已知该反应活化能为 $225kJ\cdot mol^{-1}$，650K 时 $k=2.0\times10^{-3}s^{-1}$。

解： 设 700K(T_2) 时的速率常数为 k_2，650K(T_1) 时的速率常数为 k_1。根据 Arrhenius 公式，有

$$\lg\frac{k_2}{k_1}=\frac{E_a}{2.303R}\times\frac{T_2-T_1}{T_2T_1}$$

$$\lg\frac{k_2}{2.0\times10^{-3}s^{-1}}=\frac{225\times10^3\times(700-650)}{2.303\times8.314\times700\times650}$$

$$k_2=3.9\times10^{-2}s^{-1}$$

3.2.3 催化剂对化学反应速率的影响

(1) 催化剂及催化作用

反应
$$H_2(g)+\frac{1}{2}O_2(g)=\!=\!=H_2O(l)$$

液态 H_2O 的标准摩尔生成吉布斯自由能 $\Delta_rG_m^{\ominus}(298.15K)=-237.14kJ\cdot mol^{-1}$，$\Delta_rG_m^{\ominus}<0$，从理论上来说，在标准状态和 298.15K 时，该反应能够正向自发进行，但实际上却看不到水的生成，主要是因为反应速率太慢。如果往上述体系中加入微量 Pt 细粉，则反应立即发生，而且进行得相当完全。反应前后 Pt 细粉的量并无改变，在该反应中，Pt 就是催化剂 (catalyst)。

凡是在反应体系中，能改变反应的速率，而其本身的数量、组成和化学性质都保持不变的物质叫催化剂。如 SO_2 氧化为 SO_3 反应中用的 V_2O_5，合成 NH_3 反应中的 Fe 等。催化剂改变反应速率的作用就是催化作用。

(2) 催化作用的机理

① 催化剂加快反应速率的主要原因是：催化剂参与了反应，改变了反应途径，降低了反应的活化能。

如反应：$A+B\longrightarrow AB$ 在无催化剂时，反应按图 3-4 中途径Ⅰ进行，活化能为 E_a，在有催化剂 K 时，反应按图 3-4 中途径Ⅱ分两步进行。

$$A+K\longrightarrow AK \qquad 活化能为 E_{a1}$$
$$AK+B\longrightarrow AB+K \qquad 活化能为 E_{a2}$$

总反应为

$$A+B+K\longrightarrow AB+K$$

由图 3-4 中可以看出，在途径Ⅱ中，两步反应的活化能 E_{a1} 和 E_{a2} 都远小于途径Ⅰ的活化能 E_a，所以反应速率加快。

② 催化剂不改变反应系统的热力学状态，不影响化学平衡。从热力学的观点来看，反应系统中，始态反应物和终态生成物的状态不因为是否添加催化剂而改变，所以反应的 $\Delta_r G_m$ 不受影响，即"状态函数的变化与途径无关"。使用催化剂不改变平衡常数 K，只能加快反应的速率，缩短达到平衡所需的时间。从图 3-4 中还可以看出，催化历程和非催化历程的热效应是一样的。使用催化剂既降低了正反应的活化能，同时也降低了逆反应的活化能，所以催化剂可以同时提高正反应与逆反应的速率。

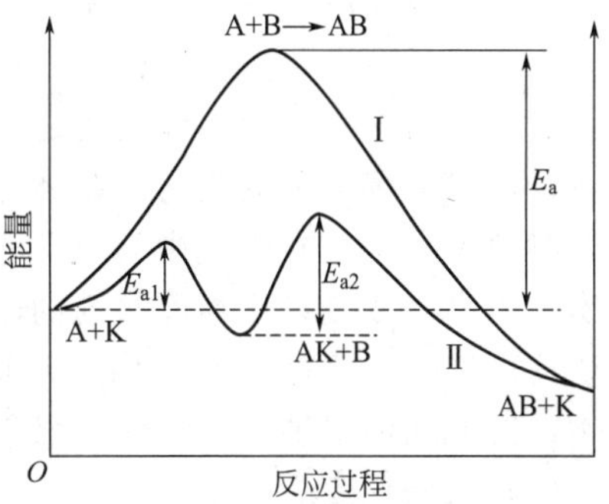

图 3-4　催化剂改变反应途径示意图

在热力学上证明不可能发生的反应，使用任何催化剂都不能使之发生。

③ 催化剂具有一定的选择性，每种催化剂都有其使用范围。它只能催化某一类或某几个反应，有的只能催化某一个反应。同一反应，如果选用不同的催化剂，则可以得到不同的产物，如 V_2O_5 只能催化 SO_2 的氧化反应。在 250℃时，乙烯在空气中氧化使用不同的催化剂，可得到不同的产物。

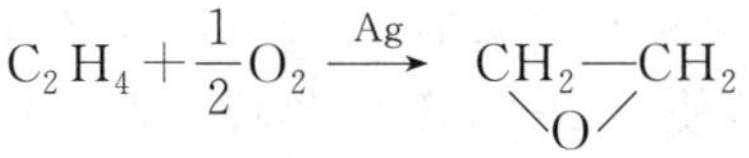

$$C_2H_4 + \frac{1}{2}O_2 \xrightarrow{Ag} CH_2\underset{O}{-}CH_2$$

$$C_2H_4 + \frac{1}{2}O_2 \xrightarrow{PbCl_2\text{-}CuCl_2} CH_3-CHO$$

$$C_2H_4 + 3O_2 \xrightarrow{燃烧} 2CO_2 + 2H_2O$$

④ 某些杂质对催化剂的性能有很大影响。有些物质可增强催化功能，在工业上用作"助催化剂"，有些物质则减弱催化功能，称为"抑制剂"，还有些物质能严重阻碍催化功能，使催化剂"中毒"完全失去催化功能。

⑤ 反应过程中，催化剂自身会发生变化。尽管反应前后，催化剂的质量和化学性质不变，但催化剂的某些物理性状，特别是表面性状会发生变化。在工业生产中使用催化剂必须经常"再生"或补充。

(3) 均相催化和多相催化

① 均相催化　均相催化反应（homogeneous catalysis）是指反应物及产物与催化剂均同时处于同一个相，如 $I_2(g)$ 催化乙醛分解反应就是一个典型的气态均相催化反应。

$$CH_3CHO(g) \xrightarrow[791K]{I_2} CH_4(g) + CO(g)$$

该反应的活化能为 190kJ·mol^{-1}。加入 $I_2(g)$ 后，活化能降为 136kJ·mol^{-1}，反应速率可提高 3700 倍。其反应机理为：

$$CH_3CHO(g) + I_2(g) \Longleftrightarrow CH_3I(g) + HI(g) + CO(g)$$
$$CH_3I(g) + HI(g) \Longleftrightarrow CH_4(g) + I_2(g)$$

又如乙酸乙酯在酸性条件下的水解反应，则是一个液态均相催化反应：

$$CH_3COOC_2H_5 + H_2O \xrightarrow{H^+} CH_3COOH + C_2H_5OH$$

② 多相催化反应　多相催化反应（heterogeneous catalysis）是指反应物及产物与催化剂处于不同的相。如铁催化合成氨的反应。

$$N_2(g) + 3H_2(g) \xrightleftharpoons{Fe} 2NH_3(g)$$

多相催化反应又称为非均相催化反应，催化剂多为固体，反应物及产物一般为气体或液体。多相催化在工业上应用相当广泛，如石油炼制大多都是多相催化反应。

酸雨是当今全球性环境问题之一，排放的 SO_2、NO_x 等在大气中氧化，进入雨水形成酸雨，造成土壤、湖泊酸化，森林死亡，生态环境破坏，农作物减产甚至绝收，桥梁等建筑物受腐蚀等。SO_2 在大气中的氧化过程既可能受 NO、O_3 等催化剂的均相催化，也可能受尘埃中的 Fe、Mn 氧化物催化剂的非均相催化。云南、贵州、四川是我国酸雨多发地区。随着科技进步，一些催化剂正用于环境保护领域，以消除 SO_2、NO_x、CO_2、甲醛等环境污染物，助力环境保护，加快建立绿色低碳循环发展的经济体系。

(4) 酶催化反应

酶是生物体内的特殊催化剂，在新陈代谢过程中起着重要作用。几乎一切生命活动都与酶有关。酶是生物细胞里一种特殊的能起催化作用的蛋白质，我们把这种催化剂称为酶。据估计，人体内有 30000 多种酶，分别是各种反应的有效催化剂，酶催化对生命过程具有十分重要的意义，可以说没有酶的催化作用，就没有生物体的存在。

酶催化与一般的无机催化剂相比，具有更加显著的特点。

① 高度选择性 一种酶只能催化一种或一类物质的化学反应。如尿酶只能催化尿素水解，淀粉酶只能催化淀粉水解。

② 催化效率高 如乙醇脱氢酶在室温下 1s 内可使 720mL 乙醇转变为乙醛，而同样的反应，在 200℃时 1mol Cu 只能使 0.1～1mL 乙醇转化为乙醛。酶在生物体内含量非常少，一般以 μg 或 ng 计算，其催化效率之高是其他催化剂无法比拟的。

③ 反应条件温和 一般化工生产常需要高温高压，而酶催化反应于生物体内在常温常压条件下即可进行。如根瘤菌在常温常压下即可发生固氮反应。

酶催化具有上述特点，对环境又不造成污染，节约能源，所以对酶的研究是当今生物学家及化学家共同关注的课题，酶化学也是一门具有广阔发展前景的学科。

随着生命科学和仿生技术的发展，有可能用模拟酶代替普通的催化剂，这也是 21 世纪高新技术发展的一个新方向。

3.3 化学平衡

3.3.1 可逆反应与化学平衡

在一定条件下，有些化学反应能朝一个方向进行到底，如 $KClO_3$ 在 MnO_2 催化条件下的分解反应。而绝大多数反应是不能朝一个方向进行到底的，如合成氨反应，在外界条件不变的情况下，N_2、H_2 无论经过多长时间也不可能完全转化为 NH_3，原因是该反应是可逆的，在反应物变成生成物的同时，生成物又变为反应物，即反应既可正向进行又可逆向进行。这样的反应，我们称之为可逆反应 (reversible reaction)，通常用“$\rightleftharpoons$”表示反应的可逆性。如

$$2HI \rightleftharpoons H_2 + I_2$$

一般来说，化学反应都具有可逆性，只是可逆的程度有所不同。如 $KClO_3$ 的分解反应可逆程度很小，而 HI 分解反应可逆程度就相当大。

在一定条件下，对于某一可逆反应，开始时由于反应物浓度较大，正反应速率较大，但随着反应的进行，反应物浓度越来越小，生成物浓度越来越大，逆反应速率就越来越大，当正、逆反应速率相等时，反应物和生成物的浓度或分压不再随时间改变，这种状态我们称之为化学平衡 (chemical equilibrium)。

可逆反应达到平衡时，从表面上看，反应好像停止了，但实际上正、逆反应仍在继续进

行，只不过正逆反应的速率相等，方向相反的两个反应结果相互抵消而已。故始终保持反应物或生成物的浓度（分压）不变，这是化学平衡状态的主要特征。化学平衡是一个动态平衡，当系统达平衡后，其吉布斯自由能 G 不再变化，$\Delta_r G_m = 0$。

3.3.2　标准平衡常数

对一般的气相可逆反应．

$$aA(g) + bB(g) \rightleftharpoons gG(g) + hH(g)$$

在一定温度下，达到平衡时，其标准平衡常数（standard equilibrium constant）可表示为

$$K^{\ominus} = \frac{\left[\frac{p(G)}{p^{\ominus}}\right]^g \left[\frac{p(H)}{p^{\ominus}}\right]^h}{\left[\frac{p(A)}{p^{\ominus}}\right]^a \left[\frac{p(B)}{p^{\ominus}}\right]^b} \tag{3-12}$$

式(3-12) 中，$p^{\ominus} = 10^5$Pa，为标准压力；$p(A)/p^{\ominus}$、$p(B)/p^{\ominus}$、$p(G)/p^{\ominus}$、$p(H)/p^{\ominus}$ 为平衡时组分 A、B、G、H 的相对分压，气体的相对分压量纲为 1，$K^{\ominus}$ 量纲也为 1。

对一般的液相可逆反应

$$aA(aq) + bB(aq) \rightleftharpoons gG(aq) + hH(aq)$$

其标准平衡常数表示为：

$$K^{\ominus} = \frac{\left[\frac{c(G)}{c^{\ominus}}\right]^g \left[\frac{c(H)}{c^{\ominus}}\right]^h}{\left[\frac{c(A)}{c^{\ominus}}\right]^a \left[\frac{c(B)}{c^{\ominus}}\right]^b} \tag{3-13}$$

式(3-13) 中，$c^{\ominus} = 1\text{mol}\cdot\text{L}^{-1}$，为标准浓度；$c(A)/c^{\ominus}$、$c(B)/c^{\ominus}$、$c(G)/c^{\ominus}$、$c(H)/c^{\ominus}$ 为平衡时组分 A、B、G、H 的相对浓度；$K^{\ominus}$ 越大，表明该化学反应正向进行的越完全。

在书写标准平衡常数表达式时，应注意以下几个问题。

① 标准平衡常数表达式中，各组分的分压或浓度为平衡时的分压或浓度。

② 当反应中有纯固体或纯液体时，将其分压或浓度视为常数，在标准平衡常数表达式中不写出。如

$$CaCO_3(s) \rightleftharpoons CaO(s) + CO_2(g)$$

$$K^{\ominus} = p(CO_2)/p^{\ominus}$$

③ 在水溶液中进行的反应，水的浓度可视为常数，在标准平衡常数表达式中不写出。如

$$Cr_2O_7^{2-} + H_2O \rightleftharpoons 2CrO_4^{2-} + 2H^+$$

$$K^{\ominus} = \frac{\left[\frac{c(CrO_4^{2-})}{c^{\ominus}}\right]^2 \left[\frac{c(H^+)}{c^{\ominus}}\right]^2}{\left[\frac{c(Cr_2O_7^{2-})}{c^{\ominus}}\right]}$$

在非水溶液中进行的反应，若有 H_2O 参加，则 H_2O 的浓度不可视为常数，在标准平衡常数表达式中必须标出。如

$$C_2H_5OH + CH_3COOH \rightleftharpoons CH_3COOC_2H_5 + H_2O$$

$$K^{\ominus} = \frac{[c(CH_3COOC_2H_5)/c^{\ominus}][c(H_2O)/c^{\ominus}]}{[c(C_2H_5OH)/c^{\ominus}][c(CH_3COOH)/c^{\ominus}]}$$

④ 标准平衡常数的值与化学反应式的书写形式有关，同一反应，如果书写形式不同，则 $K^{\ominus}$ 值不同，但有一定的关系。如合成氨反应

$$N_2(g)+3H_2(g) \rightleftharpoons 2NH_3(g)$$

$$K_1^\ominus=\frac{[p(NH_3)/p^\ominus]^2}{[p(N_2)/p^\ominus][p(H_2)/p^\ominus]^3}$$

$$\frac{1}{2}N_2(g)+\frac{3}{2}H_2(g) \rightleftharpoons NH_3(g)$$

$$K_2^\ominus=\frac{[p(NH_3)/p^\ominus]}{[p(N_2)/p^\ominus]^{\frac{1}{2}}[p(H_2)/p^\ominus]^{\frac{3}{2}}}$$

很显然 $K_1^\ominus=(K_2^\ominus)^2$

⑤ 多重平衡规则，当几个反应相加得到一总反应时，则总反应的标准平衡常数等于各反应的标准平衡常数之积，这就是多重平衡（multiple equilibrium）规则。

例如，下列反应

$$2NO(g)+O_2 \rightleftharpoons 2NO_2(g) \qquad K_1^\ominus$$

$$2NO_2(g) \rightleftharpoons N_2O_4(g) \qquad K_2^\ominus$$

两式相加得：

$$2NO(g)+O_2(g) \rightleftharpoons N_2O_4(g) \qquad K_{总}^\ominus$$

$$K_{总}^\ominus=K_1^\ominus K_2^\ominus$$

3.3.3 有关化学平衡的计算

利用某一反应的标准平衡常数和反应物的起始浓度可以计算达到平衡时反应物及产物的浓度，还可以计算某一反应物的转化率。某反应物的转化率是指反应达到平衡时反应物已转化的量（或浓度）占初始量（或浓度）的百分率，即

$$某反应物的转化率\ \alpha=\frac{某反应物已转化的量}{某反应物的初始量} \tag{3-14}$$

转化率越大，表示达到平衡时反应进行的程度越大。

【例 3-3】 在 1273K 时，反应 $FeO(s)+CO(g) \rightleftharpoons Fe(s)+CO_2(g)$ 的 $K^\ominus=0.5$，若 CO 和 CO_2 的起始分压为 500kPa 和 100kPa，问

(1) 反应物 CO 及产物 CO_2 的平衡分压是多少？

(2) 平衡时 CO 的转化率是多少？

(3) 若增加 FeO 的量，对平衡有没有影响？

解：(1) $FeO(s)+CO(g) \rightleftharpoons Fe(s)+CO_2(g)$

	CO	CO_2
初始分压/kPa	500	100
平衡分压/kPa	$500-x$	$100+x$

则 $$K^\ominus=\frac{p(CO_2)/p^\ominus}{p(CO)/p^\ominus}=\frac{100+x}{500-x}=0.5$$

所以 $x=100(kPa)$

(2) 平衡 CO 时的转化率 $\alpha=\frac{100}{500}\times100\%=20\%$

(3) 增加 FeO 的量对平衡没有影响。

【例 3-4】 在 585K 和总压为 100kPa 时有 56.4% NOCl(g) 按下式分解，

$$2NOCl(g) \rightleftharpoons 2NO(g)+Cl_2(g)$$

若未分解时 NOCl 的量为 1mol，求

(1) 平衡时各组分物质的量。

(2) 各组分的平衡分压。

（3）该温度时的 $K^{\ominus}$。

解：（1）　$2NOCl(g) \rightleftharpoons 2NO(g) + Cl_2(g)$

	$2NOCl(g)$	$2NO(g)$	$Cl_2(g)$
起始物质的量/mol	1	0	0
平衡时物质的量/mol	1－0.564	0.564	0.282

（2）
$$p(NOCl)=\frac{1-0.564}{1.282}\times 100=34\ (kPa)$$
$$p(NO)=\frac{0.564}{1.282}\times 100=44\ (kPa)$$
$$p(Cl_2)=\frac{0.282}{1.282}\times 100=22\ (kPa)$$

（3）
$$K^{\ominus}=\frac{[p(NO)/p^{\ominus}]^2[p(Cl_2)/p^{\ominus}]}{[p(NOCl)/p^{\ominus}]^2}=\frac{(44/100)^2\times 22/100}{(34/100)^2}=0.368$$

3.3.4 化学反应等温方程式

（1）化学反应等温方程式

在定温定压下，某气相反应

$$aA(g)+bB(g)\rightleftharpoons gG(g)+hH(g)$$

其任意温度的吉布斯自由能变为 $\Delta_r G_m$，标准状态下的吉布斯自由能变为 $\Delta_r G_m^{\ominus}$，热力学已经证明 $\Delta_r G_m$ 与 $\Delta_r G_m^{\ominus}$ 有如下关系：

$$\Delta_r G_m=\Delta_r G_m^{\ominus}+RT\ln\frac{\left[\frac{p'(G)}{p^{\ominus}}\right]^g\left[\frac{p'(H)}{p^{\ominus}}\right]^h}{\left[\frac{p'(A)}{p^{\ominus}}\right]^a\left[\frac{p'(B)}{p^{\ominus}}\right]^b} \tag{3-15}$$

式中，$p'(A)/p^{\ominus}$、$p'(B)/p^{\ominus}$、$p'(G)/p^{\ominus}$、$p'(H)/p^{\ominus}$ 分别为组分 A、B、G、H 在任意时刻的分压；$p^{\ominus}$ 为标准压力。

令
$$Q=\frac{\left[\frac{p'(G)}{p^{\ominus}}\right]^g\left[\frac{p'(H)}{p^{\ominus}}\right]^h}{\left[\frac{p'(A)}{p^{\ominus}}\right]^a\left[\frac{p'(B)}{p^{\ominus}}\right]^b} \tag{3-16}$$

Q 称为反应商（reaction quotient）。故式(3-15) 可写成

$$\Delta_r G_m=\Delta_r G_m^{\ominus}+RT\ln Q \tag{3-17}$$

当反应达到平衡时，$\Delta_r G_m=0$，这时各组分气体的分压都变成了平衡分压，即

$$0=\Delta_r G_m^{\ominus}+RT\ln\frac{[p(G)/p^{\ominus}]^g[p(H)/p^{\ominus}]^h}{[p(A)/p^{\ominus}]^a[p(B)/p^{\ominus}]^b}=\Delta_r G_m^{\ominus}+RT\ln K^{\ominus}$$

$$\Delta_r G_m^{\ominus}=-RT\ln K^{\ominus}$$

即
$$\Delta_r G_m^{\ominus}=-2.303RT\lg K^{\ominus} \tag{3-18}$$

式(3-18) 表示反应的 $\Delta_r G_m^{\ominus}$ 与标准平衡常数 $K^{\ominus}$ 之间的关系。$\Delta_r G_m^{\ominus}$ 决定 $K^{\ominus}$，$\Delta_r G_m^{\ominus}$ 越负，$K^{\ominus}$ 值越大，表示反应进行的越完全。

同样，对水溶液中进行的反应，反应物、生成物均用浓度表示，$c'(A)$、$c'(B)$、$c'(G)$、$c'(H)$ 为 A、B、G、H 在反应中的任意浓度；$c^{\ominus}$ 为标准浓度，生成物与反应物相对浓度之比，也称为反应商 Q。

$$Q=\frac{[c'(G)/c^{\ominus}]^g[c'(H)/c^{\ominus}]^h}{[c'(A)/c^{\ominus}]^a[c'(B)/c^{\ominus}]^b} \tag{3-19}$$

若反应体系中同时存在液相组分和气相组分时，反应商 Q 中有关各项须分别用 $c/c^{\ominus}$ 和 $p/p^{\ominus}$ 表示，因此

$$\Delta_r G_m = \Delta_r G_m^{\ominus} + RT\ln Q = -RT\ln K^{\ominus} + RT\ln Q = RT\ln\frac{Q}{K^{\ominus}} \tag{3-20}$$

式(3-20) 称为化学反应等温方程式（chemical reaction isothermal equation)，该式表明在一定温度和压力下，化学反应的摩尔吉布斯自由能变 $\Delta_r G_m$ 与各反应物、生成物相对分压或相对浓度之间的关系。据此可判断任意状态下反应自发进行的方向。使用化学反应等温方程式时，必须注意 $\Delta_r G_m$，$\Delta_r G_m^{\ominus}$，$K^{\ominus}$ 的热力学温度必须一致。

(2) 根据 $Q/K^{\ominus}$ 判断反应的自发方向

当 $Q<K^{\ominus}$ 时，$\Delta_r G_m<0$，反应正向自发；

当 $Q=K^{\ominus}$ 时，$\Delta_r G_m=0$，反应达平衡状态；

当 $Q>K^{\ominus}$ 时，$\Delta_r G_m>0$，反应逆向自发。

这就是化学反应自发方向的判据，而 $\Delta_r G_m^{\ominus}$、$K^{\ominus}$ 则是化学反应进行限度的标志。

实际上反应往往都不是处于标准状态，用 $\Delta_r G_m$ 来判断反应的自发方向才是准确可靠的。但有时也用 $\Delta_r G_m^{\ominus}$ 来初步判断反应的自发方向，因为 $\Delta_r G_m$ 的值受 Q 的影响较小，主要由 $\Delta_r G_m^{\ominus}$ 决定。一般来说，当 $\Delta_r G_m^{\ominus}>40\text{kJ}\cdot\text{mol}^{-1}$ 时，$K^{\ominus}<10^{-7}$，反应进行的趋势很小，只有在特殊条件下反应方能自发进行，当 $\Delta_r G_m^{\ominus}<-40\text{kJ}\cdot\text{mol}^{-1}$ 时，$K^{\ominus}>10^{7}$，反应自发进行的趋势很大，反应能自发进行。当 $\Delta_r G_m^{\ominus}$ 介于两者之间时，则需要根据反应条件进行具体分析判断。

【例 3-5】 已知反应

$$CaCO_3(s) \rightleftharpoons CaO(s) + CO_2(g)$$

在 298.15K 时 $\Delta_r G_m^{\ominus}=130.86\text{kJ}\cdot\text{mol}^{-1}$，求：

(1) 该反应在标准状态下和 298.15K 时的 $K^{\ominus}$。

(2) 若温度不变，当平衡体系中各组分的分压由 100kPa 降到 1.0×10^{-2}kPa 时，该反应能否正向自发进行?

解：(1)

$$\Delta_r G_m^{\ominus} = -2.303RT\lg K^{\ominus}$$

$$\lg K^{\ominus} = -\frac{\Delta_r G_m^{\ominus}}{2.303RT} = -\frac{130.86\times10^3\text{J}\cdot\text{mol}^{-1}}{2.303\times298.15\times8.314\text{J}\cdot\text{mol}^{-1}\cdot\text{K}^{-1}} = -22.93$$

$$K^{\ominus} = 1.175\times10^{-23}$$

(2) 当平行体系的压力改变时

$$Q = \frac{p_{CO_2}}{p^{\ominus}} = \frac{1.0\times10^{-2}\text{kPa}}{100\text{kPa}} = 1.0\times10^{-4}$$

$Q>K^{\ominus}$，所以 $\Delta_r G_m>0$，反应不能正向自发进行。

3.4 化学平衡的移动

化学平衡的移动

当一个可逆反应达到化学平衡时，若改变外界条件如浓度、压力、温度时，原有的平衡状态就会被破坏，各组分的浓度就会发生变化，直到在新的条件下，建立新的平衡，我们把这个过程叫作化学平衡的移动（the shifting of chemical equilibrium)。

本节将分别讨论浓度、压力、温度对化学平衡移动的影响。

3.4.1　浓度对化学平衡移动的影响

对于任意一个可逆反应

$$aA + bB \rightleftharpoons gG + hH$$

在一定温度下，反应达到平衡时

$$Q = K^{\ominus}$$

此时 $\Delta_r G_m = 0$，若在这个体系中，增大反应物（A 或 B）或减小生成物（G 或 H）的浓度，使得 $Q < K^{\ominus}$，则 $\Delta_r G_m < 0$，反应不再处于平衡状态，此时反应正向自发进行。随着时间的进行，反应物浓度不断减少，生成物浓度不断增加，Q 值不断增加，直到 $Q = K^{\ominus}$ 时，体系又建立新的平衡，此刻，各物质的平衡浓度均不同于前一个平衡状态时的浓度；反之，如果减小反应物浓度，或增大生成物浓度，$Q > K^{\ominus}$ 时，$\Delta_r G_m > 0$，则化学平衡向逆反应方向移动。

【例 3-6】 在 830℃时，反应

$$CO(g) + H_2O(g) \rightleftharpoons H_2(g) + CO_2(g) \qquad K^{\ominus} = 1.00$$

若起始浓度 $c(CO) = 1.00 mol \cdot L^{-1}$，$c(H_2O) = 2.00 mol \cdot L^{-1}$。试计算

（1）平衡时各物质的浓度。

（2）CO 转变成 CO_2 的转化率。

（3）若将平衡体系中 $CO_2(g)$ 的浓度减少 $0.417 mol \cdot L^{-1}$，平衡向何方向移动？

解：（1）设平衡时生成物 CO_2 浓度为 x（$mol \cdot L^{-1}$标准）

	$CO(g)$	+	$H_2O(g)$	$\rightleftharpoons$ $H_2(g)$	+	$CO_2(g)$
起始分压	$1.00RT$		$2.00RT$	0		0
平衡分压	$(1.00-x)RT$		$(2.00-x)RT$	xRT		xRT

$$K^{\ominus} = \frac{[p(CO_2)/p^{\ominus}][p(H_2)/p^{\ominus}]}{[p(CO)/p^{\ominus}][p(H_2O)/p^{\ominus}]}$$

$$= \frac{\dfrac{xRT}{100} \times \dfrac{xRT}{100}}{\dfrac{(1.00-x)RT}{100} \times \dfrac{(2.00-x)RT}{100}} = 1.00$$

求解得　$x = 0.667\ (mol \cdot L^{-1})$

所以，平衡时

$$c(CO_2) = c(H_2) = 0.667\ (mol \cdot L^{-1})$$

$$c(CO) = 1.00 - 0.667 = 0.333\ (mol \cdot L^{-1})$$

$$c(H_2O) = 2.00 - 0.667 = 1.333\ (mol \cdot L^{-1})$$

（2）CO 的转化率　$\alpha = \dfrac{0.667}{1.00} \times 100\% = 66.7\%$

（3）

	$CO(g)$	+	$H_2O(g)$	$\rightleftharpoons$ $H_2(g)$	+	$CO_2(g)$
平衡分压	$0.333RT$		$1.333RT$	$0.667RT$		$0.667RT$
CO_2 减少后分压	$0.333RT$		$1.333RT$	$0.667RT$		$(0.667-0.417)RT$

$$Q = \frac{[p'(CO_2)/p^{\ominus}][p'(H_2)/p^{\ominus}]}{[p'(CO)/p^{\ominus}][p'(H_2O)/p^{\ominus}]} = \frac{\dfrac{(0.667-0.417)RT}{100} \times \dfrac{0.667RT}{100}}{\dfrac{0.33RT}{100} \times \dfrac{1.333RT}{100}} = 0.38$$

显然 $Q < K^{\ominus}$，该平衡向正反应方向移动。

3.4.2 压力对化学平衡移动的影响

(1) 分压定律

气体的特性是能均匀充满占有它的全部空间。容器内混合气体中任一组分只要不发生化学反应（或反应已达到平衡），忽略分子之间的作用力，如同该组分气体单独存在一样，就能均匀地分布在整个容器中。在一定温度下，该组分气体占据与混合气体相同体积时所具有的压力，称为该组分气体的分压（partial pressure）。

“在一定温度、一定体积下，混合气体总压等于各组分气体分压之和”，这就是道尔顿分压定律，其数学表达式为：

$$p(\text{总})=p(\mathrm{A})+p(\mathrm{B})+p(\mathrm{C})+\cdots \tag{3-21}$$

理想气体状态方程不仅适用于单组分理想气体，也适用于多组分的混合理想气体。

$$p(\text{总})V=n(\text{总})RT$$

$$p(\mathrm{B})V=n(\mathrm{B})RT$$

将上两式相除

$$\frac{p(\mathrm{B})}{p(\text{总})}=\frac{n(\mathrm{B})}{n(\text{总})}=x(\mathrm{B})$$

$$p(\mathrm{B})=p(\text{总})x(\mathrm{B}) \tag{3-22}$$

式(3-22) 是分压定律的另一种表示形式。

在实际应用中，直接测定各组分气体的分压是很困难的，而测定某一组分气体的物质的量分数及混合气体的总压则较为方便，故可利用分压定律来计算各组分气体的分压。

(2) 压力对化学平衡移动的影响

对于固相或液相中的可逆反应，压力的变化对化学平衡几乎没有影响，但对有气态物质参加或生成的可逆反应，改变系统的总压力，则可能引起化学平衡的移动。

对已达平衡的系统，若增加（或减少）总压力时，系统内各组分的分压将同时增大（或减小）相同的倍数。

对于一气体反应

$$a\mathrm{A(g)}+b\mathrm{B(g)} \rightleftharpoons g\mathrm{G(g)}+h\mathrm{H(g)}$$

反应达平衡时

$$K^{\ominus}=\frac{\left[\dfrac{p(\mathrm{G})}{p^{\ominus}}\right]^{g}\left[\dfrac{p(\mathrm{H})}{p^{\ominus}}\right]^{h}}{\left[\dfrac{p(\mathrm{A})}{p^{\ominus}}\right]^{a}\left[\dfrac{p(\mathrm{B})}{p^{\ominus}}\right]^{b}}$$

令 $(g+h)-(a+b)=\Delta n$，Δn 为气体生成物与反应物计量系数之和的差值。

① 当 $\Delta n\neq 0$ 时，若将系统的总压力增大 m 倍，相应各组分的分压也将同时增大 m 倍，此时反应商 Q 为：

$$Q=\frac{\left[\dfrac{mp(\mathrm{G})}{p^{\ominus}}\right]^{g}\left[\dfrac{mp(\mathrm{H})}{p^{\ominus}}\right]^{h}}{\left[\dfrac{mp(\mathrm{A})}{p^{\ominus}}\right]^{a}\left[\dfrac{mp(\mathrm{B})}{p^{\ominus}}\right]^{b}}=m^{\Delta n}K^{\ominus}$$

若 $\Delta n>0$，则 $m^{\Delta n}>1$，所以 $Q>K^{\ominus}$，平衡向逆反应方向移动，即增大压力，平衡向气体计量系数之和减少的方向移动。例如反应，

$$2\mathrm{NOCl(g)} \rightleftharpoons 2\mathrm{NO(g)}+\mathrm{Cl_2(g)}$$

反之，减小压力，化学平衡将向着气体计量系数之和增加的方向移动。

若 $\Delta n<0$，同理可推出，增大压力，则平衡向着气体计量系数之和减少的方向移动。如合成氨反应。减小压力，平衡将向气体计量系数之和增加的方向移动。

② 对于 $\Delta n=0$ 的反应，由于系统总压力的改变同等程度改变反应物和产物的分压，故平衡不受压力变化的影响。

③ 对于引入与反应系统无关的惰性气体，总压力对平衡的影响有以下两种情况。

a. 在定容条件下，尽管引入惰性气体使总压力增大，但各组分的分压不变，$Q=K^{\ominus}$，无论 $\Delta n\neq 0$ 或 $\Delta n=0$，都不引起平衡移动。

b. 在定压条件下，反应达平衡后通入惰性气体，为了维持恒压，必须增大系统的体积，这时各组分的分压下降，平衡要向气体计量系数之和增加的方向移动。

【例 3-7】 在 318K、100kPa 时，某容器中反应

$$N_2O_4(g) \rightleftharpoons 2NO_2(g)$$

达平衡时，$K^{\ominus}=0.50$，各物质的分压分别为 $p(N_2O_4)=50\text{kPa}$，$p(NO_2)=50\text{kPa}$。若将上述平衡系统的总压力增加到 200kPa 时，平衡向何方移动？

解： 压力增大时平衡被破坏，200kPa 时各组分的分压为

$$p'(N_2O_4)=50\times 2=100\text{kPa}$$

$$p'(NO_2)=50\times 2=100\text{kPa}$$

$$Q=\frac{[p'(NO_2)/p^{\ominus}]^2}{p'(N_2O_4)/p^{\ominus}}=\frac{(100/100)^2}{100/100}=1$$

$Q>K^{\ominus}$，平衡向左移动，即增大压力，平衡向气体计量系数减小的方向移动。

3.4.3 温度对化学平衡移动的影响

改变浓度或压力，只能改变 Q 值，从而改变平衡状态，但 $K^{\ominus}$ 值不会发生变化。若温度变化，则 $K^{\ominus}$ 就会改变，化学平衡就会发生移动。

根据：

$$\Delta_r G_m^{\ominus}=-2.303RT\lg K^{\ominus}$$

$$\Delta_r G_m^{\ominus}=\Delta_r H_m^{\ominus}-T\Delta_r S_m^{\ominus}$$

得：

$$\lg K^{\ominus}=-\frac{\Delta_r H_m^{\ominus}}{2.303RT}+\frac{\Delta_r S_m^{\ominus}}{2.303R}$$

设温度 T_1、T_2 时的标准平衡常数为 $K_1^{\ominus}$、$K_2^{\ominus}$，由于 $\Delta_r H_m^{\ominus}$、$\Delta_r S_m^{\ominus}$ 受温度影响很小，可近似看作常数，则：

$$\lg K_1^{\ominus}=-\frac{\Delta_r H_m^{\ominus}}{2.303RT_1}+\frac{\Delta_r S_m^{\ominus}}{2.303R} \tag{1}$$

$$\lg K_2^{\ominus}=-\frac{\Delta_r H_m^{\ominus}}{2.303RT_2}+\frac{\Delta_r S_m^{\ominus}}{2.303R} \tag{2}$$

式(2)－式(1) 得：

$$\lg\frac{K_2^{\ominus}}{K_1^{\ominus}}=\frac{\Delta_r H_m^{\ominus}}{2.303R}\times\frac{T_2-T_1}{T_2T_1} \tag{3-23}$$

式(3-23) 称为范特霍夫公式。此式表明温度对化学平衡移动的影响。

由上式可以看出，$K^{\ominus}$ 的变化与反应标准摩尔焓变 $\Delta_r H_m^{\ominus}$ 的关系。对于放热反应，$\Delta_r H_m^{\ominus}<0$，达平衡时 $Q=K_1^{\ominus}$，升高温度 $T_2>T_1$ 时，$\lg\frac{K_2^{\ominus}}{K_1^{\ominus}}<0$，即 $K_2^{\ominus}<K_1^{\ominus}$，此时 $Q>K_2^{\ominus}$，平衡向逆反应方向移动，即向吸热方向移动；降低温度 $T_2<T_1$，$\lg\frac{K_2^{\ominus}}{K_1^{\ominus}}>0$，即 $K_2^{\ominus}>$

$K_1^{\ominus}$，此时 $Q<K_2^{\ominus}$，平衡向正反应方向移动，即向放热方向移动。同理对于吸热反应，$\Delta_r H_m^{\ominus}>0$，升高温度 $T_2>T_1$，$\lg\dfrac{K_2^{\ominus}}{K_1^{\ominus}}>0$，$K_2^{\ominus}>K_1^{\ominus}$，此时 $Q<K_2^{\ominus}$，平衡向正反应方向移动；降低温度 $T_2<T_1$，$\lg\dfrac{K_2^{\ominus}}{K_1^{\ominus}}<0$，即 $K_2^{\ominus}<K_1^{\ominus}$，此时 $Q>K_2^{\ominus}$，平衡向逆反应方向移动。

【例 3-8】 反应

$$CO(g)+H_2O(g) \rightleftharpoons CO_2(g)+H_2(g)$$

的 $\Delta_r H_m^{\ominus}=-37.9\text{kJ}\cdot\text{mol}^{-1}$，$T_1=700\text{K}$，$K_1^{\ominus}=9.02$，求 $T_2=800\text{K}$ 时，$K_2^{\ominus}=$？并说明升高温度时化学平衡移动的方向。

解： 将上述数据代入式(3-23) 得

$$\lg\frac{K_2^{\ominus}}{9.02}=\frac{-37.9\times10^3}{2.303\times8.314}\times\frac{800-700}{800\times700}=-0.3535$$

$$K_2^{\ominus}=4.00$$

温度升高 $T_2>T_1$，而 $K_2^{\ominus}<K_1^{\ominus}$，说明化学平衡向逆反应方向进行。

催化剂不影响化学反应的 $\Delta_r G_m^{\ominus}$，故它只能加速化学平衡的到达，而不会使化学平衡发生移动。

3.4.4 吕·查德理原理

综合浓度、压力、温度对化学平衡移动的影响，吕·查德理（Le Chatelier）总结出了化学平衡移动的总规律：“若改变平衡系统的条件之一（如浓度、压力或温度），平衡就向减弱这种改变的方向移动”。这一规律就称为吕·查德理原理（Le Chatelier’s principle），又称化学平衡移动原理。它适用于各种平衡系统。对化学平衡移动方向、移动条件的研究，在生产过程中有利于提高生产效率，降低生产成本，实现节能减排、增产增效的目标。

【知识拓展】

化学动力学的发展历程与诺贝尔奖

化学动力学是研究化学反应速率以及温度、浓度、压力、催化剂、光照等各种因素对反应速率的影响，以及反应发生的具体过程和途径的学科。化学动力学能指导人们在进行具体的化学反应过程中如何通过改变反应条件使化学反应按照期望的速率进行。化学动力学的研究具有重大的理论研究意义和工业应用价值。

化学动力学是物理化学发展的重要领域之一，近百年来发展迅速。诺贝尔奖多次颁发给了对化学动力学发展做出巨大贡献的科学家，这也反映了化学动力学的重要地位。化学动力学发展经历了三大发展阶段：宏观反应动力学阶段、元反应动力学阶段和微观反应动力学阶段。

1. 宏观反应动力学阶段

19 世纪后半叶到 20 世纪初，是化学动力学基本概念确立时期，这一阶段的研究主要集中在宏观反应动力学方面。宏观反应动力学研究化学反应宏观条件的改变对总反应速率的影响。此阶段的主要标志是质量作用定律和阿伦尼乌斯公式的提出。

2. 元反应动力学阶段

20 世纪初至 20 世纪 50 年代前后，化学反应动力学发展到了元反应动力学阶段，这个阶段是宏观反应动力学向微观反应动力学过渡的重要阶段。这一阶段主要的贡献是反应速率理论的提出、链反应的发现、快速化学反应的研究、同位素示踪法在化学动力学研究上的应用等。这一阶段出现了很多新的研究方法和新的实验技术，化学反应动力学趋向成熟。

3. 微观反应动力学阶段

20世纪50年代以后化学动力学的研究进入到微观反应动力学阶段。这一阶段激光技术、飞秒光谱技术、计算机技术等研究方法和技术手段的创新大大促进了化学动力学的发展。微观反应动力学的发展，产生了分子动力学、飞秒化学、化学反应中电子转移、利用分子轨道和量子化学观点对化学动力学研究等新的领域。

（1）分子动力学

在20世纪中期，激光技术、分子束技术、微弱信号检测技术和计算机技术的发展，使得化学家有可能在电子、原子、分子和量子层次上研究化学反应所出现的各种动态，以探究化学反应和化学相互作用的微观机理和作用机制，揭示化学反应的基本规律。分子束技术开创了化学动力学研究手段革新的新篇章，为控制化学反应的方向和过程提供了重要的手段。分子动力学已经成为现代化学热力学发展的新前沿，并发展出了量子分子动力学、立体化学反应动力学、非绝热过程动力学等一系列新的研究领域。

（2）飞秒化学

20世纪70年代基于快速激光脉冲技术的飞秒光谱发展迅速，时间标度达到了飞秒数量级。超快激光光谱技术为化学家提供了直接观测反应中间体及过渡态的“超快照相机”。用飞秒激光技术来研究超快过程和过渡态是化学动力学发展的一个重大突破，为化学反应过程过渡态的研究提供了可靠的手段。飞秒化学（femtochemistry）具有极其重要的理论价值和研究价值。随着飞秒激光技术的发展和应用，光谱分辨技术、空间分辨技术、分子运动控制与质谱技术、光电检测技术等一系列新技术在分子反应动力学研究中得到了应用。

（3）反应中电子转移的研究

化学反应中往往牵涉电子的转移。反应机理的研究也是化学动力学研究的重要内容之一。利用对电子转移的研究，可以解释金属配位化学在催化反应中的作用。1956年提出了电子转移反应理论，即Marcus理论，Marcus理论用于无机化学和有机化学领域，可以处理众多的电子转移体系，并能正确地预测许多电子转移的反应机理。

（4）分子轨道理论与量子化学

分子轨道理论和量子化学也可以引入到化学反应的微观过程及结构变化研究中。在这一研究领域中，可用前线轨道理论、分子轨道对称守恒原理解释化学反应中原子或分子间的化学键形成、断裂以及变化过程。密度泛函理论和GAUSSIAN计算方法与计算机的运算能力相结合，使人们能对复杂分子的性质和化学反应过程进行深入研究。

在化学动力学的发展过程中，出现了很多重要的成果。诺贝尔化学奖也多次对相关科学家和其成果进行了奖励，获奖科学家及主要贡献如下：

- 1901年，雅克比·亨利克·范特霍夫（Jacobus Hendricus van't Hoff，荷兰）因为对化学动力学和溶液渗透压的开创性研究而获得了首届诺贝尔化学奖。
- 1909年，威廉·奥斯特瓦尔德（Wilhelm Ostwald，生于拉脱维亚的德国化学家）因研究催化和化学平衡、反应速率的基本原理而荣获诺贝尔化学奖，并被誉为“物理化学之父”。
- 1956年，西里尔·N. 欣谢尔伍德（Cyril N. Hinshelwood，英国）与尼古·N. 谢苗诺夫（Nikolai N. Semenov，苏联）因为对化学动力学理论和链反应的研究共同获得了诺贝尔化学奖。
- 1967年，罗纳德·G. W. 诺里什（Ronald G. W. Norrish，英国）、乔治·波特（George Porter，英国）与曼弗雷德·艾根（Manfred Eigen，德国）因发明测定快速化学反应的技术，共同获得诺贝尔化学奖。

● 1981 年，罗尔德·霍夫曼（Roald Hofmann，美籍波兰化学家）与福井谦一（Kenichi Fukin，日本）因为边缘轨道理论（前沿轨道理论，分子轨道对称守恒原理）研究，共同获得诺贝尔化学奖。

● 1983 年，亨利·陶布（Henry Taube，美国）因无机氧化还原反应机理的开拓性研究，特别是在金属配合物电子转移反应机理方面的研究获得诺贝尔化学奖。电子转移机理在催化研究领域有着重要作用。

● 1986 年，达德利·罗伯特·赫希巴奇（Dudley Robert Herschbach，美国）、李远哲（美籍华人）与约翰·查尔斯·波拉尼（John Charles Polanyi，加拿大）将交叉分子束实验方法应用于化学动力学研究，为化学动力学研究开辟了新领域，而共同获得诺贝尔化学奖。采用这个方法可详细研究化学反应过程，对了解化合物相互反应的基本原理做出了重要的突破，为在化学工程上控制化学反应创造了条件。

● 1992 年，鲁道夫·马库斯（Rudolph A. Marcus，美国）由于在“电子转移过程理论”方面做出重要贡献，成为电子转移理论的奠基人，获得诺贝尔化学奖。

● 1995 年，保罗·克鲁森（Paul Crutzen，德国）、马里奥·莫利纳（Mario Molina，美国）与弗兰克·金伍德·罗兰（Frank Sherwood Roweland，美国）因为在平流层臭氧的形成和耗损机制的研究方面做出的杰出贡献而获得诺贝尔化学奖。

● 1998 年，提出密度泛函数的瓦尔特·科恩（Walter Kohn，美国）和提出波函数方法在量子化学计算中应用的约翰·波普（John Anthony Pople，英国）共同获得诺贝尔化学奖。

● 1999 年，艾哈迈德·泽维尔（Ahmed Zewail，美国、埃及双重国籍）因利用超短激光闪光成像技术观看分子中原子在化学反应中的运动，获得了诺贝尔化学奖。这是人类第一次从实验中观察到了基元反应过程。

● 2001 年，巴里·夏普莱斯（K. Barry Sharpless，美国）、威廉·诺尔斯（William S. Knowles，美国）与野依良治（Ryoji Noyori，日本）因为在手性催化领域做出的贡献，共同获得诺贝尔化学奖。

● 2021 年，本杰明·李斯特（Benjamin List，德国）与大卫·麦克米伦（David MacMillan，美国）因为分别发现第三类催化剂，即以微小的有机分子为基础的“不对称有机催化剂”而共同获得诺贝尔化学奖。

本章小结

1. 速率方程

对于基元反应 $aA+bB \longrightarrow gG+hH$，其速率方程为：$v=kc^a(A)c^b(B)$，该式称为基元反应的速率方程。

2. 影响化学反应速率的因素

化学反应速率的大小首先取决于反应物的本性，此外，反应速率还与反应物的浓度（压力）、温度和催化剂等因素有关。

通过 Arrhenius 公式：

$$\lg\frac{k_2}{k_1}=\frac{E_a}{2.303R}\left(\frac{T_2-T_1}{T_2\times T_1}\right)$$

可计算不同温度下反应的活化能 E_a，或已知一个温度下的速率常数 k_1 求另一温度下的速率常数 k_2。

3. 化学反应等温方程式

$$\Delta_r G_m=-RT\ln K^{\ominus}+RT\ln Q=RT\ln\frac{Q}{K^{\ominus}}$$

该式表明在一定温度和压力下，化学反应的摩尔吉布斯自由能变$\Delta_r G_m$与各反应物、生成物的相对分压或相对浓度之间存在一定关系

4. 根据$Q/K^{\ominus}$判断反应自发进行的方向：

$Q<K^{\ominus}$时，反应正向进行，　$\Delta_r G_m<0$

$Q>K^{\ominus}$时，反应逆向进行，　$\Delta_r G_m>0$

$Q=K^{\ominus}$时，反应达到平衡，　$\Delta_r G_m=0$

5. 化学平衡移动原理

当体系达到化学平衡后，若改变平衡状态的任一条件（浓度、压力、温度），平衡就向着能减弱这种改变的方向移动——吕·查德理原理。

6. 温度对化学平衡的影响

$$\Delta_r G_m^{\ominus}=-RT\ln K^{\ominus}$$

$$\Delta_r G_m^{\ominus}=\Delta_r H_m^{\ominus}-T\,\Delta_r S_m^{\ominus}$$

$$\lg\frac{K_2^{\ominus}}{K_1^{\ominus}}=\frac{\Delta_r H_m^{\ominus}}{2.303R}\left(\frac{1}{T_1}-\frac{1}{T_2}\right)$$

可以进行关于$K^{\ominus}$、T和反应热$\Delta_r H$的计算。

习题

1. 什么是反应的速率常数？它的大小与浓度、温度、催化剂等因素有什么关系？

2. 什么是活化能？

3. 在 1073K 时，测得反应 $2NO(g)+2H_2(g)$ ══ $N_2(g)+2H_2O(g)$的反应物的初始浓度和 N_2 的生成速率如下所示：

实验序号	初始浓度/$mol\cdot L^{-1}$		生成 N_2 的初始速率/$mol\cdot L^{-1}\cdot s^{-1}$
	$c(NO)$	$c(H_2)$	
1	2.00×10^{-3}	6.00×10^{-3}	1.92×10^{-3}
2	1.00×10^{-3}	6.00×10^{-3}	0.48×10^{-3}
3	2.00×10^{-3}	3.00×10^{-3}	0.96×10^{-3}

（1）写出该反应的速率方程并指出反应级数；

（2）计算该反应在 1073K 时的速率常数；

（3）当 $c(NO)=4.00\times10^{-3}mol\cdot L^{-1}$，$c(H_2)=4.00\times10^{-3}mol\cdot L^{-1}$时，计算该反应在 1073K 时的反应速率。

4. 已知反应 $N_2O_5(g)$ ══ $N_2O_4(g)+\frac{1}{2}O_2(g)$在 298.15K 时的速率常数为 $3.46\times10^5 s^{-1}$，在 338.15K 时的速率常数为 $4.87\times10^7 s^{-1}$，求该反应的活化能和反应在 318.15K 时的速率常数。

5. 反应 A+B ══ C，若 A 的浓度为原来的 2 倍，反应速率也为原来的 2 倍；若 B 的浓度为原来的 2 倍，反应速率为原来的 4 倍。写出该反应的速率方程。

6. 在 791K 时，反应 CH_3CHO ══ CH_4+CO 的活化能为 190kJ · mol^{-1}，加入 I_2 作催化剂约使反应速率增大 4×10^3 倍，计算反应有 I_2 存在时的活化能。

7. 写出下列反应的标准平衡常数表示式

（1）　$N_2(g)+3H_2(g)\rightleftharpoons 2NH_3(g)$

（2）　$CH_4(g)+2O_2(g)\rightleftharpoons CO_2(g)+2H_2O(l)$

（3）　$CaCO_3(s)\rightleftharpoons CaO(s)+CO_2(g)$

（4）　$NO(g)+\frac{1}{2}O_2(g)\rightleftharpoons NO_2(g)$

(5) $2MnO_4^-(aq)+5H_2O_2(aq)+6H^+(aq) \rightleftharpoons 2Mn^{2+}(aq)+5O_2(g)+8H_2O(l)$

8. 已知在某温度时

(1) $2CO_2(g) \rightleftharpoons 2CO(g)+O_2(g) \qquad K_1^{\ominus}=A$

(2) $SnO_2(s)+2CO(g) \rightleftharpoons Sn(s)+2CO_2(g) \qquad K_2^{\ominus}=B$

则同一温度下的反应

(3) $SnO_2(s) \rightleftharpoons Sn(s)+O_2(g)$

的 $K_3^{\ominus}$ 应为多少？

9. 反应

$$Hb \cdot O_2(aq)+CO(g) \rightleftharpoons Hb \cdot CO(aq)+O_2(g)$$

在 298.15K 时 $K^{\ominus}=210$，设空气中 O_2 的分压为 21kPa，计算使血液中 10%红细胞（$Hb \cdot O_2$）变为 Hb·CO 所需 CO 的分压。

[1.1×10^{-2}kPa]

10. 计算反应：$CO+3H_2 \rightleftharpoons CH_4+H_2O$ 在 298.15K 和 500.15K 时的 K 值（注意：298.15K 和 500.15K 时水的聚集状态不同，利用 $\Delta_r H_m^{\ominus}$、$\Delta_r S_m^{\ominus}$ 计算）。

[2.75×10^{26}，2.15×10^{10}]

11. 反应 $C(s)+CO_2(g) \rightleftharpoons 2CO(g)$ 在 1773K 时 $K^{\ominus}=2.1\times10^3$，1273K 时 $K^{\ominus}=1.6\times10^2$，

(1) 计算反应的 $\Delta_r H_m^{\ominus}$，并说明是吸热反应还是放热反应；

(2) 计算 1773K 时反应的 $\Delta_r G_m^{\ominus}$，并说明正反应是否自发；

(3) 计算反应的 $\Delta_r S_m^{\ominus}$。

[96.62kJ·mol^{-1}，−112.76kJ·mol^{-1}，118.10J·mol^{-1}·K^{-1}]

12. Ag_2O 遇热分解

$$2Ag_2O(s) \rightleftharpoons 4Ag(s)+O_2(g)$$

已知 298.15K 时 $Ag_2O(s)$ 的 $\Delta_f H_m^{\ominus}=-30.59$kJ·mol^{-1}，$\Delta_f G_m^{\ominus}=-10.82$kJ·mol^{-1}。求：(1) 298.15K 时 $Ag_2O(s)$-Ag(s) 系统的 $p(O_2)$；(2) $Ag_2O(s)$ 的热分解温度[在分解温度时 $p(O_2)=100$kPa]。

[1.6×10^{-2}kPa，461K]

13. 在 721K 时容器中有 1mol HI，反应 $2HI(g) \rightleftharpoons H_2(g)+I_2(g)$ 达到平衡时有 22%的 HI 分解，总压为 100kPa。求：(1) 此温度下的 $K^{\ominus}$ 值；(2) 若将 2.00mol HI、0.40mol H_2 和 0.30mol I_2 混合，反应将向哪个方向进行？

[0.0199，0.03]

14. 超声速飞机燃料燃烧时排出的废气中含有 NO 气体，NO 可直接破坏臭氧层：

$$NO(g)+O_3(g) \rightleftharpoons NO_2(g)+O_2(g)$$

已知 100kPa，298.15K 时 NO、O_3 和 NO_2 的 $\Delta_f G_m^{\ominus}$ 分别为 86.69kJ·mol^{-1}、162.82kJ·mol^{-1} 和 51.99kJ·mol^{-1}，求该温度下此反应的 $\Delta_r G_m^{\ominus}$ 和 $K^{\ominus}$。

[−197.52kJ·mol^{-1}，3.981×10^{34}]

15. 298.15K 时将 5.2589g 固体 NH_4HS 样品放入 3.00L 的真空容器中，经过足够时间后建立平衡，$NH_4HS(s) \rightleftharpoons NH_3(g)+H_2S(g)$。容器内的总压是 66.7kPa，一些固体 NH_4HS 保留在容器中。计算：(1) 298.15K 时的 $K^{\ominus}$ 值；(2) 固体 NH_4HS 的分解率；(3) 如果容器体积减半，容器中固体 NH_4HS 物质的量如何变化？

[0.1112，39.2%]

16. 潮湿的 $Ag_2CO_3(s)$ 在 110℃下用含有 CO_2 的空气流进行干燥，试计算空气流中 CO_2 分压为多少时，才能避免 $Ag_2CO_3(s)$ 分解？已知 25℃时 $Ag_2CO_3(s)$ 的 $\Delta_f H_m^{\ominus}=-506.14$kJ·mol^{-1}，$S_m^{\ominus}=167.4$J·mol^{-1}·K^{-1}。

[390Pa]

（编写人：牛睿祺）

第 4 章　物质结构基础

不同的物质其性质不同，这是由物质内部结构的不同而引起的。要了解物质的性质及其变化规律，就必须了解原子结构和分子结构。

4.1　核外电子运动的特性

原子的量子力学模型

通常情况下，在化学变化中原子核不发生变化，实质上只是核外电子的运动状态发生变化，因此，研究核外电子运动的特性及其规律，对认识原子结构具有十分重要的意义。

4.1.1　氢原子光谱和玻尔理论

实验发现，任何一种元素的气态原子在高温火焰、电火花或电弧作用下均能发出特征的焰色，经过分光镜后都可以得到一种特征的线状光谱，这些光谱是由一系列的线条构成。不同元素的原子所发射的线状光谱是不同的，而相同元素的原子发射的线状光谱都一样，这说明线状光谱与原子结构密切相关。氢原子的线状光谱有五条明亮的谱线（见图 4-1），它们都位于可见光区，除此之外，氢原子在紫外区和红外区还有几组谱线。

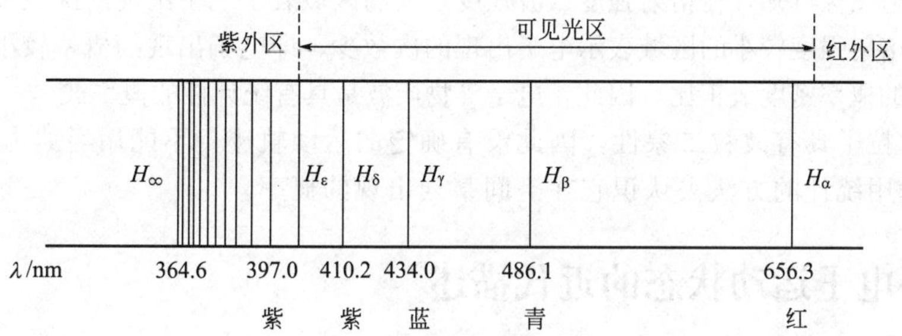

图 4-1　氢原子可见光谱

为了解释氢原子光谱，1913 年，丹麦物理学家玻尔（Bohr）在前人的基础上，提出了原子结构假说（称为玻尔理论）。假说认为：原子中的电子只能在一些符合量子条件的圆形轨道上绕核旋转，每一个特定的圆形轨道都有确定的能量 E（称为轨道能级），电子在这些轨道上运动时，称原子处于定态。原子可以有各种可能的定态，其中能量最低的定态称为基态（ground state），其余称为激发态（excited state）。在定态下运动的电子不辐射能量，只有当电子从一个轨道跃迁到另一个轨道时，才放出或吸收能量。玻尔理论引入了量子化概念，并运用牛顿力学定律，推算了氢原子的轨道半径和能量，以及电子从高能态跃迁至低能态时辐射光的频率，其计算结果与氢原子光谱实验完全一致。玻尔不畏权威、不迷信权威，勇于实践，敢于提出新的意见与看法，证明了实践是发现真理、检验真理的标准。

玻尔理论成功地解释了氢原子光谱，指出了原子结构的量子化特征，对原子结构的研究起了积极的作用。但玻尔理论在解释多电子原子光谱和氢原子光谱的精细结构时遇到了困难，更不能用来进一步研究化学键的形成，其原因在于它未能完全冲破经典力学的束缚，只是勉强地加进一些假定，因此，它必然会被新的量子力学理论所取代。

4.1.2 微观粒子的波粒二象性

20世纪初，对光的研究证实了光既具有波动性又具有微粒性，称为光的波粒二象性(wave-particle dualism)。光的波动性表现在与光的传播有关的现象（如干涉、衍射等）中；光的微粒性表现在光与实物相互作用的有关现象（如光压、光电效应等）中。1924年，法国物理学家德布罗意（DeBroglie）受光的波粒二象性的启发，提出了具有静止质量的微观粒子（如电子、光子等）也具有波粒二象性的假设。他认为质量为 m，以速度 v 运动着的微粒子，不仅具有动量 $p=mv$（粒子性特征），而且具有相应的波长 λ（波动性特征），两者之间可以通过普朗克常量 $h(6.625\times10^{-34}\,\text{J·s})$相互联系起来，即

$$\lambda=\frac{h}{mv}=\frac{h}{p} \tag{4-1}$$

德布罗意的假设在1927年被美国的戴维逊（Davisson）等人的电子衍射实验所证实，见图4-2所示。当电子射线从A处射出，穿过晶体粉末B，投射到屏幕C上时，如同光的衍射一样，也会出现明暗交替的衍射环纹。后来发现质子、中子等微观粒子的射线都有衍射现象，证明它们都具有波粒二象性。

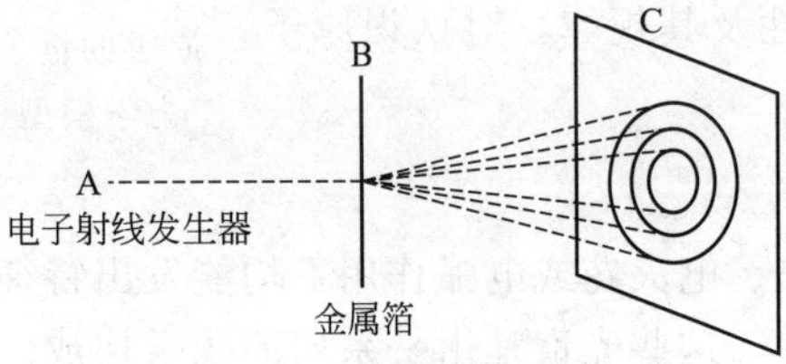

图4-2 电子衍射装置示意图

根据电子衍射实验，当用很弱的电子流且实验时间较短时，则在照相底片上出现不规则分布的感光点。若经过足够长的时间，通过大量电子后，则底片上就形成了衍射环纹。若用较强的电子流，可在较短时间内得到同样的电子衍射环纹。由此可见，电子的波动性是电子无数次行为的统计结果。从衍射图像可知，在衍射强度（波强度）大的区域表示电子出现的次数多，即电子出现的概率较大；衍射强度较小的区域表示电子出现的次数少，即电子出现的概率较小。物质波的强度与微粒出现的概率密度成正比，因此，电子等物质波是具有统计性的概率波。

由于微观粒子具有波粒二象性，因此没有确定的运动轨迹，不能用经典力学来描述其运动状态，只能用统计的方法去认识它在空间某处出现的概率。

4.2 核外电子运动状态的近代描述

4.2.1 波函数和原子轨道

1926年，奥地利物理学家薛定谔（Schrodinger）提出了一个描述氢原子核外电子运动的波动方程，称为薛定谔方程。它是一个二阶偏微分方程，即

$$\frac{\partial^2\psi}{\partial x^2}+\frac{\partial^2\psi}{\partial y^2}+\frac{\partial^2\psi}{\partial z^2}+\frac{8\pi^2 m}{h^2}(E-V)\psi=0 \tag{4-2}$$

式中，ψ 为电子的空间坐标 x，y，z 的波函数；m 为电子的质量；E 为电子的总能量；V 为电子的势能。

薛定谔方程是描述微观粒子运动状态变化规律的基本方程。求解薛定谔方程可以得到描述电子运动状态的波函数 ψ。波函数不是一个具体数值，它是用空间坐标（x，y，z）来描述原子核外电子运动状态的数学函数式。通常波函数又称原子轨道（atomic orbital），也就是说波函数和原子轨道是描述原子中

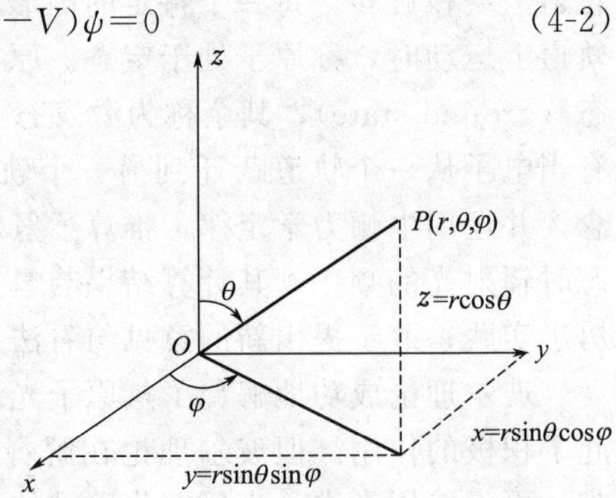

图4-3 直角坐标与球面坐标的关系

电子运动状态的同义词。例如，ψ_{1s}，ψ_{2s}，ψ_{2p}，ψ_{3d} 分别称为 1s 轨道，2s 轨道，2p 轨道和 3d 轨道。应当指出，原子轨道并不表示一个固定的圆周轨道，不能将它和玻尔的轨道概念相混淆。

为了方便，在解薛定谔方程时，将空间直角坐标（x，y，z）转换为球面坐标（r，θ，φ）（见图 4-3）。

经坐标变换后，得到的 ψ 是变量 r，θ，φ 的函数（见表 4-1）。

表 4-1　氢原子的波函数（a_0＝玻尔半径）

轨道	$\psi(r,\theta,\varphi)$	$R(r)$	$Y(\theta,\varphi)$
1s	$\sqrt{\frac{1}{\pi a_0^3}}\mathrm{e}^{-r/a_0}$	$2\sqrt{\frac{1}{a_0^3}}\mathrm{e}^{-r/a_0}$	$\sqrt{\frac{1}{4\pi}}$
2s	$\frac{1}{4}\sqrt{\frac{1}{2\pi a_0^3}}\left(2-\frac{r}{a_0}\right)\mathrm{e}^{-r/2a_0}$	$\sqrt{\frac{1}{8a_0^3}}\left(2-\frac{r}{a_0}\right)\mathrm{e}^{-r/2a_0}$	$\sqrt{\frac{1}{4\pi}}$
$2p_x$	$\frac{1}{4}\sqrt{\frac{1}{2\pi a_0^3}}\left(\frac{r}{a_0}\right)\mathrm{e}^{-r/2a_0}\cos\theta$		$\sqrt{\frac{3}{4\pi}}\cos\theta$
$2p_z$	$\frac{1}{4}\sqrt{\frac{1}{2\pi a_0^3}}\left(\frac{r}{a_0}\right)\mathrm{e}^{-r/2a_0}\sin\theta\cos\varphi$	$\sqrt{\frac{1}{24\pi a_0^3}}\left(\frac{r}{a_0}\right)\mathrm{e}^{-r/2a_0}$	$\sqrt{\frac{3}{4\pi}}\sin\theta\cos\varphi$
$2p_y$	$\frac{1}{4}\sqrt{\frac{1}{2\pi a_0^3}}\left(\frac{r}{a_0}\right)\mathrm{e}^{-r/2a_0}\sin\theta\sin\varphi$		$\sqrt{\frac{3}{4\pi}}\sin\theta\sin\varphi$

由于很难用合适的图像将 ψ 随 r，θ，φ 的变化情况表示清楚，因此通常将波函数分成随半径变化和随角度变化两部分，即

$$\psi(r,\theta,\varphi)=R(r)Y(\theta,\varphi) \tag{4-3}$$

式中，$R(r)$ 表示波函数的径向部分，只随电子离核的距离 r 而变化；$Y(\theta,\varphi)$ 表示波函数的角度部分，只随角度 θ，φ 而变化。

若将 $R(r)$ 对 r 作图，就可以了解波函数随 r 的变化情况；将 $Y(\theta,\varphi)$ 对 θ，φ 作图，就可以了解波函数随 θ，φ 的变化情况。我们通常接触较多的是波函数（原子轨道）的角度分布图（见图 4-4）。

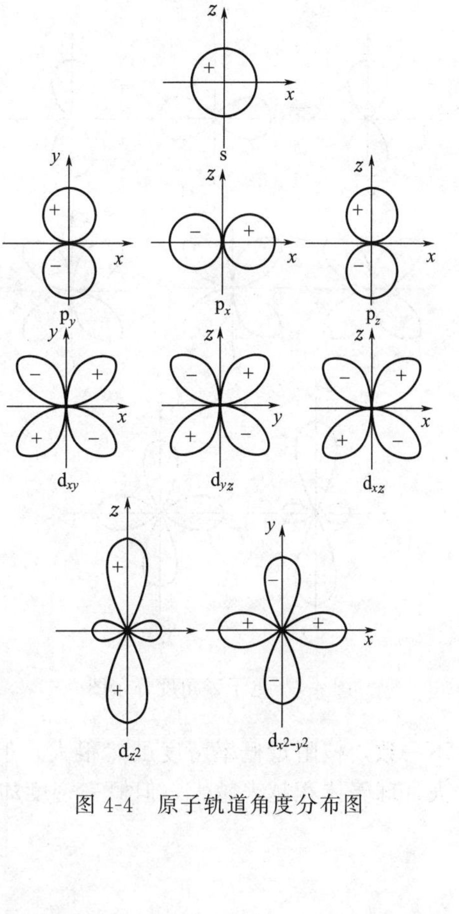

图 4-4　原子轨道角度分布图

由图 4-4 可以看出，s 轨道的形状是球形对称的。p 轨道的角度部分分布在 3 个坐标轴上呈哑铃形对称，分别称为 p_x、p_y 和 p_z 轨道。d 轨道形状更为复杂一些，呈花瓣状。图 4-4 中的＋、－号表示 Y 值的正、负，它在研究化学键的形成时有着重要的意义。

4.2.2　电子云

波函数 ψ 虽然能描述核外电子的运动状态，但它不能与任何可以观察的物理量相联系，而波函数的平方 $|\psi|^2$ 可以反映核外电子在空间某处单位体积内出现的概率大小，即概率密度。

为了形象地表示核外电子运动的概率分布情况，化学上习惯用小黑点的疏密程度表示电子在空间各处出现概率密度的相对大小。小黑点较密的地方，表示概率密度较大，单位体积内电子出现的机会多；小黑点较疏的地方，表示概率密度较小，单位体积内电子出现的机会少。这种以小黑点疏密形象化表示电子概率分布的图形称为电子云（electron cloud）。氢原子 1s 电子云（见图 4-5）是球形对称的，且距核越近，电子出现的概率密度越大；距核越远，概率密度越小。应当指出，电子云是电子行为具有统计性的一种形象化的表示，图 4-5 中小黑点的数目并不代表电子的数目，而只代表一个电子的许多可能的瞬时位置。

核外电子的运动范围从理论上讲是没有界限的，但实际上在离核较远的地方电子出现的概率非常小。如果将电子云图中电子概率密度相等的各点联结起来作为一个界面，使界面内电子出现的概率达 90%（或 95%），这种球面图形称为电子云的界面图（见图 4-6）。

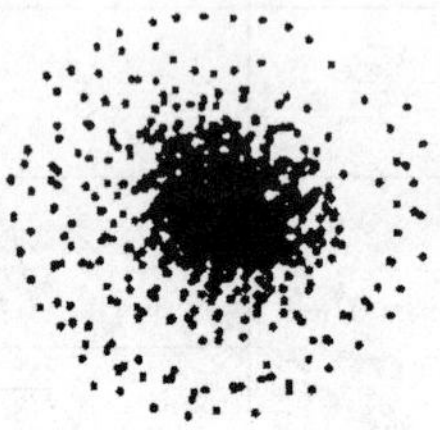

图 4-5 氢原子 1s 电子云

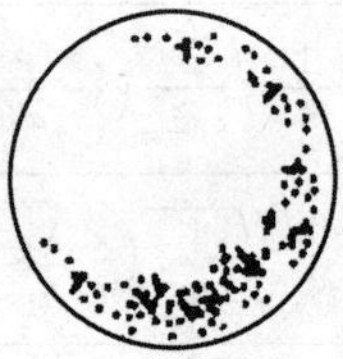

图 4-6 氢原子 1s 电子云界面图

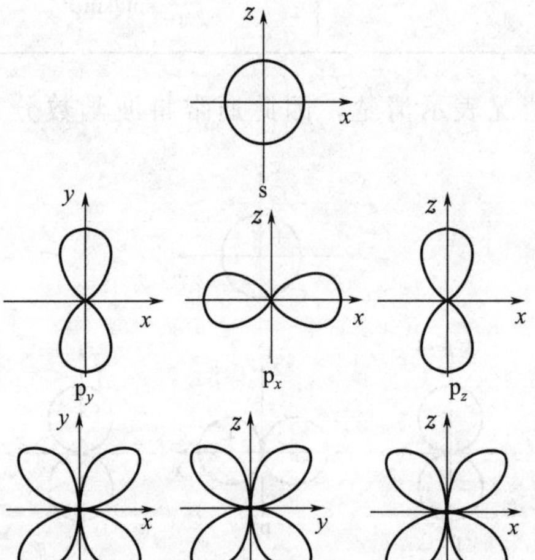

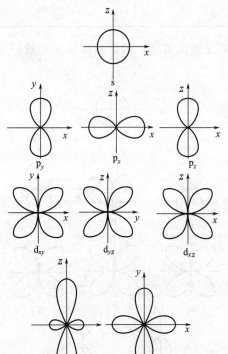

图 4-7 电子云角度分布图

与原子轨道角度部分 $Y(\theta, \varphi)$ 相对应，$Y^2(\theta, \varphi)$ 称为电子云的角度部分。

若将 $Y^2(\theta, \varphi)$ 随 θ，φ 的变化作图，即得电子云的角度分布图（见图 4-7）。

比较图 4-4 和图 4-7 可知，电子云的角度分布图与原子轨道的角度分布图的形状和空间取向相似。但有两点区别：一是原子轨道角度分布图有正、负之分，而电子云角度分布图均为正值，这是因为电子云角度分布是原子轨道角度分布的平方；二是电子云的角度分布图形比原子轨道的角度分布图形要“瘦”一些，这是因为 Y 值小于 1，其 Y^2 就更小。

电子云径向分布图可反映电子云随半径 r 变化的图形，对理解原子的结构、性质和原子间的成键过程具有重要意义。电子云径向分布图表示电子出现的概率与离核远近的关系。定义 $D(r)=r^2R^2$ 为径向分布函数，其物理意义为距离原子核 r 时的单位厚度球形薄壳内电子出现的概率。图 4-8 是氢原子 s、p、d 轨道的径向分布图。

由图 4-8 可知，对于基态氢原子的 1s 态，当 $r=a_0$（玻尔半径，$a_0=52.9$pm）时 $D(r)$ 出现极大值，表明半径 $r=a_0$ 厚度为 dr 的球壳内发现电子的概率最大。它与概率密度极大值处（原子核附近）不一致，核附近概率密度虽然很大，但在此处球壳体积很小，因此概率很小。随着 r 的增大，球壳体积越来越大，但概率密度却越来越小，这两个相反因素决定 1s 径向分布函数图

在 a_0 出现一个峰，从量子力学的观点来理解，玻尔半径就是电子出现概率最大的球壳离核的距离。此外，电子云径向分布还存在以下规律：

① 不同状态电子的电子云径向分布图中的峰数有 $(n-l)$ 个。例如，1s 有 1 个峰，4s 有 4 个峰，2p 有 1 个峰，3p 有 2 个峰，3d 有一个峰。

② 当角量子数 l 相同，主量子数 n 不同时，主峰距核位置不同。n 值越大径向分布的主峰距核越远，即电子的主要活动区域离核越远；n 值越小，主峰距核越近。这说明原子轨道基本是分层排布的。

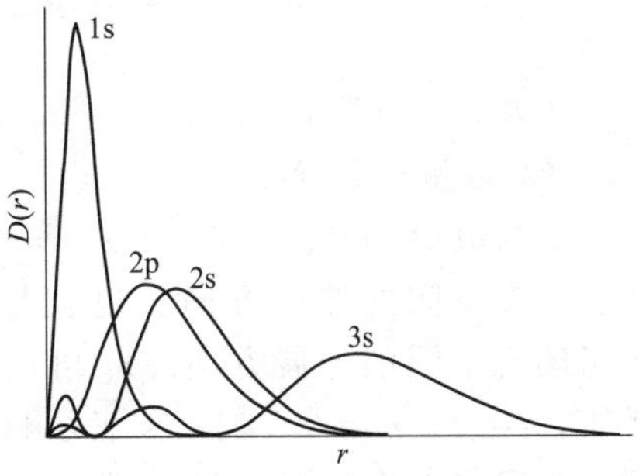

图 4-8　氢原子电子云径向分布图

③ 外层电子的径向分布图在离核很近处出现小峰，表示外层电子有穿透到内层的现象，并且主量子数 n 相同，角量子数 l 不同时，l 越小，峰的数目越多，小峰离核越近，即钻穿到内层的能力越强，说明玻尔理论中假设的固定轨道是不存在的，外层电子也可以在内层出现。这对多电子原子轨道能级交错有重要的影响。

4.2.3　四个量子数

四个量子数

解薛定谔方程时，为了得到合理的解，引入了 3 个参数即 n、l 和 m。因为这些参数具有量子化的特性，所以称为量子数。其中 n 称为主量子数，l 称为角量子数，m 称为磁量子数。将这 3 个量子数按一定规律取值时，可以得到各种波函数，因此，可用量子数来描述核外电子运动状态。另外，通过对光谱精细结构的研究，发现电子除了绕核运动外，其自身还有自旋运动。为了描述核外电子的自旋状态，需要引入第 4 个量子数——自旋量子数 m_s。由此可见，要完整描述每个电子的运动状态需要用 n，l，m，m_s 4 个量子数。

(1) 主量子数 (n)

n 的取值为 1、2、3、…、n 正整数，它是决定轨道能量的主要因素。对于核外只有 1 个电子的氢原子或类氢离子，其轨道能量 E 仅和主量子数有关，即

$$E=-2.18\times10^{-18}\left(\frac{1}{n^2}\right)(\mathrm{J}) \tag{4-4}$$

可见 n 值越大，能量越高。

n 还决定着电子绕核运动时离核的平均距离，也就是电子出现概率密度最大的地方离核的远近，n 值越大，电子离核的平均距离越远。通常把具有相同 n 值的各原子轨道称为同一电子层，这样就可以按能量高低将电子分成若干层。当 $n=1$、2、3、4、5、6、7 时，分别表示第一、二、三、四、五、六、七层，相应的光谱符号为 K、L、M、N、O、P、Q。

(2) 角量子数 (l)

l 的取值为 0、1、2、…、$n-1$，其取值受 n 数值的限制。它决定电子运动的轨道角动量，确定原子轨道和电子云的形状。l 的每一个取值代表一种原子轨道或电子云的形状。例如 $l=0$ 为球形对称；$l=1$ 为哑铃形；$l=2$ 为花瓣形等。习惯上把 n 相同、l 不同的状态称为电子亚层。$l=0$、1、2、3 分别称为 s、p、d、f 亚层等，$l=0$、1、2、3 的轨道分别称为 s、p、d、f 轨道。

为了区别不同电子层的亚层，常把主量子数标在亚层符号的前面。例如，第 1 层的 s 亚

层用 1s 表示；第 2 层的 s 亚层用 2s 表示；3p 表示第 3 层的 p 亚层；4d 表示第 4 层的 d 亚层。

在多电子原子中，l 和 n 一起决定轨道的能量，同一电子层中 l 值越大的轨道能量越高。

(3) 磁量子数 (m)

m 的取值为 0、±1、±2、…、±l，其取值受 l 数值的限制。它决定原子轨道或电子云在空间的伸展方向。也就是说原子轨道或电子云不仅具有一定的形状，而且在空间还有不同的伸展方向。m 可能取值的数目等于空间伸展方向不同的原子轨道数目。例如，$l=0$，$m=0$，表示 s 亚层只有 1 个原子轨道，即 s 轨道；$l=1$，$m=0$、±1，表示 p 亚层有 3 个原子轨道，即 p_x，p_y，p_z 轨道；$l=2$，$m=0$、±1、±2，表示 d 亚层有 5 个原子轨道，即 d_{xy}、d_{xz}、d_{yz}、d_{z^2}、$d_{x^2-y^2}$；$l=3$，$m=0$、±1、±2、±3，表示 f 亚层有 7 个原子轨道。

在没有外加磁场的情况下，同一亚层的原子轨道（如 p_x，p_y，p_z），其能量是相等的，称为等价轨道或简并轨道。

(4) 自旋量子数 (m_s)

m_s 决定电子自身固有的运动状态，习惯上称为自旋运动状态。m_s 只可能有 2 个取值，即 +1/2 和 −1/2。常用“↑”和“↓”表示两种不同的自旋状态。

量子数与原子轨道之间的联系归纳在表 4-2 中。

表 4-2 量子数与原子轨道之间的联系

n	取值	1	2				3								
	电子层符号	K	L				M								
l	取值	0	0	1			0	1			2				
	亚层符号	1s	2s	2p			3s	3p			3d				
m	取值	0	0	+1	0	−1	0	+1	0	−1	+2	+1	0	−1	−2
	轨道符号	1s	2s	$2p_x$	$2p_z$	$2p_y$	3s	$3p_x$	$3p_z$	$3p_y$	$3d_{xz}$	$3d_{x^2-y^2}$	$3d_{z^2}$	$3d_{xy}$	$3d_{yz}$
亚层轨道数		1	1	3			1	3			5				
电子层轨道数		1	4				9								

综上所述，电子在核外的运动状态可以用 4 个量子数来确定。通常用 4 个量子数的组合来表示，即 (n，l，m，m_s)。$n=2$ 时，n，l，m 3 个量子数组合形式有 (2，0，0)，(2，1，0)，(2，1，+1)，(2，1，−1) 4 种，同理可推出 $n=3$ 和 4 时，它们的组合分别有 9 和 16 种。例如，描述钠原子最外层电子的 4 个量子数为 (3，0，0，+1/2) 或 (3，0，0，−1/2)。

4.3 原子核外电子结构

在多电子原子中，电子不仅受原子核的吸引，而且还存在着电子之间的相互排斥，因此，作用于电子上的核电荷数以及原子轨道的能级都较为复杂。

4.3.1 原子轨道的能级

(1) 屏蔽效应

在氢原子和类氢离子中，由于核外只有 1 个电子，不存在电子之间的相互作用问题。对多电子原子来说，核外任一电子除受核的吸引外，还受到其他电子的排斥。其他电子对某一电子的排斥作用，可以近似地看成是削弱了原子核对该电子的吸引作用，这种对核电荷 Z 的削弱作用称为屏蔽效应（shielding effect）。核电荷被削弱的程度即屏蔽效应的大小，可由屏蔽常数 σ 来衡量。削弱后的核电荷称为有效核电荷 Z^*，它们之间的关系为

$$Z^* = Z - \sigma \tag{4-5}$$

这样多电子原子中电子的能量公式可表示为

$$E = \frac{-2.18 \times 10^{-18} \times (Z-\sigma)^2}{n^2} (\mathrm{J}) \tag{4-6}$$

屏蔽效应可以解释 l 相同、n 越大的电子其能量越高。因为对同一原子来说，离核较近的电子受其他电子的屏蔽效应较小，屏蔽常数较小，能量较低；离核较远的电子受其他电子的屏蔽效应较大，屏蔽常数较大，能量较高。所以有 $E_{1s} < E_{2s} < E_{3s}$；$E_{2p} < E_{3p} < E_{4p}$。

一般情况下，对于被屏蔽的电子是 s 电子或 p 电子，屏蔽常数可近似地按下面方法取值：

① 1s 电子对 1s 电子的 $\sigma = 0.30$；

② n 层电子对 n 层电子的 $\sigma = 0.35$（n 层 d 电子或 f 电子对 n 层 s 电子或 p 电子的 $\sigma = 0$）；

③ $n-1$ 层电子对 n 层电子的 $\sigma = 0.85$；

④ $n-2$ 层及更内层电子对 n 层电子的 $\sigma = 1.00$。

例如，钠原子的 $Z = 11$，作用在最外层电子上的有效核电荷

$$Z^* = Z - \sigma = 11 - (2 \times 1.00 + 8 \times 0.85) = 2.20$$

又如，氯原子的 $Z = 17$，作用在最外层电子上的有效核电荷

$$Z^* = Z - \sigma = 17 - (2 \times 1.00 + 8 \times 0.85 + 6 \times 0.35) = 6.10$$

（2）钻穿效应

在多电子原子中，对于 n 较大的电子出现概率最大的地方离核较远，但在离核较近的地方也有出现的概率，也就是说外层电子可能钻到内层出现在离核较近的地方，这种现象称为钻穿效应（penetration effect）。一般来说，在核附近出现概率较大的电子，可以较多地回避其他电子的屏蔽作用，直接感受较大的有效核电荷的吸引，因而能量较低；反之亦然。n 相同、l 越小的电子钻穿效应越明显，轨道能量越低，所以有 $E_{ns} < E_{np} < E_{nd} < E_{nf}$。

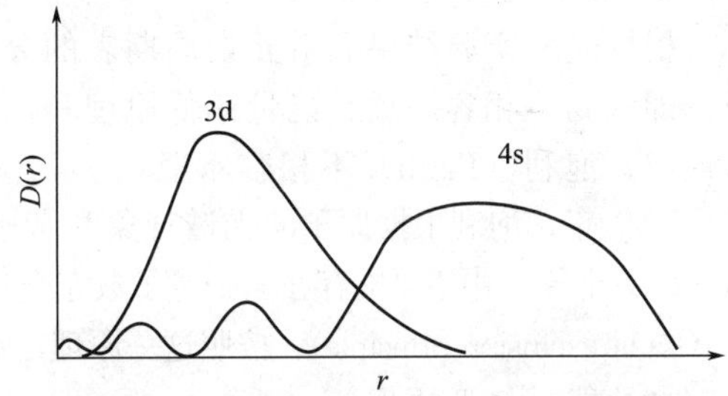

图 4-9　4s，3d 电子云的径向分布图

钻穿效应还可以用来解释 ns 和 $(n-1)$d 轨道的能量交错。由图 4-9 可知，虽然 4s 的最大峰比 3d 离核远得多，但由于它有小峰钻到比 3d 离核更近的地方，因而更好地回避了其他电子的屏蔽，所以 $E_{4s} < E_{3d}$。

由于屏蔽效应和钻穿效应，当 n 和 l 都不同时，可能出现能级交错现象。轨道能级交错现象往往发生在钻穿能力强的 ns 轨道与钻穿能力弱的 $(n-1)$d 或 $(n-2)$f 轨道之间，例如：$E_{4s} < E_{3d} < E_{4p}$，$E_{5s} < E_{4d} < E_{5p}$，$E_{6s} < E_{4f} < E_{5d} < E_{6p}$。

（3）原子轨道近似能级图

氢原子轨道的能量决定于主量子数 n。在多电子原子中，轨道能量除决定于主量子数 n 以外，还与角量子数 l 有关。1939 年鲍林（Pauling）根据光谱实验结果，总结出了多电子

原子中轨道能级高低的一般情况，并用小圆圈代表原子轨道，用小圆圈位置的高低表示能量的高低，绘成近似能级图（见图 4-10）。

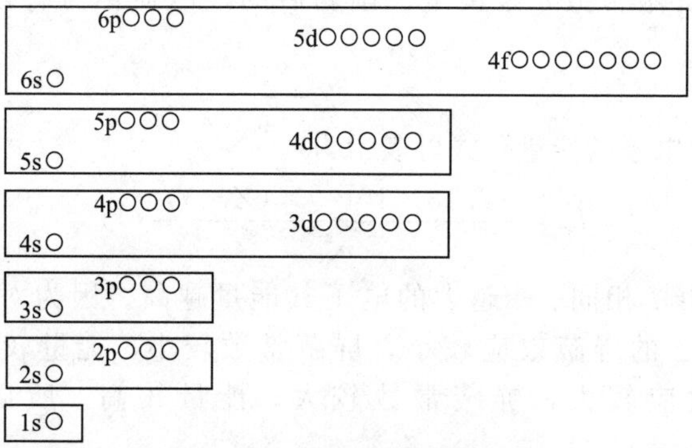

图 4-10　鲍林近似能级图

由近似能级图也可以看出：当角量子数 l 相同时，随主量子数 n 的增大，轨道能级升高。当主量子数 n 相同时，随角量子数 l 的增大，轨道能级升高。当主量子数和角量子数都不同时，有时出现能级交错现象。我国著名化学家徐光宪先生提出关于轨道能量的（$n+0.7l$）近似规律。他认为轨道能量的高低顺序可由（$n+0.7l$）值判断，数值大小顺序对应于轨道能量的高低顺序。

根据各轨道能量高低的相互接近情况，可把原子轨道划分为若干能级组。图 4-10 中同一方框内各原子轨道能量接近，构成 1 个能级组。多电子原子核外电子是按照近似能级图由低到高的顺序填充，每填满一个能级组即完成周期表中的一个周期。

4.3.2　核外电子分布原理

根据光谱实验结果和对元素周期表的分析，总结出了原子中核外电子分布的 3 个基本原理，即泡利不相容原理、能量最低原理和洪德规则。

（1）泡利（Pauli）不相容原理

1925 年，泡利根据原子的光谱现象和考虑到周期表中每一周期元素的数目，提出了一个原则，即一个原子中不可能存在 4 个量子数完全相同的 2 个电子。这一原则后来被称为泡利不相容原理（Pauli exclusion principle）。按照这一原理，每个原子轨道上最多只能容纳自旋相反的 2 个电子。

（2）能量最低原理

根据“能量越低越稳定”的规律，电子的分布方式应使得系统的能量最低，这就是能量最低原理。按照这一原理，核外电子的分布，在不违背泡利不相容原理的前提下，电子总是尽先占有能量最低的轨道，这样的状态是原子的基态。

（3）洪德（Hund）规则

1925 年洪德从光谱实验数据总结出，在等价轨道上分布的电子将尽可能分占不同的轨道，而且自旋平行。量子力学证明，电子按照洪德规则分布，可使原子系统的能量最低，最稳定。

另外，作为洪德规则的特例，等价轨道处于全充满（p^6，d^{10}，f^{14}）或半充满（p^3，d^5，f^7）或全空（p^0，d^0，f^0）时，也可使原子处于较稳定的状态。

4.3.3　核外电子分布式和价层电子分布式

根据核外电子分布的原理和光谱实验的结果，可得到各元素基态原子的核外电子分布。原子的核外电子分布也称原子的电子层结构。各元素基态原子的电子层结构列于表 4-3。

多电子原子核外电子分布的表达式称为电子分布式。例如，钛（Ti）原子有 22 个电子，

根据电子分布原理和近似能级顺序，其电子分布式为

$$1s^2 2s^2 2p^6 3s^2 3p^6 3d^2 4s^2$$

应当指出，虽然 3d 和 4s 轨道发生能级交错，电子首先填充 4s 轨道，但在书写电子分布式时要把 3d 放在 4s 前面，和同层的 3s、3p 放在一起。

又如，锰(Mn) 原子中有 25 个电子，其电子分布式应为

$$1s^2 2s^2 2p^6 3s^2 3p^6 3d^5 4s^2$$

由于必须服从洪德规则，所以 3d 轨道上的 5 个电子应分别分布在 5 个 3d 轨道上，而且自旋平行。此外，铬(Cr)、铜(Cu)、银(Ag) 和金(Au) 等原子的 $(n-1)$d 轨道上的电子都处于半充满或全充满状态（见表 4-3)，通常是比较稳定的。

表 4-3　原子的电子层结构（基态）

周期	原子序数	元素符号	电子层																	
			K	L		M			N				O				P			Q
			1s	2s	2p	3s	3p	3d	4s	4p	4d	4f	5s	5p	5d	5f	6s	6p	6d	7s
1	1	H	1																	
	2	He	2																	
2	3	Li	2	1																
	4	Be	2	2																
	5	B	2	2	1															
	6	C	2	2	2															
	7	N	2	2	3															
	8	O	2	2	4															
	9	F	2	2	5															
	10	Ne	2	2	6															
3	11	Na	2	2	6	1														
	12	Mg	2	2	6	2														
	13	Al	2	2	6	2	1													
	14	Si	2	2	6	2	2													
	15	P	2	2	6	2	3													
	16	S	2	2	6	2	4													
	17	Cl	2	2	6	2	5													
	18	Ar	2	2	6	2	6													
4	19	K	2	2	6	2	6		1											
	20	Ca	2	2	6	2	6		2											
	21	Sc	2	2	6	2	6	1	2											
	22	Ti	2	2	6	2	6	2	2											
	23	V	2	2	6	2	6	3	2											
	24	Cr	2	2	6	2	6	5	1											
	25	Mn	2	2	6	2	6	5	2											
	26	Fe	2	2	6	2	6	6	2											
	27	Co	2	2	6	2	6	7	2											
	28	Ni	2	2	6	2	6	8	2											
	29	Cu	2	2	6	2	6	10	1											
	30	Zn	2	2	6	2	6	10	2											
	31	Ga	2	2	6	2	6	10	2	1										
	32	Ge	2	2	6	2	6	10	2	2										
	33	As	2	2	6	2	6	10	2	3										
	34	Se	2	2	6	2	6	10	2	4										
	35	Br	2	2	6	2	6	10	2	5										
	36	Kr	2	2	6	2	6	10	2	6										

续表

周期	原子序数	元素符号	电子层																	
			K	L		M			N				O				P			Q
			1s	2s	2p	3s	3p	3d	4s	4p	4d	4f	5s	5p	5d	5f	6s	6p	6d	7s
	37	Rb	2	2	6	2	6	10	2	6			1							
	38	Sr	2	2	6	2	6	10	2	6			2							
	39	Y	2	2	6	2	6	10	2	6	1		2							
	40	Zr	2	2	6	2	6	10	2	6	2		2							
	41	Nb	2	2	6	2	6	10	2	6	4		1							
	42	Mo	2	2	6	2	6	10	2	6	5		1							
	43	Tc	2	2	6	2	6	10	2	6	5		2							
	44	Ru	2	2	6	2	6	10	2	6	7		1							
	45	Rh	2	2	6	2	6	10	2	6	8		1							
5	46	Pd	2	2	6	2	6	10	2	6	10									
	47	Ag	2	2	6	2	6	10	2	6	10		1							
	48	Cd	2	2	6	2	6	10	2	6	10		2							
	49	In	2	2	6	2	6	10	2	6	10		2	1						
	50	Sn	2	2	6	2	6	10	2	6	10		2	2						
	51	Sb	2	2	6	2	6	10	2	6	10		2	3						
	52	Te	2	2	6	2	6	10	2	6	10		2	4						
	53	I	2	2	6	2	6	10	2	6	10		2	5						
	54	Xe	2	2	6	2	6	10	2	6	10		2	6						
	55	Cs	2	2	6	2	6	10	2	6	10		2	6			1			
	56	Ba	2	2	6	2	6	10	2	6	10		2	6			2			
	57	La	2	2	6	2	6	10	2	6	10		2	6	1		2			
	58	Ce	2	2	6	2	6	10	2	6	10	1	2	6	1		2			
	59	Pr	2	2	6	2	6	10	2	6	10	3	2	6			2			
	60	Nd	2	2	6	2	6	10	2	6	10	4	2	6			2			
	61	Pm	2	2	6	2	6	10	2	6	10	5	2	6			2			
	62	Sm	2	2	6	2	6	10	2	6	10	6	2	6			2			
	63	Eu	2	2	6	2	6	10	2	6	10	7	2	6			2			
	64	Gd	2	2	6	2	6	10	2	6	10	7	2	6	1		2			
	65	Tb	2	2	6	2	6	10	2	6	10	9	2	6			2			
	66	Dy	2	2	6	2	6	10	2	6	10	10	2	6			2			
	67	Ho	2	2	6	2	6	10	2	6	10	11	2	6			2			
	68	Er	2	2	6	2	6	10	2	6	10	12	2	6			2			
	69	Tm	2	2	6	2	6	10	2	6	10	13	2	6			2			
	70	Yb	2	2	6	2	6	10	2	6	10	14	2	6			2			
6	71	Lu	2	2	6	2	6	10	2	6	10	14	2	6	1		2			
	72	Hf	2	2	6	2	6	10	2	6	10	14	2	6	2		2			
	73	Ta	2	2	6	2	6	10	2	6	10	14	2	6	3		2			
	74	W	2	2	6	2	6	10	2	6	10	14	2	6	4		2			
	75	Re	2	2	6	2	6	10	2	6	10	14	2	6	5		2			
	76	Os	2	2	6	2	6	10	2	6	10	14	2	6	6		2			
	77	Ir	2	2	6	2	6	10	2	6	10	14	2	6	7		2			
	78	Pt	2	2	6	2	6	10	2	6	10	14	2	6	9		1			
	79	Au	2	2	6	2	6	10	2	6	10	14	2	6	10		1			
	80	Hg	2	2	6	2	6	10	2	6	10	14	2	6	10		2			
	81	Tl	2	2	6	2	6	10	2	6	10	14	2	6	10		2	1		
	82	Pb	2	2	6	2	6	10	2	6	10	14	2	6	10		2	2		
	83	Bi	2	2	6	2	6	10	2	6	10	14	2	6	10		2	3		
	84	Po	2	2	6	2	6	10	2	6	10	14	2	6	10		2	4		
	85	At	2	2	6	2	6	10	2	6	10	14	2	6	10		2	5		
	86	Rn	2	2	6	2	6	10	2	6	10	14	2	6	10		2	6		

续表

周期	原子序数	元素符号	电子层																	
			K	L		M			N				O				P			Q
			1s	2s	2p	3s	3p	3d	4s	4p	4d	4f	5s	5p	5d	5f	6s	6p	6d	7s
7	87	Fr	2	2	6	2	6	10	2	6	10	14	2	6	10		2	6		1
	88	Ra	2	2	6	2	6	10	2	6	10	14	2	6	10		2	6		2
	89	Ac	2	2	6	2	6	10	2	6	10	14	2	6	10		2	6	1	2
	90	Th	2	2	6	2	6	10	2	6	10	14	2	6	10		2	6	2	2
	91	Pa	2	2	6	2	6	10	2	6	10	14	2	6	10	2	2	6	1	2
	92	U	2	2	6	2	6	10	2	6	10	14	2	6	10	3	2	6	1	2
	93	Np	2	2	6	2	6	10	2	6	10	14	2	6	10	4	2	6	1	2
	94	Pu	2	2	6	2	6	10	2	6	10	14	2	6	10	7	2	6		2
	95	Am	2	2	6	2	6	10	2	6	10	14	2	6	10	9	2	6		2
	96	Cm	2	2	6	2	6	10	2	6	10	14	2	6	10	10	2	6	1	2
	97	Bk	2	2	6	2	6	10	2	6	10	14	2	6	10	11	2	6		2
	98	Cf	2	2	6	2	6	10	2	6	10	14	2	6	10	12	2	6		2
	99	Es	2	2	6	2	6	10	2	6	10	14	2	6	10	13	2	6		2
	100	Fm	2	2	6	2	6	10	2	6	10	14	2	6	10	14	2	6		2
	101	Md	2	2	6	2	6	10	2	6	10	14	2	6	10	14	2	6		2
	102	No	2	2	6	2	6	10	2	6	10	14	2	6	10	14	2	6		2
	103	Lr	2	2	6	2	6	10	2	6	10	14	2	6	10	14	2	6	1	2
	104	Rf	2	2	6	2	6	10	2	6	10	14	2	6	10	14	2	6	2	2
	105	Db	2	2	6	2	6	10	2	6	10	14	2	6	10	14	2	6	3	2
	106	Sg	2	2	6	2	6	10	2	6	10	14	2	6	10	14	2	6	4	2
	107	Bh	2	2	6	2	6	10	2	6	10	14	2	6	10	14	2	6	5	2
	108	Hs	2	2	6	2	6	10	2	6	10	14	2	6	10	14	2	6	6	2
	109	Mt	2	2	6	2	6	10	2	6	10	14	2	6	10	14	2	6	7	2

为避免电子分布式写得太长，通常将内层已达到稀有气体原子结构部分写成“原子实”，用相应的稀有气体元素符号外加方括号表示，而外层有其特征轨道。如钛原子，可写成 $[Ar]3d^2 4s^2$。

价电子指原子核外电子中能与其他原子相互作用形成化学键的电子，为原子核外与元素化合价有关的电子。主族元素的价电子就是主族元素原子的最外层电子；过渡元素的价电子不仅包括最外层电子，次外层电子及某些元素的倒数第三层电子也可成为价电子。由于化学反应通常只涉及价电子的改变，所以一般只需写出原子的价电子分布式即可。所谓价电子层是指价电子所在的电子层，价电子分布式又称为价电子构型（或组态）。对主族元素，价电子层就是最外层，例如，$_{11}Na$ 的价电子构型为 $3s^1$；$_{17}Cl$ 的价电子构型为 $3s^2 3p^5$。但对于过渡元素，价电子层还应包括次外层的 d 电子或外数第 3 层的 f 电子。例如，$_{24}Cr$ 的价电子构型为 $3d^5 4s^1$，$_{58}Ce$ 的价电子构型为 $4f^1 5d^1 6s^2$。

值得注意的是，当原子失去电子而成为正离子时，一般是能量较高的最外层电子先失去，并且往往引起电子层数的减少。例如，Fe^{3+} 的外层电子构型是 $3s^2 3p^6 3d^5$，而不是 $3s^2 3p^6 3d^3 4s^2$ 或 $3d^3 4s^2$，也不能只写成 $3d^5$。又如，Ti^{4+} 的外层电子构型是 $3s^2 3p^6$。原子成为负离子时，原子所得的电子总是分布在它的最外电子层上。例如，Cl^- 的外层电子分布式为 $3s^2 3p^6$。

4.4　原子电子层结构与元素周期表的关系

元素的性质随着核电荷的递增而呈现周期性的变化称为元素周期律（periodic law of elements）。原子核外电子分布的周期性是元素周期律的基础，元素周期表是周期律的表现形式。常见的是长式周期表。

4.4.1 原子的电子层结构与周期数

元素在周期表所处的周期数等于该元素原子的电子层数。例如，$_{24}Cr$ 的电子分布式为 $1s^2 2s^2 2p^6 3s^2 3p^6 3d^5 4s^1$，可知 Cr 为第四周期元素。

从电子分布规律可以看出，各周期数与各能级组相对应。每一周期元素的数目等于相应能级组内轨道所能容纳的最多电子数（见表 4-4）。

表 4-4 各周期元素的数目

周 期	能级组	能级组内各原子轨道	元 素 数 目	周 期	能级组	能级组内各原子轨道	元 素 数 目
1	1	1s	2	5	5	5s4d5p	18
2	2	2s2p	8	6	6	6s4f5d6p	32
3	3	3s3p	8	7	7	7s5f6d…	23(等)
4	4	4s3d4p	18				

4.4.2 原子的电子层结构与族数

元素在周期表中所处的族数：主族以及第ⅠB、第ⅡB 族元素的族数等于最外层电子数；第ⅢB 至第ⅦB 族元素的族数等于最外层 s 电子数与次外层 d 电子数之和；Ⅷ族元素的最外层 s 电子数与次外层 d 电子数之和为 8～10；零族元素最外层电子数为 8 或 2。

4.4.3 原子的电子层结构与元素分区

根据原子的价电子构型，可把周期表中的元素分成 5 个区，即 s 区，p 区，d 区，ds 区和 f 区（见图 4-11）。

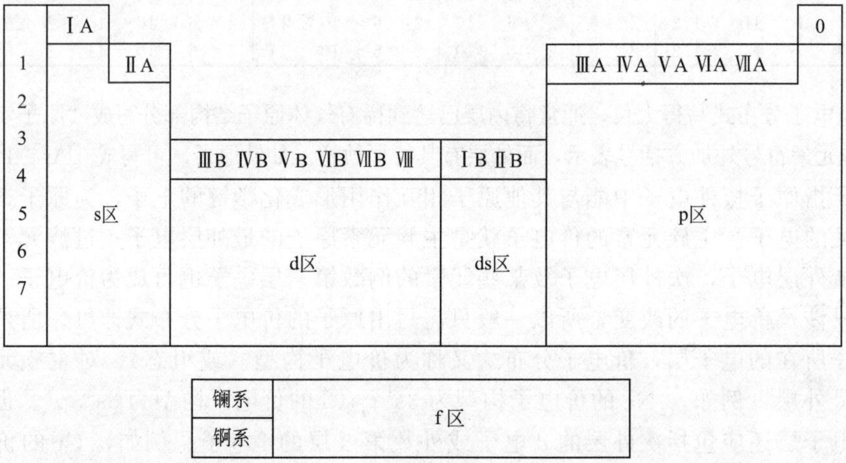

图 4-11 元素周期表分区情况

s 区——包括第ⅠA、第ⅡA 族元素，价电子构型为 $ns^{1\sim2}$。

p 区——包括第ⅢA 至第ⅦA 族和零族元素，价电子构型为 $ns^2np^{1\sim6}$。

d 区——包括第ⅢB 至第ⅦB 族和Ⅷ族元素，价电子构型为 $(n-1)d^{1\sim8}ns^{1\sim2}$。

ds 区——包括第ⅠB、第ⅡB 族元素，价电子构型为 $(n-1)d^{10}ns^{1\sim2}$。

f 区——包括镧系、锕系元素，价电子构型一般为 $(n-2)f^{1\sim14}ns^2$

4.5 原子结构与元素性质的关系

元素的性质取决于原子的结构，周期表中元素性质呈周期性的变化就是原子结构周期性变化的反映。

4.5.1　原子半径

因为原子核外的电子云没有确切的边界，所以原子半径的大小也很难确定，一般是测定分子或晶体中两个相距最近核之间距离的一半作为原子半径（atomic radius）。同种元素的两个原子以共价单键连接时，其核间距离的一半叫做该原子的共价半径；金属晶格中相邻两个原子核间距离的一半叫做金属半径。同种元素的共价半径和金属半径数值不同，后者一般比前者大 10%～15%。稀有气体在低温时形成的单原子分子晶体中，相邻两个原子核间距离的一半叫范德华（van der Waals）半径，它一般比共价半径大 40%。各元素的原子半径见表 4-5，表 4-5 中金属元素采用金属半径，非金属元素采用共价半径，稀有气体采用范德华半径。

表 4-5　元素的原子半径　　单位：pm

H 37																	He 122
Li 152	Be 111											B 88	C 77	N 70	O 66	F 64	Ne 160
Na 186	Mg 160											Al 143	Si 117	P 110	S 104	Cl 99	Ar 191
K 227	Ca 197	Sc 164	Ti 145	V 131	Cr 125	Mn 124	Fe 124	Co 125	Ni 125	Cu 128	Zn 133	Ga 122	Ce 122	As 121	Se 117	Br 114	Kr 198
Rb 248	Sr 215	Y 181	Zr 160	Nb 143	Mo 136	Tc 136	Ru 133	Rh 135	Pd 138	Ag 144	Cd 149	In 163	Sn 141	Sb 141	Te 137	I 133	Xe 217
Cs 265	Ba 217	Lu 173	Hf 159	Ta 143	W 137	Re 137	Os 134	Ir 136	Pt 136	Au 144	Hg 160	Tl 170	Pb 175	Bi 155	Po 153	At	Rn
Fr	Ra	Lr															

La	Ce	Pr	Nd	Pm	Sm	Eu	Gd	Tb	Dy	Ho	Er	Tm	Yb
188	182	183	182	181	180	204	180	178	177	177	176	175	194

同一周期从左到右原子半径逐渐减小，到稀有气体突然变大。短周期和长周期原子半径变化情况有所不同。

在短周期中，电子填充在最外电子层，它对处于同一层的电子屏蔽效应较小，有效核电荷增加显著，核对外层电子的引力逐渐加强，所以半径减小较快。

在长周期中，主族元素原子半径变化规律同短周期。过渡元素电子依次增加在次外层的 d 轨道上，对外层电子而言屏蔽效应较大，因而有效核电荷增加缓慢，原子半径略有减小。当次外层 d 轨道被电子充满时，电子间屏蔽效应变大，有效核电荷略有下降，原子半径又略为增大。镧系、锕系元素电子增加在 $(n-2)$f 上，它对外层电子屏蔽效应更大，有效核电荷增加得更小，所以总的趋势是原子半径虽然减小，但减小的更缓慢。

同一族自上而下原子半径逐渐增大，但主族和副族情况有所不同。

在每一主族中，由于自上而下电子层逐渐增加，因而原子半径逐渐增大。

在每一副族中，自上而下原子半径因电子层增加一般也增大，但变化不明显，特别是第

五、第六周期的原子半径非常接近，这是受了镧系收缩的影响。

4.5.2　电离能和电子亲和能

（1）电离能

任一元素处于基态的气态原子失去一个电子形成气态正离子时，所需的能量称为该元素的电离能（ionization energy），用 I 表示，单位为 $kJ\cdot mol^{-1}$。失去最高能级中的第一个电子成为气态+1 价离子所需的能量叫第一电离能，用 I_1 表示。从气态+1 价离子再失去一个电子成为+2 价离子所需的能量叫第二电离能，用 I_2 表示，依次类推。由于原子失去一个电子后成为带正电荷的阳离子，若再失去电子要克服离子的过剩电荷，所以 $I_1 < I_2 < I_3 < \cdots$。元素间一般用第一电离能进行比较，表 4-6 为各元素的第一电离能。

表 4-6　元素的第一电离能　　　　单位：$kJ\cdot mol^{-1}$

H																	He
1312.0																	2372.3
Li	Be											B	C	N	O	F	Ne
520.3	899.5											800.6	1086.4	1402.3	1314	1681	2080.7
Na	Mg											Al	Si	P	S	Cl	Ar
495.8	737.7											577.6	786.5	1011.8	999.6	1251.1	1520.5
K	Ca	Sc	Ti	V	Cr	Mn	Fe	Co	Ni	Cu	Zn	Ga	Ge	As	Se	Br	Kr
418.9	589.8	631	658	650	652.8	717.4	759.4	758	736.7	745.5	906.4	578.8	762.2	944	940.9	1139.9	1350.7
Rb	Sr	Y	Zr	Nb	Mo	Tc	Ru	Rh	Pd	Ag	Cd	In	Sn	Sb	Te	I	Xe
403.0	549.5	616	660	664	685.0	702	711	720	805	731	867.7	558.3	708.6	831.6	869.3	1008.4	1170.4
Cs	Ba	La①	Hf	Ta	W	Re	Os	Ir	Pt	Au	Hg	Tl	Pb	Bi	Po	At	Rn
375.7	502.9	538.1	654	761	770	760	840	880	870	890.1	1007	589.3	715.5	703.3	812	[916.7]	1037.0
Fr	Ra	Ac②															
[386]	509.4	490															

①	La	Ce	Pr	Nd	Pm	Sm	Eu	Gd	Tb	Dy	Ho	Er	Tm	Yb	Lu
	538.1	528	523	530	536	543	547	592	564	572	581	589	596.7	603.4	523.5
②	Ac	Th	Pa	U	Np	Pu	Am	Cm	Bk	Cf	Es	Fm	Md	No	Lr
	490	590	570	590	600	585	578	581	601	608	619	627	635	642	

从表 4-6 可以看出：同一周期主族元素，从左到右电离能逐渐增大。这是由于同一周期从左到右，元素原子的有效核电荷逐渐增加，核对外层电子的吸引力逐渐增强，原子半径逐渐减小，原子失去电子逐渐变得困难。同一周期副族元素从左向右，由于原子的有效核电荷增加不多，核对外层电子的吸引力略为增强，原子半径减小的幅度很小，因而电离能总的看只是稍微增大，而且个别处变化还不十分规律。

同一主族元素自上而下，原子的电离能逐渐减小。这是由于自上而下核电荷数虽然增多，但电子层数也相应增多，原子半径增大的因素起主要作用，使核对外层电子的吸引力减弱，因而逐渐容易失去电子。副族元素自上而下原子半径只是略微增大，而且第五、第六周期元素的原子半径又非常接近，核电荷数增多的因素起了作用，使第六周期元素的电离能比相应同一副族增大，但变化幅度不大，而且变化没有较明显的规律。

（2）电子亲和能

一个基态气态原子得到一个电子形成气态−1 价离子时释放出的能量称为该元素的第一电子亲和能（electron affinity energy），用 E_1 表示，单位是 $kJ\cdot mol^{-1}$。电子亲和能依次有 E_1、E_2、E_3 等。另外电子亲和能符号与电离能相反，即放热为正，吸热为负。如硫的 $E_1 = 200.4 kJ\cdot mol^{-1}$，但硫原子得到一个电子后会排斥再来的第二个电子，所以 $E_2 = -590.0 kJ\cdot mol^{-1}$。电子亲和能越大，表示该元素的原子越易获得电子。

电子亲和能不易测定，因此数据不多，表 4-7 列出了主族元素原子的电子亲和能。在周期表中，电子亲和能变化规律与电离能变化规律基本上相同，即同一周期自左至右电子亲和能依次增大。到稀有气体突然变为负值，说明它们不易得电子，得到电子需供给能量。同族中从上到下电子亲和能渐小。电子亲和能变化规律也有例外。例如，同一主族中，电子亲和能最大的不是第二周期元素而是第三周期元素。这是因为第二周期元素原子半径较小，电子间斥力较大造成的。

表 4-7　主族元素原子的电子亲和能　　单位：$kJ \cdot mol^{-1}$

H 72.9							He (−21)
Li 59.8	Be (−240)	B 23	C 122	N 0±20	O 141	F 322	Ne (−29)
Na 52.9	Mg (−230)	Al 44	Si 120	P 74	S 200.4	Cl 348.7	Ar (−35)
K 48.4	Ca (−156)	Ga 36	Ge 116	As 77	Se 195	Br 324.5	Kr (−39)
Rb 46.9	Sr	In 34	Sn 121	Sb 101	Te 190.1	I 295	Xe (−40)
Cs 45.5	Ba (−52)	Tl 50	Pb 100	Bi 100	Po (180)	At (270)	Rn (−40)

注：括号中的数据并非实验值。

4.5.3　元素的金属性、非金属性与电负性

元素的金属性是指在化学反应中原子失去电子的能力，非金属性表示在化学反应中原子得电子的能力。同一周期元素从左到右，有效核电荷数增大，原子半径逐渐减小，失电子能力逐渐减弱，得电子能力逐渐增强，故金属性逐渐减弱，非金属性逐渐增强，例如钠原子作用在最外层电子上的有效核电荷为 2.20，而氯原子作用在最外层电子上的有效核电荷为 6.10，钠原子半径（共价半径）为 154pm，氯原子半径为 99pm。所以钠元素是活泼的金属，而氯元素是活泼的非金属。同一族元素从上到下，由于电子层数增加，原子半径明显增大，失电子能力逐渐增强，得电子能力逐渐减弱，故金属性逐渐增强，非金属性逐渐减弱。但是，副族元素由于原子电子层结构较复杂，元素金属性变化规律不明显。

为了定量地比较原子在分子中吸引电子的能力，鲍林于 1932 年引入了电负性（electronegativity）概念。电负性数值越大，表明原子在分子中吸引电子的能力越强，电负性值越小，表明原子在分子中吸引电子的能力越弱。表 4-8 列出了鲍林的电负性数据。

表 4-8　鲍林电负性数据

ⅠA																	0
H 2.1	ⅡA											ⅢA	ⅣA	ⅤA	ⅥA	ⅦA	He
Li 1.0	Be 1.5											B 2.0	C 2.5	N 3.0	O 3.5	F 4.0	Ne
Na 0.9	Mg 1.2	ⅢB	ⅣB	ⅤB	ⅥB	ⅦB	Ⅷ			ⅠB	ⅡB	Al 1.5	Si 1.8	P 2.1	S 2.5	Cl 3.0	Ar
K 0.8	Ca 1.0	Sc 1.3	Ti 1.5	V 1.6	Cr 1.6	Mn 1.5	Fe 1.8	Co 1.9	Ni 1.9	Cu 1.9	Zn 1.6	Ga 1.6	Ge 1.8	As 2.0	Se 2.4	Br 2.8	Kr
Rb 0.8	Sr 1.0	Y 1.2	Zr 1.4	Nb 1.6	Mo 1.8	Tc 1.9	Ru 2.2	Rh 2.2	Pd 2.2	Ag 1.9	Cd 1.7	In 1.7	Sn 1.8	Sb 1.9	Te 2.1	I 2.5	Xe
Cs 0.7	Ba 0.9	La-Lu 1.0～1.2	Hf 1.3	Ta 1.5	W 1.7	Re 1.9	Os 2.2	Ir 2.2	Pt 2.2	Au 2.4	Hg 1.9	Tl 1.8	Pb 1.9	Bi 1.9	Po 2.0	At 2.2	Rn
Fr 0.7	Ra 0.9	Ac-Lr 1.1～1.4															

注：数据摘自 Pauling L，Pauling P. Chemistry，1975。

从表 4-8 中可看出，一般金属元素（除铂系，即钌、铑、钯、锇、铱、铂以及金以外）的电负性数值小于 2.0，而非金属元素（除 Si 外）则大于 2.0。主族元素的电负性具有较明显的周期性变化，而副族的电负性数值则较接近，变化规律不明显。f 区的镧系元素的电负性值更为接近。电负性的这种变化规律和元素的金属性与非金属性的变化规律是一致的。

4.6 化学键

化学键

分子或晶体由哪些原子（或离子）组成，原子（或离子）相互之间是怎样结合的，分子或晶体的几何构型如何，以及分子之间存在着什么样的作用力等，是研究分子结构的主要内容。

分子或晶体既然能够稳定存在，说明分子或晶体中的原子（或离子）之间存在着强烈的相互作用。化学上把分子或晶体中相邻的 2 个（或多个）原子（或离子）之间强烈的相互作用称为化学键。化学键主要有离子键、共价键和金属键等类型。

4.6.1 离子键

1916 年柯塞尔（Kosser）根据稀有气体原子具有稳定结构的事实，提出了离子键理论。根据这一理论，不同的原子相互作用时首先形成具有稳定结构的正、负离子，然后通过静电吸引形成化合物。

4.6.1.1 离子键的形成和特征

当电负性较小的原子与电负性较大的原子作用时，前者失去电子形成正离子，后者获得电子形成负离子，正、负离子之间由于静电引力而相互吸引，但当它们充分接近时，两种离子的电子云之间又相互排斥，在吸引力与排斥力达到平衡时，整个体系的能量降到最低，正、负离子便稳定地结合形成离子型分子。例如金属钠与氯气的反应，即

$$Na(s) + \frac{1}{2}Cl_2(g) \longrightarrow NaCl(s)$$

NaCl 的形成过程可表示为

$$nNa(3s^1) \xrightarrow{-ne^-} nNa^+(2s^22p^6)$$
$$nCl(3s^23p^5) \xrightarrow{+ne^-} nCl^-(3s^23p^6)$$
$$\xrightarrow{引力} nNaCl$$

离子键的本质是正、负离子间的静电引力，若近似地把正、负离子的电荷分布看作是球形对称的，则根据库仑定律，带相反电荷（q^+ 和 q^-）的离子间的静电引力 F 与离子电荷的乘积成正比，而与离子间距离（核间距）d 的平方成反比。即

$$F = k\frac{q^+ q^-}{d^2}$$

由此可见，离子的电荷越大，离子间的距离越小，则离子间的引力越大，形成的化学键越牢固。

由于离子的电荷分布是球形对称的，因此在空间条件许可的情况下，离子可以从不同的方向上尽可能多地吸引带有相反电荷的离子，这说明离子键既无方向性也无饱和性。

4.6.1.2 离子的结构

离子的结构特征主要有 3 个，即离子的电荷、离子的电子层结构和离子半径。

（1）离子电荷

从离子键的形成过程可以看出，正离子的电荷数就是相应原子失去的电子数；负离子的

电荷数就是相应原子获得的电子数。一般来说，离子的电荷越高，对相反离子的吸引力越大。

(2) 离子的电子层结构

原子得到电子成为负离子时，所得电子总是分布在它的最外电子层上。简单负离子的电子层结构具有稀有气体结构，如 O^{2-} ($2s^2 2p^6$)，Cl^- ($3s^2 3p^6$) 等。原子失去电子成为正离子时，一般是能量较高的最外层电子先失去。正离子的电子层结构除了具有稀有气体结构外，还有其他多种结构。大致有下列几种。

① 2 电子构型　最外层为 2 个电子的离子，如 Li^+、Be^{2+} 等。

② 8 电子构型　最外层为 8 个电子的离子，如 Na^+、Ca^{2+} 等。

③ 18 电子构型　最外层为 18 个电子的离子，如 Zn^{2+}、Hg^{2+}、Ag^+ 等。

④ 18+2 电子构型　最外层为 2 个电子，次外层为 18 个电子的离子，如 Pb^{2+}、Sn^{2+} 等。

⑤ 9～17 电子构型　最外层的电子数为 9～17 之间的不饱和构型的离子，如 Fe^{2+}、Cr^{3+}、Mn^{2+} 等。

(3) 离子半径

在离子型晶体中，正、负离子之间保持着一定的平衡距离，这一距离称为核间距，用 d 表示。核间距可看作是正、负离子半径之和，即 $d=r_+ + r_-$。核间距 d 的数值可由实验测得，通常以氟离子 (F^-) 半径为 136pm 或氧离子 (O^{2-}) 半径为 140pm 作为标准，根据核间距 d 计算出其他离子半径（见表 4-9）。

表 4-9　离子半径　　单位：pm

	Li^+	Be^{2+}															
	68	35															
F^-	Na^+	Mg^{2+}	Al^{3+}														
136	95	66	51														
Cl^-	K^+	Ca^{2+}	Sc^{3+}	Ti^{4+}	Cr^{3+}	Mn^{2+}	Fe^{2+}	Fe^{3+}	Co^{2+}	Ni^{2+}	Cu^{2+}		Zn^{2+}	Ga^{3+}		Ce^{2+}	As^{3+}
181	133	99	73.2	68	63	80	74	64	72	69	72		74	62		73	58
Br^-	Rb^+	Sr^{2+}										Ag^+	Cd^{2+}	In^{3+}		Sn^{2+}	Sb^{2+}
196	147	112										126	97	81		93	76
I^-	Cs^+	Ba^{2+}	外层 9～17 个电子										Hg^{2+}	Tl^{2+}	Tl^+	Pb^{2+}	Bi^{2+}
220	167	134											110	95	147	120	96
外层 8(或 2)个电子												外层 18 个电子		外层 18+2 个电子			

离子半径大致有如下一些变化规律。

① 正离子半径较其原子半径小，如 Na 原子的半径是 154pm，而 Na^+ 的半径是 95pm。相反，简单负离子半径较其原子半径大，如 Cl 原子的半径是 99pm，而 Cl^- 的半径是 181pm。这是由于原子失去电子成为正离子时，有效核电荷增大，对外层电子引力增大，使半径减小。相反，原子得到电子成为负离子时，外层电子增多，有效核电荷减小，对外层电子引力减小，使半径增大。一般来说，正离子半径较小（10～170pm），负离子半径较大（130～250pm）；同一元素形成带不同电荷的正离子时，高价离子的半径小于低价离子的半径，例如 Pb^{2+} 的离子半径是 120pm，而 Pb^{4+} 的离子半径是 84pm。

② 同一主族中，自上而下由于电子层数增多，具有相同电荷数的同族离子的半径则依次增大。例如：

$$r(Li^+)<r(Na^+)<r(K^+)<r(Rb^+)<r(Cs^+)$$
$$r(F^-)<r(Cl^-)<r(Br^-)<r(I^-)$$

③ 同一周期中，自左而右，正离子电荷增多，则离子半径依次减小。例如：

$$r(Na^+)>r(Mg^{2+})>r(Al^{3+})$$

而负离子的电荷自左而右依次减小，半径也略减小。例如：

$$r(N^{3-})>r(O^{2-})>r(F^-)$$

这是由于它们的电子层数相同，而有效核电荷依次递增，电子云趋于收缩的结果。

4.6.2 共价键

离子键理论对电负性相差很大的 2 个原子所形成的分子能较好予以说明，但对同种元素的原子或电负性相差较小的原子所组成的分子（如 H_2，O_2，HCl 等），就显得不适用了。

1927 年海特勒（Heitler）和伦敦（London）成功地把量子力学应用到简单的 H_2 分子结构上，使共价键的本质得到了理论上的解释。后来鲍林等人把这一结果推广到其他分子中，便发展成为近代价键理论（valence bond theory）。价键理论又称为电子配对法，简称 VB 法。

(1) 共价键的本质

用量子力学处理 H_2 分子的结果表明：当电子自旋方向相同的 2 个氢原子相互靠近时，两核间电子出现的概率密度减小，使系统能量升高［见图 4-12(a)曲线］，2 个氢原子间发生相互排斥［见图 4-13(a)］，因而不可能形成稳定的氢分子；如果 2 个氢原子的未成对电子自旋方向相反，则这 2 个氢原子相互靠近时，两原子核间电子出现的概率密度增大，使系统的能量降低低于孤立的 2 个氢原子的能量之和［见图 4-12(b)曲线］。当 2 个氢原子的核间距达到平衡距离 R_0 时，吸引力和排斥力达到平衡，其能量降低至最低点 E_s，此时，2 个氢原子之间形成了稳定的共价键而结合成氢分子。

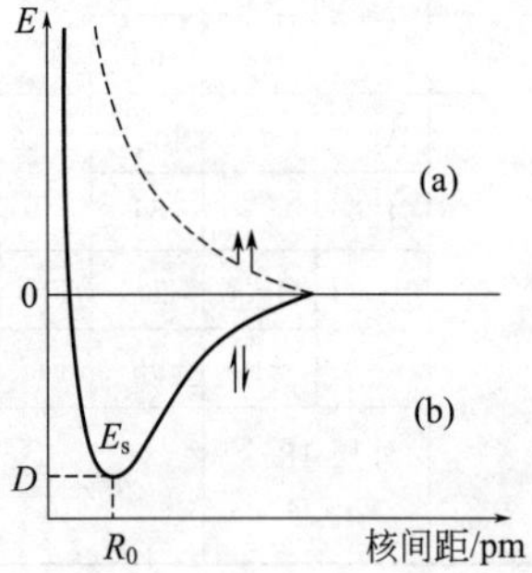

图 4-12 形成氢分子的能量曲线

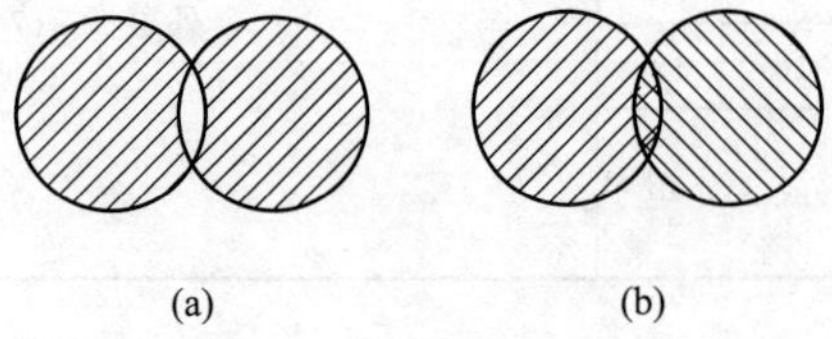

图 4-13 氢分子的两种状态

由以上讨论可知，量子力学阐明的共价键本质是：2 个电子可以相互配对为 2 个原子轨道所共用，2 个未成对电子的自旋方向相反时，2 个原子轨道相互作用而发生重叠，电子云密集于两原子核之间，使系统能量降低而形成稳定的分子。

(2) 价键理论的要点

把量子力学处理氢分子的结果推广到其他分子系统，就形成了价键理论，其基本要点如下。

① 如果原子 A 和 B 各有 1 个未成对电子，且自旋方向相反，当它们相互靠近时，这 2 个电子可以配对形成共价单键，例如 H—H，H—Cl 等；如果原子 A 和 B 各有 2 个或 3 个未成对电子，这些电子可两两配对形成共价双键或共价叁键。例如 O ══O，N≡N 等；如果原子 A 有 2 个未成对电子，原子 B 只有 1 个未成对电子，则 1 个 A 原子可以和 2 个 B 原子结合形成 AB_2 分子，例如 H_2O、H_2S 等。

② 原子轨道重叠时，必须考虑原子轨道的“+”“−”号。只有同符号的原子轨道才能实现有效重叠。轨道的正、负号相当于机械波中的波峰和波谷，2 个同号原子轨道相遇时相互加强，异号原子轨道相遇时相互削弱甚至抵消。原子轨道重叠时总是沿着重叠最多的方向进行，重叠越多，形成的共价键越牢固，这就是原子轨道最大重叠原理。

（3）共价键的特征

与离子键不同，共价键具有饱和性和方向性。

① 共价键的饱和性　所谓饱和性是指 1 个原子所能形成的共价键的总数是一定的。自旋方向相反的 2 个电子配对之后，就不能再与另 1 个原子中的未成对电子配对。例如 2 个氯原子各有 1 个未成对电子，在形成 Cl_2 后，2 个原子的成单电子都已配对，不能再与第 3 个氯原子的未成对电子配对而形成 Cl_3。

② 共价键的方向性　所谓方向性是指原子轨道重叠时总是沿着重叠最多的方向取向。在形成共价键时，已知 s 轨道在空间呈球形对称，而 p，d，f 等轨道在空间都有一定的伸展方向，所以 s 和 s 轨道可以在任何方向上达到最大程度的重叠，而有 p，d，f 轨道参加的重叠，则只有沿着一定的方向才能发生轨道的最大重叠。例如，形成氯化氢分子时，氢原子的 1s 轨道和氯原子的 $3p_x$ 轨道有 4 种可能的重叠方式（见图 4-14），其中只有采取图 4-14(a) 的重叠方式成键才能使 s 轨道和 p_x 轨道的有效重叠最大。

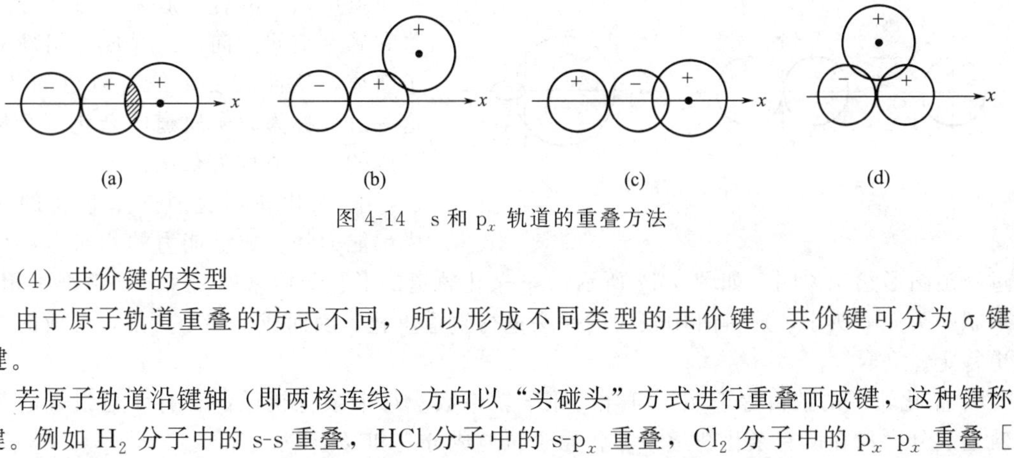

图 4-14　s 和 p_x 轨道的重叠方法

（4）共价键的类型

由于原子轨道重叠的方式不同，所以形成不同类型的共价键。共价键可分为 σ 键和 π 键。

若原子轨道沿键轴（即两核连线）方向以“头碰头”方式进行重叠而成键，这种键称为 σ 键。例如 H_2 分子中的 s-s 重叠，HCl 分子中的 s-p_x 重叠，Cl_2 分子中的 p_x-p_x 重叠［见图 4-15(a)］等；若原子轨道沿键轴方向以“肩并肩”方式进行重叠而成键［见图 4-15(b)］，这种键称为 π 键。共价单键一般是 σ 键，在共价双键和叁键中，除了 σ 键外，还有 π 键。例如 N_2 分子中的 N 原子有 3 个未成对的 p 电子（即 p_x，p_y，p_z），如果 2 个 N 原子以 p_x 轨道沿键轴方向以“头碰头”方式重叠形成 1 个 σ 键，则其余的 p_y-p_y 和 p_z-p_z 只能以“肩并肩”的方式重叠而形成 2 个相互垂直的 π 键（见图 4-16）。

一般来说，π 键没有 σ 键牢固，比较容易断裂。因为 π 键轨道重叠部分不像 σ 键那样集中在两核的连线上，所以原子核对 π 电子的束缚力较小，电子运动的自由性较大。因此含双键或叁键的化合物（如不饱和烃）一般容易参加反应。

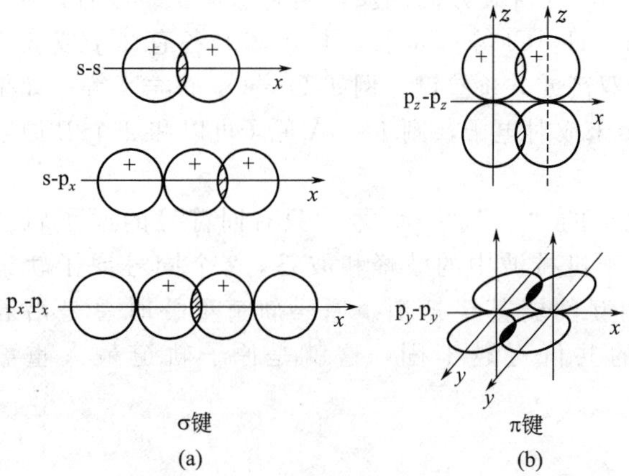

图 4-15 σ 键和 π 键

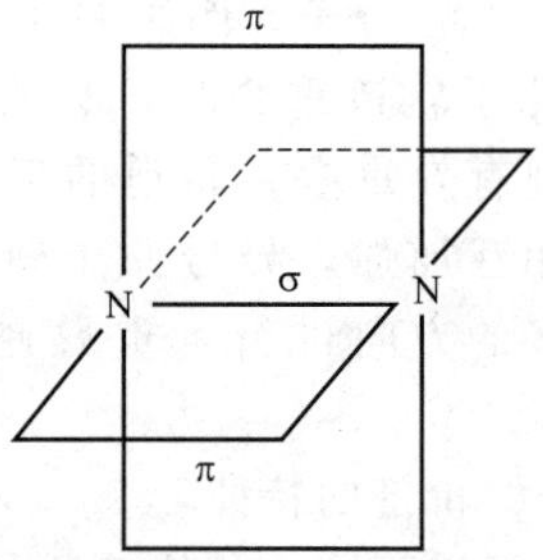

图 4-16 氮分子中的叁键

4.6.3 杂化轨道和分子结构

价键理论阐明了共价键的形成过程和本质，能较好地解释许多双原子分子的结构，但在解释多原子分子的空间构型时却出现了矛盾。例如 CH_4 分子为正四面体的空间构型，键角为 109°28′，但 C 原子的电子层结构为 $1s^2 2s^2 2p^2$，只有 2 个未成对电子，根据共价键的饱和性，C 原子只能形成 2 个共价单键，键角应为 90°，这显然与事实不符。1931 年鲍林在价键理论的基础上提出了杂化轨道理论（hybrid orbital theory），较好地解释了多原子分子的空间构型。

4.6.3.1 杂化轨道理论的要点

① 在成键过程中，由于原子间的相互影响，同一原子中某些不同类型而能量相近的原子轨道可以“混合”起来，重新分配能量和确定空间方向，组合成一组新的原子轨道，从而改变了原有轨道的状态，这一过程称为原子轨道的杂化。杂化后形成的新轨道称为杂化轨道。

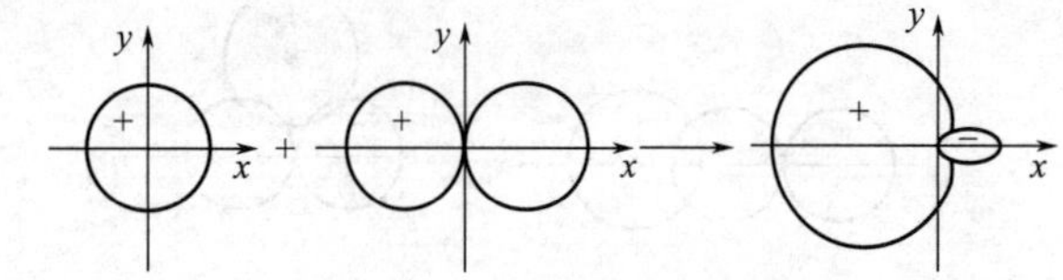

图 4-17 sp 杂化轨道的形成

② 杂化轨道比原来未杂化的轨道成键能力强。成键能力的相对大小可以通过轨道图形给予说明。如图 4-17 所示，sp 杂化轨道的形状与原来的 s 和 p 轨道都不相同，其形状一头大一头小，成键时用较大的一头进行轨道重叠，因而成键能力更强，形成的共价键更稳定。

③ 杂化轨道的数目等于参与组合的原子轨道数。每个杂化轨道都含有参与组合的各原子轨道成分，且在所有杂化轨道中，各原子轨道成分之和等于 1。

4.6.3.2 杂化轨道的类型和分子的空间构型

根据参与杂化的原子轨道的种类和数目的不同，可分为不同的杂化类型。

(1) sp 杂化和 $BeCl_2$ 分子的空间构型

sp 杂化轨道是由 1 个 ns 轨道和 1 个 np 轨道组合而成，其特点是每个 sp 杂化轨道含 1/2s 成分和 1/2p 成分；2 个 sp 杂化轨道的夹角为 180°，呈直线形。例如 $BeCl_2$ 分子，其中心原子为 Be 原子，基态 Be 原子的价电子构型为 $2s^2$，杂化轨道理论认为，成键时 Be 原子的 1 个 2s 电子被激发到 1 个空的 2p 轨道上，形成价电子构型为 $2s^1 2p^1$ 的激发态，激发态 Be 原子的 2s 轨道和 1 个 2p 轨道进行杂化，形成 2 个等同的 sp 杂化轨道（见图 4-18）。

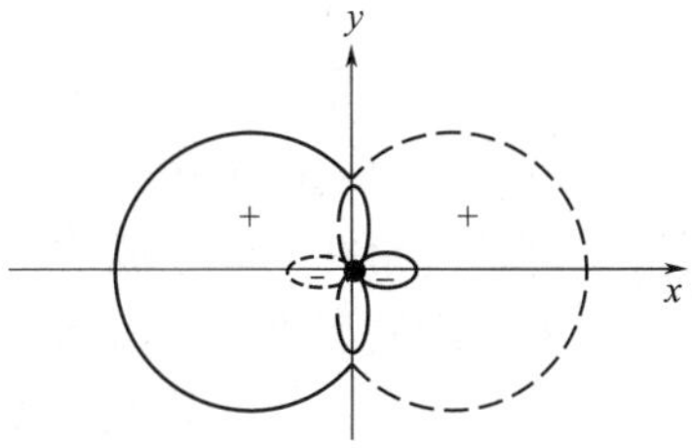

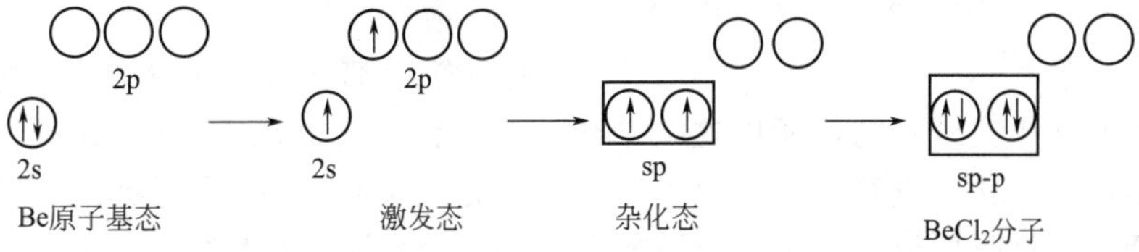

图 4-18　$BeCl_2$ 中 Be 原子的 sp 杂化

Be 原子以 2 个 sp 杂化轨道分别与 Cl 原子的 3p 轨道重叠，形成 2 个 sp-p 的 σ 键，键角为 180°，所以 $BeCl_2$ 分子的空间构型为直线形。

（2）sp^2 杂化和 BF_3 分子的空间构型

sp^2 杂化轨道是由 1 个 *n*s 轨道和 2 个 *n*p 轨道组合而成，其特点是每个 sp^2 杂化轨道含有 1/3s 成分和 2/3p 成分；3 个 sp^2 杂化轨道间的夹角互成 120°，呈平面三角形［见图 4-19(a)］。例如 BF_3 分子，其中心原子为 B 原子，基态 B 原子的价电子构型为 $2s^2 2p^1$，在成键过程中，B 原子的 1 个 2s 电子被激发到 1 个空的 2p 轨道上，形成价电子构型为 $2s^1 2p^2$ 的激发态，2s 轨道和 2 个 2p 轨道进行杂化，形成 3 个等同的 sp^2 杂化轨道（见图 4-20）。

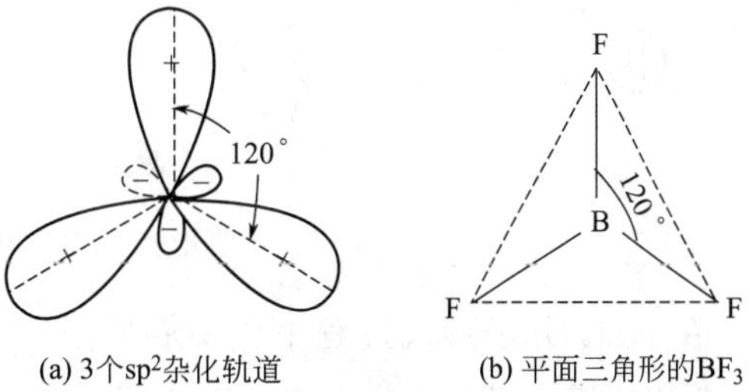

图 4-19　sp^2 杂化轨道和 BF_3 分子构型

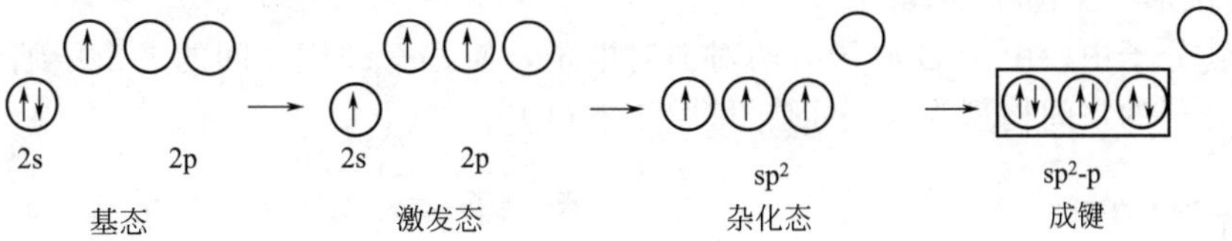

图 4-20　BF_3 中 B 原子的 sp^2 杂化

B 原子以 3 个 sp^2 杂化轨道分别与 F 原子的 2p 轨道重叠，形成 3 个 sp^2-p 的 σ 键，键角互成 120°，所以 BF_3 分子的空间构型为平面三角形［见图 4-19(b)］。

（3）sp^3 杂化和 CH_4 分子的空间构型

sp^3 杂化轨道由 1 个 *n*s 轨道和 3 个 *n*p 轨道组合而成，其特点是每个 sp^3 杂化轨道含 1/4s 成分和 3/4p 成分；4 个 sp^3 杂化轨道在空间互成 109°28′夹角，呈正四面体形［见图 4-21(a)］。例如 CH_4 分子，中心原子 C 的基态价电子构型为 $2s^2 2p^2$，在成键过程中，C 原子的 1 个 2s 电子被激发到 1 个空的 2p 轨道上，形成价电子构型为 $2s^1 2p^3$ 的激发态，激发态 C 原子的 2s

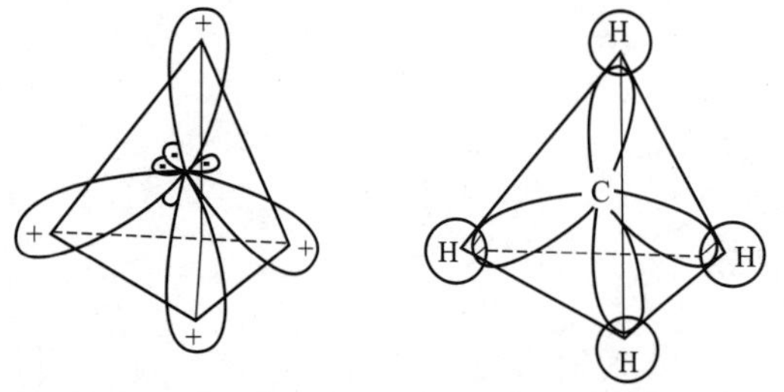

(a) 4个sp^3杂化轨道　(b) 正四面体形的CH_4

图 4-21　sp^3 杂化轨道和 CH_4 分子构型

轨道和 3 个 2p 轨道进行杂化，形成 4 个等同的 sp^3 杂化轨道（见图 4-22）。

C 原子以 4 个 sp^3 杂化轨道分别与 4 个 H 原子的 1s 轨道重叠，形成 4 个 sp^3-s 的 σ 键，键角在空间互成 109°28′。所以 CH_4 分子的空间构型为正四面体形［见图 4-21(b)］。

（4）sp^3 不等性杂化和 NH_3，H_2O 分子的空间构型

前述的 sp、sp^2 和 sp^3 杂化中，参与杂化的轨道都含有未成对电子，每种杂化所形成的杂化轨道的性质完全相同，所以这类杂化称为等性杂化（equivalent hybridization）。但轨道杂化并非仅限于含未成对电子的原子轨道，含有孤对电子的原子轨道也可以和含未成对电子的轨道杂化，这时所形成的杂化轨道的性质不完全相同。这种由于孤对电子的存在，使各个杂化轨道的性质不完全相同的杂化称为不等性杂化（nonequivalent hybridization）。例如，NH_3 分子和 H_2O 分子中的轨道杂化就属于不等性杂化。

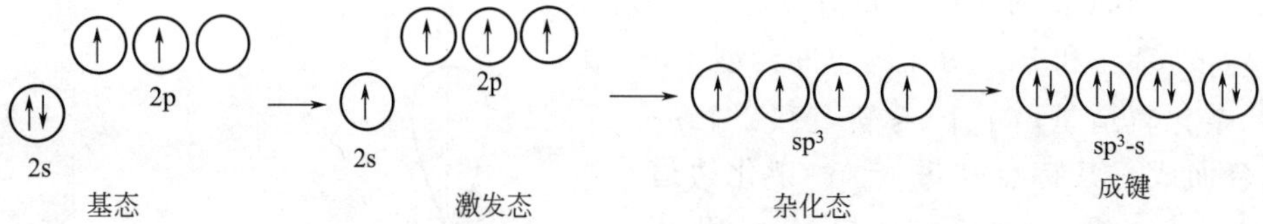

图 4-22　CH_4 中 C 原子的 sp^3 杂化

在 NH_3 分子形成过程中，中心原子 N 的 1 个 2s 轨道和 3 个 2p 轨道杂化，形成 4 个 sp^3 杂化轨道。其中 3 个含未成对电子的杂化轨道分别与 3 个 H 原子的 1s 轨道重叠，形成 3 个 N—H 键。而另 1 个杂化轨道含有 1 对电子，不参与成键，称为孤对电子。孤对电子的电子云比较密集于 N 原子附近，其形状更接近于 s 轨道，所以含 s 成分较多，含 p 成分较少，而成键电子占据的杂化轨道中含 s 成分较少，含 p 成分较多。由于孤对电子对成键电子所占据的杂化轨道有排斥作用，使 N—H 键之间的夹角压缩到 107°18′。因此，NH_3 分子的空间构型为三角锥形［见图 4-23(a)］。

在 H_2O 分子中，由于 O 原子有两对孤对电子，使 O—H 键之间的夹角压缩到 104°45′。因此 H_2O 分子的空间构型为 V 字形［见图 4-23(b)］。

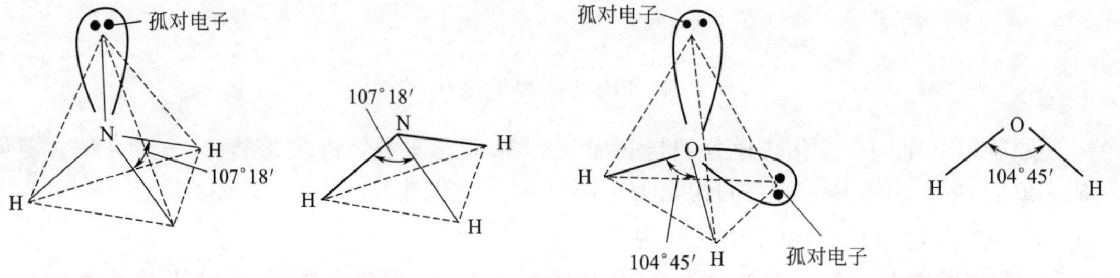

(a) NH_3分子　(b) H_2O分子

图 4-23　NH_3 和 H_2O 分子的空间构型

由 s 轨道和 p 轨道形成的杂化轨道和分子的空间构型列于表 4-10。

表 4-10 一些杂化轨道（s-p 型）分子空间构型

杂化轨道类型	sp	sp^2	sp^3	sp^3(不等性)	
参加杂化轨道	1个s,1个p	1个s,2个p	1个s,3个p	1个s,3个p	
杂化轨道数	2	3	4	4	
成键轨道夹角 θ	180°	120°	$109^\circ 28'$	$90^\circ < \theta < 109^\circ 28'$	
空间构型	直线形	平面三角形	正四面体形	三角锥形	V字形
实例	$BeCl_2$ $HgCl_2$	BF_3 BCl_3	CH_4 $SiCl_4$	NH_3 PH_3	H_2O H_2S

4.7 分子间力与氢键

分子间力与化学键不同，它是指分子与分子之间存在着的一种较弱的作用力。气体分子的液化和液体分子的凝固等现象，主要靠分子间作用力。分子间力也称为范德华（Vander-Waals）力。范德华力是决定物质的熔点、沸点、溶解性等物理性质的重要因素。

分子间作用力与分子的极性密切相关。

4.7.1 分子的极性和分子的极化

（1）分子的极性

分子中，由于原子核所带正电荷的电量和电子所带负电荷的电量是相等的，所以整个分子呈电中性。但根据分子内部正、负电荷的分布情况，可把分子分为极性分子（polar molecule）和非极性分子（nonpolar molecule）两类。设想在分子中正、负电荷都有一个“电荷中心”，则正、负电荷中心重合的分子称为非极性分子，正、负电荷中心不重合的分子称为极性分子。

分子的极性与键的极性有关。对于双原子分子，键的极性决定着分子的极性。由同种元素组成的双原子分子（如 H_2，N_2，O_2，Cl_2 等），键无极性，所以为非极性分子；由不同元素组成的双原子分子（如 HF，HCl，HBr，HI 等），键有极性，所以为极性分子。对于多原子分子，分子的极性除与键的极性有关外，还与分子的空间结构是否对称有关。例如 CO_2 分子，C═O 键是极性键，但由于分子为对称的直线形结构，键的极性互相抵消，正、负电荷中心重合，所以为非极性分子。在 H_2O 和 NH_3 分子中，O—H，N—H 键为极性键，分子分别为不对称的 V 字形和三角锥形结构，正、负电荷中心不重合，所以 H_2O 和 NH_3 分子都为极性分子。

分子的极性可以用电偶极矩（dipole moment）来衡量。电偶极矩 μ 定义为分子中正、负电荷中心间的距离 d 与正、负电荷中心所带的电量 q 的乘积。即

$$\mu = qd \tag{4-7}$$

分子电偶极矩的数值可以通过实验测出，它的单位是 C·m(库·米)。表 4-11 列出了一些物质分子的电偶极矩和分子的空间构型。

根据电偶极矩数值可以比较分子极性的相对强弱，电偶极矩数值越大，表示分子的极性越强。电偶极矩等于零的分子为非极性分子。

（2）分子的极化

如果把非极性分子放在电极的平板之间，在外电场的影响下，带正电荷的核向负电极偏移，核外电子（或电子云）向正电极偏移，结果使核和电子云发生相对位移，分子发生变形，导致原来重合的正电荷中心与负电荷中心彼此分离，使分子产生了偶极（见图 4-24）。

这一过程称为分子的极化，所形成的偶极称为诱导偶极（induced dipole）。当外电场取消时，则诱导偶极消失，分子重新变为非极性分子。

表 4-11　一些物质的电偶极矩（在气象中）

物质	电偶极矩 $\mu/10^{-30}$C·m	分子空间构型	物质	电偶极矩 $\mu/10^{-30}$C·m	分子空间构型
H_2	0	直线形	H_2S	3.07	V 字形
CO	0.33	直线形	H_2O	6.24	V 字形
HF	6.40	直线形	SO_2	5.34	V 字形
HCl	3.62	直线形	NH_3	4.34	三角锥形
HBr	2.60	直线形	BCl_3	0	平面三角形
HI	1.27	直线形	CH_4	0	正四面体形
CO_2	0	直线形	CCl_4	0	正四面体形
CS_2	0	直线形	$CHCl_3$	3.37	四面体形
HCN	9.94	直线形	BF_3	0	平面三角形

外界电场对极性分子也有影响。由于极性分子本身存在着偶极（称为固有偶极），在外电场作用下，它的正极被引向外电场的负极，负极被引向外电场的正极。极性分子的偶极有秩序地取向一定的方位（见图 4-25），这种作用称为取向作用。同时，在电场作用下，分子发生变形而产生诱导偶极。这时，极性分子由于诱导偶极加上固有偶极，使极性增强。因此，极性分子的极化是分子的取向和变形的总结果。

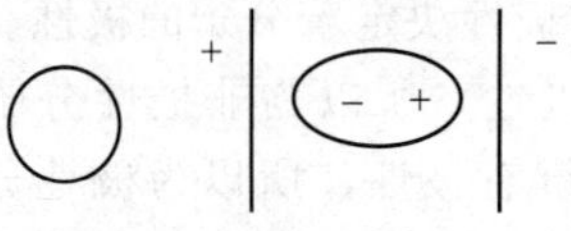

(a)　(b)

图 4-24　非极性分子的极化

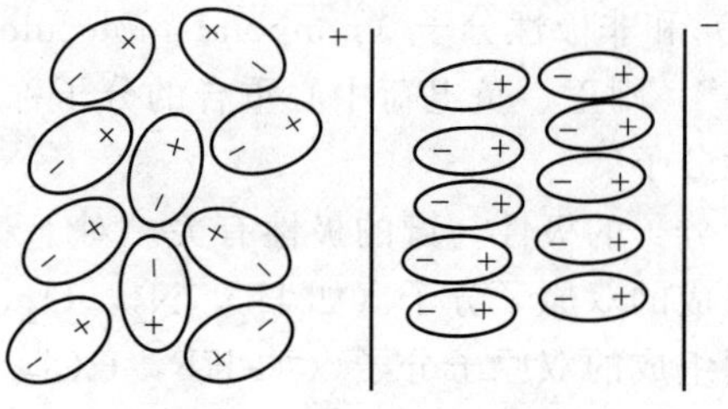

(a)　(b)

图 4-25　极性分子的取向

4.7.2　分子间力

分子间力一般包括色散力、诱导力和取向力三部分。

(1) 色散力

当非极性分子相互靠近时（见图 4-26），由于电子的不断运动和原子核的不断振动，要使每一瞬间正、负电荷中心都重合是不可能的。因此，在每一个瞬间都会有偶极存在，这种偶极称为瞬时偶极（instantaneous dipole）。

瞬时偶极总是处于异极相邻的状态。由瞬时偶极之间产生的吸引力称为色散力（dispersion force）。虽然瞬时偶极存在的时间极短，但异极相邻的状态总是不断地重复着，使得分子间始终存在着色散力。

(2) 诱导力

当极性分子和非极性分子相互靠近时（见图 4-27），除存在色散力外，由于非极性分子受极性分子电场的影响而被极化，产生诱导偶极。由诱导偶极和极性分子的固有偶极之间产生的吸引力称为诱导力（induction force）。同时，诱导偶极又作用于极性分子，使偶极长度增加，极性增强，从而进一步加强了它们之间的吸引。

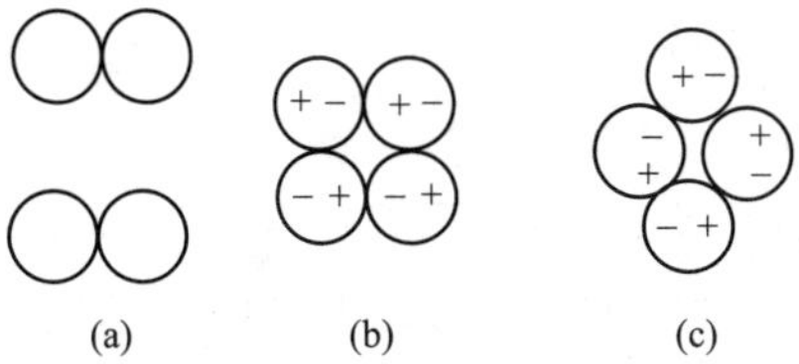

图 4-26　非极性分子相互作用

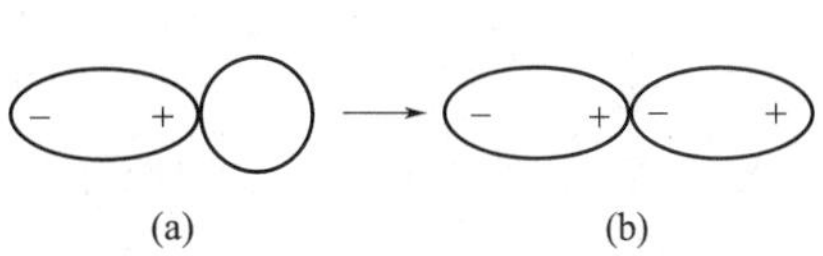

图 4-27　非极性分子与极性分子相互作用

(3) 取向力

当极性分子相互靠近时（见图 4-28），除存在色散力外，由于它们固有偶极之间的同极相斥，异极相吸，使它们在空间按异极相邻状态取向。由固有偶极之间的取向而产生的分子间力称为取向力（orientation force）。由于取向力的存在，使极性分子更加靠近，同时在相邻分子的固有偶极作用下，使每个分子的正、负电荷中心更加分开，产生诱导偶极，因此在极性分子之间还存在着诱导力。

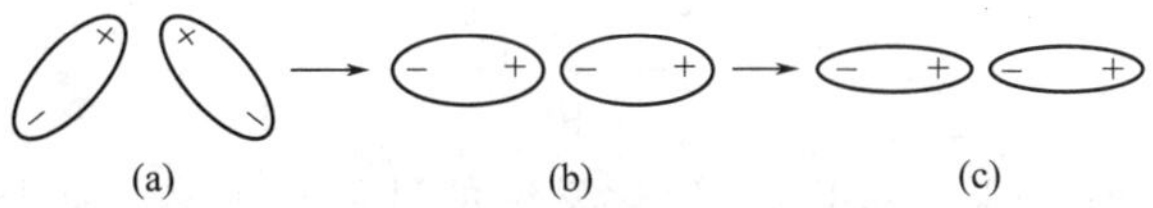

图 4-28　极性分子相互作用

总之，在非极性分子之间只有色散力，在极性分子和非极性分子之间存在着色散力和诱导力，在极性分子之间存在着色散力、诱导力和取向力。色散力在各种分子间都有，而且一般也是最主要的。只有当分子的极性很大（如 H_2O 分子）时，才以取向力为主。而诱导力一般较小，如表 4-12 所示。

表 4-12　分子间作用能的分配

物质分子	取向能/$kJ\cdot mol^{-1}$	诱导能/$kJ\cdot mol^{-1}$	色散能/$kJ\cdot mol^{-1}$	总作用能/$kJ\cdot mol^{-1}$
H_2	0	0	0.17	0.17
Ar	0	0	8.49	8.49
Xe	0	0	17.41	17.41
CO	0.003	0.008	8.74	8.75
HCl	3.30	1.10	16.82	21.22
HBr	1.09	0.71	28.45	30.25
HI	0.59	0.31	60.54	61.44
NH_3	13.30	1.55	14.73	29.58
H_2O	36.36	1.92	9.00	47.28

分子间力普遍存在于各种分子之间，其强度较小（一般为 0.2～50$kJ\cdot mol^{-1}$），与共价键的键能（一般为 100～450$kJ\cdot mol^{-1}$）相比小 1～2 数量级。分子间力没有方向性和饱和性。分子间力的作用范围很小（约为 300～500pm），它随分子之间的距离增大而迅速减弱，因此分子间力是一种近距离的作用力。分子间力一般随分子量的增大而增大。因为分子量越大，分子体积就越大，因而变形性越大，则分子间的色散力越强。例如，卤素单质的熔点、沸点随分子量的增大而升高，所以在常温下，F_2、Cl_2 为气体，Br_2 和 I_2 分别为液体和固体。

4.7.3　氢键

当 H 原子与电负性较大、半径较小的 X（如 F，O，N）原子形成共价键时，由于键的极性很强，共用电子对强烈地偏向 X 原子一边，使得 H 原子几乎成为“裸露”的质子，因此它还能吸引另一个电负性较大、半径较小的 Y 原子的孤对电子而形成氢键（hydrogen bond）。简单示意如下：

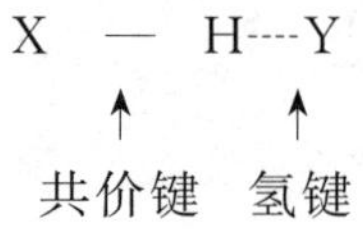

X 和 Y 可以是同种元素的原子（如 O—H---O ，N—H---N ），也可以是不同元素的原子（ N—H---O ）。

能形成氢键的物质相当广泛，例如 HF、H_2O、NH_3、无机含氧酸、有机酸、醇、胺、蛋白质等物质的分子间都存在着氢键。不仅分子间可形成氢键，分子内也可以形成氢键，例如硝酸和水杨酸分子内都有氢键形成。

氢键具有方向性和饱和性。方向性是指 Y 原子与 X—H 形成氢键时，在可能范围内要尽量使 X—H---Y 在一直线上。因为这样所形成的氢键最强；饱和性是指每 1 个 X—H 只能与 1 个 Y 原子形成氢键。因为 H 原子很小，而 X 和 Y 原子都较大，如果另一个 Y 接近，则受到 X—H---Y 中的 X 和 Y 的排斥力比受到 H 的吸引力大。例如 HF 中氢键结构如下：

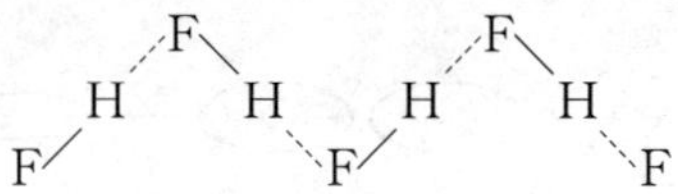

氢键的键能一般小于 $40kJ \cdot mol^{-1}$，比化学键的键能小得多，而与分子间力的能量较为接近，属分子间力的范畴。如果物质的分子间存在氢键，会使分子间作用力大大加强，从而对物质的性质（如熔点、沸点、溶解性等）产生明显的影响。

氢键在生命科学中具有十分重要的作用。几乎所有的生命物质都含有氢元素，并且通过形成氢键在各种生命进程里发生作用。

生命的最基本遗传物质 DNA 通过氢键形成双螺旋结构，碱基之间分别通过两个和三个氢键互补配对，是形成 DNA 双螺旋的基础，可以说没有氢键就没有 DNA 双链，也就没有高等生物。生物体系中最普遍最基础的物质蛋白质的结构和功能也与氢键密切相关。蛋白质的二级结构是由氢键决定的，如 α 螺旋、β 折叠等，蛋白质的三级及四级结构也与氢键有关，所以说没有氢键，蛋白质就不能形成正确的空间结构，生命活动就无从进行；此外蛋白质生理功能的表达，也离不开氢键。所以说，没有氢键，作为生命最重要表征的蛋白质就无法行使功能，也就不存在多姿多彩的生物了。

4.7.4 分子间作用力对物质性质的影响

由共价型分子组成的物质的物理性质如熔点、沸点、溶解性等与分子的极性、分子间力以及氢键有关。举例说明如下。

(1) 物质的熔点和沸点

由共价型分子以分子间力（有的还有氢键）结合成的物质，因分子间的相互作用力较弱，所以这类物质的熔点都较低。从表 4-13 可看出，对于同类型的物质，其熔点一般随摩尔质量（或分子量）增大而升高。这主要是由于在同类型的这些物质中，分子的体积一般随摩尔质量的增加而增大，从而使分子间的色散力随摩尔质量的增大而增强。这些物质的沸点变化规律与熔点类似。

含有氢键物质的熔点、沸点比同类型无氢键存在的物质要高。例如，第ⅦA 族元素的氢化物的熔点、沸点随摩尔质量增大而升高（HF，HCl，HBr，HI 的沸点分别为 20℃，−85℃，−57℃，−36℃），但 HF 因分子间存在氢键，其熔点、沸点比同类型氢化物的要高，呈现出反常现象。第ⅤA、ⅥA 族元素的氢化物的情况也类似。

表 4-13　某些物质的摩尔质量对物质熔点、沸点的影响

物　质	摩尔质量/ $g\cdot mol^{-1}$	熔点/℃	沸点/℃
CH_4(天然气主要组分)	16.04	−182.0	−164
正 C_8H_{18}(汽油组分)	114.23	−56.8	125.7
正 $C_{13}H_{28}$(焊油组分)	184.37	−5.5	235.4
正 $C_{16}H_{34}$(柴油组分)	226.45	18.1	287

（2）物质的溶解性

影响物质在溶剂中溶解程度的因素较复杂。一般来说，“相似者相溶”是一个简单而较有用的经验规律。即极性溶质易溶于极性溶剂，非极性（或弱极性）溶质溶于非极性（或弱极性）溶剂。溶质与溶剂的极性越相近，越易互溶。例如，碘易溶于苯或四氯化碳，而难溶于水。这主要是碘、苯和四氯化碳等都为非极性分子，分子间存在着相似的作用力（都为色散力），而水为极性分子，分子之间除主要存在取向力外，还有氢键，因此碘难溶于水。

通常用的溶剂一般有水和有机物两类。水是极性较强的溶剂，它既能溶解多数强电解质如 HCl、NaOH、K_2SO_4 等，又能与某些极性有机物如丙酮、乙醚、乙酸等相溶。这主要是由于这些强电解质（离子型化合物或极性分子化合物）与极性分子 H_2O 能相互作用而形成正、负水合离子；而乙醚和乙酸等分子不仅有极性，且其氧原子借孤对电子能与水分子中的 H 原子形成氢键，因此它们也能溶于水。但强电解质却难被非极性分子的有机溶剂所溶解，或者说非极性溶剂分子难以克服这些电解质本身微粒间的作用力，而使它们分散而溶解。

有机溶剂主要有两类：一类是非极性和弱极性溶剂，如苯、甲苯、汽油以及四氯化碳、三氯甲烷、三氯乙烯、四氯乙烯和某些卤代烃等。它们一般难溶或微溶于水，但都能溶解非极性或弱极性的有机物如机油、润滑油。因此，在机械和电子工业中常用来清洗金属部件表面的润滑油等矿物性油污；另一类是极性较强的有机溶剂，如乙醇、内酮以及低分子量的羧酸等。这类溶剂的分子中，既包含有羟基（—OH）、羰基（$\rangle$C═O）、羧基（—COOH）这类极性较强的基团，并且还含有烷基类基团，前者能与极性溶剂如水相溶，而后者则能溶解于弱极性或非极性的有机物如汽油、卤代烃等。根据这一特点，在金属部件清洗过程中，往往先以甲苯、汽油或卤代烃等除去零件表面的油污（主要是矿物油），然后再以这类极性溶剂（如丙酮）洗去残留在部件表面的非极性或弱极性溶剂，最后以水洗净。为使其尽快干燥，可将经水洗后的部件用少量乙醇擦洗表面，以加速水分挥发。这一清洗过程主要依赖于分子间相互作用力的相似，即“相似者相溶”的规律。

4.8　晶体结构简介

4.8.1　晶体的特征

物质常以气态、液态和固态三种形态存在。固态物质可分为晶体和非晶体（无定形体）两类，但绝大多数都是晶体。从微观上说，晶体是指组成物质的微粒（离子、分子、原子）在空间有规律地排列而成的固体，由于内部结构的这种规律使晶体具有三个宏观特征。

① 有一定的几何外形　由于生成晶体的实际条件不同，所得晶体在外形上可能发生某些缺损，但晶面间的夹角（称晶角）总是不变的。

② 有固定的熔点。

③ 各向异性　即在各个方向上的物理性质（如导热性、热膨胀、导电性、折射率、机械强度等）是不一样的。如云母特别容易沿着和底面平行的方向，平行分裂成很薄的薄片；

石墨的导电性能，在与层平行方向上的电导率与层垂直方向上的电导率之比为 $10^4:1$。非晶体则无一定的外形和固定的熔点，加热时先软化，随温度的升高，流动性逐渐增大，直至熔融状态。非晶体往往是各向同性的。

晶体结构的 X 射线衍射研究表明，组成晶体的结构粒子在晶体内部是有规律地排列在一定点上，这些在空间有规律排列的点形成的空间格子称为晶格。晶格中排有微粒的那些点称为格点（或称为结点）。能够代表晶体结构特征的最小组成部分，也即晶格中的最小重复单位称为晶胞。晶胞在空间无限重复排列就形成了晶格，晶体是具有晶格结构的固体，因此晶体的性质与晶胞的大小、形状和组成有关。

4.8.2　晶体的基本类型

按晶格格点上微粒间作用力的不同，晶体可分为离子晶体、原子晶体、分子晶体、金属晶体及混合型晶体几种类型。

（1）离子晶体

格点上交替排列着正、负离子，其间以离子键结合而构成的晶体称为离子晶体。典型的离子晶体主要是由活泼金属元素与活泼非金属元素形成的离子型化合物。例如 Cl^- 和 Na^+ 可形成 NaCl 离子型晶体。

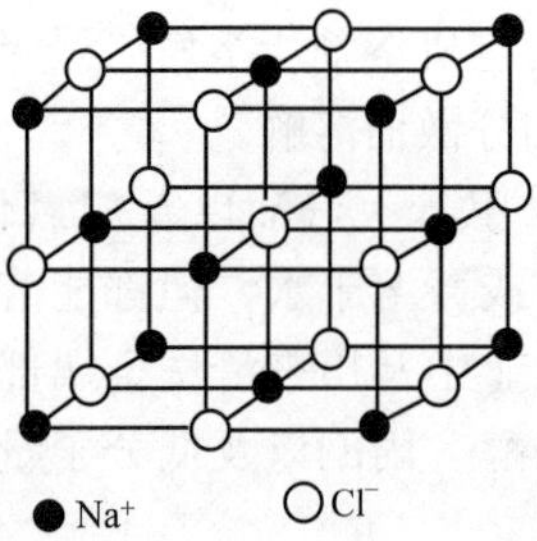

图 4-29　氯化钠晶体结构示意图

由于离子键不具有饱和性和方向性，所以在离子晶体中各离子将尽可能多地与异号离子接触，以使系统尽可能处于最低能量状态而形成稳定的结构。例如在氯化钠晶体中，每个钠离子被六个氯离子所包围，同样每个氯离子也被六个钠离子所包围，交替延伸为整个晶体（见图 4-29）。所以在食盐晶体中并不存在单个的氯化钠（NaCl）分子，仅有钠离子和氯离子，只有在高温蒸气中才能以单分子形式存在。

在离子晶体中，正负离子之间有很强的静电作用，离子键的键能比较大，所以离子晶体都具有较高的熔点、沸点和硬度。这些特性都与离子型晶体的晶格能的大小有关。在标准状态下，将 1mol 离子型晶体中的离子分成相互远离的气态离子时的焓变，称为离子型晶体的晶格能，简称晶格能（也称为点阵能），用 $\Delta_u H_m^\ominus$ 表示，单位 $kJ \cdot mol^{-1}$。晶格能的大小与正、负离子的电荷（分别以 Z_+、Z_- 表示）和正、负离子的半径（分别以 r_+、r_- 表示）有关，即

$$\Delta_u H_m^\ominus \propto \frac{|Z_+ Z_-|}{r_+ + r_-}$$

晶格能愈大，晶体熔点也愈高，硬度愈大。大多数离子晶体溶于极性溶剂中，特别是水中，而不溶于非极性溶剂中。离子晶体在熔融状态或是在水溶液中都是电的良导体，但在固体状态，离子被局限在晶格的某些位置上振动，因而几乎不导电。离子晶体虽硬但比较脆，这是因为晶体在受到冲击力时，各层离子发生错动，则吸引力大大减弱而破碎。一些离子化合物的性质如表 4-14 所示。

表 4-14　一些离子化合物的性质

晶体(NaCl 型)	离子电荷	$r_+ + r_-$/pm	熔点/℃	晶格能/$kJ \cdot mol^{-1}$	莫氏硬度
NaF	1	230	993	891.19	3.2
NaCl	1	278	801	771	
NaBr	1	293	747	733	
NaI	1	317	661	684	

续表

晶体(NaCl 型)	离子电荷	$r_{+}+r_{-}$/pm	熔点/℃	晶格能/kJ·mol^{-1}	莫氏硬度
MgO	2	198	2852	3889	5.6~6.5
CaO	2	231	2614	3513	4.5
SrO	2	244	2430	3310	3.8
BaO	2	266	1918	3152	3.3

(2) 原子晶体

组成晶格的格点上排列的微粒是原子，原子间以共价键结合构成的晶体称为原子晶体。在金刚石中，碳原子形成 4 个 sp^3 杂化轨道，以共价键彼此相连，每个碳原子都处于与它直接相连的 4 个碳原子所组成的正四面体的中心，组成了整个一块晶体，所以在原子晶体中也不存在单个的小分子，见图 4-30。

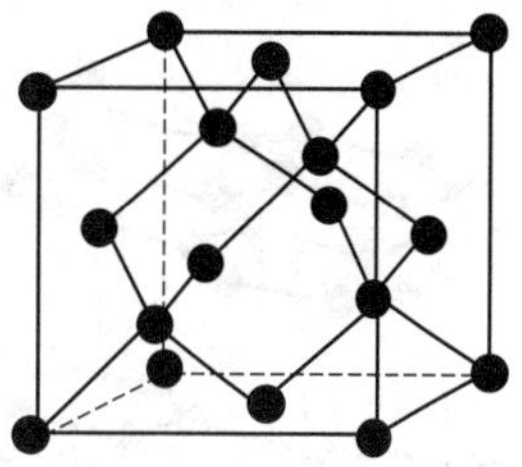
图 4-30　金刚石的结构图

周期系第ⅣA 族元素碳（金刚石）、硅、锗、锡（灰锡）等单质的晶体是原子晶体；周期系第ⅢA、ⅣA、ⅤA 族元素彼此组成的某些化合物，如碳化硅（SiC）、氮化铝（AlN）、石英（SiO_2）也是原子晶体。石英晶体的结构如图 4-31 所示，每 1 个硅原子位于四面体的中心，每 1 个氧原子与 2 个硅原子相连，硅氧原子个数比为 1∶2。

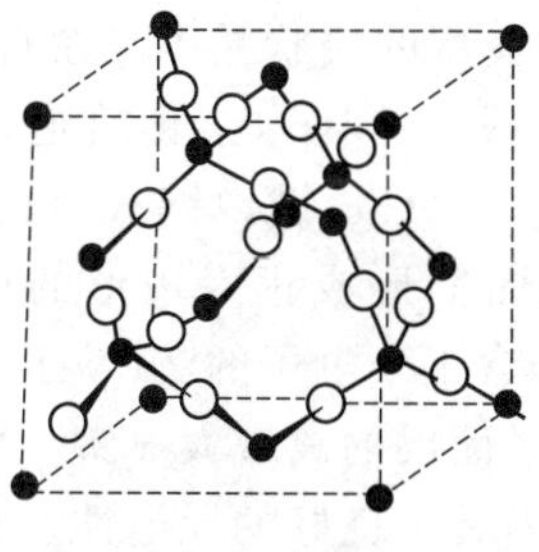

图 4-31　石英的晶体结构

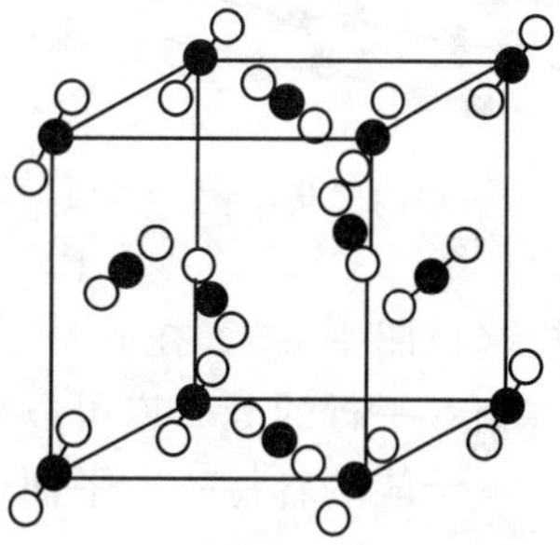
图 4-32　二氧化碳的晶体结构

原子晶体格点上的微粒是通过共价键结合起来的，结合力极强，所以原子晶体的熔点极高，硬度极大，不导电，不溶于常见的溶剂中，延展性差。如金刚石熔点高达 3750℃，硬度最大（莫氏硬度 10）。

原子晶体同离子晶体一样，没有单个分子存在，化学式 SiC、SiO_2 等只代表晶体中各种元素原子数的比例。

(3) 分子晶体

格点上排列的微粒为共价分子或单原子分子，微粒间以分子间力或氢键结合构成的晶体称为分子晶体。分子晶体通常包括非金属单质以及由非金属之间（或非金属与某些金属）所形成的化合物。固体二氧化碳（又称为干冰）是分子晶体。如图 4-32 所示，CO_2 分子分别占据立方体的八个顶角和六个面的中心位置，它们之间靠微弱的范德华力结合在一起。二氧化碳气体在低于 300K 时，加压容易液化。液态二氧化碳自由蒸发时，一部分冷凝成固体二氧化碳。常压下，194.5K 时固体二氧化碳直接升华为气态 CO_2 分子。

分子间力比分子内部原子间的作用力弱得多，克服分子间的结合力所需的能量是比较小的，所以分子晶体一般具有较低的熔点，硬度小，易挥发。一些分子晶体溶于水后生成水合离子而能导电。如 HCl 晶体、HAc 晶体等。

(4) 金属晶体

格点上排列的微粒为金属原子或正离子，这些原子或正离子和从金属原子上脱落下来的自由电子以金属键结合构成的晶体称为金属晶体。金属晶体犹如大小相同的钢球堆积而成紧密的结构。

金属原子的半径较大，外层价电子受原子核的吸引力较小，容易失去电子，形成正离子。在这些正离子中间存在着从原子上脱落下来的电子，这些电子能够在离子晶格中自由运动，称为自由电子。由于自由电子不停地运动，把原子或离子联系在一起，形成金属键。金属键没有方向性和饱和性，在空间许可的条件下，每个金属原子或离子尽可能多地与其他金属原子或离子堆积。所以金属结构一般总是按紧密的方式堆积起来，具有较大的密度。金属是热和电的良导体。金属受到外力作用时，金属原子层之间发生相对位移，但金属键并没有断裂，因此金属具有延展性。自由电子可吸收可见光，随即又放射出来，所以金属一般呈银白色。不同金属单质的金属键强度差异很大，因此金属单质的熔点和硬度相差较大。熔点最高的是钨（3410℃），最低的是汞（－38.87℃），硬度最大的是铬（莫氏硬度为 9.0），最小的是铯（莫氏硬度为 0.2）。

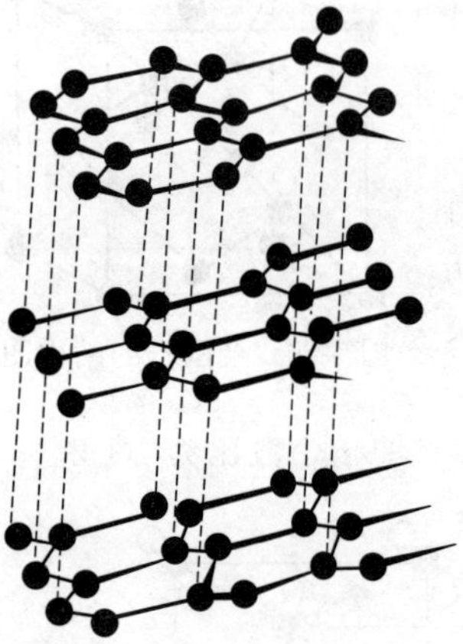

图 4-33　石墨的层状结构

(5) 混合型晶体

晶格的格点上的微粒间同时存在几种作用力所形成的晶体称为混合型晶体。石墨是典型的层状晶体。在石墨分子中，同层的碳原子以 sp^2 杂化形成 3 个 sp^2 杂化轨道，每个碳原子与另外 3 个碳原子形成 C—C σ 键，键长 142pm，键角 120°，6 个碳原子在同一平面上形成正六边形的环，伸展形成片层结构（见图 4-33）。在同一平面的碳原子还各剩一个含 1 个电子的 2p 轨道，垂直于该平面，这些相互平行的 p 轨道可以相互重叠形成遍及整个平面层的离域大 π 键。由于大 π 键的离域性，电子能沿着每一个平面层方向自由运动，使石墨具有良好的导电性、传热性和一定的光泽。

石墨晶体中层与层之间是以微弱的范德华力结合起来的，距离较大，为 340pm。所以，石墨片层之间容易滑动。但是，由于同一平面层上的碳原子间结合力很强，极难破坏，所以石墨的熔点也很高，化学性质也很稳定。

【知识拓展】

爱因斯坦与量子力学

“无论如何，我都确信，上帝不会掷骰子”（I, at any rate, am convinced that He does not play dice.）是物理学家爱因斯坦的一句名言。人们经常因此而认为爱因斯坦全盘否定量子力学，站在量子力学的对立面，实际上是这样吗？

二十世纪初随着量子力学的诞生和日益发展，科学家发现，对一个微观系统作单个测量，总不能得到精确的结果，而只能得到获得某种结果的概率是多少。例如，如果对单个基态电子进行测量，可以发现其自旋±1/2 的概率各为 1/2，却不能准确预测该电子的自旋状态究竟是＋1/2 还是－1/2。对于微观粒子的上述不可精确预测性或随机性的解读存在两个主要理论派别：一是“哥本哈根学派”，由大多数量子物理学家所持守，二是以爱因斯坦为代表的少数派。“哥本哈根学派”认为量子力学对微观物理系统的描述是完备的，即随机性或不可精确预测性是客观物理世界的一个根本方面。爱因斯坦对此持有否定态度，他认为量子力学的描述是不完备的，也就是随机性或不可精确预测性不是客观物理世界的根本方面，只不过是人们对它的认识不完备而已。“上帝不会掷骰子”正是爱因斯坦表达他对量子力学和客观物理世界的根本看法。然而，这句话并不表明爱因斯坦彻底与量子力学决裂。

爱因斯坦怎样被贴上了“反量子力学”的标签，和量子力学本身一样是个巨大的谜团。众所周知，不连续的能量单元“能量子”（quanta）这个概念就是他在 1905 年提出的，而且在之后的 15 年内只有他一个人支持能量量子化的观点。爱因斯坦提出了今天被普遍接受的量子力学的基本特征，比如光既可以表现得像粒子又可以具有波动性，薛定谔在 20 世纪 20 年代建立的量子理论最常用的表述，也正是基于爱因斯坦关于波动理论的思考。爱因斯坦当然并不反对量子力学，他也不反对随机性。在 1916 年他证明，当原子发射光子的时候，发射时间和角度是随机的。这与爱因斯坦反对随机性的公众形象截然相反。爱因斯坦和同时代的人都面临着一个严重的问题：量子现象是随机的，但量子理论不是。薛定谔方程百分之百地服从决定论，这个方程使用波函数来描述一个粒子或系统，这体现了粒子的波动本质，也解释了粒子群可能表现出的波动形状。棘手之处在于，薛定谔方程的确定性是波函数的确定性，但波函数不像粒子的位置和速度那样可以直接观测，它仅仅明确了哪些物理量是可以观测的，以及每个结果被观测到的可能性。量子理论并没有回答波函数到底是什么。所以，我们观察到的随机性是大自然的内在性质还是表面现象这一问题也有待解决。

量子力学先驱海森堡把波函数想象成掩盖了某种物理实在的迷雾。靠波函数不能精确地找出某个粒子的位置，实际上是因为它并不位于任何地方。只有当人们观察粒子时，它才会存在于某处。波函数或许本来散开在巨大的空间中，但在进行观测的那个瞬间，粒子在此处出现。哥本哈根学派把观察到的随机性看作量子力学表面上的性质。虽然爱因斯坦并不反对量子力学，但他反对哥本哈根诠释。他不喜欢测量会使得连续演化的物理系统出现跳跃这种想法，这就是他开始质疑“上帝掷骰子”的背景。

爱因斯坦认为量子力学是对原子及亚原子粒子行为的一种合理描述，属于唯象理论范畴，它本身不是终极真理。爱因斯坦不承认薛定谔猫的非本征态之说，认为一定有一个内在的机制组成了事物的真实本性。他曾试图去设计一个实验来检验这种内在真实性是否起作用，但他没有完成这个计划就去世了。以至于在世人眼中，掷骰子的这句台词象征了爱因斯坦人生的另一面。玻尔曾说：提出相对论的物理革命者可悲地变成了保守派，在量子理论方面“落后于时代潮流”。事实上，爱因斯坦眼中的概率同哥本哈根诠释中的一样客观。在写给玻尔的信中，爱因斯坦举了一个例子：一个做匀速圆周运动的粒子，粒子出现在某段圆弧的概率反映了粒子轨迹的对称性。类似地，一个骰子的某一面朝上的概率是六分之一，这是因为六面是相同的。因此有人评价爱因斯坦“他知道在统计力学中概率的细节里包含有意义重大的物理，在这方面，他的确比那个时代的大多数人都理解得更深。”

从统计力学中获得的另一个启发是，我们观察到的物理量在更深的层次上不一定存在。比如说，一团气体有温度，而单个气体分子却没有。通过类比，爱因斯坦开始相信，一个“亚量子理论”与量子理论应该有显著的差别。他在 1936 年写道：“毫无疑问，量子力学已经抓住了真理的美妙一角……但是，我不相信量子力学是寻找基本原理的出发点，正如人们不能从热力学（或者统计力学）出发去寻找力学的根基。”为了描述那个更深的层次，爱因斯坦试图寻找一个统一场理论，但遗憾的是，这个理论至今尚未实现。

可见，爱因斯坦并没有否定量子物理的随机性，也没有站在量子力学的对立面。他只是认为哥本哈根学派诠释是不完备的，之所以量子看起来是随机的，那是因为我们没有掌握其中的未知变量，就好比掷骰子时不知道骰子抛出去时的参数，一旦我们掌握了这些变量，那么量子就不再是随机的了。他试图解释随机性，而不是通过解释消除随机性。尽管目前的观测结果与哥本哈根一致，但这也受限于当前的理论水平和观测水平。最终结果如何尚未可知。总之，爱因斯坦以自己的方式推动了量子力学的发展，他也是量子力学的奠基人之一。

本章小结

1. 基本概念

原子轨道、电子云、四个量子数、屏蔽效应、钻穿效应、轨道能级、电子分布式、元素周期表、电离能、电负性、共价键、杂化轨道、非极性分子、极性分子、电偶极矩、色散力、诱导力、取向力、氢键、晶格、晶胞、离子晶体、原子晶体、分子晶体。

2. 基本公式

氢原子和类氢离子的轨道能量表达式：

$$E=-2.18\times10^{-18}\left(\frac{1}{n^2}\right)(\mathrm{J})$$

多电子原子的轨道能量表达式：

$$E=\frac{-2.18\times10^{-18}\times(Z-\sigma)^2}{n^2}(\mathrm{J})$$

晶格能：

$$\Delta_u H_m^\ominus \propto \frac{|Z_+Z_-|}{r_+ + r_-}$$

3. 基本原理

核外电子排布原理：(1) 泡利不相容原理，(2) 能量最低原理，(3) 洪德规则；

元素周期表的分区情况；

价键理论；

杂化轨道理论的要点，杂化轨道的类型和分子空间构型；

分子间力对物质性质的影响。

习题

1. 核外电子运动为什么不能准确测定？

2. n，l，m 三个量子数的组合方式有何规律？这三个量子数各有何物理意义？

3. 什么是原子轨道和电子云？原子轨道与轨迹有什么区别？

4. 比较波函数的角度分布图与电子云的角度分布图的异同点。

5. 多电子原子的轨道能级与氢原子的有什么不同？

6. 有无以下的电子运动状态？为什么？

(1) $n=1$，$l=1$，$m=0$

(2) $n=2$，$l=0$，$m=\pm1$

(3) $n=3$，$l=3$，$m=\pm3$

(4) $n=4$，$l=3$，$m=\pm2$

7. 在长式周期表中是如何划分 s 区、p 区、d 区、ds 区、f 区的？每个区所有的族数与 s，p，d，f 轨道可分布的电子数有何关系？

8. 指出下列说法的错误：

(1) 氯化氢 (HCl) 溶于水后产生 H^+ 和 Cl^-，所以氯化氢分子是由离子键形成的。

(2) CCl_4 和 H_2O 都是共价型化合物，因 CCl_4 的分子量比 H_2O 大，所以 CCl_4 的熔点、沸点比 H_2O 高。

(3) 色散力仅存在于非极性分子之间。

(4) 凡是含有氢的化合物都可以形成氢键。

9. 判断题

(1) s 电子绕核旋转其轨道为 1 个圆周，而 p 电子是走“8”字形。
(2) 当主量子数 $n=1$ 时，有自旋相反的两条轨道。
(3) 多电子原子轨道的能级只与主量子数有关。
(4) 当 $n=4$ 时，其轨道总数为 16，电子最大容量为 32。
(5) 所有高熔点物质都是原子晶体。
(6) 分子晶体的水溶液都不导电。
(7) 离子型化合物的水溶液都能很好导电。
(8) 基态原子外层未成对电子数等于该原子能形成的共价单键数，此即所谓的饱和性。
(9) 两原子以共价键键合时，化学键为 σ 键；以共价多重键结合时，化学键均为 π 键。
(10) 所谓 sp^3 杂化，是指 1 个 s 电子与 3 个 p 电子的混杂。
(11) 电子云密度大的地方，电子出现的概率也大。
(12) 共价键和氢键均有方向性和饱和性。
(13) CH_4 分子中碳原子为 sp^3 等性杂化，CH_3Cl 分子中碳原子为不等性 sp^3 杂化。

10. 选择题

(1) 已知某元素+2 价离子的电子分布式为 [Ar]$3d^{10}$，该元素在周期表中所属的区为（　）。
A. s 区　B. d 区　C. ds 区　D. p 区

(2) 确定基态碳原子中两个未成对电子运动状态的量子数分别为（　）。
A. 2，0，0，+1/2；2，0，0，−1/2　B. 2，1，1，+1/2；2，1，1，−1/2
C. 2，2，0，+1/2；2，2，1，+1/2　D. 2，1，0，−1/2；2，1，1，−1/2

(3) 下列各分子中，中心原子在成键时以 sp^3 不等性杂化的是（　）。
A. $BeCl_2$　B. PH_3　C. H_2S　D. $SiCl_4$

(4) 下列各物质的分子间只存在色散力的是（　）。
A. CO_2　B. NH_3　C. H_2S　D. HBr　E. SiF_4　F. $CHCl_3$　G. CH_3OCH_3

(5) 下列各种含氢物质中能形成氢键的是（　）。
A. HCl　B. CH_3CH_2OH　C. CH_3CHO　D. CH_4

(6) 下列物质的化学键中，既存在 σ 键又存在 π 键的是（　）。
A. CH_4　B. 乙烷　C. 乙烯　D. SiO_2　E. N_2

(7) 下列化合物晶体中既存在离子键，又有共价键的是（　）。
A. NaOH　B. Na_2S　C. $CaCl_2$　D. Na_2SO_4　E. MgO

(8) 一多电子原子中，能量最高的是（　）。
A. 3，1，1，−1/2　B. 3，1，0，−1/2　C. 4，1，1，−1/2　D. 4，2，−2，−1/2

(9) 氢原子的 1s 电子分别激发到 4s 和 4p 轨道所需的能量（　）
A. 前者＞后者　B. 前者＜后者　C. 前者＝后者　D. 无法判断

(10) BCl_3 分子几何构型是平面三角形，B 与 Cl 所成的键是（　）
A. $(sp^2\text{-}p)\ \sigma$ 键　B. $(sp\text{-}s)\ \sigma$ 键　C. $(sp^2\text{-}s)\ \sigma$ 键　D. $(sp^3\text{-}p)\ \sigma$ 键

(11) 乙醇的沸点（78℃）比乙醚的沸点（35℃）高得多，主要原因是（　）
A. 分子量不同　B. 分子极性不同
C. 乙醇分子间存在氢键　D. 乙醚分子间存在色散力

11. 填充下表

原子序数	原子的价电子构型	未成对电子数	周期	族	所属区	最高氧化值
16						
19						
42						
48						

12. 分别近似计算第 4 周期 K 和 Cu 两种元素的原子作用在 4s 电子上的有效核电荷数，并解释其对元素性质的影响。

13. 指出下列各电子结构中，哪一种表示基态原子，哪一种表示激发态原子，哪一种表示是错误的？

(1) $1s^2 2s^2$ (2) $1s^2 2s^1 2d^1$ (3) $1s^2 2s^1 2p^2$

(4) $1s^2 2s^2 2p^1 3s^1$ (5) $1s^2 2s^4 2p^2$ (6) $1s^2 2s^2 2p^6 3s^2 3p^6 3d^1$

14. 某元素的最高化合价为+6，最外层电子数为 1，原子半径是同族元素中最小的，试写出：

(1) 元素的名称及核外电子分布式；

(2) 价电子分布式；

(3) +3 价离子的价电子分布式。

15. 试用杂化轨道理论解释 BF_3 为平面三角形，而 NF_3 为三角锥形。

16. 试写出下列各化合物分子的空间构型，成键时中心原子的杂化轨道类型以及分子的电偶极矩是否为零。

(1) SiH_4 (2) H_2S (3) BCl_3 (4) $BeCl_2$ (5) PH_3

17. 说明下列每组分子间存在着什么形式的分子间作用力（取向力、诱导力、色散力、氢键）。

(1) 苯和 CCl_4 (2) 甲醇和水 (3) HBr 气体 (4) He 和水 (5) HCl 和水

18. 乙醇和甲醚（CH_3OCH_3）是同分异构体，但前者沸点为 78.5℃，后者的沸点为－23℃。试解释之。

19. 下列各物质中哪些可溶于水？哪些难溶于水？试根据分子的结构简单说明之。

(1) 甲醇 (2) 丙酮 (3) 氯仿 (4) 乙醚 (5) 甲醛 (6) 甲烷

20. 在 He^+ 中，3s、3p、3d、4s 轨道能级自低至高排列顺序为________，在 K 原子中，顺序为________。

21. A 原子的 M 层比 B 原子的 M 层少 4 个电子，B 原子的 N 层比 A 原子的 N 层多 5 个电子，则 A、B 的元素符号分别为________、________，A 与 B 的单质在酸性溶液中反应得到的两种化合物分别为________、________。

22. 某元素基态原子，有量子数 $n=4$，$l=0$，$m=0$ 的一个电子和 $n=3$，$l=2$ 的 10 个电子，该元素的价电子结构是________，位于元素周期表第________周期、第________族。

23. 第五周期某元素，其原子失去 2 个电子，在 $l=2$ 的轨道内电子全充满，试推断该元素的原子序数、电子结构，并指出位于周期表中哪一族？是什么元素？

24. 试判断下列各组化合物熔点高低顺序，并简单解释之。

(1) NaF，NaCl，NaBr，NaI

(2) SiF_4，$SiCl_4$，$SiBr_4$，SiI_4

25. 邻硝基苯酚的熔、沸点比对硝基苯酚的熔、沸点要________，这是因为邻硝基苯酚存在________，而对硝基苯酚存在________，这两种异构体中，________较易溶于水。

26. 稀有气体和金刚石晶格格点上都是原子，但为什么它们的物理性质相差甚远？

（编写人：刘红宇）

第 5 章　分析化学概论

分析化学（analytical chemistry）是研究物质的化学组成、结构和测定方法及有关理论的一门学科，即“是人们获得物质化学组成和结构信息的科学”。分析化学是化学学科的一个重要分支。它的主要特点是：各种分析方法的集合；与实验密切相关；突出量的概念；体现知识的综合运用。

本章将主要介绍分析化学的任务和方法、定量分析方法的一般程序、定量分析中的误差、有效数字及其运算规则、有限数据的统计处理及滴定分析法概述等。重点学习误差的表示方法、有效数字的运算、分析结果的处理、滴定分析法对化学反应的要求及滴定分析中的相关计算等。

5.1　分析化学的任务和方法

5.1.1　分析化学的任务和作用

分析化学是一门实践性很强的学科，它的主要任务是鉴定物质的化学组成（定性分析），推测物质的化学结构（结构分析），测定物质中各有关组分的含量（定量分析）。

分析化学在整个国民经济建设中起着极其重要的作用。在工业上，资源的勘探、原料的评价、工艺流程的控制、产品质量的检验、“三废”的处理与利用以及环境的检测等离不开分析化学；在农业上，水土成分的调查、作物营养的诊断、植物生长过程的研究以及农产品的质量检验等，特别是在以生物技术和生物工程为基础的现代农业中，例如在基因工程、细胞工程、发酵工程及蛋白质工程的研究中，分析化学更是不可或缺；在医药卫生事业中，新药的研究、药品的鉴定、临床检验以及食品的营养分析等与分析化学密不可分；在国防、航天、航空、航海和公安等部门中，亦无不涉及分析化学；尤其是在科学技术中，凡与化学有关的科学领域，分析化学都要作为一种手段而被运用到其研究工作中。因此，分析化学被称为国民经济建设活动中的“眼睛”。

5.1.2　分析方法的分类

分析化学可以根据分析的任务或目的、分析的对象、测定原理、试样的用量和分析的要求不同进行分类。

（1）定性分析、定量分析和结构分析

根据分析任务和目的不同，分析化学可分为定性分析（qualitative analysis）、定量分析（quantitative analysis）和结构分析（structural analysis）。定性分析是确定分析对象中由哪些组分（元素、离子、原子团或化合物等）所组成。定量分析是确定分析对象中有关组分的含量是多少。结构分析是研究物质中原子、分子的排列方式，确定分子结构或晶体结构。

此外，出于不同的分析目的，还有一些专门或特殊的分类。例如，研究物质的存在形态（氧化-还原态、化合态、结晶态等）及各种形态的含量，称为形态分析；在分析过程中若不损坏试样，称为无损分析；对试样中某一微小空间里的物质进行分析，称为微区分析；对固体试样表面的组成和分布进行分析，称为表面分析。

（2）无机分析和有机分析

根据分析对象的不同，分析化学可分为无机分析（inorganic analysis）和有机分析（organic analysis）。即分析对象是无机物的称为无机分析。无机分析通常要求鉴定无机物的组成和各组分的含量，有时还根据需要测定其存在状态。分析对象是有机物的称为有机分析。有机分析不但要求分析其组成元素，更重要的是进行官能团分析或结构分析。

（3）化学分析和仪器分析

根据测定原理的不同，分析化学可分为化学分析（chemical analysis）和仪器分析（instrumental analysis）两大类。

① 化学分析　以物质的化学反应为基础的分析方法称为化学分析法，它是分析化学的基础，包括定性分析和定量分析两部分。定性分析是根据化学反应现象（如颜色变化、气体放出或产生沉淀等）来判断某种组分是否存在；定量分析是根据待测组分与所加的化学试剂按确定的计量关系发生化学反应，从而达到测定该组分含量的目的。定量分析又可分为重量分析法和滴定分析法。若根据反应产物的质量来确定待测组分含量的分析方法称为重量分析法；若根据所消耗滴定剂的浓度和体积来计算待测组分含量的分析法称为滴定分析法。

② 仪器分析　以物质的物理和物理化学性质为基础并借助特定仪器来确定待测物质的组成、结构或含量的分析方法称为仪器分析法。仪器分析法又可分为物理分析法和物理化学分析法。根据被测物质的某些物理性质（如密度、沸点、熔点、旋光度、折射率及光谱特征等）与组分的关系，不经化学反应，直接进行定性或定量分析的方法，称为物理分析法，例如光学分析法、色谱分析法、质谱法和核磁共振波谱法等；以待测组分在化学变化中的某种物理性质与组分的关系进行定性或定量分析的方法称为物理化学分析法，例如电化学分析法、化学发光法和放射化学分析法等。下面就几种主要的仪器分析方法作简要介绍。

a. 光学分析法　光学分析法是利用物质的光学性质进行定性或定量测定的仪器分析法。通常分为光谱法和非光谱法两大类。光谱法包括吸收光谱法（主要有原子吸收光谱法和分子吸收光谱法等）、发射光谱法（主要有原子发射光谱法、分子发射光谱法和火焰分光光度法等）以及散射光谱法等；非光谱法有比浊法、旋光分析法、折射光分析法和光导纤维传感分析法等。

b. 色谱分析法　色谱分析法是以物质的吸附性质、溶解性质、交换能力及分子量大小等特点进行的仪器分析法。主要有气相色谱法、液相色谱法（包括柱色谱、纸色谱、薄层色谱及薄膜色谱等）和高效液相色谱法等。

c. 电化学分析法　电化学分析法是利用待测物质的电化学性质进行测定的仪器分析法。按电化学原理又可分为电导分析法、电位分析法、电解分析与库仑分析法、伏安法及电位溶出分析法等。

（4）常量分析、半微量分析、微量分析和超微量分析

根据试样用量的多少，分析方法可分为常量分析（macro analysis）、半微量分析（semi-micro analysis）、微量分析（micro analysis）和超微量分析（ultra-micro analysis）。各种分析方法的试样用量如表 5-1 所示。

表 5-1　各种分析方法的试样用量

分析方法	固体试样用量/g	液体试样用量/mL	分析方法	固体试样用量/g	液体试样用量/mL
常量分析	>0.1	>10	微量分析	$10^{-4}\sim10^{-2}$	$0.01\sim1$
半微量分析	$10^{-2}\sim10^{-1}$	$1\sim10$	超微量分析	$<10^{-4}$	<0.01

在化学定性分析中，多采用半微量分析法；在化学定量分析中，一般采用常量分析法；而进行微量分析和超微量分析时，往往采用仪器分析法。

此外，根据样品中待测组分的含量，又可将组分分为常量组分（>1%）、微量组分（0.01%～1%）和痕量组分（<0.01%）。这些组分的分析方法可分别称为常量组分分析、微量组分分析和痕量组分分析。

（5）例行分析、仲裁分析和快速分析

根据分析要求不同，分析方法可分为例行分析（routine analysis）、仲裁分析（arbitration analysis）和快速分析（rapid analysis）。例行分析又称常规分析，是指一般化验室在日常生产或工作中的分析。例如环境监测站的定期环境检测，医院化验室的日常检验等；仲裁分析也叫裁判分析，是指不同单位对分析结果有争议时，呈请上级检验结构或权威部门用法定或公认方法进行的准确分析；快速分析是例行分析的一种，主要用于生产过程的质量控制。这种分析是要求尽快报出结果，而分析误差一般允许较大。

5.1.3　分析化学的发展趋势

分析化学是一门既经典又现代的学科。它有着悠久的历史，曾是化学的开路先锋。“人类有科技就有化学，化学从分析化学开始”。早在古代炼金术、饮料及酿造等工艺中，已经蕴涵了简易的分析鉴定手段。在 19 世纪中期，分析化学已包含了鉴定物质组成的定性手段和定量技术。但那时，它仍算是一门技术。

20 世纪以来，由于现代科学技术的发展，学科之间的相互渗透，从而促进了分析化学的发展，使分析化学经历了三次巨大的变革。

第一次变革发生在 20 世纪初至 30 年代。随着分析化学基础理论，特别是物理化学中溶液理论（即四大平衡理论）的发展，使分析化学从一门技术演变为一门科学。

第二次变革是在 20 世纪 40～60 年代，由于物理学和电子学的发展，促进了以测量物质的物理或物理化学性质为基础的各种仪器分析方法的发展，如光谱分析、电化学分析和色谱分析等。同时，也丰富了这些分析方法自身的理论体系，使分析化学从以化学反应为基础的经典分析化学，发展到以仪器分析为主的现代分析化学。

第三次变革是从 20 世纪 70 年代至今，由于生命科学、环境科学、新材料科学等的发展，对分析化学提出了各种各样的新课题。计算机技术、生物技术及信息科学的引入，促使分析化学发生着更加深刻、更加广泛的变革。第三次变革有以下主要特点：从采用的手段看，现代分析化学已远远超出了化学学科领域，它在采用光、电、磁、热和声等物理现象的基础上，进一步采用了数学、计算机科学及生物科学等的新成就，把化学和许多密切相关的学科渗透交织起来，对物质进行更全面、更深入的分析；从解决的任务看，“现代分析化学已发展成为获取形形色色物质尽可能多和尽可能全面的结构和成分信息，进一步认识自然、改造自然的科学”。总之，分析化学广泛吸收了当代科学技术的最新成就，利用一切可以利用的性质，建立新的分析方法和技术，成为一门综合性学科。分析化学已发展成为“分析科学”，是体现一个国家科学技术发展水平的重要标志。

当前，分析化学的发展趋势主要表现在以下几个方面。

① 智能化　主要体现在计算机的应用和化学计量学的发展。计算机在分析数据处理、实验室条件的优化、数字模拟、专家系统和各种理论计算的研究中都起着重要的作用。

② 自动化　主要体现在自动分析及遥测分析等方面。如遥感检测大气污染、地面污染情况。另外，分析化学在火箭、导弹等飞行器尾气组分的测定方面具有独到的作用。

③ 精确化　主要体现在提高分析方法的灵敏度、准确度和选择性等方面。如激光探针质谱法对有机物的检出限量为 10^{-12}～10^{-15} g，对某些金属元素的检出限量可达 10^{-19}～10^{-20} g，且能分析生物大分子和高聚物；电子探针分析所用试液体积可低至 10^{-12} mL，高

含量组分的相对误差可达到0.01%以下。

④ 微观化　主要体现在表面分析与微区分析等方面。如电子探针X射线微量分析法可分析半径为1～3μm的微区，其相对检出限量为0.1%～0.01%。

5.2 定量分析方法的一般程序

定量分析方法的一般程序大致可以分为试样的采集与制备、预处理、测定和分析结果的计算等步骤。分析测定的结果能否为生产、科研提供可靠的分析数据，直接取决于试样有无代表性，处理过程是否完善。要从大量的被测物质中采取能代表整批物质的小样，以取得正确的结果，应掌握适当的技术，遵守一定的规则，采用合理的采样、制备、预处理和检测方法。

5.2.1 试样的采集与制备

在实际分析中常需要测定大量物料中某些组分的平均含量，但在实际分析时只能称取几克、十分之几克甚至更少的样品进行测定。必须使被测样品具有代表性，即能代表整批物料的真实情况。因此，在进行分析前必须了解试样的来源，明确分析的目的，作好试样的采集和制备。所谓试样的采集和制备是指从大批物料中采集原始试样，再进一步制备成供分析用的试样。按试样的存在形态可分为气态、固态和液态三种。对不同形态的不同物料应采用不同的采集和制备方法。

(1) 液体试样的采集和制备

液体试样的组成一般较均匀，可根据具体情况采用合适的方法进行采集。如采集有泵水井或自来水管中的水样时，应先将泵或水管打开，放水10～15min，使积留在水管中的杂质和陈水流出，用新水反复淋洗采样器后再取样。若采集江、河或池塘中的水样时，须考虑水深和流量，从不同深度和流量处采集多份水样，混合均匀后才能作为分析试样。

(2) 气体试样的采集和制备

大气的组成是连续变化的，受诸多因素影响，如工业布局、人类活动和气象条件等。因此，须分析短时间内多点采集的多个样品，要根据具体情况选择适宜的采集方法。如在农业生态区进行污染检测时，应根据影响污染物在空间分布的因素，合理分配采样点的位置和数目，确定好采样点后，再在各采样点利用合适的方法进行采样。气体试样的采集方法主要有抽气法、真空瓶法、置换法和静电沉降法等。

(3) 固体试样的采集和制备

固体样品的均匀性通常较差，混合均匀难度大。因此，首先要确定合理的取样点。根据样品的性质、数量、组分的均匀程度、易破碎程度及分析项目的不同等，从样品的不同区域、不同部位选取多个取样点，取出一定数量、大小不同的颗粒作为平均试样。

对于数量较多、均匀性较差、粒度大小不一的固体样品，需要进一步加工，制备成分析试样，其制备过程大致如下。

① 破碎和过筛　将采集的试样用人工或机械方法进行破碎。为了加速破碎，可在每次破碎后，选取适当筛号的筛子进行过筛，对未通过筛孔的大颗粒再进行破碎，直至试样全部过筛为止。

② 混匀和缩分　缩分是将已破碎过筛后的原始试样混合均匀后，再进一步破碎、过筛，并逐渐减小质量，以保证缩分后的试样组分含量与原始试样一致。常用的缩分法是“四分法”，即将已破碎过筛的原始试样，经充分混合均匀后，堆成圆锥体形，将顶部稍微压平后，

通过中心分成四等份，把任意对角的两份弃去，将剩余的两份收集在一起并混合均匀，这样，试样就缩减了一半。根据需要，可将缩分后的试样再度进行破碎、过筛，再次缩分。如此反复处理至所需要的量。最后，将制得的分析试样置于具有磨口塞的广口瓶内贮存，贴好标签，标明试样名称、来源及采样日期等。试样一般应尽快分析，否则，须妥善保存，避免受潮、风干或变质等。

5.2.2　试样的预处理

在分析工作中，除了少数分析方法（如差热分析、发射光谱和红外光谱等）为干法外，大多为湿法分析，即先将试样分解后制成溶液再进行分析。因此，需称取一定质量的试样进行预处理。试样的预处理是定量分析的重要步骤之一，应满足如下两个条件：一是试样必须分解完全，待测组分不应损失且其状态应有利于测定；二是分解过程中不应引入干扰物质和待测组分。试样的性质不同，预处理的方法也不同。无机物试样的处理方法通常有酸溶、碱溶和熔融法。有机物试样的处理方法较多，常用的有酸溶、灰化、溶剂萃取、挥发和蒸馏等方法。

5.2.3　分析方法的选择和样品的测定

在确定分析方案时，一般应根据分析测定的具体要求以及被测组分和共存组分的性质与含量，选择合适的测定方法。选择分析方法时，可根据自身的实验室条件并基于国家相关的分析标准为原则。

分析方法选定后，分析测量过程中，应全面考虑分析条件的选择和优化，并进行分析质量的控制，以保证分析结果的精密度和准确度。

5.2.4　分析结果的计算和处理

对分析测定所得的数据必须用建立在统计学基础上的误差理论进行计算和处理，并正确表达结果，按要求给出报告。现代分析化学的发展趋势表明，分析化学将由过去单纯地提供数据，上升到从分析数据中获取有用信息和知识，成为实际问题的解决者。例如，借助于计算机技术，可以对大量数据或者特定时空分布的信息进行处理，除直接得到结果外，还可以从中得到有用的信息和知识，以解决更多的实际问题。

5.3　定量分析中的误差

定量分析中的误差

定量分析的目的是获得准确可靠的测定结果。但在分析过程中，由于某些客观和主观因素，使得测定结果与真实值之间存在一定的差值，这个差值称为误差（error）。因此，在分析过程中，必须根据误差的来源及规律，采取相应的质量保证措施，正确处理分析数据，才能获得准确可靠的测定结果。

5.3.1　误差分类

在整个分析过程中，每个操作环节都有可能产生误差。根据误差的性质和产生的原因，可将误差分为系统误差和随机误差两大类。

（1）系统误差

系统误差（systematic error）又称为可定误差或可测误差（determinate error），是由分析过程中的某些比较确定的因素所引起的误差。其特点是对分析结果的影响比较固定，即具有一定的大小和正负，在相同条件下重复测定可重复出现。系统误差产生的原因主要有以下几个方面。

① 方法误差（method error）　方法误差是由于分析方法本身的缺陷或不够完善所引起

的误差。例如，在滴定分析方法中由于滴定反应不完全、滴定终点与化学计量点的差异、干扰离子的影响等；在重量分析法中，由于沉淀的溶解或非被测组分的共沉淀等。

② 仪器误差（instrumental error） 仪器误差主要是由于仪器本身不够准确或未经校正所引起的误差。例如，分析天平未经校正；滴定管、容量瓶、移液管的刻度不准等。

③ 试剂误差（reagent error） 由于试剂不纯或蒸馏水含有杂质所引起的误差。

④ 操作误差（operational error） 由于操作人员的习惯与偏向而引起的误差。例如，读取滴定管的读数时偏低或偏高，对某种颜色的变化不够敏锐等。

（2）随机误差

随机误差（random error）又称偶然误差（accidental error）或不可定误差（indeterminate error），是由于分析过程中的不确定因素所引起的误差。这种误差常常难以察觉，可能是由于实验时，环境的温度、湿度或气压的微小变化，也可能是由于所使用仪器的电压或电流不稳定所造成的。其特点是大小和正负都不固定。

除了上述两类误差外，还可能出现由于分析人员的粗心大意或操作不正确而引起的误差，这种误差称为过失误差。例如，定容不准、器皿不洗、溶液溅失、沉淀穿滤、读错刻度、加错试剂、记录错误或算错数据等。这些都是不应该有的过失。只要在操作过程中和数据处理时，认真细致，严格遵守操作规程，上述错误是可以避免的。

5.3.2 误差的表示方法

（1）准确度与误差

准确度（accuracy）是指测量值与真实值符合的程度。准确度的大小常用误差来表示，即误差越小，准确度越高。误差的表示方法有绝对误差和相对误差两种。

① 绝对误差 绝对误差（absolute error）是指测量值 x 与真实值 μ 之差，以 E_a 表示：

$$E_a = x - \mu \tag{5-1}$$

绝对误差的单位与测量值的单位相同，可以是正值，也可以是负值。正值说明测量值偏高，反之，则说明偏低。虽然绝对误差能够直观地表明任意一个测量值的准确度大小，但不能用于比较两个或多个测量值的准确度。例如，用同一台分析天平分别称取两个不同质量的试样：0.2000g 和 0.0200g，尽管它们的绝对误差都是±0.0002g，但可以看出，前者的准确度要大于后者。

② 相对误差 相对误差（relative error）是指绝对误差在真实值中所占的百分比，用 E_r 表示：

$$E_r = \frac{E_a}{\mu} \times 100\% \tag{5-2}$$

相对误差有正负，无单位。可用于比较两个或多个测量值的准确度。如在上例中，两个不同质量的试样的相对误差为：

$$E_{r1} = \pm\frac{0.0002}{0.2000} \times 100\% = \pm 0.1\%$$

$$E_{r2} = \pm\frac{0.0002}{0.0200} \times 100\% = \pm 1\%$$

由此可见，尽管两个试样的绝对误差相同，但相对误差并不相同。显然，当称量的质量较大时，其相对误差就比较小。因此，在分析过程中，可通过增大称样量来减小称量误差。

（2）精密度和偏差

精密度（precision）是指在相同条件下多次平行测定结果相互符合的程度。它体现了测定结果的重复性和再现性。精密度的大小可用偏差（deviation）表示。偏差有以下几种表示方法。

① 绝对偏差　绝对偏差（absolute deviation）是指单个测量值与平均值之差，用 d_i 表示：

$$d_i = x_i - \overline{x} \tag{5-3}$$

② 相对偏差　相对偏差（relative deviation）是指单个测量值的绝对偏差在平均值中所占的百分比，用 d_r 表示：

$$d_r = \frac{d_i}{\overline{x}} \times 100\% \tag{5-4}$$

③ 平均偏差　平均偏差（average deviation）是指单个绝对偏差的绝对值之平均值，用 $\overline{d}$ 表示：

$$\overline{d} = \frac{\sum_{i=1}^{n} |d_i|}{n} = \frac{|d_1| + |d_2| + \cdots + |d_n|}{n} \tag{5-5}$$

④ 相对平均偏差　相对平均偏差（relative average deviation）是指平均偏差所占平均值的百分比，用 $\overline{d}_r$ 表示：

$$\overline{d}_r = \frac{\overline{d}}{\overline{x}} \times 100\% \tag{5-6}$$

⑤ 标准偏差　标准偏差（standard deviation）又称方差（即均方根偏差），当测定次数趋于无限大时，总体标准偏差 σ 可表示为：

$$\sigma = \sqrt{\frac{\sum_{i=1}^{n} (x_i - \mu)^2}{n}} \tag{5-7}$$

式中，μ 代表总体平均值；n 通常指大于 30 次的测定。在实际工作中，有限次数（$n <$ 20）时的标准偏差用 S 表示：

$$S = \sqrt{\frac{\sum_{i=1}^{n} (x_i - \overline{x})^2}{n-1}} = \sqrt{\frac{\sum_{i=1}^{n} d_i^2}{n-1}} \tag{5-8}$$

式中，$n-1$ 称为自由度，常用 f 表示。它表示一组测量值中独立变化的偏差数目。

由于标准偏差在计算过程中，把偏差进行平方，可以突出大偏差存在的影响，因此，标准偏差与平均偏差相比，能更好地反映一组测量值的分散程度或波动性。

【例 5-1】 有甲乙两组数据，其各次测定值的绝对偏差分别为：

甲组　+0.1、+0.4、0.0、−0.3、+0.2、+0.3、+0.2、−0.2、−0.4、+0.3

乙组　−0.1、−0.2、+0.9、0.0、+0.1、+0.1、0.0、−0.1、−0.7、−0.2

试分别计算它们的平均偏差和标准偏差。

解：

$$\overline{d}_{甲} = \frac{|0.1| + |0.4| + |0.0| + |-0.3| + |0.2| + |0.3| + |0.2| + |-0.2| + |-0.4| + |0.3|}{10} = 0.24$$

$$\overline{d}_{乙} = \frac{|-0.1| + |-0.2| + |0.9| + |0.0| + |0.1| + |0.1| + |0.0| + |-0.1| + |-0.7| + |-0.2|}{10} = 0.24$$

$$S_{甲} = \sqrt{\frac{(0.1)^2 + (0.4)^2 + (0.0)^2 + (-0.3)^2 + (0.2)^2 + (0.3)^2 + (0.2)^2 + (-0.2)^2 + (-0.4)^2 + (0.3)^2}{10-1}} = 0.28$$

$$S_{乙}=\sqrt{\frac{(-0.1)^2+(-0.2)^2+(0.9)^2+(0.0)^2+(0.1)^2+(0.1)^2+(0.0)^2+(-0.1)^2+(-0.7)^2+(-0.2)^2}{10-1}}=0.40$$

由上述计算结果可知，用平均偏差反映不出这两组数据的好坏，但用标准偏差却能反映出它们的精密度大小，即甲组的精密度大于乙组。

⑥ 相对标准偏差　相对标准偏差（relative standard deviation）是指标准偏差在平均值中所占的百分比，用 S_r（或 RSD）表示：

$$S_r=\frac{S}{\bar{x}}\times 100\% \tag{5-9}$$

⑦ 极差　极差（range）是指一组数据中最大值与最小值之差，用 R 表示：

$$R=x_{max}-x_{min} \tag{5-10}$$

极差越大，表明数据间分散程度越大，精密度越低。对要求不高的测定，极差也可以反映出一组平行测量值的精密度。

⑧ 相差　对于一般只做两次平行测定的实验，可用相差（phase contrast）或相对相差（relative phase contrast）来表示精密度。

$$相差=|x_1-x_2| \tag{5-11}$$

$$相对相差=\left|\frac{x_1-x_2}{\bar{x}}\right| \tag{5-12}$$

【例 5-2】 测定某亚铁盐中铁的质量分数（%）分别为 38.04、38.02、37.86、38.18 和 37.93。试计算其平均值、平均偏差、相对平均偏差、标准偏差、相对标准偏差和极差。

解： $\bar{x}=\frac{1}{5}\times(38.04+38.02+37.86+38.18+37.93)\%=38.01\%$

$\bar{d}=\frac{1}{5}\times(|0.03|+|0.01|+|-0.15|+|0.17|+|-0.08|)\%=0.09\%$

$\bar{d}_r=\frac{0.09\%}{38.01\%}\times 100\%=0.24\%$

$S=\sqrt{\frac{(0.03\%)^2+(0.01\%)^2+(-0.15\%)^2+(0.17\%)^2+(-0.08\%)^2}{5-1}}=0.12\%$

$S_r=\frac{S}{\bar{x}}\times 100\%=\frac{0.12\%}{38.01\%}\times 100\%=0.32\%$

$R=38.18\%-37.86\%=0.32\%$

（3）准确度与精密度的关系

由以上讨论可知，准确度反映了分析方法和测量系统中存在的系统误差和随机误差的大小；而精密度仅能反映出随机误差的大小。因此，精密度高，并不能说明准确度就高。例如，甲、乙和丙三人打靶，各发三枪。设甲、乙和丙的弹着点分别用“△”“+”和“○”表示（如图 5-1）。由图 5-1 可以看出，甲的三个弹着点平均值靠近靶心且密集，说明准确度和精密度都好，系统误差和偶然误差都小；乙的三个弹着点虽然密集，但平均弹着点距靶心较远，说明精密度较好，而系统误差较大；丙的三个弹着点较散，距靶心有近有远，说明准确度和精密度都较差。

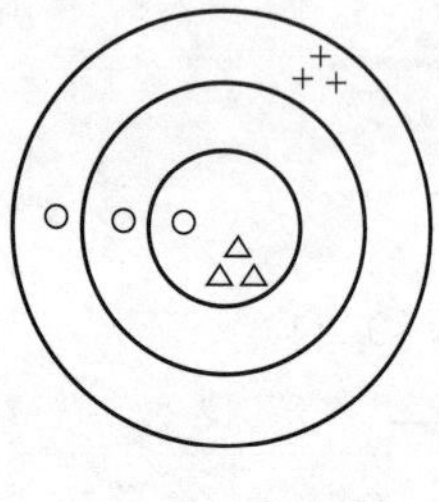

图 5-1　准确度与精密度的关系

由上面这个例子可以得出如下结论：

① 精密度高，不一定准确度高；

② 准确度高，一定要精密度好；

③ 精密度是保证准确度的先决条件，精密度高的分析结果才有可能获得高准确度。

5.3.3　提高分析结果准确度的方法

若想获得准确的分析结果，必须设法减免在分析过程中带来的各种误差。减免分析结果误差的主要方法有以下几种。

（1）选择适当的分析方法

不同分析方法的灵敏度和准确度不同。重量分析法和滴定分析法的灵敏度虽然不高，但对于高含量组分的测定，却能够获得较准确的结果，相对误差一般为 0.1%～0.2%；对于微量组分的测定，采用上述方法，则难以做出结果，根本谈不上准确度。而仪器分析法的灵敏度较高，对于微量组分的测定，完全能够获得符合准确度要求的分析结果（相对误差≤2%）。

此外，在选择分析方法时，还要考虑共存组分的干扰等问题。

总之，应根据分析对象、样品情况、实验条件以及对分析结果的要求等来选择合适的分析方法。

（2）减免测量误差

为了保证分析结果的准确度，应尽量减小各个步骤的测量误差。如在称量步骤中，一般分析天平的绝对误差为±0.0001g，用减量法称量两次，则可能引起的最大绝对误差为±0.0002g。为使称量的相对误差≤0.1%，所需称样量就必须≥0.2g；又如，在滴定过程中，一般滴定管的读数允许有±0.01mL 的绝对误差，每次滴定需读数两次，可能造成的最大误差是±0.02mL。为使滴定读数的相对误差≤0.1%，则消耗滴定剂的体积应≥20mL。

对测量准确度的要求，一般来说，应与所选择的分析方法的准确度相适应即可。例如，用重量分析法或滴定分析法时，其相对误差要求≤0.1%，若称量 0.2g 样品，则称量的绝对误差须≤0.0002g，即须用分析天平称量准确至小数点后第四位；但如用准确度为≤2%的某种仪器分析法时，则称量的绝对误差只要≤0.004g 即可（准确至小数点第三位）。

（3）减免测量中的系统误差

① 校准仪器　仪器误差可以通过校准仪器来减免。如对砝码、滴定管、移液管和容量瓶等进行校准。

② 空白试验　以纯溶剂代替样品溶液，用测样品相同的方法和步骤进行分析，把所得结果作为空白值从样品的分析结果中扣除，以减免试剂误差。

③ 对照试验　把含量已知的标准试样当作样品，按所选用的测定方法，与待测样品平行测定。由分析结果与其已知含量的差值，便可得出分析误差，用此误差值对未知试样的测定结果加以校正。

④ 回收试验　如无标准试样做对照试验，可做回收试验。方法是向样品中加入已知量的被测组分的纯物质，用同法平行测定。由分析结果中被测组分的增大值与加入量之比，计算出加标回收率。一般情况下，加标回收率越接近 100%越好。

（4）减免测量中的随机误差

通过增加平行测定次数，可以减免分析系统中的随机误差。一般情况下，平行测定次数为 3～5 次，当分析结果的准确度要求较高时，可增加至 10 次甚至更多次。

5.4 有效数字及其运算规则

有效数字及其运算

在定量分析中，为了得到正确的测定结果，不仅要准确地测量各种数据，而且还要正确地记录和计算。分析结果所表达的不仅是被测组分的含量，而且还反映了分析结果的准确度和精密度，即要能够正确地反映出客观实际。因此，在实验数据的记录和计算中，保留几位数字并不是任意的，应根据测量仪器和分析方法等的准确度来决定。这就涉及有效数字的概念及其运算问题。

5.4.1 有效数字

(1) 有效数字的概念

有效数字（significant digit）是指在分析过程中，仪器能够测量到的有实际意义的数字。在有效数字中，只有最后一位数值是估计值（称为可疑值），也属于有效数字，而其他数值都是确定的。例如，滴定管的最小刻度值为 0.1mL，若读数为 25.52mL，则前三位数字是准确的，最后一位是估计读数，即为可疑值。可见，有效数字反映了测量仪器的准确度。

有效数字举例如下：

1.3060	10.565	五位
1.000	3.600×10^{3}	四位
0.00321	1.00×10^{28}	三位
2.1	0.0010	两位
0.007	1×10^{-14}	一位
100	3600	不确定

(2) 有效数字位数的确定原则

在读取测量数据时，应根据测量仪器的准确度读取几位有效数字，而在有效数字的运算过程中，也要涉及有效数字位数的确定。以下是确定有效数字位数时应遵循的原则。

① 非零数字都是有效数字。

② 数字“0”具有双重意义。当用于定位时，“0”不是有效数字，如 0.34、0.045 只有两位有效数字；而其他情况下，“0”都是有效数字，如 25.00、1.001、20.20 均为四位有效数字；对于末尾为“0”的整数，应以科学的记数法表达，才能准确地显示出其有效数字位数，否则，无法判断其有效数字位数。如 100、3600 的有效数字位数是不能确定的，如果其有效数字分别是三位和四位的话，应该以指数形式分别表示为 1.00×10^{2} 和 3.600×10^{3}。

③ 圆周率 π、自然数 e 等常数以及表示倍数或分数关系的数字，其有效数字的位数可以认为是无限多位，应根据运算需要，取任意位数。例如 25.00g×3=75.00g 中的“3”并不意味着只有一位有效数字，而是被乘数“25.00”的倍数，即非测量值。因此，在这里可视为四位有效数字。

④ 以 pH、pM 和 lg$K$ 等负对数或对数表示的数值，其有效数字的位数取决于小数部分的位数。如 pH=11.20，对应的 $c(H^{+})=6.3\times10^{-12}$ mol·L^{-1}。因此，其有效数字是两位，而不是四位。

⑤ 有效数字不因单位的改变而改变。如 1.25L，若以 mL 为单位，则应表示为 1.25×10^{3} mL，而不应是 1250mL。

⑥ 首位大于或等于 8 的数值，其有效数字可多算一位。如 8.15、9.10 均可认为是四位

有效数字。

5.4.2　有效数字的修约规则

在记录或计算数据时，有效数字的位数确定后，超过有效数字位数的数字应按“四舍六入五成双”的规则进行舍入，称为有效数字的修约。具体的修约规则如下。

① 当被修约的数字≤4 时，舍去；≥6 时，进位。例如分别将 0.4564、3.1349 和 6.216 修约至三位有效数字，应为 0.456、3.13 和 6.22。

② 当被修约的数字等于 5 时，若 5 后面无数字或数字为“0”，且 5 前面的数字为偶数或“0”时，舍去；为奇数时，进位。例如将 8.7645、8.7635 修约至四位有效数字，修约后应均为 8.764。由此可以看出，修约后的有效数字尾数一定是偶数（即所谓“成双”）。

③ 当被修约的数字等于 5 时，若 5 后有非零数字，进位。例如将 6.76551、1.23452 修约至四位有效数字，应为 6.766、1.235。

需要注意的是，只允许对被修约的数据一次修约到位，不能分次修约。如上面例子中的 3.1349，须一次修约至 3.13，而不能先修约至 3.135，再修约至 3.14。

此外，在修约用于表示分析结果准确度（如相对误差）或精密度（如标准偏差）等数据时，如果多余的尾数欲舍去，不管其是否≥5（只要是非零数字!），应一律进位。例如 $E_r=2.11$，$S=3.22$，若将其修约至两位有效数字，应分别修约为 2.2 和 3.3。

5.4.3　有效数字的运算规则

（1）加减法运算

当一组数据相加或相减时，应先以该组数据中小数点位数最少的数据为准，将其余数据修约至与该数据的小数点位数相等后，再进行加减法运算。即先修约，后加减。这是由于误差的传递作用使得绝对误差较小的数据失去了原有的准确度。例如：

	0.102 +	1.0149 +	23.64 +	1.05998＝?
	0.102	1.0149	23.64	1.05998
绝对误差	±0.001	±0.0001	±0.01	±0.00001

显然，其绝对误差最大的数据是 23.64，其小数点位数最少。因此，应以 23.64 为准，将其余数据分别修约为 0.10、1.01、1.06，然后相加：

$$0.10+1.01+23.64+1.06=25.81$$

在上面的四个数据中，23.64 的第二位小数“4”已是可疑值，有±0.01 的误差。由于误差的传递作用，使得误差较小的其余三个数据中，第二位小数之后的数字已失去实际意义，故应按修约规则将这些多余的尾数进行舍入，然后再作加减法运算。

（2）乘除法运算

当一组数据相乘或相除时，应先以该组中有效数字位数最少的数据为准，将其余数据进行修约至与该数据的有效数字位数相等，然后，再进行乘除法运算，并将所得结果的有效数字位数再修约至与乘除法运算前有效数字位数最少的数据相等。即先修约，后乘除，再修约。例如：

$$0.102\times1.0149\times23.64\times1.05998=?$$

相对误差分别为：

$$\frac{\pm0.001}{0.102}\times100\%=\pm1.0\%$$

$$\frac{\pm0.0001}{1.0149}\times100\%=\pm0.01\%$$

$$\frac{\pm 0.01}{23.64}\times 100\% = \pm 0.04\%$$

$$\frac{\pm 0.00001}{1.05998}\times 100\% = \pm 0.0009\%$$

计算结果表明，相对误差最大的数据是 0.102，有效数字位数最少，即三位有效数字。因此，应以 0.102 为准，将其余数据分别修约为 1.01、23.6、1.06，然后相乘：

$$0.102\times 1.01\times 23.6\times 1.06 = 2.57714832 \rightarrow 2.58$$

一般而言，在乘除法运算中，各数据的有效数字位数取决于有效数字位数最少的那个数据，但有时可以多保留一位有效数字。例如 $8.15\times 9.10\div 12.10$ 中的 8.15 和 9.10 因可看作四位有效数字，所以，12.10 就不必再修约了。

另外，在有效数字运算时还应注意以下几点。

① 在常量组分的定量分析（如滴定分析和质量分析等）中，一般要求四位有效数字。因此，涉及物质的原子量、分子量和摩尔质量等的取值时，应与题意相符。例如通过查文献可知，$M(\mathrm{S})=32.066\mathrm{g\cdot mol^{-1}}$、$M(\mathrm{AgCl})=143.32\mathrm{g\cdot mol^{-1}}$。那么，取四位有效数字应分别为 32.07、143.3。

② 对数尾数的有效数字位数应与真数（反对数）的位数相同。例如 lg3.390＝0.5302，而不是 0.530。

③ 用于表示准确度或精密度的数值，通常最多取两位有效数字。

④ 在有关化学平衡的计算中，其计算结果（如在平衡状态时某离子浓度的计算）的有效数字位数一般只保留二到三位或根据题意作相应保留。

5.5 有限数据的统计处理

5.5.1 置信区间和置信概率

在实际定量分析工作中，为了评价测定结果的可靠性，总是希望能够估计有限次测定的平均值与真实值的接近程度，即在测量值附近估计出真实值可能存在的范围（即置信区间）以及落在此范围内的概率（即置信概率或置信度），从而说明分析结果的可靠程度。

统计规律表明，只有在无限多次的测定中才能找到总体平均值 μ（即真实值）。但在实际分析中多为有限次测定，因而只能用有限次（$n<20$）测定的平均值 $\overline{x}$ 和标准偏差 S 来估计。由此引起的误差可用校正系数 t（如表 5-2）来补偿。

已知平均值 $\overline{x}$ 和标准偏差 S，根据数理统计学，真实值 μ 的置信区间的数学定义为：

$$\mu = \overline{x} \pm \frac{tS}{\sqrt{n}} \tag{5-13}$$

上式表明，真实值 μ 将包括在以平均值 $\overline{x}$ 为中心的某个区间内，即 $|\overline{x}-tS/\sqrt{n},\ \overline{x}+tS/\sqrt{n}|$，此区间称为置信区间（confidence interval）；把真实值 μ 在置信区间内出现的概率，称为置信概率（confidence probability）或置信度，用符号 P 表示。式（5-13）说明，测量值的精密度越高，S 越小，这个区间就越小，平均值 $\overline{x}$ 和总体平均值 μ 就越接近，平均值的可靠性就越大，因此用置信区间表示分析结果更合理。

校正系数 t 既与置信度 P 有关，又与计算标准偏差 S 时的自由度 f 有关，表 5-2 是不同 P 和 f 时的 t 值分布表。由表 5-2 可知，t 值随测定次数的增加而减少，随置信度的提高而增大。

表 5-2　t 值分布表

测定次数 n	自由度 f	置信度 P			
		90%	95%	99%	99.5%
2	1	6.31	12.17	63.66	127.3
3	2	2.92	4.30	9.93	14.09
4	3	2.35	3.18	5.84	7.45
5	4	2.13	2.78	4.60	5.60
6	5	2.02	2.57	4.03	4.77
7	6	1.94	2.45	3.71	4.32
8	7	1.90	2.37	3.50	4.03
9	8	1.86	2.31	3.36	3.83
10	9	1.83	2.26	3.25	3.69
11	10	1.81	2.23	3.17	3.58
16	15	1.75	2.13	2.95	3.25
21	20	1.72	2.09	2.85	3.15
26	25	1.71	2.06	2.79	3.08
∞	∞	1.65	1.96	2.58	2.81

【例 5-3】 分析某铁矿石中铁的含量，测定结果为：$\overline{x}=21.30\%$，$S=0.06\%$，$n=4$。求置信度分别为 90%、95%和 99%时真实值的置信区间。

解： 当 $n=4$，$f=4-1=3$，$P=90\%$时，查表 5-2 可知，$t=2.35$，所以有

$$\mu=\overline{x}\pm\frac{tS}{\sqrt{n}}=21.30\%\pm\frac{2.35\times0.06\%}{\sqrt{4}}=(21.30\pm0.07)\%$$

计算结果说明，通过 4 次平行测定，有 90%的把握认为，样品中铁的含量在 21.23%～21.37%；

当 $P=95\%$时，$t=3.18$，所以有

$$\mu=\overline{x}\pm\frac{tS}{\sqrt{n}}=21.30\%\pm\frac{3.18\times0.06\%}{\sqrt{4}}=(21.30\pm0.10)\%$$

计算结果说明，有 95%的把握认为，样品中铁的含量在 21.20%～21.40%；

当 $P=99\%$时，$t=5.84$，所以有

$$\mu=\overline{x}\pm\frac{tS}{\sqrt{n}}=21.30\%\pm\frac{5.84\times0.06\%}{\sqrt{4}}=(21.30\pm0.18)\%$$

计算结果说明，有 99%的把握认为，样品中铁的含量在 21.12%～21.48%。

5.5.2　可疑值的取舍

在一系列平行测量值中，常有个别测量值与其他测量值偏离较远，这个偏离的测量值称为可疑值或异常值。对于这个可疑值应进行合理的取舍。如果这个可疑值是由于明显过失引起的（如滴定管漏液、沉淀穿滤等），则不论该值偏离其他值是近还是远，都应将其舍去；否则，就要用统计检验的方法决定取舍。常用的方法有 Q 检验法、G 检验法和四倍法。

（1）Q 检验法

Q 检验法（Q-test）适于 3～10 次的测定。根据所要求的置信度（常取 90%或 95%），按照下列步骤检验：

① 将数据从小到大排列，计算极差 R；

② 计算可疑值与其最邻近值（即与可疑值最接近之值）之差（绝对值）；

③ 按下式计算舍弃商 $Q_{计}$：

$$Q_{计}=\frac{|x_{疑}-x_{邻}|}{R}=\frac{|x_{疑}-x_{邻}|}{x_{max}-x_{min}} \tag{5-14}$$

④ 根据测定次数 n 和指定置信度 P 查 Q 值表（表 5-3），得到 $Q_{表}$；

⑤ 比较 $Q_{计}$ 与 $Q_{表}$，若 $Q_{计}\geqslant Q_{表}$，则舍弃可疑值，否则应保留。

表 5-3　舍弃可疑值 Q 值表

Q 值	测定次数 n							
	3	4	5	6	7	8	9	10
$Q_{0.90}$	0.94	0.76	0.64	0.56	0.51	0.47	0.44	0.41
$Q_{0.95}$	0.97	0.84	0.73	0.64	0.59	0.54	0.51	0.49

【例 5-4】 用 Na_2CO_3 作基准物质标定 HCl 溶液的浓度，平行标定六次，结果为：0.1014mol·L^{-1}，0.1018mol·L^{-1}，0.1015mol·L^{-1}，0.1020mol·L^{-1}，0.1016mol·L^{-1}，0.1002mol·L^{-1}。试用 Q 检验法检验 0.1002mol·L^{-1} 是否应该舍弃（置信度为 90%）。

解：

$$Q_{计}=\frac{|x_{疑}-x_{邻}|}{x_{max}-x_{min}}=\frac{|0.1002-0.1014|}{|0.1020-0.1002|}=0.67$$

由表 5-3 可知，当 $n=6$ 时，$Q_{0.90}=0.56$，显然，$Q_{计}>Q_{0.90}$，所以，有 90% 的把握认为，0.1002 是可疑值，应舍弃。

(2) G 检验法

G 检验法（Grubbs test）是最常用的检验方法。其检验步骤如下：

① 计算包括异常值在内的平均值 $\overline{x}$；

② 计算包括异常值在内的标准偏差 S；

③ 按下式计算 G 值

$$G_{计}=\frac{|x_{疑}-\overline{x}|}{S} \tag{5-15}$$

④ 根据测量次数 n 查 G 检验法的临界值表（表 5-4），若 $G_{计}\geqslant G_{表}$，异常值应舍弃，否则保留。

G 检验法由于引入了平均值 $\overline{x}$ 和标准偏差 S，因此，计算量较大。但与 Q 检验法比较，判断的准确性较高。

【例 5-5】 测得某石灰石中钙的质量分数分别为 39.58%、39.45%、39.47%、39.50%、39.62%、39.38% 和 39.80%。试用 G 检验法检验当置信度分别为 95% 和 99% 时，39.80% 是否可以舍弃？

解： $\overline{x}=\frac{1}{7}\times(39.58+39.45+39.47+39.50+39.62+39.38+39.80)\%=39.54\%$

$$S=\sqrt{\frac{(-0.04\%)^2+(-0.09\%)^2+(-0.07\%)^2+(-0.04\%)^2+(0.08)^2+(-0.16\%)^2+(0.26\%)^2}{7-1}}=0.14\%$$

$$G_{计}=\frac{|x_{疑}-\overline{x}|}{S}=\frac{|39.80\%-39.54\%|}{0.14\%}=1.86$$

查 G 临界值表（表 5-4）可知，$n=7$ 时，$G_{0.95}=2.02$，$G_{计}<G_{0.95}$。所以，39.80% 应该保留；同理，$G_{0.99}=2.14$，$G_{计}<G_{0.99}$。所以，39.80% 应该保留。

表 5-4 *G* 检验法的临界值表

测定次数 *n*	$G_{0.95}$	$G_{0.99}$	测定次数 *n*	$G_{0.95}$	$G_{0.99}$
3	1.15	1.15	15	2.55	2.81
4	1.48	1.50	16	2.59	2.85
5	1.71	1.76	17	2.62	2.89
6	1.89	1.87	18	2.65	2.93
7	2.02	2.14	19	2.68	2.97
8	2.13	2.27	20	2.71	3.00
9	2.21	2.39	21	2.73	3.03
10	2.29	2.48	22	2.76	3.06
11	2.36	2.56	23	2.78	3.09
12	2.41	2.54	24	2.80	3.11
13	2.46	2.70	25	2.82	3.14
14	2.51	2.76			

(3) 四倍法

此法包括以下几个步骤：

① 除去可疑值外，将其余数据相加求出算术平均值（*M*）及平均偏差（$\bar{d}$）；

② 如可疑值与 *M* 之差大于 $4\bar{d}$，即

$$\left|\frac{\text{可疑值}-M}{\bar{d}}\right| \geqslant 4 \tag{5-16}$$

则弃去此可疑值，否则应予以保留。

【例 5-6】 测得某合金中镍的百分含量，平行做了 10 次，所得结果如下：

①1.52 ②1.46 ③1.61 ④1.54 ⑤1.55 ⑥1.49 ⑦1.68 ⑧1.46 ⑨1.83 ⑩1.50

当提出分析结果的报告时，问上述 10 个数据中有无应该舍弃的可疑值？试用四倍法检验之。

解： 初步考虑 1.83 为可疑值。弃去此值求其余 9 个数据的算术平均值和平均偏差；

$$M=\frac{1.52+1.46+1.61+1.54+1.55+1.49+1.68+1.46+1.50}{9}=1.53$$

$$\bar{d}=\frac{|1.52-1.53|+|1.46-1.53|+|1.61-1.53|+\cdots+|1.50-1.53|}{9}=0.053$$

根据式(5-16) 得

$$\left|\frac{\text{可疑值}-M}{\bar{d}}\right|=\left|\frac{1.83-1.53}{0.053}\right|=5.7>4$$

故第 9 个测定数据应舍弃。

5.5.3 显著性差异检验

在定量分析中，由于系统误差和随机误差的存在，使得样品测量值的平均值 $\bar{x}$ 与样品的真实值常常不一致；或者使用不同方法对同一样品所测得的两组数据的平均值 $\bar{x}_1$ 和 $\bar{x}_2$ 常常不一致。因此，必须对分析结果的精密度或准确度进行显著性差异检验，进而评价测量结果或测量方法的可靠性。常用的显著性差异检验方法有 *F* 检验法和 *t* 检验法。

(1) *F* 检验法

F 检验法（*F*-test）是通过比较两组数据的方差，以判断它们的精密度是否存在显著性差异，即两组分析数据的随机误差是否显著不同。其检验方法是先计算出两组数据的方差

S_1 和 S_2。继而以大方差之平方（即 $S_{大}^2$）为分子，小方差之平方（即 $S_{小}^2$）作分母，计算出 $F_{计}$。即：

$$F_{计}=\frac{S_{大}^2}{S_{小}^2} \tag{5-17}$$

然后，根据两组数据的自由度（$f_1=n_1-1$ 和 $f_2=n_2-1$）查 F 值表（表 5-5），得到置信度为 95%时的 $F_{表}$。若 $F_{计} \geqslant F_{表}$，则表明两组数据的精密度有显著性差异，不必继续检验；否则，说明无显著性差异，可继续进行 t 检验，以判断它们的准确度大小。

表 5-5 置信度为 95%的 F 分布值表

f_2	f_1($S_{大}$ 的自由度)									
	2	3	4	5	6	7	8	9	10	∞
2	19.00	19.16	19.25	19.30	19.33	19.35	19.37	19.38	19.40	19.50
3	9.55	9.28	9.12	9.01	8.94	8.89	8.85	8.81	8.79	8.53
4	6.94	6.59	6.39	6.26	6.16	6.09	6.04	6.00	5.96	5.63
5	5.79	5.41	5.19	5.05	4.95	4.88	4.82	4.77	4.74	4.36
6	5.14	4.76	4.53	4.39	4.28	4.21	4.15	4.10	4.06	3.67
7	4.74	4.35	4.12	3.97	3.87	3.79	3.73	3.68	3.64	3.23
8	4.46	4.07	3.84	3.69	3.58	3.50	3.44	3.39	3.35	2.93
9	4.26	3.86	3.63	3.48	3.37	3.29	3.23	3.18	3.14	2.71
10	4.10	3.71	3.48	3.33	3.22	3.14	3.07	3.02	2.98	2.54
∞	3.00	2.60	2.37	2.21	2.10	2.01	1.94	1.88	1.83	1.00

【例 5-7】 用两种方法测定某一样品中 X 组分的含量。已知 $n_1=6$，$S_1=0.055$；$n_2=4$，$S_2=0.022$。问两种方法的精密度有无显著性差异？

解： $f_1=6-1=5$，$f_2=4-1=3$

查表 5-5 可知，$F_{表}=9.01$，则

$$F_{计}=\frac{S_{大}^2}{S_{小}^2}=\frac{0.055^2}{0.022^2}=6.25$$

显然，$F_{计}<F_{表}$，说明两组数据无显著性差异，即两种方法精密度相当。

（2）t 检验法

t 检验法（t-test）是判断某一分析方法或分析过程中是否存在较大系统误差的一种统计方法，在定量分析中，常用于以下两个方面。

① 平均值 $\overline{x}$ 与真实值 μ 之间的显著性差异检验　其方法是先按下式计算 $t_{计}$ 值：

$$t_{计}=\frac{|\overline{x}-\mu|}{S}\sqrt{n} \tag{5-18}$$

然后，根据指定置信度 P（常取 95%）和自由度 f 或测量次数 n，查 t 值表得到 $t_{表}$。如果 $t_{计} \geqslant t_{表}$，表明所使用的方法或分析过程中存在较大系统误差，即分析结果的准确度较小，所使用的方法或分析结果不可靠；否则，说明无显著性系统误差。

【例 5-8】 测定某样品中 CaO 的含量。已知 $\mu=30.43\%$，$n=6$，$\overline{x}=30.51\%$，$S=0.05\%$。问 $P=95\%$时，此定量分析过程是否存在显著性系统误差？

解：

$$t_{计}=\frac{|\overline{x}-\mu|}{S}\sqrt{n}=\frac{|30.51\%-30.43\%|}{0.05\%}\times\sqrt{6}=3.9$$

查 t 值分布表（表 5-2）可知，$P=95\%$，$n=6$ 时，$t_{表}=2.57$。因此，$t_{计}>t_{表}$。结果说明，测量值的平均值与真实值有显著性差异，即此测定存在较大系统误差。

② 两组平均值 $\overline{x}_1$ 与 $\overline{x}_2$ 之间的显著性差异检验　此方法用于比较同一分析人员使用两种分析方法对相同样品分析结果的平均值之间进行显著性检验；或者是不同分析人员用同一方法对相同样品分析结果的平均值之间进行显著性检验。其方法是先按下式计算 $t_{计}$：

$$t_{计}=\frac{|\overline{x}_1-\overline{x}_2|}{S_{合}}\sqrt{\frac{n_1n_2}{n_1+n_2}} \tag{5-19}$$

式(5-19) 中的 $S_{合}$ 为合并标准偏差，可按下式计算：

$$S_{合}=\sqrt{\frac{(n_1-1)S_1^2+(n_2-1)S_2^2}{n_1+n_2-2}} \tag{5-20}$$

再根据总自由度（$f=n_1+n_2-2$）和指定置信度查 t 值表。比较 $t_{计}$ 与 $t_{表}$，若 $t_{计}\geqslant t_{表}$，则 $\overline{x}_1$ 与 $\overline{x}_2$ 之间存在显著性差异，说明两个人的操作或两种方法存在较大系统误差；否则，二者之间无显著性差异。

【例 5-9】 用 Karl-Fischer 法（卡尔-费休法）与气相色谱法（GC）测定同一冰醋酸样品中的微量水分。试用统计检验的方法评价气相色谱法可否用于该样品中微量水分的测定。测定结果如下：

K-F 法　0.762%　0.746%　0.738%　0.738%　0.753%　0.747%

GC 法　0.749%　0.730%　0.749%　0.751%　0.747%　0.752%

解：（1）计算 $\overline{x}_1$、$\overline{x}_2$、S_1、S_2

K-F 法　$\overline{x}_1=\frac{1}{6}\times(0.762+0.746+0.738+0.738+0.753+0.747)\%=0.747\%$

$S_1=9.2\times10^{-3}\%$

GC 法　$\overline{x}_2=\frac{1}{6}\times(0.749+0.730+0.749+0.751+0.747+0.752)\%=0.746\%$

$S_2=8.2\times10^{-3}\%$

（2）G 检验

K-F 法的异常值为 0.762%

$$G_{计}=\frac{|x_{疑}-\overline{x}|}{S}=\frac{|0.762\%-0.747\%|}{9.2\times10^{-3}\%}=1.6$$

查 G 值表可知，$P=95\%$，$n=6$ 时，$G_{表}=1.89$，则 $G_{计}<G_{表}$，故 0.762%应该保留。

GC 法异常值为 0.730%

$$G_{计}=\frac{|x_{疑}-\overline{x}|}{S}=\frac{|0.730\%-0.746\%|}{8.2\times10^{-3}\%}=2.0$$

查表可知，$G_{表}=1.89$，则 $G_{计}>G_{表}$，故 0.730%应该舍弃。

（3）F 检验

$$F_{计}=\frac{S_{大}^2}{S_{小}^2}=\frac{(9.2\times10^{-3})^2}{(8.2\times10^{-3})^2}=1.3$$

查 F 表可知，$f_1=6-1=5$，$f_2=5-1=4$ 时，$F_{表}=6.26$；因此，$F_{计}<F_{表}$，表明 S_1 和 S_2 之间无显著性差异，两种方法的精密度相当。可以进一步做 t 检验。

（4）t 检验

计算 $S_{合}$ 和 $t_{计}$

$$S_{合}=\sqrt{\frac{(6-1)\times(9.2\times10^{-3}\%)^2+(5-1)\times(2\times10^{-3}\%)^2}{6+5-2}}=7.0\times10^{-3}\%$$

$$t_{计}=\frac{|0.747\%-0.750\%|}{7.0\times10^{-3}\%}\times\sqrt{\frac{6\times5}{6+5}}=0.71$$

根据指定的置信度 $P=95\%$，总自由度 $f=6+5-2=9$ 查 t 值表得，$t_{表}=2.26$，则 $t_{计}<t_{表}$。说明两种分析方法的平均值无显著差异。即GC法可用于冰醋酸中微量水分的测定。

5.6　滴定分析法概述

5.6.1　滴定分析法的特点

（1）滴定分析法的基本概念

滴定分析法（titrametric analysis）是指将滴定剂通过滴定管滴加到被测物质的溶液中，直到所加的滴定剂与被测物质按化学计量关系定量反应为止，然后根据加入滴定剂的浓度和体积以及被测物质溶液的体积计算出被测物质含量的一种定量分析方法。因该方法是以测量容积为基础的分析方法，故又称容量分析法（volumetric analysis）。

滴定剂（titrant）又称标准溶液（standard solution），是指具有已知准确浓度的溶液。将滴定剂从滴定管滴加到被测物质溶液中的过程称为滴定（titration）。

化学计量点（stoichiometric point）是根据滴定剂与被测物质按照化学反应式的计量关系完全反应时，通过理论计算得到的反应终点，简称计量点（又称理论终点）。但在实际滴定过程中，当反应到达计量点时，绝大多数情况下，是不能直接观察到溶液的外观变化的。因此，必须采用某种方法来确定反应是否到达计量点。

确定计量点的方法主要有指示剂法和仪器法。指示剂法是利用指示剂在反应到达计量点或计量点附近时颜色的改变来确定反应终点的方法。仪器法是通过某种仪器对滴定反应过程中电化学信号（如电位、电导或电流等）的变化进行检测来确定反应终点的方法。

把能够利用其自身颜色的变化来指示反应终点的特殊试剂称为指示剂（indicator）。把指示剂正好发生颜色变化的转变点（变色点）称为滴定终点（end point）。由于滴定终点与计量点不一定完全吻合，因此而引起的分析误差称为终点误差（end point error）。

（2）滴定分析法的分类

根据滴定剂与被测物质的反应类型不同，可将滴定分析法分为以下四种。

① 酸碱滴定法（acid-base titration）　以酸碱反应为基础，利用酸（或碱）标准溶液通过滴定的方式来测定样品溶液中碱（或酸）含量的方法。

② 氧化还原滴定法（oxidation-reduction titration）　以氧化还原反应为基础，利用物质的氧化还原性质进行的滴定分析法。

③ 配位滴定法（complex formation titration）　以配位反应为基础，用配位剂作标准溶液测定样品中金属离子的滴定分析法。

④ 沉淀滴定法（precipitation titration）　以沉淀反应为基础的滴定分析法。

此外，还有一类是以非水溶剂（如甲醇、乙醇和冰醋酸等）为反应介质的滴定分析法，称为非水滴定法（non-aqueous titration）。此类方法可用于 cK_a（或 K_b）$<10^{-8}$ 的弱电解质或水溶性较差的物质等的测定。

（3）滴定分析法的特点

滴定分析法适用于常量组分（即被测组分含量$>1\%$）的定量分析。其特点是准确度高（相对误差$<0.1\%$）；方法简便快速；仪器简单经济。因而被广泛应用于科学研究和生产实践中。

5.6.2　滴定分析法对化学反应的要求

尽管各种类型的化学反应很多，但并不是任何一个化学反应都能应用于滴定分析。一般而言，适用于滴定分析的化学反应应符合以下条件。

① 反应必须按一定的反应式进行。即滴定剂与被测物质要严格按照确定的化学反应方程式进行，或者说反应物间必须有确定的化学计量关系，不能有副反应。

② 反应必须定量进行。即反应必须彻底，滴定终点时，反应完成的程度应≥99.9%。

③ 反应迅速。即滴定剂与被测物质的反应最好能瞬间完成，对于速率较慢的反应，可通过适当加热或加入催化剂以提高反应速率。

④ 有适当的确定滴定终点的方法。如指示剂等。

5.6.3　滴定方式

(1) 直接滴定法

如果滴定剂与被测物质之间的化学反应完全具备上述的四个条件，都可以用标准溶液直接滴定被测物质，这种滴定方式称为直接滴定法（direct titration）。它是滴定分析法中最基本和最常用的滴定方式。如用氢氧化钠标准溶液滴定醋酸溶液、高锰酸钾标准溶液滴定双氧水溶液等。

(2) 返滴定法

返滴定法（back titration）又称回滴定法或剩余量滴定法。其主要操作方法是先向被测物质中加入一定量的过量的标准溶液与其充分反应，然后用另一种标准溶液滴定剩余未反应的前一种标准溶液，最后，根据滴定所消耗的两种标准溶液的体积和浓度，计算出被测物质的含量。返滴定法常用于下列情况的滴定分析：

① 滴定剂与被测物质进行滴定反应的速率比较慢；

② 没有合适的指示剂；

③ 被测物质为固体。

例如，用滴定分析法测定固体物质碳酸钙（$CaCO_3$）时，可先加入一定量的过量 HCl 标准溶液，待反应完全后，再用 NaOH 标准溶液滴定剩余未反应的 HCl，即可计算出剩余 HCl 的量，继而求出 $CaCO_3$ 的含量。有关反应式如下：

$$CaCO_3 + 2HCl(\text{过量}) = CaCl_2 + CO_2\uparrow + H_2O$$

$$NaOH + HCl(\text{剩余量}) = NaCl + H_2O$$

(3) 置换滴定法

当被测物质与滴定剂之间不能按照确定的反应方程式进行或伴有副反应时，可以将其与另一种物质定量反应，生成（置换出）一种能够被滴定的物质，然后用适当的滴定剂进行滴定。这种滴定方式称为置换滴定法（replacement titration）。如硫代硫酸钠（$Na_2S_2O_3$）不能直接滴定重铬酸钾（$K_2Cr_2O_7$）等氧化剂，因为 $K_2Cr_2O_7$ 将 $Na_2S_2O_3$ 氧化成 $Na_2S_4O_6$ 或 Na_2SO_4 时，没有一定的计量关系。但是，如果在酸性 $K_2Cr_2O_7$ 溶液中加入过量的 KI，I^- 能被定量氧化成 I_2，从而，可以用 $Na_2S_2O_3$ 标准溶液进行滴定。反应式如下：

$$Cr_2O_7^{2-} + 6I^- + 14H^+ = 2Cr^{3+} + 3I_2 + 7H_2O$$

$$I_2 + 2S_2O_3^{2-} = 2I^- + S_4O_6^{2-}$$

(4) 间接滴定法

当被测物质不能直接与滴定剂发生化学反应时，可将试样通过另外的化学反应，转化成能与滴定剂定量反应的物质。然后，再进行滴定分析。这种滴定方式称为间接滴定法（indirect titration）。例如利用高锰酸钾法测定某试样中的 Ca^{2+}。其方法是先加入过量的 $(NH_4)_2C_2O_4$ 溶液，使其定量生成 CaC_2O_4 沉淀，过滤后用热的稀 H_2SO_4 溶解，再用

$KMnO_4$ 标准溶液滴定。从而，可间接测定出 Ca^{2+} 的含量。反应式如下：

$$Ca^{2+} + C_2O_4^{2-} \longrightarrow CaC_2O_4 \downarrow$$

$$CaC_2O_4 + 2H^+ \longrightarrow Ca^{2+} + H_2C_2O_4$$

$$2MnO_4^- + 5H_2C_2O_4 + 6H^+ \longrightarrow 2Mn^{2+} + 10CO_2 \uparrow + 8H_2O$$

在滴定分析中，由于采用了上述不同的滴定方式，从而扩大了滴定分析法的应用范围。

5.6.4 基准物质和标准溶液

5.6.4.1 基准物质

能够直接用于配制标准溶液的物质称为基准物质或基准试剂（primary standard substance 或 standard chemicals），简称基准物。作为基准物质应符合下列条件。

① 物质的组成应与化学式完全相符，若含有结晶水，其结晶水的含量也应与化学式完全相符。如 $H_2C_2O_4 \cdot 2H_2O$、$Na_2B_4O_7 \cdot 10H_2O$ 等。

② 纯度高。一般要求其纯度≥99.9%，而杂质含量应少到不至于影响分析结果的准确度。

③ 稳定性好。在加热干燥时不分解，在空气中不与 CO_2 等气体反应，在称量时，不易吸湿。

④ 参加滴定反应时，必须按照一定的化学反应方程式定量进行，无副反应。

⑤ 最好具有较大的摩尔质量，以减小称量误差。

常用基准物质及其干燥方法见表 5-6。

表 5-6 常用基准物质及其干燥方法

基准物质	化学式	干燥条件	标定对象
碳酸钠	Na_2CO_3	270～300℃干燥至恒重(40～50min)	酸
硼砂	$Na_2B_4O_7 \cdot 10H_2O$	在装有 NaCl 和蔗糖饱和溶液的干燥器中室温干燥	酸
邻苯二甲酸氢钾	$KHC_8H_4O_4$	105～110℃干燥至恒重(1～2h)	碱
氨基磺酸	$HOSO_2NH_2$	在抽真空的浓硫酸干燥器中保持约 48h	碱
草酸	$H_2C_2O_4 \cdot 2H_2O$	室温空气干燥	碱、氧化剂
重铬酸钾	$K_2Cr_2O_7$	120℃干燥至恒重(3～4h)	还原剂
溴酸钾	$KBrO_3$	180℃干燥至恒重(1～2h)	还原剂
碘酸钾	KIO_3	105～110℃干燥至恒重(1～2h)	还原剂
草酸钠	$Na_2C_2O_4$	105～110℃干燥至恒重(1～2h)	氧化剂
三氧化二砷	As_2O_3	在抽真空的浓硫酸干燥器中保持约 24h	氧化剂
氯化钠	NaCl	500～600℃干燥至恒重(40～50min)	$AgNO_3$
碳酸钙	$CaCO_3$	110℃干燥至恒重(1～2h)	EDTA
氧化锌	ZnO	800℃干燥至恒重(40～50min)	EDTA
铜	Cu	浓硫酸干燥器中保持约 24h	EDTA

5.6.4.2 标准溶液的配制方法

标准溶液的配制方法有直接法（direct method）和间接法（indirect method）两种。

（1）直接法

准确称取一定质量的基准物质，溶解后，转移至容量瓶中，加蒸馏水稀释至刻度。根据所称基准物质的质量和容量瓶的体积，直接计算出标准溶液的准确浓度。这种用基准物质直接配制标准溶液的方法称为直接配制法。

（2）间接法

又称标定法。对于不符合基准物质条件的试剂如 NaOH、HCl 及 $KMnO_4$ 等，不能用直接法配制成标准溶液，这时可采用间接法。即先用这类试剂配制成近似于所需浓度的溶液，然后选一种基准物质或另一种已知准确浓度的标准溶液与之进行滴定，以测定其准确浓度。

这种测定标准溶液浓度的过程称为标定（standardization）。标定方法如下。

① 用基准物质标定　准确称取一定量的基准物质，溶解后，用待标定的溶液滴定，根据所消耗的待标定溶液的体积和基准物的质量，计算出该溶液的准确浓度。如用碳酸钠（Na_2CO_3）基准物质标定 HCl 溶液、邻苯二甲酸氢钾（$KHC_8H_4O_4$）标定 NaOH 溶液、草酸钠（$Na_2C_2O_4$）标定 $KMnO_4$ 溶液等。

② 与标准溶液比较　准确吸取一定体积的待标定溶液，然后用另外一种已知准确浓度的标准溶液滴定，依据两溶液所消耗的体积及标准溶液的浓度，便可计算出待标定溶液的准确浓度。如 HCl 溶液可用 NaOH 标准溶液标定，反过来，HCl 标准溶液也可标定 NaOH 溶液。

5.6.4.3　标准溶液浓度的表示方法

① 物质的量浓度　具体定义见 1.1.2。在计算物质的量浓度时，如果溶质的物质的量 n(B) 没有直接给出，则可通过下式求得：

$$n(\mathrm{B})=\frac{m(\mathrm{B})}{M(\mathrm{B})} \tag{5-21}$$

【例 5-10】　称取 1.1296g $K_2Cr_2O_7$，配制成 250.0mL 标准溶液。试求：$n(K_2Cr_2O_7)$、$c(K_2Cr_2O_7)$、$n\left(\frac{1}{6}K_2Cr_2O_7\right)$和 $c\left(\frac{1}{6}K_2Cr_2O_7\right)$。已知 $M(K_2Cr_2O_7)=294.18\mathrm{g\cdot mol^{-1}}$。

解：$n(K_2Cr_2O_7)=\dfrac{m(K_2Cr_2O_7)}{M(K_2Cr_2O_7)}=\dfrac{1.1296\mathrm{g}}{294.18\mathrm{g\cdot mol^{-1}}}=3.840\times10^{-3}\mathrm{mol}$

$$c(K_2Cr_2O_7)=\frac{n(K_2Cr_2O_7)}{V}=\frac{3.840\times10^{-3}\mathrm{mol}}{250.0\times10^{-3}\mathrm{L}}=1.536\times10^{-2}\mathrm{mol\cdot L^{-1}}$$

$$n\left(\frac{1}{6}K_2Cr_2O_7\right)=\frac{m(K_2Cr_2O_7)}{M\left(\frac{1}{6}K_2Cr_2O_7\right)}=\frac{1.1296\mathrm{g}}{\frac{1}{6}\times294.18\mathrm{g\cdot mol^{-1}}}=2.304\times10^{-2}\mathrm{mol}$$

$$c\left(\frac{1}{6}K_2Cr_2O_7\right)=\frac{n\left(\frac{1}{6}K_2Cr_2O_7\right)}{V}=\frac{2.304\times10^{-2}\mathrm{mol}}{250.0\times10^{-3}\mathrm{L}}=9.216\times10^{-2}\mathrm{mol\cdot L^{-1}}$$

② 滴定度（titer）　滴定度指每毫升标准溶液相当于被测物质的质量，用 $T_{A/B}$ 表示，A 为滴定剂的化学式，B 为被测物质的化学式，常用单位是 $\mathrm{g\cdot mL^{-1}}$。例如，$T_{K_2Cr_2O_7/Fe^{2+}}=0.005000\mathrm{g\cdot mL^{-1}}$，表示 1mL $K_2Cr_2O_7$ 标准溶液恰能与 0.005000g 的 Fe^{2+} 作用。用这一表示方法的优点是只要将滴定中所用去的标准溶液的体积乘以滴定度，就可以直接算出被测物质的含量。例如，滴定某 Fe^{2+} 溶液时，已知消耗上述 $K_2Cr_2O_7$ 标准溶液为 21.50mL，则该溶液中铁的质量很快就能求出，即

$$0.005000\times21.50=0.1075\ (\mathrm{g})$$

因此，用滴定度表示滴定剂的浓度特别适用于生产过程中的例行分析。

5.6.5　滴定分析中的计算

（1）计算的基本关系式

在滴定分析中，无论采用哪一种滴定方法或滴定方式，其计算的基本依据都是滴定剂与被测物质按确定的化学计量关系进行反应，即在化学计量点时，被测物质与滴定剂刚好反应完全。例如，对于任一滴定反应：

$$a\mathrm{A}+b\mathrm{B}=\!=\!=c\mathrm{C}+d\mathrm{D}$$

当反应到达计量点时，a mol A 与 b mol B 恰好完全作用，因此有

$$n(\mathrm{A}):n(\mathrm{B})=a:b$$

即
$$n(\mathrm{B})=\frac{b}{a}n(\mathrm{A}) \tag{5-22}$$

式中，b/a 或 a/b 称为换算因数或摩尔比；$n(\mathrm{A})$、$n(\mathrm{B})$ 分别是滴定剂 A 和被测物质 B 的物质的量。

上式是以物质的量进行滴定分析计算的基本关系式。在实际滴定分析中，应根据已知数据及具体要求进行相关计算。下面介绍几种常见的有关溶液浓度计算的关系式。

① 两种溶液相互滴定时的有关计算　当被测物质与标准溶液之间的反应到达计量点时，根据式(5-22) 得

$$c(\mathrm{B})V(\mathrm{B})=\frac{b}{a}c(\mathrm{A})V(\mathrm{A})$$

即
$$c(\mathrm{B})=\frac{b}{a}\times\frac{c(\mathrm{A})V(\mathrm{A})}{V(\mathrm{B})} \tag{5-23}$$

式中，$c(\mathrm{B})$ 为被测物质 B 的物质的量浓度，$\mathrm{mol\cdot L^{-1}}$；$V(\mathrm{B})$ 为被测物质 B 的体积，L 或 mL；$c(\mathrm{A})$ 和 $V(\mathrm{A})$ 分别是标准溶液的浓度及消耗的体积。

若标准溶液由基准物质直接配制而成，则上式中“$c(\mathrm{A})V(\mathrm{A})$”可用“$m(\mathrm{A})/M(\mathrm{A})$”代替，即

$$c(\mathrm{B})=\frac{b}{a}\times\frac{m(\mathrm{A})}{M(\mathrm{A})V(\mathrm{B})} \tag{5-24}$$

式中，$m(\mathrm{A})$ 和 $M(\mathrm{A})$ 分别是基准物质 A 的质量（g）和摩尔质量（$\mathrm{g\cdot mol^{-1}}$）；$V(\mathrm{B})$ 为被测物质 B 的体积，L。

② 溶液稀释时的有关计算　由于溶液稀释前后溶质的物质的量不变，因此有

$$c_1V_1=c_2V_2 \tag{5-25}$$

式中，c_1 和 V_1 分别为稀释前溶液的浓度和体积；c_2 和 V_2 分别为稀释后溶液的浓度和体积。

③ 基准物质直接配制标准溶液的有关计算　根据物质的量与质量及其摩尔质量的关系：

$$n(\mathrm{A})=\frac{m(\mathrm{A})}{M(\mathrm{A})}$$

得
$$c(\mathrm{A})=\frac{m(\mathrm{A})}{M(\mathrm{A})V(\mathrm{A})} \tag{5-26}$$

式中，$c(\mathrm{A})$、$m(\mathrm{A})$、$M(\mathrm{A})$ 和 $V(\mathrm{A})$ 分别为标准溶液 A 的浓度（$\mathrm{mol\cdot L^{-1}}$）、质量（g）、摩尔质量（$\mathrm{g\cdot mol^{-1}}$）和体积（L）。

④ 被测物质的质量与标准溶液之间的有关计算　由式(5-22) 可知：

$$\frac{m(\mathrm{B})}{M(\mathrm{B})}=\frac{b}{a}c(\mathrm{A})V(\mathrm{A})\frac{1}{1000}$$

即
$$m(\mathrm{B})=\frac{b}{a}c(\mathrm{A})V(\mathrm{A})\frac{M(\mathrm{B})}{1000} \tag{5-27}$$

式中，$m(\mathrm{B})$ 为被测物质的质量，g；$V(\mathrm{A})$ 为标准溶液的体积，mL。

⑤ 被测物质的质量分数的有关计算　设固体试样的质量为 m_s，则根据式(5-27) 得出被测物质的质量分数 $w(\mathrm{B})$ 为：

$$w(\mathrm{B})=\frac{m(\mathrm{B})}{m_s}=\frac{b}{a}\times\frac{c(\mathrm{A})V(\mathrm{A})M(\mathrm{B})}{m_s\times 1000} \tag{5-28}$$

式中，$w(\mathrm{B})$ 可以是小数，也可以是百分数。

⑥ 物质的量浓度与滴定度之间的有关计算　根据滴定度的定义可知，被测组分 B 的质量与滴定度之间的基本关系为：

$$m(\mathrm{B})=T_{\mathrm{A/B}}V(\mathrm{A})$$

代入式(5-27) 并整理得标准溶液物质的量浓度与滴定度之间的关系式为：

$$T_{\mathrm{A/B}}=\frac{b}{a}c(\mathrm{A})\frac{M(\mathrm{B})}{1000} \quad 或 \quad c(\mathrm{A})=\frac{a}{b}\times\frac{T_{\mathrm{A/B}}\times1000}{M(\mathrm{B})} \tag{5-29}$$

⑦ 物质的质量分数与滴定度之间的有关计算　由式(5-28) 和式(5-29) 合并整理得：

$$w(\mathrm{B})=\frac{V(\mathrm{A})T_{\mathrm{A/B}}}{m_{\mathrm{s}}} \tag{5-30}$$

式中，$V(\mathrm{A})$ 为滴定剂的体积，mL。

（2）计算示例

【例 5-11】 称取基准物质碳酸钠 0.2036g，加纯水溶解后，以甲基橙为指示剂，标定 HCl 溶液。终点时用去 HCl 溶液 36.06mL。问 HCl 的浓度是多少？

解： 反应式为　$Na_2CO_3+2HCl = 2NaCl+CO_2\uparrow+H_2O$

根据式(5-24) 得

$$c(\mathrm{HCl})=\frac{b}{a}\times\frac{m(\mathrm{Na_2CO_3})}{M(\mathrm{Na_2CO_3})V(\mathrm{HCl})}=\frac{2}{1}\times\frac{0.2036\mathrm{g}}{106.0\mathrm{g\cdot mol^{-1}}\times36.06\times10^{-3}\mathrm{L}}$$
$$=0.1065\mathrm{mol\cdot L^{-1}}$$

【例 5-12】 欲配制 $0.1\mathrm{mol\cdot L^{-1}}$ 的 HCl 溶液 500mL，需 $6\mathrm{mol\cdot L^{-1}}$ 的 HCl 多少毫升？

解： 根据式(5-25) 可知

$$V_1=\frac{c_2V_2}{c_1}=\frac{0.1\mathrm{mol\cdot L^{-1}}\times500\mathrm{mL}}{6\mathrm{mol\cdot L^{-1}}}=8.3\mathrm{mL}$$

即取 $6\mathrm{mol\cdot L^{-1}}$ 的 HCl 溶液约 8.3mL 加水至 500mL 混匀即可。

【例 5-13】 欲配制 $0.1000\mathrm{mol\cdot L^{-1}}$ 的 Na_2CO_3 溶液 500.0mL，应称取基准物质 Na_2CO_3 多少克？

解： 根据式(5-26) 可知

$$m(\mathrm{Na_2CO_3})=c(\mathrm{Na_2CO_3})V(\mathrm{Na_2CO_3})M(\mathrm{Na_2CO_3})$$
$$=0.1000\mathrm{mol\cdot L^{-1}}\times0.5000\mathrm{L}\times106.0\mathrm{g\cdot mol^{-1}}$$
$$=5.300\mathrm{g}$$

【例 5-14】 选用邻苯二甲酸氢钾（$KHC_8H_4O_4$）为基准物质，标定浓度约为 $0.1\mathrm{mol\cdot L^{-1}}$ 的 NaOH 溶液。问应称取 $KHC_8H_4O_4$ 多少克？

解： 反应式为

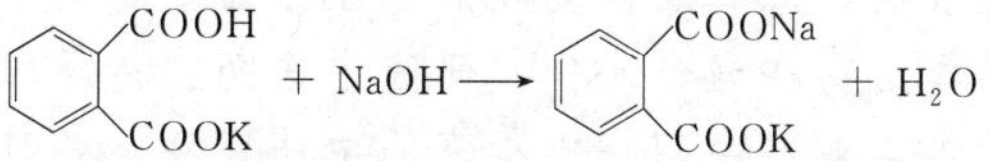

为了减小滴定误差，一般将消耗标准溶液的体积控制在 20～30mL。因此，根据式(5-26) 可得

$$m(\mathrm{KHC_8H_4O_4})=c(\mathrm{NaOH})V(\mathrm{NaOH})M(\mathrm{KHC_8H_4O_4})$$
$$=0.1\mathrm{mol\cdot L^{-1}}\times20\times10^{-3}\mathrm{L}\times204.2\mathrm{g\cdot mol^{-1}}=0.4\mathrm{g}$$
$$m(\mathrm{KHC_8H_4O_4})=c(\mathrm{NaOH})V(\mathrm{NaOH})M(\mathrm{KHC_8H_4O_4})$$
$$=0.1\mathrm{mol\cdot L^{-1}}\times30\times10^{-3}\mathrm{L}\times204.2\mathrm{g\cdot mol^{-1}}=0.6\mathrm{g}$$

由计算可知，称取 $KHC_8H_4O_4$ 的质量范围是 0.4～0.6g。

【例 5-15】 称取 0.3000g 草酸（$H_2C_2O_4\cdot2H_2O$）溶于适量纯水后，用浓度约为 0.2mol·

L^{-1} 的 KOH 溶液滴定。问大约消耗 KOH 溶液多少毫升？

解： 反应式为 $H_2C_2O_4 + 2KOH = K_2C_2O_4 + 2H_2O$

根据式(5-27)得

$$V(KOH) = \frac{b}{a} \times \frac{m(H_2C_2O_4 \cdot 2H_2O)}{M(H_2C_2O_4 \cdot 2H_2O)c(KOH)} = \frac{2}{1} \times \frac{0.3000g}{126.1g \cdot mol^{-1} \times 0.2mol \cdot L^{-1}}$$

$$= 23.79mL \approx 24mL$$

【例 5-16】 称取硼砂（$Na_2B_4O_7 \cdot 10H_2O$）试样 0.4710g，用 0.1000 $mol \cdot L^{-1}$ 的 HCl 溶液滴定。若终点时消耗 HCl 溶液 22.90mL，试计算 $Na_2B_4O_7 \cdot 10H_2O$ 的质量分数。

解： 反应式为 $Na_2B_4O_7 + 2HCl + 5H_2O = 4H_3BO_3 + 2NaCl$

根据式(5-28)得

$$w(Na_2B_4O_7 \cdot 10H_2O) = \frac{m(Na_2B_4O_7 \cdot 10H_2O)}{m_s}$$

$$= \frac{b}{a} \times \frac{c(HCl)V(HCl)M(Na_2B_4O_7 \cdot 10H_2O)}{m_s \times 1000}$$

$$= \frac{1}{2} \times \frac{0.1000mol \cdot L^{-1} \times 22.90mL \times 381.4g \cdot mol^{-1}}{0.4710g \times 1000}$$

$$= 0.9272 = 92.72\%$$

【例 5-17】 某 $AgNO_3$ 标准溶液的滴定度为 $T_{AgNO_3/NaCl} = 0.005858g \cdot mL^{-1}$，试计算 $AgNO_3$ 溶液的物质的量浓度。

解： 反应式为 $AgNO_3 + NaCl = AgCl\downarrow + NaNO_3$

根据式(5-29)得

$$c(AgNO_3) = \frac{a}{b} \times \frac{T_{AgNO_3/NaCl} \times 1000}{M(NaCl)} = \frac{1}{1} \times \frac{0.005858g \cdot mL^{-1} \times 1000}{58.45g \cdot mol^{-1}} = 0.1002mol \cdot L^{-1}$$

【知识拓展】

分析化学助力中医药资源开发

中医药是中华民族对生命、健康和疾病认知的智慧结晶，具有悠久的历史、独特的理论及技术方法，是我国医药卫生的重要组成部分。国家大力发展中医药事业，充分发挥中医药在我国医药卫生事业中的作用，应遵循中医药发展规律，坚持继承和创新相结合，保持和发挥中医药特色和优势，运用现代科学技术，促进中医药理论和实践的发展。

中医药在治疗新型冠状病毒患者及恢复期后遗症方面也起到了很好的效果，为抗击新型冠状病毒疫情起到了重要作用。在当今时代，研究中医药、传承中医药、发展中医药是一项功在当代、利在千秋的重要事业。中国拥有丰富的中药资源，并且中医药在几千年的临床实践上拥有大量经验，中药的有效性是毋庸置疑的。但是由于中医药成分的复杂性和配伍、炮制的特殊性，如何挖掘出现代意义的新药，如何解释中医药理论，是中医药现代化发展的重要内容。分析化学作为探索未知化学世界的眼睛，通过各种分析手段对中药药效成分的筛选、疗效的表征，中药种类的鉴定以及质量管理等方面发挥了重要作用，对中医药现代化历程意义深远。

传统中医药治疗和现代医学之间虽然存在概念上的差异，但是传统中药制剂对疾病有明确疗效，部分中药具有与现代医药相似的治疗机理。在中药的现代化研究中一些中药的靶点作用已经被阐明，许多中药制剂对于靶点都具有高的生物活性。近年来，通过分析化学手段对中医药进行活性筛选取得了较好的成果，出现了计算机虚拟筛选、生物色谱筛选法等新方法。这些方法提高了中药活性成分筛选的效率，节约了中药新药研究的成本，对中药活性成分筛选起到积极的推动作用。随着分析化学的进一步发展，将会产生更多具有针对中药中多种混合物筛选的新方法和新策略。

青蒿素的发现就是中医药现代化的成功例子。疟疾是以疟蚊为媒介，由疟原虫引起的周期性发作的急性传染病。青蒿素及其衍生物作为全球疟疾治疗的首选药物，解除了数百万疟疾患者的病痛。在青蒿素研制中做出了突出贡献的屠呦呦成为因为在中国本土进行的科学研究而首次获得诺贝尔科学奖的中国科学家。屠呦呦根据葛洪的《肘后备急方》中“青蒿一握，以水二升渍，绞取汁，尽服之”的记载获得灵感，从菊科蒿属植物黄花蒿中提取了具有抗疟活性的药物青蒿素，并利用有机化学、分析化学等手段对青蒿素的立体结构进行研究，确定青蒿素是一种含过氧桥基团的倍半萜内酯，分子中含有 7 个手性中心，包含了 1,2,4-三噁烷的结构单元。

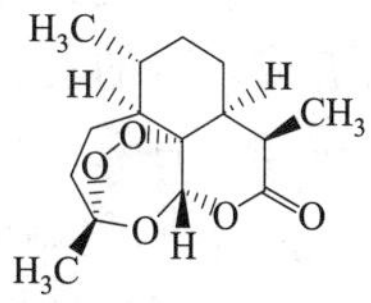

青蒿素

中医药学是在古代唯物论和辩证法思想影响和指导下，通过长期实践，逐步发展起来的理论体系。但是中医理论缺乏现代科学的阐述，中药不能完全合理地纳入现代药品生产管理体系。积极利用现代科学技术，特别是应用现代分析技术，对于诠释中药理论有着重要意义。

现代分析化学技术，对中药方剂的配伍理论和中药炮制理论提供了现代诠释的方法。通过对方剂药物的成分种类和含量进行研究，发现方剂配伍与单独用药相比，有效成分的含量有所增加，研究揭示了方剂中药物之间的相互作用和药物剂量对复方配伍规律的影响，说明了药物配伍的科学性，为中医药理论的现代解释提供了有力证据。

中药炮制是我国独有的制药技术。药物通过不同的炮制方法可以起到去毒、转化、协同等作用，药物炮制关系到药物的质量和临床用药安全。利用现代分析化学手段，对马钱子、狼毒、何首乌等药物炮制前后成分及含量的研究表明，中药炮制过程能够降低有毒成分含量；部分成分在炮制过程中发生成分转化，产生新的化合物；有些成分通过炮制，含量有所增加。利用分析化学手段，通过研究物质基础的变化，为中药炮制的机理解释提供理论依据，为炮制工艺的建立和改良提供了理论指导。

随着现代科学技术，特别是现代分析技术的发展，新的理论、方法和技术的应用，为诠释中医药理论提供重要手段，为中医药理论的现代化探索提供有力的助力。

本章小结

1. 误差分类及表示方法

根据误差的性质和产生的原因，可将误差分为系统误差和随机误差两大类。

（1）准确度与误差

准确度是指测量值与真实值符合的程度。准确度的大小常用误差来表示，即误差越小，准确度越高。误差的表示方法有绝对误差和相对误差两种。

（2）精密度和偏差

精密度是指在相同条件下多次平行测定结果相互符合的程度，它体现了测定结果的重复性和再现性，精密度的大小可用偏差表示。

（3）准确度与精密度的关系

2. 提高分析结果准确度的方法

3. 有效数字及其运算规则

有效数字是指在分析过程中，仪器能够测量到的有实际意义的数字。在有效数字中，只有最后一位数值是估计值（称为可疑值），也属于有效数字，而其他数值都是确定的。

（1）有效数字位数的确定原则

（2）有效数字的修约规则

在记录或计算数据时，有效数字的位数确定后，超过有效数字位数的数字应按“四舍六入五成双”的规则进行舍入，称为有效数字的修约。

（3）有效数字的运算规则

4. 有限数据的统计处理

（1）置信区间和置信概率

（2）可疑值的取舍

常用的方法有 Q 检验法、G 检验法和四倍法。

（3）显著性差异检验

5. 滴定分析法概述

滴定分析法是指将滴定剂通过滴定管滴加到被测物质的溶液中，直到所加的滴定剂与被测物质按化学计量关系定量反应为止，然后根据加入滴定剂的浓度和体积以及被测物质溶液的体积计算出被测物质含量的一种定量分析方法。

滴定分析法分为以下四种：①酸碱滴定法；②氧化还原滴定法；③配位滴定法；④沉淀滴定法。

6. 滴定分析法对化学反应的要求

适用于滴定分析的化学反应应符合以下条件：①反应必须按一定的反应式进行；②反应必须定量进行；③反应迅速；④有适当的确定滴定终点的方法。

7. 滴定方式

①直接滴定法；②返滴定法；③置换滴定法；④间接滴定法。

8. 基准物质和标准溶液

能够直接用于配制标准溶液的物质称为基准物质或基准试剂，简称基准物。作为基准物质应符合下列条件：①物质的组成应与化学式完全相符，若含有结晶水，其结晶水的含量也应与化学式完全相符；②纯度高；③稳定性好；④参加滴定反应时，必须按照一定的化学反应方程式定量进行，无副反应；⑤最好具有较大的摩尔质量。

9. 标准溶液的配制方法及浓度的表示方法

标准溶液的配制方法有直接法和间接法两种。

①物质的量浓度；②滴定度。

10. 滴定分析中有关计算的基本关系式

习题

1. 判断以下各种误差是系统误差还是随机误差？并简要说明消除的方法。

（1）天平的零点突然变动；

（2）试剂含有被测组分；

（3）在称量基准物时，吸收了空气中的少量水分；

（4）在滴定分析中，终点的颜色深浅判断不一致；

（5）分析天平的砝码未经校正；

（6）在读取滴定体积时，最后一位估计不准；

（7）用重量分析法测定 $BaCl_2$ 含量时，沉淀物中含有杂质；

（8）在准确量取液体体积时，用量筒代替移液管；

(9) 在重量分析中，被测组分沉淀不完全；

(10) 在滴定过程中，滴定管漏液。

2. 滴定分析对反应的要求有哪几点？

3. 满足基准物质的条件是什么？哪一个不是必备条件？

4. 名词解释：

误差　系统误差　随机误差　方法误差　操作误差　准确度　精密度　相对误差
标准偏差　极差　置信区间　有效数字　基准物质　标准溶液　滴定度　换算因数

5. 分析天平的称量误差为±0.2mg，若称取试样 0.0500g，其相对误差是多少？若称取 0.5000g 时，相对误差是多少？计算结果说明了什么问题？

[±0.4%；±0.04%；增加称样量可减小称量误差]

6. 下列数据各包括几位有效数字：

(1) 0.00001　(2) pH=12.36　(3) 1.23×10^{-10}　(4) 10000　(5) 1.00200　(6) 34.01　(7) 250
(8) 99.8%　(9) $pK_a=4.75$　(10) $\lg K=3.33$

7. 将下列各数据修约为三位有效数字：

(1) 0.1025　(2) 0.0124498　(3) 0.0254511　(4) 12.35001　(5) 4.1550　(6) 10.05
(7) $S=1.223\%$　(8) $E_r=0.1231\%$

8. 有效数字的运算：

(1) 14.64998+175.36+17.025

(2) 0.00625×5.106÷0.10512

(3) 4.5637÷1.02−2.4541

(4) 0.414÷31.3×0.05307

(5) pH=12.34，$c[H^+]=?$

[207.03；0.304；2.02；7.02×10^{-4}；4.6×10^{-13}]

9. 重量分析法测定某试样中 Al 的含量。平行测定 5 次的结果为：37.45%、37.50%、37.20%、37.25%、37.30%。试计算 $\bar{x}$、$\bar{d}$、S 和 S_r。

[37.34%；0.1%；0.1%；0.35%]

10. 用重铬酸钾法测得 $FeSO_4\cdot7H_2O$ 样品中铁的百分含量为：20.01，20.03，20.04，20.05。试计算其 $\bar{x}$、$\bar{d}$、$\bar{d}_r$、S、S_r 及置信度为 90%的置信区间。

[20.03%；0.013%；0.065%；0.017%；0.085%]

11. 对某试样中 Zn 的质量分数进行分析。得到 4 次测定结果为：47.64%、47.69%、47.55%、47.52%。试计算置信度分别为 90%、95%和 99%时的置信区间。

[47.60%±0.37%；47.60%±0.50%；47.60%±0.92%]

12. 用重量分析法对 $BaCl_2\cdot2H_2O$ 中的结晶水含量测定 4 次，结果为：14.46%、14.44%、14.64%、14.41%。在置信度为 90%时，用 Q 检验法检验上述分析结果中的 14.64%是否应该舍弃？并计算 $\bar{x}$、$\bar{d}$。

[舍弃；14.44%；0.12%]

13. 某学生在标定盐酸溶液浓度时，得到如下数据：0.1011mol·L^{-1}、0.1012mol·L^{-1}、0.1016mol·L^{-1}、0.1010mol·L^{-1}。按 Q 检验法和 G 检验法分别进行判断，在 $P=95\%$时 0.1016 是否应该保留？

[$Q=0.67$；0.1016 应保留；$G=1.54$；应舍弃]

14. 某实验室测定含钾标样（浓度为 4.73mmol·L^{-1}），6 次测定结果为 5.20mmol·L^{-1}、5.01mmol·L^{-1}、5.32mmol·L^{-1}、5.08mmol·L^{-1}、5.25mmol·L^{-1}、5.12mmol·L^{-1}。问 $P=95\%$时，该分析结果是否存在显著性系统误差？

[$t=9.57$；存在显著性系统误差]

15. 已知浓 HCl 和浓 H_2SO_4 的密度分别为 1.19g·mL^{-1} 和 1.84g·mL^{-1}，质量分数分别为 37%和 98%。试计算它们的物质的量浓度。若配制 0.20mol·L^{-1}的 HCl 溶液 500mL，应取浓 HCl 多少毫升？

[12.1mol·L^{-1}；18.4mol·L^{-1}；8.3mL]

16. 若 $K_2Cr_2O_7$ 溶液的质量浓度为 5.442g·L^{-1}，问该标准溶液对 Fe 和 Fe_2O_3 的滴定度是多少？

[$0.006199g·mL^{-1}$；$0.008863g·mL^{-1}$]

17. 用草酸作基准物质标定 $0.1mol·L^{-1}$ 的 NaOH 溶液，若将消耗 NaOH 溶液的体积控制在 20～25mL，则草酸（$H_2C_2O_4·2H_2O$）的称量范围是多少？

[0.13～0.16g]

18. 中和 20.00mL HCl 溶液（$0.2235mol·L^{-1}$）需 $Ba(OH)_2$ 溶液 21.40mL；而中和 25.00mL HAc 溶液需 $Ba(OH)_2$ 溶液 22.55mL。试计算 HAc 溶液的物质的量浓度。

[$0.1883mol·L^{-1}$]

19. 用间接滴定法测定血清钙时，准确量取 12.00mL 血清样品，加 $(NH_4)_2C_2O_4$ 溶液使血清中的 Ca^{2+} 完全转化为 CaC_2O_4 沉淀，经过滤、洗涤和硫酸溶解后，用 $0.001000mol·L^{-1}$ 的 $KMnO_4$ 标准溶液滴定，终点时用去 13.50mL。计算每百毫升血清钙的质量（mg）。

[11.27mg]

20. 欲配制 $0.1000mol·L^{-1}$ 的 Na_2CO_3 标准溶液 500.0mL，问应称取该基准物质多少克？

[5.300g]

21. 准确称取含 Fe 试样 0.3100g，溶于酸，并把 Fe 全部转化为 Fe^{2+}，用 $0.02000mol·L^{-1}$ 的 $K_2Cr_2O_7$ 标准溶液滴定，消耗体积为 21.00mL。计算试样中 Fe_2O_3 的质量分数。

[64.91%]

22. 滴定 0.1600g 草酸试样时，已知用去浓度为 $0.1100mol·L^{-1}$ 的 NaOH 溶液 22.90mL。试计算该试样中 $H_2C_2O_4$ 的百分含量。

[70.88%]

23. 将 0.2029g 的 ZnO 试样溶解于 25.00mL、浓度为 $0.09760mol·L^{-1}$ 的硫酸溶液中。过量的酸用 31.95mL 的 NaOH 标准溶液（$0.1372mol·L^{-1}$）滴定。试计算该试样中 ZnO 的百分含量。

[9.948%]

（编写人：牛睿祺）

第 6 章　酸碱平衡及酸碱滴定

酸和碱是两类极为重要的化学物质，常以离子形态参与化学反应或产生某种生理作用。酸碱平衡是一类极为重要的化学平衡，生物体内发生的生化反应和工业上的制备反应大多属于酸碱反应，另外大多数反应都与反应介质的酸碱度有关。以酸碱反应为基础建立的酸碱滴定分析法是四大滴定分析法中最基础、最重要的一种分析方法，应用极为广泛。本章重点讨论酸碱质子理论，各类酸、碱溶液酸度的计算，缓冲溶液 pH 的计算及配制，酸碱指示剂的变色原理，酸碱滴定曲线及指示剂的选择，酸碱滴定法的应用等。

6.1　酸碱质子理论

人类对酸和碱的认识经历了一个由浅入深、由感性到理性的循序渐进过程。起先人们对酸碱的认识仅限于感性认识，如酸有酸味，能使蓝色石蕊变红；碱有涩味，并能使红色石蕊变蓝。1884 年瑞典化学家阿伦尼乌斯（Arrhenius）第一次提出了酸碱电离理论：凡是在水溶液中电离出的阳离子全部是 H^+ 的物质叫酸，凡是在水溶液中电离出的阴离子全部是 OH^- 的物质叫碱，酸和碱发生中和反应生成盐和水。以电离理论为基础而定义的酸和碱，使人们对酸和碱的认识产生了质的飞跃，是酸碱理论发展的重要里程碑，至今仍被广泛应用。但是电离理论有一定的局限性，它把酸碱这两种密切相关的物质完全分开，把酸碱反应限制在水溶液中，同时把酸碱限制为分子形态，并把碱限制为氢氧化物，对于那些在非水溶剂或无溶剂系统中进行的酸碱反应无法解释。例如，HCl 气体具有酸性，氨气具有碱性，它们不仅在水溶液中能发生酸碱中和反应生成 NH_4Cl，而且在气相或非水溶剂（如苯）中，同样会生成 NH_4Cl。随着科学的发展，人们对酸碱的认识逐渐深入，相继提出了酸碱质子理论和酸碱电子理论。本章仅介绍酸碱质子理论。

6.1.1　质子酸碱的概念和酸碱反应

（1）质子酸碱的定义

酸碱质子理论（proton theory of acids and bases）于 1923 年由丹麦的布朗斯特（Brönsted）和英国的劳瑞（Lowry）分别提出，该理论将酸碱定义为：凡是能给出质子（H^+）的物质都是酸，凡是能接受质子（H^+）的物质都是碱，能给出多个质子的物质是多元酸，能接受多个质子的物质是多元碱，既能给出质子又能接受质子的物质是两性物质（amphoteric compound）。酸给出质子后生成相应的碱，而碱接受质子后生成相应的酸，即

$$HA(\text{酸}) \rightleftharpoons H^+ + A^-(\text{碱})$$

酸碱之间这种相互联系、相互依存的关系称为共轭关系，HA 是 A^- 的共轭酸，A^- 是 HA 的共轭碱。我们称对应的酸（HA）和碱（A^-）为共轭酸碱对（conjugate acid-base couple），其质子得失变化称为酸碱半反应。例如

$$HCl \rightleftharpoons H^+ + Cl^-$$
$$NH_4^+ \rightleftharpoons H^+ + NH_3$$
$$HAc \rightleftharpoons H^+ + Ac^-$$
$$H_2CO_3 \rightleftharpoons H^+ + HCO_3^-$$

$$HCO_3^- \rightleftharpoons H^+ + CO_3^{2-}$$

$$H_3O^+ \rightleftharpoons H^+ + H_2O$$

$$H_2O \rightleftharpoons H^+ + OH^-$$

$$(CH_2)_6N_4H^+ \rightleftharpoons H^+ + (CH_2)_6N_4$$

$$[Al(H_2O)_6]^{3+} \rightleftharpoons H^+ + [Al(OH)(H_2O)_5]^{2+}$$

从酸碱的概念来看，质子理论对酸碱的定义超出了分子的范畴，既有分子酸碱，又有离子酸碱，从而排除了盐的概念。因为组成盐的离子在酸碱质子理论中都变成了离子酸和离子碱，如 NH_4Cl 中，NH_4^+ 是离子酸，Cl^- 是离子碱；同时盐的水溶液的酸碱性主要由离子酸和离子碱的相对强弱来决定。

(2) 酸碱反应

从酸碱质子理论来看，酸碱反应的实质是两对共轭酸碱对之间质子传递和相互交换的过程，只有两个酸碱半反应才能完成一个完整的酸碱反应。因此一个酸碱反应包含有两个酸碱半反应。例如，NH_3 与 HCl 之间的酸碱反应：

半反应 1 $\qquad NH_3(碱\ 1) + H^+ \rightleftharpoons NH_4^+(酸\ 1)$

半反应 2 $\qquad HCl(酸\ 2) \rightleftharpoons H^+ + Cl^-(碱\ 2)$

共轭

$$NH_3(碱\ 1) + HCl(酸\ 2) \rightleftharpoons Cl^-(碱\ 2) + NH_4^+(酸\ 1)$$

共轭

再如 HAc 在水中的解离反应：

半反应 1 $\qquad HAc(酸\ 1) \rightleftharpoons H^+ + Ac^-(碱\ 1)$

半反应 2 $\qquad H_2O(碱\ 2) + H^+ \rightleftharpoons H_3O^+(酸\ 2)$

总反应 $\qquad HAc(酸\ 1) + H_2O(碱\ 2) \rightleftharpoons Ac^-(碱\ 1) + H_3O^+(酸\ 2)$

同时两对共轭酸碱对之间的质子传递过程并不要求反应必须在水溶液中进行，也不要求先生成质子再加到相应的碱上去，只要质子能从一种物质传递到另一种物质上就可以，因此酸碱反应可以在非水溶剂、无溶剂等条件下进行。然而该理论定义的酸必须有一个可解离的氢原子，因而只适用于有质子转移的反应。

酸碱理论的发展过程，也是由感性认识上升到理性认识的过程，说明实践论是指导自然科学发展的理论基础。酸碱质子理论的酸和碱是相互依存的，由对立到统一，也说明任何事物都是矛盾统一体。

6.1.2 酸碱的解离及相对强弱

6.1.2.1 水的质子自递反应

水作为重要的溶剂，既有接受质子又有提供质子的能力，因此在水中存在水分子间的质子转移反应，即水的质子自递反应，也就是水的解离反应：

共轭

$$H_2O(碱\ 1) + H_2O(酸\ 2) \rightleftharpoons OH^-(碱\ 2) + H_3O^+(酸\ 1)$$

共轭

为了书写方便，通常将 H_3O^+ 简写成 H^+，因此上述反应式可简写为：

$$H_2O \rightleftharpoons H^+ + OH^-$$

根据化学平衡移动原理

$$K_w^{\ominus} = \frac{c(H^+)}{c^{\ominus}} \times \frac{c(OH^-)}{c^{\ominus}} \tag{6-1}$$

$K_w^{\ominus}$ 称为水的离子积常数，简称水的离子积（ionization product of water），在一定温度下 $K_w^{\ominus}$ 是一个常数，常温时（25℃），$K_w^{\ominus}=1.00\times10^{-14}$。

6.1.2.2　酸碱的解离平衡与酸碱的强度

根据酸碱质子理论，在水溶液中，酸、碱的解离实际上就是它们与溶剂水分子间的酸碱反应。酸的解离即酸给出质子转变为其共轭碱，而水接受质子转变为其共轭酸（H_3O^+）；碱的解离即碱接受质子转变为其共轭酸，而水给出质子转变为其共轭碱（OH^-）。酸、碱的解离程度可以用相应平衡常数的大小来衡量。

（1）一元弱酸的解离

$$HAc + H_2O \rightleftharpoons H_3O^+ + Ac^-$$

$$NH_4^+ + H_2O \rightleftharpoons H_3O^+ + NH_3$$

为了方便起见，上述两个解离反应常可简化，反应的标准平衡常数称为酸的解离平衡常数（ionization constant），用符号“$K_a^{\ominus}$”表示。

$$HAc \rightleftharpoons H^+ + Ac^-$$

$$K_a^{\ominus}(HAc) = \frac{[c(Ac^-)/c^{\ominus}][c(H^+)/c^{\ominus}]}{c(HAc)/c^{\ominus}} = 1.8\times10^{-5}$$

$$NH_4^+ \rightleftharpoons H^+ + NH_3$$

$$K_a^{\ominus}(NH_4^+) = \frac{[c(NH_3)/c^{\ominus}][c(H^+)/c^{\ominus}]}{c(NH_4^+)/c^{\ominus}} = 5.6\times10^{-10}$$

（2）一元弱碱的解离

$$NH_3 + H_2O \rightleftharpoons OH^- + NH_4^+$$

$$Ac^- + H_2O \rightleftharpoons OH^- + HAc$$

反应的标准平衡常数称为碱的解离平衡常数，用符号“$K_b^{\ominus}$”表示。

$$K_b^{\ominus}(NH_3) = \frac{[c(NH_4^+)/c^{\ominus}][c(OH^-)/c^{\ominus}]}{c(NH_3)/c^{\ominus}} = 1.8\times10^{-5}$$

$$K_b^{\ominus}(Ac^-) = \frac{[c(HAc)/c^{\ominus}][c(OH^-)/c^{\ominus}]}{c(Ac^-)/c^{\ominus}} = 5.6\times10^{-10}$$

（3）多元弱酸的解离

多元弱酸的解离是分步进行的，每一步解离反应均有一个解离平衡常数。分别用“$K_{a_1}^{\ominus}$，$K_{a_2}^{\ominus}$，…”表示分步解离的平衡常数。以 H_2S 为例。

第一步解离：

$$H_2S + H_2O \rightleftharpoons H_3O^+ + HS^-$$

$$K_{a_1}^{\ominus}(H_2S) = \frac{[c(HS^-)/c^{\ominus}][c(H^+)/c^{\ominus}]}{c(H_2S)/c^{\ominus}} = 1.2\times10^{-7}$$

第二步解离：

$$HS^- + H_2O \rightleftharpoons H_3O^+ + S^{2-}$$

$$K_{a_2}^{\ominus}(H_2S) = \frac{[c(S^{2-})/c^{\ominus}][c(H^+)/c^{\ominus}]}{c(HS^-)/c^{\ominus}} = 1.0\times10^{-14}$$

（4）多元弱碱的解离

多元碱常指多元弱酸的酸根，如 CO_3^{2-}、PO_4^{3-} 等，在水溶液中的解离也是分步进行的，分别用“$K_{b_1}^{\ominus}$，$K_{b_2}^{\ominus}$，…”表示分步解离的平衡常数。以 CO_3^{2-} 为例。

第一步解离：

$$CO_3^{2-}+H_2O \rightleftharpoons OH^-+HCO_3^-$$

$$K_{b_1}^{\ominus}(CO_3^{2-})=\frac{[c(HCO_3^-)/c^{\ominus}][c(OH^-)/c^{\ominus}]}{c(CO_3^{2-})/c^{\ominus}}=1.79\times10^{-4}$$

第二步解离：

$$HCO_3^-+H_2O \rightleftharpoons OH^-+H_2CO_3$$

$$K_{b_2}^{\ominus}(CO_3^{2-})=\frac{[c(H_2CO_3)/c^{\ominus}][c(OH^-)/c^{\ominus}]}{c(HCO_3^-)/c^{\ominus}}=2.33\times10^{-8}$$

酸碱的强度是相对的，与酸碱本身和溶剂的性质有关，即取决于酸（碱）给出（接受）质子的能力和溶剂分子接受（给出）质子能力的相对大小。酸给出质子的能力越强，其酸性越强，反之越弱；碱夺取质子的能力越强，其碱性越强，反之越弱。酸碱的解离平衡常数 $K_a^{\ominus}$ 与 $K_b^{\ominus}$ 表明了酸碱与溶剂水分子间质子转移反应的完全程度，$K_a^{\ominus}$ 或 $K_b^{\ominus}$ 越大，质子转移反应越完全，表示该酸或碱的强度越大。常见弱酸、弱碱在 298.15K 时解离常数值见附录四。

6.1.2.3　共轭酸碱对 $K_a^{\ominus}$ 与 $K_b^{\ominus}$ 的关系

共轭酸碱对通过质子传递相互依存，它们的 $K_a^{\ominus}$ 与 $K_b^{\ominus}$ 之间存在一定的关系。对于共轭酸碱对 HA 与 A^- 之间，$K_a^{\ominus}$ 与 $K_b^{\ominus}$ 的关系为：

$$K_a^{\ominus}(HA)K_b^{\ominus}(A^-)=\frac{[c(A^-)/c^{\ominus}][c(H^+)/c^{\ominus}]}{c(HA)/c^{\ominus}}\times\frac{[c(HA)/c^{\ominus}][c(OH^-)/c^{\ominus}]}{c(A^-)/c^{\ominus}}$$

$$=\frac{c(H^+)}{c^{\ominus}}\times\frac{c(OH^-)}{c^{\ominus}}$$

即
$$K_a^{\ominus}(HA)K_b^{\ominus}(A^-)=K_w^{\ominus} \qquad (6\text{-}2)$$

或
$$pK_a^{\ominus}(HA)+pK_b^{\ominus}(A^-)=pK_w^{\ominus} \qquad (6\text{-}3)$$

式(6-2)表明：共轭酸碱对的 $K_a^{\ominus}$ 与 $K_b^{\ominus}$ 的乘积等于水的离子积 $K_w^{\ominus}$；在共轭酸碱对中，酸的酸性越强，其共轭碱的碱性越弱，反之，若碱的碱性越强，其共轭酸的酸性越弱。

【例 6-1】 已知 NH_3 的 $K_b^{\ominus}=1.8\times10^{-5}$，求其共轭酸 NH_4^+ 的解离常数 $K_a^{\ominus}$。

解： 共轭酸碱解离常数之间有 $K_a^{\ominus}K_b^{\ominus}=K_w^{\ominus}$ 关系，故

$$K_a^{\ominus}=\frac{K_w^{\ominus}}{K_b^{\ominus}}=\frac{1.0\times10^{-14}}{1.8\times10^{-5}}=5.6\times10^{-10}$$

对于多元酸或多元碱来说，由于它们在水溶液中是逐级解离的，有几级解离就能形成几对共轭酸碱对。例如 H_3PO_4 能形成三对共轭酸碱对：

$$H_3PO_4+H_2O \rightleftharpoons H_3O^++H_2PO_4^-$$

$$K_{a_1}^{\ominus}=\frac{[c(H^+)/c^{\ominus}][c(H_2PO_4^-)/c^{\ominus}]}{c(H_3PO_4)/c^{\ominus}}$$

$$H_2PO_4^-+H_2O \rightleftharpoons H_3O^++HPO_4^{2-}$$

$$K_{a_2}^{\ominus}=\frac{[c(H^+)/c^{\ominus}][c(HPO_4^{2-})/c^{\ominus}]}{c(H_2PO_4^-)/c^{\ominus}}$$

$$HPO_4^{2-} + H_2O \rightleftharpoons H_3O^+ + PO_4^{3-}$$

$$K_{a_3}^{\ominus} = \frac{[c(H^+)/c^{\ominus}][c(PO_4^{3-})/c^{\ominus}]}{c(HPO_4^{2-})/c^{\ominus}}$$

对于三元弱碱 PO_4^{3-} 存在如下三级解离：

$$PO_4^{3-} + H_2O \rightleftharpoons OH^- + HPO_4^{2-}$$

$$K_{b_1}^{\ominus} = \frac{[c(OH^-)/c^{\ominus}][c(HPO_4^{2-})/c^{\ominus}]}{c(PO_4^{3-})/c^{\ominus}}$$

$$HPO_4^{2-} + H_2O \rightleftharpoons OH^- + H_2PO_4^-$$

$$K_{b_2}^{\ominus} = \frac{[c(OH^-)/c^{\ominus}][c(H_2PO_4^-)/c^{\ominus}]}{c(HPO_4^{2-})/c^{\ominus}}$$

$$H_2PO_4^- + H_2O \rightleftharpoons OH^- + H_3PO_4$$

$$K_{b_3}^{\ominus} = \frac{[c(OH^-)/c^{\ominus}][c(H_3PO_4)/c^{\ominus}]}{c(H_2PO_4^-)/c^{\ominus}}$$

不难看出 H_3PO_4 和 PO_4^{3-} 的各级解离常数存在如下关系：

$$K_{a_1}^{\ominus}(H_3PO_4)K_{b_3}^{\ominus}(PO_4^{3-}) = K_w^{\ominus}$$

$$K_{a_2}^{\ominus}(H_3PO_4)K_{b_2}^{\ominus}(PO_4^{3-}) = K_w^{\ominus}$$

$$K_{a_3}^{\ominus}(H_3PO_4)K_{b_1}^{\ominus}(PO_4^{3-}) = K_w^{\ominus}$$

【例 6-2】 试定性说明 $NaHCO_3$ 溶液为什么显弱碱性。

解： $NaHCO_3$ 在水溶液中完全解离成 Na^+ 和 HCO_3^-，HCO_3^- 是两性物质，在水溶液中存在如下平衡。

$$HCO_3^- + H_2O \rightleftharpoons H_3O^+ + CO_3^{2-} \quad K_{a_2}^{\ominus} = 5.6 \times 10^{-11}$$

$$HCO_3^- + H_2O \rightleftharpoons OH^- + H_2CO_3$$

$$K_{b_2}^{\ominus} = \frac{K_w^{\ominus}}{K_{a_1}^{\ominus}} = \frac{1.0 \times 10^{-14}}{4.2 \times 10^{-7}} = 2.38 \times 10^{-8}$$

因为 $K_{b_2}^{\ominus} > K_{a_2}^{\ominus}$，说明 HCO_3^- 接受质子的能力比其给出质子的能力强，故 $NaHCO_3$ 溶液呈弱碱性。

6.2 酸碱水溶液酸度的计算

酸度是指溶液中 H^+（或 OH^-）的浓度，常用 pH(或 pOH) 表示。酸的浓度是指酸的总浓度，又叫分析浓度，是某溶液中所含的酸或碱的物质的量浓度，常用符号 c 表示。本节从酸碱平衡系统出发，重点讨论一元弱酸（碱）、多元弱酸（碱）、两性物质水溶液酸度的计算，在推导出 H^+ 浓度的精确计算公式的基础上，根据具体情况及计算允许误差（相对误差≤5%）对精确式合理简化，从而得到近似式，直至最简式。

6.2.1 质子条件式

根据酸碱质子理论，当酸碱反应达到平衡时，酸给出质子的数目必然与碱得到质子的数目相等，这种相等关系式称为质子条件式（PBE，proton balance equation），又称为质子平衡方程。据此可处理酸碱平衡的有关计算。

根据酸碱反应得失质子相等关系可以直接写出质子条件式。首先，从酸碱平衡系统中选取质子参考水准（又称为零水准，zero level），它们是溶液中大量存在并参与质子传递的物质，通常是起始酸碱组分，包括溶剂分子。其次，根据质子参考水准判断得失质子的产物及其得失质子的量。最后，根据得失质子的量相等的原则，得质子产物的物质的量浓度之和等于失质子产物的物质的量浓度之和，写出质子条件式。

例如，在一元弱酸 HAc 水溶液中，大量存在并参与质子传递的组分为 HAc 和 H_2O，因此它们就是质子参考水准，它们得失质子情况如下：

$$\begin{array}{ccccc} & \text{失质子} & & \text{得质子} & \\ OH^- & \xleftarrow{-H^+} & H_2O & \xrightarrow{+H^+} & H_3O^+ \quad (\text{可简写为 } H^+) \\ Ac^- & \xleftarrow{-H^+} & HAc & & \end{array}$$

所以，HAc 水溶液的质子条件式为：

$$c(H^+)=c(Ac^-)+c(OH^-)$$

再如，Na_2HPO_4 水溶液中，大量存在并参与质子传递的组分为 HPO_4^{2-} 和 H_2O，因此它们就是质子参考水准，它们的得失质子情况如下：

$$\begin{array}{ccccc} & \text{失质子} & & \text{得质子} & \\ & & HPO_4^{2-} & \xrightarrow{+H^+} & H_2PO_4^- \\ PO_4^{3-} & \xleftarrow{-H^+} & HPO_4^{2-} & \xrightarrow{+2H^+} & H_3PO_4 \\ OH^- & \xleftarrow{-H^+} & H_2O & \xrightarrow{+H^+} & H_3O^+ \end{array}$$

所以，Na_2HPO_4 水溶液的质子条件式为：

$$c(H^+)+c(H_2PO_4^-)+2c(H_3PO_4)=c(PO_4^{3-})+c(OH^-)$$

应注意的是，质子条件式中不应出现质子参考水准本身和与质子转移无关的组分，对于得失质子产物，应在质子条件式中其浓度前乘以相应的得失质子数。

【例 6-3】 写出 NH_4HCO_3 水溶液的质子条件式。

解： 选取 NH_4^+、HCO_3^- 和 H_2O 为质子参考水准，它们得失质子情况如下：

$$\begin{array}{ccccc} & \text{失质子} & & \text{得质子} & \\ CO_3^{2-} & \xleftarrow{-H^+} & HCO_3^- & \xrightarrow{+H^+} & H_2CO_3 \\ NH_3 & \xleftarrow{-H^+} & NH_4^+ & & \\ OH^- & \xleftarrow{-H^+} & H_2O & \xrightarrow{+H^+} & H_3O^+ \end{array}$$

质子条件式为 $c(H^+)+c(H_2CO_3)=c(CO_3^{2-})+c(NH_3)+c(OH^-)$

【例 6-4】 写出 NH_4NaHPO_4 水溶液的质子条件式。

解： 选取 HPO_4^{2-}、H_2O 和 NH_4^+ 为质子参考水准，它们得失质子情况如下。

$$\begin{array}{ccccccc} & \text{失质子} & & \text{得质子} & & & \\ NH_3 & \xleftarrow{-H^+} & NH_4^+ & & & & \\ PO_4^{3-} & \xleftarrow{-H^+} & HPO_4^{2-} & \xrightarrow{+H^+} & H_2PO_4^- & \xrightarrow{+H^+} & H_3PO_4 \\ OH^- & \xleftarrow{-H^+} & H_2O & \xrightarrow{+H^+} & H_3O^+ & & \end{array}$$

质子条件式为 $c(H^+)+c(H_2PO_4^-)+2c(H_3PO_4)=c(PO_4^{3-})+c(NH_3)+c(OH^-)$

【例 6-5】 写出浓度为 c 的强酸 HNO_3 水溶液的质子条件式。

解： 选取 HNO_3 和 H_2O 为质子参考水准，它们得失质子情况如下。

$$OH^- \xleftarrow[\text{失质子}]{-H^+} H_2O \xrightarrow[\text{得质子}]{+H^+} H_3O^+$$

$$NO_3^- \xleftarrow{-H^+} HNO_3$$

质子条件式为 $c(H^+)=c(NO_3^-)+c(OH^-)$

即 $c(H^+)=c+c(OH^-)$

6.2.2　酸度对弱酸（碱）各型体分布的影响

在酸碱的解离平衡系统中，溶液中存在多种酸碱组分。当溶液酸度发生变化时，各型体（组分）的平衡浓度也随之发生变化。各型体的平衡浓度占总浓度的分数称为该型体的分布系数，用 δ 来表示。分布系数 δ 与溶液 pH 的关系曲线称为分布曲线。

(1) 一元弱酸（碱）水溶液中各型体的分布

以一元弱酸 HAc 为例进行讨论，设其总浓度为 c，在水溶液中达到解离平衡后，以 HAc 和 Ac^- 两种型体存在，各型体分布系数分别为 $\delta(HAc)$、$\delta(Ac^-)$，则

$$c=c(HAc)+c(Ac^-)$$

$$HAc \rightleftharpoons H^+ + Ac^- \qquad K_a^\ominus=\frac{[c(Ac^-)/c^\ominus][c(H^+)/c^\ominus]}{c(HAc)/c^\ominus}$$

根据分布系数的定义有：

$$\delta(HAc)=\frac{c(HAc)}{c}=\frac{c(HAc)}{c(HAc)+c(Ac^-)}=\frac{1}{1+\dfrac{c(Ac^-)}{c(HAc)}}=\frac{c(H^+)}{c(H^+)+K_a^\ominus c^\ominus} \tag{6-4}$$

$$\delta(Ac^-)=\frac{c(Ac^-)}{c}=\frac{c(Ac^-)}{c(HAc)+c(Ac^-)}=\frac{\dfrac{c(Ac^-)}{c(HAc)}}{1+\dfrac{c(Ac^-)}{c(HAc)}}=\frac{K_a^\ominus c^\ominus}{c(H^+)+K_a^\ominus c^\ominus} \tag{6-5}$$

显然有：　$\delta(HAc)+\delta(Ac^-)=1$

由以上分布系数的表达式可知，在一定温度下，对于给定的一元弱酸而言，其各型体分布系数的大小只与 H^+ 的浓度即溶液的酸度有关，而与弱酸的分析浓度（总浓度）无关。

【例 6-6】 计算 pH=5.00 时，$0.10\text{mol}\cdot L^{-1}$ 的 HAc 溶液中各型体的分布系数及平衡浓度。

解： pH=5.00 时

$$\delta(HAc)=\frac{c(H^+)}{c(H^+)+K_a^\ominus c^\ominus}=\frac{1.0\times10^{-5}\text{mol}\cdot L^{-1}}{1.0\times10^{-5}\text{mol}\cdot L^{-1}+1.8\times10^{-5}\times1\text{mol}\cdot L^{-1}}=0.36$$

$$\delta(Ac^-)=\frac{K_a^\ominus c^\ominus}{c(H^+)+K_a^\ominus c^\ominus}=\frac{1.8\times10^{-5}\times1\text{mol}\cdot L^{-1}}{1.0\times10^{-5}\text{mol}\cdot L^{-1}+1.8\times10^{-5}\times1\text{mol}\cdot L^{-1}}=0.64$$

或　$\delta(Ac^-)=1-\delta(HAc)=1-0.36=0.64$

$$c(HAc)=c\delta(HAc)=0.10\text{mol}\cdot L^{-1}\times0.36=0.036\text{mol}\cdot L^{-1}$$

$$c(Ac^-)=c\delta(Ac^-)=0.10\text{mol}\cdot L^{-1}\times0.64=0.064\text{mol}\cdot L^{-1}$$

按照同样的方法可以计算出不同 pH 时的 $\delta(HAc)$ 和 $\delta(Ac^-)$ 值，然后以 pH 值为横坐标，以 δ 为纵坐标，绘制 HAc 两种型体的 δ-pH 曲线，此图称为 HAc 的型体分布图（图

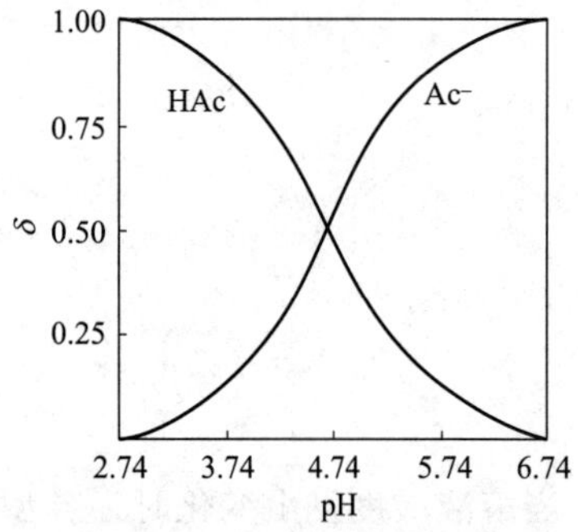

图 6-1 HAc 的各型体分布图

6-1)。

当 $pH=pK_a^{\ominus}$ 时：$\delta(HAc)=\delta(Ac^-)$，$c(HAc)=c(Ac^-)$，即两种型体浓度相等。当 $pH<pK_a^{\ominus}$ 时：$\delta(HAc)>\delta(Ac^-)$，$c(HAc)>c(Ac^-)$，HAc 为主要型体。当 $pH>pK_a^{\ominus}$ 时：$\delta(HAc)<\delta(Ac^-)$，$c(HAc)<c(Ac^-)$，Ac^- 为主要型体。通过控制溶液的酸度可得到所需的存在型体。

对于一元弱碱 A^-，根据其共轭酸 HA 的 $K_a^{\ominus}$，同样可以推导出其水溶液中各型体的分布系数。例如 NH_3 的水溶液中，

$$\delta(NH_4^+)=\frac{c(H^+)}{c(H^+)+K_a^{\ominus}(NH_4^+)c^{\ominus}}=\frac{K_b^{\ominus}(NH_3)c^{\ominus}}{c(OH^-)+K_b^{\ominus}(NH_3)c^{\ominus}}$$

$$\delta(NH_3)=\frac{K_a^{\ominus}(NH_4^+)c^{\ominus}}{c(H^+)+K_a^{\ominus}(NH_4^+)c^{\ominus}}=\frac{c(OH^-)}{c(OH^-)+K_b^{\ominus}(NH_3)c^{\ominus}}$$

(2) 多元弱酸（碱）水溶液中各型体的分布

以二元弱酸 $H_2C_2O_4$ 为例讨论二元弱酸在水溶液中各型体的分布。设其总浓度为 c，达到解离平衡后，以 $H_2C_2O_4$、$HC_2O_4^-$、$C_2O_4^{2-}$ 三种型体存在，各型体的分布系数分别为 $\delta(H_2C_2O_4)$、$\delta(HC_2O_4^-)$、$\delta(C_2O_4^{2-})$，则

$$c=c(H_2C_2O_4)+c(HC_2O_4^-)+c(C_2O_4^{2-})$$

$$H_2C_2O_4 \rightleftharpoons H^+ + HC_2O_4^- \qquad K_{a_1}^{\ominus}=\frac{[c(HC_2O_4^-)/c^{\ominus}][c(H^+)/c^{\ominus}]}{c(H_2C_2O_4)/c^{\ominus}}$$

$$HC_2O_4^- \rightleftharpoons H^+ + C_2O_4^{2-} \qquad K_{a_2}^{\ominus}=\frac{[c(C_2O_4^{2-})/c^{\ominus}][c(H^+)/c^{\ominus}]}{c(HC_2O_4^-)/c^{\ominus}}$$

$$K_{a_1}^{\ominus}K_{a_2}^{\ominus}=\frac{[c(C_2O_4^{2-})/c^{\ominus}][c(H^+)/c^{\ominus}]^2}{c(H_2C_2O_4)/c^{\ominus}}$$

根据分布系数的定义，有：

$$\delta(H_2C_2O_4)=\frac{c(H_2C_2O_4)}{c}=\frac{c(H_2C_2O_4)}{c(H_2C_2O_4)+c(HC_2O_4^-)+c(C_2O_4^{2-})}=\frac{1}{1+\dfrac{c(HC_2O_4^-)}{c(H_2C_2O_4)}+\dfrac{c(C_2O_4^{2-})}{c(H_2C_2O_4)}}$$

$$=\frac{1}{1+\dfrac{K_{a_1}^{\ominus}c^{\ominus}}{c(H^+)}+\dfrac{K_{a_1}^{\ominus}K_{a_2}^{\ominus}(c^{\ominus})^2}{c^2(H^+)}}=\frac{c^2(H^+)}{c^2(H^+)+K_{a_1}^{\ominus}c^{\ominus}c(H^+)+K_{a_1}^{\ominus}K_{a_2}^{\ominus}(c^{\ominus})^2} \quad (6\text{-}6)$$

同理可得：

$$\delta(HC_2O_4^-)=\frac{c(HC_2O_4^-)}{c}=\frac{K_{a_1}^{\ominus}c^{\ominus}c(H^+)}{c^2(H^+)+K_{a_1}^{\ominus}c^{\ominus}c(H^+)+K_{a_1}^{\ominus}K_{a_2}^{\ominus}(c^{\ominus})^2} \quad (6\text{-}7)$$

$$\delta(C_2O_4^{2-})=\frac{c(C_2O_4^{2-})}{c}=\frac{K_{a_1}^{\ominus}K_{a_2}^{\ominus}(c^{\ominus})^2}{c^2(H^+)+K_{a_1}^{\ominus}c^{\ominus}c(H^+)+K_{a_1}^{\ominus}K_{a_2}^{\ominus}(c^{\ominus})^2} \quad (6\text{-}8)$$

即：$\delta(H_2C_2O_4)+\delta(HC_2O_4^-)+\delta(C_2O_4^{2-})=1$

同样以 pH 为横坐标，以 δ 为纵坐标，绘制二元弱酸 $H_2C_2O_4$ 各种型体的 δ-pH 曲线，可得 $H_2C_2O_4$ 的型体分布图 6-2。

从图 6-2 可知，当 $pH < pK_{a_1}^{\ominus}$ 时，$H_2C_2O_4$ 为主要存在型体；当 $pK_{a_1}^{\ominus} < pH < pK_{a_2}^{\ominus}$ 时，$HC_2O_4^-$ 为主要存在型体；当 $pH > pK_{a_2}^{\ominus}$ 时，$C_2O_4^{2-}$ 为主要存在型体。

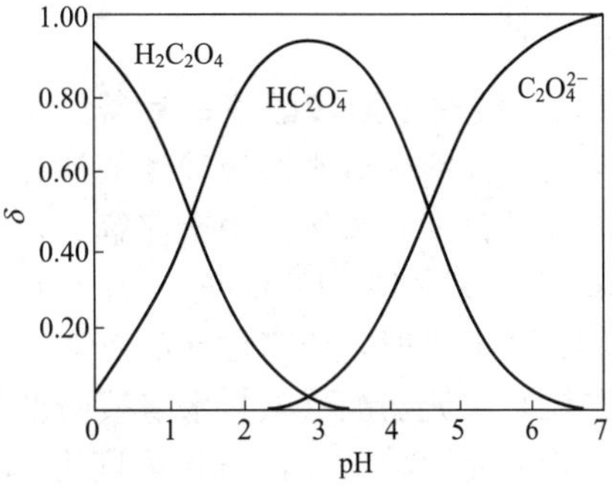

图 6-2　$H_2C_2O_4$ 的各型体分布图

同理可以推导出三元弱酸 H_3PO_4 其水溶液中各种存在型体的分布系数。

$$\delta(H_3PO_4)=\frac{c(H_3PO_4)}{c}=\frac{c^3(H^+)}{c^3(H^+)+K_{a_1}^{\ominus}c^{\ominus}c^2(H^+)+K_{a_1}^{\ominus}K_{a_2}^{\ominus}(c^{\ominus})^2c(H^+)+K_{a_1}^{\ominus}K_{a_2}^{\ominus}K_{a_3}^{\ominus}(c^{\ominus})^3}$$

$$\delta(H_2PO_4^-)=\frac{c(H_2PO_4^-)}{c}=\frac{K_{a_1}^{\ominus}c^{\ominus}c^2(H^+)}{c^3(H^+)+K_{a_1}^{\ominus}c^{\ominus}c^2(H^+)+K_{a_1}^{\ominus}K_{a_2}^{\ominus}(c^{\ominus})^2c(H^+)+K_{a_1}^{\ominus}K_{a_2}^{\ominus}K_{a_3}^{\ominus}(c^{\ominus})^3}$$

$$\delta(HPO_4^{2-})=\frac{c(HPO_4^{2-})}{c}=\frac{K_{a_1}^{\ominus}K_{a_2}^{\ominus}(c^{\ominus})^2c(H^+)}{c^3(H^+)+K_{a_1}^{\ominus}c^{\ominus}c^2(H^+)+K_{a_1}^{\ominus}K_{a_2}^{\ominus}(c^{\ominus})^2c(H^+)+K_{a_1}^{\ominus}K_{a_2}^{\ominus}K_{a_3}^{\ominus}(c^{\ominus})^3}$$

$$\delta(PO_4^{3-})=\frac{c(PO_4^{3-})}{c}=\frac{K_{a_1}^{\ominus}K_{a_2}^{\ominus}K_{a_3}^{\ominus}(c^{\ominus})^3}{c^3(H^+)+K_{a_1}^{\ominus}c^{\ominus}c^2(H^+)+K_{a_1}^{\ominus}K_{a_2}^{\ominus}(c^{\ominus})^2c(H^+)+K_{a_1}^{\ominus}K_{a_2}^{\ominus}K_{a_3}^{\ominus}(c^{\ominus})^3}$$

且有：$\delta(H_3PO_4)+\delta(H_2PO_4^-)+\delta(HPO_4^{2-})+\delta(PO_4^{3-})=1$

采用同样的方法可以绘制出三元弱酸 H_3PO_4 的各型体分布图，见图 6-3。可以从图形来判断不同 pH 值时 H_3PO_4 存在的主要型体。

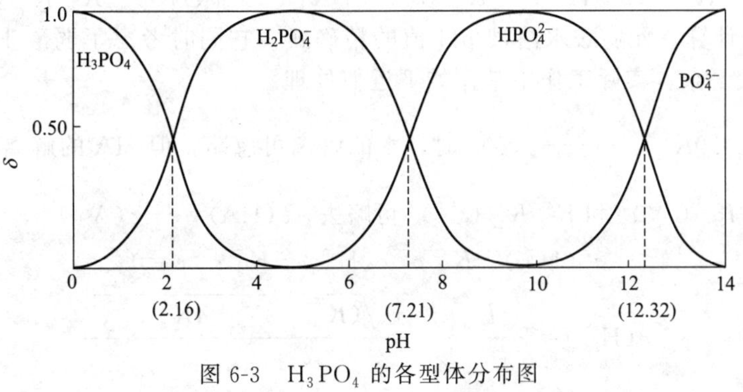

图 6-3　H_3PO_4 的各型体分布图

比较 $H_2C_2O_4$ 和 H_3PO_4 的各型体分布图可以看出，$\delta(H_2PO_4^-)$ 和 $\delta(HPO_4^{2-})$ 的最大值近似达到 100%，而 $\delta(HC_2O_4^-)$ 的最大值明显低于 100%，即 $H_2C_2O_4$ 和 $C_2O_4^{2-}$ 的存在都不能忽略。这是因为 H_3PO_4 的相邻二级解离常数相差较大，而 $H_2C_2O_4$ 的 $K_{a_1}^{\ominus}$ 和 $K_{a_2}^{\ominus}$ 相差较小的缘故。若向 H_3PO_4 溶液中滴加 NaOH 溶液，可使之近 100%分别定量转化为 $H_2PO_4^-$ 和 HPO_4^{2-}。而向 $H_2C_2O_4$ 溶液中滴加 NaOH 溶液，则在其未完全转化为 $HC_2O_4^-$ 时，已有大量 $C_2O_4^{2-}$ 生成，也就是说 $H_2C_2O_4$ 不能完全定量转化为 $HC_2O_4^-$。

从二元弱酸、三元弱酸的水溶液中各存在型体分布系数的表达式来看，在一定温度下，对于给定的弱酸而言，其各型体的分布系数的大小只与 H^+ 的浓度即溶液的酸度有关，而与弱酸的分析浓度（总浓度）无关，实际工作中常通过控制溶液的酸度得到所需要的型体。

6.2.3 酸碱水溶液酸度的计算

（1）强酸强碱水溶液酸度的计算

强酸强碱在水溶液中全部解离，一般情况下酸度即是酸的浓度。如 $0.010\text{mol}\cdot\text{L}^{-1}$ HCl 溶液的酸度（即 H^+ 浓度）为 $0.010\text{mol}\cdot\text{L}^{-1}$，pH = 2.00。如果强酸强碱的浓度小于 $10^{-6}\text{mol}\cdot\text{L}^{-1}$时，应考虑水的解离。

（2）一元弱酸（碱）水溶液酸度的计算

设一元弱酸 HA 的分析浓度为 c，其解离平衡如下

$$HA \rightleftharpoons H^+ + A^-$$

质子条件式为：$c(H^+)=c(A^-)+c(OH^-)$

因为 $K_w^{\ominus}=\dfrac{c(H^+)}{c^{\ominus}}\times\dfrac{c(OH^-)}{c^{\ominus}}$，则 $c(OH^-)=\dfrac{K_w^{\ominus}(c^{\ominus})^2}{c(H^+)}$

$K_a^{\ominus}=\dfrac{[c(A^-)/c^{\ominus}][c(H^+)/c^{\ominus}]}{c(HA)/c^{\ominus}}$，则 $c(A^-)=\dfrac{K_a^{\ominus}c^{\ominus}c(HA)}{c(H^+)}$

所以
$$c(H^+)=\frac{K_a^{\ominus}c^{\ominus}c(HA)}{c(H^+)}+\frac{K_w^{\ominus}(c^{\ominus})^2}{c(H^+)}$$

$$c(H^+)=\sqrt{K_a^{\ominus}c^{\ominus}c(HA)+K_w^{\ominus}(c^{\ominus})^2}$$

其中 $c(HA)$ 是平衡浓度，它与总浓度 c 的关系为

$$c(HA)=c\delta(HA)=c\times\frac{c(H^+)}{c(H^+)+K_a^{\ominus}c^{\ominus}}$$

将该式代入上式展开后整理得

$$c^3(H^+)+K_a^{\ominus}c^{\ominus}c^2(H^+)-[K_w^{\ominus}(c^{\ominus})^2+K_a^{\ominus}c^{\ominus}c]c(H^+)-K_a^{\ominus}K_w^{\ominus}(c^{\ominus})^3=0 \quad (6\text{-}9)$$

式(6-9) 是计算一元弱酸水溶液 pH 值的精确式，它同时考虑了弱酸 HA 和水的解离，但求解此方程较复杂，实际工作中常作如下近似处理。

① 当$\dfrac{K_a^{\ominus}c}{c^{\ominus}}\geqslant 20K_w^{\ominus}$，$\dfrac{c}{K_a^{\ominus}c^{\ominus}}<500$ 时，水的解离可忽略，但 HA 的解离度较大，不可忽略，式(6-9) 中 $K_w^{\ominus}(c^{\ominus})^2$ 和 $K_a^{\ominus}K_w^{\ominus}(c^{\ominus})^3$ 可略去，$c(HA)=c-c(A^-)\approx c-c(H^+)$，即有：

$$c^2(H^+)+K_a^{\ominus}c^{\ominus}c(H^+)-K_a^{\ominus}c^{\ominus}c=0$$

$$c(H^+)=\frac{-K_a^{\ominus}c^{\ominus}+\sqrt{(K_a^{\ominus}c^{\ominus})^2+4K_a^{\ominus}c^{\ominus}c}}{2} \quad (6\text{-}10)$$

② 当$\dfrac{K_a^{\ominus}c}{c^{\ominus}}\geqslant 20K_w^{\ominus}$，$\dfrac{c}{K_a^{\ominus}c^{\ominus}}\geqslant 500$ 时，水的解离可忽略，且 HA 的解离度较小，$c(HA)=c-c(A^-)\approx c$，即有：

$$c(H^+)=\sqrt{K_a^{\ominus}c^{\ominus}c} \quad (6\text{-}11)$$

此式是计算一元弱酸溶液酸度的最简式。

③ 当$\dfrac{K_a^{\ominus}c}{c^{\ominus}}<20K_w^{\ominus}$，$\dfrac{c}{K_a^{\ominus}c^{\ominus}}\geqslant 500$ 时，水的解离不可忽略，但 HA 的解离度较小，$c(HA)=c-c(A^-)\approx c$，即有：

$$c(H^+)=\sqrt{K_a^{\ominus}c^{\ominus}c+K_w^{\ominus}(c^{\ominus})^2} \quad (6\text{-}12)$$

【例 6-7】 计算常温下 $0.10\text{mol}\cdot\text{L}^{-1}NH_4Cl$ 水溶液的 pH 值，已知 $K_a^{\ominus}(NH_4^+)=$

5.6×10^{-10}。

解：由于 $\dfrac{K_a^{\ominus}c}{c^{\ominus}}=\dfrac{5.6\times10^{-10}\times0.10\text{mol}\cdot\text{L}^{-1}}{1\text{mol}\cdot\text{L}^{-1}}=5.6\times10^{-11}>20K_w^{\ominus}$，

$\dfrac{c}{K_a^{\ominus}c^{\ominus}}=\dfrac{0.10\text{mol}\cdot\text{L}^{-1}}{5.6\times10^{-10}\times1\text{mol}\cdot\text{L}^{-1}}=1.8\times10^{8}>500$，所以

$$c(\text{H}^+)=\sqrt{K_a^{\ominus}c^{\ominus}c}=\sqrt{5.6\times10^{-10}\times1\times0.10}=7.5\times10^{-6}\ (\text{mol}\cdot\text{L}^{-1})$$

$$\text{pH}=5.12$$

【例 6-8】 计算常温下 $0.10\text{mol}\cdot\text{L}^{-1}$ 一氯乙酸（$CH_2ClCOOH$）水溶液的 pH 值。

解：已知 $K_a^{\ominus}(CH_2ClCOOH)=1.38\times10^{-3}$

由于 $\dfrac{K_a^{\ominus}c}{c^{\ominus}}=\dfrac{1.38\times10^{-3}\times0.10\text{mol}\cdot\text{L}^{-1}}{1\text{mol}\cdot\text{L}^{-1}}=1.38\times10^{-4}>20K_w^{\ominus}$

$\dfrac{c}{K_a^{\ominus}c^{\ominus}}=\dfrac{0.10\text{mol}\cdot\text{L}^{-1}}{1.38\times10^{-3}\times1\text{mol}\cdot\text{L}^{-1}}=72.5<500$，所以采用近似式(6-10) 计算。

$$c(\text{H}^+)=\frac{-K_a^{\ominus}c^{\ominus}+\sqrt{(K_a^{\ominus}c^{\ominus})^2+4K_a^{\ominus}c^{\ominus}c}}{2}$$

$$=\frac{-1.38\times10^{-3}\times1+\sqrt{(1.38\times10^{-3}\times1)^2+4\times1.38\times10^{-3}\times1\times0.10}}{2}$$

$$=1.04\times10^{-2}(\text{mol}\cdot\text{L}^{-1})$$

$$\text{pH}=1.98$$

同理，按照一元弱酸水溶液 pH 值计算的处理方法，可得一元弱碱水溶液 pH 值计算的精确式与近似式。

$$c(\text{OH}^-)=\sqrt{K_b^{\ominus}c^{\ominus}c}\qquad(6\text{-}13)$$

【例 6-9】 计算常温下 $0.10\text{mol}\cdot\text{L}^{-1}$ NaCN 水溶液的 pH 值。

解：已知 HCN 的 $K_a^{\ominus}(HCN)=6.2\times10^{-10}$

则，CN^- 的 $K_b^{\ominus}=\dfrac{K_w^{\ominus}}{K_a^{\ominus}}=\dfrac{1.0\times10^{-14}}{6.2\times10^{-10}}=1.6\times10^{-5}$

由于 $\dfrac{K_b^{\ominus}c}{c^{\ominus}}=\dfrac{1.6\times10^{-5}\times0.10\text{mol}\cdot\text{L}^{-1}}{1\text{mol}\cdot\text{L}^{-1}}=1.6\times10^{-6}>20K_w^{\ominus}$

$\dfrac{c}{K_b^{\ominus}c^{\ominus}}=\dfrac{0.10\text{mol}\cdot\text{L}^{-1}}{1.6\times10^{-5}\times1\text{mol}\cdot\text{L}^{-1}}=6.2\times10^{3}>500$，所以

$$c(\text{OH}^-)=\sqrt{K_b^{\ominus}c^{\ominus}c}=\sqrt{1.6\times10^{-5}\times1\times0.10}=1.3\times10^{-3}(\text{mol}\cdot\text{L}^{-1})$$

$$\text{pOH}=2.89\qquad \text{pH}=11.11$$

(3) 多元弱酸（碱）水溶液酸度的计算

多元弱酸（碱）是分步解离的，每一级都有相应的质子转移平衡常数，其 $K_{a_1}^{\ominus}(K_{b_1}^{\ominus})>K_{a_2}^{\ominus}(K_{b_2}^{\ominus})>\cdots>K_{a_n}^{\ominus}(K_{b_n}^{\ominus})$，可近似地将溶液中 $H^+(OH^-)$ 看成主要由第一级解离生成，忽略其他各级解离，因此可按一元弱酸（碱）处理。相应的计算公式可将一元弱酸中的 $K_a^{\ominus}$（$K_b^{\ominus}$）换成 $K_{a_1}^{\ominus}(K_{b_1}^{\ominus})$，即

$$c(H^+)=\sqrt{K_{a_1}^{\ominus}c^{\ominus}c} \tag{6-14}$$

$$c(OH^-)=\sqrt{K_{b_1}^{\ominus}c^{\ominus}c} \tag{6-15}$$

【例 6-10】 计算常温下 $0.10mol \cdot L^{-1}$ H_2S 水溶液的 H^+ 与 S^{2-} 的浓度。

解： 已知 H_2S 的 $K_{a_1}^{\ominus}=1.2\times10^{-7}$，$K_{a_2}^{\ominus}=1.0\times10^{-14}$

因为
$$\frac{K_{a_1}^{\ominus}c}{c^{\ominus}}=\frac{1.2\times10^{-7}\times0.10mol \cdot L^{-1}}{1mol \cdot L^{-1}}=1.2\times10^{-8}>20K_w^{\ominus}$$

$$\frac{c}{K_{a_1}^{\ominus}c^{\ominus}}=\frac{0.10mol \cdot L^{-1}}{1.2\times10^{-7}\times1mol \cdot L^{-1}}=8.3\times10^5>500$$

所以 $c(H^+)=\sqrt{K_{a_1}^{\ominus}c^{\ominus}c}=\sqrt{1.2\times10^{-7}\times1\times0.1}=1.1\times10^{-4}$ $(mol \cdot L^{-1})$

$$pH=4.0$$

H_2S 的解离平衡为

$$H_2S \rightleftharpoons H^+ + HS^-,\ K_{a_1}^{\ominus}=\frac{[c(HS^-)/c^{\ominus}][c(H^+)/c^{\ominus}]}{c(H_2S)/c^{\ominus}}$$

$$HS^- \rightleftharpoons H^+ + S^{2-},\ K_{a_2}^{\ominus}=\frac{[c(S^{2-})/c^{\ominus}][c(H^+)/c^{\ominus}]}{c(HS^-)/c^{\ominus}}$$

$$K_{a_1}^{\ominus}K_{a_2}^{\ominus}=\frac{[c(S^{2-})/c^{\ominus}][c(H^+)/c^{\ominus}]^2}{c(H_2S)/c^{\ominus}}$$

$$c(S^{2-})=\frac{K_{a_1}^{\ominus}K_{a_2}^{\ominus}(c^{\ominus})^2c(H_2S)}{c^2(H^+)}$$

由于 H_2S 的解离度很小，有 $c(H_2S)\approx c$，因此

$$\begin{aligned}c(S^{2-})&=\frac{K_{a_1}^{\ominus}K_{a_2}^{\ominus}(c^{\ominus})^2c}{c^2(H^+)}\\&=\frac{1.2\times10^{-7}\times1.0\times10^{-14}\times(1mol \cdot L^{-1})^2\times0.10mol \cdot L^{-1}}{(1.1\times10^{-4}mol \cdot L^{-1})^2}\\&=1.0\times10^{-14}mol \cdot L^{-1}\end{aligned}$$

S^{2-} 的浓度也可由第二步解离平衡计算：由于第二步解离的 H^+ 相对于第一步解离的 H^+ 可忽略不计，则 $c(H^+)\approx c(HS^-)$，由第二步解离常数可知，$c(S^{2-})\approx K_{a_2}^{\ominus}=1.0\times10^{-14}mol \cdot L^{-1}$。也就是说，对于二元弱酸，如果 $K_{a_1}^{\ominus}\gg K_{a_2}^{\ominus}$，则其酸根离子浓度近似等于 $K_{a_2}^{\ominus}$。若溶液中 H^+ 不仅来自 H_2S 的解离时，$c(H^+)\neq c(HS^-)$，此时 S^{2-} 的浓度必须用第一种方法计算。

【例 6-11】 计算常温下 $0.10mol \cdot L^{-1}$ H_3PO_4 水溶液的 pH 值。

解： 已知 H_3PO_4 的 $K_{a_1}^{\ominus}=7.52\times10^{-3}$，$K_{a_2}^{\ominus}=6.23\times10^{-8}$，$K_{a_3}^{\ominus}=2.2\times10^{-13}$

因为
$$\frac{K_{a_1}^{\ominus}c}{c^{\ominus}}=\frac{7.52\times10^{-3}\times0.10mol \cdot L^{-1}}{1mol \cdot L^{-1}}=7.52\times10^{-4}>20K_w^{\ominus}$$

$$\frac{c}{K_{a_1}^{\ominus}c^{\ominus}}=\frac{0.10mol \cdot L^{-1}}{7.52\times10^{-3}\times1mol \cdot L^{-1}}=13.3<500$$

所以，水的解离和 H_3PO_4 第二、三级解离均可忽略，但其第一级解离不能忽略。因此据式(6-10) 有

$$c(H^+)=\frac{-K_{a_1}^{\ominus}c^{\ominus}+\sqrt{(K_{a_1}^{\ominus}c^{\ominus})^2+4K_{a_1}^{\ominus}c^{\ominus}c}}{2}$$

$$=\frac{-7.52\times10^{-3}\times1+\sqrt{(7.52\times10^{-3}\times1)^2+4\times7.52\times10^{-3}\times1\times0.10}}{2}$$

$$=2.39\times10^{-2}(\text{mol}\cdot\text{L}^{-1})$$

$$\text{pH}=1.62$$

【例 6-12】 计算常温下 $0.1\text{mol}\cdot\text{L}^{-1}$ Na_2CO_3 水溶液的 pH 值。

解： 已知 CO_3^{2-} 的

$$K_{b_1}^{\ominus}=\frac{K_w^{\ominus}}{K_{a_2}^{\ominus}(H_2CO_3)}=\frac{1.0\times10^{-14}}{5.6\times10^{-11}}=1.8\times10^{-4},K_{b_2}^{\ominus}=\frac{K_w^{\ominus}}{K_{a_1}^{\ominus}(H_2CO_3)}=\frac{1.0\times10^{-14}}{4.3\times10^{-7}}=2.3\times10^{-8}$$

因为 $\dfrac{K_{b_1}^{\ominus}c}{c^{\ominus}}=\dfrac{1.8\times10^{-4}\times0.1\text{mol}\cdot\text{L}^{-1}}{1\text{mol}\cdot\text{L}^{-1}}=1.8\times10^{-5}>20K_w^{\ominus}$

$$\frac{c}{K_{b_1}^{\ominus}c^{\ominus}}=\frac{0.1\text{mol}\cdot\text{L}^{-1}}{1.8\times10^{-4}\times1\text{mol}\cdot\text{L}^{-1}}=5.6\times10^{2}>500$$

$$c(OH^-)=\sqrt{K_{b_1}^{\ominus}c^{\ominus}c}=\sqrt{1.8\times10^{-4}\times1\times0.1}=4.2\times10^{-3}(\text{mol}\cdot\text{L}^{-1})$$

$$\text{pOH}=2.38,\ \text{pH}=11.62$$

(4) 两性物质水溶液酸度的计算

两性物质是指既能接受质子又能给出质子的物质。除 H_2O 之外，常见的两性物质有酸式盐如 $NaHCO_3$、Na_2HPO_4、NaH_2PO_4 及弱酸弱碱盐 NH_4Ac 等。

以二元弱酸的酸式盐 NaHA 的水溶液为例。分析浓度为 c 的两性物质的水溶液的 PBE 为：

$$c(H^+)+c(H_2A)=c(A^{2-})+c(OH^-)$$

即有：$c(H^+)+\dfrac{c(H^+)c(HA^-)}{K_{a_1}^{\ominus}c^{\ominus}}=\dfrac{K_{a_2}^{\ominus}c^{\ominus}c(HA^-)}{c(H^+)}+\dfrac{K_w^{\ominus}(c^{\ominus})^2}{c(H^+)}$

$$c(H^+)=\sqrt{\frac{[K_{a_2}^{\ominus}c(HA^-)+K_w^{\ominus}c^{\ominus}]K_{a_1}^{\ominus}(c^{\ominus})^2}{K_{a_1}^{\ominus}c^{\ominus}+c(HA^-)}}\tag{6-16}$$

上式即为计算两性物质 HA^- 水溶液的 H^+ 浓度的精确式。

一般情况下，HA^- 进一步酸式解离与碱式解离的倾向都较小（即 $K_{a_2}^{\ominus}$，$K_{b_2}^{\ominus}$ 都很小），因此有 $c(HA^-)\approx c$，则式(6-16) 可简化为：

$$c(H^+)=\sqrt{\frac{(K_{a_2}^{\ominus}c+K_w^{\ominus}c^{\ominus})K_{a_1}^{\ominus}(c^{\ominus})^2}{K_{a_1}^{\ominus}c^{\ominus}+c}}\tag{6-17}$$

对于式(6-17) 还可作近似处理。

① 若 $K_{a_2}^{\ominus}c \geqslant 20K_w^{\ominus}c^{\ominus}$，$c \geqslant 20K_{a_1}^{\ominus}c^{\ominus}$，则

$$c(H^+)=\sqrt{K_{a_1}^{\ominus}K_{a_2}^{\ominus}(c^{\ominus})^2} \tag{6-18}$$

$$pH=\frac{1}{2}(pK_{a_1}^{\ominus}+pK_{a_2}^{\ominus})$$

② 若 $K_{a_2}^{\ominus}c \geqslant 20K_w^{\ominus}c^{\ominus}$，$c < 20K_{a_1}^{\ominus}c^{\ominus}$，则

$$c(H^+)=\sqrt{\frac{K_{a_1}^{\ominus}K_{a_2}^{\ominus}(c^{\ominus})^2c}{K_{a_1}^{\ominus}c^{\ominus}+c}} \tag{6-19}$$

③ 若 $K_{a_2}^{\ominus}c < 20K_w^{\ominus}c^{\ominus}$，$c \geqslant 20K_{a_1}^{\ominus}c^{\ominus}$，则

$$c(H^+)=\sqrt{\frac{(K_{a_2}^{\ominus}c+K_w^{\ominus}c^{\ominus})K_{a_1}^{\ominus}(c^{\ominus})^2}{c}} \tag{6-20}$$

上述公式中，$K_{a_2}^{\ominus}$ 相当于两性物质中酸组分的 $K_a^{\ominus}$，而 $K_{a_1}^{\ominus}$ 则相当于两性物质中碱组分的共轭酸的 $K_a^{\ominus}$。

对于酸碱组成比不为 1∶1 的弱酸弱碱盐的水溶液，如 $(NH_4)_2CO_3$、 $(NH_4)_2S$、$(NH_4)_2HPO_4$ 等，其溶液的 H^+ 浓度计算较为复杂，通常应根据具体情况，采用近似方法处理，在此不作过多的推导。

【例 6-13】 计算 $0.1mol \cdot L^{-1}$ Na_2HPO_4 水溶液的 pH 值。

解： 已知 H_3PO_4 的 $K_{a_2}^{\ominus}=6.3\times10^{-8}$，$K_{a_3}^{\ominus}=4.4\times10^{-13}$

由于 $K_{a_3}^{\ominus}c=4.4\times10^{-13}\times0.1mol \cdot L^{-1}=4.4\times10^{-14}\ mol \cdot L^{-1} < 20K_w^{\ominus}c^{\ominus}$

$c=0.1mol \cdot L^{-1} > 20K_{a_2}^{\ominus}c^{\ominus}$，所以应采用式(6-20) 计算，则：

$$c(H^+)=\sqrt{\frac{[K_{a_3}^{\ominus}c+K_w^{\ominus}c^{\ominus}]K_{a_2}^{\ominus}(c^{\ominus})^2}{c}}$$

$$=\sqrt{\frac{(4.4\times10^{-13}\times0.1+1.0\times10^{-14}\times1)\times6.3\times10^{-8}\times1^2}{0.1}}$$

$$=1.84\times10^{-10}\ (mol \cdot L^{-1})$$

pH=9.74

【例 6-14】 计算 $0.1mol \cdot L^{-1}$ NH_4Ac 水溶液的 pH 值。

解： 已知 HAc 的 $K_a^{\ominus}=1.8\times10^{-5}$，$NH_4^+$ 的 $K_a^{\ominus}=\dfrac{K_w^{\ominus}}{K_b^{\ominus}}=5.6\times10^{-10}$

由于 $K_a^{\ominus}c=5.6\times10^{-10}\times0.1mol \cdot L^{-1}=5.6\times10^{-11}\ mol \cdot L^{-1} > 20K_w^{\ominus}c^{\ominus}$

$c=0.1mol \cdot L^{-1} > 20K_a^{\ominus}c^{\ominus}$，所以应采用式(6-18) 计算，则

$$c(H^+)=\sqrt{K_a^{\ominus}(HAc)K_a^{\ominus}(NH_4^+)(c^{\ominus})^2}$$

$$=\sqrt{1.8\times10^{-5}\times5.6\times10^{-10}\times1^2}=1.00\times10^{-7}(mol \cdot L^{-1})$$

pH=7.00

6.3　酸碱平衡的移动

酸碱平衡与其他化学平衡一样是一个动态平衡，当外界条件改变时，旧的平衡就被破坏，平衡会发生移动，直至建立新的平衡。影响酸碱平衡的主要因素有稀释作用、同离子效应及盐效应。

6.3.1　稀释定律

不同类型的电解质在水溶液中的解离程度常用解离度来描述。解离度（ionization degree）就是电解质在水溶液中达到解离平衡时解离的百分率，用符号"α"表示，即

$$\alpha=\frac{\text{已解离的电解质分子数}}{\text{溶液中原有电解质分子总数}}\times 100\%$$

解离度是化学平衡中的转化率在弱电解质溶液体系中的具体表现形式，因此浓度对其有影响，溶液浓度越小，其解离度 α 越大。对于分析浓度为 c 的一元弱酸 HA，解离度为 α，其解离平衡如下：

	HA $\rightleftharpoons$	H^+ +	A^-
起始浓度/$mol\cdot L^{-1}$	c	0	0
平衡浓度/$mol\cdot L^{-1}$	$c(1-\alpha)$	$c\alpha$	$c\alpha$

$$K_a^{\ominus}=\frac{[c(A^-)/c^{\ominus}][c(H^+)/c^{\ominus}]}{c(HA)/c^{\ominus}}=\frac{c\alpha/c^{\ominus}\cdot c\alpha/c^{\ominus}}{c/c^{\ominus}\cdot(1-\alpha)}=\frac{c\alpha^2}{(1-\alpha)c^{\ominus}}$$

当$\dfrac{c}{K_a^{\ominus}}>500$ 时，$\alpha<5\%$，$1-\alpha\approx 1$，则有：

$$K_a^{\ominus}=\frac{c\alpha^2}{c^{\ominus}}\quad \text{或}\ \alpha=\sqrt{\frac{K_a^{\ominus}c^{\ominus}}{c}} \tag{6-21}$$

同理对于一元弱碱有：

$$K_b^{\ominus}=\frac{c\alpha^2}{c^{\ominus}}\quad \text{或}\ \alpha=\sqrt{\frac{K_b^{\ominus}c^{\ominus}}{c}} \tag{6-22}$$

式(6-21)、式(6-22) 称为稀释定律，它表明：在一定温度下，弱电解质的解离度与其浓度的平方根成反比，即溶液越稀，解离度越大。但须注意的是，弱酸或弱碱经稀释后，虽然解离度增大，但溶液中 H^+ 或 OH^- 的浓度是降低的，这是因为稀释时，解离度 α 增大的倍数总是小于溶液稀释的倍数。

除此之外，影响解离度的主要因素还有：①电解质的本性，电解质的极性越强，α 越大，反之 α 越小；②溶剂的极性，溶剂的极性越强，α 越大；③溶液的温度，解离是吸热过程，温度升高，α 略微增大；④其他电解质的存在也有一定的影响。

6.3.2　同离子效应与盐效应

(1) 同离子效应

在弱电解质溶液中加入含有与该弱电解质具有相同离子的强电解质，从而使弱电解质的

解离平衡朝着生成弱电解质分子的方向移动，弱电解质的解离度降低的现象称为同离子效应(common ion effect)。

例如往 $0.1mol \cdot L^{-1}$ HAc 溶液，滴加 1 滴甲基橙指示剂，溶液呈红色，表明试管中溶液的 pH 值小于 3.1，若再往该溶液中滴加 $1mol \cdot L^{-1}$ NaAc 溶液，随着 NaAc 用量的增加，可观察到溶液的颜色由红色逐渐变为黄色，表明溶液的 pH 值逐渐在升高，H^+ 的浓度在下降。这是由于强电解质 NaAc 在水溶液中完全解离为 Na^+ 和 Ac^-，从而使溶液中 Ac^- 的浓度增大，使 HAc 的解离平衡向生成 HAc 分子的方向移动，HAc 分子的浓度增大，而 H^+ 浓度减小，从而降低了 HAc 的解离度。

【例 6-15】 计算 $0.10mol \cdot L^{-1}$ HAc 水溶液的 pH 值和 HAc 的解离度 α。然后往溶液中加入固体 NaAc 使得 $c(NaAc)=0.10mol \cdot L^{-1}$，忽略体积变化，再计算溶液的 pH 值和 HAc 的解离度 α。已知 HAc 的 $K_a^\ominus=1.8\times10^{-5}$。

解：(1) 加入 NaAc 前

由于 $\dfrac{K_a^\ominus c}{c^\ominus}=\dfrac{1.8\times10^{-5}\times0.10mol \cdot L^{-1}}{1mol \cdot L^{-1}}=1.8\times10^{-6}>20K_w^\ominus$，

$\dfrac{c}{K_a^\ominus c^\ominus}=\dfrac{0.10mol \cdot L^{-1}}{1.8\times10^{-5}\times1mol \cdot L^{-1}}=5.6\times10^3>500$，所以

$$c(H^+)=\sqrt{K_a^\ominus c^\ominus c}=\sqrt{1.8\times10^{-5}\times1mol \cdot L^{-1}\times0.10mol \cdot L^{-1}}$$
$$=1.34\times10^{-3}mol \cdot L^{-1}$$
$$pH=2.87$$
$$\alpha=\sqrt{\frac{K_a^\ominus c^\ominus}{c}}=\frac{c(H^+)}{c}=\frac{1.34\times10^{-3}mol \cdot L^{-1}}{0.10mol \cdot L^{-1}}=1.34\times10^{-2}=1.34\%$$

(2) 加入 NaAc 后，由于同离子效应的存在，HAc 的解离度 α 会更小，则有

$$c(HAc)=c-c(H^+)\approx0.10mol \cdot L^{-1}$$
$$c(Ac^-)=c(NaAc)+c(H^+)\approx c(NaAc)=0.10mol \cdot L^{-1}$$
$$K_a^\ominus=\frac{[c(Ac^-)/c^\ominus][c(H^+)/c^\ominus]}{c(HAc)/c^\ominus}$$

即
$$1.8\times10^{-5}=\frac{[c(H^+)/1mol \cdot L^{-1}]\times[0.10mol \cdot L^{-1}/1mol \cdot L^{-1}]}{0.10mol \cdot L^{-1}/1mol \cdot L^{-1}}$$
$$c(H^+)=1.8\times10^{-5}mol \cdot L^{-1}$$
$$pH=4.74$$
$$\alpha=\frac{c(H^+)}{c}=\frac{1.8\times10^{-5}mol \cdot L^{-1}}{0.10mol \cdot L^{-1}}=1.8\times10^{-4}=1.8\times10^{-2}\%$$

计算结果表明，加入 NaAc 后，HAc 的解离度 α 大大降低了。

同样对于弱酸或弱碱的溶液系统而言，当有外来其他酸或碱存在时，由于同离子效应，弱酸或弱碱的解离度会降低，其酸根离子的浓度也会随之变化。

例如，H_2S 的水溶液，其总的解离方程式为：

$$H_2S \rightleftharpoons 2H^+ + S^{2-}$$
$$K^\ominus=K_{a_1}^\ominus K_{a_2}^\ominus=\frac{[c(S^{2-})/c^\ominus][c(H^+)/c^\ominus]^2}{c(H_2S)/c^\ominus}$$
$$c(S^{2-})=\frac{K_{a_1}^\ominus K_{a_2}^\ominus (c^\ominus)^2 c(H_2S)}{[c(H^+)]^2}$$

常温下，饱和 H_2S 溶液中 $c(H_2S)=0.10mol \cdot L^{-1}$，上式表明 S^{2-} 的浓度变化只受到

H^+ 浓度变化的影响，若在溶液中加入其他酸或碱来调节溶液的 pH 值，可达到调控 S^{2-} 浓度的目的，这一原理常用于阳离子的定性分析和物质分离提纯。

（2）盐效应

往弱电解质的溶液中加入与弱电解质没有相同离子的强电解质时，由于溶液中离子总浓度增大，离子间相互牵制作用增强，使得弱电解质解离的阴、阳离子结合形成分子的机会减小，从而使弱电解质分子浓度减小，离子浓度相应增大，解离度增大，称这种现象为盐效应（salt effect）。

当然，往弱电解质溶液中加入含有与该弱电解质具有相同离子的强电解质时，在产生同离子效应的同时也会产生盐效应，但相对于同离子效应而言，盐效应对解离度的影响可以忽略不计。

6.4 缓冲溶液

缓冲溶液

酸度对化学反应至关重要，许多化学反应只有在一定 pH 值范围内才能顺利进行。生物体也是只有在一定 pH 值范围内才能进行正常生理活动，以利于健康成长。欲将溶液酸度控制在一定范围内，必须借助于缓冲溶液来实现。

6.4.1 缓冲溶液的缓冲原理

缓冲溶液（buffer solution）是指能够抵抗外加少量酸、碱或适量水的稀释而保持系统的 pH 值基本不变的溶液。缓冲溶液一般是由足够量的抗酸、抗碱成分混合而成，通常将抗酸和抗碱两种成分称为缓冲对，缓冲对一般为弱的共轭酸碱对。如 $HAc\text{-}Ac^-$、$H_2PO_4^-\text{-}HPO_4^{2-}$、$NH_3\text{-}NH_4^+$、$HCO_3^-\text{-}CO_3^{2-}$、$(CH_2)_6N_4H^+\text{-}(CH_2)_6N_4$ 等。

下面以 HAc-NaAc 缓冲溶液为例来说明缓冲作用原理，在 HAc-NaAc 缓冲溶液中存在如下平衡：

$$HAc + H_2O \rightleftharpoons H_3O^+ + Ac^-$$

$$NaAc \longrightarrow Na^+ + Ac^-$$

HAc 是弱电解质，在溶液中只能部分解离，而 NaAc 是强电解质，在溶液中全部解离，因此系统中同时存在大量的 HAc 和 Ac^-。由于同离子效应，互为共轭酸碱对的 HAc 和 Ac^- 的解离相互抑制，当外加入少量酸时，平衡向左移动，H^+ 与 Ac^- 结合生成 HAc，从而部分抵消了外加的少量 H^+，保持了溶液的 pH 值基本不变，称 Ac^- 为抗酸组分；当外加少量碱时，OH^- 与 H^+ 结合生成 H_2O，H^+ 的浓度会降低，平衡向右移动，HAc 解离会产生 H^+，从而保持了溶液的 pH 值基本不变，HAc 称为抗碱组分；当加水稀释时，一方面降低了 H^+ 的浓度，另一方面由于 HAc 的解离度增大和同离子效应的减弱（Ac^- 浓度的减小），又使平衡向右移动补充 H^+，从而使溶液的 pH 值基本不变。在缓冲溶液中同时含有足够量的抗酸组分与抗碱组分。

6.4.2 缓冲溶液 pH 值的计算

以共轭酸碱对 $HAc\text{-}Ac^-$ 组成的缓冲溶液为例。HAc 和 NaAc 的分析浓度分别为 c_a 和 c_b，其在水溶液中存在如下平衡：

$$HAc + H_2O \rightleftharpoons H_3O^+ + Ac^-$$

由于同离子效应，HAc 的解离程度都很小，因此有 $c(HAc) \approx c_a$，$c(Ac^-) \approx c_b$。

$$K_a^\ominus = \frac{[c(Ac^-)/c^\ominus][c(H^+)/c^\ominus]}{c(HAc)/c^\ominus} = \frac{[c_b/c^\ominus][c(H^+)/c^\ominus]}{c_a/c^\ominus}$$

$$c(H^+)/c^\ominus = K_a^\ominus \frac{c_a/c^\ominus}{c_b/c^\ominus}$$

即：
$$pH=pK_a^{\ominus}-\lg\frac{c_a/c^{\ominus}}{c_b/c^{\ominus}}=pK_a^{\ominus}+\lg\frac{c_b/c^{\ominus}}{c_a/c^{\ominus}} \quad (6\text{-}23)$$

【例 6-16】 将 0.4mol·L^{-1} HAc 与 0.2mol·L^{-1} NaOH 等体积混合，(1) 求混合溶液的 pH 值；(2) 若往 1L 该混合液中分别加 10mL 0.1mol·L^{-1} HCl 和 NaOH 溶液，混合液的 pH 值如何变化？

解：(1) 混合后 HAc 与 NaOH 发生反应，由于 HAc 有剩余，因此剩余的 HAc 和产物 Ac^- 构成了缓冲系统，$c(HAc)=0.1mol\cdot L^{-1}$，$c(Ac^-)=0.1mol\cdot L^{-1}$，则

$$pH=pK_a^{\ominus}+\lg\frac{c(Ac^-)/c^{\ominus}}{c(HAc)/c^{\ominus}}=4.74+\lg\frac{0.1mol\cdot L^{-1}/1mol\cdot L^{-1}}{0.1mol\cdot L^{-1}/1mol\cdot L^{-1}}=4.74$$

(2) 当加入 10mL 0.1mol·L^{-1} HCl 后，则

$$c(HAc)=\frac{1L\times 0.1mol\cdot L^{-1}+0.01L\times 0.1mol\cdot L^{-1}}{1.01L}=0.10mol\cdot L^{-1}$$

$$c(Ac^-)=\frac{1L\times 0.1mol\cdot L^{-1}-0.01L\times 0.1mol\cdot L^{-1}}{1.01L}=0.098mol\cdot L^{-1}$$

$$pH=pK_a^{\ominus}+\lg\frac{c(Ac^-)/c^{\ominus}}{c(HAc)/c^{\ominus}}=4.74+\lg\frac{0.098mol\cdot L^{-1}}{0.10mol\cdot L^{-1}}=4.73$$

同理，当加入 10mL 0.1mol·L^{-1} NaOH 后，$c(HAc)=0.098mol\cdot L^{-1}$，$c(Ac^-)=0.10mol\cdot L^{-1}$，则

$$pH=pK_a^{\ominus}+\lg\frac{c(Ac^-)/c^{\ominus}}{c(HAc)/c^{\ominus}}=4.74+\lg\frac{0.10mol\cdot L^{-1}}{0.098mol\cdot L^{-1}}=4.75$$

若在 1L 纯水中加入 0.001mol HCl，pH 值将由 7.00 降到 3.00；而加入 0.001mol NaOH，pH 值却由 7.00 升到 11.00，显然纯水不具有缓冲能力，而从例 6-16 可知缓冲溶液的缓冲作用是非常显著的。

6.4.3 缓冲溶液的缓冲能力

缓冲溶液能够抵抗外来少量的酸、碱或者稀释而溶液本身的 pH 值基本保持不变，但其缓冲能力是有限的，超过一定限度，则会丧失缓冲作用。常用缓冲容量 (β) 来衡量缓冲能力的大小。缓冲容量 (buffer capacity) 是指使单位体积缓冲溶液的 pH 值改变 dpH 个单位所需加入的强酸或强碱的物质的量 dc。

$$\beta=\frac{dc(碱)}{dpH}=-\frac{dc(酸)}{dpH}$$

缓冲容量越大，缓冲能力越强。影响缓冲容量的因素主要有缓冲对的浓度和缓冲对浓度的比值。

(1) 缓冲溶液总浓度影响缓冲容量

表 6-1 为四份体积都是 1.0L 的 HAc-NaAc 缓冲溶液，其中 HAc 和 NaAc 浓度彼此相等，而它们的总浓度不同，分别加入 0.02mol HCl 后，溶液 pH 值的变化情况。

表 6-1 总浓度与缓冲容量的关系

项 目	1	2	3	4
c(总)/mol·L^{-1}	1.0	0.40	0.20	0.10
$c(Ac^-)/c(HAc)$	0.5/0.5	0.20/0.20	0.10/0.10	0.05/0.05
加 HCl 前 pH	4.74	4.74	4.74	4.74
加 HCl 后 pH	4.71	4.65	4.56	4.37
ΔpH	−0.03	−0.09	−0.18	−0.37

由表 6-1 可以看出，缓冲比相同，总浓度大的缓冲溶液缓冲容量大，缓冲能力强。

（2）缓冲组分浓度比影响缓冲容量

表 6-2 为四份体积都是 1.0L 的 HAc-NaAc 缓冲溶液，其中 HAc 和 NaAc 浓度之和都等于 1.0mol•L^{-1}，但缓冲组分浓度比不同，分别加入 0.02mol HCl 后，溶液 pH 值的变化情况。

表 6-2　缓冲对浓度比与缓冲容量的关系

项　目	1	2	3	4
c(总)/mol•L^{-1}	1.0	1.0	1.0	1.0
$c(Ac^-)/c(HAc)$	0.5/0.5=1∶1	0.25/0.75=1∶3	0.10/0.90=1∶9	0.05/0.95=1∶19
加 HCl 前 pH	4.74	4.26	3.79	3.46
加 HCl 后 pH	4.71	4.21	3.68	3.23
ΔpH	−0.03	−0.05	−0.11	−0.23

由表 6-2 可以看出，同一缓冲对，总浓度不变时，两组分浓度越接近，亦即缓冲组分浓度比越趋于 1，缓冲容量越大，缓冲能力越强，当缓冲组分浓度比等于 1 时，缓冲溶液的缓冲能力最强。当缓冲组分浓度比小于 1∶10 或大于 10∶1 时，缓冲溶液的缓冲能力很弱，甚至丧失缓冲作用。因此一般将缓冲组分浓度比控制在（1∶10）～(10∶1）之间，此时缓冲溶液的 pH 值控制在 $pK_a^\ominus \pm 1$ 的范围内，此范围（$pK_a^\ominus - 1 \sim pK_a^\ominus + 1$）即为缓冲溶液的有效缓冲范围。例如 HAc-NaAc 缓冲溶液的有效缓冲范围是 3.74＜pH＜5.74，NH_3-NH_4Cl 缓冲溶液的有效缓冲范围是 8.26＜pH＜10.26。

6.4.4　缓冲溶液的配制及应用

在科研和生产实践中，经常需要配制一定 pH 值和缓冲容量的缓冲溶液，配制缓冲溶液的基本步骤如下。

① 选择合适的缓冲对　因为弱酸的 $pK_a^\ominus$ 是决定缓冲溶液 pH 值的主要因素，为使缓冲溶液有较大的缓冲能力，弱酸的 $pK_a^\ominus$ 应尽量与所需配制缓冲溶液的 pH 值相接近，最大差距不能超过 1。同时，选择的缓冲对应对被控制系统无副反应。如需配制 pH=5 左右的缓冲溶液，可选择 HAc-NaAc 缓冲系统。如需配制 pH=9 左右的缓冲溶液，可选择 NH_3-NH_4Cl 缓冲系统。

② 计算缓冲溶液的缓冲组分浓度比。

③ 根据计算结果具体配制。

【例 6-17】　欲配制 pH=5.00 的缓冲溶液 500mL，应选用 HCOOH-HCOONa、HAc-NaAc、H_3BO_3-NaH_2BO_3、NH_3-NH_4Cl 中的哪一缓冲对？如果上述各物质溶液的浓度均为 1.0mol•L^{-1}，应如何配制？

解：所选缓冲对的 $pK_a^\ominus$ 应在 4.00～6.00 之间，并且应尽量靠近 5.0。已知

$$pK_a^\ominus(HCOOH)=3.74,\ pK_a^\ominus(HAc)=4.74$$

$$pK_a^\ominus(H_3BO_3)=9.24,\ pK_b^\ominus(NH_3)=4.74$$

NH_3 的共轭酸 NH_4^+ 的 $pK_a^\ominus = pK_w^\ominus - pK_b^\ominus = 14.00 - 4.74 = 9.26$

故应选择 HAc-NaAc 为缓冲对。

$$pH = pK_a^\ominus + \lg\frac{c_b/c^\ominus}{c_a/c^\ominus} = 4.74 + \lg\frac{c(Ac^-)/c^\ominus}{c(HAc)/c^\ominus}$$

$$5.00 = 4.74 + \lg\frac{c(Ac^-)/c^\ominus}{c(HAc)/c^\ominus}$$

$$\frac{c(Ac^-)}{c(HAc)} = 1.82$$

设取 1.0mol•L^{-1} HAc 和 NaAc 溶液分别为 xL 和（$0.500-x$)L，

则 $\frac{(0.500-x)L\times1.00mol\cdot L^{-1}/0.500L}{xL\times1.00mol\cdot L^{-1}/0.500L}=1.82$，$x=0.18L$

即将 180mL 1.0mol·L^{-1} HAc 溶液与 320mL 1.0mol·L^{-1} NaAc 溶液混匀，得 pH=5.00 的缓冲溶液 500mL。

【例 6-18】 称取 CCl_3COOH 16.34g 和 NaOH 3.0g 溶于水并稀释至 1.0L。问：由此配成的缓冲溶液 pH 值是多少？(2) 要配制 pH=0.22 的缓冲溶液，在此缓冲溶液中加强酸或强碱的物质的量是多少？(已知三氯乙酸的 $pK_a^\ominus=0.22$，分子量为 163.4)

解：(1) $c(CCl_3COOH)=\frac{m(CCl_3COOH)}{M(CCl_3COOH)V}=\frac{16.34g}{163.4g\cdot mol^{-1}\times1.0L}=0.10mol\cdot L^{-1}$

$$c(NaOH)=\frac{m(NaOH)}{M(NaOH)V}=\frac{3.0g}{40.0g\cdot mol^{-1}\times1.0L}=0.075mol\cdot L^{-1}$$

反应 $NaOH+CCl_3COOH=\!=\!=CCl_3COONa+H_2O$

生成物 CCl_3COONa 的浓度 $c_b=0.075mol\cdot L^{-1}$

剩余 CCl_3COOH 的浓度

$$c_a=\frac{0.10mol\cdot L^{-1}\times1.0L-0.075mol\cdot L^{-1}\times1.0L}{1.0L}=0.025mol\cdot L^{-1}$$

$$pH=pK_a^\ominus+\lg\frac{c_b/c^\ominus}{c_a/c^\ominus}=0.22+\lg\frac{0.075}{0.025}=0.70$$

(2) 欲配制 pH=0.22 缓冲溶液，设加入强酸 $n(HCl)mol$

$$pH=pK_a^\ominus+\lg\frac{c_b/c^\ominus}{c_a/c^\ominus}=pK_a^\ominus+\lg\frac{n_b}{n_a}$$

$$0.22=0.22+\lg\frac{0.075mol\cdot L^{-1}\times1.0L-n\,mol}{0.025mol\cdot L^{-1}\times1.0L+n\,mol}$$

$$n(HCl)=0.025mol$$

【例 6-19】 欲配制 0.50L pH=9.0，其中 $c(NH_3)=1.0mol\cdot L^{-1}$ 的缓冲溶液，求需密度为 0.904g·mL^{-1}、含氨质量分数为 26%氨水的体积和固体氯化铵的质量。

解：浓氨水的浓度为 $\frac{0.904g\cdot mL^{-1}\times1000mL\times26\%}{17g\cdot mol^{-1}\times1L}=13.83mol\cdot L^{-1}$

需浓氨水体积为 $\frac{0.50L\times1.0mol\cdot L^{-1}}{13.83mol\cdot L^{-1}}=0.036L$

因为 NH_3 的 $pK_b^\ominus=4.74$ 所以 NH_4^+ 的 $pK_a^\ominus=9.26$

$$pH=pK_a^\ominus(NH_4^+)+\lg\frac{c(NH_3)/c^\ominus}{c(NH_4^+)/c^\ominus}=9.26+\lg\frac{c(NH_3)}{c(NH_4^+)}=9.0$$

$$\frac{c(NH_3)}{c(NH_4^+)}=0.55, c(NH_4^+)=\frac{1.0mol\cdot L^{-1}}{0.55}=1.82mol\cdot L^{-1}$$

需 NH_4Cl 的质量为 $1.82mol\cdot L^{-1}\times0.50L\times53.5g\cdot mol^{-1}=48.7g$

则称取 NH_4Cl 固体 48.7g，然后加入 36mL 浓氨水，用水稀释至 500mL 即可。

表 6-3 是几种常见的标准缓冲溶液，它们的 pH 值是经过准确的实验测得的，目前已被国际上规定为测定溶液 pH 值时的标准参照溶液。

表 6-3 常见标准缓冲溶液的 pH 值

pH 标准缓冲溶液	pH 标准值(25℃)
饱和酒石酸氢钾(0.034mol·L^{-1})	3.56
0.05mol·L^{-1}邻苯二甲酸氢钾	4.01

续表

pH 标准缓冲溶液	pH 标准值(25℃)
$0.025mol \cdot L^{-1}$ KH_2PO_4-$0.025mol \cdot L^{-1}$ Na_2HPO_4	6.86
$0.01mol \cdot L^{-1}$硼砂	9.18

缓冲溶液在工农业、生物学、医学、化学等领域中具有重要的意义和广泛应用。很多化学反应和生物化学反应只有在严格控制的一定 pH 范围内，才得以顺利进行。如人体不同部位的体液具有不同的 pH 值，血液的 pH 值为 7.35～7.45，超出这个范围 0.5 个 pH 单位，则有可能引起酸中毒或碱中毒；唾液的 pH 值为 6.35～6.85；胆囊胆汁的 pH 值为 5.4～6.9。人体的血液之所以能维持一定的 pH 范围，是因为它含有 H_2CO_3-HCO_3^-、$H_2PO_4^-$-HPO_4^{2-}、HHbO$_2$（带氧血红蛋白)-KHbO$_2$、HHb（血红蛋白)-KHb 等多种缓冲系统，以保证人体正常生理活动在相对稳定的酸度下进行。在植物体内也有酒石酸、柠檬酸、草酸等有机酸及其共轭碱所组成的缓冲系统，保证植物的正常生理功能。土壤中含有 H_2CO_3-HCO_3^-、$H_2PO_4^-$-HPO_4^{2-} 和腐殖酸及其共轭碱类组成的复杂缓冲系统，使土壤维持一定的 pH 值范围，保证农作物的生长，若土壤的 pH$<$3.5 或 pH$>$9 都不利于植物的生长，如水稻生长适宜的 pH 值为 6～7。工业上金属器件电镀的电镀液中，也要用缓冲溶液来控制一定的 pH 值。

6.5 酸碱指示剂

酸碱滴定是以酸碱反应为基础建立起来的一种分析方法。但酸碱反应外观上不发生任何变化，必须借助于酸碱指示剂来确定滴定终点的到达。

6.5.1 酸碱指示剂的变色原理

酸碱指示剂（acid-base indicator）是能够利用本身颜色的改变来指示溶液 pH 值的变化，其一般是有机弱酸或弱碱，当溶液的 pH 值改变时，指示剂由于结构的改变而发生颜色的变化。

如酚酞（phenolphthalein，缩写为 PP）是一种有机弱酸，它是属于三苯甲烷类的单色指示剂，在水中有如下解离平衡：

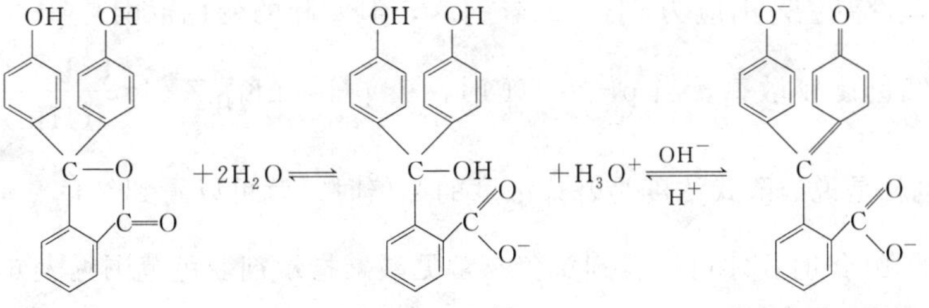

无色分子　　无色离子（酸式）　　红色离子（碱式）

由平衡关系式可以看出，在酸性溶液中，酚酞以无色形式存在，在 pH$>$9.1 的碱性溶液中以醌式结构存在，呈红色。

又如甲基橙（methyl orange，缩写为 MO）是一种双色指示剂，属于偶氮类结构，它在水溶液中有如下解离平衡：

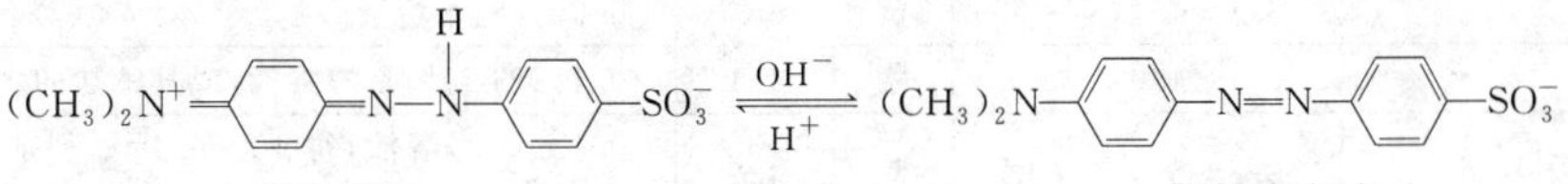

红色(醌式)　　$pK_a=3.4$　　黄色(偶氮式)

由平衡关系式可以看出，增大酸度，甲基橙以醌式双极离子形式存在，溶液呈红色；降低酸度，它以偶氮形式存在，溶液显黄色。

6.5.2 指示剂的变色范围

以 HIn 表示弱酸型指示剂，其在溶液中的解离平衡过程可以简单表示如下：

$$HIn \rightleftharpoons H^+ + In^-$$

$$K^{\ominus}_{HIn} = \frac{[c(H^+)/c^{\ominus}][c(In^-)/c^{\ominus}]}{c(HIn)/c^{\ominus}}$$

$c(In^-)$ 代表碱式色浓度，$c(HIn)$ 代表酸式色浓度。$K^{\ominus}_{HIn}$ 为指示剂的解离常数，简称指示剂常数，在一定温度下，它是个常数。

$$\frac{c(In^-)/c^{\ominus}}{c(HIn)/c^{\ominus}} = \frac{K^{\ominus}_{HIn}c^{\ominus}}{c(H^+)}$$

$$pH = pK^{\ominus}_{HIn} + \lg\frac{c(In^-)/c^{\ominus}}{c(HIn)/c^{\ominus}}$$

指示剂的颜色转变依赖于比值$\frac{c(In^-)}{c(HIn)}$。在一定温度下，$\frac{c(In^-)}{c(HIn)}$的变化取决于溶液中 H^+ 的浓度，$\frac{c(In^-)}{c(HIn)}$随 $c(H^+)$ 的变化而变化。从理论上讲，$c(In^-)>c(HIn)$ 时，就可以观察到碱式色，$c(HIn)>c(In^-)$ 时，就可以观察到酸式色。但是，人的眼睛辨别颜色的能力有限，实践证明，当$\frac{c(In^-)}{c(HIn)}\geqslant 10$ 时，即 $pH\geqslant pK^{\ominus}_{HIn}+1$，才能看到碱式（$In^-$）的颜色；当$\frac{c(In^-)}{c(HIn)}\leqslant\frac{1}{10}$时，即 $pH\leqslant pK^{\ominus}_{HIn}-1$，才能看到酸式（HIn）的颜色；当$\frac{1}{10}\leqslant\frac{c(In^-)}{c(HIn)}\leqslant 10$时，即 $pK^{\ominus}_{HIn}-1\leqslant pH\leqslant pK^{\ominus}_{HIn}+1$，看到的是指示剂的混合色，称 $pH=pK^{\ominus}_{HIn}\pm 1$ 为指示剂的理论变色范围；当$\frac{c(In^-)}{c(HIn)}=1$ 时，即 $pH=pK^{\ominus}_{HIn}$，称为指示剂的理论变色点。

指示剂的理论变色范围是 $pK^{\ominus}_{HIn}$ 上下 2 个 pH 单位，指示剂的实际变色范围是根据实验测出来的，而不是靠理论计算出来的，所以实测值与理论值有一定差异。如甲基橙的 $pK^{\ominus}_{HIn}=3.4$，理论变色范围应为 pH＝2.4～4.4，但实际的变色范围是 pH＝3.1～4.4。这是因为人眼对红色比较敏感。当 pH＝3.1 时，由 $pH=pK^{\ominus}_{HIn}+\lg\frac{c(In^-)/c^{\ominus}}{c(HIn)/c^{\ominus}}$可计算出$\frac{c(HIn)}{c(In^-)}=2$，也就是说当酸式浓度是碱式浓度的 2 倍时，就可以看到红色。但是必须碱式浓度是酸式浓度的 10 倍时，才可以看到黄色。常见酸碱指示剂变色范围见表 6-4。

表 6-4 常见酸碱指示剂

指示剂	变色范围(pH)	颜色		$pK^{\ominus}_{HIn}$	浓度
		酸色	碱色		
百里酚蓝(第一次变色)	1.2～2.8	红	黄	1.6	0.1%的 20%乙醇溶液
甲基黄	2.9～4.0	红	黄	3.3	0.1%的 90%乙醇溶液
甲基橙	3.1～4.4	红	黄	3.4	0.05%的水溶液
溴酚蓝	3.1～4.6	黄	紫	4.1	0.1%的 20%乙醇溶液，或其钠盐的水溶液
溴甲酚绿	3.8～5.4	黄	蓝	4.9	0.1%的水溶液，每 100mg 指示剂加 $0.05mol\cdot L^{-1}$ NaOH 2.9mL

续表

指示剂	变色范围(pH)	颜色		$pK_{HIn}^{\ominus}$	浓　度
		酸色	碱色		
甲基红	4.4～6.2	红	黄	5.2	0.1%的 60%乙醇溶液，或其钠盐的水溶液
溴百里酚蓝	6.0～7.6	黄	蓝	7.3	0.1%的 20%乙醇溶液，或其钠盐的水溶液
中性红	6.8～8.0	红	黄橙	7.4	0.1%的 60%乙醇溶液
酚红	6.7～8.4	黄	红	8.0	0.1%的 60%乙醇溶液，或其钠盐的水溶液
酚酞	8.0～9.6	无	红	9.1	0.1%的 90%乙醇溶液
百里酚蓝（第二次变色）	8.0～9.6	黄	蓝	8.9	0.1%的 20%乙醇溶液
百里酚酞	9.4～10.6	无	蓝	10.0	0.1%的 90%乙醇溶液

由于指示剂本身是弱酸或弱碱，多加会消耗过多的指示剂，带来一定的误差，所以指示剂的量不宜加的过多，同时指示剂加入过多还会影响其变色范围。另外温度等其他因素也能影响指示剂的变色范围，所以滴定应在室温下进行。若需加热的反应，应将其冷却至室温后方可滴定。

6.5.3　混合指示剂

单一指示剂变色范围宽，有些还存在中间过渡色，使终点颜色变化难以观察。有些滴定反应突跃的 pH 范围很窄，为此可以采用混合指示剂。混合指示剂（mixed indicator）是利用颜色互补的原理配制而成的，有变色范围窄、颜色变化灵敏度高等优点。混合指示剂的配制方法有两种：一类是将两种或多种指示剂混合而成。例如，溴甲酚绿（$pK_{HIn}^{\ominus}=4.9$）和甲基红（$pK_{HIn}^{\ominus}=5.2$）按一定比例混合后，由于共同作用的结果，在酸性条件下显酒红色，在碱性条件下显绿色，在 pH＝5.1 附近，溴甲酚绿的碱式色（绿色）和甲基红的酸式色（红色）互补，溶液近乎无色，颜色变化极为敏锐。另一类混合指示剂是由一种指示剂和一种不随 pH 值变化的惰性染料配制而成。例如，将甲基橙（$pK_{HIn}^{\ominus}=3.4$）和靛蓝磺酸钠按一定比例混合，在 pH≤3.1 时，甲基橙的红色与靛蓝的蓝色混合成紫色，pH≥4.4 时，甲基橙的黄色与靛蓝的蓝色混合成绿色，中间过渡色为近于无色的浅灰色，颜色变化十分明显。常见酸碱混合指示剂见表 6-5。

表 6-5　常见酸碱混合指示剂

指示剂溶液的组成	变色点 pH	颜色		备　注
		酸色	碱色	
1 份 0.1%甲基黄乙醇溶液 1 份 0.1%亚甲基蓝乙醇溶液	3.25	蓝紫	绿	pH3.4 绿色，pH3.2 蓝紫色
1 份 0.1%甲基橙水溶液 1 份 0.25%靛蓝磺酸钠水溶液	4.1	紫	黄绿	
1 份 0.1%溴甲酚绿钠盐水溶液 1 份 0.02%甲基橙水溶液	4.3	橙	黄绿	pH3.5 黄色，pH4.05 绿色，pH4.8 浅绿
3 份 0.1%溴甲酚绿乙醇溶液 1 份 0.2%甲基红乙醇溶液	5.1	酒红	绿	
1 份 0.1%溴甲酚绿钠盐水溶液 1 份 0.1%氯酚红钠盐水溶液	6.1	黄绿	蓝紫	pH5.4 蓝绿色，pH5.8 蓝色，pH6.0 蓝带紫，pH6.2 蓝紫
1 份 0.1%中性红乙醇溶液 1 份 0.1%亚甲基蓝乙醇溶液	7.0	蓝紫	绿	pH7.0 紫蓝

续表

指示剂溶液的组成	变色点 pH	颜色		备注
		酸色	碱色	
1 份 0.1%甲酚红钠盐水溶液 3 份 0.1%百里酚蓝钠盐水溶液	8.3	黄	紫	pH8.2 玫瑰红，pH8.4 清晰的紫色
1 份 0.1%百里酚蓝 50%乙醇溶液 3 份 0.1%酚酞 50%乙醇溶液	9.0	黄	紫	从黄到绿再到紫
1 份 0.1%酚酞乙醇溶液 1 份 0.1%百里酚酞乙醇溶液	9.9	无	紫	pH9.6 玫瑰红，pH10 紫色
2 份 0.1%百里酚酞乙醇溶液 1 份 0.1%茜素黄 R 乙醇溶液	10.2	黄	紫	

由于人眼辨别颜色的能力有限，对于单一指示剂，终点颜色变化约有±0.3pH 单位的不确定度；对于混合指示剂，约有±0.2pH 单位的不确定度。所以，一般以 $\Delta pH=\pm 0.3$ 单位作为目测法判断滴定终点的界限。

6.6 酸碱滴定基本原理

酸碱滴定是以酸碱反应为基础的滴定分析方法，作为标准物质的滴定剂应是强酸或强碱，如 HCl、NaOH 等。在酸碱滴定中，如何正确选择指示剂以确定滴定终点，从而获得尽量准确的测定结果是至关重要的。

以滴定过程中溶液 pH 值为纵坐标，以加入滴定剂的物质的量或中和反应百分数为横坐标，绘制出的曲线称为酸碱滴定曲线（acid-base titration curve），它能展示滴定过程中 pH 值的变化规律。下面讨论几种常见类型的滴定曲线及其指示剂的选择。

6.6.1 强碱（酸）滴定强酸（碱）

强酸、强碱在水溶液中完全解离，它们之间的滴定反应为

$$H^+ + OH^- \longrightarrow H_2O$$

滴定反应的平衡常数为 $K_t^\ominus = 1/K_w^\ominus = 1.0\times 10^{14}$，表明该类反应进行得很完全。现以 $c(NaOH)=0.1000mol\cdot L^{-1}$ NaOH 溶液滴定 $V_0=20.00mL$、$c(HCl)=0.1000mol\cdot L^{-1}$ 的 HCl 溶液为例，讨论滴定曲线的绘制及指示剂选择的依据。可将滴定分为四个阶段。

强酸碱的滴定

（1）滴定前

溶液的 pH 值由 HCl 溶液的原始浓度决定，即

$$c(H^+)=c(HCl)=0.1000mol\cdot L^{-1}$$

$$pH=1.00$$

（2）滴定开始至化学计量点前

此阶段溶液的 pH 值由剩余 HCl 溶液的浓度决定，若加入 NaOH 的体积为 V，按下式计算 H^+ 浓度。

$$c(H^+)=\frac{c(HCl)V_0-c(NaOH)V}{V_0+V}$$

当加入 NaOH 的体积为 18.00mL 时，溶液中的 HCl 有 90%被中和，

$$c(H^+)=\frac{0.1000mol\cdot L^{-1}\times 20.00mL-0.1000mol\cdot L^{-1}\times 18.00mL}{20.00mL+18.00mL}=5.3\times 10^{-3}mol\cdot L^{-1}$$

$$pH=2.28$$

同理，当加入 NaOH 的体积为 19.80mL 时，溶液中的 HCl 有 99%被中和，

$$c(H^+)=\frac{0.1000mol\cdot L^{-1}\times 20.00mL-0.1000mol\cdot L^{-1}\times 19.80mL}{20.00mL+19.80mL}=5.0\times 10^{-4}mol\cdot L^{-1}$$

$$pH=3.30$$

当加入 NaOH 的体积为 19.98mL 时，溶液中的 HCl 有 99.9%被中和，还剩余有 0.1%未被中和，此时

$$c(H^+)=\frac{0.1000mol\cdot L^{-1}\times 20.00mL-0.1000mol\cdot L^{-1}\times 19.98mL}{20.00mL+19.98mL}=5.0\times 10^{-5}mol\cdot L^{-1}$$

$$pH=4.30$$

(3) 化学计量点

滴入的 NaOH 完全和溶液中的 HCl 作用生成 NaCl，此时溶液的 H^+ 来自水的解离。

$$c(H^+)=c(OH^-)=1.0\times 10^{-7}mol\cdot L^{-1}$$

$$pH=7.00$$

(4) 化学计量点后

溶液中的 HCl 已被完全中和，滴入的 NaOH 已过量，溶液的 pH 值由过量的 NaOH 决定。

$$c(OH^-)=\frac{c(NaOH)V-c(HCl)V_0}{V+V_0}$$

当加入 NaOH 的体积为 20.02mL 时，溶液中已过量的 NaOH 有 0.1%，

$$c(OH^-)=\frac{0.1000mol\cdot L^{-1}\times 20.02mL-0.1000mol\cdot L^{-1}\times 20.00mL}{20.02mL+20.00mL}=5.0\times 10^{-5}mol\cdot L^{-1}$$

$$pOH=4.30$$

$$pH=9.70$$

可仿照上述方法计算出其余各点的 pH 值，结果列于表 6-6，以溶液 pH 值为纵坐标，以加入 NaOH 的量为横坐标，绘制出如图 6-4 所示的曲线，称为滴定曲线。

表 6-6　$0.1000mol\cdot L^{-1}$ NaOH 滴定 20.00mL $0.1000mol\cdot L^{-1}$ HCl 溶液的 pH 值变化

V(NaOH)/mL	加入 NaOH 的百分数/%	$c(H^+)/mol\cdot L^{-1}$	pH	
0.00	0.00	1.0×10^{-1}	1.00	
18.00	90.00	5.3×10^{-3}	2.28	
19.80	99.00	5.0×10^{-4}	3.30	
19.98	99.90	5.0×10^{-5}	4.30	突跃范围
20.00	100.0	1.0×10^{-7}	7.00	
20.02	100.1	2.0×10^{-10}	9.70	
20.20	101.0	2.0×10^{-11}	10.70	
22.00	110.0	2.1×10^{-12}	11.68	
40.00	200.0	3.3×10^{-13}	12.50	

由图 6-4 可以看出，从滴定开始到 99.9%的 HCl 被滴定，因强酸的缓冲作用，加入的 NaOH 对溶液的 pH 值影响不大，pH 值只改变了 3.3 个单位。但在化学计量点附近，由 99.9%的 HCl 被滴定（加入 NaOH 的量有 0.1%的不足）到 NaOH 过量 0.1%，即在终点误差±0.1%以内，虽然体积变化只有 0.04mL（不足一滴），但溶液的 pH 值却发生了剧烈变化，从 4.30 变化到 9.70，增加了 5.40 个 pH 单位，溶液由酸性变为碱性，滴定曲线上出现了一段近似垂直于横坐标的直线。这一过程恰似量变积累达到一定程度而

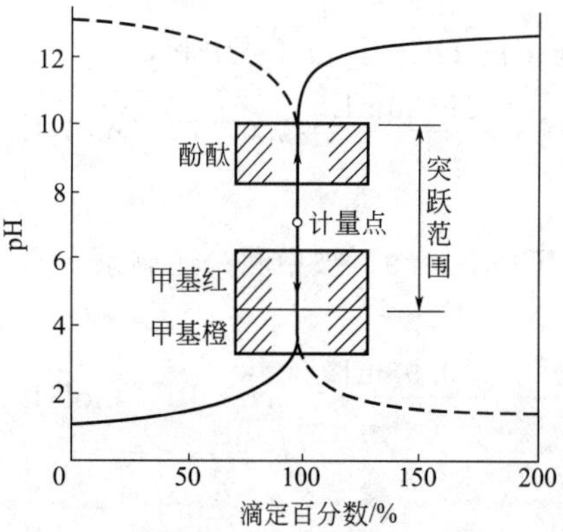

图 6-4　0.1000mol·L^{-1} NaOH 滴定 0.1000mol·L^{-1} HCl 的滴定曲线

发生质变的过程，反映了量变质变规律在自然科学中的应用。滴定剂加入由 0.1% 的不足到 0.1% 的过量所引起的溶液 pH 值变化称为滴定突跃（titration jump），突跃所在的 pH 值范围称为滴定突跃范围。继续滴入 NaOH 溶液，由于过量 NaOH 溶液的缓冲作用，溶液的 pH 值变化逐渐减缓，曲线又变得平坦。

根据滴定突跃范围可选择合适的指示剂：只要在突跃范围内变色的指示剂（变色范围全部或部分落在滴定突跃范围内）都可用于指示终点。因为在滴定突跃范围内任一点停止滴定，终点误差都在±0.1%内，均符合滴定分析要求。0.1000mol·L^{-1} NaOH 滴定 0.1000mol·L^{-1} HCl 溶液的 pH 突跃范围为 4.30～9.70，在此范围内变色的指示剂如酚酞、甲基红、甲基橙均适用。若以甲基橙作指示剂，要滴定至溶液由橙色变为黄色为止，此时的 pH＝4.40，终点误差在－0.1%以内。

若以 0.1000mol·L^{-1} HCl 溶液滴定 0.1000mol·L^{-1} NaOH 溶液，与 0.1000mol·L^{-1} NaOH 滴定 0.1000mol·L^{-1} HCl 溶液情况相似，但 pH 值变化的方向相反，滴定突跃范围为 9.70～4.30，可选用酚酞、甲基红作指示剂。若以甲基橙作指示剂，要滴定至溶液由黄色变为橙色为止，此时的 pH＝4.00，终点将有＋0.2%的误差。为消除这种误差，可进行指示剂校正：取 40.00mL 0.05mol·L^{-1} NaCl 溶液，加入与滴定时相同量的甲基橙，再以 0.100mol·L^{-1} HCl 溶液滴定至溶液的颜色恰好与被滴定溶液的颜色相同为止，记录消耗 HCl 溶液的体积（称为校正值）。滴定 NaOH 溶液所消耗 HCl 溶液的体积减去此校正值即为 HCl 的真正用量。

滴定突跃范围的大小与溶液的浓度有关，见图 6-5。溶液浓度越大，滴定突跃范围越大。浓度增大 10 倍，滴定突跃范围增加 2 个 pH 单位；相反，若溶液浓度降低 10 倍，滴定突跃范围也相应减小 2 个 pH 单位，从而也影响到指示剂的选择。例如用 0.0100mol·L^{-1} NaOH 滴定 0.0100mol·L^{-1} HCl 溶液的 pH 范围为 5.30～8.70，由于突跃范围变小，就不能再用甲基橙作指示剂，而只能用在此范围内变色的酚酞、甲基红作指示剂。

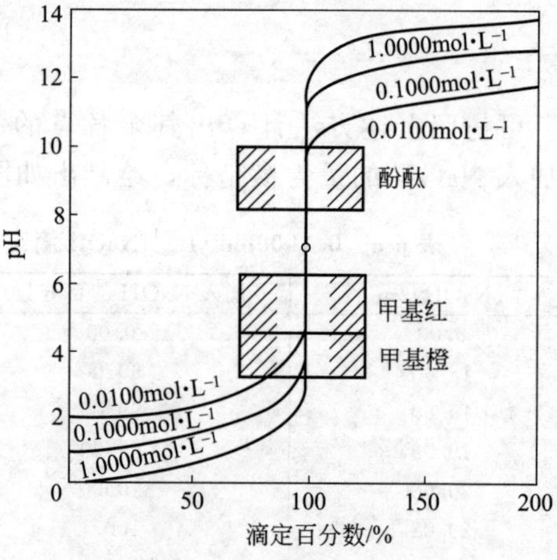

图 6-5　不同浓度的强碱（mol·L^{-1}）滴定强酸的滴定曲线

6.6.2　一元弱酸（碱）的滴定

强碱可以滴定弱酸，如用 NaOH 可以滴定甲酸、乙酸、乳酸等弱酸。下面以 c(NaOH)＝0.1000mol·L^{-1} NaOH 溶液滴定 V_0＝20.00mL c(HAc)＝0.1000mol·L^{-1} HAc 溶液为例，讨论滴定曲线的绘制及指示剂选择的依据。

（1）滴定前

溶液的pH值由HAc溶液的原始浓度决定，由于HAc是弱酸，可用最简式计算H^+浓度，即

$$c(H^+)=\sqrt{K_a^{\ominus}c^{\ominus}c_0}$$
$$=\sqrt{1.8\times10^{-5}\times1mol\cdot L^{-1}\times0.1000mol\cdot L^{-1}}$$
$$=1.34\times10^{-3}mol\cdot L^{-1}$$
$$pH=2.87$$

(2) 滴定开始至化学计量点前

此阶段溶液中剩余的HAc和Ac^-组成缓冲溶液，其pH值按缓冲溶液最简式计算，若加入NaOH的体积为V，则

$$pH=pK_a^{\ominus}+\lg\frac{c(Ac^-)}{c(HAc)}$$

由于$c(NaOH)=c(HAc)=0.1000mol\cdot L^{-1}$，所以

$$pH=4.74+\lg\frac{\frac{c(NaOH)V}{V+V_0}}{\frac{c(HAc)(V_0-V)}{V+V_0}}=4.74+\lg\frac{V}{V_0-V}$$

当加入NaOH的体积$V=19.98mL$时，99.9%的HAc被中和，即滴定突跃范围的下限，

$$pH=4.74+\lg\frac{V}{V_0-V}$$
$$=4.74+\lg\frac{19.98mL}{20.00mL-19.98mL}$$
$$=7.74$$

(3) 化学计量点

滴入的NaOH完全和溶液中的HAc作用生成NaAc。由于Ac^-为一弱碱，此时可按弱碱溶液的最简式计算溶液的pH值。

$$c(OH^-)=\sqrt{K_b^{\ominus}c^{\ominus}c(Ac^-)}=\sqrt{\frac{1.0\times10^{-14}}{1.8\times10^{-5}}\times1mol\cdot L^{-1}\times0.05000mol\cdot L^{-1}}$$
$$=5.29\times10^{-6}mol\cdot L^{-1}$$
$$pOH=5.28$$
$$pH=14-5.28=8.72$$

(4) 化学计量点后

溶液中的HAc已被完全中和，由于过量NaOH的存在，抑制了Ac^-的解离，此时溶液的pH值主要由过量的NaOH决定。

$$c(OH^-)=\frac{c(NaOH)V-c(HAc)V_0}{V+V_0}$$

当加入NaOH的体积为20.02mL时，溶液中已过量的NaOH有0.1%，

$$c(OH^-)=\frac{0.1000mol\cdot L^{-1}\times(20.02-20.00)mL}{20.02mL+20.00mL}=5.0\times10^{-5}mol\cdot L^{-1}$$
$$pOH=4.30$$
$$pH=9.70$$

可仿照上述方法计算出其余各点的pH值，结果列于表6-7。仿照强酸强碱的滴定，以

溶液 pH 值为纵坐标，以加入 NaOH 的量为横坐标，绘制出滴定曲线。

表 6-7　0.1000mol·L^{-1} NaOH 滴定 20.00mL 0.1000mol·L^{-1} HAc 溶液的 pH 值变化

V(NaOH)/mL	加入 NaOH 的百分数/%	$c(H^+)$/mol·L^{-1}	pH	
0.00	0.00	1.3×10^{-3}	2.87	
18.00	90.00	2.0×10^{-6}	5.69	
19.80	99.00	1.8×10^{-7}	6.74	
19.98	99.90	1.8×10^{-8}	7.74	突跃范围
20.00	100.0	1.9×10^{-9}	8.72	突跃范围
20.02	100.1	2.0×10^{-10}	9.70	突跃范围
20.20	101.0	2.0×10^{-11}	10.70	
22.00	110.0	2.1×10^{-12}	11.68	
40.00	200.0	3.3×10^{-13}	12.50	

0.1000mol·L^{-1} NaOH 溶液滴定 0.1000mol·L^{-1} HAc 溶液的滴定曲线（图 6-6）和 0.1000mol·L^{-1} NaOH 溶液滴定 0.1000mol·L^{-1} HCl 溶液的滴定曲线相比有如下特征。

因为 HAc 的酸性比 HCl 弱，导致 HAc 的滴定曲线比 HCl 的滴定曲线起点高近 2 个 pH 单位。滴定开始之后，曲线的斜率比 HCl 的大，这是因为 HAc 的解离度很小，滴入 NaOH 与溶液中的 HAc 中和生成 NaAc，Ac^- 浓度较小，HAc-Ac^- 缓冲体系的缓冲作用较弱，由于 Ac^- 的同离子效应，抑制了 HAc 的解离，使溶液中的 H^+ 浓度急剧降低，pH 值升高较快。继续滴入 NaOH 时，Ac^- 浓度不断增大，HAc-Ac^- 缓冲体系的缓冲作用增强，故溶液的 pH 值增加缓慢，导致这一段曲线较为平坦。但接近化学计量点时，由于溶液中 HAc 的浓度很小，HAc-Ac^- 缓冲体系的缓冲作用又减弱，继续滴入 NaOH 时，pH 值升高较快。由于 NaAc 溶液呈碱性，不仅是化学计量点（pH=8.72）落在碱性范围，而且在 HAc 被中和 99.9% 时的溶液 pH=7.74，呈弱碱性。化学计量点后，溶液的 pH 值变化规律与强碱滴定强酸时的情况相同。该滴定的突跃范围是 7.74～9.70，显然比强碱滴定强酸的突跃范围小得多，故只能选择在弱碱性范围内变色的指示剂，如酚酞、百里酚酞和百里酚蓝等。此时，甲基橙和甲基红均不能使用，否则将引起较大的误差。

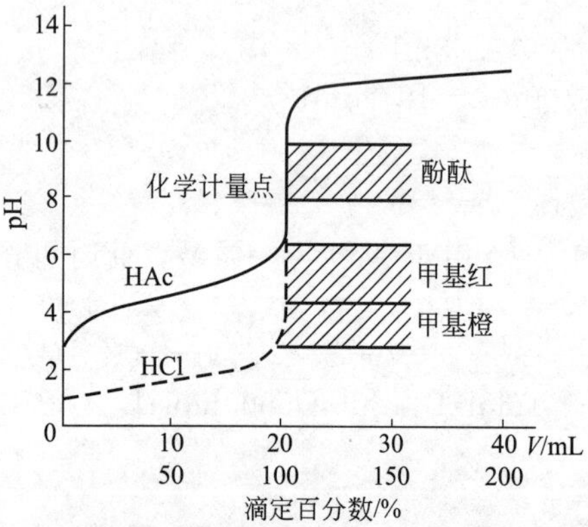

图 6-6　0.1000mol·L^{-1} NaOH 滴定 0.1000mol·L^{-1} HAc 的滴定曲线

强碱滴定弱酸的突跃范围不仅与弱酸的浓度有关，而且还与弱酸的强度有关。当弱酸的浓度一定时，弱酸的强度越大，即 $K_a^\ominus$ 越大，滴定的突跃范围越大。图 6-7 是 0.1000mol·L^{-1} NaOH 滴定 0.1000mol·L^{-1} 不同强度弱酸的滴定曲线。由图 6-7 可以看出，当 $K_a^\ominus\leqslant10^{-9}$ 时，已经没有明显的突跃了，此时已无法利用一般酸碱指示剂确定滴定终点。另一方面，当弱酸的强度一定时，酸的浓度越大，滴定的突跃范围越大。因此，如果弱酸的解离常数很小，或酸的浓度很低，达到一定限度时，突跃范围小到一定程度就无法进行准确滴定了。若用指示剂来确定终点，要求滴定误差≤0.1%，突跃范围必须有 0.3 个 pH 单位，人的眼睛才能借助于指示剂来确定终点，可计算出此时 $cK_a^\ominus\geqslant10^{-8}$。此条件即为判断一元弱酸能否被准确滴定的依据。例如，HCN 的 $K_a^\ominus=6.2\times10^{-10}$，即使浓度为 1mol·L^{-1}，也不能用碱滴定此酸。

强酸滴定一元弱碱与强碱滴定一元弱酸的情况相似，图 6-8 是 $0.1000 mol \cdot L^{-1}$ HCl 滴定 $0.1000 mol \cdot L^{-1}$ NH_3 的滴定曲线。

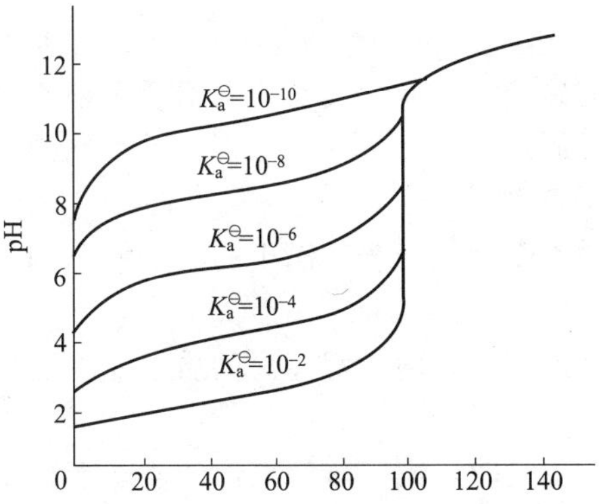

图 6-7　$0.1000 mol \cdot L^{-1}$ NaOH 滴定 $0.1000 mol \cdot L^{-1}$ 不同强度弱酸的滴定曲线

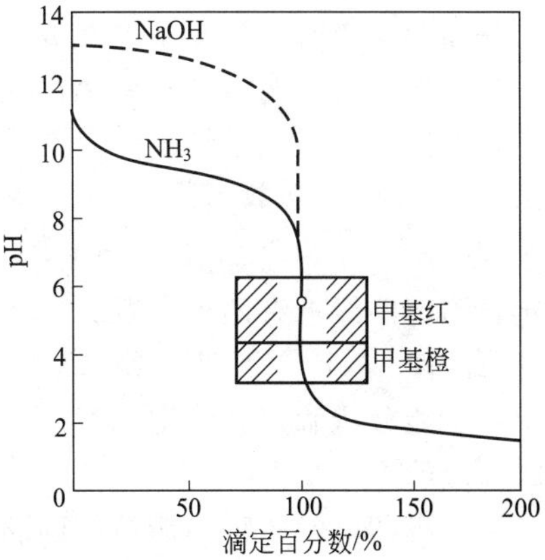

图 6-8　$0.1000 mol \cdot L^{-1}$ HCl 滴定 $0.1000 mol \cdot L^{-1}$ NH_3 的滴定曲线

由图 6-8 可以看出，滴定的突跃范围落在弱酸性范围内（6.25～4.30），必须选择在弱酸性范围内变色的指示剂，如甲基红、甲基橙等，此时酚酞不适用。突跃范围的大小与弱碱的浓度和强度有关，同理，判断一个弱碱能否被准确滴定的理论依据是 $cK_b^\ominus \geqslant 10^{-8}$。

【例 6-20】 下列各种弱酸、弱碱的初始浓度均为 $0.1 mol \cdot L^{-1}$，能否用酸碱滴定法直接准确滴定？如果可以，应选用哪种指示剂？为什么？（1）HF，H_3BO_3；（2）吡啶，NaCN。

解：（1）HF 和 H_3BO_3 均为弱酸，其解离常数分别为 $K_a^\ominus(HF)=6.6\times10^{-4}$，$K_a^\ominus(H_3BO_3)=5.8\times10^{-10}$。对于 HF 来说，$c_aK_a^\ominus=0.1\times6.6\times10^{-4}=6.6\times10^{-5}>10^{-8}$，故可用 NaOH 标准溶液直接滴定，化学计量点时生成强碱弱酸盐 NaF，OH^- 浓度为

$$c(OH^-)=\sqrt{K_b^\ominus c^\ominus c(F^-)}=\sqrt{\frac{1.0\times10^{-14}}{6.6\times10^{-4}}\times1 mol \cdot L^{-1}\times0.05000 mol \cdot L^{-1}}$$
$$=8.7\times10^{-7} mol \cdot L^{-1}$$

pOH=6.1，其 pH=7.9，在实际工作中，通常是根据化学计量点时的 pH 值来选择指示剂，要求在计量点附近变色，故可用酚红作指示剂。

对于 H_3BO_3 来说，$c_aK_a^\ominus=0.1\times5.8\times10^{-10}=5.8\times10^{-11}<10^{-8}$，故不能用 NaOH 标准溶液直接滴定。

（2）吡啶和 NaCN 为弱碱，其解离常数分别为 $K_b^\ominus$(吡啶)$=1.7\times10^{-9}$，$K_b(CN^-)=\frac{K_w}{K_a(HCN)}=\frac{1.0\times10^{-14}}{6.2\times10^{-10}}=1.6\times10^{-5}$。对于吡啶来说，$c_bK_b^\ominus=0.1\times1.7\times10^{-9}=1.7\times10^{-10}<10^{-8}$，所以，不能用 HCl 标准溶液直接滴定。

对于 NaCN 来说，$c_bK_b^\ominus=0.1\times1.6\times10^{-5}=1.6\times10^{-6}>10^{-8}$，故可用 HCl 标准溶液直接滴定，化学计量点时生成弱酸 HCN，H^+ 浓度为

$$c(H^+)=\sqrt{K_a^\ominus c^\ominus c(HCN)}=\sqrt{6.2\times10^{-10}\times1 mol \cdot L^{-1}\times0.05000 mol \cdot L^{-1}}$$

$=5.6\times10^{-6}\text{mol}\cdot\text{L}^{-1}$

其 pH＝5.25，故可用甲基红作指示剂。

6.6.3 多元弱酸碱的滴定

多元弱酸在水溶液中是分步解离的，用强碱滴定多元弱酸的情况要比一元弱酸复杂得多。首先要考虑多元弱酸各级解离出的质子能否被准确滴定，其次要考虑各级质子能否分步被滴定，如何选择各化学计量点时的指示剂？同一元弱酸相似，多元弱酸能否被准确滴定与酸的浓度 c_a 和解离常数 $K_a^\ominus$ 有关。对于二元弱算 H_2A 来说：

① 当 $cK_{a_1}^\ominus\geqslant10^{-8}$，$cK_{a_2}^\ominus\geqslant10^{-8}$，且 $K_{a_1}^\ominus/K_{a_2}^\ominus\geqslant10^4$ 时，两步解离出的质子能分别被准确滴定，滴定曲线上有两个突跃；

② 当 $cK_{a_1}^\ominus\geqslant10^{-8}$，$cK_{a_2}^\ominus\geqslant10^{-8}$，且 $K_{a_1}^\ominus/K_{a_2}^\ominus<10^4$ 时，两步解离出的质子能一起被准确滴定，不能分步滴定，滴定曲线上只有一个突跃；

③ 当 $cK_{a_1}^\ominus\geqslant10^{-8}$，$cK_{a_2}^\ominus<10^{-8}$，且 $K_{a_1}^\ominus/K_{a_2}^\ominus\geqslant10^4$ 时，第一步解离出的质子能被准确滴定，第二步解离的质子不能被准确滴定，且第二个质子不干扰第一个质子的准确滴定，滴定曲线上只有一个突跃；

④ 当 $cK_{a_1}^\ominus\geqslant10^{-8}$，$cK_{a_2}^\ominus<10^{-8}$，且 $K_{a_1}^\ominus/K_{a_2}^\ominus<10^4$ 时，滴定第一个质子时要受到第二个质子的干扰，故两个质子都不能准确被滴定。

其他多元弱酸与此相似，依此类推即可。

【例 6-21】 讨论用 $0.1000\text{mol}\cdot\text{L}^{-1}$ NaOH 标准溶液分别直接滴定 $0.1000\text{mol}\cdot\text{L}^{-1}$ 的 H_3PO_4 和 $0.1000\text{mol}\cdot\text{L}^{-1}$ $H_2C_2O_4$ 溶液的情况。

解：(1) H_3PO_4 的各级解离常数为 $K_{a_1}^\ominus=7.5\times10^{-3}$，$K_{a_2}^\ominus=6.3\times10^{-8}$，$K_{a_3}^\ominus=4.4\times10^{-13}$

$cK_{a_1}^\ominus=0.1\times7.5\times10^{-3}=7.5\times10^{-4}>10^{-8}$，$cK_{a_2}^\ominus=0.1\times6.3\times10^{-8}\approx10^{-8}$，$cK_{a_3}^\ominus<10^{-8}$，且 $K_{a_1}^\ominus/K_{a_2}^\ominus>10^4$，$K_{a_2}^\ominus/K_{a_3}^\ominus>10^4$

所以 H_3PO_4 的前两步解离出的 H^+ 可被分步准确滴定，滴定曲线上产生两个突跃。

第一化学计量点时，H_3PO_4 被中和成 NaH_2PO_4，浓度为 $0.05\text{mol}\cdot\text{L}^{-1}$，$cK_{a_2}^\ominus>20K_w^\ominus$，$c<20K_{a_1}^\ominus$，

$$c(H^+)=\sqrt{\frac{K_{a_1}^\ominus K_{a_2}^\ominus(c^\ominus)^2c}{K_{a_1}^\ominus c^\ominus+c}}$$

$$=\sqrt{\frac{7.5\times10^{-3}\times6.3\times10^{-8}\times(1\text{mol}\cdot\text{L}^{-1})^2\times0.05\text{mol}\cdot\text{L}^{-1}}{7.5\times10^{-3}\times1\text{mol}\cdot\text{L}^{-1}+0.05\text{mol}\cdot\text{L}^{-1}}}$$

$$=2.0\times10^{-5}\text{mol}\cdot\text{L}^{-1}$$

$$\text{pH}=4.70$$

故可用甲基红作指示剂。

第二化学计量点时，H_3PO_4 被中和成 Na_2HPO_4，浓度为 $0.033\text{mol}\cdot\text{L}^{-1}$，$cK_{a_3}^\ominus=1.5\times10^{-14}<20\ K_w^\ominus$，$c=0.033>20K_{a_2}^\ominus$，

$$c(H^+)=\sqrt{\frac{K_{a_2}^\ominus(c^\ominus)^2(K_{a_3}^\ominus c+K_w^\ominus c^\ominus)}{c}}$$

$$=\sqrt{\frac{6.3\times10^{-8}\times(1\text{mol}\cdot\text{L}^{-1})^2\times(4.4\times10^{-13}\times0.033\text{mol}\cdot\text{L}^{-1}+1.0\times10^{-14}\times1\text{mol}\cdot\text{L}^{-1})}{0.033\text{mol}\cdot\text{L}^{-1}}}$$

$$=2.2\times10^{-10}\text{mol}\cdot\text{L}^{-1}$$

$$pH=9.66$$

可用酚酞作指示剂。H_3PO_4 的滴定曲线见图 6-9。

(2) $H_2C_2O_4$ 的各级解离常数为 $K_{a_1}^{\ominus}=5.9\times10^{-2}$，$K_{a_2}^{\ominus}=6.4\times10^{-5}$，

$cK_{a_1}^{\ominus}=0.1\times5.9\times10^{-2}=5.9\times10^{-3}>10^{-8}$，$cK_{a_2}^{\ominus}=0.1\times6.4\times10^{-5}=6.4\times10^{-6}>10^{-8}$，且 $K_{a_1}^{\ominus}/K_{a_2}^{\ominus}<10^4$，

所以 $H_2C_2O_4$ 两步解离出的 H^+ 都可被准确滴定，但不能分步滴定，滴定曲线上只能产生一个突跃。

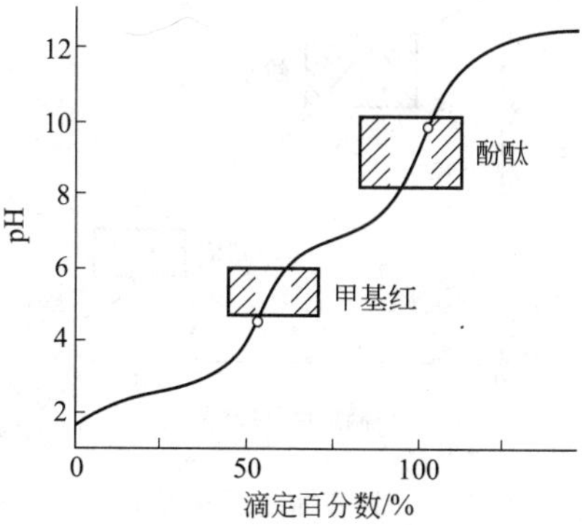

图 6-9　0.1000mol·L^{-1} NaOH 滴定 0.1000mol·L^{-1} H_3PO_4 的滴定曲线

$$H_2C_2O_4+2NaOH = Na_2C_2O_4+2H_2O$$

故化学计量点时溶液的 pH 值由强碱弱酸盐 $Na_2C_2O_4$ 决定，$c=0.033\text{mol}\cdot L^{-1}$，$cK_{b_1}^{\ominus}=0.033\times(1.0\times10^{-14}/6.4\times10^{-5})=5.2\times10^{-12}>20K_w^{\ominus}$，$c/K_{b_1}^{\ominus}=0.033/(1.0\times10^{-14}/6.4\times10^{-5})=2.1\times10^8>500$，故

$$c(OH^-)=\sqrt{K_{b_1}^{\ominus}c^{\ominus}c}=\sqrt{\frac{1.0\times10^{-14}}{6.4\times10^{-5}}\times1\text{mol}\cdot L^{-1}\times0.033\text{mol}\cdot L^{-1}}=2.3\times10^{-6}\text{mol}\cdot L^{-1}$$

$$pOH=5.64, pH=8.36$$

可用酚酞作指示剂。

多元弱碱的滴定情况与多元酸的滴定情况完全相似，只需将以上四种情况的讨论中的 $K_{a_1}^{\ominus}$、$K_{a_2}^{\ominus}$、$K_{a_3}^{\ominus}$ 分别换成 $K_{b_1}^{\ominus}$、$K_{b_2}^{\ominus}$、$K_{b_3}^{\ominus}$ 即为多元弱碱准确滴定的条件。

【例 6-22】 讨论用 0.1000mol·L^{-1} HCl 标准溶液直接滴定 0.1000mol·L^{-1} 的 Na_2CO_3 溶液的情况。

解： Na_2CO_3 的各级解离常数为

$$K_{b_1}^{\ominus}=\frac{K_w^{\ominus}}{K_{a_2}^{\ominus}}=\frac{1.0\times10^{-14}}{5.6\times10^{-11}}=1.8\times10^{-4}$$

$$K_{b_2}^{\ominus}=\frac{K_w^{\ominus}}{K_{a_1}^{\ominus}}=\frac{1.0\times10^{-14}}{4.2\times10^{-7}}=2.4\times10^{-8}$$

$cK_{b_1}^{\ominus}=0.1\times1.8\times10^{-4}=1.8\times10^{-5}>10^{-8}$，$cK_{b_2}^{\ominus}=0.1\times2.4\times10^{-8}=2.4\times10^{-9}\approx10^{-8}$，且 $K_{b_1}^{\ominus}/K_{b_2}^{\ominus}=(1.8\times10^{-4})/(2.4\times10^{-8})=7.5\times10^3\approx10^4$，

所以可用 HCl 标准溶液分步滴定 Na_2CO_3，滴定曲线上产生两个突跃。

第一化学计量点时，Na_2CO_3 被中和成 $NaHCO_3$，浓度为 0.05mol·L^{-1}，

$cK_{a_2}^{\ominus}=0.05\times5.6\times10^{-11}=2.8\times10^{-12}>20K_w^{\ominus}$，$c=0.05>20K_{a_1}^{\ominus}=8.4\times10^{-6}$，

$$c(H^+)=\sqrt{K_{a_1}^{\ominus}K_{a_2}^{\ominus}(c^{\ominus})^2}=\sqrt{4.2\times10^{-7}\times5.6\times10^{-11}\times(1\text{mol}\cdot L^{-1})^2}$$
$$=4.8\times10^{-9}\text{mol}\cdot L^{-1}$$

$$pH=8.32$$

可选用酚酞作指示剂。但终点颜色由红色变为无色，终点不易观察。再者由于 $K_{b_1}^{\ominus}/K_{b_2}^{\ominus}\approx10^4$，差别不大，故突跃不太明显。为了准确判断第一化学计量点，可采用 $NaHCO_3$ 溶液作参比溶液，或使用混合指示剂。如用甲酚红和百里酚蓝混合指示剂，终点由紫色变为粉红色。

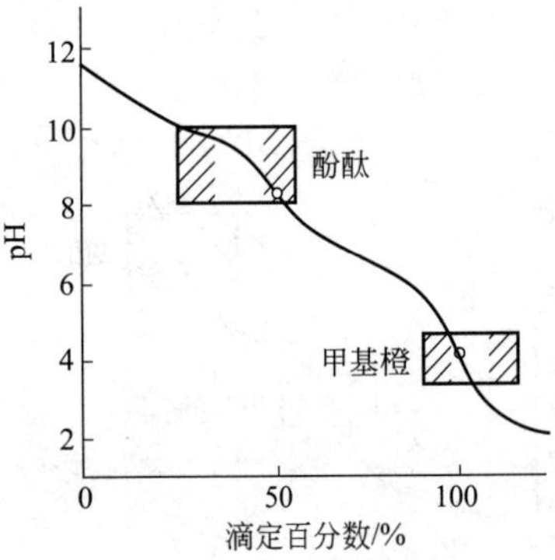

图 6-10 HCl 标准溶液滴定 Na_2CO_3 的滴定曲线

第二化学计量点时的滴定产物是 H_2CO_3，即饱和 CO_2 水溶液，浓度为 $0.04mol·L^{-1}$，

$$cK_{a_1}^{\ominus}=0.04\times4.2\times10^{-7}=1.7\times10^{-8}>20K_w^{\ominus},$$

$$c/K_{a_1}^{\ominus}=0.04/4.2\times10^{-7}=9.5\times10^{4}>500,$$

$$c(H^+)=\sqrt{K_{a_1}^{\ominus}c^{\ominus}c}$$
$$=\sqrt{4.2\times10^{-7}\times1mol·L^{-1}\times0.04mol·L^{-1}}$$
$$=1.3\times10^{-4}\ mol·L^{-1}$$
$$pH=3.89$$

可选用甲基橙作指示剂。但应注意，此时容易形成过饱和溶液，使溶液的酸度增大，终点出现过早，为此滴定时临近终点应剧烈摇动溶液，使 CO_2 尽快逸出。欲更准确地确定终点，最好采用含饱和 CO_2 同浓度的 NaCl 溶液和指示剂的溶液作参比。HCl 标准溶液滴定 Na_2CO_3 的滴定曲线见图 6-10。

6.7 酸碱滴定法的应用

6.7.1 酸碱标准溶液的配制及标定

酸碱滴定中常用的酸和碱标准溶液为 HCl 和 NaOH，有时也用 H_2SO_4 和 KOH 或 $Ba(OH)_2$。浓度可在 $0.01\sim1mol·L^{-1}$之间，但最常用的是 $0.1mol·L^{-1}$。

（1）盐酸标准溶液的配制及标定

由于浓盐酸具有挥发性，所以不能直接配制盐酸标准溶液，而是采用间接法配制，即先配制一个近似浓度，然后再用基准物质进行标定。标定盐酸常用的基准物质有无水碳酸钠和硼砂。

① 无水碳酸钠很容易制得纯品，价格便宜。但由于 Na_2CO_3 容易吸收空气中的水分，所以使用之前应在 270～300℃下干燥约 1h，然后保存于干燥器中备用。注意干燥温度不能超过 300℃，否则将有部分 Na_2CO_3 分解为 Na_2O。标定 HCl 时的反应为：

$$2HCl+Na_2CO_3 = 2NaCl+H_2O+CO_2$$

终点选用甲基橙作指示剂。按下式计算盐酸的浓度：

$$c(HCl)=\frac{2m(Na_2CO_3)}{M(Na_2CO_3)V(HCl)}$$

② 硼砂（$Na_2B_4O_7·10H_2O$）摩尔质量大（$381.4g·mol^{-1}$），称量误差小，不易吸水，易制得纯品。但在空气中易风化失去部分结晶水，需要保存在空气相对湿度为 60%～70%（糖和食盐的饱和溶液）的恒湿器中。标定 HCl 时的反应为：

$$2HCl+Na_2B_4O_7+5H_2O = 4H_3BO_3+2NaCl$$

终点生成弱酸 H_3BO_3，$K_a^{\ominus}=5.8\times10^{-10}$，设用 $0.05mol·L^{-1}$ $Na_2B_4O_7$ 标定 $0.1000mol·L^{-1}$ HCl，化学计量点时 H_3BO_3 的浓度为 $0.1000mol·L^{-1}$，则此时溶液的 pH 值为

$$c(H^+)=\sqrt{K_a^{\ominus}c^{\ominus}c}=\sqrt{5.8\times10^{-10}\times1mol·L^{-1}\times0.1000mol·L^{-1}}$$
$$=7.6\times10^{-6}\ mol·L^{-1}$$
$$pH=5.1$$

因此应选用甲基红作指示剂，按下式计算盐酸的浓度：

$$c(\mathrm{HCl})=\frac{2m(\mathrm{Na_2B_4O_7\cdot 10H_2O})}{M(\mathrm{Na_2B_4O_7\cdot 10H_2O})V(\mathrm{HCl})}$$

（2）碱标准溶液的配制及标定

氢氧化钠很容易吸收空气中的水分和二氧化碳，所以不能直接配制其标准溶液，应采用间接法配制。标定氢氧化钠标准溶液常用邻苯二甲酸氢钾或草酸。

① 邻苯二甲酸氢钾（$KHC_8H_4O_4$）容易制得纯品，不含结晶水，不易吸收空气中的水分，易溶于水，且具有较大的摩尔质量（$204.2g\cdot mol^{-1}$）。所以它是标定氢氧化钠标准溶液的首选物质。标定反应如下：

$$\mathrm{NaOH+KHC_8H_4O_4 = KNaC_8H_4O_4+H_2O}$$

化学计量点时生成强碱弱酸盐 $KNaC_8H_4O_4$，$pH\approx 9.1$，可选用酚酞作指示剂。按下式计算 NaOH 标准溶液的浓度：

$$c(\mathrm{NaOH})=\frac{m(\mathrm{KHC_8H_4O_4})}{M(\mathrm{KHC_8H_4O_4})V(\mathrm{NaOH})}$$

② 草酸（$H_2C_2O_4\cdot 2H_2O$）稳定性较高，在相对湿度为 50%～90% 的空气中不吸水，也不风化，可保存于密闭容器中。由于 $H_2C_2O_4$ 的 $K_{a_1}^{\ominus}=5.9\times 10^{-2}$，$K_{a_2}^{\ominus}=6.4\times 10^{-5}$，$K_{a_1}^{\ominus}/K_{a_2}^{\ominus}<10^4$，所以其两步解离出的 H^+ 一起被准确滴定，生成 $C_2O_4^{2-}$，标定反应如下：

$$\mathrm{2NaOH+H_2C_2O_4 = Na_2C_2O_4+2H_2O}$$

终点为弱碱性，可选酚酞作指示剂。按下式计算 NaOH 标准溶液的浓度：

$$c(\mathrm{NaOH})=\frac{2m(\mathrm{H_2C_2O_4\cdot 2H_2O})}{M(\mathrm{H_2C_2O_4\cdot 2H_2O})V(\mathrm{NaOH})}$$

6.7.2　CO_2 对酸碱滴定的影响

CO_2 溶于水后生成 H_2CO_3，有时它对酸碱滴定的影响是不能忽略的，是酸碱滴定误差的重要来源之一。CO_2 的来源很多，如水中溶解了 CO_2，或 NaOH 标准溶液本身吸收了 CO_2 等。CO_2 对酸碱滴定的影响是多方面的，主要有以下几种情况。

（1）标定后吸收 CO_2

已标定过的 NaOH 标准溶液因保存不当吸收了 CO_2，此时的溶液实际为 NaOH 和 Na_2CO_3 的混合液。用此 NaOH 标准溶液测定酸性样品时，若选酚酞作指示剂，CO_3^{2-} 被中和为 HCO_3^-，将导致正误差；若选用甲基橙作指示剂，CO_3^{2-} 被中和为 CO_2，则对滴定结果无影响。

（2）标定前吸收 CO_2

我们用有机弱酸标定的实际溶液是 NaOH 和 Na_2CO_3 的混合液，此时 Na_2CO_3 被中和成 HCO_3^-。用此 NaOH 标准溶液测定酸性样品时，若选酚酞作指示剂，CO_3^{2-} 被中和为 HCO_3^-，则对滴定结果无影响。若选用甲基橙作指示剂，CO_3^{2-} 被中和为 CO_2，将导致负误差。CO_2 对酸碱滴定的影响是多方面的，应具体问题具体分析，切忌教条主义。

配制不含 Na_2CO_3 的 NaOH 标准溶液的方法有：一种是先配成饱和的 NaOH 溶液（约 50%），因 Na_2CO_3 的溶解度小而沉于底部，吸取上层清液，用不含 CO_2 的蒸馏水稀释到所需浓度。另一种是将蒸馏水事先加热煮沸以除去水中的 CO_2。

6.7.3 酸碱滴定应用实例

6.7.3.1 混合碱的分析

混合碱通常指氢氧化钠和碳酸钠或碳酸钠和碳酸氢钠的混合物。通常测定的方法有双指示剂法和 $BaCl_2$ 法。

(1) 双指示剂法

双指示剂法是先在混合碱试液中加入酚酞，以盐酸标准溶液滴定至粉红色刚好消失，即为第一终点，此时消耗 HCl 的体积为 V_1，NaOH 被全部中和，Na_2CO_3 被中和成 $NaHCO_3$。然后再加入甲基橙指示剂，以盐酸标准溶液继续滴定至橙色，为第二终点，消耗 HCl 的体积为 V_2，此时 $NaHCO_3$ 被中和成 H_2CO_3。很显然 Na_2CO_3 被中和成 $NaHCO_3$ 与 $NaHCO_3$ 被中和成 H_2CO_3 所消耗盐酸标准溶液的体积是相等的。

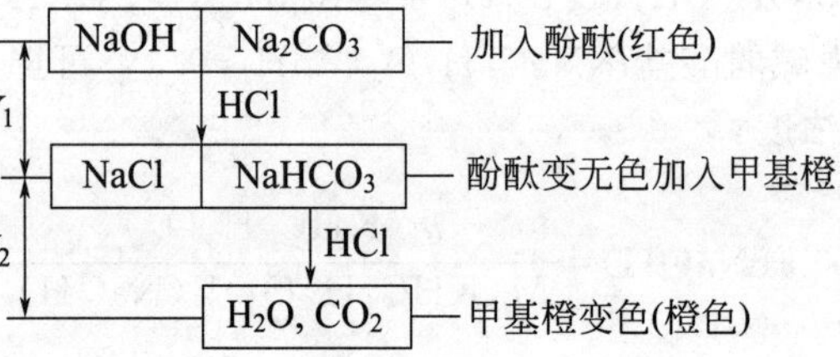

根据消耗 HCl 标准溶液体积的关系可判断出试样的组成。

① $V_1>V_2>0$ 时，碱样组成为 NaOH、Na_2CO_3。试样中各组分的含量为：

$$w(Na_2CO_3)=\frac{c(HCl)V_2(HCl)M(Na_2CO_3)}{m_s}$$

$$w(NaOH)=\frac{[c(HCl)V_1(HCl)-c(HCl)V_2(HCl)]M(NaOH)}{m_s}$$

② $V_2>V_1>0$ 时，碱样组成为 $NaHCO_3$、Na_2CO_3。试样中各组分的含量为：

$$w(Na_2CO_3)=\frac{c(HCl)V_1(HCl)M(Na_2CO_3)}{m_s}$$

$$w(NaHCO_3)=\frac{[c(HCl)V_2(HCl)-c(HCl)V_1(HCl)]M(NaHCO_3)}{m_s}$$

③ $V_1>0$，$V_2=0$ 时，试样组成为 NaOH。

④ $V_1=0$，$V_2>0$ 时，试样组成为 $NaHCO_3$。

⑤ $V_1=V_2>0$ 时，试样组成为 Na_2CO_3。

(2) $BaCl_2$ 法

取等量的 NaOH 和 Na_2CO_3 混合试液两份，第一份用甲基橙作指示剂，用 HCl 标准溶液滴定至橙色，消耗 HCl 标准溶液的体积为 V_1，此时 NaOH 和 Na_2CO_3 完全被中和。第二份加入稍过量的 $BaCl_2$ 溶液，使 Na_2CO_3 转化为 $BaCO_3$ 沉淀，用酚酞作指示剂，用 HCl 标准溶液滴定至终点，消耗 HCl 标准溶液的体积为 V_2，此时的 V_2 即为滴定 NaOH 所耗。V_1-V_2 为滴定 Na_2CO_3 所耗标准溶液的体积。根据下式可计算出试样中各组分的含量：

$$w(Na_2CO_3)=\frac{c(HCl)[V_1(HCl)-V_2(HCl)]M\left(\frac{1}{2}Na_2CO_3\right)}{m_s}$$

$$w(NaOH)=\frac{c(HCl)V_2(HCl)M(NaOH)}{m_s}$$

6.7.3.2 硫磷混合酸的分析

与滴定混合碱相似，先往试样中加入甲基红指示剂，用 NaOH 标准溶液滴定至橙色，消耗 NaOH 标准溶液的体积为 V_1，此时 H_2SO_4 被完全滴定，H_3PO_4 被滴定至 $H_2PO_4^-$。

再加入酚酞作指示剂，消耗 NaOH 标准溶液的体积为 V_2，此时为滴定 $H_2PO_4^-$ 至 HPO_4^{2-} 所耗 NaOH 标准溶液的体积。根据下式可计算出试样中各组分的含量：

$$w(H_2SO_4)=\frac{c(NaOH)[V_1(NaOH)-V_2(NaOH)]M\left(\frac{1}{2}H_2SO_4\right)}{m_s}$$

$$w(H_3PO_4)=\frac{c(NaOH)V_2(NaOH)M(H_3PO_4)}{m_s}$$

6.7.3.3　铵盐中含氮量的测定

铵盐 $K_a^{\ominus}(NH_4^+)=5.6\times10^{-10}$，$cK_a^{\ominus}<10^{-8}$，不能准确直接滴定。可采用甲醛法或蒸馏法间接滴定。

① 甲醛法　将铵盐与甲醛反应，定量生成 H^+ 和质子化的六亚甲基四胺。$(CH_2)_6N_4H^+$ 的 $K_a^{\ominus}=7.1\times10^{-6}$，可用 NaOH 标准溶液滴定之。终点生成弱碱 $(CH_2)_6N_4$，pH 约在 8～9 之间，故可选用酚酞作指示剂。

$$4NH_4^+ + 6HCHO = 3H^+ + (CH_2)_6N_4H^+ + 6H_2O$$

$$4NH_4^+ \sim 4H^+ \sim 4OH^- \sim 4N$$

$$w(N)=\frac{c(OH^-)V(OH^-)M(N)}{m_s}$$

② 蒸馏法　将铵盐试样溶液置于蒸馏瓶中，加入过量浓 NaOH 溶液，加热使 NH_4^+ 转变成 NH_3 释放出来，以 H_3BO_3 溶液吸收，然后用酸标准溶液滴定硼酸吸收液。有关反应为

$$NH_3 + H_3BO_3 = NH_4H_2BO_3$$

$$H^+ + H_2BO_3^- = H_3BO_3$$

终点生成极弱酸 H_3BO_3，pH≈5.1，可选用甲基红作指示剂。

$$w(N)=\frac{c(HCl)V(HCl)M(N)}{m_s}$$

【例 6-23】 将不纯的硫酸铵试样 0.1640g，以甲醛法分析，加入中性的甲醛溶液反应 5min，用 $0.09760mol\cdot L^{-1}$ 的 NaOH 溶液滴定至酚酞变色，消耗 23.09mL，试计算试样中 $(NH_4)_2SO_4$ 的质量分数。

解： $NH_4^+ \sim N \sim H^+ \sim OH^-$

$$w[(NH_4)_2SO_4]=\frac{c(NaOH)V(NaOH)M[1/2(NH_4)_2SO_4]}{m_s}$$

$$=\frac{0.09760mol\cdot L^{-1}\times23.09mL\times10^{-3}\times1/2\times132.13g\cdot mol^{-1}}{0.1640g}=90.78\%$$

【例 6-24】 称取粗铵盐 1.075g，与过量碱共热，蒸出的 NH_3 以过量硼酸溶液吸收，再以 $0.3865mol\cdot L^{-1}$ HCl 滴定至甲基红和溴甲酚绿混合指示剂达到终点，需 33.68mL HCl 标准溶液，求试样中 NH_3 的质量分数和以 NH_4Cl 表示的质量分数。

解：

$$n(NH_4^+)=n(HCl)$$

$$w(NH_3)=\frac{c(HCl)V(HCl)M(NH_3)}{m_s}$$

$$=\frac{0.3865mol\cdot L^{-1}\times33.68\times10^{-3}L\times17.03g\cdot mol^{-1}}{1.075g}=0.2062=20.62\%$$

$$w(NH_4Cl)=\frac{0.3865mol\cdot L^{-1}\times33.68\times10^{-3}L\times53.49g\cdot mol^{-1}}{1.075g}$$

$$=0.6477=64.77\%$$

【知识拓展】

酸雨的形成、危害及防治

1. 酸雨的形成

漂浮在大气中的酸性化学物质随雨水到达地面，对地面的酸碱平衡产生一定影响，对环境造成破坏，这就是通常所说的酸雨现象。

雨水的酸度值通常用 pH 值表示。正常的雨水呈微酸性，这是由于大气中 CO_2 的体积分数约为 3.16×10^{-4}，溶于雨水部分发生部分解离：

$$CO_2+H_2O=\!=\!=H_2CO_3$$

$$H_2CO_3=\!=\!=H^++HCO_3^-$$

此时雨水的 pH＝5.6。这种微酸性的雨水，使土壤中的养分溶解，供植物吸收、生长。雨水的 pH 值小于 5.6 时通常称为酸雨（acid rain）。目前酸雨已是世界公认的一种大气污染危害。

经对酸雨成分分析得知，酸雨的主要成分是硫酸和硝酸，主要因天然排放和人工排放酸性物质造成。天然排放源有火山喷发产生的大量硫氧化物（SO_x）气体。1980 年美国圣海伦火山喷发，产生了约 100 万吨二氧化硫，1991 年菲律宾皮纳图博火山喷发，产生约 2000 万吨二氧化硫。2022 年 1 月 14 日位于南太平洋岛国汤加的洪阿哈阿帕伊岛海底火山剧烈喷发，成为 21 世纪目前为止规模最大的火山喷发。据海外研究，截至 1 月 17 日，汤加火山喷发产生约 40 万吨二氧化硫进入平流层。火山喷发的气候效应主要取决于喷发过程中进入平流层的 SO_2 和 H_2S 气体量，这些气体会形成气溶胶，通过反射太阳辐射，导致地表降温。大气中的氮气和氧气在闪电作用下部分生成 NO，继而在对流层中被氧化为 NO_2。土壤中硝酸盐在土壤细菌的作用下分解出 NO、NO_2 和 N_2O 等气体。

大气中的烟尘、臭氧等可以作为上述反应的催化剂。

人工排放源主要有燃烧煤炭、石油等化石燃料所产生的酸性物质。金属冶炼、化工生产、石油炼制等工业生产过程及汽车等交通工具的发动机，高温下氮气会与氧气结合生成一定量的氮氧化物（NO_x），随着尾气排出。据统计，全球每年排放进大气的 SO_2 约 1 亿吨，NO_2 约 5000 万吨，所以说酸雨主要是人类的生产活动和生活造成的。

酸雨的形成是非常复杂的物理、化学过程，主要认为是工业生产和汽车排放的污染物 SO_x 和 NO_x 在大气中发生如下化学反应：

$$2SO_2+O_2=\!=\!=2SO_3$$

$$SO_3+H_2O=\!=\!=H_2SO_4$$

$$SO_2+H_2O=\!=\!=H_2SO_3$$

$$2H_2SO_3+O_2=\!=\!=2H_2SO_4$$

$$2NO+O_2=\!=\!=2NO_2$$

$$2NO_2+H_2O=\!=\!=HNO_3+HNO_2$$

2. 酸雨的危害

研究表明，酸雨对土壤、水体、森林、建筑和历史文物等造成严重危害。

酸雨可导致土壤酸化，使有毒物质污染增强，毒害作物根系，杀死根毛，同时使土壤中的营养成分流失，土地贫瘠，导致发育不良，使粮食、蔬菜等农产品大量减产、森林毁坏。酸雨会使湖泊变成酸性，使水生生物大量死亡，甚至使稀有珍奇鱼类绝迹。酸雨溶解土壤中重金属离子，会使饮水中的重金属含量增加，长期饮用引起中毒。我国古代的石刻雕像、碑文等文物的材质主要成分都是碳酸盐，很容易受到酸雨的侵蚀，给文物保护及文化传承带来巨大挑战。世界文化遗产洛阳龙门石窟，北京卢沟桥的石狮和附近的石碑，五塔寺的金刚宝塔等文物受到大气中的酸雨、粉尘等侵蚀，导致风化而产生严重损坏。酸雨还加速了桥梁、水坝、建筑结构、工业装备、通讯设备的损坏。此外，酸雨还会随风漂移，降至几千公里以外的地区，造成大范围的公害，甚至引起国际纠纷。

酸雨与人体健康关系密切。直接危害是酸雨或酸雾对人体某些器官有明显刺激作用，如眼角膜和呼吸道黏膜对酸类很敏感，导致红眼病和支气管炎，咳嗽不止，还可诱发肺部疾病。酸雨使土壤矿物中的有害金属，如汞、镉、铅、铬等再溶出，继而被粮食、蔬菜吸收和富集，人类摄取后导致中毒，对人类造成间接危害。

3. 酸雨的防治

既然酸雨主要是人类的生产生活活动产生的，那么酸雨应该以预防为主。首先，对燃煤进行脱硫和脱硝处理。目前我国电力结构中火力发电约占 70%，发展洁净燃煤技术和煤炭脱硫技术，可降低 SO_2 排放量。其次，改变能源结构，减少使用煤炭等生物化石能源，预计到 2035 年燃气发电和燃煤发电分别减少 1%和 12%。需大力发展非火电发电量，例如水力发电、光伏发电、风力发电、核能发电等。其三，扩大绿化面积，植树种草，吸烟滞尘。

2021 年 10 月 24 日，中共中央、国务院印发的《关于完整准确全面贯彻新发展理念，做好碳达峰碳中和工作的意见》正式发布，主要目标有：

到 2025 年，绿色低碳循环发展的经济体系初步形成，重点行业能源利用效率大幅提升。单位国内生产总值能耗比 2020 年下降 13.5%，单位国内生产总值二氧化碳排放比 2020 年下降 18%。非化石能源消费比重达到 20%左右。森林覆盖率达到 24.1%，森林蓄积量达到 180 亿立方米，为实现碳达峰、碳中和奠定坚实基础。

到 2030 年，经济社会发展全面绿色转型取得显著成效，重点耗能行业能源利用效率达到国际先进水平。单位国内生产总值二氧化碳排放比 2005 年下降 65%以上。非化石能源消费比重达到 25%左右，风电、太阳能发电总装机容量达到 12 亿千瓦以上。森林覆盖率达到 25%左右，森林蓄积量达到 190 亿立方米，二氧化碳排放量达到峰值并实现稳中有降。

到 2060 年，绿色低碳循环发展的经济体系和清洁低碳安全高效的能源体系全面建立。能源利用效率达到国际先进水平，非化石能源消费比重达到 80%以上，碳中和目标顺利实现。

“3060 碳达峰碳中和”是我国对世界环境改善，建立全球命运共同体做出的庄严承诺，体现了中华民族高度负责的态度和敢于担当的精神。

本章小结

1. 酸碱质子理论及质子条件式的书写。

2. 弱电解质的解离平衡及解离度：$\alpha = \sqrt{\dfrac{K_a^{\ominus} c^{\ominus}}{c}}$

3. 不同溶液酸度的计算

一元弱酸弱碱溶液：$c(\mathrm{H^+}) = \sqrt{K_a^{\ominus} c c^{\ominus}}$　　$c(\mathrm{OH^-}) = \sqrt{K_b^{\ominus} c c^{\ominus}}$

多元弱酸弱碱溶液：$c(\mathrm{H^+}) = \sqrt{K_{a_1}^{\ominus} c c^{\ominus}}$　　$c(\mathrm{OH^-}) = \sqrt{K_{b_1}^{\ominus} c c^{\ominus}}$

两性物质水溶液：$c(\mathrm{H^+}) = \sqrt{K_{a_1}^{\ominus} K_{a_2}^{\ominus} (c^{\ominus})^2}$　　$\mathrm{pH} = \dfrac{1}{2}\mathrm{p}K_{a_1}^{\ominus} + \dfrac{1}{2}\mathrm{p}K_{a_2}^{\ominus}$

缓冲溶液：$\mathrm{pH} = \mathrm{p}K_a^{\ominus} + \lg \dfrac{c_b/c^{\ominus}}{c_a/c^{\ominus}}$

4. 酸碱指示剂变色原理，$pH=pK_a^{\ominus}\pm1$

酚酞、甲基红、甲基橙等常用指示剂的实际变色范围。

5. 酸碱滴定的基本原理，影响滴定突跃范围的因素及指示剂选择的理论依据

6. 一元弱酸弱碱能被准确滴定的判断依据

$$cK_a^{\ominus}\geqslant10^{-8} \text{ 或 } cK_b^{\ominus}\geqslant10^{-8}$$

强碱滴定弱酸，选择在弱碱性范围内变色的指示剂；强酸滴定弱碱，选择在弱酸性范围内变色的指示剂。

7. 多元弱酸弱碱被滴定情况分析

若 $cK_{a_1}^{\ominus}>cK_{a_2}^{\ominus}\geqslant10^{-8}$，且 $K_{a_1}^{\ominus}/K_{a_2}^{\ominus}\geqslant10^4$，则这个多元酸可分步被滴定，在滴定曲线上观察到两个滴定突跃；若 $K_{a_1}^{\ominus}/K_{a_2}^{\ominus}<10^4$，则这个多元酸不能分步被滴定，在滴定曲线上只能观察到一个滴定突跃。多元酸滴定终点指示剂的选择依据是：化学计量点的 pH 值尽量与指示剂的变色点接近，最好在指示剂的变色范围之内。多元碱的滴定与多元酸类似。

习题

1. 酸碱质子理论是如何定义酸和碱的？什么叫共轭酸碱对？

2. 下列说法是否正确，若不正确，请予以更正。

(1) 根据稀释定律，弱酸的浓度越大，其解离度越小，因此其酸度也越小。

(2) 因为中和相同浓度和体积的盐酸和醋酸所需碱的量相等，所以它们的溶液中 H^+ 浓度也相同。

(3) 用 HCl 标准溶液滴定 NaOH（浓度均为 $0.1mol\cdot L^{-1}$），以甲基红为指示剂时，终点误差为负误差。

(4) 20mL $0.1mol\cdot L^{-1}$ 的 HCOOH 与 10mL $0.1mol\cdot L^{-1}$ 的 NaOH 相混合，其混合溶液是缓冲溶液。

3. 写出下列各酸的共轭碱：H_2O，$H_2C_2O_4$，HCO_3^-，$H_2PO_4^-$，HS^-，$C_6H_5NH_3^+$。

4. 写出下列各碱的共轭酸：H_2O，$HC_2O_4^-$，HCO_3^-，$H_2PO_4^-$，HS^-，S^{2-}。

5. 往 HAc 的稀溶液中分别加入少量 (1) HCl；(2) NaAc；(3) NaCl；(4) H_2O；(5) NaOH，则 HAc 的解离度有何变化？为什么？

6. 用 $0.1mol\cdot L^{-1}$ 的 NaOH 滴定有 $0.1mol\cdot L^{-1}$ NH_4Cl 存在的 $0.1mol\cdot L^{-1}$ HCl，终点应选何种指示剂？为什么？

7. 写出下列物质水溶液的质子条件式：

(1) NaAc　(2) HCl　(3) NH_4Ac　(4) $NaNH_4HPO_4$　(5) $NH_4H_2PO_4$

8. 选择题

(1) 下列物质既可作酸又可作碱的是（　　）。

A. H_2O　　B. Ac^-　　C. H_2CO_3　　D. CO_3^{2-}

(2) 欲配制 pH=7.00 的缓冲溶液，应选择的缓冲对是（　　）。

A. NH_3-NH_4Cl　　B. H_3PO_4-NaH_2PO_4

C. NaH_2PO_4-Na_2HPO_4　　D. Na_2HPO_4-Na_3PO_4

(3) 下列水溶液 pH 值最小的是（　　）。

A. $NaHCO_3$　　B. Na_2CO_3　　C. NH_4Cl　　D. NH_4Ac

(4) 当 H_3PO_4 溶液的 pH=3.00 时，溶液中主要存在的型体为（　　）。

A. H_3PO_4　　B. $H_2PO_4^-$　　C. HPO_4^{2-}　　D. PO_4^{3-}

(5) 用强酸滴定弱碱时，突跃范围与弱碱的 $K_b^{\ominus}$ 的关系是（　　）。

A. $K_b^{\ominus}$ 愈大，则突跃范围愈窄　　B. $K_b^{\ominus}$ 愈小，则突跃范围愈宽

C. $K_b^{\ominus}$ 愈大，则突跃范围愈宽　　D. $K_b^{\ominus}$ 与突跃的大小无关

(6) 用 HCl 溶液滴定某碱样，滴至酚酞变色时，消耗盐酸 V_1 mL，再加入甲基橙指示剂连续滴定至橙色，又消耗盐酸 V_2 mL，且 $V_1>V_2>0$，则此碱样是（　　）。

A. NaOH　　B. $NaHCO_3+Na_2CO_3$

C. Na_2CO_3　　D. $NaOH+Na_2CO_3$

9. 利用分布系数计算 pH=5.0 和 pH=10.0 时 0.1mol·L^{-1} NH_4Cl 溶液中各型体的平衡浓度。

[$\delta(NH_4^+)=1$，$\delta(NH_4^+)=0.15$，$\delta(NH_3)=0.85$]

10. 人体中的 CO_2 在血液中以 HCO_3^- 和 H_2CO_3 存在，若血液的 pH 为 7.4，求血液中 HCO_3^- 和 H_2CO_3 各占多少百分数？

[$\delta(H_2CO_3)=0.086$，$\delta(HCO_3^-)=0.91$]

11. 已知下列各种弱酸的 $K_a^{\ominus}$ 值，求它们的共轭碱的 $K_b^{\ominus}$ 值，并将各碱按照碱性由强到弱的顺序进行排列。

(1) HCN，$K_a^{\ominus}=6.2\times10^{-10}$　　(2) HCOOH，$K_a^{\ominus}=1.8\times10^{-4}$

(3) C_6H_5OH，$K_a^{\ominus}=1.1\times10^{-10}$　　(4) H_3BO_3，$K_a^{\ominus}=5.8\times10^{-10}$

12. 空气中的 CO_2 使降水有一定的酸度。根据干空气中 CO_2 的含量，计算得到在一定温度和水蒸气压时 CO_2 在水中的溶解度为 1.03×10^{-5}mol·L^{-1}，求此状态下自然降水的 pH 值。

[5.68]

13. 求下列物质水溶液的 pH 值：

(1) 0.01mol·L^{-1} HCl　　(2) 0.2mol·L^{-1} HAc　　(3) 0.5mol·L^{-1} $NH_3\cdot H_2O$

(4) 0.05mol·L^{-1} NaAc　　(5) 0.1mol·L^{-1} $(NH_4)_2SO_4$　　(6) 0.1mol·L^{-1} $NaHCO_3$

(7) 0.1mol·L^{-1} Na_2CO_3　　(8) 0.1mol·L^{-1} NaH_2PO_4　　(9) 0.04mol·L^{-1} H_2CO_3

14. 实验测得 0.1mol·L^{-1} HAc 溶液的 pH=2.87，求 HAc 的 $K_a^{\ominus}$ 及解离度 α。若在此溶液中加入 NaAc 并使其浓度达到 0.1mol·L^{-1}，溶液的 pH 值和解离度 α 又为多少？这说明什么问题？

[1.82×10^{-5}，1.35%，0.018%]

15. 什么叫缓冲溶液？缓冲溶液具有哪些特性？配制缓冲溶液时，如何选择合适的缓冲对？

16. 0.1mol·L^{-1}某一元弱酸（HA）溶液 50mL 与 20mL 0.1mol·L^{-1} NaOH 溶液混合，将混合溶液稀释到 100mL，用酸度计测得溶液的 pH=5.25，求 HA 的 $K_a^{\ominus}$。

[3.72×10^{-6}]

17. 在血液中，H_2CO_3-HCO_3^- 缓冲溶液的功能之一是从细胞组织中快速除去运动之后所产生的乳酸 HL（HL 的 $K_a^{\ominus}=1.4\times10^{-4}$）

(1) 求反应：$HL+HCO_3^- \rightleftharpoons H_2CO_3+L^-$ 的标准平衡常数。

(2) 在正常血液中，$c(H_2CO_3)=0.0014$mol·L^{-1}，$c(HCO_3^-)=0.027$mol·L^{-1}，如果血液中仅含有 H_2CO_3、HCO_3^-，能维持正常血液的 pH 值吗？

(3) 求在运动后产生 0.0050mol·L^{-1}的 HL 之后的 pH 值。

[3.33×10^2，7.66，6.92]

18. 现有 1.0L 由 HF 和 F^- 组成的缓冲溶液。试计算：

(1) 当该缓冲溶液中含有 0.10mol HF 和 0.30mol NaF 时，其 pH 值为多少？

(2) 往缓冲溶液（1）中加入 0.40g NaOH 固体，并使其完全溶解（设溶解后溶液的体积不变），问该溶液的 pH 值为多少？

(3) 当缓冲溶液 pH=6.5 时，HF 与 F^- 浓度的比值为多少？此时溶液还有缓冲能力吗？

[3.66，3.72，4.8×10^{-4}]

19. 欲配制 pH=5.00 的缓冲溶液 500mL，且要求其中醋酸的浓度为 0.20mol·L^{-1}，需用醋酸浓度为 1.0mol·L^{-1}的醋酸溶液和固体 $NaAc\cdot 3H_2O$ 各多少？

[100mL，24.7g]

20. 用 500mL 0.1mol·L^{-1} $NH_3\cdot H_2O$ 配制 pH=9.25 的缓冲溶液。

(1) 若加入 0.1mol·L^{-1} HCl，则需加入多少毫升？

(2) 若加入 NH_4Cl 固体，则需加入多少克（假设体积不变）？

[250mL，2.7g]

21. 下列弱酸或弱碱能否用酸碱标准溶液直接滴定？若能滴定，终点时应选什么作指示剂？假设酸碱标准溶液和各弱酸、弱碱的初始浓度都为 0.1mol·L^{-1}。

（1）HCN （2）HF （3）$CH_2ClCOOH$ （4）苯酚 （5）CH_3NH_2

（6）六亚甲基四胺 （7）吡啶 （8）NaCN （9）NH_4Cl （10）NaAc

22. 一元弱酸（HA）纯试样 1.2500g 溶于 50.00mL 水中，需 41.20mL 0.09000mol·L^{-1} NaOH 溶液滴定至终点。已知加入 8.24mL NaOH 时，溶液的 pH=4.30。

（1）求弱酸的摩尔质量；（2）计算弱酸的解离常数；（3）求化学计量点时溶液的 pH 值，并选择合适的指示剂指示终点。

[337.1g·mol^{-1}；1.26×10^{-5}；8.76，酚酞]

23. 下列各多元弱酸（碱）能否用酸碱标准溶液直接滴定？若能滴定，有几个突跃？各计量点时应选什么作指示剂？假设酸碱标准溶液和各弱酸、弱碱的初始浓度都为 0.1mol·L^{-1}。

（1）酒石酸 （2）柠檬酸 （3）乙二胺（$H_2NCH_2CH_2NH_2$）

（4）$Na_2C_2O_4$ （5）Na_3PO_4 （6）Na_2S

24. 蛋白质试样 0.2300g 经消解后加浓碱蒸馏出的 NH_3 用 4%过量 H_3BO_3 吸收，然后用 21.60mL HCl 滴定至终点（已知 1.00mL HCl 相当于 0.02284g 的 $Na_2B_4O_7\cdot10H_2O$）。计算试样中 N 的含量。

[15.76%]

25. 称取仅含有 Na_2CO_3 和 K_2CO_3 的试样 1.000g，溶于水后，以甲基橙作指示剂，用 0.5000mol·L^{-1} HCl 标准溶液滴定至终点，用去 30.00mL，求 Na_2CO_3 和 K_2CO_3 的质量分数。

[12.02%，87.98%]

26. 有一 Na_3PO_4 试样，其中含有 Na_2HPO_4。称取 0.9974g 以酚酞为指示剂，用 0.2648mol·L^{-1} HCl 溶液滴至终点，用去 16.97mL，再加入甲基红指示剂，继续用 HCl 溶液滴定至终点，又用去 23.36mL。求试样中 Na_3PO_4 和 Na_2HPO_4 的质量分数。

[73.86%，24.09%]

27. 称取混合碱试样 0.9476g，加酚酞指示剂，用 0.2785mol·L^{-1} HCl 溶液滴定至终点，消耗 HCl 溶液 34.12mL，再加甲基橙指示剂，滴定至终点，又消耗 23.66mL HCl。求试样中各组分的质量分数。

[12.30%，73.71%]

28. 设计下列混合液的分析方案。

（1）$HCl+NH_4Cl$ （2）$H_2SO_4+H_3PO_4$ （3）$Na_3PO_4+Na_2HPO_4$ （4）$NaOH+Na_3PO_4$

29. 下列情况对分析结果有何影响？

（1）用部分风化的 $H_2C_2O_4\cdot2H_2O$ 标定 NaOH 溶液。

（2）用含有少量不溶性杂质（中性）的 $H_2C_2O_4\cdot2H_2O$ 标定 NaOH 溶液。

（3）将 $NaHCO_3$ 加热至 270～300℃来制备 Na_2CO_3 基准物质。温度超过 300℃，部分 Na_2CO_3 分解为 Na_2O，用此基准物质标定 HCl 溶液。

（4）0.1000mol·L^{-1} NaOH 溶液，因保存不当而吸收了 CO_2。用此 NaOH 溶液：①以甲基橙指示剂标定 HCl；②以酚酞作指示剂测定 HAc 溶液的浓度。

30. 某二元弱酸 H_2A，已知 pH=1.92 时，$c(H_2A)=c(HA^-)$；pH=6.22 时，$c(HA^-)=c(A^{2-})$。请计算：（1）H_2A 的 $K_{a_1}^{\ominus}$ 和 $K_{a_2}^{\ominus}$；（2）当溶液中 HA^- 型体浓度达最大时，pH 值是多少？（3）若用 0.1000mol·L^{-1}的 NaOH 溶液滴定 0.1000mol·L^{-1}的 H_2A 溶液，有几个化学计量点？各选何种指示剂？

[$K_{a_1}^{\ominus}=1.2\times10^{-2}$，$K_{a_2}^{\ominus}=6.02\times10^{-7}$，pH=4.07]

（编写人：张长水）

第7章 沉淀溶解平衡及沉淀滴定

沉淀溶解平衡属于多相离子平衡，包括沉淀的生成、溶解、转化等内容，利用生成沉淀建立的滴定分析及重量分析都属于经典的化学分析，在工农业生产和科学研究中应用十分广泛。本章重点讨论溶度积原理及应用，沉淀滴定分析和重量分析的基本原理和应用。

7.1 难溶电解质的溶解平衡

物质的溶解度只有大小之分，而没有溶与不溶之分。按溶解度的大小可将物质分为易溶物质与难溶物质两大类，一般情况下把298.15K时，溶解度小于$0.01g\cdot(100mL水)^{-1}$的化合物称为难溶物质。对于难溶电解质而言，由于其溶解度较小，不管是难溶的强电解质还是弱电解质，都可以认为其溶解的部分在水分子的作用下完全解离，以水合离子状态存在。

7.1.1 溶度积常数

在一定温度下，将难溶电解质如$BaSO_4$晶体投入水中，在极性水分子的作用下，晶体表面的部分Ba^{2+}和SO_4^{2-}克服静电引力的束缚而进入溶液成为水合离子，这个过程称为溶解（dissolution）。同时Ba^{2+}和SO_4^{2-}又会结合形成$BaSO_4$而沉积到晶体表面，这个过程称为沉淀（precipitation）。当溶解与沉淀速率相等时，就达到了沉淀溶解平衡状态，此时溶液为此温度下该难溶电解质的饱和溶液。如$BaSO_4$的沉淀溶解平衡可表示为：

$$BaSO_4(s) \rightleftharpoons Ba^{2+}(aq) + SO_4^{2-}(aq)$$

$$K^{\ominus} = [c(Ba^{2+})/c^{\ominus}][c(SO_4^{2-})/c^{\ominus}] \tag{7-1}$$

对于难溶电解质的解离平衡，其平衡常数$K^{\ominus}$称为溶度积常数，简称溶度积（solubility product），用$K_{sp}^{\ominus}$表示。

对于任一难溶电解质A_mB_n而言，其沉淀溶解平衡可表示为：

$$A_mB_n(s) \underset{沉淀}{\overset{溶解}{\rightleftharpoons}} mA^{n+}(aq) + nB^{m-}(aq)$$

$$K_{sp}^{\ominus}(A_mB_n) = [c(A^{n+})/c^{\ominus}]^m [c(B^{m-})/c^{\ominus}]^n \tag{7-2}$$

$K_{sp}^{\ominus}$与其他平衡常数一样，只与难溶电解质的本性和温度有关，而与其他因素无关。$K_{sp}^{\ominus}$数值的大小反映了难溶电解质在溶液中的溶解情况，一般来说，$K_{sp}^{\ominus}$数值越小，难溶电解质的溶解趋势越小；$K_{sp}^{\ominus}$数值越大，难溶电解质的溶解趋势越大。$K_{sp}^{\ominus}$数值可以实验测定，也可以应用热力学函数计算。

【例7-1】 已知298.15K时，下述反应中各物质的$\Delta_f G_m^{\ominus}$，求$BaSO_4$的$K_{sp}^{\ominus}$。

$$BaSO_4(s) \rightleftharpoons Ba^{2+}(aq) + SO_4^{2-}(aq)$$

$$\Delta_f G_m^{\ominus}/kJ\cdot mol^{-1} \qquad -1362 \qquad -560.74 \qquad -744.63$$

解：

$$\begin{aligned}\Delta_r G_m^{\ominus} &= \Delta_f G_m^{\ominus}(Ba^{2+}) + \Delta_f G_m^{\ominus}(SO_4^{2-}) - \Delta_f G_m^{\ominus}(BaSO_4) \\ &= (-560.74 - 744.63)kJ\cdot mol^{-1} - (-1362kJ\cdot mol^{-1}) \\ &= 56.63kJ\cdot mol^{-1}\end{aligned}$$

$$\ln K_{sp}^{\ominus} = \frac{-\Delta_r G_m^{\ominus}}{RT} = \frac{-56.63kJ\cdot mol^{-1}\times 10^3}{8.314J\cdot mol^{-1}\cdot K^{-1}\times 298.15K} = -22.85$$

$$K_{sp}^{\ominus}=1.19\times10^{-10}$$

7.1.2 溶度积常数与溶解度的关系

物质的溶解度 s(solubility) 是指一定温度下的饱和溶液中溶解的该物质的量，表示单位体积饱和溶液中溶质的“物质的量”($mol\cdot L^{-1}$)，也可表示为单位体积饱和溶液中溶质的质量 ($g\cdot L^{-1}$)。溶解度和溶度积是两个不同的概念，既有联系又有区别。

设难溶电解质 A_mB_n 在纯水中的溶解度为 s，则达到平衡时有

$$A_mB_n(s)\rightleftharpoons mA^{n+}(aq)+nB^{m-}(aq)$$

平衡浓度/$mol\cdot L^{-1}$ $\qquad ms \qquad ns$

$$K_{sp}^{\ominus}(A_mB_n)=[c(A^{n+})/c^{\ominus}]^m[c(B^{m-})/c^{\ominus}]^n$$
$$=[ms/c^{\ominus}]^m[ns/c^{\ominus}]^n$$
$$s=\sqrt[m+n]{\frac{K_{sp}^{\ominus}(c^{\ominus})^{m+n}}{m^m n^n}}$$

对于 AB 型难溶电解质：$s=\sqrt{K_{sp}^{\ominus}(c^{\ominus})^2}$ 或 $K_{sp}^{\ominus}=(s/c^{\ominus})^2$ (7-3)

对于 A_2B 或 AB_2 型难溶电解质：$s=\sqrt[3]{\frac{K_{sp}^{\ominus}(c^{\ominus})^3}{4}}$ 或 $K_{sp}^{\ominus}=4(s/c^{\ominus})^3$ (7-4)

其他类型难溶电解质的 $K_{sp}^{\ominus}$ 与 s 的关系式依此类推。应注意的是，由此关系式计算出的溶解度是难溶电解质在纯水中的溶解度，并且计算值与实验结果很可能有一定的差距，因为在上述关系式中，假定难溶电解质溶于水的部分完全解离并以简单水合离子存在，并没有考虑其部分解离及简单的水合离子外的其他存在形式。

【例 7-2】 298.15K 时铬酸银 Ag_2CrO_4 的溶度积常数为 1.12×10^{-12}，求该温度下的溶解度。

解：设该温度下 Ag_2CrO_4 的溶解度为 s，则饱和 Ag_2CrO_4 溶液中 CrO_4^{2-} 的浓度为 $s\,mol\cdot L^{-1}$，Ag^+ 的浓度则为 $2s\,mol\cdot L^{-1}$。代入溶度积常数表达式得

$$K_{sp}^{\ominus}(Ag_2CrO_4)=[c(Ag^+)/c^{\ominus}]^2[c(CrO_4^{2-})/c^{\ominus}]=(2s)^2s=4s^3$$
$$s=\sqrt[3]{\frac{K_{sp}^{\ominus}(Ag_2CrO_4)(c^{\ominus})^3}{4}}=6.5\times10^{-5}\,mol\cdot L^{-1}$$

溶液中 CrO_4^{2-} 的浓度为 $6.5\times10^{-5}\,mol\cdot L^{-1}$，也是 Ag_2CrO_4 以 $mol\cdot L^{-1}$ 为单位的溶解度。以 $g\cdot L^{-1}$ 为单位的溶解度为

$$c(Ag_2CrO_4)M(Ag_2CrO_4)=6.5\times10^{-5}\,mol\cdot L^{-1}\times332g\cdot mol^{-1}=2.2\times10^{-2}\,g\cdot L^{-1}$$

【例 7-3】 已知 298.15K 时 AgCl 的溶解度为 $1.92\times10^{-3}\,g\cdot L^{-1}$，求 AgCl 的溶度积常数 $K_{sp}^{\ominus}$。

解：AgCl 的摩尔质量为 $143.4g\cdot mol^{-1}$，则其物质的量浓度为

$$c=\frac{1.92\times10^{-3}\,g\cdot L^{-1}}{143.4g\cdot mol^{-1}}=1.34\times10^{-5}\,mol\cdot L^{-1}$$
$$c(Ag^+)=c(Cl^-)=1.34\times10^{-5}\,mol\cdot L^{-1}$$
$$K_{sp}^{\ominus}(AgCl)=[c(Ag^+)/c^{\ominus}][c(Cl^-)/c^{\ominus}]=(1.34\times10^{-5})^2=1.80\times10^{-10}$$

从以上两例的计算结果来看，虽然 Ag_2CrO_4 的 $K_{sp}^{\ominus}$ 小于 AgCl 的 $K_{sp}^{\ominus}$，但 Ag_2CrO_4 在纯水中的溶解度却大于 AgCl 的溶解度，因此对于不同类型的难溶电解质而言，比较它们溶解度的大小不能直接应用 $K_{sp}^{\ominus}$ 数值来判断，必须通过实际计算才能进行比较。只有对同一

类型的难溶电解质才可以通过 $K_{sp}^{\ominus}$ 数值直接比较它们溶解度的大小。$K_{sp}^{\ominus}$ 的大小与离子浓度无关，而溶解度的大小则与离子浓度有关。

7.1.3　沉淀溶解平衡的移动

（1）同离子效应

在难溶电解质的饱和溶液中，加入与难溶电解质具有相同离子的强电解质时，会使难溶电解质的溶解度降低，这种现象称为同离子效应。换言之，难溶电解质在与其具有相同离子的强电解质溶液中的溶解度小于其在纯水中的溶解度。

【例 7-4】 计算 298.15K 时，$PbSO_4$ 在纯水和 $0.1mol \cdot L^{-1}$ H_2SO_4 溶液中的溶解度分别为多少？已知 $PbSO_4$ 的 $K_{sp}^{\ominus}=2.53\times10^{-8}$。

解： 设 $PbSO_4$ 在纯水中的溶解度为 s，

$$s=\sqrt{K_{sp}^{\ominus}(c^{\ominus})^2}=\sqrt{2.53\times10^{-8}\times(1mol \cdot L^{-1})^2}=1.59\times10^{-4}mol \cdot L^{-1}$$

在 $0.1mol \cdot L^{-1}$ H_2SO_4 溶液中，设 $PbSO_4$ 的溶解度为 s'，则

$$PbSO_4(s) \rightleftharpoons Pb^{2+}(aq)+SO_4^{2-}(aq)$$

平衡浓度：$mol \cdot L^{-1}$　　s'　　$s'+0.1$

$$K_{sp}^{\ominus}=\frac{c(Pb^{2+})}{c^{\ominus}}\times\frac{c(SO_4{}^{2-})}{c^{\ominus}}=\frac{s'}{c^{\ominus}}\times\frac{s'+0.1}{c^{\ominus}}$$

由于 $s' \ll 0.1mol \cdot L^{-1}$，所以 $K_{sp}^{\ominus}=\frac{s'}{c^{\ominus}}\times\frac{0.1mol \cdot L^{-1}}{c^{\ominus}}$

$$s'=\frac{K_{sp}^{\ominus}(c^{\ominus})^2}{0.1mol \cdot L^{-1}}=\frac{2.53\times10^{-8}\times(1mol \cdot L^{-1})^2}{0.1mol \cdot L^{-1}}=2.53\times10^{-7}mol \cdot L^{-1}$$

从上例的计算结果来看，$PbSO_4$ 在 $0.1mol \cdot L^{-1}$ H_2SO_4 溶液中的溶解度远远小于在纯水中的溶解度，这就是同离子效应的结果。实际中为使某种离子沉淀完全，须使沉淀剂过量（表 7-1）。

表 7-1　$PbSO_4$ 在不同浓度的 H_2SO_4 溶液中的溶解度（298.15K）

H_2SO_4 的浓度 $c/mol \cdot L^{-1}$	0	1.0×10^{-3}	2.5×10^{-2}	0.55	1～4.5	7	18
$PbSO_4$ 的溶解度$/mg \cdot L^{-1}$	38.2	8.0	2.5	1.6	1.2	11.5	40

（2）盐效应

如果将难溶电解质置于与其没有相同离子的强电解质溶液中，则由于溶液中离子强度较大，离子间存在静电作用互相牵制，限制了离子的自由活动，从而使阴阳离子相碰撞结合生成沉淀的机会减少，表现为难溶电解质的溶解度增大，这种效应称为盐效应。

值得注意的是，在含有相同离子的强电解质溶液中，产生同离子效应的同时也会产生盐效应，不过两种效应相比，同离子效应占主导地位，盐效应基本上可以忽略。

7.2　溶度积原理及应用

7.2.1　溶度积原理

根据化学平衡移动原理，若改变沉淀溶解平衡系统中有关离子的浓度，平衡会发生移动，表现为生成沉淀或沉淀溶解。

在某一状态下，难溶电解质溶液中离子浓度的乘积为离子积，用符号“Q”表示，Q 的表达式在形式上与 $K_{sp}^{\ominus}$ 的表达式一致，只是在 $K_{sp}^{\ominus}$ 的表达式中离子浓度为平衡浓度，Q 的表达式中

离子浓度为任一状态下的浓度，$K_{sp}^{\ominus}$ 是 Q 的一种特殊情况。根据化学热力学等温方程式，有：

$$\Delta_r G_m = RT\ln\frac{Q}{K_{sp}^{\ominus}} \tag{7-5}$$

比较 Q 与 $K_{sp}^{\ominus}$ 的相对大小，可得如下结论。

① 当 $Q>K_{sp}^{\ominus}$ 时，$\Delta_r G_m^{\ominus}>0$，溶液为过饱和溶液，将生成沉淀，直至溶液饱和为止。

② 当 $Q=K_{sp}^{\ominus}$ 时，$\Delta_r G_m^{\ominus}=0$，溶液为饱和溶液，处于沉淀溶解平衡状态。

③ 当 $Q<K_{sp}^{\ominus}$ 时，$\Delta_r G_m^{\ominus}<0$，溶液为不饱和溶液，若系统中有沉淀存在，沉淀会溶解，直至溶液饱和为止。

以上即为溶度积原理（solubility product principle），依据此原理可以讨论沉淀的生成、溶解、转化等方面的问题。

7.2.2 沉淀的生成

根据溶度积原理，当溶液中离子浓度的乘积大于溶度积时，就会有沉淀生成。常用的方法有如下几种。

沉淀的生成

（1）加入沉淀剂

如往 Na_2SO_4 溶液中加入 $BaCl_2$ 溶液，当$[c(Ba^{2+})/c^{\ominus}][c(SO_4^{2-})/c^{\ominus}]>K_{sp}^{\ominus}(BaSO_4)$时，就会有 $BaSO_4$ 沉淀析出，$BaCl_2$ 是沉淀剂。

【例 7-5】 在 10mL 0.002mol·L^{-1} 的 Na_2SO_4 溶液中加入 10mL 0.02mol·L^{-1} 的 $BaCl_2$ 溶液，问：（1）是否有 $BaSO_4$ 沉淀生成；（2）若产生 $BaSO_4$ 沉淀，SO_4^{2-} 是否已沉淀完全？已知 $K_{sp}^{\ominus}(BaSO_4)=1.08\times10^{-10}$。

解：（1）混合后，$c(SO_4^{2-})=0.001\text{mol}\cdot\text{L}^{-1}$，$c(Ba^{2+})=0.01\text{mol}\cdot\text{L}^{-1}$

$$\begin{aligned}Q&=\frac{c(SO_4^{2-})}{c^{\ominus}}\times\frac{c(Ba^{2+})}{c^{\ominus}}\\&=\frac{0.001\text{mol}\cdot\text{L}^{-1}}{1\text{mol}\cdot\text{L}^{-1}}\times\frac{0.01\text{mol}\cdot\text{L}^{-1}}{1\text{mol}\cdot\text{L}^{-1}}\\&=1.0\times10^{-5}\end{aligned}$$

由于 $Q>K_{sp}^{\ominus}$，所以有 $BaSO_4$ 沉淀生成。

（2）根据反应计量关系可知，析出 $BaSO_4$ 沉淀以后，溶液中还有过量的 Ba^{2+}，达到平衡状态时，剩下的 Ba^{2+} 浓度约为 0.009mol·L^{-1}，此时溶液中残留的 SO_4^{2-} 为

$$c(SO_4^{2-})=\frac{K_{sp}^{\ominus}(c^{\ominus})^2}{c(Ba^{2+})}=\frac{1.08\times10^{-10}\times(1\text{mol}\cdot\text{L}^{-1})^2}{0.009\text{mol}\cdot\text{L}^{-1}}=1.2\times10^{-8}\text{mol}\cdot\text{L}^{-1}$$

一般情况下，分析化学上把经过沉淀后，溶液中残留离子的浓度小于 1.0×10^{-5}mol·L^{-1}时，可认为该离子已定性“沉淀完全”，残留离子浓度小于 10^{-6}mol·L^{-1}时，就认为是定量沉淀完全了。因此，可以认为上例中的 SO_4^{2-} 已沉淀完全。

在实际操作中，为了使某离子尽可能沉淀完全，都要加入过量的沉淀剂。综合考虑同离子效应和盐效应，一般使沉淀剂过量 20%～50%为宜。

工业废水中通常含有 Hg^{2+}、Pb^{2+}、Cd^{2+}、Zn^{2+}、Cu^{2+}、Ni^{2+} 等重金属离子，这些离子难以降解且易富集在食物链中，对自然环境和人体健康造成极大的危害。因此，在排放前必须进行处理以去除。化学沉淀法因操作简单、成本低廉，已成为应用最广泛的重金属废水处理方式。其原理是在废水中加入化学物质，与重金属离子形成不溶性沉淀物，从而与水体分离。处理的水可达标排放或重复利用。

（2）控制溶液的酸度

一些阴离子为 CO_3^{2-}、PO_4^{3-}、OH^-、S^{2-} 等的难溶电解质，其沉淀的生成除与沉淀剂的量有关外，还受溶液酸度的控制。

【例 7-6】 计算 0.01mol·L^{-1} Fe^{3+} 开始沉淀和沉淀完全时溶液的 pH 值。已知 $Fe(OH)_3$ 的 $K_{sp}^{\ominus}=2.79\times10^{-39}$。

解： 沉淀开始时为 $Fe(OH)_3$ 的饱和溶液，

$$K_{sp}^{\ominus}=[c(Fe^{3+})/c^{\ominus}][c(OH^-)/c^{\ominus}]^3$$

$$c(OH^-)=\sqrt[3]{\frac{K_{sp}^{\ominus}(c^{\ominus})^4}{c(Fe^{3+})}}=\sqrt[3]{\frac{2.79\times10^{-39}\times(1mol\cdot L^{-1})^4}{0.01mol\cdot L^{-1}}}=6.5\times10^{-13}mol\cdot L^{-1}$$

$$pOH=12.19,\ pH=1.81$$

沉淀完全时，$c(Fe^{3+})\leqslant1.0\times10^{-5}mol\cdot L^{-1}$

$$c(OH^-)=\sqrt[3]{\frac{K_{sp}^{\ominus}(c^{\ominus})^4}{c(Fe^{3+})}}=\sqrt[3]{\frac{2.79\times10^{-39}\times(1mol\cdot L^{-1})^4}{1.0\times10^{-5}mol\cdot L^{-1}}}=6.5\times10^{-12}mol\cdot L^{-1}$$

$$pOH=11.19,\ pH=2.81$$

通过控制溶液的酸度来控制沉淀的生成，可以达到除去杂质离子的目的。

【例 7-7】 在含有浓度均为 0.10mol·L^{-1} Zn^{2+} 和 Mn^{2+} 溶液中通入 H_2S 气体，问 pH 应控制在什么范围，才能使 Zn^{2+} 以 β-ZnS 沉淀的形式除去而 Mn^{2+} 不沉淀。[$K_{sp}^{\ominus}(\beta\text{-}ZnS)=2.5\times10^{-22}$，$K_{sp}^{\ominus}(MnS)=2.5\times10^{-10}$]

解： 饱和 H_2S 水溶液 $c(H_2S)=0.1mol\cdot L^{-1}$

当 Zn^{2+} 沉淀完全时，$c(Zn^{2+})\leqslant10^{-5}mol\cdot L^{-1}$，

$$c(S^{2-})=\frac{K_{sp}^{\ominus}(\beta\text{-}ZnS)(c^{\ominus})^2}{c(Zn^{2+})}\geqslant\frac{2.5\times10^{-22}\times(1mol\cdot L^{-1})^2}{1.0\times10^{-5}mol\cdot L^{-1}}=2.5\times10^{-17}mol\cdot L^{-1}$$

$$c(H^+)\leqslant\sqrt{\frac{K_{a_1}^{\ominus}K_{a_2}^{\ominus}(c^{\ominus})^2c(H_2S)}{c(S^{2-})}}=0.0022mol\cdot L^{-1}$$

即当 pH≥2.66 时，Zn^{2+} 沉淀完全。

若要 Mn^{2+} 不沉淀，则

$$c(S^{2-})=\frac{K_{sp}^{\ominus}(MnS)(c^{\ominus})^2}{c(Mn^{2+})}\leqslant\frac{2.5\times10^{-10}\times(1mol\cdot L^{-1})^2}{0.10mol\cdot L^{-1}}=2.5\times10^{-9}mol\cdot L^{-1}$$

$$c(H^+)\geqslant\sqrt{\frac{K_{a_1}^{\ominus}K_{a_2}^{\ominus}(c^{\ominus})^2c(H_2S)}{c(S^{2-})}}=2.2\times10^{-7}mol\cdot L^{-1}$$

即当 pH≤6.65 时，Mn^{2+} 不沉淀。

所以 pH 应控制在 2.66～6.65 之间，才能使 Zn^{2+} 以 β-ZnS 沉淀的形式除去而 Mn^{2+} 不沉淀。

值得注意的是，在通入 H_2S 析出 β-ZnS 沉淀的同时，溶液中 H^+ 的浓度会增加，必须用缓冲溶液控制溶液的 pH。

7.2.3 分步沉淀

溶液中若同时存在两种或两种以上可与某沉淀剂反应的离子，由于各沉淀的溶解度的不同，则加入这种沉淀剂时存在先后沉淀的现象叫分步沉淀（fractional precipitation）。分步沉淀常有以下几种情况。

① 生成的沉淀类型相同，且被沉淀离子起始浓度基本一致，则依据各沉淀溶度积由小

到大的顺序依次生成各种沉淀。例如溶液中同时存在浓度均为 $0.01\text{mol}\cdot\text{L}^{-1}$ 的 Cl^-、Br^-、I^- 三种离子，在此溶液中逐滴加入 $0.1\text{mol}\cdot\text{L}^{-1}$ $AgNO_3$ 溶液，则最先生成 AgI，其次是 AgBr，最后是 AgCl 沉淀。

② 生成的沉淀类型不同，或者几种离子起始浓度不同，这时不能单纯根据溶度积的大小判断沉淀顺序，必须依据溶度积原理先求出各种离子沉淀时所需沉淀剂的最小浓度，然后按照所需沉淀剂浓度由小到大的顺序判断依次生成的各种沉淀。

【例 7-8】 某溶液中同时存在浓度均为 $0.01\text{mol}\cdot\text{L}^{-1}$ 的 Cl^- 和 I^-，在此溶液中逐滴加入 $AgNO_3$ 溶液（忽略体积变化），问 AgCl 和 AgI 的沉淀顺序如何？当后一种离子开始生成沉淀时，前一种离子是否已沉淀完全？已知 $K_{sp}^{\ominus}(\text{AgCl})=1.78\times10^{-10}$，$K_{sp}^{\ominus}(\text{AgI})=8.52\times10^{-17}$。

解：生成 AgCl 和 AgI 沉淀时，所需 Ag^+ 的最小浓度分别为

$$\text{AgCl}\quad c(\text{Ag}^+)=\frac{K_{sp}^{\ominus}(\text{AgCl})(c^{\ominus})^2}{c(\text{Cl}^-)}=\frac{1.78\times10^{-10}\times(1\text{mol}\cdot\text{L}^{-1})^2}{0.01\text{mol}\cdot\text{L}^{-1}}=1.78\times10^{-8}\text{mol}\cdot\text{L}^{-1}$$

$$\text{AgI}\quad c(\text{Ag}^+)=\frac{K_{sp}^{\ominus}(\text{AgI})(c^{\ominus})^2}{c(\text{I}^-)}=\frac{8.52\times10^{-17}\times(1\text{mol}\cdot\text{L}^{-1})^2}{0.01\text{mol}\cdot\text{L}^{-1}}=8.52\times10^{-15}\text{mol}\cdot\text{L}^{-1}$$

根据溶度积原理，AgI 开始沉淀所需 Ag^+ 浓度最小，因此先生成 AgI 沉淀。

当开始产生 AgCl 沉淀时，$c(\text{Ag}^+)=1.78\times10^{-8}\text{mol}\cdot\text{L}^{-1}$，此时溶液中残留的 I^- 为

$$c(\text{I}^-)=\frac{K_{sp}^{\ominus}(\text{AgI})(c^{\ominus})^2}{c(\text{Ag}^+)}=\frac{8.52\times10^{-17}\times(1\text{mol}\cdot\text{L}^{-1})^2}{1.78\times10^{-8}\text{mol}\cdot\text{L}^{-1}}$$
$$=4.79\times10^{-9}\text{mol}\cdot\text{L}^{-1}<1.0\times10^{-5}\text{mol}\cdot\text{L}^{-1}$$

所以，开始产生 AgCl 沉淀时，I^- 已经沉淀得非常完全，通过此种方法可以将 Cl^- 和 I^- 定量分离开。

7.2.4 沉淀的溶解

根据溶度积原理，要使系统中的沉淀溶解，只要设法降低相关离子的浓度使 $Q<K_{sp}^{\ominus}$，就能达到沉淀溶解的目的。促使沉淀溶解的方法主要有以下几种。

沉淀的溶解

(1) 酸溶解法

在难溶氢氧化物［如 $Fe(OH)_3$、$Mg(OH)_2$ 等］及弱酸盐（如 $CaCO_3$、MnS、ZnS 等）电解质的饱和溶液中加入酸后，酸与溶液中的阴离子生成弱电解质或气体（如 H_2O、CO_2、H_2S 等），从而降低了阴离子的浓度，使得 $Q<K_{sp}^{\ominus}$，从而达到沉淀溶解的目的。例如，$Mg(OH)_2$ 溶于盐酸，其反应过程如下：

$$\text{Mg(OH)}_2\text{(s)}\rightleftharpoons\text{Mg}^{2+}\text{(aq)}+2\text{OH}^-\text{(aq)}$$
$$+$$
$$2\text{HCl(aq)}\longrightarrow2\text{Cl}^-\text{(aq)}+2\text{H}^+\text{(aq)}$$
$$\Big\Updownarrow$$
$$2\text{H}_2\text{O(l)}$$

由于弱电解质 H_2O 的生成，显著降低了 OH^- 的浓度，使得沉淀溶解平衡朝着 $Mg(OH)_2$ 溶解的方向进行，只要有足够量的盐酸，$Mg(OH)_2$ 可以完全溶解。总反应方程式为：

$$\text{Mg(OH)}_2\text{(s)}+2\text{H}^+\text{(aq)}\rightleftharpoons\text{Mg}^{2+}\text{(aq)}+2\text{H}_2\text{O(l)}$$

总反应平衡常数 $K^{\ominus}$ 为：

$$K^{\ominus}=\frac{c(Mg^{2+})/c^{\ominus}}{[c(H^{+})/c^{\ominus}]^{2}}$$

$$=\frac{[c(Mg^{2+})/c^{\ominus}][c(OH^{-})/c^{\ominus}]^{2}}{[c(H^{+})/c^{\ominus}]^{2}[c(OH^{-})/c^{\ominus}]^{2}}=\frac{K_{sp}^{\ominus}[Mg(OH)_2]}{(K_w^{\ominus})^{2}}$$

溶液中 OH^- 参与了两个平衡系统［H_2O 的解离平衡及 $Mg(OH)_2$ 的沉淀溶解平衡］，使得两个平衡联系在一起，相互竞争 OH^-，构成多重平衡关系，称此平衡为竞争平衡。多重平衡常数又称为竞争平衡常数，用符号“$K_j^{\ominus}$”表示。根据竞争平衡常数的大小可判断难溶物的酸溶情况。一般来说，$K_j^{\ominus}$ 越大，难溶物越易溶于酸；相反 $K_j^{\ominus}$ 越小，难溶物越难溶于酸。

【例 7-9】 在1L溶液中，分别溶解0.1mol的 $Mg(OH)_2$ 和 $Fe(OH)_3$ 沉淀，各需多大浓度的硫酸铵？已知：$K_{sp}^{\ominus}[Mg(OH)_2]=5.6\times10^{-12}$，$K_{sp}^{\ominus}[Fe(OH)_3]=2.8\times10^{-39}$。

解：$Mg(OH)_2$ 与质子化酸 NH_4^+ 存在如下竞争平衡

$$Mg(OH)_2(s)+2NH_4^+(aq)\rightleftharpoons Mg^{2+}(aq)+2H_2O(l)+2NH_3(aq)$$

其多重平衡常数 $K_j^{\ominus}$ 为

$$K_j^{\ominus}=\frac{[c(Mg^{2+})/c^{\ominus}][c(NH_3)/c^{\ominus}]^{2}}{[c(NH_4{}^{+})/c^{\ominus}]^{2}}$$

$$=\frac{K_{sp}[Mg(OH)_2]}{[K_b(NH_3)]^{2}}=\frac{5.6\times10^{-12}}{(1.8\times10^{-5})^{2}}=1.7\times10^{-2}$$

若使0.1mol的 $Mg(OH)_2$ 沉淀完全溶解，平衡时 Mg^{2+} 浓度为 $0.1mol\cdot L^{-1}$，NH_3 浓度为 $0.2mol\cdot L^{-1}$，则 NH_4^+ 浓度为

$$c(NH_4^+)=\sqrt{\frac{[c(Mg^{2+})/c^{\ominus}][c(NH_3)/c^{\ominus}]^{2}}{K_j^{\ominus}}}c^{\ominus}$$

$$=\sqrt{\frac{(0.1mol\cdot L^{-1}/1mol\cdot L^{-1})\times(0.2mol\cdot L^{-1}/1mol\cdot L^{-1})^{2}}{1.7\times10^{-2}}}\times1mol\cdot L^{-1}$$

$$=0.48mol\cdot L^{-1}$$

由平衡式可看出，溶解0.1mol的 $Mg(OH)_2$，需要 $0.2mol\cdot L^{-1}$ 的 NH_4^+，所以系统中总共需要 $(0.2+0.48)/2=0.34mol\cdot L^{-1}$ 的硫酸铵，其质量为44.9g。

$Fe(OH)_3$ 与质子化酸 NH_4^+ 存在如下竞争平衡

$$Fe(OH)_3(s)+3NH_4^+(aq)\rightleftharpoons Fe^{3+}(aq)+3H_2O(l)+3NH_3(aq)$$

其多重平衡常数 $K_j^{\ominus}$ 为

$$K_j^{\ominus}=\frac{[c(Fe^{3+})/c^{\ominus}][c(NH_3)/c^{\ominus}]^{3}}{[c(NH_4^+)/c^{\ominus}]^{3}}$$

$$=\frac{K_{sp}[Fe(OH)_3]}{[K_b(NH_3)]^{3}}=\frac{2.8\times10^{-39}}{(1.8\times10^{-5})^{3}}=4.8\times10^{-25}$$

若使0.1mol的 $Fe(OH)_3$ 沉淀完全溶解，平衡时 Fe^{3+} 浓度为 $0.1mol\cdot L^{-1}$，NH_3 浓度为 $0.3mol\cdot L^{-1}$，则 NH_4^+ 浓度为

$$c(NH_4^+)=\sqrt[3]{\frac{[c(Fe^{3+})/c^{\ominus}][c(NH_3)/c^{\ominus}]^{3}}{K_j^{\ominus}}}c^{\ominus}$$

$$=\sqrt[3]{\frac{(0.1mol\cdot L^{-1}/1mol\cdot L^{-1})\times(0.3mol\cdot L^{-1}/1mol\cdot L^{-1})^{3}}{4.8\times10^{-25}}}\times1mol\cdot L^{-1}$$

$=1.8\times10^{7}\,\text{mol}\cdot\text{L}^{-1}$

系统中的 NH_4^+ 要达到如此高的浓度是不可能的，这说明质子化弱酸 NH_4^+ 是不能溶解 $Fe(OH)_3$ 沉淀的。像 $Fe(OH)_3$、$Al(OH)_3$ 等溶解度较小的沉淀只能用强酸来溶解，溶解度较大的 $Mg(OH)_2$、$Mn(OH)_2$ 等沉淀不但能用强酸来溶解，而且也溶解于弱酸 HAc 或铵盐中。

难溶的碳酸盐（如 $CaCO_3$）易溶于盐酸的原因是，$CaCO_3$ 解离出的 CO_3^{2-} 与溶液中的 H^+ 结合生成弱酸 H_2CO_3，H_2CO_3 不稳定，又分解出气体 CO_2 和弱电解质 H_2O，使 CO_3^{2-} 浓度不断降低，最终促使 $CaCO_3$ 的溶解。

$$CaCO_3(s) \rightleftharpoons Ca^{2+}(aq) + CO_3^{2-}(aq)$$
$$+$$
$$2HCl(aq) \longrightarrow 2Cl^-(aq) + 2H^+(aq)$$
$$\Downarrow$$
$$CO_2(g) + H_2O(l)$$

总反应为 $CaCO_3(s) + 2H^+(aq) \rightleftharpoons Ca^{2+}(aq) + CO_2(g) + H_2O(l)$

虽然大部分难溶弱酸盐易溶于酸，但不是所有的难溶弱酸盐都易溶于酸中，用酸溶解硫化物的情况就较复杂，因为系统中存在着沉淀溶解平衡和氢硫酸的解离平衡的竞争，总的平衡如下：

$$MS(s) + 2H^+(aq) \rightleftharpoons M^{2+}(aq) + H_2S(aq)$$

$$K_j^{\ominus} = \frac{[c(M^{2+})/c^{\ominus}][c(H_2S)/c^{\ominus}]}{[c(H^+)/c^{\ominus}]^2} = \frac{[c(M^{2+})/c^{\ominus}][c(H_2S)/c^{\ominus}][c(S^{2-})/c^{\ominus}]}{[c(H^+)/c^{\ominus}]^2[c(S^{2-})/c^{\ominus}]}$$

$$= \frac{K_{sp}^{\ominus}(MS)}{K_{a_1}^{\ominus}(H_2S)K_{a_2}^{\ominus}(H_2S)} = \frac{K_{sp}^{\ominus}(MS)}{1.2\times10^{-21}}$$

例如，MnS 溶于酸的 $K_j^{\ominus}=2.1\times10^{11}$，ZnS 溶于酸的 $K_j^{\ominus}=0.21$，CuS 溶于酸的 $K_j^{\ominus}=5.3\times10^{-15}$。

从以上 $K_j^{\ominus}$ 的大小可以看出：MnS 的酸溶解平衡常数较大，说明反应的完全程度高，CuS 的酸溶解平衡常数很小，说明 CuS 在酸中的溶解程度低。实验证明：MnS 易溶于强酸，甚至可溶于弱酸 HAc 中；ZnS 可溶于强酸（如盐酸）中，但不溶于 HAc 等弱酸；CuS 几乎不溶于非氧化性强酸中，只溶于氧化性强酸如 HNO_3 中。

【例 7-10】 要使 0.1mol 的 MnS、β-ZnS、CuS 刚好完全溶于 1L 盐酸中，则盐酸的浓度至少应为多少？

解：根据竞争平衡可知，当难溶硫化物刚好溶解时，平衡时 H^+ 浓度为

$$c(H^+) = \sqrt{\frac{[c(M^{2+})/c^{\ominus}][c(H_2S)/c^{\ominus}]}{K_j^{\ominus}}}\,c^{\ominus}$$

对于 MnS 而言，有

$$c(H^+) = \sqrt{\frac{(0.1\text{mol}\cdot\text{L}^{-1}/1\text{mol}\cdot\text{L}^{-1})\times(0.1\text{mol}\cdot\text{L}^{-1}/1\text{mol}\cdot\text{L}^{-1})}{2.1\times10^{11}}}\times1\text{mol}\cdot\text{L}^{-1}$$
$$=2.2\times10^{-7}\,\text{mol}\cdot\text{L}^{-1}$$

溶解 0.1mol 的 MnS 还要消耗 0.2mol 的 H^+，则要使 0.1mol MnS 完全溶于 1L 盐酸中，盐酸的浓度至少为：$c(H^+)=0.2\text{mol}\cdot\text{L}^{-1}+2.2\times10^{-7}\text{mol}\cdot\text{L}^{-1}\approx0.2\text{mol}\cdot\text{L}^{-1}$

同理，对于 β-ZnS 而言，有

$$c(H^+) = \sqrt{\frac{(0.1\text{mol}\cdot\text{L}^{-1}/1\text{mol}\cdot\text{L}^{-1})\times(0.1\text{mol}\cdot\text{L}^{-1}/1\text{mol}\cdot\text{L}^{-1})}{0.21}}\times1\text{mol}\cdot\text{L}^{-1}$$

$$=0.22\text{mol}\cdot\text{L}^{-1}$$

溶解 0.1mol 的 β-ZnS 还要消耗 0.2mol 的 H^+，则要使 0.1mol β-ZnS 完全溶于1L 盐酸中，盐酸的浓度至少为：$c(H^+)=0.2\text{mol}\cdot\text{L}^{-1}+0.22\text{mol}\cdot\text{L}^{-1}=0.42\text{mol}\cdot\text{L}^{-1}$

同理，对于 CuS 而言，有

$$c(H^+)=\sqrt{\frac{(0.1\text{mol}\cdot\text{L}^{-1}/1\text{mol}\cdot\text{L}^{-1})\times(0.1\text{mol}\cdot\text{L}^{-1}/1\text{mol}\cdot\text{L}^{-1})}{5.3\times10^{-15}}}\times1\text{mol}\cdot\text{L}^{-1}$$
$$=1.37\times10^{6}\text{mol}\cdot\text{L}^{-1}$$

显然不可能存在如此大浓度的盐酸，即 CuS 不溶于非氧化性的盐酸中。

(2) 氧化还原溶解法

在沉淀溶解平衡系统中，加入适当的氧化剂或还原剂，使相关离子发生氧化还原反应，降低离子的浓度，从而使沉淀溶解。

例如，CuS 不溶于非氧化性强酸中，可加入氧化性强酸稀硝酸，反应如下：

$$3\text{CuS(s)}+2\text{NO}_3^-\text{(aq)}+8\text{H}^+ = 3\text{Cu}^{2+}\text{(aq)}+2\text{NO(g)}+3\text{S(s)}+4\text{H}_2\text{O(l)}$$

由于 S^{2-} 被氧化，降低了 S^{2-} 的浓度，从而达到了溶解 CuS 的目的。除 CuS 以外，还有一些溶度积很小的难溶电解质如 Ag_2S 等都可采用氧化还原法溶解。

(3) 配位溶解法

在沉淀溶解平衡系统中，加入适当的配位剂，使相关离子形成稳定的配离子，从而使沉淀溶解。例如 AgCl 能溶于氨水，这是因为 Ag^+ 与 NH_3 分子结合形成稳定的配离子 $[Ag(NH_3)_2]^+$，降低了 Ag^+ 浓度，从而使 AgCl 溶解，其竞争反应如下：

$$\text{AgCl(s)}+2\text{NH}_3\text{(aq)} \rightleftharpoons [\text{Ag(NH}_3)_2]^+\text{(aq)}+\text{Cl}^-\text{(aq)}$$

$$K_j^{\ominus}=\frac{[c\{[\text{Ag(NH}_3)_2]^+\}/c^{\ominus}][c(\text{Cl}^-)/c^{\ominus}]}{[c(\text{NH}_3)/c^{\ominus}]^2}$$
$$=\frac{[c\{[\text{Ag(NH}_3)_2]^+\}/c^{\ominus}][c(\text{Cl}^-)/c^{\ominus}][c(\text{Ag}^+)/c^{\ominus}]}{[c(\text{NH}_3)/c^{\ominus}]^2[c(\text{Ag}^+)/c^{\ominus}]}$$
$$=K_f^{\ominus}\{[\text{Ag(NH}_3)_2]^+\}K_{sp}^{\ominus}(\text{AgCl})$$
$$=1.12\times10^{7}\times1.8\times10^{-10}=2.0\times10^{-3}$$

7.2.5　沉淀的转化

往含有沉淀的溶液中加入适当试剂，与沉淀中某一种离子结合生成更难溶的物质，这一过程称为沉淀的转化（transformation of precipitation）。例如，往含有砖红色 Ag_2CrO_4 沉淀的溶液中滴加 NaCl 溶液，充分振荡，发现砖红色 Ag_2CrO_4 沉淀转化为白色的 AgCl 沉淀，反应如下：

$$\text{Ag}_2\text{CrO}_4\text{(s)} \rightleftharpoons \text{CrO}_4^{2-}\text{(aq)}+2\text{Ag}^+\text{(aq)}$$
$$+$$
$$2\text{NaCl(aq)} \longrightarrow 2\text{Na}^+\text{(aq)}+2\text{Cl}^-\text{(aq)}$$
$$\Updownarrow$$
$$2\text{AgCl(s)}$$

总反应方程式：

$$\text{Ag}_2\text{CrO}_4\text{(s)}+2\text{Cl}^-\text{(aq)} \rightleftharpoons \text{CrO}_4^{2-}\text{(aq)}+2\text{AgCl(s)}$$

$$K_j^{\ominus}=\frac{[c(\text{CrO}_4{}^{2-})/c^{\ominus}]}{[c(\text{Cl}^-)/c^{\ominus}]^2}=\frac{K_{sp}^{\ominus}(\text{Ag}_2\text{CrO}_4)}{[K_{sp}^{\ominus}(\text{AgCl})]^2}=\frac{1.12\times10^{-12}}{(1.8\times10^{-10})^2}=3.4\times10^{7}$$

$K_j^{\ominus}$ 值很大，说明沉淀的转化很容易发生。对于同类型沉淀来说，$K_{sp}^{\ominus}$ 较大的沉淀易转

化为 $K_{sp}^{\ominus}$ 较小的沉淀。不同类型的沉淀转化情况应通过具体计算说明。

在生产实践中，有一些沉淀往往难以处理，它们既难溶于水又难溶于酸，对于这种沉淀就可采用沉淀的转化来处理。例如，锅炉中水垢的主要成分是 $CaCO_3$，但其中的 $CaSO_4$ 则很难用直接溶解的方法（包括水溶、酸溶等）除去，常用 Na_2CO_3 溶液处理，使其转化为疏松且能溶于酸的 $CaCO_3$，转化式如下：

$$CaSO_4(s)+CO_3^{2-}(aq) \rightleftharpoons CaCO_3(s)+SO_4^{2-}(aq)$$

$$K_j^{\ominus}=\frac{[c(SO_4^{2-})/c^{\ominus}]}{[c(CO_3^{2-})/c^{\ominus}]}=\frac{K_{sp}^{\ominus}(CaSO_4)}{K_{sp}^{\ominus}(CaCO_3)}=\frac{4.9\times10^{-5}}{3.4\times10^{-9}}=1.4\times10^{4}$$

可见 $CaSO_4$ 转化 $CaCO_3$ 的趋势很大，然后再用酸溶解 $CaCO_3$，达到消除水垢的目的。利用沉淀的转化来除去锅炉中的水垢，可起到节约能源、减少碳排放的效果，在应对能源危机及实现碳中和方面发挥着重要的作用。

人类牙齿表面保护膜釉质的主要成分是羟基磷灰石 $[Ca_5(PO_4)_3OH]$，它是一种很坚硬的难溶化合物($K_{sp}^{\ominus}[Ca_5(PO_4)_3OH]=6.8\times10^{-37}$)，其沉淀溶解平衡如下：

$$Ca_5(PO_4)_3OH(s) \rightleftharpoons 5Ca^{2+}(aq)+3PO_4^{3-}(aq)+OH^-(aq)$$

当进餐后，口腔中的细菌分解食物产生有机酸，特别是含糖量高的食物能产生更多的有机酸。在酸的长年累月作用下，可使其缓慢地溶解：

$$Ca_5(PO_4)_3OH(s)+7H^+(aq) = 5Ca^{2+}(aq)+3H_2PO_4^-(aq)+H_2O(l)$$

使用含氟牙膏刷牙，可使 F^- 取代羟基磷灰石中的 OH^-，生成溶解度更小的氟磷灰石 $[Ca_5(PO_4)_3F$，$K_{sp}^{\ominus}=1.0\times10^{-60}]$：

$$Ca_5(PO_4)_3OH(s)+F^-(aq) \rightleftharpoons Ca_5(PO_4)_3F(s)+OH^-(aq)$$

而且 $Ca_5(PO_4)_3F$ 溶解下来的 F^- 比 $Ca_5(PO_4)_3OH$ 溶解下来的 OH^- 的碱性弱，所以牙齿的抗酸能力提高了，可达到有效防止龋齿的目的。

7.3 沉淀滴定法

沉淀滴定法（precipitation titration）是基于沉淀反应的滴定分析方法。沉淀反应很多，但并不是所有的沉淀反应都适于滴定分析，因为用于沉淀滴定的沉淀反应必须具备以下条件。

① 反应能定量迅速进行。

② 生成的沉淀溶解度要小。

③ 有适当的方法确定终点。

④ 沉淀的吸附现象不影响滴定终点的确定。

受上述条件的限制，目前广泛应用的是利用生成难溶性银盐的反应，称之为银量法(argentimetry)，即：

$$Ag^+ + X^- = AgX(s) \qquad X \text{为} Cl^-、Br^-、I^-、SCN^-$$

银量法可测定 Cl^-、Br^-、I^-、SCN^- 及能定量转化为这些离子的物质。

依据确定滴定终点所采用的指示剂不同，通常将银量法分为莫尔法、佛尔哈德法和法扬司法。

7.3.1 莫尔法

莫尔法（Mohr）是用 K_2CrO_4 为指示剂，生成 Ag_2CrO_4 红色沉淀来指示终点的银量法。

（1）基本原理

在中性或弱碱性溶液中，以 K_2CrO_4 为指示剂，用 $AgNO_3$ 标准溶液滴定含 Cl^- 溶液，由于 AgCl 的溶解度比 Ag_2CrO_4 小，根据分步沉淀原理，溶液中首先形成白色的 AgCl 沉淀。当 AgCl 定量沉淀后，过量的 Ag^+ 与 CrO_4^{2-} 生成砖红色的 Ag_2CrO_4 沉淀，指示滴定终点到达。有关反应为：

滴定反应　$Ag^+(aq)+Cl^-(aq)═══AgCl(s)$（白色）　$K_{sp}^{\ominus}=1.8\times10^{-10}$

指示剂反应　$2Ag^+(aq)+CrO_4^{2-}(aq)═══Ag_2CrO_4(s)$（砖红色）　$K_{sp}^{\ominus}=1.12\times10^{-12}$

利用 AgCl 的溶解度小于 Ag_2CrO_4 的溶解度，逐滴加入 $AgNO_3$ 标准溶液时，首先析出 AgCl 沉淀，当 AgCl 定量沉淀后，过量的 Ag^+ 与 CrO_4^{2-} 生成砖红色 Ag_2CrO_4 沉淀来指示终点到达。

（2）滴定条件

① 指示剂用量。为使溶液中 Cl^- 完全生成 AgCl 沉淀后，立即析出 Ag_2CrO_4 沉淀，且使滴定终点与化学计量点相符合，控制好指示剂 K_2CrO_4 的浓度是关键。

根据溶度积原理，化学计量点时：$c(Ag^+)=c(Cl^-)=\sqrt{K_{sp}^{\ominus}}c^{\ominus}=1.34\times10^{-5}mol\cdot L^{-1}$，若此时恰好要求析出 Ag_2CrO_4 沉淀以指示终点，所以理论上要求 CrO_4^{2-} 的浓度为：

$$c(CrO_4^{2-})=\frac{K_{sp}^{\ominus}(Ag_2CrO_4)}{[c(Ag^+)/c^{\ominus}]^2}c^{\ominus}=\frac{1.12\times10^{-12}}{1.8\times10^{-10}}\times1mol\cdot L^{-1}=6.2\times10^{-3}mol\cdot L^{-1}$$

在实际工作中，若 K_2CrO_4 浓度太大，其本身的黄色会妨碍 Ag_2CrO_4 沉淀颜色的观察，影响终点判断；但若使 K_2CrO_4 浓度过低时，则须多加些 $AgNO_3$ 才能使 Ag_2CrO_4 沉淀析出，从而产生正误差。所以依据经验，一般使滴定溶液中 $c(CrO_4^{2-})=5.0\times10^{-3}mol\cdot L^{-1}$ 时效果较好。

② 溶液酸度。该滴定只适宜在中性或弱碱性（pH 为 6.5～10.5）溶液中进行。因为 H_2CrO_4 的酸性较弱，其 $K_{a_2}^{\ominus}=3.2\times10^{-7}$，若溶液呈酸性，则发生如下反应：

$$2H^+(aq)+2CrO_4^{2-}(aq)\rightleftharpoons 2HCrO_4^-(aq)═══Cr_2O_7^{2-}(aq)+H_2O(l)$$

CrO_4^{2-} 浓度降低，导致 Ag_2CrO_4 沉淀溶解，使指示剂灵敏度下降。但若溶液碱性过强，则有黑褐色的 Ag_2O 沉淀析出：

$$2Ag^+(aq)+2OH^-(aq)\rightleftharpoons Ag_2O(s)+H_2O(l)$$

影响分析结果的准确度。因此莫尔法只能在中性或弱碱性溶液中进行。若溶液酸性或碱性过强时，可用酚酞作指示剂，用 $NaHCO_3$、硼砂或稀硝酸中和之。

③ 当试液中有铵盐存在时，要求溶液的 pH 在 6.5～7.2 之间。因为当溶液 pH 值过高时，会有相当数量的 NH_3 析出，与 Ag^+ 形成 $[Ag(NH_3)_2]^+$，使 AgCl 及 Ag_2CrO_4 的溶解度增大，影响滴定。

④ 凡是能与 Ag^+ 生成沉淀的阴离子，如 PO_4^{3-}、AsO_4^{3-}、S^{2-}、SO_3^{2-}、CO_3^{2-}、$C_2O_4^{2-}$ 等，Ba^{2+}、Pb^{2+} 能与 CrO_4^{2-} 生成 $BaCrO_4$ 和 $PbCrO_4$ 黄色沉淀，以及大量 Cu^{2+}、Co^{2+}、Ni^{2+} 等有色阳离子，都干扰滴定。此外 Al^{3+}、Fe^{3+}、Bi^{3+}、Sn^{4+} 等高价金属离子在中性或弱碱性溶液中能发生水解，故也干扰滴定，应事先除去。

（3）应用范围

① 因为 AgCl 沉淀易吸附 Cl^-，使被测离子浓度降低；所以滴定过程中应剧烈摇动锥形瓶，以释放吸附的 Cl^-。因为 AgI、AgSCN 对 I^-、SCN^- 吸附严重，所以莫尔法不适于测定 I^-、SCN^-，只适于 Cl^-、Br^- 的测定。

② 莫尔法不能用 NaCl 做标准溶液直接滴定 Ag^+。因为在试液中加入 K_2CrO_4 后，先

生成的 Ag_2CrO_4 沉淀在临近化学计量点时转化为 AgCl 的速率很慢，使测定无法进行。如果要用此法测定试样中的 Ag^+，可采用返滴定法。即先加入过量的一定量 NaCl 标准溶液，再用 $AgNO_3$ 标准溶液回滴溶液中剩余的 Cl^-。

7.3.2 佛尔哈德法

佛尔哈德法（Volhard）是利用铁铵矾$[(NH_4)Fe(SO_4)_2 \cdot 12H_2O]$ 作指示剂，生成红色配合物指示终点的银量法。

（1）基本原理

在含有 Ag^+ 的酸性溶液中，以铁铵矾作指示剂，用 NH_4SCN（或 KSCN）标准溶液滴定 Ag^+，溶液中首先析出 AgSCN 白色沉淀，当 Ag^+ 定量沉淀后，过量的 SCN^- 与 Fe^{3+} 生成血红色配合物，从而指示终点到达。有关反应如下：

$$Ag^+(aq)+SCN^-(aq) \rightleftharpoons AgSCN(s)(\text{白色}) \qquad K_{sp}^{\ominus}=1.0\times10^{-12}$$

$$Fe^{3+}(aq)+SCN^-(aq) \rightleftharpoons [Fe(SCN)]^{2+}(aq)(\text{血红色}) \qquad K_f^{\ominus}=138$$

该法也可以利用返滴定法来测定卤化物中的卤素离子。在含有卤素离子的酸性溶液中，先加入一定过量的 $AgNO_3$ 标准溶液，然后以铁铵矾作指示剂，用 NH_4SCN 标准溶液滴定过量的 $AgNO_3$，滴定反应和指示剂反应如下：

$$Ag^+(aq)(\text{过量})+X^-(aq) \rightleftharpoons AgX(s)+Ag^+(aq)(\text{剩余})$$

$$Ag^+(aq)(\text{剩余})+SCN^-(aq) \rightleftharpoons AgSCN(s)(\text{白色})$$

$$Fe^{3+}(aq)+SCN^-(aq) \rightleftharpoons [Fe(SCN)]^{2+}(aq)(\text{血红色})$$

滴定 Cl^- 时，由于 AgCl 的溶度积（$K_{sp}^{\ominus}=1.8\times10^{-10}$）大于 AgSCN 的溶度积（$K_{sp}^{\ominus}=1.0\times10^{-12}$），滴定到达终点后，过量的 SCN^- 将与 AgCl 发生沉淀转化反应：

$$AgCl(s)+SCN^-(aq) \rightleftharpoons AgSCN(s)+Cl^-(aq)$$

所以溶液中出现红色之后，随着不断地摇动溶液，红色又逐渐消失，直至同时满足 AgCl(s) 和 AgSCN(s) 的解离平衡为止，此时 $c(Cl^-)/c(SCN^-)=180$，该转化才能停止，这样就会产生很大的误差。为阻止这种沉淀转化，通常采取下列措施。

① 在试液中加入一定过量的 $AgNO_3$ 标准溶液后，将溶液煮沸，使 AgCl 凝聚，以减少 AgCl 沉淀对 Ag^+ 的吸附。将 AgCl 沉淀过滤出去，并用稀硝酸充分洗涤沉淀，然后用 NH_4SCN 标准溶液返滴定滤液中过量的 Ag^+。

② 试液中加入一定过量的 $AgNO_3$ 标准溶液后，加入有机溶剂（如硝基苯或 1,2-二氯乙烷等），用力摇动，使 AgCl 沉淀表面覆盖一层有机溶剂，避免沉淀与溶液的接触，这样就可以阻止 SCN^- 与 AgCl 发生沉淀转化。此法简便易行，但硝基苯毒性较大，须注意安全。用此法测定溴化物或碘化物时，因为 AgBr 和 AgI 的溶度积均小于 AgSCN 的溶度积，所以不能发生上述沉淀转化，不必进行上述处理。

（2）滴定条件

① 指示剂用量　当滴定达到化学计量点时，溶液中 SCN^- 浓度为：

$$c(SCN^-)=\sqrt{K_{sp}^{\ominus}(AgSCN)}\,c^{\ominus}=\sqrt{1.0\times10^{-12}}\times1\text{mol}\cdot\text{L}^{-1}=1.0\times10^{-6}\text{mol}\cdot\text{L}^{-1}$$

此时刚好观察到血红色，要求 $Fe(SCN)^{2+}$ 的最低浓度为 6×10^{-6} mol·L^{-1}，则 Fe^{3+} 浓度为

$$c(Fe^{3+})=\frac{c[Fe(SCN)^{2+}]/c^{\ominus}}{K_f^{\ominus}[c(SCN^-)/c^{\ominus}]}c^{\ominus}=\frac{6\times10^{-6}/1\text{mol}\cdot\text{L}^{-1}}{138\times1.0\times10^{-6}/1\text{mol}\cdot\text{L}^{-1}}\times1\text{mol}\cdot\text{L}^{-1}$$

$$c(Fe^{3+})=0.04\text{mol}\cdot\text{L}^{-1}$$

浓度这么大的 Fe^{3+} 使溶液呈现较深的黄色，会妨碍终点的观察。实践证明若 Fe^{3+} 浓度为 0.015mol·L^{-1}，既可减小 Fe^{3+} 颜色对终点观察影响，又使终点误差小于 0.1%。

② 溶液酸度　滴定必须在酸性溶液中进行，不能在中性或碱性溶液中进行。因为中性或碱性条件下，Fe^{3+} 水解生成 $[Fe(H_2O)_5(OH)]^{2+}$、$[Fe(H_2O)_4(OH)_2]^{+}$ 等深色配合物，甚至产生 $Fe(OH)_3$ 沉淀，影响终点观察。同时 Ag^+ 也生成 Ag_2O 沉淀。所以一般用 HNO_3 调节溶液的酸度，控制酸度在 $0.1\sim1mol\cdot L^{-1}$ 之间。

③ 直接法测定 Ag^+ 时，AgSCN 沉淀对 Ag^+ 有强烈的吸附作用，使终点提前，结果偏低，所以在滴定接近终点时，必须剧烈摇动锥形瓶。

④ 须事先除去强氧化剂和氮的低价氧化物以及铜盐、汞盐与 SCN^- 作用的离子，以避免干扰测定。

⑤ 间接法测 I^- 时，须先加入过量的 $AgNO_3$ 标准溶液，再加铁铵矾指示剂，否则 Fe^{3+} 与 I^- 作用生成 I_2，影响分析结果的准确度。

⑥ 不宜在高温条件下进行滴定，否则 $[Fe(SCN)]^{2+}$ 的红色褪去。

佛尔哈德法比莫尔法应用范围广，可在酸性溶液中测定 Ag^+、SCN^-、Cl^-、Br^-、I^-，以及经过处理可定量产生这些离子的物质。佛尔哈德法最大的优点是可在酸性溶液中进行滴定，许多弱酸根离子如 PO_4^{3-}、AsO_4^{3-}、CrO_4^{2-} 等，不干扰测定，所以选择性高。

7.3.3　法扬司法

法扬司法（Fajan's）是用吸附指示剂指示滴定终点的银量法。

（1）基本原理

吸附指示剂（absorption indicator）一般是有机染料，在溶液中可解离为具有一定颜色的阴离子，此阴离子容易被带正电荷的胶体沉淀所吸附，从而引起颜色的改变，指示终点到达。以 $AgNO_3$ 标准溶液滴定 Cl^-，荧光黄作指示剂为例，说明吸附指示剂的作用原理。

荧光黄是一种有机弱酸，用 HFIn 表示，它在溶液中发生如下解离：

$$HFIn \rightleftharpoons H^+ + FIn^-\text{（黄绿色）}$$

在化学计量点之前，溶液中 Cl^- 过量，AgCl 溶胶选择性吸附 Cl^- 形成带负电荷的 $AgCl\cdot Cl^-$ 粒子，荧光黄阴离子不被吸附，溶液呈现 FIn^- 的黄绿色。化学计量点之后，Ag^+ 过量，AgCl 胶粒选择性吸附 Ag^+，形成带正电荷的 $AgCl\cdot Ag^+$ 粒子，它强烈吸附 FIn^-，形成 $AgCl\cdot Ag^+\cdot FIn^-$，使其结构发生改变，形成粉红色，从而指示终点到达。其反应过程如下：

$$\underset{\text{黄绿色}}{AgCl\cdot Ag^+ + FIn^-} \rightleftharpoons \underset{\text{粉红色}}{AgCl\cdot Ag^+\cdot FIn^-}$$

（2）滴定条件

① 控制适当酸度　因为指示剂多是有机弱酸，若溶液 pH 过大，则形成 Ag_2O 沉淀，且吸附指示剂解离过强，可能在化学计量点之前被吸附；若溶液 pH 过小，H^+ 与指示剂阴离子结合成不被吸附的 HFIn 中性分子，则不易被正电溶胶所吸附。滴定的 pH 范围随吸附指示剂的 pK_a 不同而变化。具体见表 7-2。

表 7-2　常见吸附指示剂及使用酸度条件

指示剂	被测定离子	滴定剂	滴定条件(pH)
荧光黄	Cl^-	Ag^+	7～10(常用为 7～8)
二氯荧光黄	Cl^-	Ag^+	4～10(常用为 5～8)
曙红	Br^-,I^-,SCN^-	Ag^+	2～10(常用为 3～8)
溴甲酚绿	SCN^-	Ag^+	4～5
甲基紫	Ag^+	Cl^-	酸性溶液
罗丹明 6G	Ag^+	Br^-	酸性溶液
钍试剂	SO_4^{2-}	Ba^{2+}	1.5～3.5
溴酚蓝	Hg_2^{2+}	Cl^-,Br^-	酸性溶液

② 为使沉淀具有较大的比表面，以利于吸附更多的指示剂，滴定时应加入糊精或淀粉，避免沉淀凝聚。

③ 沉淀对指示剂的吸附能力要适当，若吸附能力过强，则会使终点提前，反之会使终点滞后。卤化银对卤化物和几种吸附指示剂的吸附能力大小顺序如下：

$$I^- > SCN^- > Br^- > \text{曙红} > Cl^- > \text{荧光黄}$$

通常要求沉淀对指示剂的吸附能力略小于待测离子的吸附能力。

④ 避免在强光下滴定，以免卤化银感光变成灰黑色，影响终点观察。

⑤ 被测溶液浓度不能过稀，即生成 AgCl 沉淀要多一些，否则沉淀量太小，使终点难以确定。例如用荧光黄作指示剂，用 $AgNO_3$ 滴定 Cl^- 时，Cl^- 的浓度须在 $0.005mol \cdot L^{-1}$ 以上。

7.4 银量法的应用

7.4.1 标准溶液的配制和标定

银量法中常用的标准溶液是 $AgNO_3$ 和 NH_4SCN 溶液。

（1）$AgNO_3$ 标准溶液

可以用制得很纯的干燥的基准物质 $AgNO_3$ 来直接配制标准溶液。但一般的 $AgNO_3$ 往往含有杂质，需要间接法配制，即先配成近似所需浓度的 $AgNO_3$ 溶液，再用基准物质 NaCl 标定。值得特别注意的是，用于配制 $AgNO_3$ 溶液的蒸馏水不应含有 Cl^-，且 $AgNO_3$ 溶液应保存在棕色瓶中。另外，基准物质 NaCl 在使用前要放在坩埚中加热至 500～600℃，直至不再有爆裂声为止，然后放入干燥器中冷却备用。

（2）NH_4SCN 标准溶液

NH_4SCN 试剂一般含有杂质，易潮解，不能直接配制标准溶液，只能用间接法配制。配好后，可取一定量已标好的 $AgNO_3$ 标准溶液，用 NH_4SCN 溶液直接滴定，以确定其准确浓度。

若知道 $AgNO_3$ 和 NH_4SCN 的体积比，则可以用基准物质 NaCl 同时标定 $AgNO_3$ 和 NH_4SCN 两种标准溶液。

【例 7-11】 称取基准物质 NaCl 0.2000g，溶于水后，加入 $AgNO_3$ 标准溶液 50.00mL，用铁铵矾作指示剂，以 NH_4SCN 标准溶液 25.00mL 滴定至微红色，已知 1mL NH_4SCN 标准溶液相当于 1.20mL $AgNO_3$ 标准溶液，求 $AgNO_3$ 标准溶液和 NH_4SCN 标准溶液的浓度。

解： NaCl 的摩尔质量为 $58.44g \cdot mol^{-1}$，根据题意可列出以下方程组

$$\frac{0.2000g}{58.44g \cdot mol^{-1}} = [50.00mL \times c(AgNO_3) - 25.00c(NH_4SCN)] \times 10^{-3}$$

$$\frac{V(NH_4SCN)}{V(AgNO_3)} = \frac{c(AgNO_3)}{c(NH_4SCN)} = \frac{1.00}{1.20}$$

解上述方程得 $c(AgNO_3) = 0.1711mol \cdot L^{-1}$，$c(NH_4SCN) = 0.2053mol \cdot L^{-1}$

7.4.2 应用实例

可溶性氯化物中氯的测定一般采用莫尔法。若试样中含有 PO_4^{3-}、AsO_4^{3-}、S^{2-} 等能与 Ag^+ 生成沉淀的阴离子时，则必须在酸性条件下用佛尔哈德法测定。

【例 7-12】 准确量取生理盐水 10.00mL，以 5% K_2CrO_4 作指示剂，消耗 0.1045 $mol \cdot L^{-1}$ $AgNO_3$ 标准溶液 14.58mL 滴定至砖红色，计算生理盐水中 NaCl 的质量浓度 ρ。

解： 依据题意得

$$\rho(NaCl)=\frac{0.1045mol\cdot L^{-1}\times 14.58mL\times 10^{-3}\times 58.44g\cdot mol^{-1}}{10.00mL}=8.904\times 10^{-3}g\cdot mL^{-1}$$

【例 7-13】 称取某含砷农药 0.2000g，溶于 HNO_3 后转化为 H_3AsO_4，调至中性，加 $AgNO_3$ 使其沉淀为 Ag_3AsO_4，过滤 Ag_3AsO_4 沉淀、洗涤后，再溶于 HNO_3 中，以铁铵矾作指示剂，用 $0.1180mol\cdot L^{-1}$ 的 NH_4SCN 标准溶液 33.85mL 滴定至终点。求该农药中 As_2O_3 的质量分数。

解：

$$Ag^+ + SCN^- = AgSCN(s)$$

$$1As\sim 1Ag_3AsO_4\sim 3AgNO_3\sim 3SCN^-\sim 1/2As_2O_3$$

$$1/2n(SCN^-)=3n(As_2O_3)\qquad n(As_2O_3)=1/6n(SCN^-)$$

$$w(As_2O_3)=\frac{1/6c(SCN^-)V(SCN^-)M(As_2O_3)}{m_s}=\frac{0.1180mol\cdot L^{-1}\times 33.85\times 10^{-3}L\times 197.84g\cdot mol^{-1}}{6\times 0.2000g}=65.85\%$$

7.5 重量分析法

7.5.1 重量分析法的分类和特点

重量分析法（或称重量分析，gravimetric analysis）通常是通过物理方法或化学反应先将试样中待测组分与其他组分分离，转化为一定的称量形式，然后称重，由称得的物质的质量计算出待测组分在试样中的含量。根据被测组分与其他组分分离的方法不同，重量分析法一般分为化学沉淀法、气化法（又称挥发法）、电解法、萃取法等几种。

（1）化学沉淀法

化学沉淀法是重量分析法中的主要方法。该法是将被测组分以难溶化合物的形式沉淀出来，再将沉淀过滤、洗涤、烘干或灼烧，最后称重并计算待测组分的含量。

（2）气化法

利用物质的挥发性质，通过加热或其他方法使试样中的被测组分挥发逸出，然后根据试样质量的减少计算该组分的含量；或者当该组分逸出时，选择适当吸收剂将它吸收，然后根据吸收剂质量的增加计算该组分的含量。

（3）电解法

利用电解原理，用电子作沉淀剂使金属离子在电极上还原析出，然后称重，求得其含量。

（4）萃取法

萃取法是利用萃取剂将被测组分萃取出来，蒸发除去萃取剂，称出萃取物的质量，从而确定被测组分含量的方法。

重量分析法直接用天平称量而获得分析结果，不需要与标准试样或基准物质进行比较，因此重量法准确度高。但其烦琐、耗时长，也不适宜测定微量和痕量组分。目前，常量的硅、硫、镍等元素的精确测定仍多采用重量法。

7.5.2 重量分析的一般步骤

重量分析法的一般程序是：①称样；②试样溶解，配成稀溶液；③控制反应条件；④加入适量沉淀剂，使待测组分沉淀为难溶性化合物；⑤陈化；⑥过滤和洗涤；⑦烘干或灼烧；

⑧称量；⑨计算待测成分的含量。

例如，要测定土壤中 SO_4^{2-} 的含量，其程序如下：

$$\text{土样}\xrightarrow{\text{溶解、抽滤}}SO_4^{2-}\text{ 试液}\xrightarrow{BaCl_2}\underset{\text{沉淀形式}}{BaSO_4\downarrow}\xrightarrow{\text{过滤、洗涤、灼烧}}\underset{\text{称量形式}}{BaSO_4}\longrightarrow\text{称量}$$

7.5.3 重量分析的条件

利用沉淀法进行重量分析时，往试液中加入适当的沉淀剂，使待测组分沉淀出来，所得的沉淀称为“沉淀形式”。沉淀经过滤、洗涤后，再将其烘干或灼烧成“称量形式”称量。沉淀形式和称量形式可以相同，也可以不同。例如，用 $BaSO_4$ 重量法测定 Ba^{2+} 或 SO_4^{2-} 时，沉淀形式和称量形式都是 $BaSO_4$，两者相同；而用重量分析法测定 Mg^{2+} 时，沉淀形式是 $MgNH_4PO_4\cdot 6H_2O$，灼烧后转化成为 $Mg_2P_2O_7$ 形式称重，故两者不同。为达到准确分析的目的，对沉淀形式和称量形式均有特定要求。

(1) 重量分析对沉淀形式的要求

① 沉淀要完全，沉淀的溶解度要小，要求沉淀的溶解损失不应超过天平的称量误差。

② 沉淀纯度要高，不应混入沉淀剂和其他杂质。

③ 沉淀应易于过滤和洗涤。为此，希望尽量获得粗大的晶形沉淀。如果是无定形沉淀，应注意掌握好沉淀条件，改善沉淀的性质。

④ 沉淀易转化为称量形式。

(2) 重量分析对称量形式的要求

① 组成必须与化学式完全符合，这是对称量形式最重要的要求。

② 称量形式要稳定，不易吸收空气中的水分和二氧化碳，在干燥、灼烧时不易分解。

③ 称量形式的摩尔质量要尽可能大。沉淀摩尔质量愈大，待测组分在沉淀中的含量愈少，则称量误差愈小。

7.5.4 沉淀纯度及提高沉淀纯度的措施

重量分析不但要求沉淀的溶解度要小，而且要求所获得的沉淀是纯净的。但当沉淀从溶液中析出时，不可避免或多或少地夹带溶液中的其他组分。为此必须了解影响沉淀纯度的因素，找出减少杂质混入的方法，以获得符合重量分析要求的沉淀。

(1) 影响沉淀纯度的因素

影响沉淀纯度的因素主要是共沉淀现象。即当一种沉淀从溶液中析出时，溶液中的某些其他组分在该条件下本来是可溶的，但却被沉淀带下来而混杂于沉淀之中。产生这种现象的原因有以下三种。

① 表面吸附引起的共沉淀　由于沉淀晶体表面的粒子（离子或分子）与沉淀晶体内部的粒子所处的状况不同，粒子的静电引力产生表面吸附，使沉淀的表面吸附杂质而共沉淀。由于吸附作用是一个放热过程，故提高溶液的温度可减少杂质的吸附。

② 生成混晶引起的共沉淀　每种晶形沉淀都有其一定的晶体结构，如果杂质离子与构晶离子半径相似，形成的晶体结构相同，则它们极易生成混晶。如 AgCl-AgBr、$BaSO_4$-$PbSO_4$ 等。也有一些杂质与沉淀具有不同的晶体结构，但也能生成混晶。为减少混晶的生成，最好事先将这类杂质分离除去。

③ 吸留和包藏引起的共沉淀　在沉淀过程中若沉淀生成太快，表面吸附的杂质离子还来不及离开沉淀表面就被随后生成的沉淀所覆盖，这种杂质就被包藏在沉淀内部引起共沉淀，这种现象称为吸留和包藏。有时母液也可能被包藏在沉淀中，引起共沉淀。这类共沉淀不能用洗涤的方法将杂质除去，可以借助改变沉淀条件、陈化或重结晶的方法来减免。

影响沉淀纯度的另一个因素是后沉淀现象。沉淀过程结束后，当沉淀与母液一起放置时，溶液中的杂质离子慢慢沉积到原沉淀上的现象称为后沉淀现象。沉淀放置时间越长，后沉淀越严重。后沉淀引入的杂质量比共沉淀要多，且随着沉淀放置时间的延长而增多。因此为防止后沉淀现象的发生，某些沉淀的陈化时间不宜过长。

（2）提高沉淀纯度的措施

① 采用适当的分析程序和沉淀方法。例如在待测组分含量较小的分析试液中，若杂质含量较多，则应当使待测组分先沉淀下来。如果先分离杂质，则由于大量沉淀的生成而待测组分随之共沉淀，从而引起分析结果不准确。

② 选择合适的沉淀剂。例如选用有机沉淀剂常可以减少共沉淀现象。

③ 降低易被吸附离子的浓度。例如沉淀 $BaSO_4$ 时，将易被吸附的 Fe^{3+} 预先还原为 Fe^{2+}，Fe^{3+} 的共沉淀量就大为减少。

④ 在沉淀分离后，用适当的洗涤剂洗涤。

⑤ 进行再沉淀。即将沉淀过滤、洗涤后，重新溶解，使沉淀中的杂质进入溶液，再进行一次沉淀。

⑥ 针对不同类型的沉淀，选择适当的沉淀条件。

7.5.5　沉淀条件的选择

为了获得易于过滤、洗涤而且纯净的沉淀，应根据沉淀类型选择不同的沉淀条件。

（1）晶形沉淀的沉淀条件

① 沉淀反应宜在适当稀的溶液中进行。这样，可使沉淀过程中溶液的相对过饱和度较小，易于获得大颗粒的晶形沉淀。同时，共沉淀现象减少，有利于得到纯净沉淀。当然，溶液的浓度也不能太稀，如果太稀，由于沉淀溶解而引起的损失可能超过允许的分析误差。因此，对于溶解度较大的沉淀，溶液不宜过分稀释。

② 沉淀反应应在不断搅拌下逐滴加入沉淀剂。这样，可以防止溶液局部相对过饱和度太大，而生成大量的晶核。

③ 沉淀反应应在热溶液中进行。在热溶液中，沉淀的溶解度增大，溶液的相对过饱和度降低，易于获得大的晶粒；此外，又能减少杂质的吸附量，有利于得到纯净的沉淀。为了防止在热溶液中所造成的溶解损失，对于溶解度较大的沉淀，沉淀完毕必须冷却后再过滤、洗涤。

④ 陈化。沉淀完全后，让沉淀在母液中放置一段时间，这个过程称为陈化。陈化作用可使微小晶体溶解，粗大晶体长得更大；使不完整的晶体转化为较完整的晶体；使亚稳态的晶形转化为稳定状态的晶形，从而降低沉淀的溶解度。此外，也能使沉淀得到净化。

（2）无定形沉淀的沉淀条件

① 沉淀反应应在较浓的溶液中进行，加入沉淀剂的速率可适当快些。因为溶液浓度大，离子的水合程度减小，得到的沉淀比较紧密。但也要考虑到，此时吸附的杂质增多，所以在沉淀完毕后，需立刻加入大量热水冲稀母液并搅拌，使吸附的部分杂质转入溶液。

② 沉淀反应应在热溶液中进行。这样可以防止生成胶体，并减少对杂质的吸附作用，还可使生成的沉淀紧密些。

③ 在溶液中加入适量的电解质，以防止胶体溶液的生成。但加入的应是可挥发的盐类如铵盐等。

④ 不必陈化。沉淀完毕后，应趁热过滤，不需陈化。否则，沉淀久置会失水而聚集得更紧密，使已吸附的杂质难以洗去。

⑤ 必要时进行再沉淀。

(3) 均匀沉淀法

在进行沉淀反应时，尽管沉淀剂是在缓慢搅拌下加入的，但仍难避免沉淀剂在溶液中的局部过浓现象。为此，可采用均匀沉淀法。这个方法的特点是通过一种化学反应，缓慢、均匀地在溶液中产生沉淀剂，使沉淀在整个溶液中均匀地、缓慢地析出，因而生成的沉淀是颗粒较大、吸附的杂质少、易于过滤和洗涤的晶形沉淀。该法已在生产实践中得到广泛的应用。

例如，测定 Ca^{2+} 时，在中性或碱性溶液中加入沉淀剂 $(NH_4)_2C_2O_4$，产生的 CaC_2O_4 是细晶形沉淀。如果先将溶液酸化之后再加入 $(NH_4)_2C_2O_4$，则溶液中的草酸根主要以 $HC_2O_4^-$ 和 $H_2C_2O_4$ 形式存在，不会产生沉淀。若改为在混合均匀后，加入尿素，并加热煮沸，因尿素逐渐水解而生成的 NH_3 中和溶液中的 H^+，使溶液酸度渐渐降低，$C_2O_4^{2-}$ 的浓度渐渐增大，最后均匀而缓慢析出 CaC_2O_4 沉淀。这样得到的 CaC_2O_4 沉淀便是粗大的晶形沉淀。

7.5.6 沉淀的过滤、洗涤、烘干与灼烧

如何使沉淀完全、纯净和易于分离固然是重量分析中的首要问题，但沉淀以后的过滤、洗涤、烘干和灼烧操作完成得好坏，同样影响分析结果的准确度。

(1) 沉淀的过滤

过滤的目的是将沉淀与母液分离。需要灼烧的沉淀的过滤应根据沉淀的形状选用紧密程度不同的滤纸。一般非晶形沉淀，应用疏松的快速滤纸过滤；粗粒的晶形沉淀，可用较紧密的中速滤纸；较细粒的沉淀，应选用最紧密的慢速滤纸，以防沉淀穿过滤纸。不需要灼烧只需要干燥的沉淀，以结晶粒度的不同可以选用不同孔径的玻璃砂芯坩埚和玻璃砂芯漏斗进行过滤。

为了使滤器的微孔不被沉淀堵塞，提高过滤的效率与速率，过滤应采取倾泻法。即不要把沉淀搅拌起来，把沉淀上的清液沿玻璃棒先倒入漏斗中，待清液滤完后，再倾入沉淀浊液过滤。

(2) 沉淀的洗涤

洗涤沉淀是为了洗去沉淀表面吸附的杂质和混杂在沉淀中的母液。洗涤时要尽量减少沉淀的溶解损失和避免形成胶体，因此需选择合适的洗液。选择洗液的原则是：对于溶解度很小而又不易成胶体的沉淀，可用蒸馏水洗涤；对于溶解度较大的晶形沉淀，可用沉淀剂的稀溶液洗涤，但沉淀剂必须在烘干或灼烧时易挥发或易分解除去，例如用 $(NH_4)_2C_2O_4$ 稀溶液洗涤 CaC_2O_4 沉淀；对于溶解度较小而又可能分散成胶体的沉淀，应用易挥发的电解质稀溶液洗涤，例如用 NH_4NO_3 稀溶液洗涤 $Al(OH)_3$ 沉淀。

用热洗涤液洗涤，则过滤较快，且能防止形成胶体，但溶解度随温度升高而增大较快的沉淀不能用热洗涤液洗涤。

洗涤必须连续进行，一次完成，不能将沉淀干涸放置太久，尤其是一些非晶形沉淀，放置凝聚后，不易洗净。洗涤沉淀时，既要将沉淀洗净，又不能增加沉淀的溶解损失。用适当少的洗液，分多次洗涤，每次加入洗液前，使前次洗液尽量流尽，可以提高洗涤效果。

(3) 沉淀的烘干与灼烧

洗涤后的沉淀，除吸附大量水分外，还有可能含有洗涤剂引入的其他杂质。因此，必须用烘干或灼烧的方法除去。

用微孔玻璃坩埚过滤的沉淀，只需烘干除去沉淀中的水分和可挥发性物质，即可使沉淀成为称量形式。把微孔玻璃坩埚中沉淀洗净后，放入烘箱中，根据沉淀的性质在适当的温度下烘干，取出稍冷后，放入干燥器中冷至室温，进行称量。再烘干、冷却、称量。如此反复

操作，直至恒重（前后两次质量之差不超过 0.2mg）。

用滤纸过滤的沉淀，通常在坩埚中烘干、炭化、灼烧之后，才能进行称量。即把干净的沉淀用滤纸包好，放入已经恒重的坩埚中，先用低温烘干，然后继续加热至滤纸全部炭化，转入高温炉中灼烧至恒重。

7.5.7　重量分析的计算

重量分析是根据称量形式的质量来计算待测组分的含量。在计算时，一般将待测组分的摩尔质量与称量形式的摩尔质量之比称为"化学因数"，因此计算待测组分的质量可写成下列通式：

待测组分的质量＝称量形式的质量×化学因数

在计算化学因数时，必须在待测组分的摩尔质量和称量形式的摩尔质量上乘以适当系数，使分子分母中待测元素的原子数目相等。

【例 7-14】 测定某试样中的硫含量时，使之沉淀为 $BaSO_4$，灼烧后称量 $BaSO_4$ 沉淀，其质量为 0.5562g，计算试样中的硫含量。

解： $M(BaSO_4)=233.4g\cdot mol^{-1}$，$M(S)=32.06g\cdot mol^{-1}$

设 0.5562g $BaSO_4$ 中含 S 为 $m(S)$，则

$233.4g\cdot mol^{-1} : 32.06g\cdot mol^{-1}=0.5562g : m(S)$

$$m(S)=m(BaSO_4)\times\frac{M(S)}{M(BaSO_4)}=0.5562g\times\frac{32.06g\cdot mol^{-1}}{233.4g\cdot mol^{-1}}=0.07640g$$

【例 7-15】 在镁的测定中，先将 Mg^{2+} 沉淀为 $MgNH_4PO_4$，再灼烧成 $Mg_2P_2O_7$ 称量。若 $Mg_2P_2O_7$ 质量为 0.3515g，则镁的质量为多少？

解： 1mol $Mg_2P_2O_7$ 分子含有 2mol Mg 原子，故得

$$m(Mg)=m(Mg_2P_2O_7)\times\frac{2M(Mg)}{M(Mg_2P_2O_7)}$$

$$=0.3515g\times\frac{2\times 24.32g\cdot mol^{-1}}{222.6g\cdot mol^{-1}}$$

$$=0.07681g$$

若需计算待测组分在试样中的质量分数，则

$$w(\text{待测组分})=\frac{\text{待测组分质量}}{\text{试样质量}}=\frac{\text{称量形式质量}\times\text{化学因数}}{\text{试样质量}}$$

【知识拓展】

结石的"前世今生"与沉淀溶解平衡

1. 牙结石

牙结石（dental calculus）通常存在于唾液腺开口处的牙齿表面，例如：下颚前牙的舌侧表面、上颚后牙的颊侧表面和牙齿的颈部，以及口腔黏膜运动不到的牙齿表面等处。牙结石刚形成时是软的，会因逐渐钙化而变硬。它由 75%的磷酸钙、15%～25%的水、有机物、磷酸锰及微量的钾、钠、铁所构成，并呈现出黄色、棕色或者黑色，形成的原因较为复杂：

① 由于唾液中的二氧化碳浓度降低，促使无机盐沉淀于牙齿表面。

② 由于退化细胞的磷酸盐酵素使有机磷水解产生磷沉淀于牙齿表面。

③ 由于细菌使唾沫的酸碱值升高而呈碱性，造成唾液中的蛋白质分解，释放出钙盐沉淀于牙齿表面。

④ 与口水浓度有关，浓度愈大，愈易沉淀。

牙结石形成的速率、形态和硬度因人而异，一般来说新生成牙结石需要12～15h。快速形成的牙结石比慢慢形成的牙结石要软且碎。在牙结石形成之初，使用口腔清洁法或刷牙法，很容易清除牙结石，等到钙化之后就不易清除了。

牙结石对口腔而言是一种异物，它会不断刺激牙周组织，并会压迫牙龈，影响血液循环，造成牙周组织的病菌感染，引起牙龈发炎萎缩，形成牙周囊袋。当牙周囊袋形成后，更易使食物残渣、牙菌斑和牙结石等堆积，这种新的堆积进一步破坏更深的牙周膜，如此不断的恶性循环，直至牙周支持组织全部破坏殆尽，使牙齿松动而脱落。

2. 胆结石

胆结石（biliary calculus）又称胆石症，是指胆道系统包括胆囊或胆管内发生结石的疾病，按其成分和病因可分为三大类：第一类是胆固醇结石，是由于胆汁中所含的胆固醇过多溶解不掉，逐渐沉积、沉淀而成。结石的主要成分为胆固醇，外观呈淡黄色或灰黄色，表面光滑。第二类是胆色素结石，是我国最常见的一种结石。结石由胆色素、钙盐、细菌、虫卵等沉积而成，形状不定，质软易碎，体积较小。第三类则是混合性结石。不论是胆色素结石或胆固醇结石，都会在原来的结石外面再沉积胆固醇、胆色素、钙盐等，从而形成混合性胆石。由于所含成分比例不同，可表现各种颜色和形状。

胆结石的成因较为复杂，主要原因与不健康的生活方式有关：

① 喜静少动。有些人运动和体力劳动少，日久其胆囊肌的收缩力必然下降，胆汁排空延迟，容易造成胆汁淤积，胆固醇沉淀析出，为形成胆结石创造了条件。

② 体质肥胖。平时爱吃高脂肪、高糖类、高胆固醇的饮品或零食，而肥胖是患胆结石的重要诱因。

③ 不吃早餐。长期不吃早餐会使胆汁浓度增加，利于细菌繁殖，容易促进胆结石的形成。如果坚持吃早餐，可促进部分胆汁流出，降低夜间所贮存胆汁的黏稠度，降低患胆结石的风险。

④ 餐后久坐。当人呈一种蜷曲体位时，腹腔内压增大，胃肠道蠕动受限，不利于食物的消化吸收和胆汁排泄，饭后久坐影响胆汁酸的重吸收，致胆汁中胆固醇与胆汁酸比例失调，胆固醇易沉积下来。

除此之外，肝硬化者、遗传因素等也会造成胆结石。

胆结石形成后会刺激胆囊黏膜，不仅引起胆囊的慢性炎症，而且当结石嵌顿在胆囊颈部或胆囊管后，还可以引起继发感染，导致胆囊的急性炎症。由于结石对胆囊黏膜的慢性刺激，还可能导致胆囊癌的发生。因此，一定要保持健康的饮食习惯，坚持锻炼，以避免胆结石的发生。

3. 肾结石

肾结石（renal calculus）是晶体物质（如钙、草酸、尿酸、胱氨酸等）在肾中异常聚积形成沉淀所致，为泌尿系统的常见病、多发病，90%的肾结石中含有钙，其中草酸钙结石最常见。

肾结石的形成是因某些因素造成尿中晶体物质浓度升高或溶解度降低，呈过饱和状态，析出结晶并在局部生长、聚积，最终形成沉淀即结石。已经知道肾结石有32种成分，最常见的成分为草酸钙，其他成分的结石如磷酸铵镁、尿酸、磷酸钙以及胱氨酸（一种氨基酸）等。肾结石很少由单纯一种晶体组成，大多为两种或两种以上，而以一种为主体。

肾结石会引起强烈的身体不适感。40%～75%的肾结石患者有不同程度的腰痛。结石较大时，移动度小，表现为腰部酸胀不适，或在身体活动增加时有隐痛或钝痛。较小结石引发的绞痛，常骤然发生腰腹部刀割样剧烈疼痛。针对结石的成分和病因不同，可通过健康饮食及生活习惯以进行预防，具体措施如下：

① 多喝水。日常多喝白开水可增加排尿量，有利于尿路结石的排出。

② 少吃盐。食用过多盐分增加尿液中的钙质，进而形成钙结石。日常应严格控制钠盐摄入量。

③ 减少摄取动物性蛋白质。摄取太多动物性蛋白质，尤其是红肉，会增加肾结石形成风险。限制每天摄取的动物性蛋白质低于 170g，可以帮助降低各类肾结石的形成风险。

④ 减少草酸摄入量及谨慎服用钙补充剂。草酸钙结石（最常见的结石类型）患者，应该避开草酸含量高的食物，补充钙剂时也应慎重，以免在体内形成草酸钙而引起肾结石。

⑤ 吃高纤维食物。许多高纤维食物含有植酸盐，有助于防止钙质结晶，从而起到预防肾结石的作用。

⑥ 控制酒精摄入量。酒精会提高血液中的尿酸水平，进而形成肾结石。如果要喝酒，可选择少量的浅色啤酒或红酒。

本章小结

1. 溶度积原理

$Q>K_{sp}^{\ominus}$，能生成沉淀；

$Q<K_{sp}^{\ominus}$，不能生成沉淀，若有沉淀物质，则沉淀物质会溶解；

$Q=K_{sp}^{\ominus}$，沉淀生成和溶解处于平衡状态。

2. 溶度积原理的应用

沉淀的生成，分步沉淀，沉淀的溶解，沉淀的转化。

3. 沉淀滴定法

莫尔法和佛尔哈德法的基本原理、滴定条件及应用。

4. 重量分析的原理，生成沉淀的条件，分析结果的计算

习题

1. 解释下列各组名词的异同点。

(1) 溶解度和溶度积　(2) 离子积和溶度积　(3) 同离子效应和盐效应

2. 试用溶度积原理解释下列现象：

(1) CaC_2O_4 可溶于盐酸溶液中，但不溶于醋酸溶液中，而 $CaCO_3$ 既可溶于盐酸溶液中，又可溶于醋酸溶液中。

(2) 往 Mg^{2+} 的溶液中滴加 $NH_3\cdot H_2O$，产生白色沉淀，再滴加 NH_4Cl 溶液，白色沉淀消失；

(3) CuS 沉淀不溶于盐酸但可溶于热的 HNO_3 溶液中。

3. 往含汞废水中投放 FeS 固体，利用如下沉淀转化反应：

$$FeS(s)+Hg^{2+}(aq) \rightleftharpoons HgS(s)+Fe^{2+}(aq)$$

降低废水中 Hg^{2+} 的含量，达到排放标准（地表水Ⅰ类水质含汞标准为 $5\times10^{-5}mg\cdot L^{-1}$），试讨论上述反应的可能性。

4. 根据 $K_{sp}^{\ominus}$ 数据计算 $Mg(OH)_2$ 在纯水和 $0.01mol\cdot L^{-1}$ $MgCl_2$ 溶液中的溶解度。

5. 在 10mL $0.08mol\cdot L^{-1}$ $FeCl_3$ 溶液中，加入 30mL 含有 $0.1mol\cdot L^{-1}$ NH_3 和 $1.0mol\cdot L^{-1}$ NH_4Cl 的混合溶液，能否产生 $Fe(OH)_3$ 沉淀？

[能]

6. 100mL $0.002mol\cdot L^{-1}$ $BaCl_2$ 溶液与 50mL $0.1mol\cdot L^{-1}$ Na_2SO_4 的溶液混合后，有无 $BaSO_4$ 沉淀生成？若有沉淀生成，Ba^{2+} 是否已经沉淀完全？

[有，完全]

7. 废水中含 Cd^{2+} 的浓度为 $0.001mol\cdot L^{-1}$，调节溶液 pH 多少时开始生成 $Cd(OH)_2$ 沉淀。若地表水Ⅰ类水质含镉标准为含 Cd^{2+} $0.001mg\cdot L^{-1}$，要达到此排放标准，求此时溶液 pH。

[8.7，11.2]

8.（1）在 0.01L 浓度为 $0.0015mol\cdot L^{-1}$ 的 $MnSO_4$ 溶液中，加入 0.005L 浓度为 $0.15mol\cdot L^{-1}$ 氨水，能否生成 $Mn(OH)_2$ 沉淀？（2）若在上述溶液中，先加入 0.495g 的 $(NH_4)_2SO_4$ 固体，然后加入 0.005L 浓度为 $0.15mol\cdot L^{-1}$ 的氨水，能否生成 $Mn(OH)_2$ 沉淀（假设加入固体后，溶液体积不变）？

[能，否]

9. 向 $0.1mol\cdot L^{-1}$ $ZnCl_2$ 溶液中通入 H_2S 气体至饱和时（$0.1mol\cdot L^{-1}$），溶液中刚好有 ZnS 沉淀生成和 Zn^{2+} 沉淀完全时溶液的 pH 值是多少？

[0.7，2.7]

10. 一溶液中含有 $0.01mol\cdot L^{-1}$ Mg^{2+}，欲除去混有少量 Fe^{3+} 的杂质，问溶液的 pH 应控制在什么范围？

[2.8～9.4]

11. 在下述溶液中通入 H_2S 气体维持其浓度为 $0.1mol\cdot L^{-1}$，问这两种溶液中残余的 Cu^{2+} 浓度各为多少？（1）$0.1mol\cdot L^{-1}$ $CuSO_4$ 的溶液；（2）$0.1mol\cdot L^{-1}$ $CuSO_4$ 与 $0.1mol\cdot L^{-1}$ HCl 的混合溶液。

[2.1×10^{-15}，4.7×10^{-15}]

12. 提纯粗食盐时，先加入 $BaCl_2$ 溶液将 SO_4^{2-} 等阴离子沉淀后，能否不过滤除去沉淀，直接向溶液中加入 Na_2CO_3 溶液将 Ca^{2+}、Mg^{2+} 以及过量的 Ba^{2+} 等阳离子沉淀？

13. 正常人的尿液 pH＝6.30，其中磷酸各种型体的总浓度为 $0.20mol\cdot L^{-1}$，计算说明：

（1）在尿液中，磷酸主要以哪两种型体存在？

（2）其中 $c(PO_4^{3-})$ 为多大？

（3）尿道结石的主要成分是 $Ca_3(PO_4)_2$，为防止结石的产生，尿液中游离的 Ca^{2+} 浓度不得高于多少？

[$H_2PO_4^-$ 和 HPO_4^{2-}；$2.0\times10^{-8}mol\cdot L^{-1}$；$1.7\times10^{-6}mol\cdot L^{-1}$]

14. 称取含有 NaCl 和 NaBr 的试样 0.6280g 溶解后用 $AgNO_3$ 溶液处理，得到干燥的 AgCl 和 AgBr 沉淀 0.5064g。另取相同质量的试样一份，用 $0.1050mol\cdot L^{-1}$ $AgNO_3$ 溶液滴定至终点，消耗 28.34mL。求试样中 NaCl 和 NaBr 的质量分数。

[10.96%，29.46%]

15. 为了测定长石中 K、Na 的含量，称取试样 1.500g，经过一定处理，得到质量为 0.1800g 的 NaCl 和 KCl 混合物，将这些氯化物溶于水，加入 50.00mL $0.08333mol\cdot L^{-1}$ $AgNO_3$ 标准溶液，分离沉淀，滤液需 16.47mL $0.1000mol\cdot L^{-1}$ NH_4SCN 标准溶液滴定。计算试样中 K_2O 和 Na_2O 的质量分数。

[6.38%，1.00%]

16. 称取纯 NaCl 0.5805g，溶于水后用 $AgNO_3$ 溶液处理，定量转化后得到 AgCl 沉淀 1.4236g。求 Na 的原子量。(已知 Ag 和 Cl 的原子量分别为 107.868 和 35.453)

[22.989]

17. 称取含硫的纯有机化合物 1.0000g，首先用 Na_2O_2 熔融，使其中的硫定量转化为 Na_2SO_4，然后溶于水，用 $BaCl_2$ 溶液定量处理得到 $BaSO_4$ 1.0890g，求（1）该有机化合物中硫的质量分数；（2）若该有机化合物的分子量为 214.33，该有机化合物分子中有几个硫原子？

[14.96%，1]

18. 选择题

（1）已知 $K_{sp}^{\ominus}(AgCl)=1.8\times10^{-10}$，AgCl 在 $0.01mol\cdot L^{-1}$ NaCl 溶液中的溶解度为（　　）$mol\cdot L^{-1}$。

A. 1.8×10^{-10}　　B. 1.34×10^{-5}　　C. 0.001　　D. 1.8×10^{-8}

（2）在一混合离子的溶液中，$c(Cl^-)=c(Br^-)=c(I^-)=0.0001mol\cdot L^{-1}$，若滴加 1.0×10^{-5} $mol\cdot L^{-1}$ $AgNO_3$ 溶液，则出现沉淀的顺序为（　　）。

A. AgBr＞AgCl＞AgI　　B. AgI＞AgCl＞AgBr

C. AgI＞AgBr＞AgCl　　D. AgCl＞AgBr＞AgI

（3）下列各沉淀反应，哪个不属于银量法？（　　）

A. $Ag^+ + Cl^- = AgCl(s)$　　B. $Ag^+ + SCN^- = AgSCN(s)$

C. $2Ag^+ + S^{2-} = Ag_2S(s)$　　D. $Ag^+ + I^- = AgI(s)$

(4) 莫尔法滴定时，所用的指示剂为（　　）。

A. NaCl　　B. K_2CrO_4　　C. Na_3AsO_4　　D. 荧光黄

(5) 莫尔法测定氯的含量时，其滴定反应的酸度条件是（　　）。

A. 强酸性　　B. 弱酸性　　C. 强碱性　　D. 弱碱性或近中性

(6) 以硫酸铁铵为指示剂的银量法叫（　　）。

A. 莫尔法　　B. 罗丹明法　　C. 佛尔哈德法　　D. 法扬司法

(7) 莫尔法适用的 pH 范围一般为 6.5～10.5，但当应用于测定 NH_4Cl 中氯的含量时，其适宜的酸度为（　　）。

A. pH<7　　B. pH>7　　C. pH=6.5～10.5　　D. pH=6.5～7.2

(8) 用佛尔哈德法测定下列物质的纯度时，引入误差的比率最大的是（　　）。

A. NaCl　　B. NaBr　　C. NaI　　D. NaSCN

(9) 用莫尔法测定时，下列阳离子不能存在的是（　　）。

A. K^+　　B. Na^+　　C. Ba^{2+}　　D. Ag^+

(10) 用莫尔法测定时，干扰测定的阴离子是（　　）。

A. Ac^-　　B. NO_3^-　　C. $C_2O_4^{2-}$　　D. SO_4^{2-}

（编写人：台玉萍）

第 8 章 配位化合物与配位滴定

配位化合物（coordination compound）简称配合物（又称为络合物），是一类组成复杂的重要化合物，它的存在和应用都很广泛，特别是在生物和医学方面更具有特殊意义。在生物体内，金属元素多以配合物的形式存在，如植物中进行光合作用的叶绿素是镁的配合物，血液中输送氧气的血红蛋白是铁的配合物，此外，动物体内的各种酶几乎都是金属配合物，用于治疗和预防疾病的一些药物本身就是配合物。当今配位化合物已广泛应用到分析化学、有机化学、物理化学和生物化学等领域，发展成为一门独立的分支学科——配位化学。因此，学习和研究配位化学，无论在应用上还是在理论上都有重要的意义。

8.1 配位化合物

在硫酸铜溶液中加入 $BaCl_2$ 溶液，有白色的 $BaSO_4$ 沉淀生成；加入稀 NaOH 溶液时，有浅蓝色的 $Cu(OH)_2$ 沉淀生成，这说明在硫酸铜溶液中存在着游离的 Cu^{2+} 和 SO_4^{2-}。

在硫酸铜溶液中加入氨水时也有浅蓝色的 $Cu(OH)_2$ 沉淀生成，继续加入过量氨水，浅蓝色的 $Cu(OH)_2$ 沉淀溶解使溶液变为深蓝色；再向溶液中加入稀 NaOH 溶液，则看不到浅蓝色 $Cu(OH)_2$ 沉淀的生成，但加入 $BaCl_2$ 溶液，则有白色 $BaSO_4$ 沉淀生成。产生这些现象的原因是过量氨水的加入，氨分子（NH_3）与硫酸铜溶液中的 Cu^{2+} 发生反应，生成一种深蓝色的新物质。如果在上述深蓝色溶液中加入适量酒精，便有深蓝色的结晶析出。经分析，深蓝色结晶物质的化学式为$[Cu(NH_3)_4]SO_4$。其反应如下：

$$CuSO_4 + 4NH_3 \rightleftharpoons [Cu(NH_3)_4]SO_4$$

离子方程式为：

$$Cu^{2+} + 4NH_3 \rightleftharpoons \underset{\text{深蓝色}}{[Cu(NH_3)_4]^{2+}}$$

上述反应式说明，在$[Cu(NH_3)_4]SO_4$ 溶液中，除$[Cu(NH_3)_4]^{2+}$ 和 SO_4^{2-} 外，几乎检不出 Cu^{2+} 和 NH_3 分子的存在。再如，在 $HgCl_2$ 溶液中加入 KI，开始形成橘黄色 HgI_2 沉淀，继续加 KI 过量时，沉淀消失，变成无色的溶液。其反应如下：

$$HgCl_2 + 2KI \longrightarrow HgI_2\downarrow + 2KCl$$

$$HgI_2 + 2KI \longrightarrow K_2[HgI_4]$$

像$[Cu(NH_3)_4]SO_4$ 和 $K_2[HgI_4]$ 这类较复杂的化合物就是配合物。

在$[Cu(NH_3)_4]SO_4$ 和 $K_2[HgI_4]$ 中，都含有一个由阳离子（或原子）与一定数目的阴离子或中性分子按一定的组成和空间构型以配位键结合形成的复杂离子（或分子），这种复杂的离子（或分子）称为配位离子（或配位分子），简称配离子（或配分子）。含有配离子的化合物以及配分子统称为配位化合物，简称配合物。

配合物与复盐的组成都比较复杂，但性质不同。它们的区别在于：配合物在晶体和水溶液中都存在难解离的复杂离子（或分子），它在水溶液中不能完全解离成简单离子；而复盐在水溶液中能完全解离成简单离子。例如，$KAl(SO_4)_2 \cdot 12H_2O$（明矾）是一种复盐，它在水中完全解离为 K^+、Al^{3+} 和 SO_4^{2-}。

8.1.1　配位化合物的组成

配合物一般由配离子和带相反电荷的离子两部分组成。下面以配合物$[Cu(NH_3)_4]SO_4$和 $K_3[Fe(CN)_6]$ 为例说明配合物的组成：

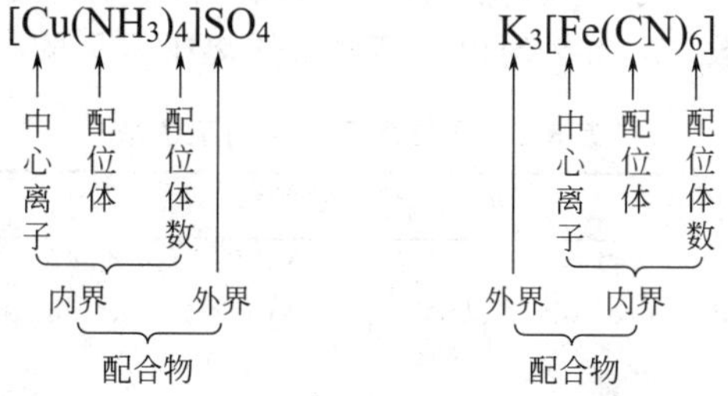

（1）内界（inner）和外界（outer）

配离子是配合物的特征部分，由一个占据中心位置的金属离子（或原子）和一定数目的配位体组成，称为配合物的内界，通常把内界写在方括号内。配合物中配离子以外的其他离子称为外界。配合物的内界与外界之间以离子键相结合，在水溶液中，配合物解离生成内界（配离子）和外界，内界（配离子）较难发生解离。配位分子只有内界，没有外界。

（2）中心离子（central ion）

中心离子（或原子）位于配离子（或配分子）的中心位置，是配离子（或配分子）的核心部分，也称为配合物的形成体。一般是金属离子或原子，且大多数为过渡金属元素。少数非金属元素也可作中心离子，如 B、Si 等。

（3）配位体（ligand）和配位原子（coordination atom）

配离子（或配分子）中，与中心离子以配位键相结合的阴离子或中性分子称为配位体，简称配体。如$[FeF_6]^{3-}$、$[Ag(NH_3)_2]^+$和$[Ni(CO)_4]$中的 F^-、NH_3 和 CO 都是配体。配体中直接与中心离子以配位键结合的原子称为配位原子，如 F、CO 中的 C 和 NH_3 中的 N 等。常见的配位原子多数是电负性较大的非金属原子，如 C、N、P、O、S、F 等。提供配体的物质称为配位剂，如 NaF、NH_4SCN 等。

按所含配位原子数目的多少，配体可分为单齿（单基）配体和多齿（多基）配体。只含一个配位原子的配体，称为单齿（单基）配体，如 X^-、CN^- 和 H_2O 等。含有两个或两个以上配位原子的配体，称为多齿（多基）配体，如乙二胺（$H_2N—CH_2—CH_2—NH_2$）分子中的两个氨基氮是配位原子，为双齿配体，乙二胺四乙酸分子中含有的两个氨基氮和四个羟基氧是配位原子，为六齿配体。

少数配体虽然含有两个配位原子，但由于配位原子距离太近，仅有其中的一个配位原子能与中心离子配位，这些配体仍属于单齿配体。例如硫氰酸根（SCN^-）以 S 配位，异硫氰酸根（NCS^-）以 N 配位；又如硝基（$—NO_2$）以 N 配位，而亚硝酸根（ONO^-）以 O 配位。表 8-1 列出了常见的配位体。

表 8-1　常见的配位体

配位原子	配位体举例
卤素	F^-、Cl^-、Br^-、I^-
O	H_2O、OH^-、$RCOO^-$、$C_2O_4^{2-}$（草酸根）、ONO^-（亚硝酸根）
N	NH_3（氨）、$—NO_2$（硝基）、—NO（亚硝酰基）、$NH_2—CH_2—CH_2—NH_2$（乙二胺）、NCS^-（异硫氰酸根）
C	CO（羰基）、CN^-（氰根）
S	SCN^-（硫氰酸根）、$S_2O_3^{2-}$

(4) 配位数 (coordination number)

在配合物内界中，直接与中心离子结合的配位原子数目称为中心离子的配位数。从本质上讲，中心离子的配位数就是中心离子与配位体形成配位键的数目。若配位体都是单齿配体，则中心离子的配位数就等于配位体的个数；如果配位体为多齿配体，那么中心离子的配位数就不等于配位体的个数。表 8-2 列出了某些金属离子常见的配位数。

表 8-2 金属离子常见的配位数

配位数	金属离子	实 例
2	Ag^+、Cu^+、Au^+	$[Ag(NH_3)_2]^+$、$[Cu(CN)_2]^-$
4	Zn^{2+}、Cu^{2+}、Hg^{2+}、Ni^{2+}、Co^{2+}、Pt^{2+}、Pd^{2+}、Si^{4+}、Ba^{2+}	$[PtCl_3NH_3]^-$、$[Cu(NH_3)_4]^{2+}$、$[Pt(NH_3)_2Cl_2]$
6	Fe^{2+}、Fe^{3+}、Co^{2+}、Co^{3+}、Cr^{3+}、Pt^{4+}、Pd^{4+}、Al^{3+}、Si^{4+}、Ca^{2+}、Ir^{3+}	$[Co(NH_3)_3(H_2O)Cl_2]$、$[Fe(CN)_6]^{4-}$、$[PtCl_6]^{2-}$、$[Co(NH_3)_2(en)_2]^{3+}$

中心离子配位数的大小，与中心离子和配体的性质（它们的电荷、半径、中心原子的电子层构型等）以及形成配合物时的外界条件有关。中心离子的电荷越多，对于形成配位数较大的配合物就越有利；中心离子相同时，配体的电荷越多，配体间的斥力越大，形成的配合物的配位数越小；中心离子的半径越大，其周围能容纳配体的空间就越大，配位数就越高；对同一种中心离子，配体半径越大，配位数越小。影响配位数大小的还有温度、浓度等因素。

(5) 配离子的电荷

配离子的电荷数等于中心离子与配体所带电荷的代数和。

由于配合物是电中性的，因此，外界离子的电荷总数和配离子的电荷总数相等，符号相反，所以也可以根据外界离子的电荷数推断配离子的电荷或中心原子的氧化数。

8.1.2 配位化合物的命名

(1) 配合物的命名

与一般无机化合物的命名原则相同。

在命名配合物时，阴离子名称在前，阳离子名称在后，称为“某化某”“某酸”“某酸某”和“氢氧化某”。

配位化合物的命名

(2) 配离子及配分子的命名

配合物中配离子及配分子的命名是将配位体的名称写在中心离子（或中心原子）名称之前，配体数目用二、三、四等数字表示，配体数为一时可以省略不写；复杂的配体写在圆括号内以免混淆，不同配体之间用“·”分开，最后一种配体与中心原子之间加“合”字，中心离子后用加括号的罗马数字表示中心离子的氧化数。即

配体数＋配体名称＋合＋中心离子名称＋氧化数

(3) 配位体的命名次序

在配合物中，配体的命名次序遵守下列规定：

① 同时存在无机配体和有机配体时，无机配体在前，有机配体在后，如$[CoCl_2(en)_2]Cl$命名为氯化二氯·二(乙二胺)合钴(Ⅲ)；

② 若同为无机配体或有机配体时，阴离子配体写在前，中性配体写在后，如$K[PtCl_3(NH_3)]$ 命名为三氯·一氨合铂(Ⅱ)酸钾；

③ 若同为阴离子或中性分子时，按配位原子元素符号的英文字母顺序命名，如$[Co(NH_3)_5(H_2O)]^{3+}$命名为五氨·一水合钴(Ⅲ)配离子。

某些常见配合物，通常多用习惯名称。如：$[Ag(NH_3)_2]^+$ 称为银氨配离子，$[Cu(NH_3)_4]^{2+}$ 称为铜氨配离子，$H_2[PtCl_6]$ 称为氯铂酸，$K_3[Fe(CN)_6]$ 称为铁氰化钾，$K_4[Fe(CN)_6]$ 称为亚铁氰化钾。有时也用俗名，如 $K_3[Fe(CN)_6]$ 称为赤血盐，$K_4[Fe(CN)_6]$ 称为黄血盐等。

下面列举一些常见配合物的命名：

$[Ag(NH_3)_2]NO_3$	硝酸二氨合银(Ⅰ)
$[CrCl_2\cdot(NH_3)_4]Cl$	氯化二氯·四氨合铬(Ⅲ)
$[Co(NH_3)_5\cdot(H_2O)]Cl_3$	氯化五氨·一水合钴(Ⅲ)
$K_3[Fe(CN)_6]$	六氰合铁(Ⅲ)酸钾
$H_2[SiF_6]$	六氟合硅(Ⅳ)酸
$[PtCl_2(NH_3)_2]$	二氯·二氨合铂(Ⅱ)
$[Ni(CO)_4]$	四羰基合镍(0)

8.1.3 螯合物

(1) 螯合物 (chelate)

螯合物又称内配合物，是一类由多齿配体与中心离子结合形成的具有环状结构的配合物。如多齿配体乙二胺，以分子中的两个N原子为配位原子与Cu^{2+}配位，形成具有环状结构的螯合物$[Cu(en)_2]^{2+}$：

$$2 \begin{array}{c} CH_2-H_2N: \\ | \\ CH_2-H_2N: \end{array} + Cu^{2+} \Longrightarrow \left[\begin{array}{c} CH_2-H_2N: \quad :NH_2-CH_2 \\ | \quad\quad\quad Cu \quad\quad\quad | \\ CH_2-H_2N: \quad :NH_2-CH_2 \end{array} \right]^{2+}$$

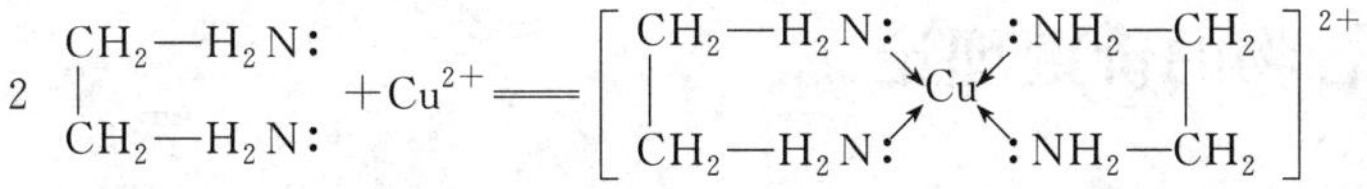

能与中心离子形成螯合物的多齿配体称为螯合剂。一般常见的螯合剂是含有 O、N、S、P 等配位原子的有机化合物。螯合剂具有以下两个特点：第一，同一配体分子（或离子）中必须含有两个或两个以上的配位原子；第二，配体中相邻两个配位原子之间必须相隔两个或三个其他原子，以便形成稳定的五元环或六元环。例如，在氨基乙酸根离子（$H_2N-CH_2-COO^-$）中，配位原子羟基氧和氨基氮之间，隔着两个碳原子，因此可以形成具有五元环的稳定配合物。

(2) 螯合效应 (chelate effect)

螯合物与具有相同配位数的简单配合物相比，具有特殊的稳定性。这种稳定性是由于环状结构的形成而产生的。螯合物结构中的多元环称为螯合环。由于螯合环的形成使螯合物具有特殊稳定性的作用称为螯合效应。例如，$[Cu(NH_3)_4]^{2+}$、$[Cu(en)_2]^{2+}$，其 $K_f^{\ominus}$ 分别为 2.08×10^{13} 和 1.0×10^{20}，$[Cu(en)_2]^{2+}$ 比 $[Cu(NH_3)_4]^{2+}$ 稳定。

螯合物稳定性的大小与环的大小和数量有关，当形成五元环或六元环时，环的张力较小，螯合物的稳定性较高；而且螯合物中螯环的数目越多螯合物越稳定。如 Ca^{2+} 与 EDTA 形成的螯合物中有五个五元环，$[Cu(en)_2]^{2+}$ 只有两个五元环，后者没有前者稳定。

8.1.4 配合物在生物、医药等方面的应用

(1) 在生物方面的应用

生物体内各种各样起特殊催化作用的酶几乎都与有机金属配合物密切相关。特别是螯合物，在生物方面的应用更为广泛和重要。酶主要是 Fe^{2+}、Zn^{2+}、Mg^{2+}、Co^{2+}、Mo^{2+}、Mn^{2+}、Cu^{2+}、Cu^+ 和 Ca^{2+} 等金属离子和氨基酸侧链基团形成的金属配位化合物。生物体中能量的转换、传递，电荷的转移、化学键的形成或断裂，以及伴随这些过程出现的能量变化等，常与金属离子和有机物质生成的复杂配合物有关。例如，植物生长中起光合作用的叶

绿素是以 Mg^{2+} 为中心离子的复杂配合物；动物血液中输送氧的血红素是 Fe^{2+} 卟啉配合物等；能够固定大气中氮的固氮酶，是分别以 Fe 和 Mo 为中心离子与蛋白质生成的复杂配合物——铁蛋白（分子量约 5 万）和钼蛋白（分子量约 27 万）。

（2）在医药方面的应用

配合物在医学上有着相当广泛的应用。多数抗微生物的药物属配位体，它们和金属离子（或原子）配位形成的配合物往往能增加其活性。如丙基异烟肼与一些金属的配合物的抗结核杆菌的能力比其本身更强，其原因可能是由于配合物的形成提高了药物的脂溶性和透过细胞膜的能力，从而使活性更高。又如风湿性关节炎与局部缺乏铜离子有关。用阿司匹林治疗风湿性关节炎是利用阿司匹林与体内的 Cu^{2+} 生成低分子量的中性铜配合物透过细胞膜把 Cu^{2+} 运送到风湿病变处而产生治疗作用。但是，在治疗过程中，由于阿司匹林螯合胃壁上的 Cu^{2+} 可引起胃出血。如改用阿司匹林的铜配合物，则疗效增加，即使剂量较大，也不会产生胃出血的副作用。维生素 B_{12} 是含钴的螯合物，对恶性贫血有防治作用。胰岛素是含锌的螯合物，对调节体内物质代谢（尤其是糖类代谢）有重要作用。另外，有些螯合剂可用作重金属（Pb^{2+}、Pt^{2+}、Cd^{2+}、Hg^{2+}）中毒的解毒剂，如二巯基丙醇或 EDTA 等均可治疗金属中毒，因为它们能和有毒金属离子形成更稳定的水溶性螯合物，从肾脏排出。特别是 20 世纪 70 年代以来，配合物作为抗癌药物的研究受到更大重视，如顺铂$[PtCl_2(NH_3)_2]$等已用于临床治疗癌症。

8.2 配位化合物的价键理论

配位化合物的价键理论

配合物的化学键理论是阐明配体与中心离子间结合力的本质，解释配合物的空间构型和某些性质（如配位数、几何构型、磁性等）的重要理论。配合物的化学键理论主要有价键理论、晶体场理论、配位场理论和分子轨道理论等，本节仅介绍价键理论。

8.2.1 价键理论的基本要点

美国化学家鲍林 1931 年把杂化轨道理论应用到配位化合物结构的研究中，提出了配位化合物的价键理论（valence bond theory）。价键理论的基本要点如下。

① 在配合物中，中心离子与配体之间的化学键是配位键。

② 为了形成配位键，配体的配位原子必须至少含有一对孤对电子以提供给中心离子，中心离子的外层必须有空的原子轨道以接受配位原子提供的孤对电子。

③ 为了提高成键能力，中心离子提供的空轨道先进行杂化，形成数目相同、能量相等且有一定空间取向的杂化轨道；然后杂化轨道分别和配位原子中含有孤对电子的原子轨道在一定方向上发生最大重叠形成配位键。

④ 杂化轨道的类型决定配合物的空间构型。

8.2.2 配位化合物的空间结构

8.2.2.1 外轨型配合物和内轨型配合物

在配合物中，中心离子为过渡元素时，其价电子轨道往往包括次外层的 d 轨道，根据中心离子杂化时提供的空轨道所属电子层的不同，配合物可以分为两种类型：外轨型配合物和内轨型配合物。

（1）外轨型配合物

中心离子全部用外层空轨道 ns、np、nd 进行杂化，生成数目相同、能量相等的杂化轨道与配体结合形成配合物，这类配合物称为外轨型配合物。中心离子采用 sp、sp^3、sp^3d^2 杂化与配体形成的配合物都是外轨型配合物。

物质中含有未成对电子时，具有顺磁性，具有顺磁性的物质称为顺磁性物质；物质中没有未成对电子时，则表现抗磁性，具有抗磁性的物质称为抗磁性物质。在形成外轨配合物时，中心离子的电子排布仍保持原有的电子层构型，未成对电子数不变，外轨型配合物一般具有顺磁性。如$[Fe(H_2O)_6]^{2+}$配离子中 Fe^{2+} 原有的电子层结构没有变化，有 4 个未成对电子，为顺磁性物质。

(2) 内轨型配合物

中心离子次外层的 $(n-1)$d 空轨道参与杂化所形成的配合物称为内轨型配合物。中心离子采用 dsp^2、d^2sp^3 杂化形成的配合物都是内轨型配合物。

在内轨型配合物中，中心离子的内层轨道参与杂化，配位原子所提供的孤对电子深入到中心离子的内层轨道。由于内层轨道的能量比外层轨道的低，形成的配位键的键能较大，所以同一中心离子形成的内轨型配合物比外轨型配合物稳定。

形成内轨型配合物时，配合物中心离子中自旋平行的未成对电子数目减少，磁矩变小，甚至使磁矩变为 0 而成为抗磁性物质。

影响形成外轨型配合物或内轨型配合物的主要因素是：第一，中心离子的电子构型。内层没有 d 电子或 d 轨道全充满（d^{10}）的离子（或原子），如 Zn^{2+}($3d^{10}$)、Ag^+($4d^{10}$)，只能形成外轨型配合物；d 轨道未充满的离子，如 Ni^{2+}、Pt^{2+}、Pd^{2+} 等，大多数情况下形成内轨型配合物；第二，配体的电负性。若配体中配位原子（如 C、N）的电负性较小，易给出孤对电子，配体对中心离子的电子结构影响较大，通常易形成内轨型配合物；若配体的配位原子（如卤素原子和氧原子等）的电负性较大，它们不易给出孤对电子，配体对中心离子的电子层结构影响较小，中心离子保持原有的电子层结构不变，一般易形成外轨型配合物。

(3) 配合物的磁矩

确定配合物是外轨型配合物还是内轨型配合物，物质的磁矩是重要依据。物质的磁矩 μ 与中心离子的未成对电子数 n 符合以下近似关系式：

$$\mu=\sqrt{n(n+2)} \tag{8-1}$$

式中，μ 的单位为玻尔磁子，B. M.。

根据式(8-1) 可算出成单电子数。外轨配合物中心离子成键 d 轨道未成对电子数不变，内轨配合物中心离子的未成对电子数一般会减少，所以可由磁矩的减小来判断内轨配合物的生成。表 8-3 列出了未成对电子数（n）为 1～5 时磁矩的近似值。

表 8-3 中心离子的未成对电子数与配离子磁矩的理论值

未成对电子数(n)	1	2	3	4	5
磁矩 μ/B. M.	1.73	2.82	3.87	4.90	5.92

例如，Fe^{2+} 的 3d 轨道有 4 个未成对电子，计算磁矩为 4.90，实验测得$[Fe(H_2O)_6]^{2+}$的磁矩为 5.25，由此可以推知$[Fe(H_2O)_6]^{2+}$中仍保留着 4 个未成对电子，它是外轨型配离子。而$[Fe(CN)_6]^{4-}$的磁矩为 0，可见它没有未成对电子，是内轨型配离子。

8.2.2.2 配位化合物的空间构型

(1) 配位数为 2 的配合物

配位数为 2 的配合物，中心离子的外层轨道采用 sp 杂化，空间构型为直线形。

例如，在$[Ag(NH_3)_2]^+$中，中心离子 Ag^+ 的外层电子构型为 $4d^{10}$，当 Ag^+ 与 NH_3 接

近时，Ag^+ 的 1 个 5s 轨道和形个 5p 轨道杂化形成 2 个能量相等的 sp 杂化轨道。Ag^+ 用 2 个 sp 杂化轨道分别接受配体 NH_3 中的 N 原子提供的孤对电子，形成 2 个配位键，$[Ag(NH_3)_2]^+$ 的空间构型为直线形。由于中心离子是最外层轨道参与成键，因此形成的 $[Ag(NH_3)_2]^+$ 为外轨型配离子。

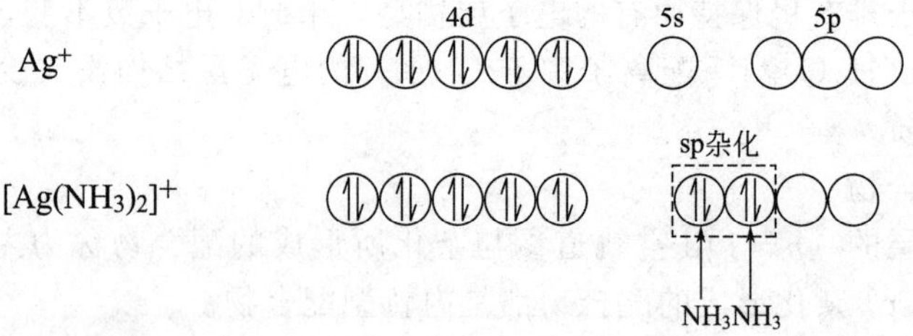

（2）配位数为 4 的配合物

配位数为 4 的配合物，中心离子的外层轨道通常采用 sp^3 或 dsp^2 类型的杂化，空间构型为正四面体或平面正方形。

① $[Ni(NH_3)_4]^{2+}$ 的形成　在 $[Ni(NH_3)_4]^{2+}$ 中，中心离子 Ni^{2+} 的外层电子构型为 $3d^8$，当 Ni^{2+} 与 NH_3 接近时，Ni^{2+} 的 1 个 4s 轨道和 3 个 4p 轨道杂化形成 4 个能量相等的 sp^3 杂化轨道。Ni^{2+} 用 4 个杂化轨道分别接受 NH_3 分子中 N 原子提供的孤对电子，形成 4 个配位键，$[Ni(NH_3)_4]^{2+}$ 配离子的空间构型为正四面体。由于中心离子参与成键的是最外层轨道，因此形成的 $[Ni(NH_3)_4]^{2+}$ 为外轨型配离子。

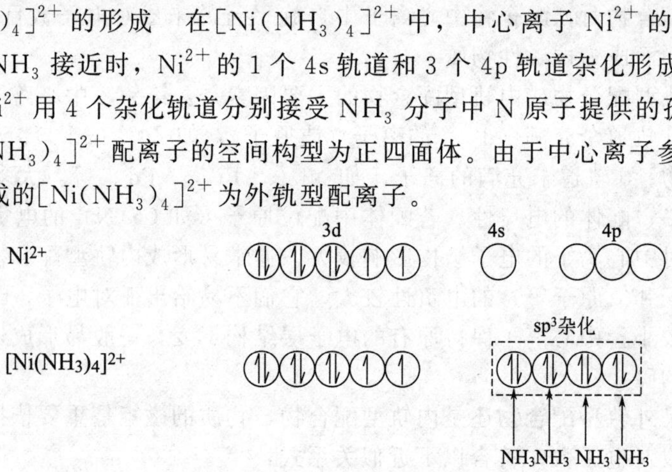

② $[Ni(CN)_4]^{2-}$ 的形成　在 $[Ni(CN)_4]^{2-}$ 配离子中，当 Ni^{2+} 与 CN^- 接近时，由于配体 $[:C{\equiv}N:]^-$ 中的配位原子 C 的电负性较小，易给出孤对电子，因而对中心离子的影响较大，使 Ni^{2+} 外层的 d 轨道电子发生重排，空出 1 个 3d 轨道，并和 1 个 4s 轨道、2 个 4p 轨道进行杂化形成 4 个 dsp^2 杂化轨道，与 4 个 CN^- 配位形成稳定的配离子 $[Ni(CN)_4]^{2-}$，空间构型为平面正方形。由于该配离子的中心离子的内层 $(n-1)$d 轨道参与了成键，故 $[Ni(CN)_4]^{2-}$ 为内轨型配离子。

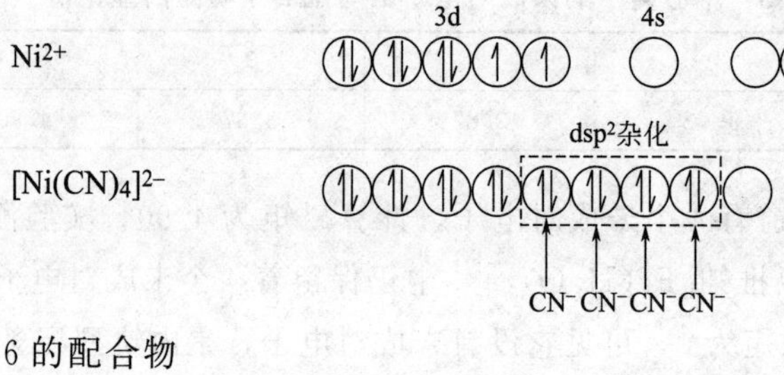

（3）配位数为 6 的配合物

配位数为 6 的配合物，中心离子的外层轨道通常采用 sp^3d^2 或 d^2sp^3 类型的杂化，空间构型为正八面体。

① $[FeF_6]^{3-}$ 配离子的形成　在配离子 $[FeF_6]^{3-}$ 中，Fe^{3+} 的外层电子构型为 $3d^5$，当 Fe^{3+} 与 F^- 接近时，Fe^{3+} 的 1 个 4s 轨道、3 个 4p 轨道和 2 个 4d 轨道杂化形成 6 个 sp^3d^2 杂

化轨道。Fe^{3+} 用 6 个杂化轨道分别与 F 提供的孤对电子成键，形成 $[FeF_6]^{3-}$ 配离子，空间构型为正八面体。由于中心离子参与成键的是最外层轨道，因此形成的 $[FeF_6]^{3-}$ 为外轨型配离子。

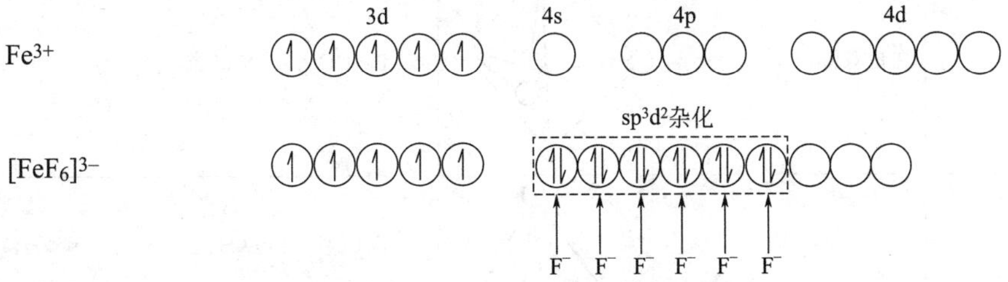

② $[Fe(CN)_6]^{3-}$ 配离子的形成　$[Fe(CN)_6]^{3-}$ 的形成与 $[FeF_6]^{3-}$ 的形成不同。当 Fe^{3+} 与 CN^- 接近时，受配体 CN^- 的影响，Fe^{3+} 的 3d 轨道电子发生重排，空出 2 个 3d 轨道，同外层 1 个 4s、3 个 4p 轨道采用 d^2sp^3 杂化形成 6 个杂化轨道，Fe^{3+} 的杂化轨道分别接受 CN^- 中 C 原子提供的孤对电子，形成 6 个配位键，生成 $[Fe(CN)_6]^{3-}$ 配离子，呈正八面体结构。配离子 $[Fe(CN)_6]^{3-}$ 的中心离子的内层轨道参与了成键，为内轨型配合物。

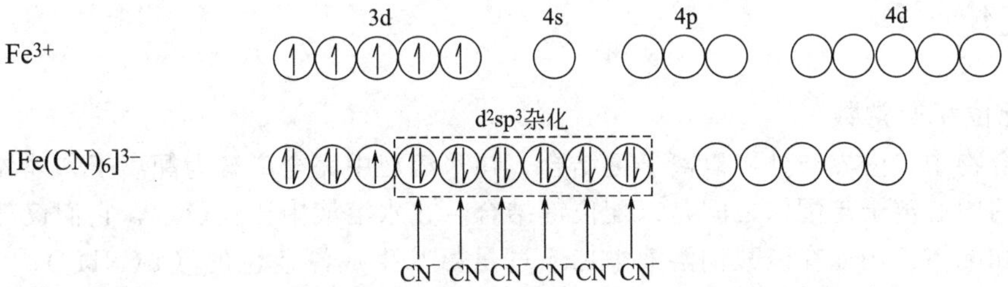

常见轨道杂化类型与配位化合物的空间构型见表 8-4。

表 8-4　常见轨道杂化类型与配位化合物的空间构型

杂化类型	配位数	空间构型		实　例
sp	2	直线形		$[Cu(NH_3)_2]^+$、$[Ag(NH_3)_2]^+$、$[CuCl_2]^-$、$[Ag(CN)_2]^-$
sp^2	3	平面三角形	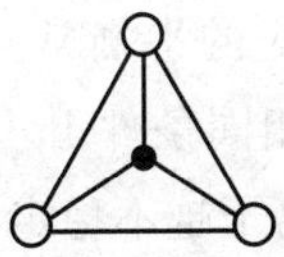	$[CuCl_3]^{2-}$、$[HgI_3]^-$、$[Cu(CN)_3]^{2-}$
sp^3	4	正四面体	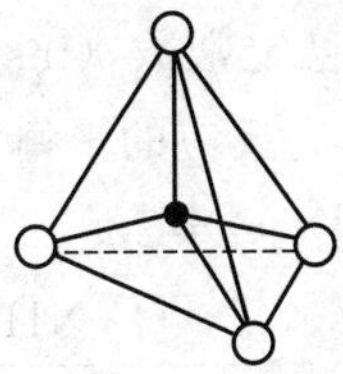	$[Ni(NH_3)_4]^{2+}$、$[Zn(NH_3)_4]^{2+}$、$[Ni(CO)_4]$、$[HgI_4]^{2-}$、$[BF_4]^-$
dsp^2	4	平面正方形	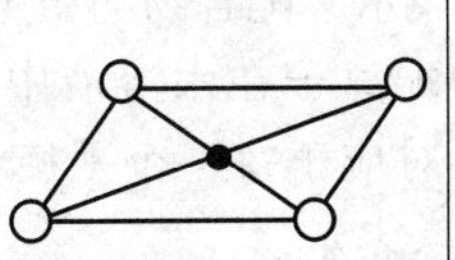	$[Ni(CN)_4]^{2-}$、$[Cu(NH_3)_4]^{2+}$、$[PtCl_4]^{2-}$、$[Cu(H_2O)_4]^{2+}$

续表

杂化类型	配位数	空间构型	实　例
dsp^3	5	三角双锥形 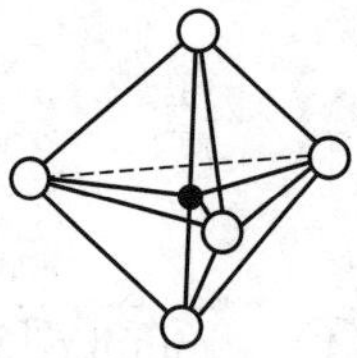	$[Fe(CO)_5]$、$[Ni(CN)_5]^{3-}$
sp^3d^2 (d^2sp^3)	6	正八面体 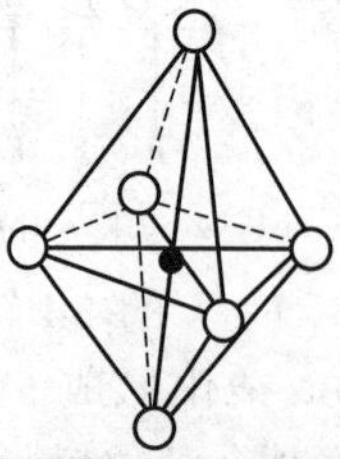	$[FeF_6]^{3-}$、$[Fe(H_2O)_6]^{3+}$、$[Co(NH_3)_6]^{2+}$ $[Fe(CN)_6]^{3-}$、$[Fe(CN)_6]^{4-}$、$[Co(NH_3)_6]^{3+}$、$[PtCl_6]^{2-}$

8.3　配位平衡

8.3.1　配位平衡常数

在配合物中，内界与外界以离子键结合，在水溶液中完全离解为配离子和外界离子；而配离子中的中心离子与配体之间是以配位键结合，在水溶液中比较稳定，它们仅部分离解为中心离子和配体。例如在硫酸铜溶液中加入过量氨水生成深蓝色的$[Cu(NH_3)_4]^{2+}$配离子，同时，有少量$[Cu(NH_3)_4]^{2+}$配离子在水溶液中解离。就是说，在配合物的水溶液中存在着配合物的生成与解离两个过程，它们之间存在着如下平衡：

$$Cu^{2+} + 4NH_3 \rightleftharpoons [Cu(NH_3)_4]^{2+}$$

这种平衡称为配位平衡。根据化学平衡移动原理，可得：

$$K_f^\ominus = \frac{c\{[Cu(NH_3)_4]^{2+}\}/c^\ominus}{[c(Cu^{2+})/c^\ominus][c(NH_3)/c^\ominus]^4} \tag{8-2}$$

$K_f^\ominus$ 为配离子$[Cu(NH_3)_4]^{2+}$生成反应的平衡常数，即生成常数。它表示中心离子与配体反应进行的程度及配合物的稳定性。在相同条件下，$K_f^\ominus$ 值越大，配合物的生成倾向越大，即配离子越稳定；反之，$K_f^\ominus$ 值越小，配离子越不稳定。所以，$K_f^\ominus$ 又称为配合物的标准稳定常数，简称为稳定常数（stability constant），由于 $K_f^\ominus$ 的数值较大，常用 $K_f^\ominus$ 的对数值表示。

配合物的稳定性也可以用配合物的不稳定常数（instability constant）$K_d^\ominus$ 表示。显然，$K_d^\ominus = 1/K_f^\ominus$。实际上，$K_d^\ominus$ 就是配合物解离反应的平衡常数即解离常数。如

$$[Cu(NH_3)_4]^{2+} \rightleftharpoons Cu^{2+} + 4NH_3$$

$$K_d^\ominus = \frac{[c(Cu^{2+})/c^\ominus][c(NH_3)/c^\ominus]^4}{c\{[Cu(NH_3)_4]^{2+}\}/c^\ominus} \tag{8-3}$$

配合物的不稳定常数 $K_d^\ominus$ 从另一方面表示了配合物的稳定性，$K_d^\ominus$ 越小，配合物越稳定。

与多元弱酸（弱碱）相似，多配体的配离子在水溶液中的生成和解离也是分步进行的，因此，溶液中存在着一系列的配位平衡。对应于每一个平衡都有一个相应的稳定常数，称为逐级稳定常数（或分步稳定常数），用 $K_n^\ominus$ 表示。

例如，在配离子$[Cu(NH_3)_4]^{2+}$的形成过程中：

$$Cu^{2+} + NH_3 \rightleftharpoons [Cu(NH_3)]^{2+} \quad K_1^{\ominus} = \frac{c\{[Cu(NH_3)]^{2+}\}/c^{\ominus}}{[c(Cu^{2+})/c^{\ominus}][c(NH_3)/c^{\ominus}]} = 2.0\times10^4$$

$$[Cu(NH_3)]^{2+} + NH_3 \rightleftharpoons [Cu(NH_3)_2]^{2+} \quad K_2^{\ominus} = \frac{c\{[Cu(NH_3)_2]^{2+}\}/c^{\ominus}}{c\{[Cu(NH_3)]^{2+}\}/c^{\ominus}[c(NH_3)/c^{\ominus}]} = 4.7\times10^3$$

$$[Cu(NH_3)_2]^{2+} + NH_3 \rightleftharpoons [Cu(NH_3)_3]^{2+} \quad K_3^{\ominus} = \frac{c\{[Cu(NH_3)_3]^{2+}\}/c^{\ominus}}{c\{[Cu(NH_3)_2]^{2+}\}/c^{\ominus}[c(NH_3)/c^{\ominus}]} = 9.3\times10^2$$

$$Cu[(NH_3)_3]^{2+} + NH_3 \rightleftharpoons [Cu(NH_3)_4]^{2+} \quad K_4^{\ominus} = \frac{c\{[Cu(NH_3)_4]^{2+}\}/c^{\ominus}}{c\{[Cu(NH_3)_3]^{2+}\}/c^{\ominus}[c(NH_3)/c^{\ominus}]} = 2.0\times10^2$$

若将逐级稳定常数依次相乘，就得到各级累积稳定常数。各级累积稳定常数用 $\beta_n^{\ominus}$ 表示：

$$\beta_1^{\ominus} = K_1^{\ominus} = \frac{c\{[Cu(NH_3)]^{2+}\}/c^{\ominus}}{[c(Cu^{2+})/c^{\ominus}][c(NH_3)/c^{\ominus}]}$$

$$\beta_2^{\ominus} = K_1^{\ominus}K_2^{\ominus} = \frac{c\{[Cu(NH_3)_2]^{2+}\}/c^{\ominus}}{[c(Cu^{2+})/c^{\ominus}][c(NH_3)/c^{\ominus}]^2}$$

$$\beta_3^{\ominus} = K_1^{\ominus}K_2^{\ominus}K_3^{\ominus} = \frac{c\{[Cu(NH_3)_3]^{2+}\}/c^{\ominus}}{[c(Cu^{2+})/c^{\ominus}][c(NH_3)/c^{\ominus}]^3}$$

$$\beta_4^{\ominus} = K_1^{\ominus}K_2^{\ominus}K_3^{\ominus}K_4^{\ominus} = \frac{c\{[Cu(NH_3)_4]^{2+}\}/c^{\ominus}}{[c(Cu^{2+})/c^{\ominus}][c(NH_3)/c^{\ominus}]^4}$$

最后一级累积稳定常数等于该配离子的总稳定常数。即：

$$K_f^{\ominus} = \beta_4^{\ominus} = K_1^{\ominus}K_2^{\ominus}K_3^{\ominus}K_4^{\ominus}$$

一般地说

$$K_f^{\ominus} = \beta_n^{\ominus} = K_1^{\ominus}K_2^{\ominus}K_3^{\ominus}\cdots K_n^{\ominus} \tag{8-4}$$

$K_f^{\ominus}$ 值越大，表示该配离子在水中越稳定。因此，从 $K_f^{\ominus}$ 的大小可以判断配位反应完成的程度，判断其能否用于滴定分析。但是必须注意，对于相同类型的配合物，可以根据 $K_f^{\ominus}$ 值的大小直接比较配合物的稳定性；但对于不同类型的配合物，必须通过计算才能比较其稳定性大小。

【例 8-1】 在 $0.10mol\cdot L^{-1}[Ag(NH_3)_2]^+$ 溶液中含有 $1.00mol\cdot L^{-1}$ 的 NH_3，计算溶液中 Ag^+ 的浓度。($K_f\{[Ag(NH_3)_2]^+\}=1.12\times10^7$)

解：设 $c(Ag^+)=x\,mol\cdot L^{-1}$，根据配位平衡

$$\begin{matrix} Ag^+ & + 2NH_3 & \rightleftharpoons [Ag(NH_3)_2]^+ \\ x & 1.00+2x & 0.10-x \end{matrix}$$

由于 NH_3 过量时配离子的解离受到抑制，此时 $0.10-x\approx0.10$，$1.00+2x\approx1.00$

$$K_f\{[Ag(NH_3)_2]^+\} = \frac{c\{[Ag(NH_3)_2]^+\}/c^{\ominus}}{[c(Ag^+)/c^{\ominus}][c(NH_3)/c^{\ominus}]^2}$$

$$= \frac{0.10/c^{\ominus}}{[c(Ag^+)/c^{\ominus}](1.00/c^{\ominus})^2} = 1.12\times10^7$$

解得

$$c(Ag^+) = 8.93\times10^{-9}\,mol\cdot L^{-1}$$

故溶液中 Ag^+ 的浓度为 $8.93\times10^{-9}\,mol\cdot L^{-1}$。

8.3.2　影响配位平衡的因素

配位平衡和其他化学平衡一样，也是建立在一定条件下的动态平衡。根据化学平衡移动原理，平衡体系中任一组分浓度的变化，都会导致配离子的生成或解离，使配位平衡发生移动，建立起新的配位平衡。在配位平衡中，若增加金属离子或配体浓度，会增加

配合物的稳定性，若降低金属离子或配体浓度，就会降低配合物的稳定性。下面讨论在一个配位平衡体系中加入酸、碱、沉淀剂、氧化还原剂或其他配体、金属离子时配位平衡的移动情况。

(1) 酸度对配位平衡的影响

① 配体的酸效应　从酸碱质子理论的观点看，常见的很多配体都可认为是碱。例如NH_3和F^-等，都可以与H^+结合生成相对应的共轭酸，反应的程度决定于配体碱性的强弱，碱性越强，就越易与H^+结合。因此，在研究配位平衡时，要考虑H^+与配体之间的酸碱反应。在弱酸性介质中F^-能与Fe^{3+}配位形成$[FeF_6]^{3-}$；但是当溶液的酸度过大$[c(H^+) > 0.05 \text{mol} \cdot L^{-1}]$时，$H^+$就和$F^-$反应生成HF使$F^-$浓度减小，配位平衡向右移动，使大部分$[FeF_6]^{3-}$配离子发生解离。即

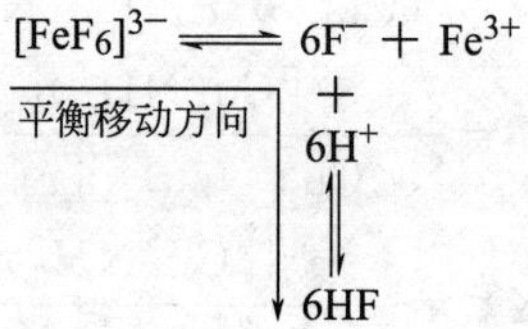

因此从配体方面来看，当$c(H^+)$增大时，配体浓度$c(F^-)$减小，配合物解离程度增大。这种因溶液酸度增大而导致配离子解离的作用称为酸效应。酸效应使配离子的稳定性降低。

② 中心离子的水解效应　配离子的中心离子大多数是过渡金属离子，在水溶液中都有明显的水解作用。当溶液的pH值升高时，中心离子将发生水解使其浓度降低，配位反应向解离方向移动。这种因金属离子与溶液中OH^-结合使配合物的稳定性降低甚至破坏的作用，称为中心离子的水解效应。如溶液的pH升高（即酸度降低）时，Fe^{3+}发生水解反应使$[FeF_6]^{3-}$配离子解离：

$$[FeF_6]^{3-} \rightleftharpoons Fe^{3+} + 6F^-$$
$$+$$
$$OH^-$$
$$\updownarrow$$
$$[Fe(OH)]^{2+}$$
$$\vdots$$
$$Fe(OH)_3$$

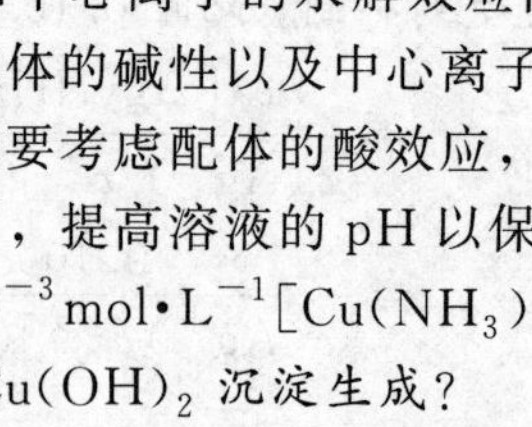

在水溶液中，配体的酸效应和中心离子的水解效应同时存在，至于哪个效应起主要作用，取决于配离子的稳定常数、配体的碱性以及中心离子氢氧化物的稳定性。总之，酸度对配合物稳定性的影响是复杂的，既要考虑配体的酸效应，又要考虑金属离子的水解效应。一般在中心离子不发生水解的情况下，提高溶液的pH以保证配合物的稳定性。

【例8-2】　在1.0L含$1.0 \times 10^{-3}\text{mol} \cdot L^{-1}[Cu(NH_3)_4]^{2+}$和$1.0\text{mol} \cdot L^{-1} NH_3$的溶液中加入0.0010mol NaOH，问有无$Cu(OH)_2$沉淀生成？

解：　　　　　　　　$[Cu(NH_3)_4]^{2+} \rightleftharpoons Cu^{2+} + 4NH_3$

平衡浓度/$\text{mol} \cdot L^{-1}$　　　1.0×10^{-3}　　　$c(Cu^{2+})$　　1.0

已知$[Cu(NH_3)_4]^{2+}$的$K_f^{\ominus} = 10^{13.32} = 2.1 \times 10^{13}$，将上述各项平衡浓度代入稳定常数表达式

$$\frac{c\{[Cu(NH_3)_4]^{2+}\}}{c(Cu^{2+})[c(NH_3)]^4} = K_f^{\ominus}\{[Cu(NH_3)_4]^{2+}\}$$

$$\frac{1.0\times10^{-3}}{c(Cu^{2+})\times1.0^{4}}=2.1\times10^{13}$$

$$c(Cu^{2+})=\frac{1.0\times10^{-3}}{2.1\times10^{13}}=4.8\times10^{-17}\,mol\cdot L^{-1}$$

当在 1L 溶液中加入 0.0010mol NaOH 后，溶液中的 $c(OH^-)=0.0010mol\cdot L^{-1}$

$$K_{sp}^{\ominus}\{Cu(OH)_2\}=2.2\times10^{-20}$$

该溶液中相应离子浓度幂的乘积

$$Q=\frac{c(Cu^{2+})}{c^{\ominus}}\left[\frac{c(OH^-)}{c^{\ominus}}\right]^2=\frac{4.8\times10^{-17}}{1}\times\left(\frac{1.0\times10^{-3}}{1}\right)^2=4.8\times10^{-23}$$

$$4.8\times10^{-23}<K_{sp}^{\ominus}\{Cu(OH)_2\}$$

故加入 0.0010mol NaOH 后，无 $Cu(OH)_2$ 沉淀生成。

(2) 沉淀反应对配位平衡的影响

在配合物溶液中加入某种沉淀剂时，沉淀剂可能与配合物的中心离子或配体形成难溶化合物，导致配位平衡向配合物解离的方向移动。

【例 8-3】 在$[Cu(NH_3)_4]^{2+}$配离子溶液中加入 Na_2S 溶液，就有 CuS 沉淀生成，试通过计算解释之。

解： 在$[Cu(NH_3)_4]^{2+}$配离子溶液中加入 Na_2S 溶液时

$$[Cu(NH_3)_4]^{2+}+S^{2-}\rightleftharpoons CuS(s)+4NH_3$$

该反应的平衡常数为

$$K^{\ominus}=\frac{\left[\dfrac{c(NH_3)}{c^{\ominus}}\right]^4}{\dfrac{c\{[Cu(NH_3)_4]^{2+}\}}{c^{\ominus}}\cdot\dfrac{c(S^{2-})}{c^{\ominus}}}$$

将上式右边的分子、分母均乘以 $c(Cu^{2+})$，得

$$K^{\ominus}=\frac{\left[\dfrac{c(NH_3)}{c^{\ominus}}\right]^4\cdot\dfrac{c(Cu^{2+})}{c^{\ominus}}}{\dfrac{c\{[Cu(NH_3)_4]^{2+}\}}{c^{\ominus}}\cdot\dfrac{c(S^{2-})}{c^{\ominus}}\cdot\dfrac{c(Cu^{2+})}{c^{\ominus}}}$$

$$=\frac{\left[\dfrac{c(NH_3)}{c^{\ominus}}\right]^4\cdot\dfrac{c(Cu^{2+})}{c^{\ominus}}}{\dfrac{c\{[Cu(NH_3)_4]^{2+}\}}{c^{\ominus}}}\cdot\frac{1}{\dfrac{c(S^{2-})}{c^{\ominus}}\dfrac{c(Cu^{2+})}{c^{\ominus}}}$$

$$=\frac{1}{K_f^{\ominus}}\cdot\frac{1}{K_{sp}^{\ominus}}=\frac{1}{K_f^{\ominus}K_{sp}^{\ominus}}=7.59\times10^{21}$$

通过计算可知，$[Cu(NH_3)_4]^{2+}$ 与 S^{2-} 反应生成 CuS(s)的反应平衡常数很大，所以，向$[Cu(NH_3)_4]^{2+}$溶液中加入 Na_2S 溶液，就有 CuS 沉淀生成。

从上可知沉淀反应对配位平衡的影响程度，取决于配合物的稳定常数和所生成的沉淀的溶度积 $K_{sp}^{\ominus}$ 的大小。

(3) 氧化还原反应对配位平衡的影响

在配合物溶液中加入能与中心离子或配体发生氧化或还原反应的物质（即氧化剂或还原剂）时，中心离子或配体的浓度将会降低，导致配位平衡向解离的方向移动。例如，在血红色的$[Fe(SCN)_6]^{3-}$溶液中加入 $SnCl_2$ 溶液，配位平衡向配离子解离的方向移动，溶液的血

红色褪去：

$$[Fe(SCN)_6]^{3-} \rightleftharpoons Fe^{3+} + 6SCN^-$$
$$+$$
$$Sn^{2+}$$
$$\rightleftharpoons$$
$$Fe^{2+}$$
$$+$$
$$Sn^{4+}$$

（平衡移动方向↓）

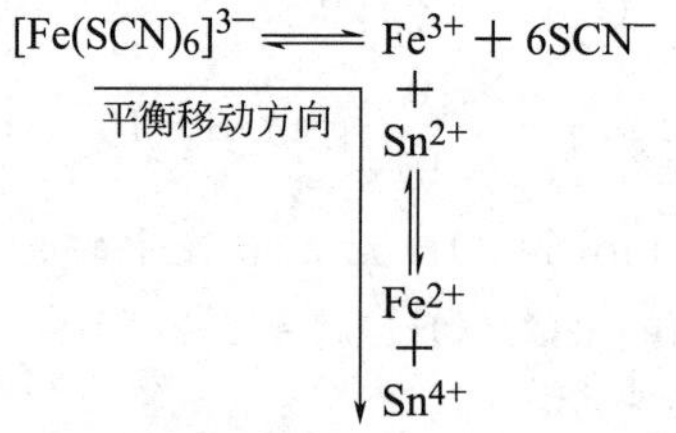

（4）配位取代反应对配位平衡的影响

在某种配合物溶液中，加入另一种能与中心离子或配体生成更稳定配合物的配位剂或金属离子时，将发生配位取代反应，使配位反应向生成更稳定配合物的方向进行。

配位取代反应存在两种形式，第一种是在某种配离子溶液中加入另一种配体，新加入的配体将取代原配离子中的原配体生成一种稳定性更大的配离子，这类取代反应称为配体取代反应；第二种是向某种配离子的溶液中加入另一种金属离子，该金属离子取代原配合物中的原中心离子生成一种稳定性更大的配合物，这类取代反应称为中心离子取代反应。配体取代反应和中心离子取代反应统称为配位取代反应。配位取代反应将使一种配位平衡转化为另一种新的配位平衡。例如：

$$[HgCl_4]^{2-} \rightleftharpoons Hg^{2+} + 4Cl^-$$
$$+$$
$$4I^-$$
$$\rightleftharpoons$$
$$[HgI_4]^{2-}$$

$$[CaY]^{2-} \rightleftharpoons Y^{4-} + Ca^{2+}$$
$$+$$
$$Pb^{2+}$$
$$\rightleftharpoons$$
$$[PbY]^{2-}$$

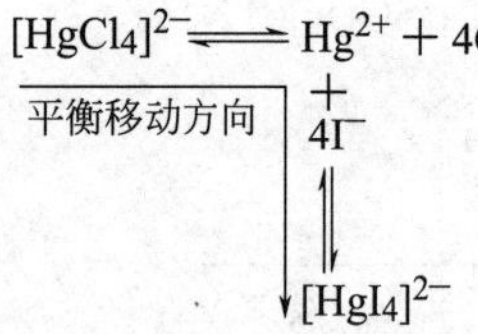

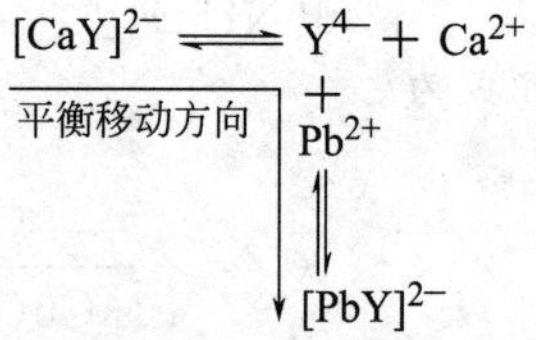

配位取代反应是可逆反应，利用反应的标准平衡常数可以大致判断反应进行的程度和方向。两种配离子的稳定常数相差越大，转化就越完全。

【例 8-4】 向含有$[Ag(NH_3)_2]^+$的溶液中分别加入 KCN 和 $Na_2S_2O_3$，此时发生下列反应：

$$[Ag(NH_3)_2]^+ + 2CN^- \rightleftharpoons [Ag(CN)_2]^- + 2NH_3 \quad (8\text{-}5)$$

$$[Ag(NH_3)_2]^+ + 2S_2O_3^{2-} \rightleftharpoons [Ag(S_2O_3)_2]^{3-} + 2NH_3 \quad (8\text{-}6)$$

试问，在相同的情况下，哪个转化反应进行得较完全？

解： 反应式(8-5) 的平衡常数表示为

$$K_1^{\ominus} = \frac{\dfrac{c\{[Ag(CN)_2]^-\}}{c^{\ominus}} \cdot \left[\dfrac{c(NH_3)}{c^{\ominus}}\right]^2}{\dfrac{c\{[Ag(NH_3)_2]^+\}}{c^{\ominus}} \cdot \left[\dfrac{c(CN^-)}{c^{\ominus}}\right]^2}$$

$$= \frac{\dfrac{c\{[Ag(CN)_2]^+\}}{c^{\ominus}} \cdot \left[\dfrac{c(NH_3)}{c^{\ominus}}\right]^2}{\dfrac{c\{[Ag(NH_3)_2]^+\}}{c^{\ominus}} \cdot \left[\dfrac{c(CN^-)}{c^{\ominus}}\right]^2} \cdot \frac{c(Ag^+)/c^{\ominus}}{c(Ag^+)/c^{\ominus}}$$

$$= \frac{K_f^{\ominus}\{[Ag(CN)_2]^-\}}{K_f^{\ominus}\{[Ag(NH_3)_2]^+\}} = \frac{1.26 \times 10^{21}}{1.12 \times 10^7} = 1.13 \times 10^{14}$$

同理，可求出反应式(8-6) 的平衡常数 $K_2^{\ominus} = 2.57 \times 10^6$。

由计算得知，反应式(8-5) 的平衡常数 $K_1^{\ominus}$ 比反应式(8-6) 的平衡常数 $K_2^{\ominus}$ 大，说明反应式(8-5) 比反应式(8-6) 进行得较完全。

8.4　配位滴定法

配位滴定法就是以配位反应为基础的滴定分析方法。最早应用于配位滴定的滴定剂是无机配位剂。随着有机氨羧配位剂的应用，配位滴定得到迅速发展，并成为重要的滴定分析方法之一。

虽然多数金属离子都能与配位剂通过配位反应形成配离子，但真正能用于滴定分析的配位反应并不多。用于滴定分析的配位反应，必须满足下列条件。

① 生成的配合物的稳定常数要大。

② 在一定条件下，配位反应只生成一种配位数的配合物。

③ 配位反应速率快，有准确指示滴定终点的方法。

由于金属离子与单基配位体形成的简单配合物是逐级形成的，稳定性较差，而且各级逐级稳定常数比较接近，与多元酸相似，滴定时无明显突跃，无法准确判断终点。所以，除个别反应（如 Ag^+ 与 CN^-，Hg^{2+} 与 Cl^- 的反应）外，大多数不能用于配位滴定。

在配位滴定中，得到广泛应用的是多齿配位体，即螯合剂。螯合剂与金属离子反应时，形成具有环状结构的螯合物，具有很高的稳定性，减少甚至消除了分步配位现象，并且金属离子与配位体的配位比恒定，符合配位滴定的要求。

8.4.1　EDTA 的性质及 EDTA 配合物的特点

氨羧螯合剂是常用的一类多齿配位体。它是以氨基二乙酸为基体的有机螯合剂，以 N、O 为配位原子。它与金属离子配位时，形成环状结构的配合物。目前使用最广泛的是乙二胺四乙酸（EDTA）。

（1）EDTA 的性质

乙二胺四乙酸简称为 EDTA 或 EDTA 酸，是一种四元酸，用 H_4Y 表示。其结构式为：

```
HOOCCH2 \  H              H / CH2COO-
          >N—CH2—CH2—N<
-OOCCH2 /  +              + \ CH2COOH
```

在水溶液中，两个羧基氢转移到氨基氮上，形成双偶极离子；如果溶液的酸度很高，它的两个羧酸根可以再接受两个氢离子，这时的 EDTA 就相当于一个六元酸，用 H_6Y^{2+} 表示。

EDTA 在水中的溶解度很小，在 20℃时，每 100mL 水中能溶解 0.02g，难溶于酸和有机溶剂，易溶于 NaOH 溶液或氨水，形成相应的盐溶液。在配位滴定中，常用的是它的二钠盐，用 $Na_2H_2Y \cdot 2H_2O$ 表示，亦称为 EDTA。EDTA 二钠盐在水中的溶解度较大，在 22℃时，每 100mL 水可溶解 11.1g，此溶液的浓度约为 $0.3mol \cdot L^{-1}$。浓度为 $0.01mol \cdot L^{-1}$ 的 EDTA 二钠盐水溶液的 pH 约为 4.4。

EDTA 在酸性溶液中存在六级解离平衡：

$$H_6Y^{2+} \rightleftharpoons H^+ + H_5Y^+ \qquad K_{a_1}^{\ominus} = \frac{[c(H^+)/c^{\ominus}][c(H_5Y^+)/c^{\ominus}]}{c(H_6Y^{2+})/c^{\ominus}} = 1.30 \times 10^{-1}$$

$$H_5Y^+ \rightleftharpoons H^+ + H_4Y \qquad K_{a_2}^{\ominus} = \frac{[c(H^+)/c^{\ominus}][c(H_4Y)/c^{\ominus}]}{c(H_5Y^+)/c^{\ominus}} = 2.50 \times 10^{-2}$$

$$H_4Y \rightleftharpoons H^+ + H_3Y^- \qquad K_{a_3}^{\ominus} = \frac{[c(H^+)/c^{\ominus}][c(H_3Y^-)/c^{\ominus}]}{c(H_4Y)/c^{\ominus}} = 1.00 \times 10^{-2}$$

$$H_3Y^- \rightleftharpoons H^+ + H_2Y^{2-} \quad K_{a_4}^{\ominus}=\frac{[c(H^+)/c^{\ominus}][c(H_2Y^{2-})/c^{\ominus}]}{c(H_3Y^-)/c^{\ominus}}=2.14\times10^{-3}$$

$$H_2Y^{2-} \rightleftharpoons H^+ + HY^{3-} \quad K_{a_5}^{\ominus}=\frac{[c(H^+)/c^{\ominus}][c(HY^{3-})/c^{\ominus}]}{c(H_2Y^{2-})/c^{\ominus}}=6.92\times10^{-7}$$

$$HY^{3-} \rightleftharpoons H^+ + Y^{4-} \quad K_{a_6}^{\ominus}=\frac{[c(H^+)/c^{\ominus}][c(Y^{4-})/c^{\ominus}]}{c(HY^{3-})/c^{\ominus}}=5.50\times10^{-11}$$

在水溶液中，EDTA 总是以 H_6Y^{2+}、H_5Y^+、H_4Y、H_3Y^-、H_2Y^{2-}、HY^{3-} 和 Y^{4-} 七种形式同时存在（为了方便，书写 EDTA 的各种存在形式时省略电荷符号，用 H_6Y、H_5Y 等表示），在不同酸度的溶液中，EDTA 各种存在形式的分布如图 8-1 所示。

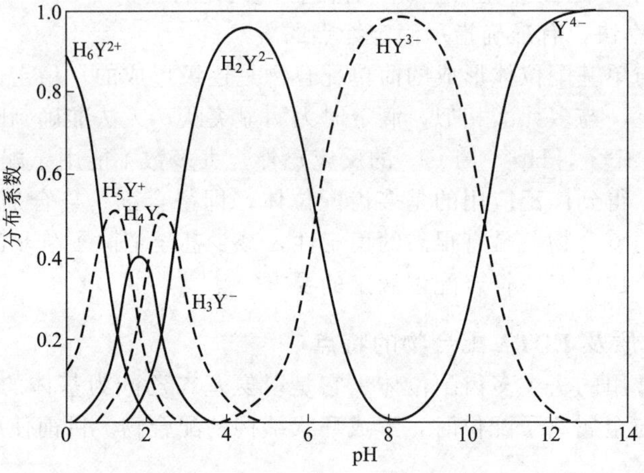

图 8-1 EDTA 各种存在形式的分布图

从图 8-1 中可以看出，在 pH<1 的强酸性溶液中，EDTA 主要以 H_6Y^{2+}、H_5Y^+ 的形式存在；在 pH 为 1～2 时，主要以 H_4Y 形式存在；在 pH 为 2～2.7 时，主要以 H_3Y^- 的形式存在；在 pH 为 2.7～6.2 时，主要以 H_2Y^{2-} 形式存在；在 pH 为 6.2～10.2 时，主要以 HY^{3-} 形式存在；仅在 pH>10.2 时，主要以 Y^{4-} 形式存在。溶液的酸度越低，Y^{4-} 的分布系数越大，其浓度就越高。这七种存在形式中，只有 Y^{4-} 能直接与金属离子配位生成稳定配合物，因此，EDTA 在碱性溶液中配位能力较强。

（2）EDTA 配合物的特点

① EDTA 能与绝大多数金属离子配位生成螯合物。由于螯合剂 EDTA 的阴离子 Y^{4-} 有 6 个配位能力很强的配位原子，其中两个为氮原子，四个为带负电的氧原子，它可以作为四齿配位体，也可以作为六齿配位体。因此，EDTA 能与金属离子形成具有多个五元环结构的螯合物。Ca^{2+} 与乙二胺四乙酸在碱性溶液中形成的螯合物 EDTA-Ca 的结构如图 8-2 所示。

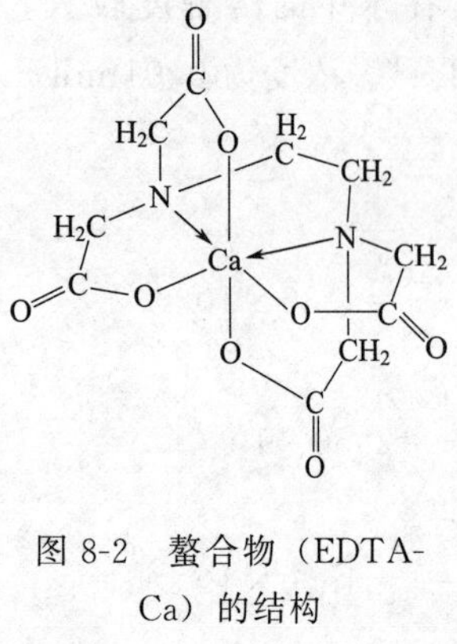

图 8-2 螯合物（EDTA-Ca）的结构

② EDTA-金属螯合物分子中，螯环越多，螯合物越稳定。表 8-5 为部分 EDTA 螯合物的稳定常数。从表 8-5 中可以看出，除 Na^+、Li^+ 外，大多数 EDTA 的螯合物都相当稳定。

③ EDTA 有 6 个配位原子，它们均能与金属离子配位，一个 EDTA 分子就能满足金属离子配位数为 4 或 6 的需要，因此，EDTA 和金属离子配位时，一般都生成配位比为 1∶1 的

螯合物，这给配位滴定测定结果的计算带来了方便。

④ 由于 EDTA 阴离子与金属离子形成的螯合物大多数带有电荷，因此，EDTA 螯合物易溶于水，使配位滴定能在水溶液中进行，且螯合反应比较迅速，能满足配位滴定的要求。

表 8-5　部分 EDTA-金属螯合物的 $\lg K_f^{\ominus}$

阳离子	$\lg K_f^{\ominus}$	阳离子	$\lg K_f^{\ominus}$	阳离子	$\lg K_f^{\ominus}$
Fe^{2+}	14.33	Ce^{4+}	15.98	Cu^{2+}	18.80
La^{3+}	15.50	Al^{3+}	16.3	Ga^{2+}	20.3
Na^{+}	1.66	Co^{2+}	16.31	Ti^{3+}	21.3
Li^{+}	2.79	Pt^{2+}	16.31	Hg^{2+}	21.8
Ag^{+}	7.32	Cd^{2+}	16.49	Sn^{2+}	22.1
Ba^{2+}	7.86	Zn^{2+}	16.50	Th^{4+}	23.2
Mg^{2+}	8.69	Pb^{2+}	18.04	Cr^{3+}	23.4
Sr^{2+}	8.73	Y^{3+}	18.09	Fe^{3+}	25.1
Be^{2+}	9.20	VO^{+}	18.1	U^{4+}	25.8
Ca^{2+}	10.69	Ni^{2+}	18.60	Bi^{3+}	27.94
Mn^{2+}	13.87	VO^{2+}	18.8	Co^{2+}	36.0

⑤ EDTA 与无色的金属离子生成无色的螯合物，与有色的金属离子一般生成颜色更深的螯合物。由于大多数 EDTA-金属螯合物是无色的，因此有利于滴定终点的判断。表 8-6 列出了几种有色 EDTA 螯合物。

表 8-6　有色 EDTA 螯合物

离子	离子颜色	螯合物颜色	离子	离子颜色	螯合物颜色
Co^{3+}	粉红色	紫红色	Fe^{3+}	草绿色	黄色色
Cr^{3+}	灰绿色	深紫色	Mn^{2+}	淡粉红色	紫红色
Ni^{2+}	浅绿色	蓝(蓝绿)色	Cu^{2+}	浅蓝色	深蓝色

8.4.2　配位反应的副反应及条件稳定常数

配位滴定中涉及的化学反应比较复杂，除了被测金属离子（M）与配位剂（Y）之间的主反应外，溶液中的 H^+、OH^-、共存离子和其他配位剂等，都可能与 M 或 Y 发生反应，这必然使 M 与 Y 之间的主反应受到影响，使配位反应进行的程度发生变化。除主反应以外的其他反应统称为配位反应的副反应。所有存在于配位滴定中的主反应和副反应可用下式表示：

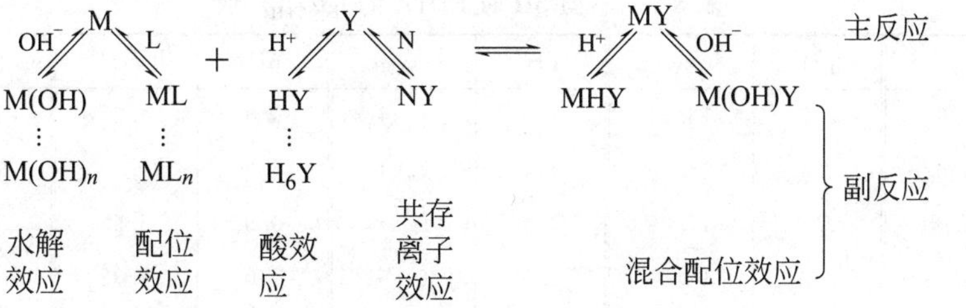
M
OH⁻
L
M(OH)
ML
M(OH)n
MLn
Y
H⁺
N
HY
NY
H6Y
MY
H⁺
OH⁻
MHY
M(OH)Y
主反应
副反应
水解效应
配位效应
酸效应
共存离子效应
混合配位效应

反应物（M 或 Y）发生的副反应不利于主反应的正向进行，而生成物（MY）发生的副反应则有利于主反应的正向进行。但是由于酸式与碱式配合物一般不太稳定，因此，生成物（MY）的副反应一般可忽略不计。在这里着重讨论溶液酸度和其他配位剂对主反应的不利影响。

(1) EDTA 的酸效应及酸效应系数 $\alpha_{Y(H)}$

在 EDTA 存在的七种形式中，只有 Y 能直接与金属离子 M 进行配位反应，因此，

$c(Y)$ 为 EDTA 在配位反应中的有效浓度。

当溶液的酸度升高时，H^+ 就会与 Y 结合，形成 HY、H_2Y、…、H_6Y，使 Y^{4-} 浓度降低，EDTA 对 M 的配位能力随之降低，使主反应受到影响。这种由于 H^+ 存在，使配位剂参加主反应的能力降低的现象称为酸效应。H^+ 引起 EDTA 发生副反应的程度用酸效应系数 $\alpha_{Y(H)}$ 表示。

$\alpha_{Y(H)}$ 表示在一定酸度下，未参加主反应的 EDTA 总浓度 $c(Y')$ 与体系中 Y 的平衡浓度 $c(Y)$ 之比。

$$\alpha_{Y(H)}=\frac{c(Y')}{c(Y)} \tag{8-7}$$

$\alpha_{Y(H)}$ 的大小随溶液 pH 的改变而变化。$\alpha_{Y(H)}$ 越大，则 Y 的浓度越小，对 MY 的形成越不利；$\alpha_{Y(H)}$ 越小，酸度对配合物稳定性的影响越小。

$\alpha_{Y(H)}$ 和在酸碱平衡中介绍过的分布系数 $\delta_{Y(H)}$ 有关。以 EDTA 为例，Y 的分布系数是：

$$\delta_{Y(H)}=\frac{c(Y)}{c(Y')}$$

$\delta_{Y(H)}$ 表示 Y 的平衡浓度 $c(Y)$ 占 EDTA 总浓度 $c(Y')$ 的分数。那么，EDTA 的酸效应系数与其分布系数 $\delta_{Y(H)}$ 的关系为：

$$\alpha_{Y(H)}=\frac{1}{\delta_{Y(H)}}$$

从而可得 EDTA 酸效应系数的计算公式：

$$\alpha_{Y(H)}=1+\frac{c(H^+)}{K_6^\ominus}+\frac{[c(H^+)]^2}{K_6^\ominus K_5^\ominus}+\frac{[c(H^+)]^3}{K_6^\ominus K_5^\ominus K_4^\ominus}+\frac{[c(H^+)]^4}{K_6^\ominus K_5^\ominus K_4^\ominus K_3^\ominus}+\frac{[c(H^+)]^5}{K_6^\ominus K_5^\ominus K_4^\ominus K_3^\ominus K_2^\ominus}+\frac{[c(H^+)]^6}{K_6^\ominus K_5^\ominus K_4^\ominus K_3^\ominus K_2^\ominus K_1^\ominus} \tag{8-8}$$

式中，$K_1^\ominus$，$K_2^\ominus$，…，$K_6^\ominus$ 为 EDTA 的逐级解离常数。

由式(8-8) 可知，溶液的 pH 越低，即 $c(H^+)$ 越大，$\alpha_{Y(H)}$ 就越大，表示 Y^{4-} 的平衡浓度越小，EDTA 的副反应越严重，故 $\alpha_{Y(H)}$ 反映了由酸效应引起的副反应进行的程度。由于酸效应系数 $\alpha_{Y(H)}$ 值的变化范围很大，所以一般取其对数值。表 8-7 列出了 EDTA 在不同 pH 时的 $\lg\alpha_{Y(H)}$ 值。

表 8-7 不同 pH 时 EDTA 的 $\lg\alpha_{Y(H)}$ 值

pH	$\lg\alpha_{Y(H)}$	pH	$\lg\alpha_{Y(H)}$	pH	$\lg\alpha_{Y(H)}$	pH	$\lg\alpha_{Y(H)}$	pH	$\lg\alpha_{Y(H)}$
0.0	23.64	2.0	13.51	4.0	8.44	6.0	4.65	8.5	1.77
0.4	21.32	2.4	12.19	4.4	7.64	6.4	4.06	9.0	1.29
0.8	19.08	2.8	11.09	4.8	6.84	6.8	3.55	9.5	0.83
1.0	18.01	3.0	10.60	5.0	6.45	7.0	3.32	10.0	0.45
1.4	16.02	3.4	9.70	5.4	5.69	7.5	2.78	11.0	0.07
1.8	14.27	3.8	8.85	5.8	4.98	8.0	2.26	12.0	0.00

(2) 金属离子的配位效应和配位效应系数 $\alpha_{M(L)}$

如果滴定体系中存在 EDTA 以外的其他配位剂 L(如缓冲剂、掩蔽剂等)，则配位剂 L 可与金属离子 M 形成配合物，使金属离子 M 参加主反应的能力降低。由于其他配位剂 L 的存在使金属离子 M 与 EDTA 的配位能力降低的现象，称为配位效应。配位剂 L 引起副反应的程度用配位效应系数 $\alpha_{M(L)}$ 表示。$\alpha_{M(L)}$ 表示未参加主反应的金属离子总浓度 $c(M')$ 与游离金属离子浓度 $c(M)$ 的比值。如果不考虑 M 的水解副反应，则：

$$\alpha_{M(L)}=\frac{c(M')}{c(M)} \tag{8-9}$$

$$\begin{aligned}c(M')&=c(M)+c(ML)+\cdots+c(ML_n)\\&=c(M)+K_1^{\ominus}c(M)c(L)+K_1^{\ominus}K_2^{\ominus}c(M)[c(L)]^2+\cdots+K_1^{\ominus}K_2^{\ominus}\cdots K_n^{\ominus}c(M)[c(L)]^n\\&=c(M)\{1+K_1^{\ominus}c(L)+K_1^{\ominus}K_2^{\ominus}[c(L)]^2+\cdots+K_1^{\ominus}K_2^{\ominus}\cdots K_n^{\ominus}[c(L)]^n\}\end{aligned}$$

$$\begin{aligned}\alpha_{M(L)}&=\frac{c(M')}{c(M)}=\frac{c(M)\{1+K_1^{\ominus}c(L)+K_1^{\ominus}K_2^{\ominus}[c(L)]^2+\cdots+K_1^{\ominus}K_2^{\ominus}\cdots K_n^{\ominus}[c(L)]^n\}}{c(M)}\\&=1+K_1^{\ominus}c(L)+K_1^{\ominus}K_2^{\ominus}[c(L)]^2+\cdots+K_1^{\ominus}K_2^{\ominus}\cdots K_n^{\ominus}[c(L)]^n\end{aligned}$$

$$\alpha_{M(L)}=1+\beta_1^{\ominus}[c(L)]+\beta_2^{\ominus}[c(L)]^2+\cdots+\beta_n^{\ominus}[c(L)]^n \tag{8-10}$$

由式(8-10) 可知，当配位剂 L 的浓度 $c(L)$ 一定时，$\alpha_{M(L)}$ 为一定值。此时金属离子浓度 $c(M)$ 可由下式求出：

$$c(M)=\frac{c(M')}{\alpha_{M(L)}} \tag{8-11}$$

【例 8-5】 计算 pH=10.0　$c(NH_3)=0.10mol\cdot L^{-1}$ 时的 $\alpha_{[Zn(NH_3)_4]^{2+}}$。

解： 已知锌氨配合物的累积稳定常数 $\lg\beta_1\sim\lg\beta_4$ 分别为 2.37，4.81，7.31 和 9.46；

$$c(NH_3)=10^{-1.00}mol\cdot L^{-1}$$

$$\begin{aligned}\alpha_{[Zn(NH_3)_4]^{2+}}&=1+\beta_1^{\ominus}[c(NH_3)]+\beta_2^{\ominus}[c(NH_3)]^2+\beta_3^{\ominus}[c(NH_3)]^3+\beta_4^{\ominus}[c(NH_3)]^4\\&=1+10^{2.37}\times10^{-1.00}+10^{4.81}\times10^{-2.00}+10^{7.31}\times10^{-3.00}+10^{9.46}\times10^{-4.00}\\&=1+10^{1.37}+10^{2.81}+10^{4.31}+10^{5.46}\\&=10^{5.49}=3.1\times10^5\end{aligned}$$

(3) 条件稳定常数

在配位滴定中，由于各种副反应的存在，配合物 MY 的 $K_{MY}^{\ominus}$ 的大小就不能真实反映主反应进行的程度。由于酸效应使 $c(Y)$ 降低，而促使 MY 解离，达到平衡时，未形成 MY 的 EDTA 浓度是 $c(Y)+c(HY)+\cdots+c(H_6Y)$ 的总浓度，即 $c(Y')$；同样，由于其他配位剂 L 存在引起的配位效应使 $c(M)$ 降低，同样使 MY 解离，平衡时未形成 MY 的 M 的浓度是 $c(M)+c(ML)+c(ML_2)+\cdots+c(ML_n)$ 的总浓度，即 $c(M')$。由于副反应使 $c(Y)$ 变成了 $c(Y')$，$c(M)$ 变成了 $c(M')$，可见溶液中未形成配合物 MY 的各种形式的 M 和 Y 的浓度变大了，从而使配合物 MY 的稳定性降低了，即 MY 的有效稳定常数比 $K_{MY}^{\ominus}$ 减小了。这个有效稳定常数就是条件稳定常数，用 $K_{MY}^{\ominus\prime}$ 表示。则

$$\begin{aligned}K_{MY}^{\ominus\prime}&=\frac{c(MY)/c^{\ominus}}{[c(M')/c^{\ominus}][c(Y')/c^{\ominus}]}=\frac{c(MY)/c^{\ominus}}{\alpha_{M(L)}[c(M)/c^{\ominus}]\alpha_{Y(H)}[c(Y)/c^{\ominus}]}\\&=\frac{c(MY)/c^{\ominus}}{[c(M)/c^{\ominus}][c(Y)/c^{\ominus}]}\times\frac{1}{\alpha_{M(L)}\alpha_{Y(H)}}\end{aligned}$$

$$K_{MY}^{\ominus\prime}=\frac{K_{MY}^{\ominus}}{\alpha_{M(L)}\alpha_{Y(H)}}$$

将上式取对数，得到处理配位平衡的重要公式：

$$\lg K_{MY}^{\ominus\prime}=\lg K_{MY}^{\ominus}-\lg\alpha_{M(L)}-\lg\alpha_{Y(H)} \tag{8-12}$$

$K_{MY}^{\ominus\prime}$ 也称为表观形成常数。它表示在有副反应存在的情况下配位反应实际进行的程度。

在一定条件下，$\alpha_{M(L)}$、$\alpha_{Y(H)}$ 为定值，$K_{MY}^{\ominus\prime}$为常数。

当溶液中没有其他配位剂存在时，$\lg\alpha_{M(L)}=0$。此时

$$\lg K_{MY}^{\ominus\prime}=\lg K_{MY}^{\ominus}-\lg\alpha_{Y(H)} \tag{8-13}$$

由式(8-13)可知，用$K_{MY}^{\ominus\prime}$比用$K_{MY}^{\ominus}$更能准确判断金属离子与EDTA的配位情况，在选择配位滴定的最佳酸度时，$K_{MY}^{\ominus\prime}$有着重要的意义。

【例 8-6】 试判断在 pH=10.00 和 pH=2.00 时，EDTA 与 Zn^{2+} 生成的配合物的稳定性。

解： 分别求出在该酸度下 ZnY 的条件稳定常数，即可判断其稳定性。

由表 8-5、表 8-7 可知，$\lg K_{ZnY}^{\ominus}=16.50$；pH=10.00 时，$\lg\alpha_{Y(H)}=0.45$；pH=2.00 时，$\lg\alpha_{Y(H)}=13.51$，分别代入 $\lg K_{ZnY}^{\ominus\prime}=\lg K_{ZnY}^{\ominus}-\lg\alpha_{Y(H)}$。

在 pH=10.00 时

$$\lg K_{ZnY}^{\ominus\prime}=\lg K_{ZnY}^{\ominus}-\lg\alpha_{Y(H)}=16.50-0.45=16.05$$

在 pH=2.00 时

$$\lg K_{ZnY}^{\ominus\prime}=\lg K_{ZnY}^{\ominus}-\lg\alpha_{Y(H)}=16.50-13.51=2.99$$

由上述计算可以看出，虽然$\lg K_{ZnY}^{\ominus}$的值很高，但是它不能完全反映有副反应存在时配位反应进行的程度。如在 pH=2.00 时进行滴定，由于 Y 与 H^+ 的副反应严重，使$\lg K_{ZnY}^{\ominus\prime}$仅为 2.99，ZnY 的实际稳定性降低很多；而在 pH=10.00 时，由于 EDTA 的酸效应减小，此时$\lg K_{ZnY}^{\ominus\prime}=16.05$，仍然很大，表明在该 pH 条件下，Zn 与 Y 的配位反应仍能进行得比较完全。因此，条件稳定常数是判断配合物的稳定性及配位反应进行程度的一个重要依据。

【例 8-7】 Zn^{2+} 与 NH_3 配位反应的逐级稳定常数是：$K_1^{\ominus}=2.3\times10^2$，$K_2^{\ominus}=2.8\times10^2$，$K_3^{\ominus}=3.2\times10^2$，$K_4^{\ominus}=1.4\times10^2$，ZnY 的 $\lg K_{ZnY}^{\ominus}=16.50$，计算 Zn^{2+} 与 EDTA 在 pH=9.00 的 NH_3-NH_4Cl 缓冲溶液中反应的$K_{ZnY}^{\ominus\prime}$，缓冲溶液中游离氨的浓度为 $0.10\text{mol}\cdot\text{L}^{-1}$。

解： 因为 Zn^{2+} 与 NH_3 配位反应的逐级稳定常数是

$$K_1^{\ominus}=2.3\times10^2，K_2^{\ominus}=2.8\times10^2，K_3^{\ominus}=3.2\times10^2，K_4^{\ominus}=1.4\times10^2$$

所以 Zn^{2+} 与 NH_3 配位反应的各级累积稳定常数 $\beta_n^{\ominus}$ 为

$\beta_1^{\ominus}=K_1^{\ominus}=2.3\times10^2$

$\beta_2^{\ominus}=K_1^{\ominus}K_2^{\ominus}=2.3\times10^2\times2.8\times10^2=6.44\times10^4$

$\beta_3^{\ominus}=K_1^{\ominus}K_2^{\ominus}K_3^{\ominus}=2.3\times10^2\times2.8\times10^2\times3.2\times10^2=2.06\times10^7$

$\beta_4^{\ominus}=K_1^{\ominus}K_2^{\ominus}K_3^{\ominus}K_4^{\ominus}=2.3\times10^2\times2.8\times10^2\times3.2\times10^2\times1.4\times10^2=2.88\times10^9$

根据式(8-10)

$$\begin{aligned}\alpha_{[Zn(NH_3)_4]^{2+}}&=1+\beta_1[c(NH_3)]+\beta_2[c(NH_3)]^2+\beta_3[c(NH_3)]^3+\beta_4[c(NH_3)]^4\\&=1+10^{2.37}\times10^{-1.00}+10^{4.81}\times10^{-2.00}+10^{7.31}\times10^{-3.00}+10^{9.46}\times10^{-4.00}\\&=1+10^{1.37}+10^{2.81}+10^{4.31}+10^{5.46}\\&=3.1\times10^5\end{aligned}$$

$$\lg\alpha_{[Zn(NH_3)_4]^{2+}}=\lg(3.1\times10^5)=5.49$$

因为 $\lg K_{MY}^{\ominus\prime}=\lg K_{MY}^{\ominus}-\lg\alpha_{M(L)}-\lg\alpha_{Y(H)}$

由表 8-7 查得 pH=9.0 时，$\lg\alpha_{Y(H)}=1.29$

所以

$$\begin{aligned}\lg K_{ZnY}^{\ominus\prime}&=\lg K_{ZnY}^{\ominus}-\lg K_{[Zn(NH_3)_4]^{2+}}-\lg\alpha_{Y(H)}\\&=16.5-5.49-1.29=9.72\end{aligned}$$

$$K_{ZnY}^{\ominus\prime}=5.25\times10^9$$

8.4.3 配位滴定曲线

（1）滴定曲线的绘制

在配位滴定中，随着配位剂的加入，溶液中被滴定金属离子 M 的浓度逐渐减小，在到达化学计量点时，金属离子 M 的浓度发生突变，即出现滴定突跃，可采用适当方法确定滴定终点。为了正确理解和掌握配位滴定的条件和影响因素，有必要讨论滴定曲线。同酸碱滴定曲线一样，配位滴定曲线是用以考察随着配位剂的加入，溶液中被滴定金属离子 M 浓度变化的曲线。由于金属离子的浓度很小，常采用 pM[即 $-\lg c(M)$] 表示，若有副反应存在，则用 pM′表示。若以 pM(或 pM′) 为纵坐标，以加入的配位剂的量为横坐标作图，可以得到一条与酸碱滴定曲线类似的曲线，这条曲线就称为配位滴定曲线。

绘制配位滴定曲线时，将滴定过程分为滴定前、滴定开始至化学计量点前、化学计量点时、化学计量点后四个阶段。现以 $0.01000\text{mol}\cdot\text{L}^{-1}$ 的 EDTA 标准溶液滴定 20.00mL 浓度为 $0.01000\text{mol}\cdot\text{L}^{-1}$ Ca^{2+} 溶液为例，绘制 EDTA 滴定曲线。下面讨论在 pH＝12.0 的溶液中滴定时，pCa 的变化情况（不考虑其他共存配位剂对 Ca^{2+} 的影响）。

由表 8-5 查得 $\lg K^{\ominus}_{CaY}=10.69$。

由表 8-7 知，当 pH＝12.0 时，$\lg\alpha_{Y(H)}=0.00$，同时由于不考虑其他共存配位剂对 Ca^{2+} 的影响，故：

$$\lg K^{\ominus\prime}_{CaY}=\lg K^{\ominus}_{CaY}-\lg\alpha_{Y(H)}=10.69-0.00=10.69$$

$$K^{\ominus\prime}_{CaY}=4.9\times10^{10}$$

① 滴定前

$$c(Ca^{2+})=0.01000\text{mol}\cdot\text{L}^{-1}$$

$$\text{pCa}=-\lg 0.01000=2.00$$

② 滴定开始至化学计量点前　在这一阶段，Ca^{2+} 是过量的，可以忽略生成的配合物的解离。所以，pCa 由剩余的 Ca^{2+} 计算。假设已加入 EDTA 溶液 18.00mL(90%)，则

$$c(Ca^{2+})=0.01000\times\frac{20.00-18.00}{20.00+18.00}=5.3\times10^{-4}(\text{mol}\cdot\text{L}^{-1})$$

$$\text{pCa}=3.30$$

加入 19.98mL 时，$c(Ca^{2+})=0.01000\times\dfrac{20.00-19.98}{20.00+19.98}=5.0\times10^{-6}(\text{mol}\cdot\text{L}^{-1})$

$$\text{pCa}=5.30$$

③ 化学计量点时　Ca^{2+} 与 EDTA 几乎完全配位生成 CaY，此时 Ca^{2+} 来自 CaY 的解离：

$$c(CaY)=0.01000\times\frac{20.00}{20.00+20.00}=5.0\times10^{-3}(\text{mol}\cdot\text{L}^{-1})$$

CaY 的解离，可以产生相等浓度的 Ca^{2+} 与 Y，$c(Ca^{2+})=c(Y)$，所以：

$$\frac{c(CaY)/c^{\ominus}}{[c(Ca^{2+})/c^{\ominus}][c(Y)/c^{\ominus}]}=\frac{5.0\times10^{-3}}{[c(Ca^{2+})/c^{\ominus}]^2}=10^{10.69}=4.9\times10^{10}$$

$$c(Ca^{2+})/c^{\ominus}=3.2\times10^{-7},\text{pCa}=6.50$$

④ 化学计量点后　仍按配位平衡计算，假设已加入 EDTA 溶液 20.02mL(100.1%)，此时过量的 EDTA 浓度为

$$c(Y)=0.0100\times\frac{20.02-20.00}{20.00+20.02}=5.0\times10^{-6}(\text{mol}\cdot\text{L}^{-1})$$

$$\frac{c(CaY)/c^{\ominus}}{[c(Ca^{2+})/c^{\ominus}][c(Y)/c^{\ominus}]}=\frac{5.0\times10^{-3}}{c(Ca^{2+}/c^{\ominus})\times5.0\times10^{-6}}=4.9\times10^{10}$$

$$c(Ca^{2+})/c^{\ominus}=2.0\times10^{-8}$$

$$pCa = 7.70$$

同理，可以计算出过量不同体积 EDTA 时的 pCa，将计算结果列于表 8-8 中，以 EDTA 加入的体积量为横坐标、pCa 为纵坐标作图得到的 pCa-V(EDTA) 滴定曲线，如图 8-3 所示。

表 8-8　pH＝12.0 时 EDTA 滴定 Ca^{2+} 的 pCa

EDTA 加入量		Ca^{2+} 被滴定的分数/%	EDTA 过量的分数/%	pCa	
mL	%				
0	0	0		2.0	
18.00	90.0	90.0		3.3	
19.80	99.0	99.0		4.3	
19.98	99.9	99.9		5.3	突跃范围
20.00	100.0	100.0		6.5	
20.02	100.1		0.1	7.7	
20.20	101.0		1.0	8.7	
40.00	200.0		100	10.7	

由表 8-8 可知，当加入 EDTA 的量由 19.98～20.02mL，即加入化学计量点所需量的 99.9%～100.1%时，滴定曲线上 pCa 的值由 5.3 突变到 7.7，突跃范围为 2.4 个 pCa 单位，与酸碱滴定的 pH 突跃类似。

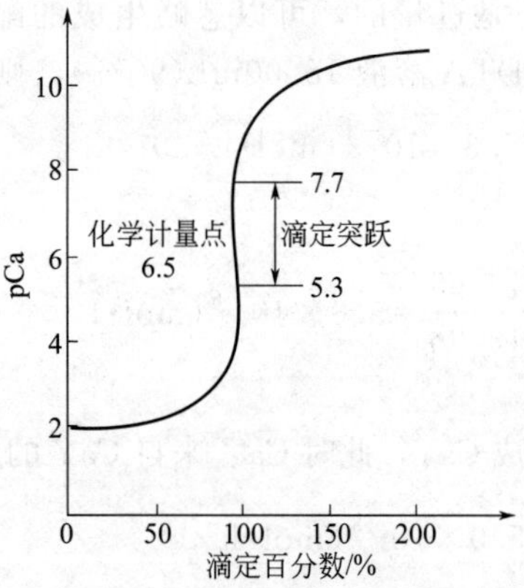

图 8-3　EDTA 滴定 Ca^{2+} 的滴定曲线

(2) 影响滴定突跃的因素

同酸碱滴定一样，滴定突跃范围的大小是决定配位滴定准确度的重要依据。从 EDTA-Ca 滴定曲线的绘制过程可以看出，滴定曲线下限起点的高低取决于金属离子的浓度；曲线上限的高低取决于配合物的条件稳定常数 $K_{MY}^{\ominus\prime}$ 值。就是说，影响滴定突跃的因素是，配合物的条件稳定常数 $K_{MY}^{\ominus\prime}$ 及被滴定金属离子的浓度。

① 金属离子浓度的影响　金属离子浓度影响的是滴定突跃范围的下限，c(M) 越大，即 pM 越小，滴定突跃的下限越小，曲线的起点越低，滴定突跃越大；c(M) 越小，即 pM 越大，滴定突跃的下限越大，曲线的起点越高，滴定曲线的突跃部分就越短，如图 8-4 所示。因此，若溶液中有能与被滴定的金属离子配位的其他配位剂存在，就会降低金属离子的浓度，使滴定曲线的起点升高，导致突跃减小。

② 条件稳定常数 $K_{MY}^{\ominus\prime}$ 的影响　当金属离子浓度 c(M) 一定时，配合物的条件稳定常数 $K_{MY}^{\ominus\prime}$ 影响的是滴定突跃范围的上限，如图 8-5 所示。由图 8-5 可见 $K_{MY}^{\ominus\prime}$ 值越大，突跃上限的位置越高，滴定突跃越大。影响 $K_{MY}^{\ominus\prime}$ 大小的主要因素是 EDTA 的酸效应和被测金属离子与其他配位剂的配位效应。当然，在实际工作中应综合考虑各种因素的影响。

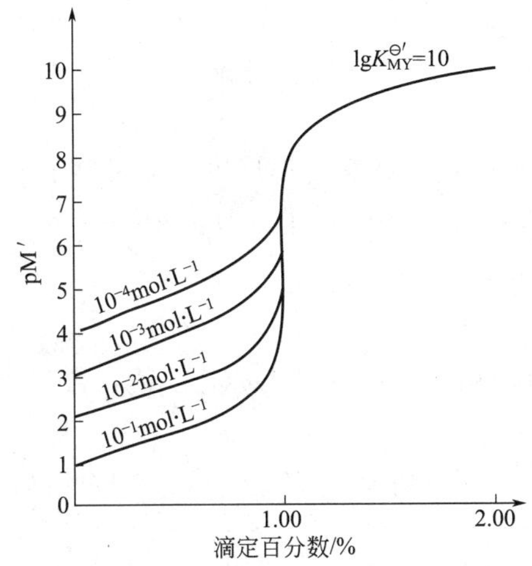

图 8-4　不同金属离子浓度 c(M) 时的滴定曲线

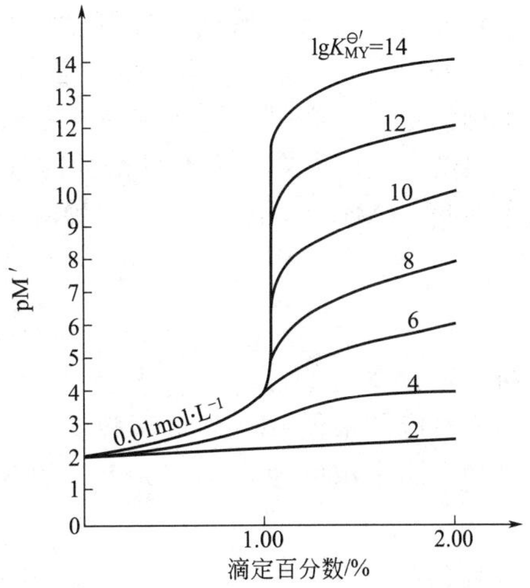

图 8-5　不同 $K_{MY}^{\ominus\prime}$ 时的滴定曲线

为了综合考虑两种因素的影响，常用 $\lg c(M)K_{MY}^{\ominus\prime}$衡量滴定突跃范围的大小。$\lg c(M)K_{MY}^{\ominus\prime}$越大，则突跃范围越大，反之越小。

(3) 准确滴定的条件

从上述分析可以看出，决定配位滴定准确度的重要依据是滴定突跃的大小，而滴定突跃大小又受 $K_{MY}^{\ominus\prime}$和 c(M) 的影响，即决定于 $c(M)K_{MY}^{\ominus\prime}$的大小。因此有必要对 $c(M)K_{MY}^{\ominus\prime}$的大小有一个要求，以作为准确滴定的依据。

① 单一金属离子滴定的条件　设被测金属离子 M 的原始浓度为 c(M)，滴定分析的允许相对误差≤±0.1%。滴定至化学计量点时，被测金属离子 M 几乎全部生成 MY，若 EDTA 的原始浓度与 M 的原始浓度相同，则有

$$c(MY)_{计量点} \geqslant c(M)\times(1-0.1\%)=0.999c(M)$$

$$c(M)_{计量点}=c(Y)_{计量点} \leqslant 0.1\%c(M)=0.001c(M)$$

为满足上述条件，$K_{MY}^{\ominus\prime}$值应为：

$$K_{MY}^{\ominus\prime}=\frac{c(MY)_{计量点}/c^{\ominus}}{[c(M)_{计量点}/c^{\ominus}][c(Y)_{计量点}/c^{\ominus}]} \geqslant \frac{0.999c(M)/c^{\ominus}}{0.001[c(M)/c^{\ominus}]\times 0.001[c(M)/c^{\ominus}]} \approx \frac{10^6}{c(M)}$$

则，单一金属离子滴定的条件为

$$[c(M)/c^{\ominus}]K_{MY}^{\ominus\prime} \geqslant 10^6 \tag{8-14a}$$

或

$$\lg[c(M)/c^{\ominus}]K_{MY}^{\ominus\prime} \geqslant 6 \tag{8-14b}$$

② 混合金属离子分步滴定的条件　若溶液中含有 M 和 N 两种金属离子，它们均可与 EDTA 形成配合物，且 $K_{MY}^{\ominus}>K_{NY}^{\ominus}$。经推导得出，准确滴定 M 离子而 N 离子不干扰滴定的条件是：

$$\lg[c(M)/c^{\ominus}]K_{MY}^{\ominus\prime} \geqslant 6 \quad \text{(M 离子被准确滴定的条件)}$$

$$\lg[c(M)/c^{\ominus}]K_{MY}^{\ominus\prime}-\lg[c(N)/c^{\ominus}]K_{NY}^{\ominus\prime} \geqslant 5 \text{ 或 } \lg[c(N)/c^{\ominus}]K_{NY}^{\ominus\prime} \leqslant 1 \quad \text{(N 离子不干扰滴定的条件)}$$

就是说，如果滴定满足上述条件，就可以准确滴定 M 而 N 不干扰。在滴定 M 之后，如果干扰离子 N 也满足 $\lg[c(N)/c^{\ominus}]K_{NY}^{\ominus} \geqslant 6$，则 N 也可被准确滴定。

(4) 酸效应曲线及其应用

在配位滴定中，由于不同的金属离子与 EDTA 形成的配合物的稳定性各不相同，而且与溶液的酸度有关。因此，对稳定性高的配合物滴定时，可允许溶液的酸度稍高一些，但对

稳定性较差的配合物，酸度的控制就要严格，即准确滴定不同金属离子时，所允许的最低 pH 值（或称最高酸度）是不同的，若低于最低 pH 值，就不能进行准确滴定。就是说，要进行准确滴定，就必须控制适宜的酸度范围。

如果滴定反应中除 EDTA 的酸效应外，没有其他副反应存在，根据单一金属离子准确滴定的条件 $\lg[c(\mathrm{M})/c^{\ominus}]K^{\ominus\prime}_{\mathrm{MY}} \geqslant 6$，当被测金属离子的浓度为 $0.01\mathrm{mol \cdot L^{-1}}$ 时，$\lg K^{\ominus\prime}_{\mathrm{MY}} \geqslant 8$，因此

$$\lg K^{\ominus\prime}_{\mathrm{MY}} = \lg K^{\ominus}_{\mathrm{MY}} - \lg\alpha_{\mathrm{Y(H)}} \geqslant 8$$

即

$$\lg\alpha_{\mathrm{Y(H)}} \leqslant \lg K^{\ominus}_{\mathrm{MY}} - 8 \tag{8-15}$$

将各种金属离子的 $\lg K^{\ominus}_{\mathrm{MY}}$ 代入式(8-15)，即可求出对应的最高 $\lg\alpha_{\mathrm{Y(H)}}$ 值，再从表 8-7 查得与它对应的最低 pH(即最高酸度)。

例如，滴定浓度为 $0.01\mathrm{mol \cdot L^{-1}}$ 的 Zn^{2+} 溶液时，将 $\lg K^{\ominus\prime}_{\mathrm{MY}} = 16.50$ 代入式(8-15) 得

$$\lg\alpha_{\mathrm{Y(H)}} \leqslant 8.5$$

从表 8-7 中可以查到，当 $\lg\alpha_{\mathrm{Y(H)}} \leqslant 8.5$ 时，其相应的 $\mathrm{pH} \geqslant 4.0$，即滴定 Zn^{2+} 允许的最低 pH 值约为 4.0。

将不同的 M-EDTA 配合物的 $K^{\ominus}_{\mathrm{MY}}$ 代入式(8-15)，求得 $\lg\alpha_{\mathrm{Y(H)}}$，查表 8-7，可得到准确滴定某金属离子时所允许的最低 pH 值。以 EDTA 滴定金属离子 M 时所允许的最低 pH 值（最高酸度）对相应的 $\lg K^{\ominus}_{\mathrm{MY}}$ 作图，即可绘出如图 8-6 所示的曲线，此曲线称为酸效应曲线。

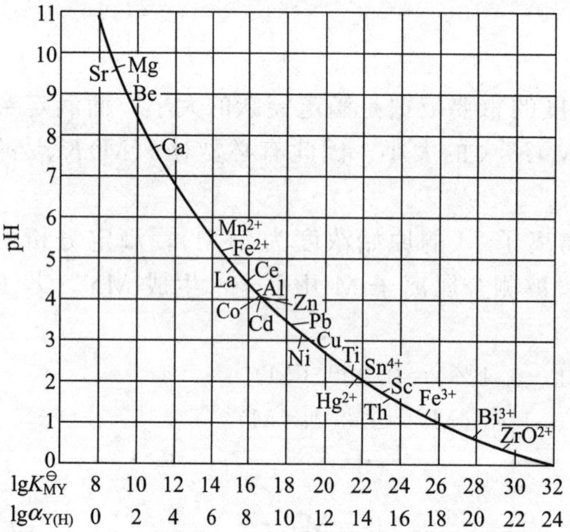

图 8-6 EDTA 的酸效应曲线（金属离子浓度为 $0.01\mathrm{mol \cdot L^{-1}}$）

应用酸效应曲线，可以解决以下问题。

第一，确定某一金属离子单独滴定时，所允许的最低 pH 值。若滴定时溶液的 pH 值低于该值，则配位反应不完全，滴定就无法准确定量。如准确滴定 Fe^{3+} 时，pH 值必须大于它的最低 pH 值 1.2，准确滴定 Cu^{2+} 时，pH 值必须大于它的最低 pH 值 3。

第二，确定在一定 pH 值范围内，哪些离子可被准确滴定，哪些离子对滴定有干扰。例如，从曲线上可以看出，在 pH＝10.0 附近滴定 Mg^{2+} 时，溶液中若存在位于 Mg^{2+} 下方的 Ca^{2+} 或 Mn^{2+} 等离子，就会对滴定有干扰，因为它们均可以同时被滴定。

第三，利用控制酸度的方法，可以在同一溶液中连续滴定几种离子。例如，当溶液中含有 Bi^{3+}、Zn^{2+} 及 Mg^{2+} 时，可以用甲基百里酚蓝作指示剂，在 pH＝1.0 时，用 EDTA 滴定 Bi^{3+}，然后在 pH＝5.0～6.0 时，滴定 Zn^{2+}，最后在 pH＝10.0～11.0 时滴定 Mg^{2+}。

8.4.4 金属指示剂

配位滴定和其他滴定方法一样，确定终点的方法有多种，如指示剂法、电化学法（电位滴定、安培滴定或电导滴定等）、光化学法（光度滴定）等，最常用的是用指示剂指示滴定终点。

(1) 金属指示剂的变色原理

配位滴定中，能与金属离子生成有色配合物而指示滴定过程中金属离子浓度变化的显色剂（多为有机染料、弱酸）称为金属指示剂。

金属指示剂能与金属离子形成与其本身颜色不同的配合物：

$$M + In(甲色) \rightleftharpoons MIn(乙色)$$

滴定开始时，溶液显示 MIn 的颜色（乙色），随着滴定剂的加入，金属离子逐步被滴定，滴定到达化学计量点时，溶液中游离的 M 全部形成配合物，Y 就夺取 MIn 中的 M 使指示剂游离出来，溶液的颜色由乙色变为甲色，指示滴定到达终点。

$$MIn(乙色) + Y \rightleftharpoons MY + In(甲色)$$

现以铬黑 T 为例说明指示剂的变色原理。铬黑 T 在 pH 为 7～10 时显蓝色，以 HIn^{2-} 表示。用 EDTA 滴定 Mg^{2+}，在 pH＝10 的条件下，以铬黑 T 作指示剂。

滴定前，Mg^{2+} 与铬黑 T 反应，形成一种与铬黑 T 本身颜色（蓝色）不同的酒红色配合物。

$$\underset{}{Mg^{2+}} + \underset{蓝色}{HIn^{2-}} \rightleftharpoons \underset{酒红色}{MgIn^{-}} + H^{+}$$

当滴入 EDTA 时，溶液中游离的 Mg^{2+} 逐步与 EDTA 配位，溶液仍显示 $MgIn^{-}$ 的酒红色。当滴定到达化学计量点时，游离的 Mg^{2+} 与 EDTA 配位完全，再加入的 EDTA 就夺取 $MgIn^{-}$ 中的 Mg^{2+} 使铬黑 T 游离出来，溶液由 $MgIn^{-}$ 的酒红色变为游离铬黑 T 的蓝色，从而指示滴定终点。变色过程可用下式表示：

$$H_2Y^{2-} + \underset{酒红色}{MgIn^{-}} \rightleftharpoons MgY^{2-} + \underset{蓝色}{HIn^{2-}} + H^{+}$$

(2) 金属指示剂必须具备的条件

可以与金属离子发生显色反应的有机化合物很多，但是能用作配位滴定指示剂的却不多，这是因为一个合格的金属指示剂要满足以下条件。

① 在滴定的 pH 范围内，金属指示剂配合物 MIn 的颜色与游离指示剂的颜色应有明显的区别。

② 显色反应要灵敏、迅速，并具有良好的变色可逆性。

③ 金属-指示剂配合物 MIn 的稳定性应小于 MY 的稳定性，一般要求 $\lg K'_{MY} - \lg K'_{MIn} > 2$。如果其稳定性太小，则在未到达化学计量点时，指示剂就被释放，溶液过早显示指示剂本身的颜色使滴定终点提前到达；若 MIn 配合物的稳定性过高，当滴定到达终点时，EDTA 难以将指示剂从 MIn 配合物中释放出来，而使滴定终点推迟。

④ 指示剂和金属-指示剂配合物 MIn 都应易溶于水，且指示剂应比较稳定，不易变质。

(3) 使用金属指示剂的注意事项

① 指示剂的封闭现象　某些指示剂能与金属离子生成较 MY 更稳定的配合物，致使滴定反应到达化学计量点时滴入过量 EDTA，仍不能夺取指示剂配合物（MIn）中的金属离子使指示剂 In 释放，溶液仍显示 MIn 的颜色，这种现象称作指示剂的封闭现象。指示剂颜色变化不可逆也可使指示剂封闭。

使指示剂封闭的原因不同，消除封闭的方法也不同。当封闭现象是由干扰离子引起的，可以采用掩蔽的方法消除干扰。例如，以铬黑 T 作指示剂，在 pH＝10.0 时，用 EDTA 滴定 Ca^{2+}、Mg^{2+} 时，Al^{3+}、Fe^{3+}、Ni^{2+} 和 Co^{2+} 对铬黑 T 有封闭作用，这时可加入少量三乙醇胺（掩蔽 Al^{3+} 和 Fe^{3+}）和 KCN（掩蔽 Co^{2+} 和 Ni^{2+}）以消除干扰；如果封闭现象是由被滴定离子本身引起的，一般可用返滴定法予以消除。

② 指示剂的僵化现象　有些指示剂或金属-指示剂配合物（MIn）在水中的溶解度太小，造成终点时滴定剂置换所得游离态指示剂浓度较小，终点颜色变化不明显而使终点拖长；有些 MIn 的稳定性只是稍稍小于 MY，因而使 EDTA 与 MIn 之间的置换反应很慢，终点滞后，或颜色变化不敏锐，这种现象称为指示剂的僵化。这时，可采用加入适当的有机溶剂或

加热的方法增大其溶解度。如用 PAN 作指示剂时，可加入少量甲醇或乙酸，或将溶液适当加热，使指示剂的变色明显。

③ 指示剂的氧化变质现象　大多数金属指示剂是含有双键的有色化合物，易被氧化剂、日光和空气分解；有些指示剂在水溶液中不稳定，久置发生变质。为避免指示剂变质，常加入中性盐类（如 NaCl）配成固体混合物，或加入盐酸羟胺等还原剂配成溶液。

(4) 常用的金属指示剂

配位滴定中，所用的金属指示剂种类很多，表 8-9 列出了几种常用的金属指示剂。

表 8-9　常用金属指示剂

指示剂	使用 pH 范围	颜色变化		直接滴定离子	指示剂配制	封闭指示剂的金属离子
		MIn	In			
铬黑 T(EBT)	7～10	红	蓝	pH=10：Mg^{2+}、Zn^{2+}、Cd^{2+}、Pb^{2+}、Mn^{2+}、稀土	1：100NaCl（或 KNO_3）研磨	Fe^{3+}、Al^{3+}、Cu^{2+}、Ni^{2+}、Co^{2+}、Ti^{4+} 等
钙指示剂	10～13	红	蓝	pH=13：Ca^{2+}	1：100NaCl（或 KNO_3）研磨	
二甲酚橙(XO)	<6	红	黄	pH<1：ZrO^{2+} pH1～3：Bi^{3+}、Th^{4+} pH5～6：Zn^{2+}、Pb^{2+}、Cd^{2+}、Hg^{2+}、稀土	0.5%水溶液	
PAN	2～12	红	黄	pH 2～3：Bi^{3+}、Th^{4+} pH4～5：Cu^{2+}、Ni^{2+}	2%乙醇溶液	
酸性铬蓝 K	8～13	红	蓝	pH=10：Mg^{2+}、Zn^{2+} pH=13：Ca^{2+}	1：100 NaCl（或 KNO_3）研磨	Fe^{3+}、Al^{3+}、Cu^{2+}、Ni^{2+}、Co^{2+} 等
磺基水杨酸		紫红	无色	pH2～3：Fe^{3+}（加热）	2%水溶液	

8.4.5　提高配位滴定选择性的途径

配位滴定中遇到的样品常常是多种金属离子共存，在这样的情况下，EDTA 与金属离子的广泛配位作用，却给配位滴定分析带来了困难。为此，设法提高滴定的选择性就成为配位滴定中的一个重要任务。在配位滴定中，常采用控制溶液的酸度和掩蔽干扰离子等方法来提高滴定的选择性。

8.4.5.1　控制酸度消除干扰

滴定单一金属离子时，只要满足 $\lg[c(M)/c^{\ominus}]K_{MY}^{\ominus\prime}\geqslant 6$，就可以直接准确地进行滴定，此时，滴定误差小于或等于±0.1%。但是当溶液中存在两种以上的金属离子时，情况就比较复杂。根据前面所学知识，我们可以利用不同的金属离子与 EDTA 形成配合物的稳定常数不同，采用控制溶液的酸度，只让被测的一种金属离子形成稳定的配合物，而其他共存金属离子不易配位，这样就避免了干扰，被测金属离子就被准确测定。

【例 8-8】 溶液中 Bi^{3+} 和 Pb^{2+} 同时存在，其浓度均为 $0.01000\text{mol}\cdot\text{L}^{-1}$，试问能否利用控制溶液酸度的方法选择滴定 Bi^{3+}？若可能，试确定在 Pb^{2+} 存在下，准确滴定 Bi^{3+} 的酸度范围。

解： 查表 8-5 得　$\lg K_{BiY}^{\ominus}=27.94$，$\lg K_{PbY}^{\ominus}=18.04$

已知　　$c(Bi^{3+})=c(Pb^{2+})=0.01000\text{mol}\cdot\text{L}^{-1}$

得 $\lg[c(Bi^{3+})/c^{\ominus}]K_{BiY}^{\ominus\prime}-\lg[c(Pb^{2+})/c^{\ominus}]K_{PbY}^{\ominus\prime}=(-2+27.94)-(-2+18.04)=9.90>5$

所以，可以利用控制溶液酸度的方法滴定 Bi^{3+}。从酸效应曲线（图 8-6）可以得到，滴定 Bi^{3+} 的最高酸度为 pH=0.70。

若要使 Pb^{2+} 完全不反应，必须使 $\lg c(Pb^{2+})K_{PbY}^{\ominus\prime}\leqslant 1$

因　$c(Pb^{2+})=0.01000\text{mol}\cdot L^{-1}$，则 $\lg K_{PbY}^{\ominus\prime}\leqslant 3$。

由　$$\lg K_{PbY}^{\ominus\prime}=\lg K_{PbY}^{\ominus}-\lg\alpha_{Y(H)}$$

即　$$\lg K_{PbY}^{\ominus}-\lg\alpha_{Y(H)}\leqslant 3$$

$$\lg\alpha_{Y(H)}\geqslant \lg K_{PbY}^{\ominus}-3=18.04-3=15.04$$

查表 8-7 可知在 $\lg\alpha_{Y(H)}=15.0$ 时溶液的 pH≈1.6

因此，在 Pb^{2+} 存在的情况下选择滴定 Bi^{3+} 的酸度范围是 pH 为 0.7～1.6，在实际测定中一般选择 pH=1.0。

8.4.5.2　掩蔽法消除干扰

常用的掩蔽方法有配位掩蔽法、沉淀掩蔽法和氧化还原掩蔽法。

(1) 配位掩蔽法

利用干扰离子与掩蔽剂形成稳定配合物消除干扰的方法，称为配位掩蔽法。例如，用 EDTA 测定水中的 Ca^{2+}、Mg^{2+} 时，Fe^{3+}、Al^{3+} 等离子对测定有干扰，若在加入 EDTA 前先加入一定量的三乙醇胺，使之与 Fe^{3+}、Al^{3+} 等离子形成稳定的配合物，这样就消除了 Fe^{3+} 和 Al^{3+} 对滴定的干扰。常用的配位掩蔽剂见表 8-10。

表 8-10　配位掩蔽法中常用的掩蔽剂

名称	pH 范围	被掩蔽的离子	备　注
KCN	pH>8	Co^{2+}、Ni^{2+}、Cu^{2+}、Zn^{2+}、Hg^{2+}、Cd^{2+}、Ag^{+} 及铂族元素	剧毒！须在碱性溶液中使用
NH_4F	pH>4	Al^{3+}、Ti(Ⅳ)、Sn^{4+}、Zr^{4+}	
三乙醇胺	pH=10	Al^{3+}、Sn^{4+}、Ti(Ⅳ)、Fe^{3+}	先在酸性溶液中加入三乙醇胺，再调 pH 到碱性
	pH=11～12	Fe^{3+}、Al^{3+} 及少量 Mn^{2+}	
二巯基丙醇	pH=10	Hg^{2+}、Cd^{2+}、Zn^{2+}、Bi^{3+}、Pb^{2+}、Ag^{+}、Sn^{4+}、少量 Cu^{2+}、Co^{2+}、Ni^{2+}、Fe^{3+}	
酒石酸	氨性溶液	Fe^{3+}、Al^{3+}	

配位掩蔽法是用得最多的一种掩蔽方法。使用时应注意以下几点。

a. 干扰离子与掩蔽剂形成的配合物应远比与 EDTA 形成的配合物稳定，并且为无色或浅色物质。

b. 掩蔽剂不与待测离子反应，即使形成配合物，其稳定性也应远小于待测离子与 EDTA 配合物的稳定性。

(2) 沉淀掩蔽法

利用沉淀剂降低干扰离子的浓度，在不分离沉淀的情况下进行滴定的方法，称为沉淀掩蔽法。例如，在 Ca^{2+} 及 Mg^{2+} 共存的溶液中，加入 NaOH 使溶液的 pH>12，Mg^{2+} 形成 $Mg(OH)_2$ 沉淀，不干扰 Ca^{2+} 的滴定。

由于沉淀反应的掩蔽效率低，常伴随“共沉淀现象”影响滴定的准确度，有时沉淀对指示剂的吸附作用影响终点的观察，因此，沉淀掩蔽法不是一种理想的方法。

(3) 氧化还原掩蔽法

利用氧化还原反应改变干扰离子的价态以消除干扰的方法，称为氧化还原掩蔽法。

例如，用 EDTA 滴定 Bi^{3+}、Zr^{4+}、Th^{4+} 等离子，在 pH=1 时，如有 Fe^{3+} 存在，就会干扰滴定。此时，用盐酸羟胺或抗坏血酸将 Fe^{3+} 还原为 Fe^{2+}，就可以消除 Fe^{3+} 的干扰。

8.4.5.3　解蔽法消除干扰

配位滴定中，当要测定混合体系中两种或两种以上金属离子时，可先将一些离子掩蔽而对某种离子进行滴定；其后，加入一种化学试剂使被掩蔽的离子释放出来，再对被释放出来离子进行滴定，这种消除干扰的方法称为解蔽法，所用的化学试剂称为解蔽剂。

例如，用配位滴定法测定铜合金中 Zn^{2+} 和 Pb^{2+} 时，试液用 NH_3 中和，加 KCN 掩蔽 Cu^{2+}、Zn^{2+}，此时 Pb^{2+} 不被 KCN 掩蔽；在 pH=10 时，以铬黑 T 为指示剂，用 EDTA 标准溶液滴定 Pb^{2+}。然后，在滴定 Pb^{2+} 后的溶液中，加入解蔽剂甲醛，以破坏 $[Zn(CN)_4]^{2-}$ 释放出 Zn^{2+}，再用 EDTA 滴定 Zn^{2+}，$[Cu(CN)_4]^{2-}$ 不能被甲醛或三氯乙醛解蔽，所以，不干扰 Zn^{2+} 的滴定。

$$[Zn(CN)_4]^{2-} + 4HCHO + 4H_2O \xlongequal{} Zn^{2+} + \underset{\text{羟基乙腈}}{4H_2C(OH)CN} + 4OH^-$$

8.5 配位滴定的方式和应用

8.5.1 配位滴定的方式

8.5.1.1 直接滴定法

直接滴定法是配位滴定中的基本方法。这种方法是将试样处理成溶液后，调节至所需的酸度，用 EDTA 直接滴定被测离子。直接法引入的误差较小，操作简便、快速。只要金属离子与 EDTA 的配位反应能满足直接滴定的要求，应尽可能采用直接滴定法。

8.5.1.2 返滴定法

返滴定法是在适当的酸度下，向试液中加入定量且过量的 EDTA 标准溶液，加热（或不加热）使待测离子与 EDTA 配位完全，然后调节溶液的 pH，加入指示剂，以适当的金属离子标准溶液作为返滴定剂滴定过量的 EDTA。

返滴定法适用于无合适的指示剂、配位反应速率缓慢以及被测离子在滴定的 pH 下易发生水解等副反应而影响滴定的情况。如测定 Al^{3+} 时，Al^{3+} 与 EDTA 配位反应的速率缓慢，对二甲酚橙、铬黑 T 等指示剂有封闭作用；在酸度不高时，Al^{3+} 还易发生一系列水解反应，故 Al^{3+} 不能直接滴定，可用返滴定法测定。即先在试液中加入定量且过量的 EDTA 标准溶液，调节 pH=3.5，煮沸以加速 Al^{3+} 与 EDTA 的反应。冷却后，调节 pH 至 5～6，以二甲酚橙为指示剂，用 Zn^{2+} 标准溶液滴定过量的 EDTA。

8.5.1.3 置换滴定法

配位滴定中用到的置换滴定法有下列两种。

（1）置换出金属离子

例如，Ag^+ 与 EDTA 配合物不够稳定（$\lg K^{\ominus}_{AgY}=7.3$），$Ag^+$ 不能用 EDTA 直接滴定。若在 Ag^+ 试液中加入过量的 $[Ni(CN)_4]^{2-}$，则会发生如下置换反应：

$$2Ag^+ + [Ni(CN)_4]^{2-} \longrightarrow 2[Ag(CN)_2]^- + Ni^{2+}$$

此反应的平衡常数 $\lg K^{\ominus}=10.9$，反应进行得比较完全。在 pH=10 的氨性溶液中，以紫脲酸铵为指示剂，用 EDTA 滴定置换出的 Ni^{2+}，即可求得 Ag^+ 含量。

（2）置换出 EDTA

利用另一种选择性高的配位剂 L，将被测定的金属离子 M 从它的 EDTA 配合物中夺取出来，置换释放出与 M 等物质的量的 EDTA，再用其他金属离子 N 的标准溶液滴定释放出来的 EDTA。

$$MY + L \rightleftharpoons ML + Y$$

$$N + Y \rightleftharpoons NY$$

例如，测定锡-铅焊料中锡、铅含量，试样溶解后加入一定量并过量的 EDTA，煮沸，冷却后用六亚甲基四胺调节溶液 pH 至 5～6，以二甲酚橙作指示剂，用 Pb^{2+} 标准溶液滴定 Sn^{4+} 和 Pb^{2+} 的总量。然后加入过量的 NH_4F，置换出 SnY 中的 EDTA，再用 Pb^{2+} 标准溶液滴定，即可求得 Sn^{4+} 的含量。

置换滴定法不仅能扩大配位滴定法的应用范围，还可以提高配位滴定法的选择性。

8.5.1.4　间接滴定法

有些离子（如 Li^+、Na^+、K^+）与 EDTA 的配合物稳定性小，有些离子（如 SO_4^{2-}、PO_4^{3-}、CN^-、Cl^- 等阴离子）不与 EDTA 配位，可采用间接滴定法测定它们的含量。

例如，K^+ 可以沉淀为 $K_2NaCo(NO_2)_6 \cdot 6H_2O$，将沉淀过滤溶解后，用 EDTA 标准溶液滴定其中的 Co^{2+}，就可间接测出 K^+ 含量。又如，PO_4^{3-} 可沉淀为 $MgNH_4PO_4 \cdot 6H_2O$，将沉淀过滤用盐酸溶解，调节 pH 后，用 EDTA 标准溶液滴定溶液中的 Mg^{2+}，即测得 PO_4^{3-} 的含量。

8.5.2　配位滴定法的应用

（1）水的硬度的测定

含有较多钙盐和镁盐的水称为硬水。水的总硬度就是水中 Ca^{2+}、Mg^{2+} 的总量，它是表示水质的一个重要指标。测定水的硬度就是测定水中 Ca^{2+}、Mg^{2+} 的含量。水的硬度有多种表示方法。

① 将水中 Ca^{2+}、Mg^{2+} 含量均折合为 CaO，以每升水中含 10mg CaO 的量称为 1°(德国度)。

② 将水中 Ca^{2+}、Mg^{2+} 含量均折合为 $CaCO_3$，以每升水中所含 $CaCO_3$ 的质量表示，单位为 $mg \cdot L^{-1}$；或直接以 $CaCO_3$ 的物质的量浓度表示。

水的硬度按德国度划分时，把小于 4°的水称为很软的水，4°～8°的称为软水，8°～16°的称为中等硬水，16°～32°的称为硬水，大于 32°的称为超硬水。生活用水的总硬度一般不超过 25°。

水的总硬度一般采用配位滴定法测定。

测定 Ca^{2+}、Mg^{2+} 总量时，量取一定体积（50～100mL）的水样，用缓冲溶液调节溶液的 pH 为 10，以铬黑 T 为指示剂，用 EDTA 标准溶液滴定。

水的总硬度可由 EDTA 标准溶液的浓度 c(EDTA) 和消耗的体积 V(EDTA) 来计算，计算公式为：

$$水的硬度=\frac{c(\mathrm{EDTA})V(\mathrm{EDTA})M(\mathrm{CaCO_3})}{V(水样)}\times 1000(\mathrm{mg \cdot L^{-1}})$$

$$水的硬度=\frac{c(\mathrm{EDTA})V(\mathrm{EDTA})M(\mathrm{CaO})}{V(水样)}\times 100(度)$$

（2）含钙药物中钙含量的测定

钙制剂中钙的含量，常采用 EDTA 法直接进行测定。如测定葡萄糖酸钙时，准确称取葡萄糖酸钙 2g 左右，加 $6mol \cdot L^{-1}$ HCl 溶液 5mL，加热溶解完全。待冷却后，定量转移到 250mL 容量瓶中，用水稀释至刻度，摇匀。用移液管移取上述试液 25.00mL 放入锥形瓶中，加 5mL 三乙醇胺溶液、5mL $5mol \cdot L^{-1}$ NaOH 和 25mL 水，摇匀，加指示剂铬蓝黑 R3～4 滴，用 $0.01000mol \cdot L^{-1}$ EDTA 标准溶液滴定至溶液由红色变为蓝色，即为终点，记下消耗的 EDTA 的体积。根据消耗的 EDTA 体积，计算出钙的质量分数或每片中钙的含量（g·片$^{-1}$）。

滴定终点：　$CaIn^- + HY^{3-} \rightleftharpoons CaY^{2-} + HIn^{2-}$

$$w[(C_6H_{11}O_7)_2Ca\cdot H_2O]=\frac{c(EDTA)V(EDTA)M[(C_6H_{11}O_7)_2Ca\cdot H_2O]}{m(\text{试样})}$$

【知识拓展】

抗癌配合物——顺铂

金属铂与人类的历史可以追溯到18世纪，当时因为其化学性质不活泼而被科学家用作惰性电极。直到1965年Barnett Rosenberg发现了顺铂对细胞增殖的抑制作用，铂才逐渐以抗癌药物的角色进入人们的视线范围，并且在经过临床试验后于1978年经FDA（美国食品药品管理局）批准成为临床使用的第一代铂类抗癌药物，其具有结构简单、机理明确、低毒等优点，成功掀起了人们对铂类药物研究的热潮。可以说顺铂开启了铂类抗癌药物的先河，为人类战胜癌症提供了一个崭新的方向。

1. 顺铂的发现

早在1844年，顺铂就由M. Peyrone成功合成，但是直到1965年，才被Barnett Rosenberg发现它的生物作用。Barnett Rosenberg是一位物理学家，一次工作调动使他参与到建设生物物理系的工作中，他将物理学知识运用到生物实验中，发现了它的生物作用。经过Barnett Rosenberg和一些化学家、生物学家的共同努力，终于证明了顺铂对细胞繁殖有抑制作用。可以说，顺铂是不同学科之间思维碰撞出的火花。

顺铂，即顺式二氯二氨合铂(Ⅱ)，Pt^{2+}最外层电子排布是$3d^8$，以dsp^2杂化形成平面四边形结构，是一种棕黄色粉末，密度为$3.7g\cdot cm^{-3}$，微溶于水，结构见上图。常与其他细胞毒性药物联合用于治疗睾丸癌、卵巢癌、子宫内膜癌、宫颈癌、膀胱癌、颈部癌、胃肠癌、肺癌等。

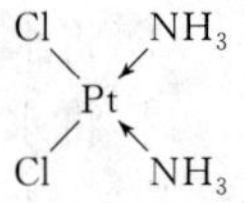

顺铂

1995年WHO（世界卫生组织）对上百种治癌药物进行排名，顺铂的综合评价（疗效、市场等）位居第2位，并且因其在癌症中的广泛使用被称为“癌症青霉素”，尤其是在治疗睾丸癌和卵巢癌方面，其初期治愈率分别为100%以及85%左右。

2. 顺铂及其衍生物抑癌作用的分子机理

通常细胞的胞浆比核浆的亲水性（或离子强度）要大，新生细胞或干细胞（当然包括各种癌细胞）的胞浆远比各种已经分化的老的功能性细胞的亲水性要强。顺铂属于水溶性无机化合物，因此，当静脉注射后它最容易被癌细胞或干细胞吸收。由于其亲水性会使得它从胞浆进入核浆变得更为困难一些。不过，利用细胞分裂周期中核膜消失期间混入核内是最好的机会。因此顺铂对几乎不再分裂的功能性组织细胞的毒性影响很小，而对具有旺盛分裂能力的组织表现出的毒性比较明显，例如造血细胞、生发细胞等。

构成DNA的四种碱基都是平面形分子，所以发生抑癌作用的是基于顺铂及其衍生物的平面四边形的分子结构。顺铂能掺构于成梯形双股DNA分子的螺旋链的碱基配对。它的氨分子能提供与碱基形成氢键的氢原子，尤其是与嘌呤碱基以氢键的结合。但已经与铂配位的每个氯离子的其余三个电子对，都塌缩于氯原子的近旁，不易变形伸出，当然也就不易接受近似质子化的氢原子而形成氢键。也就是说顺铂四边形的一边的两个氨很容易与嘌呤碱形成氢键，而另一边的两个氯原子却难以与碱基形成氢键。因此，顺铂及其衍生物的掺构，破坏了正常的双股DNA的碱基配对，起到了拆对解旋的作用。

顺铂掺构于DNA后主要在股内形成Pt-d（GpG）加合物，也有少量的Pt-d（ApG）、Pt-d（GpXpG）被发现，但发生股间的Pt-G-G横连的情况更少。另外需要指出的是，顺铂几乎不与嘧啶碱基结合。

根据细胞周期检查站的工作原理，顺铂掺构于双股DNA后，发生拆对解旋作用，形成未能碱基配对的单股 DNA 片段，从而使细胞不能进入 DNA 的合成期（S 期）。将细胞阻止于 G1 期，自然就起到了抑癌作用。

3. 顺铂的应用前景

顺铂作为铂类抗癌药物的先驱，为后人对癌症治疗的研究开拓了新道路——从 DNA 的角度出发，针对癌细胞的无限繁殖性来抑制癌细胞增长。而后人对铂类药物的创新性发展，使得铂类药物种类越来越多，特异性治疗的效果相较于顺铂有了明显进步，越来越贴合癌症患者的需求。我们有理由相信，随着对抗癌药物研究的不断深入，会获得具有更好疗效、更低毒副作用的新型铂类抗癌药物，为癌症患者带来生命的曙光。

本章小结

1. 配合物、中心离子、配位体、配位原子、配位数及配离子的电荷等基本概念。

2. 配合物的命名遵循无机化合物的命名规则：某化某、某酸某、某酸等。

配离子的命名规则：配体数（中文数字）＋配体名称＋合＋中心离子（原子）名称＋氧化数（在括号内用罗马数字注明），中心原子的氧化数为零时可以不标明，若配体不止一种，不同配体之间以“·”分开。

配体命名次序：①先无机配体，再有机配体。其中，先命名阴离子再中性分子。②同类配体，按配位原子元素符号的英文字母顺序先后命名。

3. 价键理论要点，外轨型配合物与内轨型配合物，配位化合物的空间构型：直线型（sp 杂化）、平面正方形（dsp^2 杂化）、正四面体（sp^3 杂化）、正八面体（sp^3d^2 或 d^2sp^3 杂化）。

4. 配位平衡稳定常数：对于

$$Cu^{2+} + 4NH_3 \underset{解离}{\overset{配合}{\rightleftharpoons}} [Cu(NH_3)_4]^{2+}$$

$$K_f^{\ominus} = \frac{c\{[Cu(NH_3)_4]^{2+}\}}{c(Cu^{2+})c^4(NH_3)}$$

条件稳定常数：$\lg K_{MY}^{\ominus\prime} = \lg K_{MY}^{\ominus} - \lg\alpha_{M(L)} - \lg\alpha_{Y(H)}$

5. 影响滴定突跃的因素：①浓度一定，条件稳定常数越大，突跃越大。②条件稳定常数一定，浓度越大，突跃越大。

6. 单一金属离子准确滴定的条件：$\lg c(M)K_{MY}^{\ominus\prime} \geqslant 6$

7. EDTA 的酸效应曲线：以金属离子 $\lg K_{MY}^{\ominus}$ 值和相应的 $\lg\alpha_{Y(H)}$ 值对最低 pH 值作图所得曲线。

8. 金属指示剂的变色原理。

9. 水的硬度计算公式：

$$水的硬度 = \frac{c(EDTA)V(EDTA)M(CaCO_3)}{V(水样)} \times 1000(mg \cdot L^{-1})$$

$$水的硬度 = \frac{c(EDTA)V(EDTA)M(CaO)}{V(水样)} \times 100(度)$$

习题

1. 命名下列配合物，指出中心离子、配体、配位原子、配位数和配离子所带电荷。

配合物	名　称	中心离子	配　体	配位原子	配位数	配离子所带电荷
$H_2[SiF_6]$						

续表

配合物	名　称	中心离子	配　体	配位原子	配位数	配离子所带电荷
$Na_3[Ag(S_2O_3)_2]$						
$[Zn(OH)(H_2O)_3]NO_3$						
$[CoCl_2(NH_3)_3(H_2O)]Cl$						
$[Cu(NH_3)_4][PtCl_4]$						
$(NH_4)_2[FeCl_5(H_2O)]$						
$NH_4[Cr(NCS)_4(NH_3)_2]$						
$[Co(en)_3]_2(SO_4)_3$						
$[Ni(CO)_4]$						

2. 填空

(1) 由于酸度影响M-EDTA的稳定性，为了衡量配合物的实际稳定性，引入（　　），它与$K^{\ominus}_{MY}$的关系为（　　），反映了配合物的实际（　　）。

(2) 配位滴定的最低pH值可利用关系式（　　）和（　　）曲线求出。反映pH与$\lg K^{\ominus}_{MY}$关系的曲线称为（　　）曲线，利用它可方便地确定滴定待测离子时的最低pH值。

(3) 对于有M、N两种金属离子共存的混合溶液，若想以EDTA滴定其中的M离子，而N离子不产生干扰（误差小于或等于±0.1%），则必须满足（　　）及（　　）条件。

(4) 配位滴定中常用的掩蔽方法有（　　）、（　　）和（　　）。

3. 解释下列名词

(1) 内界与外界

(2) 配离子与配分子

(3) 配位体与配位原子

(4) 单齿配体与多齿配体

(5) 内轨配合物和外轨配合物

(6) 螯合物与螯合效应

4. 简要回答下列问题。

(1) 配合物中内界与外界之间、中心离子与配体之间各存在哪种化学键？

(2) 什么是金属指示剂？简述金属指示剂的变色原理。

(3) 什么是酸效应和酸效应系数？

(4) 酸效应曲线有什么应用？

(5) 为什么在配位滴定中必须控制溶液的酸度？

5. 通过计算判断下列反应进行的方向。

(1) $[Zn(NH_3)_4]^{2+} + S^{2-} \rightleftharpoons ZnS\downarrow + 4NH_3$

(2) $[Cu(NH_3)_4]^{2+} + Zn^{2+} \rightleftharpoons [Zn(NH_3)_4]^{2+} + Cu^{2+}$

(3) $[Hg(NH_3)_4]^{2+} + Y^{4-} \rightleftharpoons [HgY]^{2-} + 4NH_3$

6. 已知有两种钴的配合物，它们具有相同的分子式$Co(NH_3)_5BrSO_4$，它们的区别在于：在第一种配合物的溶液中加氯化钡溶液有白色硫酸钡沉淀生成，加硝酸银溶液没有沉淀；而第二种配合物的溶液与之相反，写出这两种钴配合物的化学式，并指出钴的配位数和氧化值。

7. 已知Zn^{2+}在水溶液中能与NH_3形成锌氨配离子，Zn^{2+}的配位数为4，以$[Zn(NH_3)_4]^{2+}$为例，推导出累积稳定常数和逐级稳定常数的关系。

8. 在1.0L水中加入1.0mol $AgNO_3$和2.0mol氨（设溶液无体积变化）。

(1) 计算溶液中各组分的浓度。

(2) 加入硝酸使配离子解离99%时，溶液的pH为多少？[$K^{\ominus}_f = 1.2\times10^7$，$K^{\ominus}_b(NH_3) = 1.8\times10^{-5}$]

[$2.8\times10^{-3}mol\cdot L^{-1}$，$5.6\times10^{-3}mol\cdot L^{-1}$，$1.0mol\cdot L^{-1}$；pH=4.43]

9. 若在含有 $2.0mol\cdot L^{-1}$ NH_3 的 $0.10mol\cdot L^{-1}$ $[Ag(NH_3)_2]^+$ 溶液中加入少量 NaCl 晶体，使 NaCl 浓度达到 $0.0010mol\cdot L^{-1}$ 时，有无 AgCl 沉淀生成？

[没有 AgCl 沉淀生成]

10. 在 $0.30mol\cdot L^{-1}$ $[Cu(NH_3)_4]^{2+}$ 溶液中，加入等体积的 $0.20mol\cdot L^{-1}$ NH_3 和 $0.02mol\cdot L^{-1}$ NH_4Cl 的混合溶液，问能否产生 $Cu(OH)_2$ 沉淀？

[能产生沉淀]

11. 向 $0.10mol\cdot L^{-1}$ $[Ag(NH_3)_2]^+$、$0.10mol\cdot L^{-1}$ Cl^- 和 $5.00mol\cdot L^{-1}$ $NH_3\cdot H_2O$ 溶液中滴加 HNO_3 至恰好有白色沉淀生成，近似计算此时溶液的 pH（忽略体积的变化）？

[9.17]

12. 有一 EDTA 标准溶液，其浓度为 $0.01000mol\cdot L^{-1}$，问 1mL EDTA 溶液相当于：①Zn；②MgO；③Al_2O_3 各多少毫克？

[0.65mg，0.40mg，1.02mg]

13. 试求用 EDTA 准确滴定浓度为 $0.01mol\cdot L^{-1}$ Fe^{3+} 溶液的最低 pH。

[pH=1.3]

14. 配位滴定中测定 Ca^{2+}、Mg^{2+} 时为什么要加入三乙醇胺？具体操作中是先调 pH，还是先加入三乙醇胺？为什么？

15. 若将 $0.020mol\cdot L^{-1}$ EDTA 与 $0.010mol\cdot L^{-1}$ $Mg(NO_3)_2$ 等体积混合，问在 pH=9.0 时溶液中游离 Mg^{2+} 的浓度是多少？

[$3.98\times10^{-8}mol\cdot L^{-1}$]

16. 称取 0.1005g 纯 $CaCO_3$，溶解后用容量瓶配成 100.0mL 溶液，吸取 25.00mL，在 pH>12 时，用钙指示剂指示终点，用 EDTA 溶液滴定，用去 24.90mL。试计算 EDTA 溶液的浓度。

[$0.01008mol\cdot L^{-1}$]

17. 在 pH=10.0 时，用 $0.01000mol\cdot L^{-1}$ EDTA 溶液滴定 20.00mL $0.01000mol\cdot L^{-1}$ Ca^{2+}，计算滴定至化学计量点时的 pCa。

[pCa=6.27]

18. 用下列基准物质标定 $0.02mol\cdot L^{-1}$ EDTA 溶液，若使 EDTA 标准溶液的体积消耗在 30mL 左右，分别计算下列基准物的称量范围。

（1）纯 Zn 粒；（2）纯 $CaCO_3$；（3）纯 Mg 粉；

[39mg，60mg，14.4mg 左右]

19. 称取含 Fe_2O_3 和 Al_2O_3 的试样 0.2000g，将其溶解，在 pH=2.0 的热溶液中（50℃左右），以磺基水杨酸为指示剂，用 $0.02000mol\cdot L^{-1}$ EDTA 标准溶液滴定试样中的 Fe^{3+}，用去 18.16mL。然后将试液调至 pH=3.5，加入上述 EDTA 标准溶液 25.00mL，并加热煮沸。再调试液 pH=4.5，以 PAN 为指示剂，趁热用 $CuSO_4$ 标准溶液（每毫升含 $CuSO_4\cdot 5H_2O$ 0.005000g）返滴定，用去 8.12mL。计算试样中 Fe_2O_3 和 Al_2O_3 的质量分数。

[14.50%，16.68%]

20. 今有 100.00mL $0.010mol\cdot L^{-1}$ Zn^{2+} 溶液，欲使其中 Zn^{2+} 浓度降至 $10^{-9}mol\cdot L^{-1}$，问需向溶液中加入固体 KCN 多少克？已知 $K^{\ominus}_{[Zn(CN)_4]^{2-}}=5.0\times10^{16}$，$M(KCN)=65.12g\cdot mol^{-1}$。

[0.29g]

21. 在 50.00mL $0.02mol\cdot L^{-1}$ 的 Ca^{2+} 溶液中，加入 25.00mL $0.04mol\cdot L^{-1}$ EDTA 溶液并稀释到 100mL，若溶液的 pH=12，溶液中 Ca^{2+} 的浓度为多少？

[$1.4\times10^{-7}mol\cdot L^{-1}$]

22. 某药物片剂内含 $CaCO_3$、MgO 和 $MgCO_3$ 及其他填充剂，现取上述片剂 15 片，总质量为 11.0775g，将其溶解定容至 500.00mL，从中取 20.00mL，在一定 pH 条件下以铬黑 T 为指示剂，用浓度为 $0.01251mol\cdot L^{-1}$ 的 EDTA 标准溶液滴定耗去 21.20mL，计算试样中 Ca、Mg 总的质量分数（以 MgO）。

[2.41%]

23. 称取 0.5000g 煤试样，灼烧并使其中的硫完全氧化为 SO_4^{2-}。将其处理成溶液，除去重金属离子后，加入 0.05000mol·L^{-1} $BaCl_2$ 溶液 20.00mL，使之生成 $BaSO_4$ 沉淀。过量的 Ba^{2+} 用 0.02500mol·L^{-1} EDTA 溶液滴定，用去 20.00mL。计算煤中硫的质量分数。

[3.21%]

24. 分析含铜、锌、镁合金时，称取 0.5000g 试样，溶解配成 100.00mL 溶液，吸取 25.00mL，调 pH＝6，用 PAN 作指示剂，用 0.05000mol·L^{-1} EDTA 标准溶液滴定铜和锌，用去 37.30mL。另外又吸取 25.00mL 试液，调至 pH＝10，加 KCN，以掩蔽铜和锌。用同浓度的 EDTA 溶液滴定镁，用去 4.10mL。然后再滴加甲醛以解蔽锌，又用同浓度 EDTA 溶液滴定锌，用去 13.40mL。计算试样中铜、锌、镁的质量分数。

[w(Cu)＝60.75%，w(Zn)＝35.05%，w(Mg)＝3.99%]

25. 吸取水样 100.00mL，用 0.01000mol·L^{-1} EDTA 溶液测定硬度，消耗 EDTA 溶液 8.50mL，计算水的硬度：①用 mg·L^{-1} $CaCO_3$ 表示；②用硬度度数表示。

[85mg·L^{-1}，4.76°]

（编写人：杜西刚）

第 9 章　氧化还原反应及氧化还原滴定

氧化还原反应是化学反应的基本类型之一，氧化还原反应存在于人类生产生活的方方面面。与酸碱反应和沉淀反应不同，氧化还原反应过程中有电子的转移，从而引起元素氧化数的变化。这类反应对于新物质的制备、获取化学热能和电能都有重要意义。本章主要讨论有关氧化还原反应的基本知识，在此基础上，判断氧化还原反应的方向、程度，并应用于滴定分析。

9.1　氧化还原反应基本知识

9.1.1　氧化数

氧化数（又叫氧化值，oxidation number）是一个人为的概念，是某元素一个原子的表观电荷数。这种表观电荷数是假设把每个化学键中的电子指定给电负性较大的原子而求得。它主要用于描述物质的氧化或还原状态，并用于氧化还原反应方程式的配平。

20 世纪 70 年代初，国际纯粹化学和应用化学联合会（IUPAC）为规范氧化数概念并区别于化合价，在《无机化学命名法》中对氧化数计算规则给予明确定义。元素的氧化数可按以下规则确定。

① 单质中元素的氧化数为零。这是因为成键电子的电负性相同，共用电子对不能指定给任何一方。

② 在单原子离子中，元素的氧化数等于离子所带的电荷数；在多原子离子中，各元素原子的氧化数代数和等于离子所带的电荷数。

③ 在中性分子中，各元素氧化数代数和等于零。

④ 氢在化合物中的氧化数一般为＋1，而在与活泼金属生成的离子氢化物（如 NaH、CaH_2）中为－1；氧在化合物中的氧化数一般为－2，而在过氧化物（如 H_2O_2、Na_2O_2 等）中为－1，在超氧化物（如 KO_2）中为－1/2。

【例 9-1】 计算下列物质中带＊元素的氧化数。

$$H_2S^*O_4、S_2^*O_3^{2-}、S_4^*O_6^{2-}、Mn^*O_4^-、Fe_3^*O_4$$

解： 根据分子或离子的总电荷数等于各元素氧化数的代数和，设带＊元素的氧化数为 x。

$H_2S^*O_4$	$2\times(+1)+x+4\times(-2)=0$	$x=+6$
$S_2^*O_3^{2-}$	$2x+3\times(-2)=-2$	$x=+2$
$S_4^*O_6^{2-}$	$4x+6\times(-2)=-2$	$x=+2.5$
$Mn^*O_4^-$	$x+4\times(-2)=-1$	$x=+7$
$Fe_3^*O_4$	$3x+4\times(-2)=0$	$x=+8/3$

9.1.2　氧化还原反应与氧化还原电对

（1）氧化与还原

凡在化学反应中，反应前后元素的氧化数发生改变的反应称为氧化还原反应。氧化数升高的过程称为氧化（oxidation），氧化数降低的过程称为还原（reduction）。氧化反应和还原反应是对立统一的关系。氧化和还原是矛盾的两个根本属性，矛盾双方相互依存，互为条件，任何矛盾的对立双方都不能单独存在，而是在一定条件下，各以自己的对立面作为自己存在的前提，如果没有对方，它自己也将不会存在。氧化和还原共处于一个统一体中，一种元素的氧化数升高，必有另一种元素的氧化数降低，且氧化数升高与氧化数降低相等。例如

氧化数降低，还原

$$\overset{+2}{Cu}O + \overset{0}{H_2} \rightleftharpoons \overset{0}{Cu} + \overset{+1}{H_2}O$$

氧化数升高，氧化

在氧化还原反应中，元素的氧化数发生改变的实质是反应过程中这些原子有电子的得失（包括电子对的转移）。氧化是失去电子的变化，还原是得到电子的变化。反应中失去电子、氧化数升高的物质是还原剂，得到电子、氧化数降低的物质是氧化剂。

常见的氧化剂一般是活泼的非金属单质和一些高氧化数元素的化合物。常见的还原剂一般是活泼的金属和低氧化数元素的化合物，处于中间氧化数的物质在不同的条件下，有时作为氧化剂，有时作为还原剂。例如

$$H_2O_2 + 2Fe^{2+} + 2H^+ \rightleftharpoons 2Fe^{3+} + 2H_2O$$　（H_2O_2 作氧化剂，O 的氧化数从 -1 变为 -2）

$$H_2O_2 + Cl_2 \rightleftharpoons 2HCl + O_2$$　（H_2O_2 作还原剂，O 的氧化数从 -1 变为 0）

表 9-1 列出了一些常见的氧化剂、还原剂以及在酸性条件下的反应产物。

表 9-1　常见的氧化剂、还原剂

氧化剂	还原产物	还原剂	氧化产物
活泼非金属单质		活泼金属单质	
X_2（卤素）	X^-（卤离子）	M（Na、Mg、Al）等	M^{n+}（Na^+、Mg^{2+}、Al^{3+}）等
O_2	H_2O 或氧化物		
氧化物或过氧化物		某些非金属单质	
MnO_2	Mn^{2+}（H^+）	H_2	H^+
PbO_2	Pb^{2+}	C（高温）	CO_2
H_2O_2	H_2O	氧化物、过氧化物	
含氧酸及其盐		CO	CO_2
浓 H_2SO_4	SO_2	SO_2	SO_3（或 SO_4^{2-}）
浓 HNO_3	NO_2	H_2O_2	O_2
稀 HNO_3	NO	氢化物	
H_2SO_3	S	H_2S 或（S^{2-}）	S（或 SO_4^{2-}）
$NaNO_2$	NO	HX（或 X^-）	X_2（X=Cl、Br、F）
$(NH_4)_2S_2O_8$	SO_4^{2-}	含氧酸及其盐	
NaClO	Cl^-	H_2SO_3	SO_4^{2-}
$KMnO_4$（H^+）	Mn^{2+}	$NaNO_2$	NO_3^-
$K_2Cr_2O_7$	Cr^{3+}	低氧化态金属离子	
$NaBiO_3$	Bi^{3+}	Fe^{2+}	Fe^{3+}
高氧化态金属离子		Sn^{2+}	Sn^{4+}
Sn^{4+}	Sn^{2+}		
Fe^{3+}	Fe^{2+}		
Ce^{4+}	Ce^{3+}		

氧化数的升高和降低发生在同一物质内不同元素上的反应称为自身氧化还原反应。如反应：

$$2KClO_3 \rightleftharpoons 2KCl + 3O_2$$

$KClO_3$ 物质中，氯的氧化数由＋5 降为－1，氧的氧化数由－2 升为 0。$KClO_3$ 既是氧化剂又是还原剂。氧化数的升高和降低发生在同一物质内同一元素上的氧化还原反应称为歧化反应。如 Cu^+ 在水溶液中的反应：

$$2Cu^+ \rightleftharpoons Cu + Cu^{2+}$$

（2）氧化还原电对

在氧化还原反应中，氧化剂与它的还原产物、还原剂与它的氧化产物组成的电对，称为氧化还原电对。例如下列反应中，存在两个电对：Fe^{3+}/Fe^{2+} 和 I_2/I^-。

$$2Fe^{3+} + 2I^- \rightleftharpoons 2Fe^{2+} + I_2$$

在氧化还原电对中，氧化数较高者称为氧化型（如 Fe^{3+}、I_2），氧化数较低者称为还原型（如 Fe^{2+}、I^-），氧化型物质在左侧，还原型物质在右侧，中间用“/”隔开。电对中氧化型与还原型之间存在着共轭关系，如：

$$\text{氧化型} + ne^- \rightleftharpoons \text{还原型}$$

$$Fe^{3+} + e^- \rightleftharpoons Fe^{2+}$$

$$I_2 + 2e^- \rightleftharpoons 2I^-$$

在氧化还原反应中，电对物质的共轭关系式称为氧化还原半反应，如：

Cu^{2+}/Cu	$Cu^{2+} + 2e^- \rightleftharpoons Cu$
S/S^{2-}	$S + 2e^- \rightleftharpoons S^{2-}$
H_2O_2/OH^-	$H_2O_2 + 2e^- \rightleftharpoons 2OH^-$
MnO_4^-/Mn^{2+}	$MnO_4^- + 8H^+ + 5e^- \rightleftharpoons Mn^{2+} + 4H_2O$

由上面的氧化还原半反应可以看出，电对中氧化型物质得电子，在反应中作氧化剂；还原型物质失电子，在反应中作还原剂。氧化型物质的氧化能力与还原型物质的还原能力存在与共轭酸碱强弱相似关系，即氧化型物质的氧化能力强，对应的还原型物质的还原能力弱；氧化型物质的氧化能力弱，对应的还原型物质的还原能力强；如 MnO_4^-/Mn^{2+} 电对中，MnO_4^- 氧化能力强，是强氧化剂；而 Mn^{2+} 是弱还原剂，还原能力弱。再如 Zn^{2+}/Zn 电对中，Zn 是强还原剂，Zn^{2+} 是弱氧化剂。

同一种物质在不同的电对中可表现出不同的氧化还原性质。如 Fe^{2+} 在 Fe^{3+}/Fe^{2+} 电对中为还原型，反应中作还原剂；在 Fe^{2+}/Fe 电对中为氧化型，反应中作氧化剂。这说明物质的氧化还原能力的大小是相对的。有些物质与强氧化剂作用时，表现出还原性；与强还原剂作用时，表现出氧化性。如 H_2O_2 与 $KMnO_4$ 作用时表现出还原性，水溶液中的反应如下：

$$2MnO_4^- + 5H_2O_2 + 6H^+ \rightleftharpoons 2Mn^{2+} + 5O_2 + 8H_2O$$

当 H_2O_2 与 KI 作用时，表现出氧化性，其反应为

$$H_2O_2 + 2I^- + 2H^+ \rightleftharpoons 2H_2O + I_2$$

9.1.3　氧化还原反应方程式的配平

氧化还原反应是一类比较复杂的反应，介质中的酸、碱、水往往也要参加反应，反应中涉及的物质较多，方程式的配平往往很难直接看出来，但根据反应中氧化剂和还原剂氧化数变化相等的原则和得失电子数相等的原则，可使方程式配平。前者叫氧化数法，后者叫离子-电子法。

（1）氧化数法

用此方法配平氧化还原方程式的具体步骤如下。

① 写出基本反应式，即写出反应物和它们的主要产物。例如，$KMnO_4$ 和 HCl 的反应

$$KMnO_4 + HCl \longrightarrow MnCl_2 + Cl_2$$

② 标出反应中氧化数发生变化的元素（氧化剂、还原剂）的氧化数及其变化值。

$$\overset{2-7=-5}{}$$

$$\overset{+7}{K\text{Mn}}O_4 + H\overset{-1}{Cl} \longrightarrow \overset{+2}{\text{Mn}}Cl_2 + \overset{0}{Cl_2}$$

$$2\times[0-(-1)]=+2$$

③ 按最小公倍数即“氧化剂氧化数降低总和等于还原剂氧化数升高总和”原则。在氧化剂和还原剂分子式前面乘以适当的系数。

氧化数降低 $2-7=-5$

氧化数升高 $2\times[0-(-1)]=+2$

2 与 5 的最小公倍数为 10

④ 配平方程式中其他元素的原子数。

$$2KMnO_4+16HCl \longrightarrow 2MnCl_2+5Cl_2+2KCl+8H_2O$$

⑤ 检查方程式两边是否配平。将箭头改为可逆符号，得到配平的化学方程式。

$$2KMnO_4+16HCl \rightleftharpoons 2MnCl_2+5Cl_2+2KCl+8H_2O$$

(2) 离子-电子法

离子-电子法是根据氧化还原反应中氧化剂和还原剂得失电子总数相等，反应前后各元素的原子总数相等的原则配平方程式。任何一个氧化还原反应至少是由两个半反应组成，先将两个半反应配平，再合并为总反应的方法称为离子-电子配平法。离子-电子法适用于水溶液中发生的离子反应方程式的配平。具体的配平步骤如下：

① 以离子形式写出主要的反应物及其氧化还原产物；

② 分别写出氧化剂被还原，还原剂被氧化的半反应；

③ 分别配平两个半反应方程式，使每个半反应方程式等号两边的各元素的原子总数和电荷数相等；在配平半反应时，当反应前后氧原子数目不等时，根据介质条件可以加 H^+、OH^- 或 H_2O 进行调整；

④ 确定两个半反应方程式得、失电子数目的最小公倍数，将两个半反应方程式分别乘以相应的系数，使其得、失电子数目相等，并将二式相加，就得到了配平的氧化还原反应的离子方程式；有时根据需要，可将其改写为分子方程式；

⑤ 检查。

【例 9-2】 配平反应方程式：

$$KMnO_4+K_2SO_3 \xrightarrow{\text{酸性介质}} MnSO_4+K_2SO_4$$

解：第一步，写出主要的反应物和产物的离子式

$$MnO_4^-+SO_3^{2-} \longrightarrow Mn^{2+}+SO_4^{2-}$$

第二步，把总反应式分解为两个半反应，即

$$MnO_4^- \longrightarrow Mn^{2+}$$

$$SO_3^{2-} \longrightarrow SO_4^{2-}$$

第三步，配平两个半反应方程式（原子数、电荷数）

$$MnO_4^-+8H^++5e^- \longrightarrow Mn^{2+}+4H_2O$$

$$SO_3^{2-}+H_2O \longrightarrow SO_4^{2-}+2H^++2e^-$$

第四步，根据氧化剂得电子总数等于还原剂失电子总数的原则，在两个半反应前面乘以适当的系数，合并。

$$\times2)\ MnO_4^-+8H^++5e^- \longrightarrow Mn^{2+}+4H_2O$$

$$\times5)\ SO_3^{2-}+H_2O \longrightarrow SO_4^{2-}+2H^++2e^-$$

$$2MnO_4^- + 6H^+ + 5SO_3^{2-} \longrightarrow 2Mn^{2+} + 5SO_4^{2-} + 3H_2O$$

第五步，检查方程式两边是否平衡。将箭头改为可逆符号。

$$2MnO_4^- + 6H^+ + 5SO_3^{2-} \rightleftharpoons 2Mn^{2+} + 5SO_4^{2-} + 3H_2O$$

【例 9-3】 用离子-电子法配平酸性介质中，$KMnO_4$ 氧化 $H_2C_2O_4$ 生成 Mn^{2+} 和 CO_2 的反应，写出配平的离子反应方程式。

解：(1) 基本反应　$MnO_4^- + C_2O_4^{2-} \longrightarrow Mn^{2+} + CO_2$

(2) 分为两个半反应。

$$MnO_4^- \longrightarrow Mn^{2+}$$

$$C_2O_4^{2-} \longrightarrow CO_2$$

(3) 对两个半反应进行原子数和电子数的配平。

$$MnO_4^- + 8H^+ + 5e^- \longrightarrow Mn^{2+} + 4H_2O$$

$$C_2O_4^{2-} \longrightarrow 2CO_2 + 2e^-$$

(4) 将两个半反应分别乘以适当的系数［式(1)乘 2，式(2)乘 5］后相加得

$$2MnO_4^- + 16H^+ + 5C_2O_4^{2-} = 2Mn^{2+} + 8H_2O + 10CO_2$$

(5) 检查。

【例 9-4】 用离子-电子法配平 $KMnO_4$ 氧化 Na_2SO_3 反应的方程式（中性条件）。

解　(1) 写出主要反应物和产物的离子式。

$$MnO_4^- + SO_3^{2-} \longrightarrow MnO_2 + SO_4^{2-}$$

(2) 分成两个半反应（一个代表氧化、一个代表还原）。

$$MnO_4^- \longrightarrow MnO_2$$

$$SO_3^{2-} \longrightarrow SO_4^{2-}$$

(3) 对两个半反应进行原子数和电子数的配平。

$$MnO_4^- + 2H_2O + 3e^- \longrightarrow MnO_2 + 4OH^-$$

$$SO_3^{2-} + 2OH^- \longrightarrow SO_4^{2-} + H_2O + 2e^-$$

(4) 将两个半反应乘以适当的系数后相加，得已配平的方程式。

$$2MnO_4^- + 3SO_3^{2-} + H_2O \rightleftharpoons 2MnO_2 + 3SO_4^{2-} + 2OH^-$$

(5) 检查。

【例 9-5】 写出并配平 I_2 在碱性介质中歧化为 IO_3^- 和 I^- 的反应式。

解　(1) 写出基本反应的离子式　$I_2 + OH^- \longrightarrow IO_3^- + I^-$

(2) 分为两个半反应

$$I_2 \longrightarrow IO_3^-$$

$$I_2 \longrightarrow I^-$$

(3) 对两个半反应配平

$$\frac{1}{2}I_2 + 6OH^- \longrightarrow IO_3^- + 3H_2O + 5e^-$$

$$\frac{1}{2}I_2 + e^- \longrightarrow I^-$$

(4) 将两个半反应乘以适当的系数后相加，得已配平的方程式。

$$3I_2 + 6OH^- \rightleftharpoons IO_3^- + 3H_2O + 5I^-$$

(5) 检查。

9.2 原电池与电极电势

9.2.1 原电池

原电池与电池符号

原电池（primary battery）是利用自发的氧化还原反应产生电流的装置，它可使化学能转变为电能，同时证明氧化还原反应中有电子的转移。如 Cu-Zn 原电池，将锌片放入硫酸铜溶液中，会发生如下氧化还原反应。

$$Zn(s)+Cu^{2+}(aq)\longrightarrow Zn^{2+}(aq)+Cu(s)$$

Zn 和 Cu^{2+} 在溶液发生了电子的转移，Zn 失去电子被氧化，是还原剂；Cu^{2+} 得到电子被还原，是氧化剂。由于反应中锌片和硫酸铜溶液直接接触，所以电子直接从锌片传递给铜离子，使 Cu^{2+} 在锌片上还原而析出金属铜，同时锌被氧化为 Zn^{2+}，物质之间通过热运动发生有效碰撞实现电子的转移。由于质点的热运动是不定向的，电子的转移不会形成电流，化学能以热的形式与环境发生交换。

$$Zn(s)+CuSO_4 \rightleftharpoons ZnSO_4+Cu \qquad \Delta_r H_m^{\ominus}=-211.46kJ\cdot mol^{-1}$$

如果锌片和硫酸铜溶液不直接接触，而是在图 9-1 的装置中进行反应，则可将化学能转变为电能，即可获得电流。

将锌片插入含有 $ZnSO_4$ 溶液的烧杯中；铜片插入含有 $CuSO_4$ 溶液的烧杯中。用盐桥（充满 KCl 或 KNO_3 饱和了的琼脂胶冻的玻璃 U 形管）将两个烧杯中的溶液相连，将铜片和锌片用导线与检流计相连形成外线路，就会发现有电流通过。

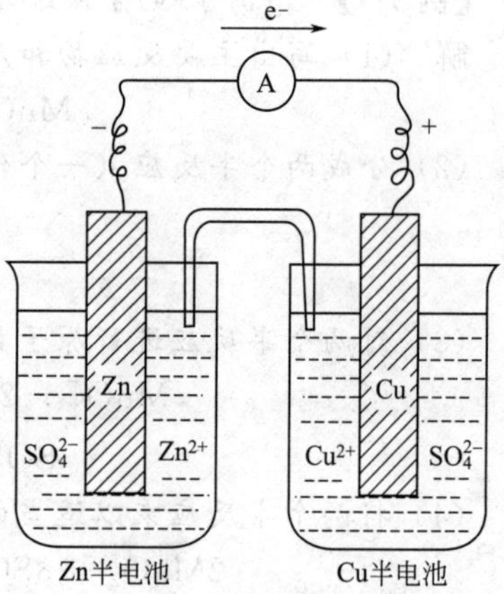

图 9-1 铜-锌原电池

实验表明，电子由锌片转移到铜片，发生了如下反应。

锌片： $Zn \rightleftharpoons Zn^{2+}+2e^-$

铜片： $Cu^{2+}+2e^- \rightleftharpoons Cu$

总反应： $Zn+Cu^{2+} \rightleftharpoons Zn^{2+}+Cu$

反应的结果与将锌片直接插入硫酸铜溶液反应结果一致，所不同的是这里通过化学电池将化学能转化为电能。上述原电池由两部分组成：一部分是铜片和硫酸铜溶液；另一部分是锌片和硫酸锌溶液，这两个部分各称为半电池或电极，一般称为铜电极和锌电极，分别对应着 Cu^{2+}/Cu 电对和 Zn^{2+}/Zn 电对。在电极的金属和溶液界面上发生的反应（半反应）称为电极反应或半电池反应。

电极的正负可由电子的流向确定。输出电子的电极为负极，发生氧化反应；输入电子的电极为正极，发生还原反应。将两个电极反应合并即得原电池的总反应，又叫电池反应。

负极反应： $Zn \rightleftharpoons Zn^{2+}+2e^-$

正极反应： $Cu^{2+}+2e^- \rightleftharpoons Cu$

原电池反应： $Zn+Cu^{2+} \rightleftharpoons Zn^{2+}+Cu$

原电池中，每个电极反应都对应一个电对，每个电极中均含有同一元素的具有不同氧化数的一对物质，如 $Cu^{2+}+2e^- \rightleftharpoons Cu$ 电极反应的电对为 Cu^{2+}/Cu，电对 Zn^{2+}/Zn 电极反应是 $Zn \rightleftharpoons Zn^{2+}+2e^-$。

为了书面表达的方便，可以用电池符号表示原电池。如 Cu-Zn 原电池可以表示为：

$$(-)Zn(s)\,|\,ZnSO_4(c_1)\,\|\,CuSO_4(c_2)\,|\,Cu(s)(+)$$

书写电池符号时有如下规定。

① 习惯上把负极写在左边，正极写在右边。

② 用“|”表示物质之间的相界面。

③ 用“‖”表示盐桥。

④ 电极物质为溶液时，要注明其浓度，如为气体，应注明其分压。

【例 9-6】 写出下列氧化还原反应的电池符号。

(1) $Fe+2H^+(1.0mol\cdot L^{-1}) \rightleftharpoons Fe^{2+}(0.1mol\cdot L^{-1})+H_2(100kPa)$

(2) $2Fe^{3+}(1.0mol\cdot L^{-1})+Sn^{2+}(1.0mol\cdot L^{-1}) \rightleftharpoons 2Fe^{2+}(1.0mol\cdot L^{-1})+Sn^{4+}(1.0mol\cdot L^{-1})$

解： (1) $(-)\ Fe(s)|Fe^{2+}(0.1mol\cdot L^{-1})\ \|\ H^+(1.0mol\cdot L^{-1})\ |H_2(100kPa)|Pt(+)$

(2) $(-)Pt|Sn^{2+}(1.0mol\cdot L^{-1}),\ Sn^{4+}(1.0mol\cdot L^{-1})\ \|\ Fe^{3+}(1.0mol\cdot L^{-1}),\ Fe^{2+}(1.0mol\cdot L^{-1})|Pt(+)$

从理论上讲，一切自发进行的氧化还原反应，都可设计为原电池。为了将氧化还原反应设计为原电池，可以将电对设计为一个电极。因此，电极的种类很多，除了上述 Cu-Zn 原电池中 Cu 电极、Zn 电极外，还有气体电极、氧化还原电极、金属-金属难溶盐电极等。常用的电极大致可分为四种类型。

① 金属-金属离子电极　这类电极是由金属及其离子的溶液组成。如 Cu^{2+}/Cu、Zn^{2+}/Zn 对应的电极属于这类电极。

电极反应：　$Cu^{2+}+2e^- \rightleftharpoons Cu$

电极符号：　$Cu|Cu^{2+}(c)$

② 气体-离子电极　这类电极是由气体及其饱和的溶液及惰性电极材料组成。如氢电极。

电极反应：　$2H^++2e^- \rightleftharpoons H_2$

电极符号：　$Pt|H_2(p)|H^+(c)$

③ 氧化还原电极　这类电极是由同一元素不同氧化数对应的物质、介质及惰性材料组成。如电对 $Cr_2O_7^{2-}/Cr^{3+}$ 对应的电极。

电极反应：　$Cr_2O_7^{2-}+14H^++6e^- \rightleftharpoons 2Cr^{3+}+7H_2O$

电极符号：　$Pt|Cr_2O_7^{2-}(c_1),Cr^{3+}(c_2),H^+(c_3)$

④ 金属-金属难溶盐-难溶盐阴离子电极　这类电极的构成较为复杂，它是将金属表面涂以该金属难溶盐后，将其浸入与难溶盐有相同阴离子的溶液中构成的。如 AgCl 电极。

电极反应：　$AgCl+e^- \rightleftharpoons Ag+Cl^-$

电极符号：　$Ag(s),\ AgCl(s)|\ Cl^-(c)$

金属-金属难溶盐-阴离子电极又称固体电极。这类电极性质稳定，经常用作参比电极。实验室用的甘汞电极属这类电极。

电极反应：　$Hg_2Cl_2+2e^- \rightleftharpoons 2Hg+2Cl^-$

电极符号：　$Hg(l)|\ Hg_2Cl_2(s)|\ Cl^-(c)$

原电池的意义不仅是把化学能转变为电能，证明氧化还原反应中有电子的转移，而且它把电学现象与化学反应联系起来，使人们能利用电学的现象探讨化学反应的规律，从而形成了化学的另一个重要分支——电化学。

9.2.2　电极电势

9.2.2.1　电极电势产生

铜-锌原电池产生电流，说明两电极之间有电势差，这个电势差称为原电池的电动势，用符号 E 表示，单位为 V(伏)。若用 φ 表示电极电势（electrode potential，单位 V)，则有

$$E=\varphi_{+}-\varphi_{-} \tag{9-1}$$

铜-锌原电池中，电子由锌极流向铜极，说明锌极的电极电势低于铜极的电极电势。电极电势的不同是由于电极物质的氧化还原能力（得失电子能力）不同而引起的。下面以金属-金属离子溶液组成的电极为例，说明电极电势的产生。

在金属晶体中存在着金属原子和金属离子。当把金属棒 M 插入该金属离子的盐溶液时，在金属表面与溶液之间存在两种相反的倾向：一方面，金属表面构成晶格的金属离子 M^{n+} 会由于自身的热运动及极性溶剂分子的强烈吸引而有进入溶液的倾向，这种倾向使得金属表面有过剩的自由电子，并且金属越活泼，盐溶液的浓度越小，这种倾向越大。另一方面，溶液中溶剂化的金属离子也有从金属表面得到电子而在金属表面上沉积的倾向，并且金属活泼性越差，其盐溶液的浓度越大，这种倾向越大。这两种倾向在某种条件下达到暂时平衡，用式子表示为：

$$M(s) \rightleftharpoons M^{n+}(aq)+ne^{-}$$

如果溶解倾向大于沉积倾向，达到平衡后金属表面将有一部分金属离子进入溶液，使金属表面带负电，而金属附近的溶液带正电［图 9-2(a)］；反之，如果沉积的倾向大于溶解的倾向，达到平衡后金属表面带正电，而金属附近的溶液带负电［图 9-2(b)］。无论是哪一种情况，在达到平衡后，金属与其盐溶液界面之间都会因带相反电荷而形成双电层结构，从而产生电势差，这个电势差称为金属电极的绝对电极电势。

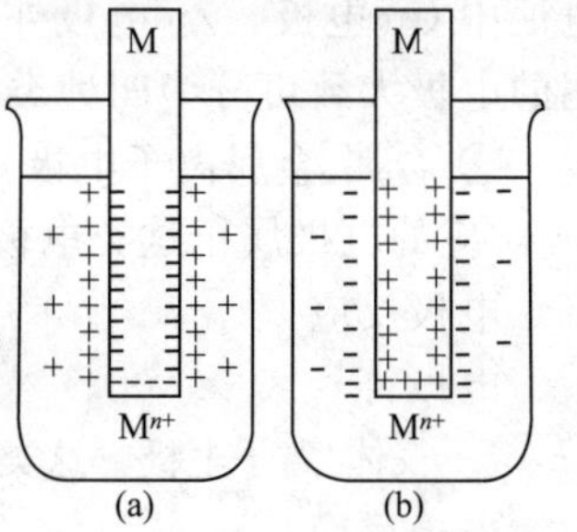

图 9-2 双电层示意图

当外界条件一定时，电极电势的高低取决于电极物质的本性。对于金属电极，金属的活泼性越大，其沉积的倾向越小，金属带负电荷越多，平衡时电极电势越低。相反，金属活泼性越小，其离子沉积的倾向越大，金属带正电荷越多，电极电势越高。从氧化还原的角度考虑，电极电势低，说明水溶液中金属的还原能力强。电极电势高，说明金属离子氧化能力强。所以可以利用电极电势的高低来判断电对物质的氧化还原能力。

9.2.2.2 标准电极电势

电极电势的绝对值至今无法测量。但从实用的角度，用电极电势的相对值即可说明水溶液中物质的氧化还原能力。电化学里选用标准氢电极作为标准，并规定其电极电势为零。其他电极与标准氢电极组成原电池测其电动势，就可求得其他电极的相对电极电势。通常所用电极的“电极电势”就是相对电极电势。

国际上规定：参与电极反应的所有各物质均处于热力学标准态（离子或分子浓度均为 $1mol \cdot L^{-1}$；气体分压为 100kPa；固体、液体则均为纯净物质），这种状态称为该电极的标准态。在标准态下测定的电极电势称为标准电极电势，以 $\varphi^{\ominus}$ 表示。

如果原电池的两个电极均为标准电极，这时的电池称为标准电池，其电动势为标准电池电动势，用 $E^{\ominus}$ 表示：

$$E^{\ominus}=\varphi_{+}^{\ominus}-\varphi_{-}^{\ominus} \tag{9-2}$$

(1) 标准氢电极

标准氢电极是将镀有铂黑的铂片浸入 $c(H^{+})=1mol \cdot L^{-1}$ 的水溶液中，并通入标准压力 ($p^{\ominus}=100kPa$) 的氢气组成的电极，如图 9-3。

电极反应 $2H^{+}+2e^{-} \rightleftharpoons H_2$

298.15K 时 $\varphi^{\ominus}(H^{+}/H_2)=0.00V$ (9-3)

(2) 标准电极电势的测定

要测定某电极的标准电极电势 $\varphi^{\ominus}$，可将待测的标准电极与标准氢电极组成原电池，在

298.15K 下，用电位计测定原电池的标准电动势 $E^{\ominus}$，即可求出待测电极的标准电极电势。例如，测定在 298.15K 时锌电极的标准电极电势 $\varphi^{\ominus}(Zn^{2+}/Zn)$，就是将标准锌电极与标准氢电极组成原电池（图 9-4），根据电子流动的方向得知锌电极为负极，电池的标准电动势 $E^{\ominus}=+0.760V$。

$$E^{\ominus}=\varphi^{\ominus}(H^{+}/H_2)-\varphi^{\ominus}(Zn^{2+}/Zn)$$

$$\varphi^{\ominus}(Zn^{2+}/Zn)=\varphi^{\ominus}(H^{+}/H_2)-E^{\ominus}=0V-0.760V=-0.760V$$

电池符号为

$$(-)|Zn(s)|Zn^{2+}(1mol\cdot L^{-1})\|H^{+}(1mol\cdot L^{-1})|H_2(100kPa)|Pt(+)$$

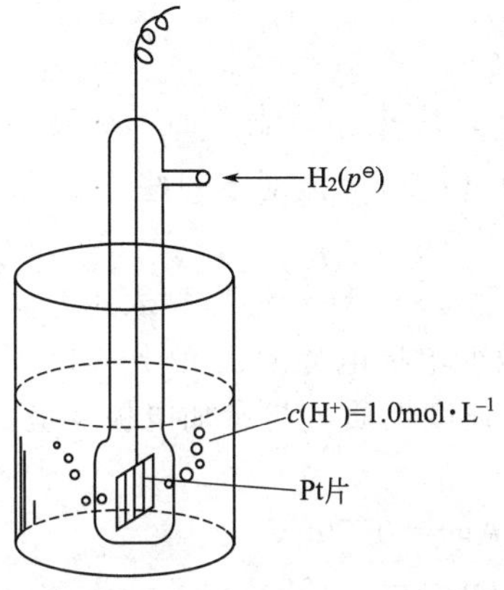

图 9-3　标准氢电极

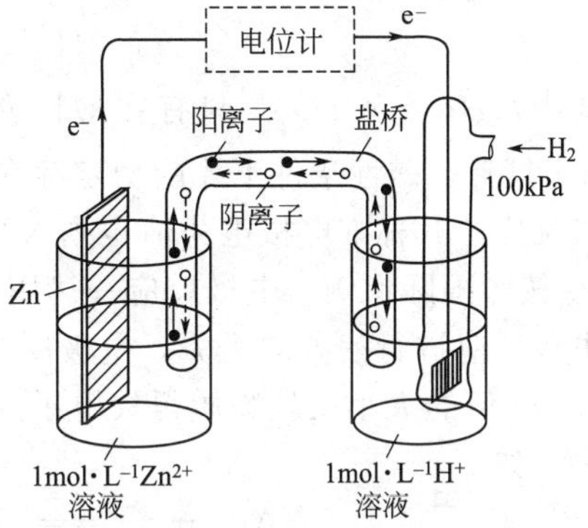

图 9-4　测量锌电极标准电极电势的装置

用同样的方法可测定银电极或其他电极的标准电极电势。

$$(-)Pt|\ H_2(100kPa)|\ H^{+}(1mol\cdot L^{-1})\|Ag^{+}(1mol\cdot L^{-1})|Ag(s)(+)$$

$$E^{\ominus}=\varphi^{\ominus}(Ag^{+}/Ag)-\varphi^{\ominus}(H^{+}/H_2)=+0.799V,\ \varphi^{\ominus}(Ag^{+}/Ag)=+0.799V$$

把各种标准电极电势由低到高从上到下排列成序，就得到了标准电极电势表。表 9-2 列出了一些常见电对的电极电势值。由电极电势值可知，表 9-2 中 F_2 是最强的氧化剂，Li 是最强的还原剂。

表 9-2　标准电极电势（298.15K）

	电极反应						$E^{\ominus}$/V
	氧化态		电子数		还原态		
	Li^{+}	+	e^{-}	⇌	Li		−3.045
弱氧化剂	Zn^{2+}	+	$2e^{-}$	⇌	Zn	强还原剂	−0.763
	Fe^{2+}	+	$2e^{-}$	⇌	Fe		−0.440
	Sn^{2+}	+	$2e^{-}$	⇌	Sn		−0.136
氧化能力依次增强↓	Pb^{2+}	+	$2e^{-}$	⇌	Pb	还原能力依次增强↑	−0.126
	$2H^{+}$	+	$2e^{-}$	⇌	H_2		0.000
	Sn^{4+}	+	$2e^{-}$	⇌	Sn^{2+}		0.154
	Cu^{2+}	+	$2e^{-}$	⇌	Cu		0.337
	I_2	+	$2e^{-}$	⇌	$2I^{-}$		0.5345
	Fe^{3+}	+	e^{-}	⇌	Fe^{2+}		0.771
强氧化剂	$Br_2(l)$	+	$2e^{-}$	⇌	$2Br^{-}$	弱还原剂	1.065
	$Cr_2O_7^{2-}+14H^{+}$	+	$6e^{-}$	⇌	$2Cr^{3+}+7H_2O$		1.33
	Cl_2	+	$2e^{-}$	⇌	$2Cl^{-}$		1.36
	$MnO_4^{-}+8H^{+}$	+	$5e^{-}$	⇌	$Mn^{2+}+4H_2O$		1.51
	F_2	+	$2e^{-}$	⇌	$2F^{-}$		2.87

（3）标准电极电势表

标准电极电势表给人们研究氧化还原反应带来很大方便，在使用标准电极电势表时应注意以下几点。

① 由于介质的酸碱性影响 $\varphi^{\ominus}$ 值，标准电极电势表分为酸表和碱表，分别用 $\varphi_A^{\ominus}$、$\varphi_B^{\ominus}$ 表示。$\varphi_A^{\ominus}$ 表示酸性介质[$c(H^+)=1mol\cdot L^{-1}$] 中的标准电极电势；$\varphi_B^{\ominus}$ 表示碱性介质[$c(OH^-)=1mol\cdot L^{-1}$] 中的标准电极电势。查表时可根据电极反应是否有 H^+ 或 OH^- 来选择 $\varphi_A^{\ominus}$ 或 $\varphi_B^{\ominus}$。若电极反应中没有 H^+ 或 OH^-，可从电极物质的实际存在所需的介质条件来判断。如电极反应

$$2Hg^{2+}+2e^- \rightleftharpoons Hg_2^{2+}$$

式中，Hg^{2+} 和 Hg_2^{2+} 只有在酸性介质中才能存在，应查 $\varphi_A^{\ominus}$ 表。而 $S+2e^- \rightleftharpoons S^{2-}$ 中，S^{2-} 只有在碱性条件下才能稳定存在，$\varphi^{\ominus}(S/S^{2-})$ 应查 $\varphi_B^{\ominus}$。对于一些不受酸、碱影响的电极反应，其标准电极电势值也列入酸表。

② 按照国际惯例，电极反应一律用还原过程氧化型$+ne^- \rightleftharpoons$还原型表示。$\varphi^{\ominus}$ 值的大小与电极反应进行的方向无关，电极反应的方向不会改变电极电势的正负号。

③ $\varphi^{\ominus}$ 值的大小反映物质得失电子的能力，是一个强度性质，与参加电极反应的物质数量无关。如

$$Ag^+ +e^- \rightleftharpoons Ag,\ \varphi^{\ominus}(Ag^+/Ag)=0.799V$$
$$2Ag^+ +2e^- \rightleftharpoons 2Ag,\ \varphi^{\ominus}(Ag^+/Ag)=0.799V$$

④ $\varphi^{\ominus}$ 值是衡量物质在水溶液中氧化还原能力大小的物理量，不适应于非水溶液系统。$\varphi^{\ominus}$ 值的大小与反应速率无关。

9.2.3 影响电极电势的因素

电极电势的大小不仅取决于电极物质的本性，还与溶液中各物质的浓度、介质的酸度和反应的温度有关。本节主要讨论在一定温度下（298.15K），影响电极电势的因素。

9.2.3.1 能斯特方程式

德国科学家能斯特（Nernst）是热力学第三定律创始人，1888 年他从理论上推导出电极电势与反应温度、反应物的浓度（或分压）的定量关系式——能斯特方程式。

能斯特方程

对于电极反应

$$a\,Ox+ne^- \rightleftharpoons a'\,Red$$

能斯特方程式为

$$\varphi=\varphi^{\ominus}+\frac{RT}{nF}\ln\frac{[c(Ox)/c^{\ominus}]^{a}}{[c(Red)/c^{\ominus}]^{a'}} \qquad (9\text{-}4)$$

此式称为电极反应的能斯特方程式。式中，R 为摩尔气体常数；F 为法拉第常量；n 为电极反应的得失电子数；T 为反应的热力学温度。

298.15K 时，将各常数代入上式，则上式可写为

$$\varphi=\varphi^{\ominus}+\frac{8.314J\cdot mol^{-1}\cdot K^{-1}\times 298.15K\times 2.303}{n\times 96485C\cdot mol^{-1}}\lg\frac{[c(Ox)/c^{\ominus}]^{a}}{[c(Red)/c^{\ominus}]^{a'}}$$

则
$$\varphi=\varphi^{\ominus}+\frac{0.0592V}{n}\lg\frac{[c(Ox)/c^{\ominus}]^{a}}{[c(Red)/c^{\ominus}]^{a'}} \qquad (9\text{-}5)$$

使用能斯特方程式时，需注意以下几个问题：

① 首先应将电极反应配平（原子个数、电荷），并以离子形式表示；

② 气体参加的反应，应以气体分压代替浓度。如 298.15K 时：

$$Cl_2(g)+2e^- \rightleftharpoons 2Cl^-(aq)$$

$$\varphi(Cl_2/Cl^-)=\varphi^{\ominus}(Cl_2/Cl^-)+\frac{0.0592V}{2}\lg\frac{p(Cl_2)/p^{\ominus}}{[c(Cl^-)/c^{\ominus}]^2}$$

③ 纯固体、纯液体参与反应时，它们的相对浓度均视为 1，如 298.15K 时：

$$Br_2(l)+2e^- \rightleftharpoons 2Br^-(aq)$$

$$\varphi(Br_2/Br^-)=\varphi^{\ominus}(Br_2/Br^-)+\frac{0.0592V}{2}\lg\frac{1}{[c(Br^-)/c^{\ominus}]^2}$$

$$Cu^{2+}(aq)+2e^- \rightleftharpoons Cu(s)$$

$$\varphi(Cu^{2+}/Cu)=\varphi^{\ominus}(Cu^{2+}/Cu)+\frac{0.0592V}{2}\lg\frac{c(Cu^{2+})}{c^{\ominus}}$$

④ 公式中，Ox、Red 是广义的氧化型物质和还原型物质，它包括没有发生氧化数变化的参加电极反应的所有物质（如 H^+、OH^- 等），例如 298.15K 时反应：

$$NO_3^-+4H^++3e^- \rightleftharpoons NO+2H_2O$$

$$\varphi(NO_3^-/NO)=\varphi^{\ominus}(NO_3^-/NO)+\frac{0.0592V}{3}\lg\frac{[c(NO_3^-)/c^{\ominus}][c(H^+)/c^{\ominus}]^4}{p(NO)/p^{\ominus}}$$

9.2.3.2　浓度对电极电势的影响

对于一定的电极，在一定温度下，电极中氧化型物质和还原型物质的相对浓度决定电极电势的高低。c(氧化型)/c(还原型）越大，电极电势越高；c(氧化型)/c(还原型）越小，电极电势越低。

（1）氧化型、还原型物质本身浓度变化对电极电势的影响

【例 9-7】 已知在 298.15K 时有下列电极反应，计算各电极反应的电极电势。

（1）　$Fe^{3+}(0.1mol\cdot L^{-1})+e^- \rightleftharpoons Fe^{2+}(1.0mol\cdot L^{-1})$　　$\varphi^{\ominus}=0.771V$

（2）　$Sn^{4}+(0.1mol\cdot L^{-1})+2e^- \rightleftharpoons Sn^{2+}(0.1mol\cdot L^{-1})$　　$\varphi^{\ominus}=0.15V$

（3）　$I_2(s)+2e^- \rightleftharpoons 2I^-(0.1mol\cdot L^{-1})$　　$\varphi^{\ominus}=0.535V$

解：（1）$\varphi(Fe^{3+}/Fe^{2+})=\varphi^{\ominus}(Fe^{3+}/Fe^{2+})+\frac{0.0592V}{n}\lg\frac{c(Fe^{3+})/c^{\ominus}}{c(Fe^{2+})/c^{\ominus}}$

$$=0.771V+\frac{0.0592V}{1}\lg\frac{0.1mol\cdot L^{-1}/1mol\cdot L^{-1}}{1mol\cdot L^{-1}/1mol\cdot L^{-1}}=0.712V$$

（2）$\varphi(Sn^{4+}/Sn^{2+})=\varphi^{\ominus}(Sn^{4+}/Sn^{2+})+\frac{0.0592V}{n}\lg\frac{c(Sn^{4+})/c^{\ominus}}{c(Sn^{2+})/c^{\ominus}}$

$$=0.15V+\frac{0.0592V}{2}\lg\frac{0.1mol\cdot L^{-1}/1mol\cdot L^{-1}}{0.1mol\cdot L^{-1}/1mol\cdot L^{-1}}=0.15V$$

（3）$\varphi(I_2/I^-)=\varphi^{\ominus}(I_2/I^-)+\frac{0.0592V}{n}\lg\frac{c(I_2)/c^{\ominus}}{[c(I^-)/c^{\ominus}]^2}$

$$=0.535V+\frac{0.0592V}{2}\lg\frac{1}{[0.1mol\cdot L^{-1}/1mol\cdot L^{-1}]^2}=0.594V$$

计算结果表明，电对物质浓度相对值即氧化型与还原型浓度比值发生改变时，才能引起电极电势的改变。若改变氧化型或还原型物质的浓度，而它们的相对值未改变，电极电势不发生变化。

（2）沉淀的生成对电极电势的影响

当电对中氧化型或还原型物质与沉淀剂作用生成沉淀时，其浓度会发生变化，从而引起电极电势值的改变。

【例 9-8】 已知 $Ag^++e^- \rightleftharpoons Ag$，$\varphi^{\ominus}=0.799V$，若在电极溶液中加入 Cl^-，则有

AgCl 沉淀生成，达到平衡后溶液中 Cl^- 的浓度为 $1.0mol \cdot L^{-1}$，计算 $\varphi(Ag^+/Ag)$ 的值。

解：$\varphi(Ag^+/Ag)=\varphi^{\ominus}(Ag^+/Ag)+\frac{0.0592V}{n}\lg\frac{c(Ag^+)}{c^{\ominus}}$，由于 AgCl 沉淀的生成，溶液中 Ag^+ 浓度大大降低，$\frac{c(Ag^+)}{c^{\ominus}}=K_{sp}^{\ominus}(AgCl)c^{\ominus}/c(Cl^-)$

已知 $K_{sp}^{\ominus}(AgCl)=1.77\times10^{-10}$，$c(Cl^-)=1.0mol \cdot L^{-1}$

$$\frac{c(Ag^+)}{c^{\ominus}}=1.77\times10^{-10}$$

$$\varphi(Ag^+/Ag)=0.799V+\frac{0.0592V}{1}\lg(1.77\times10^{-10})=0.222V$$

可见，由于 AgCl 沉淀的生成，银电极电势从 0.799V 降低至 0.222V，Ag^+ 的氧化性减弱了，而 Ag 的还原性增强了。这种系统，实际上已构成了一个新电极，即 Ag-AgCl 电极，电极反应为 $AgCl+e^- \rightleftharpoons Ag+Cl^-$。

当在 298.15K，$c(Cl^-)=1.0mol \cdot L^{-1}$，标准态时其电极电势为 Ag-AgCl 电极的标准电极电势 $\varphi^{\ominus}(AgCl/Ag)=0.222V$。

应注意，当电对中还原型物质生成沉淀时，电对的电极电势增大，氧化型物质的氧化能力增强，而还原型的还原能力减弱。

【例 9-9】 298.15K 时电极反应：$S+2e^- \rightleftharpoons S^{2-}$，$\varphi^{\ominus}=-0.48V$，若在电极中加入 Zn^{2+} 溶液，计算反应达到平衡 $c(Zn^{2+})=0.5mol \cdot L^{-1}$ 时的电极电势。

解：

$$S^{2-}+Zn^{2+} \rightleftharpoons ZnS(s)，K_{sp}^{\ominus}=2.5\times10^{-22}$$

$$(c(S^{2-})/c^{\ominus})(c(Zn^{2+})/c^{\ominus})=K_{sp}^{\ominus}(ZnS)，c(S^{2-})/c^{\ominus}=K_{sp}^{\ominus}(ZnS)c^{\ominus}/c(Zn^{2+})$$

$$\varphi(S/S^{2-})=-0.48V+\frac{0.0592V}{2}\lg\frac{0.5}{2.5\times10^{-22}}=0.15V$$

电极反应 $S+Zn^{2+}+2e^- \rightleftharpoons ZnS(s)$ 的标准电极电势

$$\varphi^{\ominus}(S/ZnS)=\varphi(S/S^{2-})=\varphi^{\ominus}(S/S^{2-})+\frac{0.0592V}{n}\lg\frac{1}{c(S^{2-})}$$

$$=-0.48V+\frac{0.0592V}{2}\lg\frac{1}{2.5\times10^{-22}}=0.16V$$

当 $c(Zn^{2+})=0.5mol \cdot L^{-1}$ 时

$$\varphi(S/ZnS)=-0.48V+\frac{0.0592V}{2}\lg\frac{0.5}{2.5\times10^{-22}}=0.15V$$

当氧化型物质被沉淀时，电极电势下降，生成沉淀的 $K_{sp}^{\ominus}$ 越小，电极电势下降得越多。当还原型物质被沉淀时，电极电势升高，生成沉淀的 $K_{sp}^{\ominus}$ 越小，电极电势升高得越多。

(3) 配合物的生成对电极电势的影响

参加电极反应的氧化型或还原型物质若生成配合物，其浓度发生变化，从而使电对的电极电势发生变化。

【例 9-10】 在 298.15K 时，向标准银电极中加入氨水，使平衡时 $c(NH_3)=1.0mol \cdot L^{-1}$，$c[Ag(NH_3)_2]^+=1.0mol \cdot L^{-1}$，求此时电极的电极电势。

解：电极反应 $Ag^++e^- \rightleftharpoons Ag$，$\varphi^{\ominus}=0.799V$

加入 NH_3 后，$Ag^++2NH_3 \rightleftharpoons Ag(NH_3)_2^+$，$K_f^{\ominus}=1.12\times10^7$

当 $c(NH_3)=c\{[Ag(NH_3)_2]^+\}=1.0mol \cdot L^{-1}$ 时，

$$c(Ag^+)/c^{\ominus}=1/K_f^{\ominus}\{[Ag(NH_3)_2]^+\}$$

$$\varphi(Ag^+/Ag)=\varphi^{\ominus}(Ag^+/Ag)+\frac{0.0592V}{1}\lg[c(Ag^+)/c^{\ominus}]$$

$$=\varphi^{\ominus}(Ag^+/Ag)+0.0592\times\lg\frac{1}{K_f^{\ominus}\{[Ag(NH_3)_2]^+\}}$$

$$=0.799V+0.0592\times\lg\frac{1}{1.12\times10^7}=0.382V$$

在此条件下，实际上已构成的电极为

$$[Ag(NH_3)_2]^+ + e^- \rightleftharpoons Ag+2NH_3,\ \varphi^{\ominus}\{[Ag(NH_3)_2]^+/Ag\}=0.382V$$

由以上的计算可知，这类电极 $\varphi^{\ominus}$ 值除与原来电极 $\varphi^{\ominus}$ 值有关外，还与生成配合物的稳定性有关。当氧化型物质生成配合物时，配合物的稳定常数越大，对应电极的 $\varphi^{\ominus}$ 值越低。当还原型物质生成配合物时，生成配合物的稳定性越大，对应电极的 $\varphi^{\ominus}$ 值越高。

（4）酸度对电极电势的影响

如果电极反应中有 H^+ 或 OH^- 参加，由能斯特方程式可知，改变溶液的酸度，电极电势将发生改变，从而改变电对物质的氧化还原能力。

【例 9-11】 计算 298.15K 时电极反应 $MnO_4^- + 8H^+ + 5e^- \rightleftharpoons Mn^{2+} + 4H_2O$，$\varphi^{\ominus}=1.51V$

（1）pH＝1.0，其他电极物质均处于标准态时的电极电势。

（2）pH＝7.0，其他电极物质均处于标准态时的电极电势。

解： $$\varphi(MnO_4^-/Mn^{2+})=\varphi^{\ominus}(MnO_4^-/Mn^{2+})+\frac{0.0592V}{n}\lg\frac{[c(MnO_4^-/c^{\ominus})][c(H^+)/c^{\ominus}]^8}{[c(Mn^{2+})/c^{\ominus}]}$$

（1）pH＝1.0，$c(H^+)=0.10mol\cdot L^{-1}$，$\varphi(MnO_4^-/Mn^{2+})=1.51V+\frac{0.0592V}{5}\lg\left(\frac{0.1mol\cdot L^{-1}}{1mol\cdot L^{-1}}\right)^8$

$$=1.42V$$

（2）pH＝7.0，$c(H^+)=10^{-7}mol\cdot L^{-1}$，$\varphi(MnO_4^-/Mn^{2+})=1.51V+\frac{0.0592V}{5}\lg\left(\frac{10^{-7}mol\cdot L^{-1}}{1.0mol\cdot L^{-1}}\right)^8$

$$=0.847V$$

计算结果表明，MnO_4^- 的氧化能力随溶液酸度的降低而显著下降。这种现象具有普遍性，大多数含氧酸盐和氧化物在酸性条件下氧化能力大大提高，如 MnO_2、$K_2Cr_2O_7$ 在强酸性条件下为强氧化剂，而在碱性或中性条件下却无氧化能力。

溶液的酸度不仅影响电对的电极电势的数值，还会影响氧化还原反应的产物，例如 MnO_4^- 作为氧化剂，在不同的酸、碱介质中其产物不同。即

$$2MnO_4^- + 5SO_3^{2-} + 6H^+ \rightleftharpoons 2Mn^{2+} + 5SO_4^{2-} + 3H_2O\ （酸性）$$

$$2MnO_4^- + 3SO_3^{2-} + H_2O \rightleftharpoons 2MnO_2 + 3SO_4^{2-} + 2OH^-（中性）$$

$$2MnO_4^- + SO_3^{2-} + 2OH^- \rightleftharpoons 2MnO_4^{2-} + SO_4^{2-} + H_2O\ （碱性）$$

9.3　电极电势的应用

电极电势是反映物质在水溶液中氧化还原能力大小的物理量。水溶液中进行的氧化还原反应的许多问题都可以通过电极电势来解决。主要应用表现在以下四个方面。

9.3.1　比较氧化剂、还原剂的相对强弱

在标准电极电势表中，$\varphi^{\ominus}$ 值越大，电极反应中氧化型物质越易得到电子，是强氧化剂，而还原型物质则是弱还原剂。$\varphi^{\ominus}$ 值越小，电极反应中还原型物质越易失去电子，是强还原剂，而对应的氧化型物质是弱氧化剂。

【例 9-12】 根据 $\varphi^{\ominus}$ 值判断下列电对中氧化型物质的氧化能力和还原型物质还原能力强

弱次序。$Cr_2O_7^{2-}/Cr^{3+}$，Cl_2/Cl^-，Fe^{3+}/Fe^{2+}，Sn^{4+}/Sn^{2+}，I_2/I^-

解：查 $\varphi_A^\ominus$ 表得

$$\varphi^\ominus(Cr_2O_7^{2-}/Cr^{3+})=1.33V, \varphi^\ominus(Cl_2/Cl^-)=1.358V, \varphi^\ominus(Fe^{3+}/Fe^{2+})=0.771V$$

$$\varphi^\ominus(Sn^{4+}/Sn^{2+})=0.151V, \varphi^\ominus(I_2/I^-)=0.535V$$

由 $\varphi^\ominus$ 值大小可知，氧化型物质在标准态时的氧化能力强弱次序为

$$Cl_2 > Cr_2O_7^{2-} > Fe^{3+} > I_2 > Sn^{4+}$$

还原型物质在标准态时的还原能力强弱次序为

$$Sn^{2+} > I^- > Fe^{2+} > Cr^{3+} > Cl^-$$

上例是利用标准电极电势来判断物质的氧化还原能力。如果给出已知的具体条件，可根据在此条件下的电极电势来判断。

9.3.2 判断氧化还原反应进行的方向

根据热力学原理，在等温等压条件下，反应系统吉布斯自由能降低的方向为反应自发进行的方向。即 $\Delta_r G_m < 0$ 为反应自发进行的判据。氧化还原反应的方向同样可用此判据来判断。由热力学原理可知，反应系统吉布斯自由能降低值等于系统可做的最大非体积功。

即 $\Delta_r G_m = W'_{max}$。

在原电池中进行的氧化还原反应，所做的最大非体积功为电功。即

$$W'_{max} = -EQ = -nEF$$

$$\Delta_r G_m = -nEF \tag{9-6}$$

如果反应在标准态下进行，则有

$$\Delta_r G_m^\ominus = -nE^\ominus F \tag{9-7}$$

式中，n 为电池反应中转移的电子数；F 为法拉第常量（$F=96485C\cdot mol^{-1}$）；$\Delta_r G_m^\ominus$（$\Delta_r G_m$）为反应的标准（任意态）摩尔吉布斯自由能；$E^\ominus$（E）为电池的标准（任意态）电动势。

式(9-6)、式(9-7) 是十分重要的关系式，它把热力学过程和原电池反应联系起来，利用该式不仅可以进行吉布斯自由能变和原电池电动势之间的换算，还可以判断氧化还原反应的方向。

当 $\Delta_r G_m < 0$，$E > 0$，$\varphi^+ > \varphi^-$，反应正向自发进行；

当 $\Delta_r G_m > 0$，$E < 0$，$\varphi^+ < \varphi^-$，反应逆向自发进行；

当 $\Delta_r G_m = 0$，$E = 0$，$\varphi^+ = \varphi^-$，反应处于平衡状态。

若反应在标准态下进行，则用 $E^\ominus$ 或 $\Delta_r G_m^\ominus$ 来判断反应的方向。

所以，要判断一个氧化还原反应的方向，只要将此反应设计成一个原电池，使反应物中的氧化剂电对做正极，还原剂电对做负极，比较两电极的电极电势的相对大小即可。氧化还原反应的方向总是较强的氧化剂与较强的还原剂作用，生成较弱的还原剂与较弱的氧化剂。

【例 9-13】 判断标准态时下列反应 $Pb^{2+} + Sn \rightleftharpoons Pb + Sn^{2+}$ 进行的方向。

解：设上述反应在原电池中进行，电极反应为

正极 $Pb^{2+} + 2e^- \rightleftharpoons Pb$，$\varphi^\ominus = -0.126V$

负极 $Sn^{2+} + 2e^- \rightleftharpoons Sn$，$\varphi^\ominus = -0.138V$

$$E^\ominus = \varphi^\ominus(Pb^{2+}/Pb) - \varphi^\ominus(Sn^{2+}/Sn) = -0.126 - (-0.138) = 0.012V > 0$$

$$\Delta_r G_m^\ominus = -nFE^\ominus = -2 \times 96.485kJ\cdot V^{-1}\cdot mol^{-1} \times 0.012V = -2.32kJ\cdot mol^{-1}$$

$\Delta_r G_m^\ominus < 0$，该反应正向进行。这时反应的方向是 $\varphi^\ominus$ 值高的氧化型 Pb^{2+}（较强氧化剂）与 $\varphi^\ominus$ 低的还原型 Sn(较强还原剂) 之间发生反应。

【例 9-14】 在 298.15K 时，判断反应 $H_3AsO_4 + 2I^- + 2H^+ \rightleftharpoons H_3AsO_3 + I_2 + 2H_2O$

在标准状态时和 pH=2、其他物质浓度均为 $1mol\cdot L^{-1}$ 时的反应方向？

解：已知在标准态时

正极　$H_3AsO_4 + 2H^+ + 2e^- \rightleftharpoons H_3AsO_3 + H_2O$，$\varphi^\ominus = 0.575V$

负极　$I_2 + 2e^- \rightleftharpoons 2I^-$，$\varphi^\ominus = 0.535V$

$$E^\ominus = \varphi^\ominus(H_3AsO_4/H_3AsO_3) - \varphi^\ominus(I_2/I^-) = 0.575V - 0.535V = 0.040V > 0$$

反应正向进行。

当 pH=2 时，即 $c(H^+) = 0.010mol\cdot L^{-1}$，酸度的改变对 $\varphi^\ominus(I_2/I^-)$ 无影响，只对电对 H_3AsO_4/H_3AsO_3 的电极电势有影响。

$$\varphi(H_3AsO_4/H_3AsO_3) = \varphi^\ominus(H_3AsO_4/H_3AsO_3) + \frac{0.0592V}{n}\lg\frac{[c(H_3AsO_4)/c^\ominus][c(H^+)/c^\ominus]^2}{[c(H_3AsO_3)/c^\ominus]}$$

$$= 0.575V + \frac{0.0592V}{2}\lg(0.01)^2 = 0.457V$$

此时，$E = \varphi(H_3AsO_4/H_3AsO_3) - \varphi^\ominus(I_2/I^-) = 0.457V - 0.535V = -0.078V < 0$

反应逆向进行。

通过上述计算表明，酸度的改变不仅能改变某电对的电极电势值，而且在一定条件下也可以改变反应的方向。

9.3.3 判断氧化还原反应进行的程度

氧化还原反应进行到一定程度就可以达到平衡。化学反应的平衡常数是反应趋势大小和反应进行程度的标志，例如反应

$$Cu^{2+} + Zn \rightleftharpoons Cu + Zn^{2+}$$

在达到平衡时，有如下关系

$$\frac{c(Zn^{2+})/c^\ominus}{c(Cu^{2+})/c^\ominus} = K^\ominus$$

$K^\ominus$ 为氧化还原反应的标准平衡常数。它与标准吉布斯自由能有如下关系。

$$\Delta_r G_m^\ominus = -RT\ln K^\ominus = -2.303RT\lg K^\ominus$$

$$\Delta_r G_m^\ominus = -nFE^\ominus$$

故

$$-nFE^\ominus = -2.303RT\lg K^\ominus$$

$$\lg K^\ominus = \frac{nFE^\ominus}{2.303RT}$$

若反应在 298.15K 下进行，则有

$$\lg K^\ominus = \frac{nE^\ominus}{0.0592} \qquad (9\text{-}8)$$

式中，n 为氧化还原反应中得失电子的最小公倍数。式(9-8) 反映了平衡常数和标准电动势的关系，利用此式可计算氧化还原反应的平衡常数。

例如上述铜锌电池反应的平衡常数就可以通过两电极的标准电极电势来求得。

查表可知：$\varphi^\ominus(Cu^{2+}/Cu) = 0.342V$，$\varphi^\ominus(Zn^{2+}/Zn) = -0.760V$

$$\lg K^\ominus = \frac{2\times[\varphi^\ominus(Cu^{2+}/Cu) - \varphi^\ominus(Zn^{2+}/Zn)]}{0.0592V} = \frac{2\times[0.342V - (-0.760V)]}{0.0592V} = 37.3$$

$$K^\ominus = 2\times 10^{37}$$

利用标准电极电势的数据，还可以计算难溶电解质的溶度积。

【例 9-15】 已知 298.15K 时 $\varphi^\ominus(AgCl/Ag) = 0.222V$，$\varphi^\ominus(Ag^+/Ag) = 0.799V$，求

AgCl 的 $K_{sp}^{\ominus}$(298.15K)。

解： 电对 Ag^+/Ag 为正极，$Ag^+ + e^- \rightleftharpoons Ag$，电对 AgCl/Ag 为负极，$Ag + Cl^- \rightleftharpoons AgCl + e^-$，电池反应为 $Ag^+ + Cl^- \rightleftharpoons AgCl(s)$

$$K^{\ominus} = \frac{1}{[c(Ag^+)/c^{\ominus}][c(Cl^-)/c^{\ominus}]} = \frac{1}{K_{sp}^{\ominus}}$$

$$\lg K^{\ominus} = \frac{nE^{\ominus}}{0.0592V} = \frac{1\times(0.799-0.222)V}{0.0592V} = 9.75$$

$$\lg K_{sp}^{\ominus} = -9.75 \qquad K_{sp}^{\ominus} = 1.8\times10^{-10}$$

【例 9-16】 判断在 298.15K 时反应 $2Fe^{3+} + 2I^- \rightleftharpoons 2Fe^{2+} + I_2$ 在标准态下和 $c(Fe^{3+}) = 0.001mol\cdot L^{-1}$，$c(I^-) = 0.001mol\cdot L^{-1}$，$c(Fe^{2+}) = 1.0mol\cdot L^{-1}$ 的反应方向如何？并计算该反应的平衡常数。

解： 在标准态下

$$I_2 + 2e^- \rightleftharpoons 2I^-,\ \varphi^{\ominus}(I_2/I^-) = 0.535V$$

$$Fe^{3+} + e^- \rightleftharpoons Fe^{2+},\ \varphi^{\ominus}(Fe^{3+}/Fe^{2+}) = 0.771V$$

$$E^{\ominus} = \varphi^{\ominus}(Fe^{3+}/Fe^{2+}) - \varphi^{\ominus}(I_2/I^-) = 0.771V - 0.535V = 0.236V > 0$$

所以反应 $2Fe^{3+} + 2I^- \rightleftharpoons 2Fe^{2+} + I_2$ 正向进行。在非标准状态下

$$\varphi(Fe^{3+}/Fe^{2+}) = \varphi^{\ominus}(Fe^{3+}/Fe^{2+}) + \frac{0.0592V}{n}\lg\frac{c(Fe^{3+})/c^{\ominus}}{c(Fe^{2+})/c^{\ominus}} = 0.771V + \frac{0.0592V}{1}\lg\frac{0.001}{1}$$
$$= 0.593V$$

$$\varphi(I_2/I^-) = \varphi^{\ominus}(I_2/I^-) + \frac{0.0592V}{n}\lg\frac{1}{[c(I^-)/c^{\ominus}]^2} = 0.535V + \frac{0.0592V}{2}\lg\frac{1}{(0.001)^2}$$
$$= 0.731V$$

$E = 0.593V - 0.713V = -0.120V < 0$，该反应逆向进行。

$2Fe^{3+} + 2I^- \rightleftharpoons 2Fe^{2+} + I_2$ 反应的平衡常数为

$$\lg K^{\ominus} = \frac{nE^{\ominus}}{0.0592V} = \frac{2\times0.236V}{0.0592V} = 7.973$$

$$K^{\ominus} = 9.40\times10^7$$

计算结果表明，对于电池标准电动势较小的反应，离子浓度的改变有可能引起反应方向的改变；也就是说，仅用标准电动势来判断反应的方向是不够的。当电池标准电动势较大时（一般 $E^{\ominus} \geqslant 0.5V$），离子浓度改变一般不至于引起反应逆转，这时常可以直接用标准电动势判断反应进行的方向。另外，通过计算该反应的平衡常数可知，在一定温度下，反应的标准平衡常数只与物质的本性或反应的本性有关，与各物质的浓度无关。也就是说改变各物质的浓度不影响该反应的标准平衡常数。

一个反应进行程度大小可由平衡常数 $K^{\ominus}$ 来衡量，它是反应的本质常数，原电池的标准电动势也是电池反应的本质常数。对于氧化还原反应，可以用两电极标准电极电势来决定，差值越大（$E^{\ominus}$ 越大），反应进行的趋势越大，反应越完全。一般认为 $K^{\ominus} \geqslant 10^6$ 时，反应正向进行得很完全。用 $E^{\ominus}$ 值来衡量时，对于不同的反应类型（电子转移数不相同），$E^{\ominus}$ 值的大小不一样。

若 $n=1$，$K^{\ominus} \geqslant 10^6$，$E^{\ominus} \geqslant 0.36V$；

若 $n=2$，$K^{\ominus} \geqslant 10^6$，$E^{\ominus} \geqslant 0.18V$；

若 $n=3$，$K^{\ominus} \geqslant 10^6$，$E^{\ominus} \geqslant 0.12V$。

因此，用 $E^{\ominus}$ 值是否大于 0.2～0.4V 来判断氧化还原反应自发进行的方向和程度是很有实用意义的。

9.3.4 选择适当的氧化剂或还原剂

根据氧化还原反应自发进行的条件,可利用电极电势来选择合适的氧化剂或还原剂。

【例 9-17】 现有 Cl^-、Br^-、I^- 三种离子的混合液,欲使 I^- 氧化为 I_2,而 Cl^-、Br^- 不被氧化,则用下列氧化剂 $Fe_2(SO_4)_3$、$KMnO_4$、$NaNO_2(H^+)$、$SnCl_4$,哪个能符合上述要求?

解: 查标准电极电势表得

$$\varphi^{\ominus}(Cl_2/Cl^-)=1.36V, \varphi^{\ominus}(Br_2/Br^-)=1.07V, \varphi^{\ominus}(I_2/I^-)=0.54V,$$
$$\varphi^{\ominus}(Fe^{3+}/Fe^{2+})=0.771V, \varphi^{\ominus}(MnO_4^-/Mn^{2+})=1.51V,$$
$$\varphi^{\ominus}(HNO_2/NO)=0.983V, \varphi^{\ominus}(Sn^{4+}/Sn^{2+})=0.151V$$

根据反应自发进行的条件可知,选择氧化剂使 I^- 氧化,其 $\varphi^{\ominus}$ 值必须大于 $\varphi^{\ominus}(I_2/I^-)$,$SnCl_4$ 不符合条件。

要使 Cl^-、Br^- 不被氧化,则对应的 $\varphi^{\ominus}$ 小于 $\varphi^{\ominus}(Cl_2/Cl^-)$、$\varphi^{\ominus}(Br_2/Br^-)$。$KMnO_4$ 不符合条件。

$Fe_2(SO_4)_3$、$NaNO_2(H^+)$ 作为氧化剂符合要求,应选 $Fe_2(SO_4)_3$ 或 $NaNO_2(H^+)$ 作为氧化剂。

电极电势除上述应用外,还可以用来判断氧化还原反应进行的次序。在不考虑动力学因素的情况下,当一种氧化剂可以氧化同一系统中的几种还原剂时,氧化剂首先氧化最强的还原剂(电极电势最低者)。同理,同一系统中一种还原剂可以还原几种氧化剂时,首先还原最强的氧化剂(电极电势值最高者)。

如 Cl_2 可以分别将 Br_2、I_2 从它们的盐溶液中置换出来。如果在含有 Br^-、I^- 的混合溶液中滴加氯水,哪一种离子先被氧化?查电极电势表可知

$$\varphi^{\ominus}(Cl_2/Cl^-)=1.36V$$
$$\varphi^{\ominus}(Br_2/Br^-)=1.07V$$
$$\varphi^{\ominus}(I_2/I^-)=0.54V$$

电极电势差为

$$\varphi^{\ominus}(Cl_2/Cl^-)-\varphi^{\ominus}(Br_2/Br^-)=0.29V, \varphi^{\ominus}(Cl_2/Cl^-)-\varphi^{\ominus}(I_2/I^-)=0.82V$$

从它们的标准电极电势差可知,差值越大,越先被氧化。所以,I^- 首先被氧化成 I_2,Br^- 后被氧化。该结论与实验事实相符。

9.3.5 元素电势图及其应用

9.3.5.1 元素电势图

有些元素可以有多种不同氧化数的状态,同一元素不同氧化数物质之间可以组成多个氧化还原电对。如铁有 0,+2 和 +3 等氧化数状态,因此就有下列几种电对及相应的标准电极电势。

$$Fe^{2+}+2e^- \rightleftharpoons Fe, \varphi^{\ominus}=-0.447V$$
$$Fe^{3+}+e^- \rightleftharpoons Fe^{2+}, \varphi^{\ominus}=0.771V$$
$$Fe^{3+}+3e^- \rightleftharpoons Fe, \varphi^{\ominus}=-0.037V$$
$$FeO_4^{2-}+8H^++3e^- \rightleftharpoons Fe^{3+}+4H_2O, \varphi^{\ominus}=2.20V$$

把同一元素不同氧化数物质间的标准电极电势按照氧化数高低从左到右依次降低的次序用图的形式表示,两种氧化数状态之间的连线标明该电对的标准电极电势,这种图叫作元素的标准电势图(简称为元素电势图),如下为铁元素在酸性介质中的元素电势图和氯元素在碱性介质中的元素电势图。

$$\varphi_A^{\ominus}/V \qquad FeO_4^{2-} \xrightarrow{2.20} Fe^{3+} \xrightarrow{0.771} Fe^{2+} \xrightarrow{-0.447} Fe$$

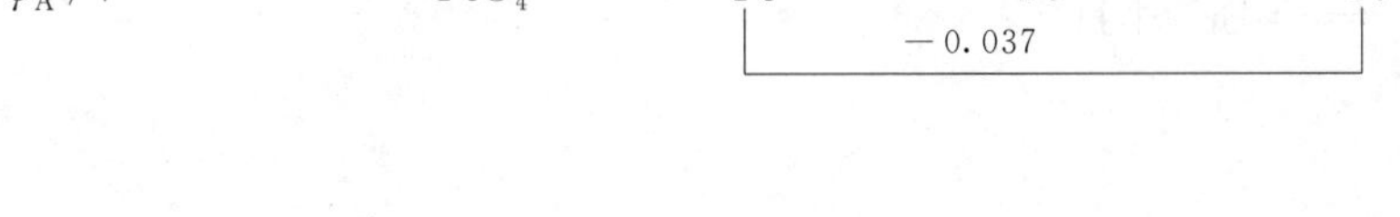

$$\varphi_B^{\ominus}/V \quad ClO_4^- \xrightarrow{0.36} ClO_3^- \xrightarrow{0.33} ClO_2^- \xrightarrow{0.66} ClO^- \xrightarrow{0.52} Cl_2 \xrightarrow{1.36} Cl^-$$

$$ClO_4^- \xrightarrow{0.51} Cl_2 \qquad ClO_3^- \xrightarrow{0.62} Cl_2$$

元素电势图使人们比较清楚直观地看到同一元素各氧化数物质在水溶液中的氧化性与还原性的变化情况及稳定性。

9.3.5.2　元素电势图的应用

(1) 判断物质在水溶液中能否发生歧化反应

由同一元素不同氧化数的物质之间发生的氧化还原反应都属于歧化反应或其逆反应（反歧化反应）。元素电势图可用来判断一种元素的某一氧化态在水溶液中能否发生歧化反应。同一元素不同氧化数物质的任何 3 种物质组成两个电对按照氧化数由高到低排列如下：

$$A \xrightarrow{\varphi_{左}^{\ominus}} B \xrightarrow{\varphi_{右}^{\ominus}} C$$

$\varphi_{右}^{\ominus} > \varphi_{左}^{\ominus}$，B 可发生歧化反应，产物分别为 A，C。如果 B 发生歧化反应，生成氧化数较低的物质 C 和氧化数较高的物质 A，$E^{\ominus} = \varphi_{右}^{\ominus} - \varphi_{左}^{\ominus} > 0$。当 $\varphi_{右}^{\ominus} < \varphi_{左}^{\ominus}$，此时发生反歧化反应，A 与 C 反应生成 B，$E^{\ominus} = \varphi_{左}^{\ominus} - \varphi_{右}^{\ominus} > 0$。例如锰的电势图：

$$\varphi_A^{\ominus}/V \quad MnO_4^- \xrightarrow{0.55} MnO_4^{2-} \xrightarrow{2.24} MnO_2 \xrightarrow{0.907} Mn^{3+} \xrightarrow{1.54} Mn^{2+} \xrightarrow{-1.185} Mn$$

$$MnO_4^- \xrightarrow{1.507} Mn^{2+} \qquad MnO_4^- \xrightarrow{1.679} MnO_2 \qquad MnO_2 \xrightarrow{1.224} Mn^{2+}$$

从图中可以判断锰元素的物质中 MnO_4^{2-} 和 Mn^{3+} 都能发生歧化反应。因为 $\varphi^{\ominus}(MnO_4^{2-}/MnO_2) > \varphi^{\ominus}(MnO_4^-/MnO_4^{2-})$，$\varphi^{\ominus}(Mn^{3+}/Mn^{2+}) > \varphi^{\ominus}(MnO_2/Mn^{3+})$，即 $\varphi_{右}^{\ominus} > \varphi_{左}^{\ominus}$，所以就有以下反应：

$$3MnO_4^{2-} + 4H^+ \rightleftharpoons 2MnO_4^- + MnO_2 + 2H_2O$$

$$2Mn^{3+} + 2H_2O \rightleftharpoons Mn^{2+} + MnO_2 + 4H^+$$

这说明 MnO_4^{2-}、Mn^{3+} 在酸性溶液中极易歧化，因此它们不能在酸性溶液中稳定存在。而 MnO_4^- 和 Mn^{2+} 可以发生反歧化反应，是由于 MnO_2 的 $\varphi_{右}^{\ominus} < \varphi_{左}^{\ominus}$，即 $\varphi^{\ominus}(MnO_4^-/MnO_2) > \varphi^{\ominus}(MnO_2/Mn^{2+})$。

$$2MnO_4^- + 3Mn^{2+} + 2H_2O \rightleftharpoons 5MnO_2 + 4H^+$$

(2) 计算未知电对的电极电势

通过元素电势图中已知电对的标准电极电势值可以计算一些未知电对的标准电极电势值。如从下列电势图，求 $\varphi^{\ominus}(BrO_3^-/Br^-)$。

$$\varphi_B^{\ominus}/V \quad BrO_3^- \xrightarrow{0.54} BrO^- \xrightarrow{0.45} Br_2 \xrightarrow{1.066} Br^-$$

由于电极电势是强度物理量，不具有加和性，即 $\varphi^{\ominus}(BrO_3^-/Br^-) \neq \varphi^{\ominus}(BrO_3^-/BrO^-) + \varphi^{\ominus}(BrO^-/Br^-) + \varphi^{\ominus}(Br_2/Br^-)$。但 $\Delta_r G_m^{\ominus}$ 具有加和性，根据 $\Delta_r G_m^{\ominus}$ 与 $E^{\ominus}$ 的关系，将上面四个电对分别与标准氢电极组成电池，对应电池反应及相应的电池电动势为：

① $BrO_3^- + 2H_2 \rightleftharpoons BrO^- + 2H_2O$

$$E_1^{\ominus} = \varphi^{\ominus}(BrO_3^-/BrO^-) - \varphi^{\ominus}(H^+/H_2) = \varphi^{\ominus}(BrO_3^-/BrO^-)$$

② $BrO^- + H_2 \rightleftharpoons \frac{1}{2}Br_2 + H_2O$

$$E_2^{\ominus} = \varphi^{\ominus}(BrO^-/Br_2) - \varphi^{\ominus}(H^+/H_2) = \varphi^{\ominus}(BrO^-/Br_2)$$

③ $\frac{1}{2}Br_2 + \frac{1}{2}H_2 \rightleftharpoons Br^- + H^+$

$$E_3^{\ominus}=\varphi^{\ominus}(Br_2/Br^-)-\varphi^{\ominus}(H^+/H_2)=\varphi^{\ominus}(Br_2/Br^-)$$

④　$$BrO_3^- + 3H_2 \rightleftharpoons Br^- + 3H_2O$$

$$E_4^{\ominus}=\varphi^{\ominus}(BrO_3^-/Br^-)-\varphi^{\ominus}(H^+/H_2)=\varphi^{\ominus}(BrO_3^-/Br^-)$$

四个反应对应的标准摩尔吉布斯自由能分别为：$\Delta_r G_{m_1}^{\ominus}$，$\Delta_r G_{m_2}^{\ominus}$，$\Delta_r G_{m_3}^{\ominus}$，$\Delta_r G_{m_4}^{\ominus}$。

因为 $\Delta_r G_m^{\ominus} = -nFE^{\ominus}$，则有 $\Delta_r G_{m_1}^{\ominus} = -n_1F_1E_1^{\ominus}$，$\Delta_r G_{m_2}^{\ominus} = -n_2F_2E_2^{\ominus}$，$\Delta_r G_{m_3}^{\ominus} = -n_3F_3E_3^{\ominus}$，$\Delta_r G_{m_4}^{\ominus} = -n_4F_4E_4^{\ominus}$。

$$\Delta_r G_{m_1}^{\ominus}+\Delta_r G_{m_2}^{\ominus}+\Delta_r G_{m_3}^{\ominus}=\Delta_r G_{m_4}^{\ominus}$$

$$n_1FE_1^{\ominus}+n_2FE_2^{\ominus}+n_3FE_3^{\ominus}=n_4FE_4^{\ominus}$$

$$\varphi^{\ominus}(BrO_3^-/Br^-)=\frac{n_1\varphi^{\ominus}(BrO^{3-}/BrO^-)+n_2\varphi^{\ominus}(BrO^-/Br_2)+n_3\varphi^{\ominus}(Br_2/Br^-)}{n_4}$$

$$=\frac{(4\times 0.54)V+(1\times 0.45)V+(1\times 1.066)V}{6}=0.61V$$

这里注意 $n_4=n_1+n_2+n_3=6$

将上式推广到 i 个相邻的电对及对应的标准电极电势，则有：

$$\varphi_{1/i}^{\ominus}=\frac{n_1\varphi_1^{\ominus}+n_2\varphi_2^{\ominus}+\cdots+n_i\varphi_i^{\ominus}}{n_1+n_2+\cdots+n_i} \tag{9-9}$$

【例 9-18】 已知汞元素的电势图，求 $\varphi^{\ominus}(Hg^{2+}/Hg_2^{2+})$。

$\varphi_A^{\ominus}/V$　　Hg^{2+}——Hg_2^{2+} $\underline{\ 0.80\ }$ Hg（Hg^{2+} 至 Hg：0.85）

解： $n_1\varphi^{\ominus}(Hg^{2+}/Hg_2^{2+})+n_2\varphi^{\ominus}(Hg_2^{2+}/Hg)=n_3\varphi^{\ominus}(Hg^{2+}/Hg)$

$$\varphi^{\ominus}(Hg^{2+}/Hg_2^{2+})=\frac{n_3\varphi^{\ominus}(Hg^{2+}/Hg)-n_2\varphi^{\ominus}(Hg_2^{2+}/Hg)}{n_1}$$

$$=\frac{(2\times 0.85)V-(1\times 0.80)V}{1}=0.90V$$

9.4　氧化还原滴定法

氧化还原滴定法是以氧化还原反应为基础的滴定分析方法，它是滴定分析中应用最广泛的方法之一，能够直接或间接地测定许多无机物和有机物。

9.4.1　条件电极电势

对于任何氧化还原电对的电势，可用能斯特方程式表示为：

$$\varphi_{Ox/Red}=\varphi_{Ox/Red}^{\ominus}+\frac{0.0592V}{n}\lg\frac{c(Ox)}{c(Red)}$$

由于离子强度的影响，用浓度计算电极电势会产生较大误差，应用活度代替浓度代入能斯特方程。此外，在不同的溶液体系中，电对的氧化态和还原态可能会发生副反应，如酸度的影响、沉淀和配合物的形成等，都将引起氧化态和还原态的浓度变化，从而使电对的电势发生改变。

例如，在计算 HCl 溶液中电对 Fe^{3+}/Fe^{2+} 的电势时，由 Nernst 方程得

$$\varphi(Fe^{3+}/Fe^{2+})=\varphi^{\ominus}(Fe^{3+}/Fe^{2+})+0.0592V\lg\frac{a(Fe^{3+})}{a(Fe^{2+})}$$

若以浓度代替活度，则必须引入活度系数 γ

$$\varphi(Fe^{3+}/Fe^{2+})=\varphi^{\ominus}(Fe^{3+}/Fe^{2+})+0.0592V\lg\frac{\gamma(Fe^{3+})c(Fe^{3+})}{\gamma(Fe^{2+})c(Fe^{2+})} \tag{9-10}$$

另外，由于 Fe^{3+}、Fe^{2+} 在溶液中存在形成一系列羟基配合物和氯配合物等副反应，还必须引入副反应系数，即

$$\alpha(Fe^{3+})=\frac{c'(Fe^{3+})}{c(Fe^{3+})},\ \alpha(Fe^{2+})=\frac{c'(Fe^{2+})}{c(Fe^{2+})}$$

式中，$c'(Fe^{3+})$ 和 $c'(Fe^{2+})$ 分别为氧化型物质和还原型物质的分析浓度。代入式(9-10)，则有

$$\varphi(Fe^{3+}/Fe^{2+})=\varphi^{\ominus}(Fe^{3+}/Fe^{2+})+0.0592V\lg\frac{\gamma(Fe^{3+})\alpha(Fe^{2+})c'(Fe^{3+})}{\gamma(Fe^{2+})\alpha(Fe^{3+})c'(Fe^{2+})}$$

$$=\varphi^{\ominus}(Fe^{3+}/Fe^{2+})+0.0592V\lg\frac{\gamma(Fe^{3+})\alpha(Fe^{2+})}{\gamma(Fe^{2+})\alpha(Fe^{3+})}+0.0592\lg\frac{c'(Fe^{3+})}{c'(Fe^{2+})}$$

在一定条件下，上式中 γ 和 α 有固定值，因而上式中前两项之和应为一常数，令其为 $\varphi^{\ominus\prime}$。

$$\varphi^{\ominus\prime}=\varphi^{\ominus}(Fe^{3+}/Fe^{2+})+0.0592V\lg\frac{\gamma(Fe^{3+})\alpha(Fe^{2+})}{\gamma(Fe^{2+})\alpha(Fe^{3+})} \tag{9-11}$$

式(9-11) 表示的 $\varphi^{\ominus\prime}$ 是在特定条件下氧化型物质和还原型物质的分析浓度均等于 $1.0mol\cdot L^{-1}$ 时的实际电极电势，是一个随实验条件而变的常数，故称为条件电极电势。它反映了离子强度和各种副反应对电极电势影响的总结果。在离子强度和副反应系数等条件不变时 $\varphi^{\ominus\prime}$ 为常数，引入条件电极电势的概念后，能斯特方程式可以写成：

$$\varphi^{\ominus}(Fe^{3+}/Fe^{2+})=\varphi^{\ominus\prime}(Fe^{3+}/Fe^{2+})+0.0592V\lg\frac{c'(Fe^{3+})}{c'(Fe^{2+})} \tag{9-12}$$

对于任一氧化还原电对的能斯特方程式可表示为

$$Ox+ne^{-}\rightleftharpoons Red$$

$$\varphi_{Ox/Red}=\varphi^{\ominus\prime}_{Ox/Red}+\frac{0.0592V}{n}\lg\frac{c(Ox)/c^{\ominus}}{c(Red)/c^{\ominus}} \tag{9-13}$$

式中，$\varphi^{\ominus\prime}$ 称为条件电极电势；$c'(Ox)$、$c'(Red)$ 为氧化型和还原型物质的分析浓度。条件电极电势的引入使分析化学中的问题处理更为方便，更符合实际。各种条件下的电极电势是由实验测得的。但由于实验条件千变万化，条件电极电势不可能一一测定，所以目前条件电极电势的数据比较少。在实际应用时，亦可采用条件相近的 $\varphi^{\ominus\prime}$ 值，或用标准电极电势值代替条件电极电势做近似处理。

9.4.2 氧化还原滴定曲线

在氧化还原滴定过程中，随着滴定剂的加入，反应物和产物的浓度不断发生变化，使有关电对的电极电势也随之发生变化。以标准溶液的加入量或滴定百分数为横坐标，以电极电势为纵坐标作图，所得的曲线即为氧化还原滴定曲线。可逆电对间发生反应时，滴定曲线既可用能斯特方程式的计算结果绘制，也可用实验方法测得；对于不可逆电对参与的反应，滴定曲线只能用实验方法测得。

可逆电对是指在氧化还原反应的任一瞬间，能迅速地建立起氧化还原平衡的电对［如 Fe^{3+}/Fe^{2+}、$[Fe(CN)_6]^{3-}/[Fe(CN)_6]^{4-}$、$I_2/I^-$ 等］，可逆电对所显示的实际电势与按能斯特公式计算所得理论值相符。不可逆电对是指在氧化还原反应的任一瞬间，并不能真正建立起按氧化还原半反应所显示的平衡，其实际电势值与按能斯特公式计算所得理论值并不一致（如 MnO_4^-/Mn^{2+}、$Cr_2O_7^{2-}/Cr^{3+}$、$S_4O_6^{2-}/S_2O_3^{2-}$、$CO_2/C_2O_4^{2-}$、H_2O_2/H_2O 等）。

根据电对氧化型和还原型物质的化学计量数是否相等，可将氧化还原电对分为对称电对和不对称电对：氧化型和还原型的系数相同为对称电对，如 MnO_4^-/Mn^{2+}、Fe^{3+}/Fe^{2+}；

氧化型和还原型的系数不相同为不对称电对，如 $Cr_2O_7^{2-}/Cr^{3+}$、I_2/I^-。

现以 $0.1000mol \cdot L^{-1}$ $Ce(SO_4)_2$ 溶液滴定 $0.1000mol \cdot L^{-1}$ Fe^{2+} 的酸性溶液（$1.0mol \cdot L^{-1}$ 硫酸）为例，说明可逆对称氧化还原电对在滴定过程中电极电势的计算和滴定曲线的绘制。

滴定反应为：　$Ce^{4+} + Fe^{2+} \rightleftharpoons Ce^{3+} + Fe^{3+}$

两个半反应为：$Fe^{2+} \rightleftharpoons Fe^{3+} + e^-$，$\varphi^{\ominus\prime}(Fe^{3+}/Fe^{2+}) = 0.68V$

$Ce^{4+} + e^- \rightleftharpoons Ce^{3+}$，$\varphi^{\ominus\prime}(Ce^{4+}/Ce^{3+}) = 1.44V$

滴定一旦开始，系统中就同时存在两个电对，在滴定过程中任何一点，达到平衡时，两电对的电极电势必然相等，即

$$\varphi = \varphi^{\ominus\prime}(Fe^{3+}/Fe^{2+}) + 0.0592V\lg\frac{c(Fe^{3+})/c^{\ominus}}{c(Fe^{2+})/c^{\ominus}} = \varphi^{\ominus\prime}(Ce^{4+}/Ce^{3+}) + 0.0592V\lg\frac{c(Ce^{4+})/c^{\ominus}}{c(Ce^{3+})/c^{\ominus}}$$

（1）滴定前

浓度为 $0.1000mol \cdot L^{-1}$ 的 Fe^{2+} 溶液因空气中 O_2 的作用，溶液中必然存在极少量的 Fe^{3+}，但由于不知其确切浓度，无法计算系统的电极电势值。不过这对滴定曲线的绘制无关紧要。

（2）滴定开始到化学计量点前

滴定开始后，溶液中存在 Ce^{4+}/Ce^{3+} 和 Fe^{3+}/Fe^{2+} 两个电对。在任一滴定点，这两个电对的电极电势相等，溶液的电势等于其中任一电对的电极电势，即 $\varphi(Fe^{3+}/Fe^{2+}) = \varphi(Ce^{4+}/Ce^{3+})$。

在化学计量点前，溶液中 Ce^{4+} 的浓度很小，且不容易直接计算，而溶液中 Fe^{3+} 和 Fe^{2+} 的浓度容易求出，故在化学计量点前可利用 Fe^{3+}/Fe^{2+} 电对计算溶液中各平衡点的电极电势值。

当加入 19.98mL Ce^{4+} 时，有 99.9%Fe^{2+} 反应（终点误差－0.1%），系统电势为

$$c(Fe^{3+}) = \frac{0.1000mol \cdot L^{-1} \times 19.98mL}{(20.00+19.98)mL},\ c(Fe^{2+}) = \frac{0.1000mol \cdot L^{-1} \times (20.00-19.98)mL}{(20.00+19.98)mL}$$

$$\varphi = \varphi^{\ominus\prime}(Fe^{3+}/Fe^{2+}) + 0.0592V\lg\frac{c(Fe^{3+})/c^{\ominus}}{c(Fe^{2+})/c^{\ominus}} = 0.68V + 0.0592\lg10^3 = 0.86V$$

（3）化学计量点时

当滴定分数为 100%，即滴入 Ce^{4+} 标准溶液为 20.00mL 时，系统到达化学计量点，此时 Fe^{2+} 和 Ce^{4+} 均已定量反应完全，它们的浓度均很小且不易求得，因此单独采用任一电对都无法求得化学计量点的电极电势，而要通过两个电对的浓度关系来计算。若化学计量点的电势值用 φ_{sp} 表示，则：

$$\varphi_{sp} = \varphi^{\ominus\prime}(Fe^{3+}/Fe^{2+}) + 0.0592V\lg\frac{c(Fe^{3+})/c^{\ominus}}{c(Fe^{2+})/c^{\ominus}}$$

$$\varphi_{sp} = \varphi^{\ominus\prime}(Ce^{4+}/Ce^{3+}) + 0.0592V\lg\frac{c(Ce^{4+})/c^{\ominus}}{c(Ce^{3+})/c^{\ominus}}$$

两式相加

$$2\varphi_{sp} = \varphi^{\ominus\prime}(Ce^{4+}/Ce^{3+}) + \varphi^{\ominus\prime}(Fe^{3+}/Fe^{2+}) + 0.0592V\lg\frac{[c(Ce^{4+})/c^{\ominus}][c(Fe^{3+})/c^{\ominus}]}{[c(Ce^{3+})/c^{\ominus}][c(Fe^{2+})/c^{\ominus}]}$$

化学计量点时，$c(Fe^{3+}) = c(Ce^{3+})$，$c(Fe^{2+}) = c(Ce^{4+})$

$$\frac{[c(Ce^{4+})/c^{\ominus}][c(Fe^{3+})/c^{\ominus}]}{[c(Ce^{3+})/c^{\ominus}][c(Fe^{2+})/c^{\ominus}]} = 1$$

$$2\varphi_{sp} = \varphi^{\ominus\prime}(Ce^{4+}/Ce^{3+}) + \varphi^{\ominus\prime}(Fe^{3+}/Fe^{2+}) = 1.44V + 0.68V$$

$$\varphi_{sp} = 1.06V$$

上面计量点 φ 值计算公式对于可逆对称的氧化还原反应具有普遍性。如有下面一般的

可逆对称氧化还原系统，两电对及条件电势如下：

$$Ox_1 + n_1e^- \rightleftharpoons Red_1 \qquad \varphi^{\ominus\prime}_1$$

$$Red_2 \rightleftharpoons Ox_2 + n_2e^- \qquad \varphi^{\ominus\prime}_2$$

化学计量点时，系统电势的计算公式为

$$\varphi_{sp} = \frac{n_1\varphi^{\ominus\prime}_1 + n_2\varphi^{\ominus\prime}_2}{n_1 + n_2} \tag{9-14}$$

式(9-14)只适用于可逆对称氧化还原系统计量点电势的计算。如果系统中存在不对称电对，其计量点的电势除与每个电对 $\varphi^{\ominus\prime}$、n 有关外，还与离子的浓度有关。

(4) 化学计量点后

化学计量点后，Fe^{2+} 已定量地氧化成 Fe^{3+}，$c(Fe^{2+})$ 很小且无法知道，而 Ce^{4+} 过量的百分数是已知的，从而可确定 $c(Ce^{4+})/c(Ce^{3+})$ 值，此时可用电对 Ce^{4+}/Ce^{3+} 计算 φ。

如加入 20.02mL Ce^{4+} 溶液，即 Ce^{4+} 过量 0.1%时，

$$\varphi = \varphi^{\ominus\prime}(Ce^{4+}/Ce^{3+}) + 0.0592V\lg\frac{c(Ce^{4+})/c^{\ominus}}{c(Ce^{3+})/c^{\ominus}}$$

$$= \varphi^{\ominus\prime}(Ce^{4+}/Ce^{3+}) + 0.0592V\lg\frac{0.1000mol\cdot L^{-1}\times(20.02-20.00)mL}{0.1000mol\cdot L^{-1}\times 20.00mL}$$

$$= 1.44V + 0.0592\lg 10^{-3} = 1.26V$$

不同滴定点计算的 φ 值列于表 9-3，并根据此值绘制滴定曲线，如图 9-5 所示。从计量点前 Fe^{2+} 剩余 0.1%(0.02mL) 到计量点后 Ce^{4+} 过量 0.1%(0.02mL)，溶液的电势值由 0.86V 突增到 1.26V，改变了 0.40V，这个变化称为 Ce^{4+} 滴定 Fe^{2+} 的电势突跃，了解电势突跃范围是选择氧化还原指示剂的依据。

表 9-3 用 $0.1000mol\cdot L^{-1}$ $Ce(SO_4)_2$ 溶液滴定 20.00mL $0.1000mol\cdot L^{-1}$ $FeSO_4$ 的酸性溶液（$1.0mol\cdot L^{-1}$ H_2SO_4）

滴入 $Ce(SO_4)_2$ 溶液的体积(V)/mL	滴定百分数/%	电势(φ)/V
2.0	10.0	0.62
10.00	50.0	0.68
18.00	90.0	0.74
19.80	99.0	0.80
19.98	99.9	0.86 滴定突跃
20.00	100.0	1.06 滴定突跃
20.02	100.1	1.26 滴定突跃
22.00	101.0	1.38
30.00	150.0	1.42
40.00	200.0	1.44

由上述计算过程可知影响氧化还原滴定曲线突跃范围的因素有：两电对的条件电极电势，两电对的条件电极电势的差值越大，突跃范围越大，而与浓度无关。由于电对的条件电极电势与条件有关，所以对同一滴定反应，在不同介质条件下其滴定突跃是不同的。图 9-6 是在不同介质中用 $0.1000mol\cdot L^{-1}$ $Ce(SO_4)_2$ 溶液滴定 20.00mL $0.1000mol\cdot L^{-1}$ $FeSO_4$ 的酸性溶液（$1.0mol\cdot L^{-1}$ H_2SO_4）的滴定曲线。

对于 $n_1=n_2$ 的氧化还原滴定反应，化学计量点的电势恰好在突跃范围的中心；若 $n_1\neq n_2$，滴定曲线在化学计量点前后不对称，化学计量点电势值不在突跃范围的中心，而是偏向电子得失数较多的电对一方。

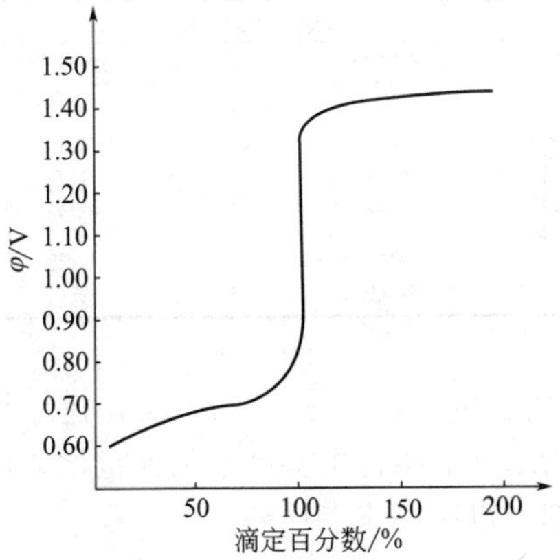

图 9-5　0.1000mol·L^{-1} Ce(SO_4)$_2$ 溶液滴定 20.00mL 0.1000mol·L^{-1} $FeSO_4$ 的酸性溶液（1.0mol·L^{-1} H_2SO_4）的滴定曲线

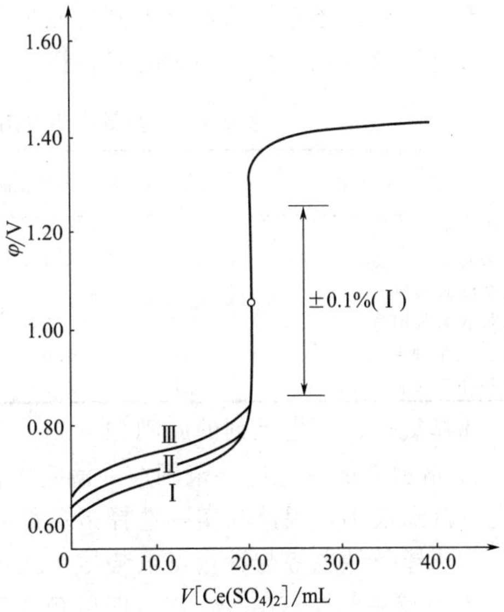

图 9-6　0.1000mol·L^{-1} Ce（SO_4）$_2$ 溶液在不同介质中滴定 Fe^{2+} 的滴定曲线

9.4.3　氧化还原滴定指示剂

氧化还原滴定中使用的指示剂根据其指示终点的原理不同分为以下三类。

（1）氧化还原指示剂

氧化还原指示剂是一类本身具有氧化性或还原性的有机试剂，其氧化型与还原型具有不同的颜色。进行氧化还原滴定时，在化学计量点附近，指示剂或由氧化型转变为还原型，或者由还原型转变为氧化型，从而引起溶液颜色突变，指示终点到达。如二苯胺磺酸钠、邻二氮菲亚铁。

与酸碱指示剂相似，氧化还原指示剂有其变色的电势范围。现以 In(O) 和 In(R) 分别代表指示剂的氧化型和还原型，其电对对应的反应为

$$\mathrm{In(O)} + ne^- \rightleftharpoons \mathrm{In(R)}$$

随着滴定的进行，溶液的电势值不断发生变化，指示剂电对所对应的电势也按能斯特方程式发生相应的变化：

$$\varphi\{\mathrm{In(O)/In(R)}\} = \varphi^{\ominus\prime}\{\mathrm{In(O)/In(R)}\} + \frac{0.0592\mathrm{V}}{n}\lg\frac{c[\mathrm{In(O)}]/c^{\ominus}}{c[\mathrm{In(R)}]/c^{\ominus}}$$

当被滴定溶液的电势 $\varphi > \varphi\{\mathrm{In(O)/In(R)}\}$ 时，指示剂被氧化；当被滴定溶液的电势 $\varphi < \varphi\{\mathrm{In(O)/In(R)}\}$ 时，指示剂被还原，$c\{\mathrm{In(O)/In(R)}\}$ 值随着滴定的进行而发生变化。当 $c\{\mathrm{In(O)/In(R)}\} \geqslant 10$ 时，溶液显示出指示剂氧化型物质的颜色，298.15K 时其电势值为

$$\varphi\{\mathrm{In(O)/In(R)}\} = \varphi^{\ominus\prime}\{\mathrm{In(O)/In(R)}\} + \frac{0.0592\mathrm{V}}{n}$$

当 $c[\mathrm{In(O)/In(R)}] \leqslant 1/10$ 时，溶液显示出指示剂还原型物质的颜色。此时电势为

$$\varphi\{\mathrm{In(O)/In(R)}\} = \varphi^{\ominus\prime}\{\mathrm{In(O)/In(R)}\} - \frac{0.0592\mathrm{V}}{n}$$

所以，298.15K 时，指示剂的变色范围是

$$\varphi\{\mathrm{In(O)/In(R)}\} = \varphi^{\ominus\prime}\{\mathrm{In(O)/In(R)}\} \pm \frac{0.0592\mathrm{V}}{n} \qquad (9\text{-}15)$$

不同的氧化还原指示剂有不同的变色范围，表 9-4 列出几种常用的氧化还原指示剂的条件电极电势及颜色变化。实验时可根据滴定反应合理地选择指示剂。

表 9-4 一些氧化还原指示剂的条件电极电势及颜色变化

指示剂	$\varphi^{\ominus\prime}\{c(H^+)=1mol\cdot L^{-1}\}/V$	颜色变化	
		氧化型	还原型
亚甲基蓝	0.36	蓝	无色
二苯胺	0.76	紫	无色
二苯胺磺酸钠	0.84	红紫	无色
邻苯氨基苯甲酸	0.89	红紫	无色
邻二氮菲-亚铁	1.06	浅蓝	红色
硝基邻二氮菲-亚铁	1.25	浅蓝	紫红

选择氧化还原指示剂的原则如下。

① 指示剂的变色电势范围应在滴定突跃范围之内。由式(9-15) 可知，氧化还原指示剂的变色范围很小，因此在实际选择指示剂时，只要指示剂的条件电势处于突跃范围之内就可以，并选择条件电势与计量点电势尽量接近的指示剂，以减小终点误差。

② 终点颜色要有突变。终点时颜色有明显的变化便于观察。如用 $Cr_2O_7^{2-}$ 标准溶液滴定 Fe^{2+} 试样时，选用二苯胺磺酸钠作指示剂，终点溶液由亮绿色变为深紫色，颜色变化十分明显。

(2) 自身指示剂

在氧化还原滴定中，利用滴定剂或待测定溶液本身的颜色变化来指示终点，称为自身指示剂。例如，在高锰酸钾法中，滴定剂高锰酸钾为紫红色，在酸性介质中用它来滴定无色或浅色的还原剂，当滴定至化学计量点附近，稍过量的高锰酸钾就可使溶液呈稳定红色，从而指示终点。

(3) 特殊指示剂

这类指示剂本身并无氧化还原性，但它能与滴定体系中的氧化剂或还原剂结合而显示出与其本身不同的颜色。

例如，淀粉指示剂（可溶性淀粉溶液）本身无色，但它与碘作用生成深蓝色的吸附化合物，利用蓝色的出现或消失可指示终点到达。如在以碘溶液滴定还原剂的直接碘量法中，化学计量点附近稍过量的碘就会与淀粉结合而使溶液显蓝色，从而指示终点，灵敏度很高。

9.4.4 常用的氧化还原滴定法

由于还原剂易被空气氧化，氧化还原滴定中常用氧化剂作滴定剂，根据所用氧化剂的不同，可将氧化还原滴定分为高锰酸钾法、重铬酸钾法、碘量法、铈量法、溴酸盐法等。本节重点介绍三种最常用的氧化还原滴定法。

9.4.4.1 高锰酸钾法

(1) 概述

高锰酸钾是一种强氧化剂，其氧化能力及还原产物与溶液的酸度有关。

在强酸性溶液中，$KMnO_4$ 与还原剂作用，被还原为 Mn^{2+}：通常选 $0.5\sim1mol\cdot L^{-1}$ H_2SO_4 溶液为介质。

$$MnO_4^- + 8H^+ + 5e^- \rightleftharpoons Mn^{2+} + 4H_2O,\ \varphi^{\ominus} = 1.51V$$

在弱酸性、中性、弱碱性的溶液中，$KMnO_4$ 与还原剂作用，被还原为 MnO_2：

$$MnO_4^- + 2H_2O + 3e^- \rightleftharpoons MnO_2 + 4OH^-,\ \varphi^{\ominus} = 0.59V$$

在强碱性溶液中，$KMnO_4$ 与还原剂作用，被还原为 MnO_4^{2-}：

$$MnO_4^- + e^- \rightleftharpoons MnO_4^{2-},\ \varphi^{\ominus} = 0.56V$$

$KMnO_4$ 在酸性溶液中氧化能力强，同时生成的 Mn^{2+} 接近无色便于滴定终点的观察，因此高锰酸钾滴定多在强酸性溶液中进行，通常选用 0.5～1mol·L^{-1} H_2SO_4 溶液为介质。由于 Cl^- 的还原性和 HNO_3 的氧化性，不能使用 HCl 或 HNO_3 调节溶液酸度。

高锰酸钾法的优点是：氧化能力强，应用广泛。许多还原性物质如 Fe^{2+}、$C_2O_4^{2-}$、H_2O_2 等及有机物可用 $KMnO_4$ 标准溶液直接滴定。对于某些具有氧化性物质如 MnO_2 等可用返滴定法进行滴定分析。而像 Ca^{2+}、Ba^{2+} 等这类不具有氧化还原性的物质可用间接滴定分析法。其次，高锰酸钾本身有颜色，一般不需要另加指示剂。

高锰酸钾法的缺点是：$KMnO_4$ 不易制得纯度高的试剂，只能用间接法配制标准溶液；其次，溶液的稳定性较差，不利于保存；再者由于高锰酸钾的氧化能力强，所以滴定反应的选择性差。

(2) 标准溶液的配制和标定

由于高锰酸钾试剂的纯度不高，其中常含有少量 MnO_2 及其他杂质，又因蒸馏水中微量的还原性物质存在，都能使高锰酸钾分解，所以不能用直接法配制高锰酸钾标准溶液。通常先配成近似浓度的溶液，然后再标定其准确浓度。

高锰酸钾溶液的配制方法如下：称取稍多于理论量的 $KMnO_4$ 固体，溶解在一定体积的蒸馏水中；将溶液加热至沸并保持微沸约 1h，使还原性物质完全氧化；放置 2～3 天后，用微孔玻璃漏斗过滤除去析出的沉淀；将过滤后的 $KMnO_4$ 溶液贮存于棕色瓶中并放至暗处。

标定 $KMnO_4$ 溶液的基准物质有：$Na_2C_2O_4$、$H_2C_2O_4 \cdot 2H_2O$、As_2O_3 和纯铁丝等，其中 $Na_2C_2O_4$ 因易于提纯、性质稳定等优点而最为常用。

在 H_2SO_4 介质中，MnO_4^- 与 $C_2O_4^{2-}$ 的反应为

$$2MnO_4^- + 5C_2O_4^{2-} + 16H^+ \rightleftharpoons 2Mn^{2+} + 10CO_2 + 8H_2O$$

为使此反应能定量地且较迅速地进行，须控制如下的反应条件。

① 温度　该反应在室温下反应速率很慢，因此滴定时需加热；但加热的温度不宜太高，因为在酸性溶液中，温度大于 90℃时，草酸会部分分解：

$$H_2C_2O_4 \rightleftharpoons CO_2 + CO + H_2O$$

所以滴定反应的温度应控制在 75～85℃。

② 酸度　$KMnO_4$ 的还原产物与溶液的酸度有关，酸度不够时，往往容易生成 MnO_2 沉淀；酸度过高，又会促使草酸分解。所以，在开始滴定时，一般将酸的浓度控制在 0.5～1.0mol·L^{-1} H_2SO_4。滴定终点时酸的浓度约为 0.2～0.5mol·L^{-1}。

③ 滴定速度　在室温下反应速率极慢，Mn^{2+} 的存在能起催化作用；开始缓慢滴定，利用反应本身所产生的 Mn^{2+} 起自身催化作用而加快反应进行。滴定开始时，加入的第一滴 $KMnO_4$ 溶液褪色很慢，在紫红色没有褪去之前，不要加入第二滴。否则，部分 $KMnO_4$ 在热溶液中会分解。等 $KMnO_4$ 溶液与草酸反应生成 Mn^{2+} 后，滴定速度可稍加快。

$$4MnO_4^- + 12H^+ \rightleftharpoons 4Mn^{2+} + 5O_2 + 6H_2O$$

④ 滴定终点　$KMnO_4$ 可作为自身指示剂，滴定至化学计量点时。$KMnO_4$ 微过量就可使溶液呈粉红色，若粉红色维持半分钟不褪色即为终点（在空气中的还原性物质能使紫红色褪色）。

用 $Na_2C_2O_4$ 作基准物质标定 $KMnO_4$ 溶液，根据 $Na_2C_2O_4$ 的量和所用 $KMnO_4$ 溶液的体积便可计算出 $KMnO_4$ 的浓度。

$$c(KMnO_4) = \frac{m(Na_2C_2O_4) \times \frac{2}{5}}{M(Na_2C_2O_4)V(KMnO_4)}$$

(3) 应用示例

① 钙含量的测定（间接滴定法） 由于钙不具有氧化还原性质，需采用间接法测定。首先将石灰石用盐酸溶解后，加入沉淀剂 $(NH_4)_2C_2O_4$，由于 $C_2O_4^{2-}$ 在酸性溶液中大部分以 $HC_2O_4^-$ 形式存在，$C_2O_4^{2-}$ 浓度很小，不会生成 CaC_2O_4 沉淀。然后将溶液加热至 70～80℃，再滴加稀氨水。由于 H^+ 逐渐被中和，$C_2O_4^{2-}$ 浓度缓缓增加，就可以生成粗颗粒结晶的 CaC_2O_4 沉淀。将沉淀搁置陈化后，过滤、洗涤，再溶于稀硫酸中，即可用 $KMnO_4$ 标准溶液滴定热溶液中的 $C_2O_4^{2-}$（与 Ca^{2+} 定量结合的）。根据 $KMnO_4$ 标准溶液的用量可计算出试样中钙的含量。上述过程涉及的方程式及钙的含量计算公式如下。

样品→Ca^{2+}→CaC_2O_4→过滤洗涤→纯净的 CaC_2O_4→调节酸度→$Ca^{2+}+C_2O_4^{2-}$→$KMnO_4$ 滴定→V_{KMnO_4}。

$$Ca^{2+}+C_2O_4^{2-} \rightleftharpoons CaC_2O_4\downarrow$$

$$CaC_2O_4+2H^+ \rightleftharpoons Ca^{2+}+H_2C_2O_4$$

$$2MnO_4^-+5H_2C_2O_4+6H^+ \rightleftharpoons 2Mn^{2+}+10CO_2+8H_2O$$

$$n(Ca^{2+})=n(C_2O_4^{2-})=\frac{5}{2}n(MnO_4^-)$$

$$w(Ca)=\frac{\frac{5}{2}c(MnO_4^-)V(MnO_4^-)M(Ca)}{m_s}$$

该方法也适用于其他能与 $C_2O_4^{2-}$ 定量地生成沉淀的金属离子的测定。

② H_2O_2 含量的测定（直接滴定法） 在酸性溶液中，H_2O_2 可被 $KMnO_4$ 定量氧化：

$$2MnO_4^-+5H_2O_2+6H^+ \rightleftharpoons 2Mn^{2+}+5O_2+8H_2O$$

因此，可用 $KMnO_4$ 标准溶液直接滴定 H_2O_2，此反应在室温下即可进行，滴定开始时反应较慢，由于 Mn^{2+} 的催化作用，随着反应的进行，反应会逐渐加快，所以开始滴定时，滴定速度要慢，也可先加少量 $MnSO_4$ 作催化剂。根据滴定时消耗 $KMnO_4$ 标准溶液的体积和浓度，即可计算出过氧化氢的含量（质量/体积）。

$$\rho(H_2O_2)=\frac{\frac{5}{2}c(MnO_4^-)V(MnO_4^-)M(H_2O_2)}{V_s}$$

9.4.4.2 重铬酸钾法

(1) 概述

重铬酸钾法是以重铬酸钾标准溶液为滴定剂的氧化还原滴定法。重铬酸钾也是一种强氧化剂。在酸性溶液中，$K_2Cr_2O_7$ 与还原剂作用被还原成 Cr^{3+}：

$$Cr_2O_7^{2-}+14H^++6e^- \rightleftharpoons 2Cr^{3+}+7H_2O \quad \varphi^\ominus=1.33V$$

$K_2Cr_2O_7$ 溶液为橙色，而其还原产物为绿色的 Cr^{3+}，故其滴定终点要借助氧化还原指示剂来判断。常用的指示剂有二苯胺磺酸钠、邻二氮菲亚铁等。另外由于 $K_2Cr_2O_7$ 的氧化能力没有 $KMnO_4$ 强，该法的应用范围较 $KMnO_4$ 法窄。但与 $KMnO_4$ 法相比，$K_2Cr_2O_7$ 法具有以下特点。

① $K_2Cr_2O_7$ 易于提纯，且性质稳定，故 $K_2Cr_2O_7$ 标准溶液可以用直接法配制。

② $K_2Cr_2O_7$ 氧化性不如 $KMnO_4$，选择性高，在 HCl 浓度不太高时，$K_2Cr_2O_7$ 不氧化 Cl^-，因此可以在盐酸介质中滴定。

③ $K_2Cr_2O_7$ 的还原产物为 Cr^{3+}（绿色），需要加入氧化还原指示剂，常用二苯胺磺酸钠。

④ $K_2Cr_2O_7$ 滴定反应速率快，通常在常温下进行滴定。

（2）应用示例

① 试样中铁含量的测定　重铬酸钾法测定铁是测定矿石中全铁量的标准方法。将铁矿石用浓 HCl 加热溶解后，用 $SnCl_2$ 将 Fe^{3+} 还原为 Fe^{2+}，过量的 $SnCl_2$ 用 $HgCl_2$ 氧化，再用水稀释，并加入 $H_2SO_4+H_3PO_4$ 混酸，以二苯胺磺酸钠作指示剂，用 $K_2Cr_2O_7$ 标准溶液滴定至溶液由浅绿色变为紫蓝色。滴定反应为：

$$Cr_2O_7^{2-}+6Fe^{2+}+14H^+ \rightleftharpoons 2Cr^{3+}+6Fe^{3+}+7H_2O$$

加入 H_3PO_4 的主要作用：与黄色的 Fe^{3+} 生成无色 $Fe(HPO_4)_2^-$ 配离子，使终点容易观察；降低 Fe^{3+}/Fe^{2+} 电对的电势，使指示剂变色点电势更接近化学计量点电势。根据下式计算铁的含量：

$$w(Fe)=\frac{6c(K_2Cr_2O_7)V(K_2Cr_2O_7)M(Fe)}{m_s}$$

② 土壤中有机质的测定　土壤中有机质是衡量土壤肥力的重要指标，一般土壤中有机质含量 5%左右。大量实验证明，土壤中有机质平均含碳量为 58%，因此测得土壤中碳含量后，就按此比例换算成土壤中有机质的含量，即乘以换算系数 100/58=1.724。

测定时采用返滴定法。称取一定量的土壤试样，加入已知过量的 $K_2Cr_2O_7$ 标准溶液和少许 Ag_2SO_4，在浓 H_2SO_4 存在下，加热至 170～180℃，使土壤有机质中的 C 被氧化为 CO_2，剩余的 $K_2Cr_2O_7$ 在 $H_2SO_4+H_3PO_4$ 混酸介质中，以二苯胺磺酸钠为指示剂，用 $FeSO_4$ 标准溶液返滴定。溶液由紫色变为绿色为滴定终点。滴定中 Ag_2SO_4 起催化作用，并可使土壤中 Cl^- 生成 AgCl 沉淀而消除 Cl^- 的干扰，另外测定时还需做空白试验。

$$2K_2Cr_2O_7+8H_2SO_4+3C \rightleftharpoons 2K_2SO_4+2Cr_2(SO_4)_3+3CO_2\uparrow+8H_2O$$

$$K_2Cr_2O_7+6FeSO_4+7H_2SO_4 \rightleftharpoons K_2SO_4+Cr_2(SO_4)_3+3Fe_2(SO_4)_3+7H_2O$$

则土壤中有机质可按下式计算：

$$w=\frac{\frac{1}{4}[V_0(FeSO_4)-V(FeSO_4)]c(FeSO_4)M(C)\times 1.724\times 1.04}{m_s}$$

式中，$V_0(FeSO_4)$、$V(FeSO_4)$ 分别为空白试验和试样测定时消耗的 $FeSO_4$ 标准溶液的体积。实验证明，在此条件下，$K_2Cr_2O_7$ 可氧化 96.0%的有机质，故公式中应再乘以校正系数 100/96.0=1.04。

9.4.4.3　碘量法

（1）概述

碘量法是基于 I_2 氧化性及 I^- 的还原性所建立起来的氧化还原滴定分析方法。其半反应为

$$I_2+2e^- \rightleftharpoons 2I^-,\ \varphi^\ominus=0.54V$$

固体碘在水中的溶解度很小，因此滴定分析时所用碘液是 I_3^- 溶液，该溶液是将固体碘溶于碘化钾溶液制得，反应式为　$I_2+I^- \rightleftharpoons I_3^-$

半反应为　$I_3^-+2e^- \rightleftharpoons 3I^-,\ \varphi^\ominus=0.54V$

为方便起见，一般仍将 I_3^- 简写为 I_2。

由 I_2/I^- 电对的 $\varphi^\ominus$ 值可知，I_2 的氧化能力较弱，它只能与一些较强的还原剂作用。I^- 是一中等强度的还原剂，它能被许多氧化剂氧化为 I_2。因此碘量法可分为直接碘量法和间接碘量法两种。

① 直接碘量法　直接碘量法是利用 I_2 的氧化性，用 I_2 溶液作为滴定剂的方法，故也称为碘滴定法。它只能测定一些具有较强还原性的物质，如 $S_2O_3^{2-}$、维生素 C 等。由于 I_2 是一种较弱的氧化剂，并且该方法不能在碱性条件下使用，也不宜在强酸性条件下进行，只能在弱酸性或中性条件下进行，故直接碘量法的应用范围较为有限。

② 间接碘量法　间接碘量法是利用 I^- 的还原性，测定具有氧化性的物质。测定中，首先使待测氧化性物质与过量的 I^- 发生反应，定量地析出 I_2，然后用 $Na_2S_2O_3$ 标准溶液滴定析出的 I_2，从而间接测定出氧化性物质的含量。这种方法又叫滴定碘法。间接碘量法的应用范围相当广泛，可测定 Cu^{2+}、Fe^{3+}、MnO_4^-、$Cr_2O_7^{2-}$ 等物质含量，还可用于许多有机物含量的测定。

如 $K_2Cr_2O_7$ 的测定，先将 $K_2Cr_2O_7$ 试液在酸性介质中与过量的碘化钾作用产生 I_2。析出的碘用 $Na_2S_2O_3$ 标准溶液滴定。相关反应为

$$Cr_2O_7^{2-}+6I^-+14H^+ \rightleftharpoons 2Cr^{3+}+3I_2+7H_2O$$

$$I_2+2S_2O_3^{2-} \rightleftharpoons 2I^-+S_4O_6^{2-}$$

根据消耗 $Na_2S_2O_3$ 标准溶液的用量，可计算出 $K_2Cr_2O_7$ 的含量。

无论直接碘量法还是间接碘量法均采用淀粉作指示剂，其原理是 I_2 与淀粉作用形成深蓝色的吸附化合物。

(2) 碘量法的反应条件

在碘量法测定中，为了获得准确的分析结果，必须严格控制反应条件。

① 控制溶液酸度　直接碘量法不能在碱溶液中进行，间接碘量法一般在弱酸性或中性溶液中进行。在碱性溶液中会发生下列副反应：

$$S_2O_3^{2-}+4I_2+10OH^- \rightleftharpoons 8I^-+2SO_4^{2-}+5H_2O$$

$$3I_2+6OH^- \rightleftharpoons 5I^-+IO_3^-+3H_2O$$

在强酸性溶液中会发生副反应：

$$S_2O_3^{2-}+2H^+ \rightleftharpoons SO_2\uparrow+S\downarrow+H_2O$$

$$4I^-+4H^++O_2 \rightleftharpoons 2I_2+2H_2O$$

这些副反应的发生均会引入误差。

② 防止 I_2 挥发和 I^- 的氧化　I_2 的挥发和 I^- 易被空气中的氧氧化是碘量法中的主要误差来源之一，必须设法防止。为防止 I_2 挥发，应加入过量 I^-（比理论量多 2～3 倍）使 I_2 形成 I_3^- 配离子，可减少 I_2 的挥发。反应温度不宜高，应在室温下进行滴定。滴定时速度要适当，不要剧烈摇动。滴定时应尽量避免强光直射，并控制好合适的酸度条件。此外 Cu^{2+}、NO_2^-、NO 等物质对 I^- 被 O_2 氧化的反应有催化作用，故滴定前应除去。

③ 指示剂加入的时间　在间接碘量法中，淀粉指示剂只能在临近终点（碘的黄色已接近褪去）时加入，不然会有较多的 I_2 被淀粉包合，而导致终点滞后。

(3) 标准溶液的配制与标定

碘量法使用的标准溶液有 $Na_2S_2O_3$ 和 I_2 两种。

① $Na_2S_2O_3$ 溶液的配制与标定　$Na_2S_2O_3$ 溶液常使用含结晶水的 $Na_2S_2O_3\cdot5H_2O$ 试剂来配制，由于此试剂容易风化潮解，且含少量 S、Na_2SO_3、Na_2SO_4、Na_2CO_3 等杂质，因此不能用直接配制法配制标准溶液。配好的 $Na_2S_2O_3$ 溶液不稳定，能被溶解的 O_2、CO_2 和微生物所分解析出硫。

$$Na_2S_2O_3 \rightleftharpoons Na_2SO_3+S\downarrow$$

$$2Na_2S_2O_3+O_2 \rightleftharpoons 2Na_2SO_4+2S\downarrow$$

$$Na_2S_2O_3+CO_2+H_2O \rightleftharpoons NaHCO_3+NaHSO_3+S\downarrow$$

因此配制 $Na_2S_2O_3$ 标准溶液时应采用新煮沸（除氧、杀菌）并冷却的蒸馏水。加入少量 Na_2CO_3 使溶液呈弱碱性（抑制细菌生长），溶液保存在棕色瓶中，置于暗处放置 1 天后标定。$Na_2S_2O_3$ 溶液不宜长期保存，若放置时间较长，使用前应重新标定，如发现溶液变浑浊有硫析出，应弃去重配。

标定 $Na_2S_2O_3$ 溶液的基准物质有 $K_2Cr_2O_7$、KIO_3、$KBrO_3$ 等，这些物质都能与 KI 反应生成定量的 I_2。

$$Cr_2O_7^{2-}+6I^-+14H^+ \rightleftharpoons 2Cr^{3+}+3I_2+7H_2O$$

$$IO_3^-+5I^-+6H^+ \rightleftharpoons 3I_2+3H_2O$$

$$BrO_3^-+6I^-+6H^+ \rightleftharpoons 3I_2+3H_2O+Br^-$$

析出的碘以淀粉为指示剂，用欲标定的 $Na_2S_2O_3$ 溶液滴定。

$$I_2+2S_2O_3^{2-} \rightleftharpoons 2I^-+S_4O_6^{2-}$$

以 $K_2Cr_2O_7$ 作基准物质为例，则 $c(Na_2S_2O_3)$ 可按下式计算：

$$c(Na_2S_2O_3)=\frac{6m(K_2Cr_2O_7)}{M(K_2Cr_2O_7)V(Na_2S_2O_3)}$$

或

$$c(Na_2S_2O_3)=\frac{6c(K_2Cr_2O_7)V(K_2Cr_2O_7)}{V(Na_2S_2O_3)}$$

② I_2 标准溶液的配制与标定　I_2 具有挥发性，准确称量较困难，故 I_2 标准溶液通常用间接法配制。配制 I_2 标准溶液时，先在托盘天平上称取一定量的 I_2，适量的碘化钾与 I_2 一起置于研钵中，加少量水研磨，待 I_2 全部溶解后，加水将溶液稀释至一定的体积。溶液贮存于具有玻璃塞的棕色瓶内，放置在阴暗处（碘溶液不应与橡皮等有机物接触，也避免光照和受热）。

I_2 标准溶液的标定常用 As_2O_3 作基准物质。As_2O_3 难溶于水，故先将一定准确量的 As_2O_3 溶解在氢氧化钠溶液中，再用酸将溶液酸化，最后用 $NaHCO_3$ 将溶液 pH 调至 8～9，以淀粉为指示剂，用标准溶液滴定，终点时溶液由无色突变为蓝色。相关的反应式为

$$As_2O_3+6OH^- \rightleftharpoons 2AsO_3^{3-}+3H_2O$$

$$H_3AsO_3+I_2+H_2O \rightleftharpoons HAsO_4^{2-}+2I^-+4H^+$$

I_2 的浓度可按下式计算。

$$c(I_2)=\frac{2m(As_2O_3)}{M(As_2O_3)V(I_2)}$$

I_2 溶液的浓度也可用 $Na_2S_2O_3$ 标准溶液进行比较滴定。

（4）实用示例

① 胆矾中铜的测定　胆矾（$CuSO_4\cdot 5H_2O$）是农药波尔多液的主要原料，其中所含的铜常用间接碘量法测定，测定时在 Cu^{2+} 溶液中加入过量的 KI，二者反应后生成难溶的 CuI 沉淀，定量析出 I_2，再用 $Na_2S_2O_3$ 标准溶液滴定析出的 I_2。

$$2Cu^{2+}+4I^- \rightleftharpoons 2CuI+I_2$$

$$I_2+2S_2O_3^{2-} \rightleftharpoons 2I^-+S_4O_6^{2-}$$

在此滴定中应注意的问题如下。

a. 碘化钾的作用。I^- 同时起还原剂、沉淀剂和配位剂三种作用。CuI 沉淀表面会吸附 I_2 而导致测定结果偏低，为此常加入 KSCN，使 CuI 沉淀转化为溶解度更小的 CuSCN：

$$CuI\downarrow+SCN^- \rightleftharpoons CuSCN\downarrow+I^-$$

CuSCN 沉淀吸附 I_2 的倾向小，因此加入 KSCN 可提高测定的准确度。

b. KSCN 和指示剂淀粉应在临近终点加入，否则会发生如下反应：

$$I_2+2SCN^- \rightleftharpoons (SCN)_2+2I^-$$

此反应的发生会消耗部分 I_2 而使测定结果偏低。

c. 用硫酸或醋酸调节酸度，而不是盐酸。为防止 Cu^{2+} 的水解，反应必须在酸性介质（pH=3.5～4）中进行，一般用硫酸或醋酸来调节溶液的 pH 值，而不用盐酸，原因是 Cu^{2+} 易与 Cl^- 形成配离子。

d. 掩蔽铁加氟化铵。若试样中有 Fe^{3+} 存在，则发生如下反应而引起误差，使测定结果偏高。

$$2Fe^{3+}+2I^- \rightleftharpoons 2Fe^{2+}+I_2$$

为消除 Fe^{3+} 的干扰，常加入 F^- 掩蔽之。

试样中铜的质量分数可按下式求得：

$$w(Cu)=\frac{c(Na_2S_2O_3)V(Na_2S_2O_3)M(Cu)}{m_s}$$

② 维生素 C 的测定　维生素 C(Vc) 具有较强的还原性，其分子内的烯二醇基可被 I_2 氧化，反应式为：

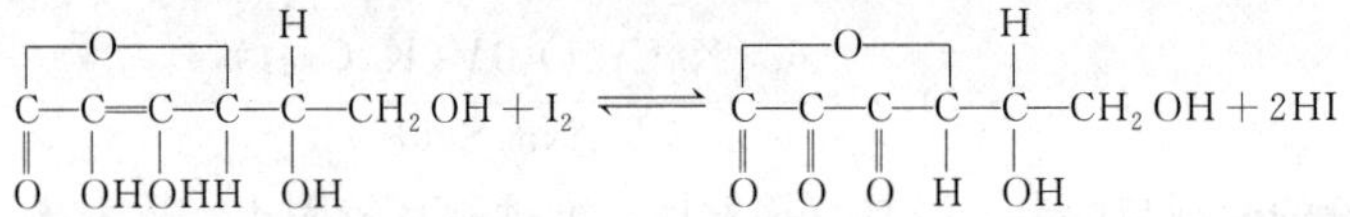

因此，可用 I_2 标准溶液在醋酸介质中，以淀粉为指示剂直接进行滴定。根据消耗 I_2 标准溶液的体积可计算出维生素 C 含量。

$$w(Vc)=\frac{c(I_2)V(I_2)M(Vc)}{m_s}$$

③ 葡萄糖含量的测定　葡萄糖分子中的醛基在碱性条件下用过量的 I_2 氧化成羧基，其反应为：

$$I_2+2OH^- \rightleftharpoons OI^-+I^-+H_2O$$

$$CH_2OH(CHOH)_4CHO+OI^-+OH^- \longrightarrow CH_2OH(CHOH)_4COO^-+I^-+H_2O$$

剩余的 OI^- 在碱性条件下歧化成 IO_3^- 和 I^-：

$$3OI^- \rightleftharpoons 2I^-+IO_3^-$$

溶液经酸化后又析出 I_2：

$$IO_3^-+5I^-+6H^+ \rightleftharpoons 3I_2+3H_2O$$

最后用 $Na_2S_2O_3$ 标准溶液返滴定析出的 I_2。

由以上反应式可看出：$n(C_6H_{12}O_6)=n(I_2)$，$n(I_2)=\frac{1}{2}n(Na_2S_2O_3)$

所以葡萄糖的质量分数可由下式求得：

$$w(C_6H_{12}O_6)=\frac{\left[c(I_2)V(I_2)-\frac{1}{2}c(Na_2S_2O_3)V(Na_2S_2O_3)\right]M(C_6H_{12}O_6)}{m_s}$$

【例 9-19】　称取 KIO_3 0.3567g 溶于水并稀释至 100.0mL，移取该溶液 25.00mL，加入 H_2SO_4 和 KI 溶液，以淀粉为指示剂，用 $Na_2S_2O_3$ 溶液滴定析出的 I_2，终点时，消耗 $Na_2S_2O_3$ 溶液 24.98mL，求 $Na_2S_2O_3$ 溶液的浓度。

解： $IO_3^-+5I^-+6H^+ \rightleftharpoons 3I_2+3H_2O$，$I_2+2S_2O_3^{2-} \rightleftharpoons 2I^-+S_4O_6^{2-}$

因为 $1IO_3^- \sim 3I_2 \sim 6S_2O_3^{2-}$　所以 $6n(IO_3^-)=2n(I_2)=n(S_2O_3^{2-})$

$$c(S_2O_3^{2-})=\frac{6m(KIO_3)}{M(KIO_3)V(S_2O_3^{2-})}\times\frac{25.00mL}{100.0mL}=\frac{6\times0.3567g}{214.00g\cdot mol^{-1}\times24.98\times10^{-3}L}\times\frac{25.00}{100.0}$$
$$=0.1001mol\cdot L^{-1}$$

【例 9-20】 现有硅酸盐试样 1.000g，用重量法测定其中铁及铝时，得到 $Fe_2O_3+Al_2O_3$ 沉淀共 0.5000g。将沉淀溶于酸并将 Fe^{3+} 还原成 Fe^{2+} 后，用 $0.03333mol\cdot L^{-1}$ $K_2Cr_2O_7$ 溶液滴定至终点时用去 25.00mL。试样中 FeO 及 Al_2O_3 的质量分数各为多少？

解：$Cr_2O_7^{2-}+6Fe^{2+}+14H^+ \rightleftharpoons 2Cr^{3+}+6Fe^{3+}+7H_2O$

$6FeO\sim3Fe_2O_3\sim6Fe\sim Cr_2O_7^{2-}$　　$6n(Cr_2O_7^{2-})=2n(Fe_2O_3)=n(Fe^{2+})$

$$w(FeO)=\frac{6c(Cr_2O_7^{2-})V(Cr_2O_7^{2-})M(FeO)}{m_s}$$
$$=\frac{6\times0.03333mol\cdot L^{-1}\times0.02500L\times71.85g\cdot mol^{-1}}{1.000g}=0.3592=35.92\%$$

$$m(Fe_2O_3)=\frac{1}{2}\times6c(Cr_2O_7^{2-})V(Cr_2O_7^{2-})M(Fe_2O_3)$$
$$=3\times0.03333mol\cdot L^{-1}\times0.02500L\times159.69g\cdot mol^{-1}$$
$$=0.3992g$$

$$w(Al_2O_3)=\frac{m-m(Fe_2O_3)}{m_s}=\frac{0.5000g-0.3992g}{1.000g}=0.1008=10.08\%$$

【知识拓展】

电池的发展历史

电能是一种经济、实用、清洁且容易控制和转换的能源形态，电能的利用是第二次工业革命、人类社会进入电气时代的主要标志。

1780 年，意大利解剖学家伽伐尼在解剖青蛙时，两手分别拿着不同的金属器械，无意中同时碰在青蛙的大腿上，青蛙腿部的肌肉立刻抽搐了一下，仿佛受到电流的刺激，而如果只用一种金属器械去触动青蛙，则无此种反应。伽伐尼认为，出现这种现象是因为动物躯体内部产生的一种电，他称之为“生物电”。

伽伐尼的发现引起了物理学家们极大的兴趣，他们竞相重复伽伐尼的实验，企图找到一种产生电流的方法，意大利物理学家伏特在多次实验后认为：伽伐尼的“生物电”之说并不正确，青蛙的肌肉之所以能产生电流，大概是肌肉中某种液体在起作用。为了论证自己的观点，伏特把两种不同的金属片浸在各种溶液中进行试验。结果发现，这两种金属片中，只要有一种与溶液发生了化学反应，金属片之间就能够产生电流。

1800 年，意大利物理学家伏特把一块锌板和一块锡板浸在盐水中，发现连接两块金属的导线中有电流通过。当他把许多锌片与银片之间垫上浸透盐水的绒布或纸片平叠起来，用手触摸两端时，会感到强烈的电流刺激。伏特用这种方法成功地制成了世界上第一个电池——“伏特电堆”，这个电堆实际上就是串联的电池组。它成为早期电学实验、电报机的电力来源。

自伏特提出著名的“电池堆”以来，许多在学术界、工业界甚至是独立工作的科学家和工程师都为电池的发展做出了贡献。

从基本结构上，电池的工作原理是相对简单的。电池由两个电极组成，每个电极连接到一个电路，电解液可以容纳带电的物质。通常情况下，电极之间被一种隔离材料隔开，这种隔离材料可以防止电极之间的物理接触，从而避免电池短路。在放电模式下，当电池驱动电流时，负极发生氧化过程，导致电子从电极流出并穿过电路。在正极会发生一个互补的还原过程，从电路中获得电子。电池电压很大程度上取决于电极的电势差，整个过程是自发的。对于可充电电池，这一过程可以逆转，外加电流可作用于电极，产生互补的氧化还原反应。这个过程是非自发的，需要能量输入。

1836 年，英国的丹尼尔对“伏特电堆”进行了改良。他使用稀硫酸作电解液，解决了电池极化问题，制造出第一个不极化、能保持平衡电流的锌-铜电池。此后，这些电池都存在电压随着使用时间延长而下降的问题。当电池使用一段时间后电压下降时，可以给它通以反向电流，使电池电压回升。因为这种电池能充电，可以反复使用，所以称为“蓄电池”。

1860 年，法国的雷克兰士发明了世界广受使用的电池——碳锌电池。它的负极是锌和汞的合金棒（锌是伏特原型电池的负极，经证明是作为负极制作材料的最佳金属之一），而它的正极是以一个多孔的杯子盛装着碾碎的二氧化锰和碳的混合物。在此混合物中插有一根碳棒作为电流收集器。负极棒和正极杯都被浸在作为电解液的氯化铵溶液中。此系统被称为“湿电池”。雷克兰士制造的电池虽然简陋但却便宜，所以一直到 1880 年才被改进的“干电池”取代。负极被改进成锌罐（即电池的外壳），电解液变为糊状而非液体，基本上这就是我们所熟知的碳锌电池。

1887 年，英国人赫勒森发明了最早的干电池。干电池的电解液为糊状，不会溢漏，便于携带，因此获得了广泛应用。

1890 年，爱迪生发明可充电铁镍电池。

1954 年，美国的科学家别出心裁地设计出一种叶绿素太阳能电池。他们从菠菜中分离出光合作用的蛋白质并且把它们放在两层导电材料之间。当光照射到这个装置上时，就会产生电流。这些蛋白质来自于菠菜叶子中帮助植物转化光能的叶绿体。

1976 年，飞利浦公司的科学家发明镍氢电池，这种电池用氢取代镉成为电池的极板材料，可以消除重金属元素对环境带来的污染问题。镍氢电池具有较大的能量密度比，能有效地延长设备的工作时间。

1983 年，日本新能源产业技术开发机构（NEDO）推出了改进型的 1kW 的铁-铬液流电池系统。通过改进电极材料，增大电极面积，将电池的能量效率提高到了 82.9%，并于 20 世纪 80 年代后期推出了 10kW 的铁-铬液流电池系统。

2014 年，美国 EnerVault 公司建成了全球第一座 250kW/1000kW·h 铁-铬液流电池储能电站。铁-铬液流电池储能技术被称为储能时间最长、最安全的电化学储能技术之一，该技术的电解质溶液为水系溶液，不会发生爆炸，可实现功率和容量按需灵活定制，且具有循环寿命长、稳定性好、易回收、运行温度范围广、成本低廉等优势。但铁-铬液流电池也具有以下缺点：

① 电池正极、负极、电解液交叉污染；

② 需要用到价高的离子交换膜；

③ 溶液体积大，能量密度低；

④ 能量转换效率不高。

目前最热门的电池是燃料电池。燃料电池是一种化学电池，它利用物质发生化学反应时释放的能量，直接将其转换为电能。燃料电池采用积木化结构，没有运动的机械部件，工作时没有声响，它在原理上不受热机效率的理论限制，实际转化效率可达 50%～70%，远高于内燃机，因此被认为是 21 世纪理想的绿色电源。

1839 年，格罗夫发明了第一个燃料电池，他把封有铂电极的玻璃管浸在稀硫酸中，先由电解产生氧和氧，接着连接外部负载，这样氢和氧就发生电池反应，产生电流。格罗夫认识到燃料电池的工作行为只能发生在反应气体、电解液和导电电极催化剂铂箔相互接触的三相反应区，并指出强化气体、电解液与电极三者之间的相互作用是提高电池性能的关键。

如今，如何制取尽可能扩展的三相反应区的电极仍是燃料电池研制的主要课题。格罗夫当时就预见到，如果氢气可以被煤、木材和其他易燃材料所替代，燃料电池就可以作为一种商业化的电源。

1965 年，美国 GE 公司开发成功质子交换膜燃料电池应用于吉米尼号宇宙飞船。但由于当时采用聚苯乙烯磺酸膜不耐氧化，寿命只有 500h 左右。因此美国 NASA 最后选用了碱性燃料电池。1980 年，美国研制成功全氟磺酸离子交换膜及膜电极工艺，质子交换膜燃料电池性能得到突破化进展，电池寿命可达 5000h。1995 年，美国"新时代周刊"评选 21 世纪将获飞速发展，影响人类生活的 10 大高科技项目，其中第一项就是燃料电池电动汽车。

本章小结

1. 氧化数、氧化还原反应、氧化剂、还原剂、氧化态、还原态、电对、电极电势和标准电极电势等基本概念，电极的分类；标准电极电势的意义：①电对 $\varphi^{\ominus}$ 值越大，表明电对中的氧化态物质是越强的氧化剂，还原态是越弱的还原剂；反之，$\varphi^{\ominus}$ 值越小，电对中还原态是越强的还原剂，氧化态是越弱的氧化剂。②标准态时，两个电对间，总是 $\varphi^{\ominus}$ 值大的电对中氧化态和 $\varphi^{\ominus}$ 值小的电对中的还原态发生反应。③$\varphi^{\ominus}$ 值大小只表示在水溶液中物质得失电子的能力。对非水溶液及高温固相反应，不能用 $\varphi^{\ominus}$ 判断。④$\varphi^{\ominus}$ 是强度性质，取决于电极物质的本性，与物质多少无关，即与反应中物质的计量系数无关。⑤$\varphi^{\ominus}$ 仅从热力学衡量反应进行的可能性和程度，而与反应速率无关。

2. Nernst 方程式

$$\varphi=\varphi^{\ominus}+\frac{0.0592\text{V}}{n}\lg\frac{[c(\text{Ox})/c^{\ominus}]^{a}}{[c(\text{Red})/c^{\ominus}]^{a'}}$$

氧化反应中反应物浓度改变和酸度改变对电极电势的影响。利用电极电势比较氧化剂或还原剂相对强弱，判断氧化还原反应的方向

$$E=\varphi_{+}-\varphi_{-}$$

$$\Delta_{\text{r}}G_{\text{m}}^{\ominus}=-nFE^{\ominus}$$

确定氧化还原反应程度 $\lg K^{\ominus}=\dfrac{nE^{\ominus}}{0.0592\text{V}}$。

3. 氧化还原滴定法的特点及氧化还原滴定法的应用

氧化还原滴定法中不同类型的指示剂（氧化还原指示剂、自身指示剂、特殊指示剂）及变色原理。①高锰酸钾法的原理及应用，$KMnO_4$ 法一般在酸性溶液中进行；用 $KMnO_4$ 法可以测植物、食品中的 Ca 含量。②重铬酸钾法的原理及应用，用重铬酸钾法测土壤中的有机质。③碘量法的原理及应用，用碘量法可以测定维生素 C 和葡萄糖的含量。

习题

1. 常用氧化还原滴定法有哪几类？这些方法的基本原理和特点是什么？
2. 是否平衡常数大的氧化还原反应就能用于氧化还原滴定？为什么？
3. 化学计量点在滴定曲线上的位置与氧化剂和还原剂的电子转移数有什么关系？
4. 何谓条件电极电势？它与标准电极电势有什么关系？影响条件电极电势的因素有哪些？
5. 氧化还原指示剂的变色原理、变色点、变色范围各是什么？
6. 碘量法的主要误差来源有哪些？为什么碘量法不适宜在高酸度或高碱度介质中进行？

7. 配平下列反应方程式

（1）$HNO_3+I^-+H^+ \longrightarrow NO+I_2$

（2）$Cr_2O_7^{2-}+H_2S \longrightarrow Cr^{3+}+S$

（3）$MnO_4^-+SO_3^{2-} \longrightarrow MnO_4^{2-}+SO_4^{2-}$

（4）$I_2+OH^- \longrightarrow I^-+IO_3^-+H_2O$

（5）$Pb+H_2O_2 \longrightarrow PbSO_4+H_2O$

（6）$Mn^{2+}+NaBiO_3 \longrightarrow MnO_4^-+Bi^{3+}$

8. 在酸性溶液中含有 Fe^{3+}、$Cr_2O_7^{2-}$、MnO_4^-，当通入 H_2S 时，还原的顺序如何？写出有关的化学方程式。

9. 298.15K 时，Fe^{3+}、Fe^{2+} 的混合溶液中加入 NaOH 时，有 $Fe(OH)_3$ 和 $Fe(OH)_2$ 沉淀生成（假设没有其他的反应发生）。当沉淀反应达到平衡时，保持 $c(OH^-)=1.0mol \cdot L^{-1}$，计算 $\varphi(Fe^{3+}/Fe^{2+})$。

10. 根据 $\varphi^{\ominus}$ 值表，(1) 选择合适的氧化剂，能氧化 Sn^{2+}、Fe^{2+}，但不能氧化 Cl^-。(2) 选择合适的还原剂，能还原 Hg^{2+}、Cu^{2+}，但不能还原 Zn^{2+}。

11. 利用 $\varphi^{\ominus}$ 值，判断下列水溶液中的反应能否自发进行，写出配平的反应方程式。

（1）溴（Br_2）加到亚铁盐（Fe^{2+}）溶液中；

（2）铜板插入三氯化铁（$FeCl_3$）溶液中；

（3）铜板插到 $1.0mol \cdot L^{-1}$ 的盐酸溶液中；

（4）硫化氢（H_2S）通到酸性的重铬酸钾（$K_2Cr_2O_7$）溶液中；

（5）铬酸钾（K_2CrO_4）溶液中加过氧化氢（H_2O_2）。

12. 计算 298.15K 时下列各电池的标准电动势，并写出每个电池的自发电池反应。

（1）$(-)Pt|I^-, I_2 \| Fe^{3+}, Fe^{2+}|Pt(+)$

（2）$(-)Zn|Zn^{2+} \| Fe^{3+}, Fe^{2+}|Pt(+)$

（3）$(-)Pt|HNO_2, NO_3^-, H^+ \| Fe^{3+}, Fe^{2+}|Pt(+)$

（4）$(-)Pt|Fe^{3+}, Fe^{2+} \| MnO_4^-, Mn^{2+}, H^+|Pt(+)$

13. 根据下列反应设计原电池，写出电池符号。

（1）$2Fe^{3+}+Sn^{2+} \rightleftharpoons 2Fe^{2+}+Sn^{4+}$

（2）$NO_3^-+2Fe^{2+}+3H^+ \rightleftharpoons HNO_2+2Fe^{3+}+H_2O$

（3）$Cl_2+2OH^- \rightleftharpoons ClO^-+Cl^-+H_2O$

14. 根据 $\varphi^{\ominus}$ 值计算下列反应 298.15K 的 $E^{\ominus}$、$K^{\ominus}$、$\Delta_r G_m^{\ominus}$。

（1）$6Fe^{2+}+Cr_2O_7^{2-}+14H^+ \rightleftharpoons 6Fe^{3+}+2Cr^{3+}+7H_2O$

[0.56V，5.7×10^{56}，$-324.19kJ \cdot mol^{-1}$]

（2）$Hg^{2+}+Hg \rightleftharpoons Hg_2^{2+}$ [已知 $\varphi^{\ominus}(Hg_2^{2+}/Hg)=0.80V$]

[0.10V，48.9，$-9.65kJ \cdot mol^{-1}$]

（3）$Fe^{3+}+Ag \rightleftharpoons Ag^++Fe^{2+}$

[0.028V，2.97，$-2.7kJ \cdot mol^{-1}$]

15. 写出下列电池反应或电极反应的能斯特方程式，并计算电池的电动势或电极电势（298.15K）。

（1）$ClO_3^-(1.0mol \cdot L^{-1})+6H^+(0.10mol \cdot L^{-1})+6e^- \rightleftharpoons Cl^-(1.0mol \cdot L^{-1})+3H_2O$

[1.392V]

（2）$AgCl(s)+e^- \rightleftharpoons Ag+Cl^-(1.0mol \cdot L^{-1})$

[0.2221V]

（3）$O_2(100kPa)+2e^-+2H^+(0.5mol \cdot L^{-1}) \rightleftharpoons H_2O_2(1.0mol \cdot L^{-1})$

[0.677V]

（4）$S(s)+2e^-+2Ag^+(0.1mol \cdot L^{-1}) \rightleftharpoons Ag_2S(s)$

[0.181V]

16. 在298.15K时的标准状态下，MnO_2 和盐酸反应能否制得氯气？如果改用 $12mol\cdot L^{-1}$ 的盐酸呢？（设其他物质均处在标准状态）

17. 计算298.15K时，AgBr/Ag电对和AgI/Ag电对的标准电极电势。

[0.07V，−0.152V]

18. 计算298.15K时 $[Zn(NH_3)_4]^{2+}/Zn$ 电对和 $[Zn(CN)_4]^{2-}/Zn$ 电对的标准电极电势。

[−1.04V，−1.25V]

19. 已知原电池（−）Ag | Ag^+（$x mol\cdot L^{-1}$）‖ Ag^+（$0.10mol\cdot L^{-1}$）| Ag（+）向负极加入铬酸钾（K_2CrO_4），使 Ag^+ 生成 Ag_2CrO_4 沉淀，并使 $c(CrO_4^{2-})=0.10mol\cdot L^{-1}$，298.15K时，$E=0.26V$。计算 $K_{sp}(Ag_2CrO_4)$。

[1.67×10^{-12}]

20. 将铜片插入 $0.10mol\cdot L^{-1}[Cu(NH_3)_4]^{2+}$ 和 $0.10mol\cdot L^{-1}$ NH_3 的混合溶液中，298.15K时测得该电极的电极电势 $\varphi=0.056V$，求 $[Cu(NH_3)_4]^{2+}$ 的稳定常数 $K_f^\ominus$ 值以及此电极与标准甘汞电极组成原电池的电动势。

[4.49×10^{12}，0.212V]

21. 用30.00mL $KMnO_4$ 恰能完全氧化一定质量的 $KHC_2O_4\cdot H_2O$，同样质量的 $KHC_2O_4\cdot H_2O$ 又恰能被25.00mL $0.2000mol\cdot L^{-1}$ KOH溶液中和。计算 $KMnO_4$ 溶液的浓度。

[$0.06667mol\cdot L^{-1}$]

22. 称取软锰矿试样0.4012g，以0.4488g $Na_2C_2O_4$ 处理，滴定剩余的 $Na_2C_2O_4$ 需消耗 $0.01012mol\cdot L^{-1}$ 的 $KMnO_4$ 标准溶液30.20mL，计算试样中 MnO_2 的质量分数。

[56.01%]

23. 称取某含钙试样0.5863g，将其溶解后，在一定条件下将钙沉淀为 CaC_2O_4，过滤、洗涤沉淀，将洗净的 CaC_2O_4 沉淀溶于稀 H_2SO_4 中，用 $c(KMnO_4)=0.05052mol\cdot L^{-1}$ 的 $KMnO_4$ 标准溶液滴定，消耗25.64mL，计算该试样中钙的质量分数。

[22.09%]

24. 试比较 $[Ag(NH_3)_2]^+$ 和 $[Ag(CN)_2]^-$ 氧化能力的相对强弱，并计算说明。

25. 将1.000g钢样中的铬氧化为 $Cr_2O_7^{2-}$，加入25.00mL $0.1000mol\cdot L^{-1}$ $FeSO_4$ 标准溶液，然后用 $0.01800mol\cdot L^{-1}$ 的 $KMnO_4$ 溶液7.00mL回滴过量 $FeSO_4$，计算钢样中铬的质量分数。

[3.24%]

26. 抗坏血酸（摩尔质量为 $176.1g\cdot mol^{-1}$）是一个还原剂，它的半反应为 $C_6H_6O_6+2H^++2e^- \rightleftharpoons C_6H_8O_6$，它能被 I_2 氧化。如果10.00mL柠檬水果汁样品用HAc酸化，并加20.00mL $0.02500mol\cdot L^{-1}$ 的 I_2 溶液，待反应完全后，过量的 I_2 用10.00mL $0.0100mol\cdot L^{-1}$ 的 $Na_2S_2O_3$ 滴定，计算每毫升柠檬水果汁中抗坏血酸的质量。

[$7.924mg\cdot mL^{-1}$]

27. 今有25.00mL KI溶液用10.00mL $0.0500mol\cdot L^{-1}$ 的 KIO_3 溶液处理后，煮沸溶液以除去 I_2。冷却后，加入过量KI溶液使之与剩余的 KIO_3 溶液反应，然后将溶液调至中性。析出的 I_2 用 $0.1008mol\cdot L^{-1}$ 的 $Na_2S_2O_3$ 标准溶液滴定，用去21.14mL。计算KI溶液的浓度。

[$0.03476mol\cdot L^{-1}$]

28. 298K时，已知电池反应

$$H_3AsO_4(aq)+2H^+(aq)+2I^-(aq) \rightleftharpoons H_3AsO_3(aq)+I_2(s)+H_2O(l)$$

(1) 计算原电池的标准电动势；

(2) 计算反应的标准摩尔吉布斯自由能变；

(3) 当溶液pH=8，其他物质均为标准状态时，该反应向什么方向进行？

[已知：$\varphi^\ominus(H_3AsO_4/H_3AsO_3)=0.56V$，$\varphi^\ominus(I_2/I^-)=0.54V$]

[0.02V，$-3859.4 J\cdot mol^{-1}$，反应逆向自发进行]

（编写人：黄新辉）

第 10 章　元素性质选述

到目前为止，人们已经发现的化学元素有 100 多种。其中非金属元素有 22 种，除氢外都分布在周期表中的 p 区，位于周期表的右上部；其余 80 多种为金属元素，约占元素总数的 4/5，它们分属于周期表的 s、d、ds、p 和 f 五个区域中，位于 s 区和 p 区的为主族金属元素，其余为副族金属元素。本章按周期表中元素分区和族的顺序对元素的主要性质加以介绍。

10.1　s 区元素

10.1.1　s 区元素概述

s 区元素包括周期表中ⅠA 族和ⅡA 族元素。ⅠA 族包括锂、钠、钾、铷、铯、钫六种金属元素，它们的氧化物溶于水呈碱性，所以称为碱金属。ⅡA 族包括铍、镁、钙、锶、钡、镭六种金属元素，由于钙、锶、钡的氧化物在性质上介于“碱性的”和“土性的”（以前把黏土的主要成分 Al_2O_3 所具有的既难溶于水又难熔融的性质称为“土”性）之间，所以称为碱土金属。其中锂、铷、铯、铍是稀有金属，钫和镭是放射性元素。

碱金属元素原子的价电子层结构为 ns^1。最外层只有一个电子，次外层为 8 电子（Li 为 2 电子），对核电荷的屏蔽效应较强，所以这 1 个价电子离核较远，特别容易失去，表现出强的还原性，通常碱金属元素只有＋1 氧化态。碱土金属元素原子的价电子层结构为 ns^2。最外层有 2 个电子，次外层电子数目和排列与碱金属元素相同，由于核电荷相应增加了一个单位，对电子的引力要强一些，所以碱土金属的原子半径比相邻的碱金属要小些，它们的金属活泼性也不如碱金属，它们氧化数是＋2。

10.1.2　单质的性质

（1）物理性质

碱金属和碱土金属单质除铍呈灰色外，其他都具有银白色光泽。碱金属具有密度小、硬度小、熔点低、导电性强的特点，是典型的轻金属。碱土金属的密度、熔点和沸点较碱金属为高。

碱金属在常温下能形成液态合金（如：77.2%K 和 22.8%Na，熔点 260.7K）和汞齐，前者由于具有较高的比热容和较宽的液化范围而被用作核反应堆的冷却剂，后者由于具有缓和的还原性在有机合成中常用作还原剂。钠在实验室中常用来除去残留在各种有机溶剂中的微量水分。

（2）化学性质

碱金属和碱土金属性质活泼，可与 H_2O、O_2 反应生成相应的氢氧化物和氧化物，如：

$$2M+2H_2O = 2MOH+H_2\uparrow$$

$$4M+O_2 = 2M_2O$$

因此碱金属应存放在煤油或石蜡中以隔绝空气。因锂的密度最小，可以浮在煤油上，所以只能将其浸在液体石蜡或封存在固体石蜡中。

碱土金属活泼性略差，室温下这些金属表面缓慢生成氧化膜。它们在空气中加热才显著发生反应。

碱金属和碱土金属中较活泼的 Ca、Sr、Ba 能与氢在高温下直接化合，生成离子型氢化物：

$$2M+H_2 \longrightarrow 2MH(M=\text{碱金属})$$

$$M+H_2 \longrightarrow MH_2(M=Ca、Sr、Ba)$$

这些氢化物均为白色晶体，但常因混有痕量金属而发灰。由于碱金属和 Ca、Sr、Ba 与氢的电负性相差较大，氢从金属原子的外层电子中夺取 1 个电子形成 H^-，形成离子晶体，所以为离子型氢化物。

碱金属氢化物都是强还原剂，LiH、CaH_2 和 $LiAlH_4$ 等在有机合成中常用作还原剂。它们遇到含活泼 H 的物质（如水、醇等）迅速反应而放出氢：

$$LiH+H_2O \longrightarrow LiOH+H_2\uparrow$$

$$CaH_2+2H_2O \longrightarrow Ca(OH)_2+2H_2\uparrow$$

由于 CaH_2 和水反应能放出大量的氢气，所以常用它作为野外产生氢气的材料。

10.1.3　氧化物和氢氧化物

（1）氧化物

碱金属有普通氧化物、过氧化物、超氧化物三种形式。钾、铷、铯在过量的氧气中燃烧得超氧化物 MO_2，将 O_2 通入 K、Rb、Cs 的液氨溶液也能得到它们的超氧化物。超氧化物是强氧化剂，能和 H_2O、CO_2 反应放出 O_2：

$$2MO_2+2H_2O \longrightarrow O_2\uparrow+H_2O_2+2MOH$$

$$4MO_2+2CO_2 \longrightarrow 2M_2CO_3+3O_2\uparrow$$

因此，它们也能除去 CO_2 和再生 O_2，也可用于急救器和潜水、登山等方面。

（2）氢氧化物

碱金属和碱土金属的氢氧化物碱性呈现有规律性的变化，即同族元素的氢氧化物从上到下碱性增强；同一周期元素的氢氧化物从左到右碱性减弱。

碱金属氢氧化物最突出的化学性质是强碱性。它们的水溶液和熔融物既能溶解某些金属及其氧化物，也能溶解某些非金属及其氧化物。例如：

$$2Al+2NaOH+6H_2O \longrightarrow 2Na[Al(OH)_4]+3H_2\uparrow$$

$$Al_2O_3+2NaOH \xrightarrow{\text{熔融}} 2NaAlO_3+H_2O$$

$$Si+2NaOH+H_2O \longrightarrow Na_2SiO_3+2H_2\uparrow$$

$$SiO_2+2NaOH \longrightarrow Na_2SiO_3+H_2O$$

因为氢氧化钠、氢氧化钾易于熔化，又具有溶解某些金属氧化物、非金属氧化物的能力，因此工业生产和分析工作中常用于分解矿石。

碱土金属的氢氧化物碱性比碱金属氢氧化物要弱，其中 $Be(OH)_2$ 呈两性，其余都是强碱和中强碱。

碱金属氢氧化物（除 LiOH 外）在水中的溶解度很大，并全部电离。而碱土金属氢氧化物的溶解度则比碱金属氢氧化物的溶解度小得多。同族元素的氢氧化物的溶解度从上到下逐渐增大，其中 $Be(OH)_2$ 和 $Mg(OH)_2$ 是难溶氢氧化物。

10.1.4　盐类

碱金属和碱土金属的常见盐类有卤化物、碳酸盐、硝酸盐、硫酸盐和硫化物等，下面讨论它们的共性和一些特性。

（1）溶解性

碱金属盐类的最大特征是易溶于水，并且在水中完全解离，所有碱金属离子都是无色的。只有少数碱金属盐是难溶的，它们的难溶盐一般都是与大的阴离子组成，而且碱金属离子越大，难溶盐的数目也越多。

难溶钠盐有：六羟基锑酸钠 $Na[Sb(OH)_6]$（白色），醋酸铀酰锌钠 $NaAc\cdot Zn(Ac)_2\cdot 3UO_2(Ac)_2\cdot 9H_2O$(黄绿色结晶)。

难溶的钾盐稍多，有：高氯酸钾 $KClO_4$(白色)，四苯硼酸钾 $K[B(C_6H_5)_4]$（白色），酒石酸氢钾 $KHC_4H_4O_6$(白色)，六氯合铂酸钾 $K_2[PtCl_6]$（淡黄色），六硝基合钴酸钠钾 $K_2Na[Co(NO_2)_6]$(亮黄色)。

钠、钾的这些难溶盐常用于钠、钾离子的鉴定。

碱土金属盐类的重要特征是它们的微溶性。除氯化物、硝酸盐、硫酸镁、铬酸镁易溶于水外，其余的碳酸盐、硫酸盐、草酸盐、铬酸盐等皆难溶。草酸钙的溶解度是所有钙盐中最小的，因此在重量分析中可用它来测定钙的含量。

利用碱金属和碱土金属盐类溶解度的差别也常用来分离 Na^+、K^+ 和 Ca^{2+}、Ba^{2+} 等离子。

（2）钠盐和钾盐性质的差异

钠盐和钾盐性质很相似，但也有差别，重要的有三点。

① 溶解度　钠、钾盐的溶解度都比较大，相对说来，钠盐更大些。但 $NaHCO_3$ 的溶解度不大，NaCl 的溶解度随温度的变化不大，这是常见的钠盐中溶解性较特殊的。

② 吸湿性　钠盐的吸湿性比相应的钾盐强。因此，化学分析工作中常用的标准试剂许多是钾盐，如用邻苯二甲酸氢钾标定碱液的浓度，用重铬酸钾标定还原剂溶液的浓度。在配制炸药时用 KNO_3 或 $KClO_3$，而不用相应的钠盐。

③ 结晶水　钠盐所含结晶水比钾盐多。如 $Na_2CO_3\cdot 10H_2O$ 而 $K_2CO_3\cdot 2H_2O$；$Na_2SO_4\cdot 10H_2O$ 而 K_2SO_4 不含结晶水等。

（3）焰色反应

碱金属和钙、锶、钡的挥发性盐在无色火焰中灼烧时，能使火焰呈现出一定颜色，这种现象叫作焰色反应（flame reaction）。碱金属和钙、锶、钡的盐，在灼烧时之所以能产生不同的颜色是因为当金属或其盐在火焰上灼烧时，原子被激发，电子接受了能量从较低的能级跃迁到较高能级。但处在较高能级上的电子很不稳定，很快跳回到低能级，这时就将多余的能量以光的形式放出。原子的结构不同，就发出不同波长的光，所以光的颜色也不同。

离子	Li^+	Na^+	K^+	Rb^+	Cs^+	Ca^{2+}	Sr^{2+}	Ba^{2+}
颜色	红	黄	紫	紫红	紫红	橙红	洋红	黄绿

利用焰色反应，可以定性地鉴别这些元素的存在与否，但一次只能鉴别一种离子。利用碱金属和钙、锶、钡盐在灼烧时产生不同焰色的原理，可以制造各色焰火，例如

红色焰火配方（质量分数）：$KClO_3$ 34%，$Sr(NO_3)_2$ 45%，炭粉 10%，镁粉 4%，松香 7%。

绿色焰火配方（质量分数）：$Ba(ClO_3)_2$ 38%，$Ba(NO_3)_2$ 40%，S 22%。

10.2　p 区元素

p 区元素位于周期表的右面，包括ⅢA～ⅦA 族和零族共 6 族元素，p 区元素的价电子构型为 $ns^2np^{1\sim6}$。其中零族元素的最外层电子全充满，属于惰性气体，化学性质不活泼。

其他各族元素的性质呈现出明显的周期性变化。p 区元素中既有典型的非金属元素和典型的金属元素，又有性质介于二者之间的准金属或两性元素。大多数 p 区元素有多种氧化态，其最高氧化态等于该元素原子最外层电子数即族数。

10.2.1　卤族元素

(1) 卤素单质的性质

卤族元素是指周期表中ⅦA 族元素，包括 F、Cl、Br、I、At 五种元素。其中 At 是放射性元素，不稳定，在自然界中存在极少，对其研究也较少，在此不作介绍。

卤素单质的物理性质如表 10-1 所示，随原子序数增加呈现规律性的变化，其熔点、沸点逐渐升高，这是因为分子间色散力随分子量逐渐增大的缘故。卤素单质颜色也逐渐加深，卤素单质均有刺激性气味，对眼、鼻气管的黏膜有刺激作用，毒性从 $F_2 \rightarrow I_2$ 逐渐降低。

表 10-1　卤族元素单质的物理性质

单　质	F_2	Cl_2	Br_2	I_2
聚集状态	g	g	l	s
沸点/℃	−188	−34	59	185
熔点/℃	−220	−102	−7	114
颜色	浅黄	黄绿	红棕	紫黑

卤素单质都是双原子分子，由于卤素原子极易获得一个电子，形成稳定的 8 电子结构，故卤素单质都具有较强的氧化性，但氧化能力从 $F_2 \rightarrow I_2$ 逐渐降低。它们能与许多元素的单质及化合物反应，例如：

$$3X_2 + 2P(\text{过量}) = 2PX_3$$
$$5X_2(\text{过量}) + 2P = 2PX_5$$
$$X_2 + H_2O = HX + HXO$$
$$Cl_2 + 2NaOH = NaCl + NaClO + H_2O$$

(2) 卤化氢和氢卤酸

卤化氢都是无色、有刺激性气味的气体，暴露在空气中会“冒烟”，这是因为卤化氢与空气中的水蒸气结合成酸雾的缘故。卤化氢在水中的溶解度相当大，卤化氢的水溶液称氢卤酸，除氢氟酸外均为强酸。其酸性强弱的顺序为：

$$HCl < HBr < HI$$

与其他三种氢卤酸不同，氢氟酸最特殊的性质是能与 SiO_2 和硅酸盐反应生成挥发性的 SiF_4：

$$SiO_2 + 4HF = SiF_4\uparrow + 2H_2O$$
$$CaSiO_3 + 6HF = CaF_2 + SiF_4\uparrow + 3H_2O$$

氢氟酸的这一性质常用来刻蚀玻璃、分解硅酸盐，在分析化学上被用于测定矿物或钢铁中硅的含量。氢氟酸一般贮存在聚乙烯塑料瓶中，不能盛放在玻璃器皿中。

(3) 卤素的含氧酸及其盐

卤素的含氧酸及其盐的性质具有下列规律性：①同一元素的不同氧化态的含氧酸，其氧化数越高酸性越强，如 $HClO_4 > HClO_3 > HClO_2 > HClO$；②同一元素的不同氧化态的含氧酸，其氧化数越低氧化能力越强，如 $HClO > HClO_2 > HClO_3 > HClO_4$；③相同氧化态的不同元素所形成的含氧酸的酸性随原子序数递增而减弱，如 $HClO > HBrO > HIO$、$HClO_3 > HBrO_3 > HIO_3$、$HClO_4 > HBrO_4 > HIO_4$。卤素含氧酸盐的稳定性一般大于其对应的含氧酸。

卤素的含氧酸包括次卤酸（HXO）、亚卤酸（HXO_2）、卤酸（HXO_3）和高卤酸（HXO_4）四类。其中，氟只在低温下得到 HFO，其结构和性质尚不清楚。而目前确知的亚卤酸只有 $HClO_2$，$HClO_2$ 很不稳定，会迅速分解。

① 次卤酸及其盐　次卤酸都是弱酸，都不稳定，仅存在于溶液中，会逐渐分解为卤化氢和氧气：

$$2HXO \xlongequal{} 2HX + O_2\uparrow$$

次卤酸都是强氧化剂，在酸性介质中氧化能力特别强。氯气具有漂白杀菌作用，就是由于它与水反应生成次氯酸的缘故。

最常见的次卤酸盐为次卤酸钙，它是将氯气通入消石灰中而制得的，是漂白粉的有效成分，其反应式如下：

$$2Cl_2 + 2Ca(OH)_2 \xlongequal{} Ca(ClO)_2 + CaCl_2 + 2H_2O$$

② 卤酸及其盐　$HClO_3$、$HBrO_3$ 仅存在于水溶液中，是强酸，HIO_3 为白色晶体，为中强酸，它们均是强氧化剂。

卤酸盐中最常见的是 $KClO_3$，它受热易分解，在有催化剂（MnO_2）存在下分解为 KCl 和 O_2，若无催化剂，则发生歧化反应：

$$2KClO_3 \xrightarrow{MnO_2} 2KCl + 3O_2\uparrow$$

$$4KClO_3 \xrightarrow{\triangle} KCl + 3KClO_4$$

固体 $KClO_3$ 是强氧化剂，它与易燃物质如碳、硫、磷或有机物混合后，受到撞击会发生爆炸，因此它常用于制造炸药、火柴和焰火等。

③ 高卤酸及其盐　高卤酸有高氯酸（$HClO_4$）、高溴酸（$HBrO_4$）和高碘酸（H_5IO_6），它们都是强氧化剂，均已获得纯物质，稳定性好。

$HClO_4$ 是酸性最强的无机含氧酸，其稀冷溶液无明显的氧化性，但浓热的高氯酸是强氧化剂。由于 ClO_4^- 在溶液中很稳定，不易被还原且与金属离子结合力很弱，故在研究配合物时，常加入高氯酸盐以保持溶液的离子强度，高氯酸也常用于分析化学中溶解试样。

$HBrO_4$ 是强酸，酸性接近于 $HClO_4$，其氧化力高于 $HClO_4$ 和 H_5IO_6，55% $HBrO_4$（$6mol \cdot L^{-1}$）很稳定，在 373K 也不分解。

高碘酸有两种存在形式：HIO_4，称偏高碘酸，H_5IO_6，称正高碘酸。H_5IO_6 较 HIO_4 稳定，是一种五元弱酸。H_5IO_6 也是强氧化剂，反应平稳而迅速，故常用作分析试剂。例如利用它在酸性介质中可将 Mn^{2+} 氧化为 MnO_4^- 来测定锰：

$$2Mn^{2+} + 5H_5IO_6 \xlongequal{} 2MnO_4^- + 5IO_3^- + 11H^+ + 7H_2O$$

高氯酸盐多易溶于水，但 K^+、NH_4^+、Cs^+、Rb^+ 的高氯酸盐溶解度都很小。$KClO_4$ 稳定性好，用作炸药比 $KClO_3$ 更稳定。

10.2.2　氧族元素

周期表中第ⅥA族元素称为氧族元素，它包括氧、硫、硒、碲和钋五种元素。氧族元素是由典型的非金属过渡到金属的一个完整的家族。氧和硫是典型的非金属，硒和碲是准金属，钋是典型的金属。硒和碲是稀有元素，钋为放射性元素。

(1) 氧及其化合物

氧是地球上含量最多的元素，它是燃烧和呼吸不可缺少的气体，是人和一切生物生长的必不可少的要素，它的同素异形体有 O_2、O_3 等。

臭氧（O_3）是一种淡蓝色、有鱼腥气味的气体，由于分子有极性，在水中的溶解度比

O_2 大。在高温和放电的条件下，O_2 可以变成 O_3。如在雷雨天气里闪电产生的高压放电，可引发反应，生成臭氧：

$$3O_2 \xrightarrow{\text{闪电}} 2O_3$$

氧气吸收紫外线也可以转变为臭氧：

$$3O_2 \xrightarrow{\text{紫外线}} 2O_3$$

臭氧的氧化能力比氧强得多，例如：

$$PbS+4O_3 = PbSO_4+4O_2\uparrow$$

$$2Ag+2O_3 = Ag_2O_2+2O_2\uparrow$$

利用臭氧的强氧化性，来代替常用的催化氧化和高温氧化，可简化工艺流程，提高生产率；在环境保护方面，可用来处理废气和净化废水。利用臭氧的强氧化性又可作为漂白剂用来漂白麻、棉、纸张等。臭氧还可作为皮、毛的脱臭剂。医学、卫生方面常利用臭氧的杀菌能力作为消毒杀菌剂使用。

据报道，地球上的生物之所以能安然无恙地生存，免遭紫外线的伤害，是因为离地面约 25km 的高空有一层臭氧保护层。当氧分子吸收了波长小于 185nm 的紫外线后形成臭氧。但当波长为 200～320nm 的紫外线照射臭氧时，又可使反应逆转，臭氧分解为氧。所以高层大气中存在着 O_2 和 O_3 的动态平衡，此过程约消耗太阳辐射到地球上能量的 5%。不过应当引起关注的是近年来发现飞机排出的废气 NO、CO、CO_2 等，以及工业、交通和人类生活等大量排放的还原性气体 SO_2、H_2S 等对臭氧层有破坏作用，尤其是制冷剂氟里昂（一种氟氯代烃）在高空经光化学反应生成的氯原子能与臭氧发生作用，致使保护层中的臭氧大大减少，而让更多的紫外线照射到地球上。因此，如不采取防治措施，对人类的生存环境将会造成严重的后果。

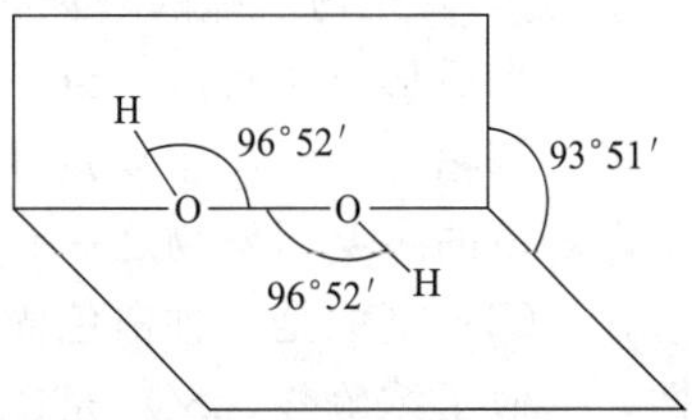

图 10-1　H_2O_2 的结构

过氧化氢（H_2O_2）为无色透明的液体，俗称双氧水。市售浓度约为 30%，主要化学性质以氧化性为主。医学上通常用 3%的过氧化氢水溶液来消毒、杀菌。纺织工业上作漂白剂，高纯度的过氧化氢浓度可达 99%，可作高能燃料的强氧化剂等。

过氧化氢的结构如图 10-1 所示，分子中含过氧键（—O—O—），每个氧原子各连着一个氢原子，其构型似一个半打开的合页，2 个 O 原子在合页的转轴上，2 个 H 原子分别在合页的两个叶片上。

过氧化氢具有微弱的酸性：

$$H_2O_2 = H^+ + HO_2^- \quad K_a=1.55\times10^{-12}$$

过氧化氢不稳定易分解：

$$2H_2O_2 = 2H_2O+O_2\uparrow$$

Fe^{3+}、Fe^{2+}、PbO_2、Pb^{2+} 等杂质均会加速 H_2O_2 的分解。另外，H_2O_2 对光和碱也敏感。因此贮存 H_2O_2 应用棕色瓶、塑料瓶（黑纸包裹），以防止光的照射和玻璃的碱性，或加配位剂，如 $Na_4P_2O_7$、8-羟基喹啉等，以使相关杂质离子被配位掉。

由于 H_2O_2 中氧的氧化数为−1，处于氧的中间价态，所以 H_2O_2 既有氧化性又有还原性，是一种理想的氧化剂或还原剂。如：

$$4H_2O_2+PbS(\text{黑}) = PbSO_4(\text{白})+4H_2O$$ （此反应常用于旧画翻新）

$$H_2O_2+2I^-+2H^+ = I_2+2H_2O$$

$5H_2O_2+2MnO_4^-+6H^+ \longrightarrow 2Mn^{2+}+5O_2+8H_2O$

$Cr_2O_7^{2-}+4H_2O_2+2H^+ \longrightarrow 5H_2O+2CrO_5$(蓝色) (此反应可用于 H_2O_2 的检验)

由于 H_2O_2 参加反应后，不会给溶液带来杂质，被称为“干净的”氧化剂、还原剂。

(2) 硫及其化合物

① 硫化氢和硫化物 H_2S 结构与 H_2O 相似，H_2S 是无色、有臭鸡蛋味的剧毒气体。稍溶于水，饱和水溶液浓度为 $0.1mol\cdot L^{-1}$，为二元弱酸，$K_{a_1}=9.1\times10^{-8}$，$K_{a_2}=1.1\times10^{-12}$。水溶液易逐渐被空气中的氧气氧化，所以要现用现配制。

硫化氢最重要的性质是它的还原性，能被氧、氯、高锰酸钾、硝酸等氧化成高氧化态。如：

$$2S^{2-}+O_2+2H_2O \longrightarrow 2S\downarrow+4OH^-$$

大多数金属硫化物都具有颜色，难溶于水。当将强酸加入到某些金属硫化物中时有硫化氢气体产生。根据硫化物在酸中溶解情况把硫化物分成三类。

能溶于浓盐酸，如 ZnS、MnS、CdS、PbS 等：

$$ZnS+2H^+ \longrightarrow Zn^{2+}+H_2S\uparrow$$

不溶于浓盐酸但溶于浓硝酸，如：CuS、Ag_2S。

$$3CuS+8HNO_3 \longrightarrow 3Cu(NO_3)_2+3S\downarrow+2NO\uparrow+4H_2O$$

不溶于浓硝酸仅溶于王水，如：HgS。

$$3HgS+12HCl+2HNO_3 \longrightarrow 3[HgCl_4]^{2-}+6H^++3S\downarrow+2NO\uparrow+4H_2O$$

② 硫的氧化物 硫的氧化物有 SO_2 和 SO_3。SO_2 为无色、有强烈刺激性气体，易溶于水，溶于水后形成亚硫酸。SO_2 能与一些有机色素结合成为无色的化合物，因此可用于漂白纸张、草帽等。SO_2 主要用于制备硫酸和亚硫酸盐。但它也是污染空气、形成酸雨和危害生态环境的主要污染物之一。

在 0℃时 SO_3 是一种白色固体，熔点 289.8K，沸点 317.8K。SO_3 具有强氧化性、强脱水性，类似于浓硫酸，SO_3 是硫酸的酸酐，溶于水生成硫酸。

$$SO_3+6HBr \longrightarrow 3Br_2+S\downarrow+3H_2O$$

$$4SO_3+2P \longrightarrow 5SO_2+P_2O_5$$

$$SO_3+H_2O \longrightarrow H_2SO_4$$

③ 硫的含氧酸及其盐

a. 亚硫酸及其盐 H_2SO_3 为二元中强酸，只存在于水溶液中，$K_{a_1}=1.54\times10^{-2}$，$K_{a_2}=1.02\times10^{-7}$。亚硫酸及其盐的主要性质是具有还原性，如：

$$5SO_3^{2-}+2MnO_4^-+6H^+ \longrightarrow 5SO_4^{2-}+2Mn^{2+}+3H_2O$$

b. 硫酸及其盐 硫酸是无色油状液体，市售硫酸浓度为 98%，密度为 $1.84g\cdot mL^{-1}$。硫酸为高沸点(沸点 611K)二元强酸。浓硫酸具有强吸水性、脱水性和强氧化性。

使纤维素、糖等有机物脱水：$C_{12}H_{22}O_{11} \xrightarrow{\text{浓 } H_2SO_4} 12C+11H_2O$

与活泼金属反应：$3Zn+4H_2SO_4(\text{浓}) \longrightarrow 3ZnSO_4+S+4H_2O$

与不活泼金属反应：$Cu+2H_2SO_4(\text{浓}) \longrightarrow CuSO_4+SO_2+2H_2O$

与非金属反应：$C+2H_2SO_4(\text{浓}) \longrightarrow CO_2+2SO_2+2H_2O$

$2P+5H_2SO_4(\text{浓}) \longrightarrow P_2O_5+5SO_2+5H_2O$

但稀硫酸氧化性不强，未酸化的 SO_4^{2-} 溶液无氧化性。

硫酸可形成酸式盐、正盐和复盐。酸式盐仅钾、钠能形成稳定的固态盐，且都易溶于水。正盐除 Ag_2SO_4、$PbSO_4$、Hg_2SO_4、$CaSO_4$、$SrSO_4$、$BaSO_4$ 难溶或微溶外，其他都易溶于水，而且固体硫酸盐常含有结晶水，含结晶水的可溶性硫酸盐称为矾，例如：$CuSO_4 \cdot 5H_2O$（胆矾），$CaSO_4 \cdot 2H_2O$（石膏），$ZnSO_4 \cdot 7H_2O$（皓矾），$Na_2SO_4 \cdot 10H_2O$（芒硝），$FeSO_4 \cdot 7H_2O$（绿矾），$MgSO_4 \cdot 7H_2O$（泻盐）等。

常见的复盐有两类，其组成可用通式表示为：

$M(Ⅰ)_2SO_4 \cdot M(Ⅱ)SO_4 \cdot 6H_2O$，如 $(NH_4)_2SO_4 \cdot FeSO_4 \cdot 6H_2O$；

$M(Ⅰ)_2SO_4 \cdot M(Ⅲ)_2(SO_4)_3 \cdot 24H_2O$，如明矾 $K_2SO_4 \cdot Al_2(SO_4)_3 \cdot 24H_2O$，有时写成 $KAl(SO_4)_2 \cdot 12H_2O$。

c. 硫代硫酸及其盐　硫代硫酸极不稳定，尚未制得其纯品，常见的是硫代硫酸钠 $Na_2S_2O_3 \cdot 5H_2O$，俗称大苏打、海波。硫代硫酸钠不稳定，遇酸分解：

$$2H^+ + S_2O_3^{2-} = S\downarrow + SO_2\uparrow + H_2O$$

硫代硫酸钠有强还原性，与氯、溴等强氧化剂作用，被氧化为硫酸盐，因此硫代硫酸钠可作为脱氯剂：

$$Na_2S_2O_3 + 4Cl_2 + 5H_2O = 2H_2SO_4 + 2NaCl + 6HCl$$

硫代硫酸钠与弱氧化剂碘作用氧化成连四硫酸根，这是定量分析中碘量法的基础：

$$I_2 + 2S_2O_3^{2-} = 2I^- + S_4O_6^{2-}$$

硫代硫酸钠具有较强的配位能力，可使 AgBr 溶解，故在照相术中作定影剂使用：

$$AgBr(s) + 2S_2O_3^{2-} = Ag(S_2O_3)_2^{3-} + Br^-$$

d. 过硫酸及其盐　过硫酸可看做 H_2O_2 中的 H 原子被磺酸基（—SO_3H）取代的产物。一个氢被取代得过一硫酸 H_2SO_5，两个氢被取代得过二硫酸 $H_2S_2O_8$。最重要的过硫酸盐是 $(NH_4)_2S_2O_8$ 和 $K_2S_2O_8$，它们都是强氧化剂，但氧化速率很慢，加入催化剂可大大加快反应的速率。例如在酸性介质中用 Ag^+ 作催化剂，$S_2O_8^{2-}$ 可将 Mn^{2+}、Cr^{3+}、Ce^{3+} 等氧化至它们的高氧化态：

$$2Mn^{2+} + 5S_2O_8^{2-} + 8H_2O \xrightarrow{Ag^+} 2MnO_4^- + 10SO_4^{2-} + 16H^+$$

因反应后无色的 Mn^{2+} 变成紫色 MnO_4^-，此反应常用于鉴定 Mn^{2+} 的存在。

过硫酸盐稳定性差，受热易分解：

$$2K_2S_2O_8 \xrightarrow{\triangle} 2K_2SO_4 + 2SO_3 + O_2\uparrow$$

10.2.3　氮族元素

周期表中第ⅤA族元素称为氮族元素，它包括氮、磷、砷、锑、铋五种元素。其中氮和磷是非金属元素，铋是金属元素，砷、锑性质介于两者之间，是准金属元素。因此氮族元素性质递变也呈现由典型的非金属到金属的一个完整过渡。

氮族元素价电子构型为 ns^2np^3，它们有获得 3 个电子形成 8 电子稳定结构的趋势，但与ⅥA、ⅦA族对应元素相比，ⅤA族元素结合电子的能力更差些，而失去电子的趋势要大些。所以仅有电负性较大的 N 和 P 可以形成少数氧化态为 −3 的化合物，而它们与电负性较大的元素化合时主要形成氧化数为 +3、+5 的化合物，故氮族元素常以 +3 价、+5 价为主要氧化态。

(1) 氮及其化合物

① 氨和铵盐　NH_3 是氮的重要化合物之一，是一种无色有刺激性臭味的气体，比空气轻。很容易在室温下加压液化，而氨又有相当大的蒸发热，因此常用它作制冷剂。氨易溶于水，其水溶液称为氨水（$NH_3 \cdot H_2O$）。一般市售浓氨水的密度是 $0.88g \cdot mL^{-1}$，含 NH_3 约 28%。与 H_2O 分子相似，氨分子具有强的极性，液氨分子间存在氢键和缔合分子。

液氨有溶解碱金属、碱土金属等活泼金属的特性，如：

$$2Na(s)+2NH_3(l) = 2NaNH_2(s)+H_2(g)$$

生成的金属化合物有强还原性，可与溶于液氨的物质发生均相氧化还原反应。

氨具有还原性，氨在水溶液中能被强氧化剂（如 Cl_2、H_2O_2、$KMnO_4$ 等）所氧化：

$$3Cl_2+2NH_3 = N_2+6HCl$$

氨一般不能在空气中燃烧，但可以在纯氧气内燃烧，生成氮气和水：

$$4NH_3+3O_2 = 2N_2+6H_2O$$

氨常用作配位剂，这是由于氨分子中的 N 原子上有一对孤对电子，它能与许多过渡金属离子形成配合物，如：$[Cu(NH_3)_4]SO_4$、$[Ag(NH_3)_2]Cl$、$[Co(NH_3)_6]Cl_3$ 等。

NH_3 与酸作用生成铵盐，铵盐易分解，其分解产物与盐中阴离子的性质有关，当铵盐阴离子对应的酸无氧化性时，分解产物是 NH_3 和相应酸。如：

$$NH_4HCO_3 = NH_3\uparrow+CO_2\uparrow+H_2O$$

$$NH_4Cl = NH_3\uparrow+HCl$$

当组成铵盐的阴离子所对应的酸有氧化性时，分解产物是氮或氮的氧化物。如：

$$NH_4NO_3 = N_2O\uparrow+2H_2O$$

$$NH_4NO_2 = N_2\uparrow+2H_2O$$

氨和铵盐在工农业生产中有广泛应用，如 NH_4HCO_3、NH_4Cl、$(NH_4)_2SO_4$ 常用作化肥，NH_4NO_3 常用于制造炸药等。

② 氮的氧化物、含氧酸及盐　氮的氧化物重要的有 NO 和 NO_2。NO 为无色气体，难溶于水，不与酸、碱反应的中性氧化物，在空气中易被氧化为 NO_2。NO_2 为红棕色气体，易压缩成无色液体，在室温时聚合成 N_2O_4 无色气体。NO_2 易溶于水生成 HNO_3 和 HNO_2：

$$2NO_2+H_2O = HNO_3+HNO_2$$

NO_2 是强氧化剂，碳、硫、磷等在 NO_2 中易起火燃烧，它和许多有机物的蒸气混合成为爆炸性的混合物。

将等摩尔的 NO 和 NO_2 混合物溶解在冰水中，或向亚硝酸盐的冷溶液中加酸，就生成亚硝酸：

$$NO+NO_2+H_2O = 2HNO_2$$

$$NaNO_2+H_2SO_4 = HNO_2+NaHSO_4$$

亚硝酸是一种弱酸，但比醋酸略强。亚硝酸很不稳定，仅存在于冷的稀溶液中，微热便分解为 NO、NO_2 和 H_2O。因此，亚硝酸通常以其盐的形式存在。亚硝酸盐，特别是碱金属和碱土金属的亚硝酸盐，都有很高的热稳定性。亚硝酸和亚硝酸盐中，氮原子的氧化数是处于中间氧化态，因此它既具有还原性，又有氧化性。例如，$NaNO_2$ 能将 KI 氧化成单质碘。这个反应可以定量地进行，常用于测定亚硝酸盐。除 $AgNO_2$ 为浅黄色不溶盐外，一般亚硝酸盐易溶于水。亚硝酸盐有毒性，是致癌物质。

纯硝酸是无色液体，易挥发，可与水以任何比例混溶。一般市售的浓硝酸含量为 69.2%，约 $16mol\cdot L^{-1}$，沸点 394.8K，密度 $1.42g\cdot mL^{-1}$。浓硝酸受热或见光会逐渐分解，使溶液显黄色。硝酸是重要的工业三酸之一，是制造炸药、染料、硝酸盐和许多种其他化学品的重要原料。硝酸是强氧化剂，可以氧化许多金属和非金属。

浓硝酸与浓盐酸的混合液（体积比为 1∶3）称为王水，可溶解硝酸所不能溶解的金属，如 Au、Pt 等：

$$Au+HNO_3+4HCl = HAuCl_4+NO+2H_2O$$

$$3Pt+4HNO_3+18HCl = 3H_2[PtCl_6]+4NO+8H_2O$$

硝酸盐大多是无色易溶于水的晶体，硝酸盐水溶液没有氧化性。硝酸盐在常温下较稳定，但在高温时固体硝酸盐都会分解而显氧化性。固体硝酸盐受热分解都放出氧气，而其他产物则因金属离子性质不同而可能是亚硝酸盐、氧化物或金属。例如：

$$2KNO_3 = 2KNO_2 + O_2$$

$$2Cu(NO_3)_2 = 2CuO + 4NO_2 + O_2$$

$$2AgNO_3 = 2Ag + 2NO_2 + O_2$$

硝酸盐热分解放出氧气的反应很快，故硝酸盐熔体是强氧化剂。KNO_3 不易吸水，常用作炸药，它与硫粉、碳以一定比例混合制成的黑火药为中国四大发明之一：

$$2KNO_3 + 3C + S = N_2\uparrow + 3CO_2\uparrow + K_2S$$

硝酸盐易溶于水，广泛用作化学试剂、氮肥、金属防腐处理等。

(2) 磷及其化合物

磷有多种同素异形体，如白磷、红磷和黑磷三种，常见的是白磷和红磷。

白磷剧毒，不溶于水而溶于 CS_2，轻微摩擦会引起燃烧，能烧伤皮肤。白磷和潮湿空气接触时发生缓慢氧化作用，部分的反应能量以光能的形式放出，故在暗处可以看到白磷发光。当白磷在空气中缓慢氧化表面上积聚的热量，达到磷的燃点（313K）时，就会引起自燃。因此白磷通常贮存于水中以隔绝空气。

红磷为红紫色粉末，不溶于水、碱和 CS_2，基本无毒，化学性质比较稳定。虽与 Cl_2、HNO_3 反应，但不如白磷剧烈。在空气中几乎不氧化，也不自燃。加热到673K才着火。磷在充足的氧气或空气中燃烧，生成磷酸酐 P_2O_5。P_2O_5 为白色粉末，极易与水结合。根据结合 H_2O 分子数目的不同生成偏磷酸（HPO_3）、焦磷酸（$H_4P_2O_7$）和磷酸（H_3PO_4）三种酸：

$$P_2O_5 + H_2O = 2HPO_3$$

$$P_2O_5 + 2H_2O = H_4P_2O_7$$

$$P_2O_5 + 3H_2O = 2H_3PO_4$$

H_3PO_4 可形成正磷酸盐（如 Na_3PO_4）和酸式磷酸盐（如 Na_2HPO_4 和 NaH_2PO_4）等。所有磷酸二氢盐都能溶于水，但磷酸一氢盐、正磷酸盐中，除铵盐、碱金属（除Li外）盐可溶于水外，其余都难溶于水。这些盐在水中都有不同程度的水解，Na_3PO_4 的水溶液显较强碱性，Na_2HPO_4 水溶液显弱碱性，而 NaH_2PO_4 的水溶液呈弱酸性。

磷酸二氢钙是重要的磷肥，它是磷酸钙与硫酸作用的产物：

$$Ca_3(PO_4)_2 + 2H_2SO_4 = 2CaSO_4 + Ca(H_2PO_4)_2$$

生成的混合物叫过磷酸钙，其有效成分为磷酸二氢钙，能溶于水，所以易被植物吸收。

(3) 砷及其化合物

砷有灰、黄、黑三种同素异形体，最稳定的是灰砷。砷在自然界主要以硫化物矿存在，例如雄黄（As_4S_4）、雌黄（As_2S_3）、砷硫铁矿（FeAsS）等。

砷的氢化物 AsH_3 又称胂，是剧毒、无色有恶臭的气体，极不稳定。在缺氧条件下，胂受热分解为单质砷：

$$2AsH_3 = 2As + 3H_2$$

析出的砷聚集在器皿的冷却处形成亮黑色的“砷镜”，砷镜能溶于NaClO，用于检验砷中毒。

AsH_3 有强还原性，与 $AgNO_3$ 反应有黑色Ag析出，也可用于检验微量砷：

$$2AsH_3 + 12AgNO_3 + 3H_2O = As_2O_3 + 12HNO_3 + 12Ag\downarrow$$

砷的氧化物有 As_2O_3 和 As_2O_5 两类，它们都是白色固态。As_2O_3 俗称砒霜，剧毒，致死量为0.1g。可用于制造杀虫剂、除草剂以及含砷药物。As_2O_3 在冷水中溶解度很小，在热水中溶解度稍大，可生成亚砷酸 H_3AsO_3，亚砷酸仅存在于溶液中。As_2O_3 是两性偏酸性的氧化物，因此它易溶于碱生成亚砷酸盐，也能溶于酸中：

$$As_2O_3+6NaOH \xlongequal{} 2Na_3AsO_3+3H_2O$$

$$As_2O_3+6HCl \xlongequal{} 2AsCl_3+3H_2O$$

As_2O_5 溶于水生成砷酸 H_3AsO_4，砷酸易溶于水，是中等强度的酸，$K_{a_1}=5.6\times10^{-3}$，它也是一种较弱的氧化剂。

砷的硫化物主要有 As_2S_3、As_2S_5，都是黄色难溶于水和酸的固体，但可溶于 Na_2S 溶液中分别生成硫代亚砷酸盐和硫代砷酸盐：

$$As_2S_3+3Na_2S \xlongequal{} 2Na_3AsS_3$$

$$As_2S_5+3Na_2S \xlongequal{} 2Na_3AsS_4$$

砷的硫代酸盐不稳定，只能在中性或碱性介质中存在。在分析化学中常用砷的硫代酸盐的生成与分解来鉴别它们。

三价砷的化合物有剧毒，能与生物体内的巯基化合物（R—SH）结合，阻碍酶的正常作用。而五价砷的毒性较低。砷的毒性与重金属相似，故在环境科学中常将砷视为有毒重金属。

10.2.4 碳族元素

碳族是指周期表中ⅣA 族元素，包括碳、硅、锗、锡、铅五种元素。碳族的元素基态原子的价电子层结构为 ns^2np^2。其中 C 和 Si 为非金属元素，其常见氧化态为+4，主要形成共价化合物。Ge 为准金属（属稀有元素），Sn 和 Pb 则是典型的金属。该族元素从上到下随着原子序数的增加，其性质也呈现从非金属到金属性质的逐渐变化。

(1) 碳及其化合物

单质的碳有金刚石、石墨和碳原子族（又称富勒烯，代表物如 C_{60}、C_{70} 等）三种同素异形体，如图 10-2 所示。

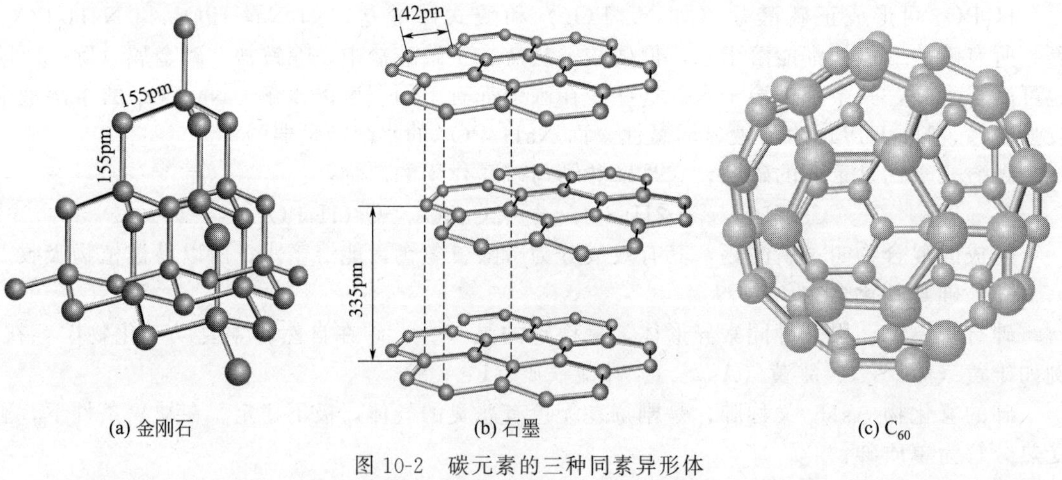

图 10-2 碳元素的三种同素异形体

金刚石为典型的原子晶体，金刚石分子中 C 原子采用 sp^3 杂化轨道成键。它的硬度大，熔点、沸点高，不导电，化学性质不活泼。

石墨为混合晶体，它是原子晶体、金属晶体和分子晶体之间的一种过渡型晶体。在石墨分子中 C 原子采用 sp^2 杂化轨道成键，C 原子间结合成正六边形，形成其层状结构，层与层间靠分子间作用力结合。石墨质软，有金属光泽，能导电。石墨粉可以作润滑剂、颜料和铅笔；在工业上被大量地用于制造电极、坩埚等设备，也可以作原子反应堆中的中子减速剂。

富勒烯是美国的柯尔（R. F. Curl）和斯莫利（R. E. Smalley）以及英国的克罗托（H. W. Kroto）三人于 1985 年发现的新的同素异形体。富勒烯中以 60 个碳原子组成的 C_{60} 最稳定，其笼状结构酷似足球，相当于一个由二十面体截顶而得的三十二面体。32 个面中包括 12 个五边形面和 20 个六边形面，每个五边形均与 5 个六边形共边，而六边形则将 12 个五边形彼此隔开。三位科学家关于 C_{60} 结构的设想受建筑学家富勒·布基明斯特为1967 年蒙特利尔世界博览会设计的薄壳建筑物(也由 12 个五边形和 20 个六边形构成)的启发，因而将包括 C_{60} 在内的这类碳笼分子叫作富勒烯(fullerenes)，也叫巴基球(buckyballs)。C_{60} 的发现具有重大的科学意义，它代表分子结构中的一种新概念，为化学打开一个新的天地。三位科学家也因此而获得 1996 年诺贝尔化学奖。

碳的氧化物常见的是 CO 和 CO_2。一氧化碳是无色、无臭、剧毒的气体。碳在供氧不足以及高温的条件下燃烧，得到 CO。工业上使水蒸气通入红热的炭层，可得到 CO 和 H_2 的混合气体，称为水煤气。一氧化碳能在空气中燃烧，生成 CO_2 并放出大量的热，所以 CO 是常用的燃料。CO 能和很多过渡金属形成羰基配合物，如 $Ni(CO)_4$、$Fe(CO)_5$ 等。CO 之所以对人体有毒就是因为它能与血红蛋白中的铁形成稳定的配合物，使血红蛋白丧失输送氧气的能力。CO 具有还原性，它可以使许多金属化合物还原，如在常温下 $PdCl_2$ 可被 CO 还原为黑色的金属 Pd：

$$CO+PdCl_2+H_2O \longequal CO_2+Pd+2HCl$$

该反应用于检验微量 CO 的存在。

二氧化碳是无色、无臭的气体，熔点和沸点较低，固体 CO_2 在 194.6K 时直接升华为气体，故 CO_2 常用作制冷剂。它蒸发时，不会留下液体，因此二氧化碳固体也叫干冰。

CO_2 溶于水生成碳酸（H_2CO_3），但溶于水的二氧化碳并非全部转化为碳酸，其中大部分是以水合分子形式 $CO_2 \cdot H_2O$ 存在，只有一小部分生成碳酸。碳酸很不稳定，只存在于水溶液中。它是一个二元弱酸，在水中分步电离：

$$H_2CO_3 \longequal H^+ + HCO_3^-, K_{a_1}=4.4\times10^{-7}$$

$$HCO_3^- \longequal H^+ + CO_3^{2-}, K_{a_2}=4.7\times10^{-11}$$

H_2CO_3 能生成正盐和酸式盐，一般来说碳酸盐具有下列特性。

溶解性：所有酸式盐都溶于水，正盐中只有铵盐和碱金属的盐溶于水。所有含氧酸盐中，一般都是酸式盐较相应的正盐易溶。仅有个别碳酸盐是酸式盐的溶解度比正盐的溶解度小，例如 $NaHCO_3$ 在水中的溶解度就比 Na_2CO_3 的小。

水解性：碳酸是弱酸，所以可溶性的碳酸盐在水溶液中水解而使溶液呈碱性，水解作用的强弱及水解产物取决于金属氢氧化物的碱性及溶解性。如果金属离子的水解性极强，其氢氧化物的溶度积又小，如 Al^{3+}、Cr^{3+} 和 Fe^{3+} 等，将得到氢氧化物，如：

$$2Al^{3+}+3CO_3^{2-}+3H_2O \longequal 2Al(OH)_3+3CO_2$$

有些金属离子，它们的氢氧化物和碳酸盐的溶解度相差不多，如 Cu^{2+}、Zn^{2+}、Pb^{2+}、Mg^{2+} 等可能得到碱式盐：

$$2Cu^{2+}+2CO_3^{2-}+H_2O \longequal Cu_2(OH)_2CO_3+CO_2$$

热稳定性：一般来说，碳酸氢盐的热稳定性比相应的碳酸盐小，如碳酸氢钠在 150℃左右分解，而碳酸钠不易分解。

(2) 硅及其化合物

硅的单质有无定形体和晶体两种，晶体硅类似金刚石，灰黑色，高硬度，熔点较高。结晶硅是重要的电子工业材料。

硅的氧化物主要是二氧化硅（SiO_2），SiO_2 是无色、硬而脆、难溶的固体，石英、水晶、砂子等的成分主要是 SiO_2。它和同族的二氧化碳相比有着极不相同的性质，二氧化碳属于分子晶体，而二氧化硅属于原子晶体。所以晶体 SiO_2 的硬度大、熔点高、性质稳定。SiO_2 不溶于水，除氢氟酸外，SiO_2 也不溶于其他酸中。SiO_2 属于酸性氧化物，它能与热的浓碱、熔融的碱或碱性氧化物反应：

$$SiO_2 + 2NaOH \longrightarrow Na_2SiO_3 + H_2O$$

$$SiO_2 + Na_2CO_3 \longrightarrow Na_2SiO_3 + CO_2 \uparrow \text{（熔融）}$$

$$SiO_2 + CaO \longrightarrow CaSiO_3 \quad \text{（高温）}$$

硅酸（H_2SiO_3）是二元弱酸，电离常数为 $K_{a_1}=3.0\times10^{-10}$、$K_{a_2}=2\times10^{-12}$。硅酸的组成随形成时的条件而异，常以通式 $x SiO_2 \cdot y H_2O$ 表示，现已确知的有正硅酸 $H_4Si_2O_4$（$x=1$，$y=2$），偏硅酸 H_2SiO_3（$x=1$，$y=1$，习惯上称为硅酸），二偏硅酸 $H_2Si_2O_5$（$x=2$，$y=1$）和焦硅酸 $H_6Si_2O_7$（$x=2$，$y=3$），$x>2$ 的硅酸叫多硅酸。

在各种硅酸中以偏硅酸的组成最简单，所以常用 H_2SiO_3 式子代表硅酸。硅酸在水中的溶解度不大，但生成后并不立即沉淀下来，因为开始形成的单分子硅酸能溶于水。当这些单分子硅酸逐渐缩合为多酸时，形成硅酸溶胶。在此溶液中加电解质，或者在适当浓度的硅酸溶液中加酸，则得到半凝固状态、软而透明且有弹性的硅酸凝胶（在多酸骨架里包含有大量的水）。将硅酸凝胶充分洗涤以除去可溶性盐类，干燥脱水后即成为多孔性固体，称为硅胶。它有很大的表面积，能吸附大量水、气体或其他物质，可做干燥剂、吸附剂以及催化剂载体。它的吸附作用主要是物理吸附，易于再生，可反复使用。实验室中，常用作干燥剂的变色硅胶就是将硅酸凝胶用氯化钴溶液浸泡，干燥活化后制得的。在干燥的情况下，无水 $CoCl_2$ 是蓝色的，当吸水后变成粉红色的 $CoCl_2 \cdot 6H_2O$。因此，当硅胶变红时，说明它已失效。

各种硅酸盐中只有碱金属的硅酸盐溶于水，其他金属的硅酸盐都不溶于水。硅酸钠是最常见的可溶性硅酸盐，工业上用石英粉与碳酸钠共熔或使新沉淀的硅酸与适量的氢氧化钠反应而制得：

$$SiO_2 + Na_2CO_3 \longrightarrow Na_2SiO_3 + CO_2$$

$$H_2SiO_3 + 2NaOH \longrightarrow Na_2SiO_3 + 2H_2O$$

多硅酸钠为黏稠液体，俗称“水玻璃”，又名“泡花碱”。它是多种多硅酸盐的混合物，其化学组成为 $Na_2O \cdot nSiO_2$。水玻璃的用途很广，建筑工业及造纸工业用它作黏合剂；木材或织物用水玻璃浸泡以后既可以防腐又能防火；水玻璃还用作软水剂、洗涤剂和制肥皂的填料。它也是制硅胶和分子筛的原料。

10.2.5 硼族元素

硼族元素包括硼、铝、镓、铟、铊五种元素，硼为非金属元素，其他都是金属元素。硼族元素的价电子层结构为 ns^2np^1，其氧化数一般为+3。由于它们的价电子层中有 4 个轨道，而只有 3 个电子，价电子数少于价电子层轨道数，故称为缺电子原子。其形成的化合物称为缺电子化合物，它们有极强的接受电子的能力，易形成配合物和聚合型分子。

（1）硼的化合物

硼酸（H_3BO_3）是白色片状晶体，在冷水中溶解度很小，而在热水中却是易溶的。因此可采用水溶液中重结晶的方法提纯。注意，H_3BO_3 是一元弱酸，而不是三元酸。硼酸的酸性不是由它本身羟基解离出质子，而是接受了水分子中 OH^- 上的孤对电子形成配位键而释放出质子：

$$B(OH)_3 + H_2O \longrightarrow [(HO)_3B \leftarrow OH]^- + H^+, K_a = 5.8\times10^{-10}$$

这种解离方式，体现了硼化合物缺电子的特性。

硼酸与强碱 NaOH 中和，得到偏硼酸钠（$NaBO_2$）。在碱性较弱的条件下，则得到四硼酸盐（如硼砂），而得不到单个 BO_3^{3-} 的盐。但反过来，在任何一种硼酸盐的溶液中加酸时，总是得到 H_3BO_3。因为硼酸的溶解度小，所以它容易从溶液中析出。

硼酸被大量地用于玻璃和陶瓷工业。因为它是弱酸，对人体的受伤组织有和缓的防腐消毒作用，为医药上常用的消毒剂之一。此外，它还用于食物防腐。

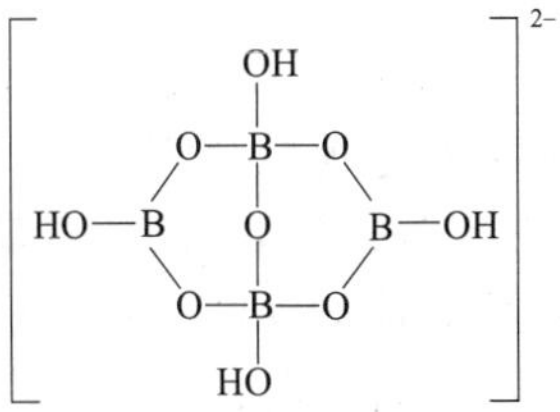

图 10-3　硼砂离子的结构

硼酸盐中最重要的是四硼酸钠，俗称硼砂，为无色透明晶体或白色粉末。其化学式常写作 $Na_2B_4O_7 \cdot 10H_2O$，其结构如图 10-3 所示，所以硼砂的分子式按结构应写为 $Na_2B_4O_5(OH)_4 \cdot 8H_2O$。

硼砂溶于水，水解使溶液呈强碱性：

$$B_4O_5(OH)_4^{2-} + 5H_2O = 2H_3BO_3 + 2B(OH)_4^-$$

水解产物 H_3BO_3 可以抗碱，$B(OH)_4^-$ 可以抗酸，所以硼砂溶液是一种常用的缓冲溶液，常作为标准缓冲溶液使用。

由于硼砂易于提纯，且摩尔质量较大，化学分析中常用作标定酸溶液的基准物质。

硼砂在熔融状态能溶解一些金属氧化物，生成金属的偏硼酸盐（习惯上叫作硼砂珠），并依金属的不同而显示特殊的颜色，例如：

$$Na_2B_4O_7 + CoO = 2NaBO_2 \cdot Co(BO_2)_2 \text{（蓝宝石色）}$$

因此，在分析化学中可以用硼砂来作“硼砂珠试验”，以鉴定金属离子。此性质也被应用于搪瓷和玻璃工业（上釉、着色并耐高温）及焊接金属（去金属表面的氧化物）。硼砂还用于制特种光学玻璃和人造宝石。

（2）铝及其化合物

铝是银白色金属，密度 $2.698g \cdot cm^{-3}$，是轻金属。铝是很活泼的金属，它与氧的结合能力很强，极易被空气中的氧所氧化。一般铝表面有一层致密氧化膜，所以常温下，铝在大气、水及冷浓 HNO_3 中都不易被腐蚀。铝是两性活泼金属，它能与稀酸、碱反应放出氢气：

$$2Al + 6HCl = 2AlCl_3 + 3H_2\uparrow$$

$$2Al + 2NaOH + 6H_2O = 2Na[Al(OH)_4] + 3H_2\uparrow$$

Al_2O_3 有多种变体，自然界中存在的为 α-Al_2O_3，俗称“刚玉”。α-Al_2O_3 的熔点[(2288±15)K]和硬度（8.8）都很高，它不溶于水，也不溶于酸或碱，它耐腐蚀，电绝缘性好。常用作高硬度研磨材料和耐火材料。天然或人造刚玉常因含有不同杂质而呈多种颜色。例如含微量 Cr(Ⅲ）的呈红色，称为红宝石；含有 Fe(Ⅱ)、Fe(Ⅲ）或 Ti(Ⅲ）称为蓝宝石，含少量 Cr_2O_3 的 Al_2O_3 单晶，是制红宝石激光器的材料。

氢氧化铝 [$Al(OH)_3$] 是两性氢氧化物，氢氧化铝溶于酸生成铝盐，溶于碱则生成铝酸盐：

$$Al(OH)_3 + 3HCl = AlCl_3 + 3H_2O$$

$$Al(OH)_3 + NaOH = Na[Al(OH)_4]$$

注意，在水溶液中，铝酸钠为 $Na[Al(OH)_4]$ 而非 $NaAlO_2$，固态的 $NaAlO_2$ 要用 Al_2O_3 和 NaOH（或 Na_2CO_3）在高温熔融条件下制得：

$$Al_2O_3(s) + 2NaOH(s) = 2NaAlO_2(s) + H_2O(g)$$

10.3　ds 区元素

ds 区元素包括ⅠB 族（铜族）的铜、银、金和ⅡB 族（锌族）的锌、镉、汞共六个元素。它们的价电子构型分别是$(n-1)d^{10}ns^1$和$(n-1)d^{10}ns^2$。虽然这些元素的最外层电子数分别与s区的ⅠA和ⅡA族元素相同，但它们的性质却有很大的差异。这是因为ds区元素的核电荷数比相应的s区元素大10，同时它们核外也多了10个d电子，但这些电子不能完全屏蔽掉增加的核电荷，因此ds区元素的有效核电荷比相应的s区元素要大，其原子半径比相应的s区元素要小得多，电离能也高得多，所以ds区元素的化学性质远不如相应的s区元素活泼。

ⅠB族元素的d轨道刚填满10个电子，最外层有1个s单电子，其电子构型不很稳定，所以ⅠB族元素除能失去1个s电子形成+1氧化态外，还可能再失去1个或2个d电子形成+2或+3氧化态。ⅡB族元素d轨道的电子已趋于稳定，只能失去最外层的2个s电子，因此它们多呈现+2氧化态。汞有+1氧化态，但此时它总是以双聚离子Hg_2^{2+}形式存在。

ds区元素性质变化的规律和所有副族元素一样，从上到下金属活泼性递减，与s区金属的递变顺序恰好相反。这是因为ds区元素从上到下，原子半径增加不大，而核电荷数却明显增加，次外层18个电子的屏蔽效应又较小，即有效核电荷逐渐增加，对价电子的吸引力增大，因而金属活泼性依次减弱。

10.3.1 ds区元素单质的性质

铜族和锌族元素都为有色重金属。金、铜、银是人类历史上最早被发现的三种以单质形式存在的矿物。铜、银、金很柔软，有极好的延展性及可塑性，并且具有优良的导电性和导热性。在所有金属中银的导电性居第一位，铜仅次于银。大量的铜应用于电气工业及冶金工业上，铜易与其他金属形成铜合金。如青铜（80%Cu、15%Sn、5%Zn）在我国的应用历史已有几千年，黄铜（60%Cu、40%Zn）广泛用作仪器零件，白铜（50%～70%Cu、18%～20%Ni、13%～15%Zn）用作刀具等。

锌、镉、汞都为银灰色，它们的硬度都较小。锌、镉、汞主要表现为比铜族元素及过渡元素低得多的熔点和沸点。汞是常温下唯一的液态金属，有流动性，且在273～473K之间体积膨胀系数很均匀，且不湿润玻璃，故常用来制造温度计。汞的密度很大（13.55g·cm^{-3}），蒸气压又低，故用于制造压力计，还可用作高压汞灯和日光灯等。汞能溶解许多金属（如钠、钾、银、金、锌、镉、锡、铅、铊等）而形成汞齐，它们或是简单化合物（如AgHg），或是溶液（如少量锡溶于汞），或是两者的混合物。Na-Hg齐有反应平稳的特点，是有机合成中常用的还原剂，与银、锡或铜形成的汞齐可作牙齿的填补材料。此外在冶金工业中利用汞和金属形成汞齐的性质来提炼这些贵金属。

铜族元素的化学活性远较碱金属低，并按Cu、Ag、Au的顺序递减，这主要表现在与空气中氧的反应及与酸的反应上。

铜在常温下不与干燥空气中的氧化合，加热时能产生黑色的氧化铜。银、金在加热时也不与空气中的氧化合。在潮湿的空气中放久后，铜表面会慢慢生成一层铜绿：

$$2Cu+O_2+H_2O+CO_2 = Cu(OH)_2 \cdot CuCO_3$$

铜绿可防止金属进一步腐蚀，银、金则不发生此反应。

铜族元素都能和卤素反应，但反应程度按Cu-Ag-Au的顺序逐渐下降。铜在常温下就能与卤素作用，银作用很慢，金则须在加热时才同干燥的卤素起作用。

在金属活性顺序中，铜族元素都在氢以后，所以不能置换稀酸中的氢。但当有空气存在时，铜可缓慢溶解于这些稀酸中：

$$2Cu+4HCl+O_2 = 2CuCl_2+2H_2O$$
$$2Cu+2H_2SO_4+O_2 = 2CuSO_4+2H_2O$$

浓盐酸在加热时也能与铜反应，这是因为 Cl^- 和 Cu^+ 形成配离子 $[CuCl_4]^{3-}$：

$$2Cu+8HCl(浓) = 2H_3[CuCl_4]+H_2\uparrow$$

铜易被 HNO_3、热浓硫酸等氧化性酸氧化而溶解：

$$Cu+2H_2SO_4(浓) = CuSO_4+SO_2\uparrow+2H_2O$$

银与酸的反应与铜相似，但更困难一些：

$$2Ag+2H_2SO_4(浓) = Ag_2SO_4+SO_2\uparrow+2H_2O$$

而金只能溶解在王水中：

$$Au+4HCl+HNO_3 = HAuCl_4+NO+2H_2O$$

锌族元素中 Zn、Cd 相对活泼，易发生化学反应，而 Hg 较不活泼，仅能与少数物质反应。Zn 能在潮湿的空气中发生化学反应形成致密保护膜：

$$2Zn+O_2+H_2O+CO_2 = Zn(OH)_2\cdot ZnCO_3$$

从标准电极电势来看锌和镉位于氢前，汞位于铜与银之间。Zn 能与酸反应，生成相应的盐和氢气，镉与稀酸反应较慢，而汞则完全不反应。但它们都易溶于硝酸，在过量的硝酸中汞溶解产生硝酸汞(Ⅱ)。

$$3Hg+8HNO_3 = 3Hg(NO_3)_2+2NO\uparrow+4H_2O$$

用过量的汞与冷的稀硝酸反应，得到的则是硝酸亚汞：

$$6Hg+8HNO_3 = 3Hg_2(NO_3)_2+2NO\uparrow+4H_2O$$

锌与镉、汞不同，是两性金属，能溶于强碱溶液中：

$$Zn+2NaOH+2H_2O = Na_2[Zn(OH)_4]+H_2$$

Zn 在加热的条件下也能与许多非金属单质反应得到相应的化合物。

10.3.2　ds 区元素重要化合物的性质

(1) 氧化物和氢氧化物

除 Au 外，ds 区元素氧化物的性质如表 10-2 所示。

表 10-2　ds 区元素氧化物的性质

铜族氧化物	Cu_2O	CuO	Ag_2O
颜色	红色	黑色	褐色
热稳定性	稳定	800℃开始分解为 Cu_2O	300℃开始分解为 Ag
酸碱性	碱性	碱性为主，略显两性	碱性
锌族氧化物	ZnO	CdO	HgO
颜色	白色	棕色	黄或红色
热稳定性	稳定	稳定	300℃开始分解为 Hg
酸碱性	两性	碱性	碱性

在 ds 区元素的盐溶液中加入碱，可得到相应的氢氧化物，但 AgOH 和 $Hg(OH)_2$ 不稳定，立即分解为氧化物。

(2) 铜盐

最重要的铜盐是硫酸铜，无水硫酸铜是白色粉末，吸水性很强，吸水即变成蓝色的五水合物 $CuSO_4\cdot 5H_2O$，俗名胆矾。利用此性质可检查或除去液体有机物中的微量水分。硫酸铜是制备其他铜化合物和电解铜的重要原料，硫酸铜有杀菌能力，加在蓄水池或游泳池中可抑制藻类生长，同石灰乳混合而制得的“波尔多液”可用于消灭果树害虫。

二价铜离子有较强的配位性，如易形成 $[Cu(H_2O)_4]^{2+}$、$[Cu(NH_3)_4]^{2+}$、$[Cu(CN)_4]^{2-}$ 等配离子。

二价铜离子有弱的氧化性，如往硫酸铜溶液中逐滴加入 KI 溶液，可以看到生成白色的碘化亚铜沉淀和棕色的碘：

$$2Cu^{2+} + 4I^- = 2CuI\downarrow + I_2\downarrow$$

由于 CuI 是沉淀，所以在碘离子存在时，Cu^{2+} 的氧化性大大增强，这从下列电极电势的数值大小即可看出：

$$Cu^{2+} + I^- + e^- = CuI,\ \varphi^{\ominus} = 0.86V$$

$$I_2 + 2e^- = 2I^-,\ \varphi^{\ominus} = 0.536V$$

所以 Cu^{2+} 能氧化 I^-。由于这个反应能迅速定量进行，反应析出的碘可用硫代硫酸钠标准溶液滴定，所以分析化学常用此方法定量测定铜。

一价铜离子在水溶液中不稳定，易发生歧化反应。例如，将 Cu_2O 溶于稀硫酸中得到的不是硫酸亚铜而是 Cu 和 $CuSO_4$：

$$Cu_2O + H_2SO_4 = Cu_2SO_4 + H_2O$$

$$Cu_2SO_4 = CuSO_4 + Cu$$

Cu^+ 易发生歧化的原因可从 Cu 的电势图中看出：

$$Cu^{2+} \xrightarrow{0.159V} Cu^+ \xrightarrow{0.52V} Cu$$

由于 $\varphi^{\ominus}(Cu^+/Cu) > \varphi^{\ominus}(Cu^{2+}/Cu^+)$，$Cu^+$ 很容易歧化为 Cu^{2+} 和 Cu。因此，稳定存在的 Cu(Ⅰ) 化合物大都是难溶物或配合物，如：Cu_2O、Cu_2S、CuCl、$[Cu(CN)_2]^-$、$[CuCl_2]^-$ 等。

(3) 银盐

银盐多数难溶于水，能溶的只有硝酸银、硫酸银、氟化银、高氯酸银等少数几种。硝酸银是最重要的可溶性银盐，它是制备其他银化合物的主要原料。硝酸银受光照射会发生分解：

$$2AgNO_3 \xrightarrow{\text{光}} 2Ag + 2NO_2\uparrow + O_2\uparrow$$

所以硝酸银晶体或溶液应保存在棕色瓶中。硝酸银遇到蛋白质即生成黑色蛋白银，因此它对有机组织有破坏作用，使用时应避免皮肤接触它。10% 的 $AgNO_3$ 溶液在医药上用作消毒剂和腐蚀剂。

在硝酸银溶液中加入卤化物，可生成相应的卤化银（AgCl、AgBr、AgI）沉淀。卤化银的颜色依 Cl-Br-I 的顺序加深。它们都难溶于水，溶解度也依 Cl-Br-I 顺序而降低。卤化银具有感光性，常用于照相术。另外 AgI 在人工降雨中可用作冰核形成剂。

Ag^+ 的重要特征是容易形成配离子，与 NH_3、$S_2O_3^{2-}$、CN^- 等形成稳定程度不同的配离子（$[Ag(NH_3)_2]^+ < [Ag(S_2O_3)_2]^{3-} < [Ag(CN)_2]^-$）。如 AgCl 沉淀不溶于硝酸，但能溶于氨水：

$$AgCl + 2NH_3\cdot H_2O = [Ag(NH_3)_2]^+ + Cl^- + 2H_2O$$

AgBr 溶解度比 AgCl 小，它不溶于氨水，但能溶于 $Na_2S_2O_3$ 和 KCN 中；AgI 的溶解度更小，它只能溶于 KCN 中；银盐中溶解度最小的是 Ag_2S($K_{sp} = 1.6\times10^{-49}$)，它不溶于 KCN 中，但可溶于浓硝酸中。以上沉淀与配合物的转化可表示如下：

$$AgCl\downarrow \xrightarrow{NH_3\cdot H_2O} [Ag(NH_3)_2]^+ \xrightarrow{Br^-} AgBr\downarrow \xrightarrow{S_2O_3^{2-}} [Ag(S_2O_3)_2]^{3-} \xrightarrow{I^-}$$

$$AgI\downarrow \xrightarrow{CN^-} [Ag(CN)_2]^- \xrightarrow{S^{2-}} Ag_2S\downarrow \xrightarrow{\text{浓}\ HNO_3} AgNO_3、S\downarrow、NO\uparrow$$

(4) 锌盐

氯化锌是重要的可溶性锌盐，无水氯化锌是白色易潮解的固体。它的溶解度很大，吸水性很强，有机化学中常用作去水剂和催化剂。氯化锌因水解溶液呈酸性：

$$Zn^{2+} + H_2O = [Zn(OH)]^+ + H^+$$

在氯化锌的浓溶液中，由于生成羟基二氯锌酸而呈现显著的酸性，它能溶解金属氧化物：

$$ZnCl_2 + H_2O = H[ZnCl_2(OH)]$$

$$FeO + 2H[ZnCl_2(OH)] = Fe[ZnCl_2(OH)]_2 + H_2O$$

因此在焊接金属时常用 $ZnCl_2$ 清除金属表面上的氧化物。

往锌盐溶液中通入 H_2S，可得白色的 ZnS。ZnS 可作白色颜料，它同硫酸钡共沉淀所形成的混合晶体 $ZnS \cdot BaSO_4$ 叫做锌钡白（立德粉），是一种优良的白色颜料。在晶体 ZnS 中加入微量的 Cu、Mn、Ag 作激活剂，经光照后能发出不同颜色的荧光，这种材料叫荧光粉，可制作荧光屏、夜光表等。

（5）汞盐

汞盐中最常见的是氯化汞（$HgCl_2$）和氯化亚汞（Hg_2Cl_2）。$HgCl_2$ 俗称升汞，有剧毒，因易升华而得名。升汞在水中溶解度不大，过量 Cl^- 存在时形成 $[HgCl_4]^{2-}$ 配离子：

$$HgCl_2 + 2Cl^- = [HgCl_4]^{2-}$$

在 $HgCl_2$ 的水溶液中加入氨水形成白色氨基氯化汞沉淀：

$$HgCl_2 + 2NH_3 = Hg(NH_2)Cl\downarrow(\text{白色}) + NH_4Cl$$

在酸性溶液中，$SnCl_2$ 可将 $HgCl_2$ 还原为 Hg_2Cl_2，Hg_2Cl_2 俗名甘汞，具有甜味，无毒，不溶于水。$SnCl_2$ 过量时，Hg_2Cl_2 进一步被还原为金属汞使沉淀变为黑色。

$$2HgCl_2 + SnCl_2 + 2HCl = Hg_2Cl_2\downarrow(\text{白色}) + H_2SnCl_6$$

$$Hg_2Cl_2 + SnCl_2 + 2HCl = 2Hg(\text{黑色}) + H_2SnCl_6$$

以上反应常用于定性检验 Hg^{2+}。

Hg^{2+} 可以与 X^-、SCN^-、CN^- 等离子形成一系列配位数为 4 的配离子。Hg^{2+} 与 KI 反应，先生成红色碘化汞（HgI_2）沉淀，然后沉淀溶于过量的 KI 中，生成无色的 $[HgI_4]^{2-}$ 配离子：

$$Hg^{2+} + 2I^- = HgI_2\downarrow(\text{红色})$$

$$HgI_2\downarrow + 2I^- = [HgI_4]^{2-}(\text{无色})$$

$K_2[HgI_4]$ 和 KOH 的混合溶液称为奈斯勒（Nessles）试剂。如溶液中有微量 NH_4^+ 存在时，滴入奈斯勒试剂立刻生成红棕色的碘化氨基·氧合二汞(Ⅱ) 沉淀：

$NH_4Cl + 2K_2[HgI_4] + 4KOH =$ 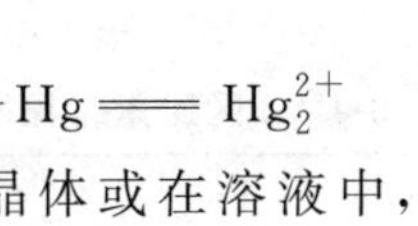 $I\downarrow + KCl + 7KI + 3H_2O$

这个反应常用来鉴定 NH_4^+ 或 Hg^{2+}。

与 Cu^+ 易发生歧化不同，Hg_2^{2+} 不易发生歧化反应，可从 Hg 的电势图中看出：

$$Hg^{2+} \xrightarrow{0.92V} Hg_2^{2+} \xrightarrow{0.79V} Hg$$

相反，却易发生反歧化反应：

$$Hg^{2+} + Hg = Hg_2^{2+}$$

注意：Hg(Ⅰ) 的化合物，无论在晶体或在溶液中，都不存在单个 Hg^+，而是以 $[Hg\text{-}Hg]^{2+}$ 双聚体形式存在。

10.4　d 区元素

10.4.1　d 区元素概述

d 区元素包括ⅢB～ⅦB 和Ⅷ族元素，但不包括除镧以外的镧系元素和除锕以外的锕系元素。由于 d 区元素位于周期表中 s 区与 p 区之间，通常又把它们（也包括 ds 区元素）称为过渡元素或过渡金属。为便于研究，又将这些过渡元素按周期分为三个系列：周期表中第四周期的 Sc～Ni 为第一过渡系列；第五周期中的 Y～Pd 为第二过渡系列；第六周期中的 La～Pt 为第三过渡系列。

d 区元素的价电子构型可用通式 $(n-1)d^{1\sim9}ns^{1\sim2}$ 表示，它们电子结构的特点是具有未充满的 d 轨道（Pd：$4d^{10}5s^{0}$ 除外）。由于 $(n-1)d$ 轨道和 ns 轨道的能量相近，d 电子可部分或全部参与化学反应，从而使 d 区元素具有下列特性。

(1) 单质的相似性

d 区元素的最外层电子数一般不超过 2 个，较易失去，所以 d 区元素都是金属。由于具有未充满的 d 轨道，同一周期随原子序数增加，元素的原子半径、电离能等，虽有变化但递变不明显，所以从左至右各元素单质性质具有相似性。它们具有金属的一般物理性质：质地坚硬，色泽光亮，是电和热的良导体，有较高的熔点、沸点等。如钨(W)的熔点为 3427℃，是所有金属中最高的；铬(Cr)的硬度是金属中最大的；而锇(Os)是密度最大的金属。这些性质都与它们具有较小的原子半径、次外层 d 电子参加成键、金属键强度较大密切相关。

(2) 具有多种氧化态

d 区元素除最外层的 s 电子可参加成键外，次外层的 d 电子也可部分或全部参与化学反应，因此常常呈现多种氧化态，从ⅢB 到ⅦB 的元素最高氧化态与族数相同。第一过渡系列元素的氧化态见表 10-3。

表 10-3 第一过渡系列元素的氧化态

族次	ⅢB	ⅣB	ⅤB	ⅥB	ⅦB	Ⅷ B		
元素	Sc	Ti	V	Cr	Mn	Fe	Co	Ni
价电子层结构	$3d^14s^2$	$3d^24s^2$	$3d^34s^2$	$3d^54s^1$	$3d^54s^2$	$3d^64s^2$	$3d^74s^2$	$3d^84s^2$
常见氧化态	(+2)	+2	+2	+2	$\underline{+2}$	+2	$\underline{+2}$	$\underline{+2}$
	$\underline{+3}$	+3	+3	$\underline{+3}$	+3	$\underline{+3}$	+3	(+3)
		$\underline{+4}$	+4	+6	+4	(+6)		
			$\underline{+5}$		+6			
					+7			

注：有下划线者表示最稳定的氧化态，有（ ）者表示很不稳定的氧化态。

(3) 水合离子和含氧酸根大多具有颜色

d 区过渡元素的水合离子和含氧酸根大部分都有一定的颜色，这是由于这些金属离子在 $(n-1)d$ 轨道上都具有单电子，这些 d 电子在可见光的范围内容易发生 d-d 跃迁（d^{10}，d^{0} 结构的离子无色，因为无 d-d 跃迁）而在形成水合离子时呈现不同的颜色。一些常见水合离子的颜色如表 10-4 所示：

表 10-4 d 区元素常见水合离子的颜色

离子	Sc^{3+}	Ti^{3+}	Ti^{4+}	V^{2+}	V^{3+}	Cr^{3+}	Mn^{2+}	Fe^{2+}	Fe^{3+}	Co^{2+}	Ni^{2+}
d 电子构型	$3d^0$	$3d^1$	$3d^0$	$3d^3$	$3d^2$	$3d^3$	$3d^5$	$3d^6$	$3d^5$	$3d^7$	$3d^8$
d 单电子数	0	1	0	3	2	3	5	4	5	4	2
颜色	无	紫红	无	紫	绿	绿	肉色	浅绿	棕黄	粉红	绿

(4) 易形成配合物

过渡元素的原子或离子具有 $(n-1)d$，ns 和 np 共 9 个价电子轨道。对过渡金属离子而言，其中 ns 和 np 轨道是空的，$(n-1)d$ 轨道为部分空或者全空，它们的原子也存在空的

np 轨道和部分填充的 $(n-1)$d 轨道，这种电子构型都具有接受配位体孤对电子的条件。因此它们的原子和离子都有形成配合物的倾向。例如过渡元素一般都容易形成氟配合物、氰配合物、草酸根配合物等。

从以上讨论可知，d 区过渡元素的许多特性都和它们具有未充满的 d 电子有关，这是过渡元素的特点。

10.4.2　钛、钒、铬、锰

钛、钒、铬、锰是位于第四周期即第一过渡系列的 4 个重要元素，现将它们的性质分述如下。

(1) 钛及其化合物

钛在自然界主要以氧化物或含氧酸盐的形式存在，最重要的矿物是金红石（TiO_2）和钛铁矿（$FeTiO_3$）。钛具有耐腐蚀，质轻，强度大，比铁、铝耐高温及“记忆金属”等多种优点，是制造航天飞机、火箭、导弹、潜艇、轮船的重要材料。在医疗上，钛能与骨骼、肌肉生长在一起，用于接骨和人工关节，故有“生物金属”之称。

从钛的电极电势 $\varphi^{\ominus}(Ti^{2+}/Ti)=-1.63V$ 看，它是活泼金属，但它却具有特殊的耐腐蚀性，这是由于在其表面形成致密的氧化物保护膜所致。在室温时，它不与水、稀盐酸、稀硫酸和硝酸作用，但能溶于氢氟酸中，这是由于 F^- 和 Ti^{4+} 的配位反应，破坏了氧化膜而促进钛的溶解：

$$Ti+6HF \longrightarrow [TiF_6]^{2-}+2H^++2H_2\uparrow$$

在钛的化合物中，以+4 氧化态最稳定。在强还原剂作用下，也可呈现+3 和+2 氧化态，但不稳定。

TiO_2 是最重要的钛化合物，在自然界中以矿物金红石形式存在。二氧化钛为白色粉末，俗称“钛白粉”。不溶于水，也不溶于酸，但能溶于氢氟酸和热的浓硫酸中：

$$TiO_2+6HF \longrightarrow H_2[TiF_6]+2H_2O$$

$$TiO_2+H_2SO_4 \longrightarrow TiOSO_4+H_2O$$

实际上并不能从硫酸溶液中析出 $Ti(SO_4)_2$，而是析出 $TiOSO_4 \cdot H_2O$ 的白色粉末。这是因为 Ti^{4+} 的电荷、半径比值（即 z/r）大，容易与水反应，经水解而得到 TiO^{2+}。

TiO_2 是一种优良的白色颜料，可以制造高级白色油漆。在造纸工业中用作填充剂，在合成纤维中作消光剂。它还可用于生产硬质钛合金、耐热玻璃和可以透过紫外线的玻璃。在陶瓷和搪瓷中，加入 TiO_2 可增强耐酸性。此外，TiO_2 在化学反应中用作催化剂等。

$TiCl_4$ 是钛的最重要的卤化物，以它为原料可制备一系列钛化合物和金属钛。常温下 $TiCl_4$ 为无色液体，有刺激性气味。$TiCl_4$ 极易水解，暴露在潮湿空气中因水解而发白烟：

$$TiCl_4+3H_2O \longrightarrow H_2TiO_3+4HCl\uparrow$$

利用此反应可以制造烟幕。

(2) 钒及其化合物

钒是一种银灰色金属，纯钒具有延展性，不纯时硬而脆。钒的主要用途在于冶炼特种钢，钒钢具有很高的强度、弹性以及优良的抗磨损和抗冲击的性能，故广泛用于结构钢、弹簧钢、工具钢、装甲钢和钢轨，特别对汽车和飞机制造业有重要意义。

钒在常温下活泼性较低，不与空气、水、强碱作用，也不和非氧化性的酸作用，但能溶于氢氟酸和强氧化性酸如硝酸和王水中。钒在化合物中主要为+5 氧化态存在，但也可还原成+4、+3、+2 低氧化态。由于氧化态为+5 的钒具有较大的电荷半径比，所以在水溶液中不存在简单的 V^{5+}，而是以钒氧基离子（VO_2^+）或含氧酸根形式存在。同样，氧化态为

+4 的钒在水溶液中是以 VO^{2+} 形式存在。钒的化合物中以钒(Ⅴ)最稳定，其次是钒(Ⅳ)化合物，其他的都不稳定。

五氧化二钒（V_2O_5）是钒最重要化合物之一，V_2O_5 是棕黄色固体，难溶于水，无臭、无味、有毒。它可由加热分解偏钒酸铵制得：

$$2NH_4VO_3 = V_2O_5 + 2NH_3 + H_2O$$

V_2O_5 是两性氧化物，但以酸性为主，溶于强碱生成钒酸盐：

$$V_2O_5 + 6NaOH = 2Na_3VO_4 + 3H_2O$$

溶于强酸生成钒氧基离子（VO_2^+）的盐：

$$V_2O_5 + H_2SO_4 = (VO_2)_2SO_4 + H_2O$$

V_2O_5 有一定的氧化性，若将其溶于浓 HCl 中，则钒(Ⅴ)被还原成钒(Ⅳ)状态，并放出氯气：

$$V_2O_5 + 6HCl = 2VOCl_2 + Cl_2\uparrow + 3H_2O$$

五氧化二钒是一种重要的催化剂，用于接触法合成三氧化硫、硫酸，芳香烃的氧化反应等许多工艺中。

(3) 铬及其化合物

铬在自然界存在相当广泛，主要矿物是铬铁矿，其组成为 $FeO\cdot Cr_2O_3$ 或 $FeCrO_4$。铬为银白色有光泽的金属，熔点、沸点和硬度都很高，铬的硬度是所有金属单质中最高的。铬主要用于炼钢和电镀。铬能增强钢的耐磨性、耐热性和耐腐蚀性能，并可使钢的硬度、弹性和抗磁性增强，因此用它可冶炼多种合金钢。

铬的主要氧化态是+6、+3、+2，铬酸盐和重铬酸盐是最重要的铬(Ⅵ)化合物，铬酸和重铬酸不稳定，仅存在于溶液中。向铬酸盐（CrO_4^{2-}）溶液中加酸，溶液变为橙色，因为 CrO_4^{2-} 和 $Cr_2O_7^{2-}$ 之间存在下列平衡：

$$2CrO_4^{2-}(\text{黄色}) + 2H^+ \underset{OH^-}{\overset{H^+}{\rightleftharpoons}} Cr_2O_7^{2-}(\text{橙色}) + H_2O$$

由平衡式可知，溶液中 CrO_4^{2-} 和 $Cr_2O_7^{2-}$ 的浓度比取决于 H^+ 浓度。在中性溶液中，$Cr_2O_7^{2-}$ 与 CrO_4^{2-} 之比接近于 1；在酸性溶液中平衡向右移动，主要以 $Cr_2O_7^{2-}$ 形式存在；在碱性溶液中平衡向左移动，主要以 CrO_4^{2-} 形式存在。

由于有上述平衡的存在，在 $Cr_2O_7^{2-}$ 溶液中分别加入 Ag^+、Ba^{2+}、Pb^{2+} 等离子时，生成的是相应的铬酸盐沉淀。因为这些离子的重铬酸盐溶解度较大，而铬酸盐溶解度较小：

$$Cr_2O_7^{2-} + 4Ag^+ + H_2O = 2Ag_2CrO_4(\text{砖红})\downarrow + 2H^+$$

$$Cr_2O_7^{2-} + 2Ba^{2+} + H_2O = 2BaCrO_4(\text{黄})\downarrow + 2H^+$$

$$Cr_2O_7^{2-} + 2Pb^{2+} + H_2O = 2PbCrO_4(\text{黄})\downarrow + 2H^+$$

以上反应都生成有色沉淀，在分析化学中常用于这些离子的检验。

$Cr_2O_7^{2-}$ 在酸性溶液中为强氧化剂，可与许多还原性物质发生反应，如：

$$Cr_2O_7^{2-} + 6Fe^{2+} + 14H^+ = 2Cr^{3+} + 6Fe^{3+} + 7H_2O$$

$$Cr_2O_7^{2-} + 6I^- + 14H^+ = 2Cr^{3+} + 3I_2 + 7H_2O$$

在加热条件下，$Cr_2O_7^{2-}$ 可使 Cl^-、Br^- 氧化成单质：

$$K_2Cr_2O_7 + 14HCl(\text{浓}) = 2CrCl_3 + 3Cl_2 + 2KCl + 7H_2O$$

在分析化学中常利用上述反应测定铁和碘等的含量。饱和 $K_2Cr_2O_7$ 和浓硫酸的混合液称为铬酸洗液，它有强氧化性和去污能力，在实验室中用于洗涤污垢严重的玻璃器皿。

铬的氧化物有三氧化铬(Ⅵ)和三氧化二铬(Ⅲ)，CrO_3 是暗红色针状晶体，极易溶于水生成铬酸。CrO_3 表现出强氧化性、热不稳定性，CrO_3 遇有机物发生猛烈反应以致着火。

三氧化二铬是绿色固体，微溶于水。Cr_2O_3 呈现两性，不但溶于酸，而且溶于强碱形成亚铬酸盐：

$$Cr_2O_3+3H_2SO_4 \xlongequal{} Cr_2(SO_4)_3+3H_2O$$
$$Cr_2O_3+2NaOH \xlongequal{} 2NaCrO_2+H_2O$$

但经过灼烧的 Cr_2O_3 不溶于酸，因其化学性质稳定，被广泛用于制造颜料和耐高温陶瓷，称为“铬绿”。

(4) 锰及其化合物

锰是丰度较高的元素，在地壳中的含量约为 0.1%，地壳中锰的主要矿石是软锰矿 $MnO_2 \cdot xH_2O$、黑锰矿 Mn_3O_4 和水锰矿 $MnO(OH)_2$。近年来在深海海底还发现大量的锰矿——锰结核（铁锰氧化物，含有铜、钴、镍等重要金属元素）。

纯锰的用途不多，锰主要用于生产含锰合金钢，非冶金用途的锰矿消耗量只占总耗量的5%左右。含锰钢很坚硬，抗冲击，耐磨损，可用制钢轨和钢甲、破碎机等，锰可代替镍制不锈钢，在铝合金中加入锰可以使抗腐蚀性和机械性能都得到改进。

锰为ⅦB族元素，它的价电子层结构为 $3d^5 4s^2$，锰是氧化态最多的元素，最常见的氧化态有+2、+4、+6、+7 四种。

最常见的 Mn(Ⅶ)化合物是高锰酸的钾盐和钠盐。高锰酸钾 $KMnO_4$ 又称“灰锰氧”，为深紫色针状或粒状晶体，伴有金属光泽，它是最重要的锰的化合物。它的主要用途是作氧化剂和消毒剂（PP 粉）。MnO_4^- 的氧化性和还原产物随溶液的酸度不同而变化。如：

$$2MnO_4^- +6H^+ +5SO_3^{2-} \xlongequal{} 2Mn^{2+} +5SO_4^{2-} +3H_2O \quad \text{（酸性）}$$
$$2MnO_4^- +H_2O+3SO_3^{2-} \xlongequal{} 2MnO_2\text{（棕色）}\downarrow +3SO_4^{2-} +2OH^- \quad \text{（中性）}$$
$$2MnO_4^- +2OH^- +SO_3^{2-} \xlongequal{} 2MnO_4^{2-}\text{（绿色）}+SO_4^{2-} +H_2O \quad \text{（碱性）}$$

在分析化学中利用 MnO_4^- 的氧化性，可测定 Fe^{2+}、$C_2O_4^{2-}$、H_2O_2 等多种物质的含量。

固体 $KMnO_4$ 相对稳定，加热至 200℃以上才分解放出氧：

$$2KMnO_4 \xrightarrow{\triangle} K_2MnO_4+MnO_2+O_2$$

实验室中常用此法制备氧气。

水溶液中的 $KMnO_4$ 不如固体稳定，如在酸性溶液中按下式分解：

$$4MnO_4^- +4H^+ \xlongequal{} 4MnO_2\downarrow +2H_2O+3O_2\uparrow$$

光照可加速高锰酸钾的分解，故高锰酸钾溶液应保存在棕色瓶中。

Mn(Ⅵ)化合物一般都不稳定，其中最稳定的锰酸盐也只能在强碱性介质（pH>14.4）中存在，如果在酸性或近中性条件下，锰酸根易发生歧化反应：

$$3MnO_4^{2-} +4H^+ \xlongequal{} 2MnO_4^- +MnO_2+2H_2O$$

而且随着溶液的酸度增大，歧化反应的趋势也越明显。

最重要的锰(Ⅳ)化合物是二氧化锰（MnO_2），它是一种稳定的黑色粉末状物质，不溶于水。许多锰的化合物都是用二氧化锰为原料而制得。二氧化锰在酸性介质中是一种强氧化剂，而它本身被还原成 Mn^{2+}。例如，MnO_2 与盐酸反应可得到氯气：

$$MnO_2+4HCl \xlongequal{} MnCl_2+Cl_2\uparrow +2H_2O$$

实验室中常用此反应制备氯气。

最常见的 Mn(Ⅱ)化合物有 $MnSO_4 \cdot 5H_2O$、$MnCl_2 \cdot 4H_2O$ 等，它们都是粉红色晶体，

易溶于水。Mn^{2+} 在酸性溶液中相当稳定，只有很强的氧化剂（如 $NaBiO_3$、过硫酸铵等）才能将其氧化成 MnO_4^-：

$$2Mn^{2+} + 5BiO_3^- + 14H^+ \xlongequal{} 2MnO_4^- + 5Bi^{3+} + 7H_2O$$

$$2Mn^{2+} + 5S_2O_8^{2-} + 8H_2O \xlongequal{} 2MnO_4^- + 10SO_4^{2-} + 16H^+$$

由于生成的 MnO_4^- 具有很深的颜色，故可用上述反应定性检验 Mn^{2+}。

10.4.3 铁、钴、镍

铁、钴、镍属第四周期第Ⅷ族元素，由于它们的性质相似，故常称为铁系元素。铁、钴、镍三个元素的最外层都有两个电子，仅次外层 d 电子分别为 6、7、8，而且原子半径、离子半径及电离能等数据十分接近，因此化学性质表现出许多相似性。一般条件下铁只表现 +2 和 +3 氧化态，在极强的氧化剂存在条件下，铁还可以表现为不稳定的 +6 氧化态（高铁酸盐）。钴在通常条件下表现为 +2，在强氧化剂存在时则显 +3 氧化态，镍则常表现为 +2 氧化态。

铁、钴、镍单质都是具有光泽的金属。铁、钴略带灰色，而镍为银白色。它们的密度都较大，熔点也较高。钴比较硬而脆，铁和镍却有很好的延展性。此外，它们都表现有铁磁性，所以钴、镍、铁合金是很好的磁性材料。另外，铁、钴和镍都是生物体必需的生命元素。

铁、钴、镍都是中等活泼的金属，在没有水汽存在时，常温下它们与氧、硫、氯等非金属单质不发生明显反应。但在高温下，它们将与上述非金属单质和水蒸气发生反应，如：

$$3Fe + 2O_2 \xlongequal{} Fe_3O_4$$

$$Fe + S \xlongequal{} FeS$$

$$2Fe + 3Cl_2 \xlongequal{} 2FeCl_3$$

$$3Fe + 4H_2O \xlongequal{} Fe_3O_4 + 4H_2$$

常温时，铁和铝、铬一样，与浓硝酸、浓硫酸不起作用，这是因为在铁的表面生成一层氧化保护膜而使铁“钝化”，因此贮运浓硝酸、浓硫酸的容器和管道也可用铁制品。但稀的硝酸、硫酸却能溶解铁，铁也能被浓碱溶液所侵蚀。

钴和镍在常温下对水和空气都较稳定，它们都溶于稀酸中，和铁不同，钴和镍与浓硝酸激烈反应。但不与强碱发生作用，故实验室中可以用镍坩埚熔融碱性物质。

10.4.3.1 铁系元素的氧化物和氢氧化物

铁系元素都能形成氧化态为 +2 和 +3 的氧化物。

+2 价：FeO（黑色），CoO（灰绿色），NiO（绿或黑色）；

+3 价：Fe_2O_3（砖红色），Co_2O_3（暗褐色），Ni_2O_3（黑色）。

这些氧化物显碱性，与酸反应生成盐。需要注意的是，除 Fe_2O_3 外，其余氧化物与酸反应均生成 M(Ⅱ)盐。这是由于 Co(Ⅲ)和 Ni(Ⅲ)具有较强的氧化性，溶解的同时被还原为 Co(Ⅱ)和 Ni(Ⅱ)。Fe_2O_3、Co_2O_3 和 Ni_2O_3 与盐酸的反应如下：

$$Fe_2O_3 + 6HCl \xlongequal{} 2FeCl_3 + 3H_2O$$

$$Co_2O_3 + 6HCl \xlongequal{} 2CoCl_2 + Cl_2\uparrow + 3H_2O$$

$$Ni_2O_3 + 6HCl \xlongequal{} 2NiCl_2 + Cl_2\uparrow + 3H_2O$$

在二价铁、钴、镍盐的水溶液加入碱可得相应的氢氧化物：

$$Fe^{2+} + 2OH^- \xlongequal{} Fe(OH)_2\downarrow\text{（白色）}$$

$$Co^{2+} + 2OH^- \xlongequal{} Co(OH)_2\downarrow\text{（粉红色）}$$

$$Ni^{2+} + 2OH^- \xlongequal{} Ni(OH)_2\downarrow\text{（绿色）}$$

由于 $Fe(OH)_2$ 易被空气中的氧氧化，沉淀迅速由白色经灰绿色最终变为红棕色：

$$4Fe(OH)_2 + O_2 + 2H_2O \longrightarrow 4Fe(OH)_3 \downarrow \text{（红棕色）}$$

但在同样条件下，$Co(OH)_2$ 的氧化缓慢得多，而要使 $Ni(OH)_2$ 氧化则需加入强氧化剂。

10.4.3.2　铁系元素重要的盐

氧化态为+2 的铁、钴、镍的盐，在性质上有许多相似之处。它们与强酸形成的盐，如硝酸盐、硫酸盐、氯化物和高氯酸盐等都易溶于水，并水解使溶液显酸性。它们的碳酸盐、磷酸盐、硫化物等弱酸盐都难溶于水。它们的可溶性盐类从溶液中析出时，常带有相同数目的结晶水。例如，它们的硫酸盐都含 7 个结晶水为 $M(\mathrm{II})SO_4 \cdot 7H_2O$（M＝Fe、Co、Ni）。

(1) 硫酸亚铁和摩尔盐

硫酸亚铁的七水合物 $FeSO_4 \cdot 7H_2O$ 俗称绿矾。绿矾易溶于水并水解使溶液显酸性，在空气中放置时发生风化并缓慢氧化，绿色晶体表面出现铁锈色斑点：

$$Fe^{2+} + 2H_2O \longrightarrow Fe(OH)^+ + H_3O^+$$

$$4FeSO_4 + O_2 + 2H_2O \longrightarrow 4Fe(OH)SO_4 \text{（棕黄色）}$$

为防止水溶液中的 $FeSO_4$ 被氧化，首先需将溶液保持足够的酸度，必要时再加入少量纯铁屑。

硫酸亚铁在农业上用作杀虫剂、除草剂和农药（主治小麦黑穗病），工业上用作鞣革剂、媒染剂和木材防腐剂，医药上用作补血剂和局部收敛剂。硫酸亚铁用于制造蓝黑墨水是基于它与鞣酸反应的产物在空气中被氧化为黑色鞣酸铁。硫酸亚铁还是制备氧化铁颜料 α-Fe_2O_3（红色）、α-$FeO(OH)$（黄色）和 Fe_3O_4（黑色）的原料。

铁、钴、镍的硫酸盐都能与碱金属或铵的硫酸盐形成复盐。如硫酸亚铁铵 $(NH_4)_2SO_4 \cdot FeSO_4 \cdot 6H_2O$ 俗称摩尔盐，与 $FeSO_4 \cdot 7H_2O$ 相比，摩尔盐对氧稳定得多，在容量分析中可作为基准物质用于标定 $KMnO_4$ 和 $K_2Cr_2O_7$ 等溶液的浓度。

七水硫酸镍是绿色结晶，大量用于电镀和催化剂。七水硫酸钴是红色结晶。硫酸钴(Ⅱ)、硫酸镍(Ⅱ)都可以形成复盐，如 $(NH_4)_2SO_4 \cdot NiSO_4 \cdot 6H_2O$。

(2) 二氯化钴

二价铁系元素的卤化物中比较重要的是钴和镍的二氯化物。钴或镍与氯直接反应可得二氯化钴和二氯化镍。二氯化钴由于含结晶水数目不同而呈现不同颜色，它们的转变温度及特征颜色如下：

$$\underset{\text{（粉红）}}{CoCl_2 \cdot 6H_2O} \xrightarrow{52℃} \underset{\text{（紫红）}}{CoCl_2 \cdot 2H_2O} \xrightarrow{90℃} \underset{\text{（蓝紫）}}{CoCl_2 \cdot H_2O} \xrightarrow{120℃} \underset{\text{（蓝色）}}{CoCl_2}$$

这一性质被用于制作显隐墨水和变色硅胶。稀的 $CoCl_2$ 水溶液涂在纸张上不显色，加热时脱水显蓝痕。含有 $CoCl_2$ 的干燥硅胶显蓝色，吸收空气中的水分后则变成粉红色。根据硅胶颜色的变化可判断环境的干湿程度。

(3) 三氯化铁

铁系元素中只有铁和钴才有氧化态为+3 的盐，钴(Ⅲ)盐只能存在于固态，溶于水迅速分解为钴(Ⅱ)盐。这是因为钴(Ⅲ)有较强的氧化性而造成的。三价铁系元素的盐中以三氯化铁最重要。$FeCl_3$ 用作某些有机反应的催化剂，还常用作水处理剂、染料工业中的氧化剂和媒染剂、制版工业中的刻蚀剂（Fe^{3+} 使 Cu 氧化）、医学上的止血剂（$FeCl_3$ 可使蛋白质迅速凝聚）等。

10.4.3.3　铁系元素的配合物

铁系元素能形成多种配合物，如铁不仅可以和 CN^-、F^-、$C_2O_4^{2-}$、SCN^-、Cl^-、CO、NO 等分子和离子形成配合物，还可以与许多有机试剂形成配合物。下面主要介绍硫氰配合物、氰配合物以及羰基配合物。

(1) 硫氰配合物

在 Fe^{3+} 的溶液中加入硫氰化钾或硫氰化铵，溶液即出现血红色：

$$Fe^{3+}+nSCN^{-} \longrightarrow [Fe(SCN)_n]^{3-n}$$

式中，$n=1\sim6$，随 SCN^- 的浓度而异。这一反应非常灵敏，常用于检验 Fe^{3+} 和比色测定 Fe^{3+}。反应须在酸性环境中进行，如果溶液酸度太低时，Fe^{3+} 发生水解生成氢氧化铁，破坏了硫氰配合物而得不到血红色溶液。

Co^{2+} 与 KSCN 生成蓝色的 $[Co(SCN)_4]^{2-}$ 配离子，它在水溶液中易解离成简单离子。但 $[Co(SCN)_4]^{2-}$ 可溶于丙酮或戊醇，在有机溶剂中比较稳定，因此可用于比色分析中。

镍的硫氰配合物很不稳定。

(2) 氰配合物

Fe^{3+}、Co^{3+}、Fe^{2+}、Co^{2+}、Ni^{2+} 都能与 CN^- 形成配合物。亚铁盐与 KCN 溶液作用先生成 $Fe(CN)_2$ 沉淀，KCN 过量时沉淀溶解，形成配合物：

$$FeSO_4+2KCN \longrightarrow Fe(CN)_2\downarrow+K_2SO_4$$

$$Fe(CN)_2+4KCN \longrightarrow K_4[Fe(CN)_6]$$

从溶液中析出来的黄色晶体六氰合铁(Ⅱ)酸钾 $K_4[Fe(CN)_6]\cdot3H_2O$ 俗称黄血盐或亚铁氰化钾。$[Fe(CN)_6]^{4-}$ 在水溶液中相当稳定，几乎检验不出有 Fe^{2+} 的存在。

在黄血盐溶液中通入氯气(或用其他氧化剂)，把 Fe^{2+} 氧化成 Fe^{3+}，就得到六氰合铁(Ⅲ)酸钾(或铁氰化钾)$K_3[Fe(CN)_6]$：

$$2K_4[Fe(CN)_6]+Cl_2 \longrightarrow 2K_3[Fe(CN)_6]+2KCl$$

它的晶体为深红色，俗称赤血盐。

Fe^{3+} 与 $[Fe(CN)_6]^{4-}$ 反应可以得到普鲁士蓝颜料，而 Fe^{2+} 与 $[Fe(CN)_6]^{3-}$ 反应得到滕氏蓝沉淀。上述反应被用来定性检验 Fe^{3+} 和 Fe^{2+}。近代化学研究表明，普鲁士蓝和腾氏蓝不但具有相同的化学组成，而且具有相同的结构，因此反应可表示为：

$$K^{+}+[Fe(CN)_6]^{4-}+Fe^{3+} \longrightarrow K[Fe(CN)_6Fe]\downarrow \quad (普鲁士蓝)$$

$$K^{+}+[Fe(CN)_6]^{3-}+Fe^{2+} \longrightarrow K[Fe(CN)_6Fe]\downarrow \quad (腾氏蓝)$$

钴和镍也可以形成氰配合物，用氰化钾处理钴(Ⅱ)盐溶液，有红色的氰化钴析出，将它溶于过量的 KCN 溶液后，可析出紫色的六氰合钴(Ⅱ)酸钾晶体。该配合物很不稳定，将溶液稍加热，就会发生下列反应：

$$2[Co(CN)_6]^{4-}+2H_2O \longrightarrow 2[Co(CN)_6]^{3-}+2OH^{-}+H_2\uparrow$$

所以 $[Co(CN)_6]^{4-}$ 是一个相当强的还原剂，而相应的 $[Co(CN)_6]^{3-}$ 要稳定得多。

(3) 羰基配合物

过渡元素中有许多都能与一氧化碳形成羰基配合物。在这些配合物中，金属的氧化态为零，而且简单的羰基配合物的结构有一个普遍的特点：每个金属原子的价电子数与它周围 CO 的配位电子数之和满足 18 电子结构规则，是反磁性的。例如 $Fe(CO)_5$、$Ni(CO)_4$、$Cr(CO)_6$、$Mo(CO)_6$ 等。

镍粉在 CO 气流中轻微加热就很容易产生四羰基合镍；CO 与铁粉在大约 200℃ 和 20MPa 条件下直接化合产生五羰基合铁。其他的金属羰基化物是由金属的卤化物与还原剂混合，与 CO 在 30MPa 下加热制得。这些配合物的熔点和沸点一般都比常见的相应化合物低，容易挥发，受热易分解，且易溶于非极性溶剂。

利用金属羰基配合物的生成和分解，可以制备纯度很高的金属。例如，Ni 和 CO 很容易反应生成 $Ni(CO)_4$，它在 423K 就分解为 Ni 和 CO，从而制得高纯度的镍粉。

某些金属羰基配合物及其衍生物在有机合成中用作催化剂，有的已用于工业生产中。但需注意的是羰基配合物有毒，如 $Ni(CO)_4$ 吸入体内后，CO 与血红素结合，胶体镍随血液进入全身器官，使人中毒。所以制备羰基配合物必须在与外界隔绝的容器中进行。

10.5　生命元素简介

到目前为止，人们已经发现的在自然界中稳定存在的化学元素有 92 种。其中，在植物体内已发现的有 70 多种，在动物体内已发现的有 60 多种。这些存在于生物体内的元素按其作用大致可分为必需元素、有益元素、有毒元素和不确定元素四类。

10.5.1　必需元素

必需元素（essential elements）又称为生命元素。确定某元素是否为必需元素，一般遵循三条原则：①该元素具有一定的生物功能或对生物功能有直接的影响，并参与其代谢过程；②若无该元素存在，则生物不能生长或不能完成其生活周期；③该元素在生物体内的作用不能由其他元素完全替代。

已经发现并被公认的人体必需元素有碳、氢、氧、氮、钠、镁、磷、硫、氯、钾、钙、硅、氟、钒、铬、锰、铁、钴、镍、铜、锌、硒、钼、锡、碘共 25 种。按其在体内的含量不同，又把必需元素分为宏量元素（或常量元素）和微量元素。通常把元素含量占人体总质量万分之一以上者称为宏量元素；把元素含量占人体总质量万分之一以下者称为微量元素。

（1）宏量生命元素

宏量生命元素主要分布在周期表的上部，包括氢、碳、氮、氧、钠、镁、磷、硫、氯、钾、钙、硅这 12 种元素。这 12 种宏量元素在人体内的含量、日需量及存在部位如表 10 5 所示，它们在人体内的质量分数约为 0.9998。其中碳、氢、氧、氮共占 0.996，它们和磷、硫一起组成了人体最基本的物质：水、蛋白质、脂肪和核酸等。

表 10-5　宏量元素在人体内的含量、日需量及存在部位

元　素	人体内质量分数	日需量/$mg \cdot d^{-1}$	存在部位
O	0.61	2550	所有组织中
C	0.23	270	所有组织中
H	0.10	330	所有组织中
N	0.026	16	所有组织中
Ca	0.014	1.1	骨、细胞外
P	0.011	1.4	所有细胞内
S	0.0020	0.85	所有细胞内
K	0.0020	3.3	所有细胞内
Na	0.0013	4.4	细胞外液
Cl	0.0012	5.1	细胞外液
Mg	0.00027	0.31	所有细胞内、骨
Si	0.00026	0.003	皮肤、肺

下面对几种主要宏量元素的生理功能作一简单介绍。

① 钠和钾　钠和钾都是动物的必需元素，但植物只需钾而不需要钠。动物吃植物可以得到钾，但动物所需要的钠则必须从食盐摄取。食盐不仅是调味品，而且可以提供氯，以产生胃液中的盐酸成分，调节和维持血液中的酸碱度。人体内的钠总量约为 90g，钾约为 160g。钠的主要功能是维持细胞内外的渗透压，钾主要是维持细胞的新陈代谢，它们共同保持神经细胞对外界刺激的反应正常。研究表明，细胞外的 Na^+ 浓度要比细胞内大约 100 倍，

而 K^+ 的浓度分布则相反。人体对外界刺激作出迅速反应，是靠神经细胞膜使 Na^+ 和 K^+ 一进一出传递神经脉冲的。当神经细胞收入 Na^+ 放出 K^+ 时，犹如完成了一次脉冲，这就是人体对外界刺激作出迅速反应的道理。因此，人体缺乏钠和钾会发生血液循环障碍及神经反应迟钝等症状。

② 镁和钙　成人每天大约需摄取镁 300mg。镁是维持肌肉弹性所必需的，对神经机能也有帮助，且能促进碳水化合物与氨基酸代谢酶的活化。镁在人体里主要集中在细胞内。如上所述，人体对外刺激作出迅速反应时，是靠神经细胞膜使 Na^+ 和 K^+ 一进一出传递神经脉冲的，而主管这种“进出开关”的是一种含金属镁的聚磷酸腺苷酶（ATP 酶），其中镁是这种酶的激活剂。人体缺镁会引起血管硬化与心脏疾病、严重营养失调、胰腺及肾脏疾病等。一般来说，人可以从食物中摄取足量的镁。

成人每天大约需钙约 800mg。与镁相反，钙存在于细胞外面，主要集中于骨骼中。骨骼和牙齿的形成类似于钢筋水泥：先由一种胶原蛋白组成网架，然后磷酸八钙 $Ca_8H_2(PO_4)_6 \cdot 6H_2O$ 铺在这种网架上，并慢慢变成羟基磷灰石 $Ca_5(PO_4)_3(OH)$。所以，钙对于胎儿及儿童发育成长至关重要。由于很多钙如 $Ca_2(PO_4)_3$、$CaHPO_4$、$CaCO_3$、CaC_2O_4 等难溶于水，因此从食物中摄取钙难于吸收，只有在肠胃里酸度合适时，才能形成易溶的磷酸二氢钙等被吸收利用。此外，由于钙在人体内的输送是靠维生素 D 及某种激素控制的，因此对于需要补钙的人来说，服用钙片的同时也应当补充适当的维生素 D 才能达到目的。总之，钙是强壮骨骼与牙齿所必需的，它也有助于心跳的调节、血液的凝结、神经的传导等功能，还能消除紧张、防止失眠等。另外，钙还与人体的衰老有关。

③ 硅　硅在人和动物组织中有三种主要存在形式：能透过细胞壁的水溶性 H_4SiO_4 及其离子；不溶性硅聚合物如多硅酸、原硅酸酯等；含有 Si—O—C 基团，可溶于有机溶剂的有机硅化合物。在哺乳动物和高等有机体中，硅是正常生长和骨骼钙化所不可缺少的。硅在人的主动脉壁内含量较高，主要存在于胶原和弹性蛋白中，其在主动脉壁内的含量随年龄增长而减少。看来硅的缺乏和动脉粥样硬化相关，补硅可使实验动物动脉粥样硬化恢复正常。

注：有的书中将硅划归为微量元素；有的书中将砷包括在必需微量元素中，但砷未获公认。

(2) 微量生命元素

微量生命元素包括氟、钒、铬、锰、铁、钴、镍、铜、锌、硒、钼、锡、碘这 13 种元素，它们的总含量仅占人体总质量的不足 0.1%。但微量生命元素是维持人体正常生理功能或组织结构所必需的，它们在人体生物化学过程中起关键性作用。它们可作为酶、激素、维生素、核酸等的成分，保持生命正常的代谢过程。因此，它们是保证生物体健康所必不可少的元素。

微量元素，特别是微量金属元素的生理功能主要有下列几个方面。

① 含微量金属的蛋白在生理过程中的作用　如人和高等动物体内输送氧的血红蛋白中心是由 Fe(Ⅱ)构成。有些金属蛋白承担金属本身的贮藏和输送功能，如铁蛋白用于贮藏铁；铁传递蛋白用于输送铁；血浆铜蓝蛋白用于调节组织中铜含量等。

② 金属离子在金属酶中起活性中心的作用　多种金属蛋白是含金属的酶，称为金属酶，它是一类生物催化剂。在生物体内已知的上千种酶中，约有四分之一的酶和金属有关。其中分为金属酶（金属离子与蛋白质牢固结合）和金属激活酶（金属离子与蛋白质较弱地结合）两类。金属酶中的金属离子常常是活性中心的组成部分。

③ 金属离子可参与调节体内正常生理功能　金属离子是生物体若干激素和维生素的组成部分，它们参与调节体内正常生理功能。如含锌的胰岛素是降低血糖水平和促进葡萄糖利

用的一种蛋白质激素，它参与蛋白质与脂质的代谢。含钴的维生素 B_{12} 对机体的正常生长和营养、细胞的生成以及神经系统的功能有重要作用。

④ 金属离子参与氧化还原过程　微量过渡金属元素具有多种价态，能起电子的传递和转移作用，能催化或参与氧化还原反应。如细胞色素内的血红素基的 Fe^{2+}，它与蛋白链上两个氨基酸残基相连，无载氧能力，却是重要的电子传递体。又如超氧化物歧化酶，属Ⅱ型铜蛋白，每个酶分子含两个 Cu^{2+} 和两个 Zn^{2+}，其生理功能是催化超氧化物歧化为 O_2 和 H_2O_2。

下面对一些重要的微量元素的生理功能作一简单介绍。

① 铁元素　铁在人体中含量为 4～6g（按 70kg 体重计），且 70%以血红蛋白和肌红蛋白形式存在于血液和肌肉组织中，作为氧的载体参与氧的转运和利用，其余的则与各种蛋白质和酶结合，分布于肝、骨骼和脾脏中。

血红蛋白（图 10-4）和肌红蛋白都是血红素蛋白质。血红蛋白（Hb）是存在于血液红细胞中的输 O_2 载体；肌红蛋白（Mb）存在于肌肉组织细胞中，承担 O_2 的贮存任务，并运送 O_2 穿过细胞膜。它们与 O_2 的可逆结合表示如下：

$$\underset{(\text{脱氧型})}{Hb}+O_2 \underset{\text{解离}}{\overset{\text{结合}}{\rightleftharpoons}} \underset{(\text{氧合型})}{HbO_2}$$

$$\underset{(\text{脱氧型})}{Mb}+O_2 \underset{\text{解离}}{\overset{\text{结合}}{\rightleftharpoons}} \underset{(\text{氧合型})}{MbO_2}$$

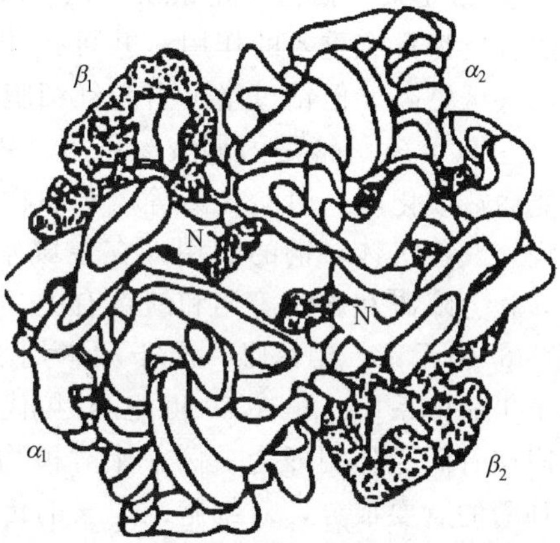

图 10-4　血红蛋白

以上两个反应中，结合与解离的速率都很快，反应方向取决于 O_2 的分压。当血液流经肺部时，肺泡中 O_2 的分压大于静脉血的 O_2 分压，形成 HbO_2；当血液流经组织时，肌肉组织的 O_2 分压较低，O_2 从 HbO_2 中解离出来与肌肉组织中的 Mb 结合，形成 MbO_2，把 O_2 贮存起来（Mb 结合 O_2 的能力大于 Hb）以便供氧不足时释放出 O_2，供各种生理氧化反应的需要。血红蛋白结合氧的能力还受细胞中 pH 变化的影响，pH 升高，氧合能力增强；pH 降低，氧合能力减弱。因此当血液流经组织时，细胞中 CO_2 浓度增加，pH 降低，则 Hb 氧合能力减弱，有利于 O_2 从氧合血红蛋白中释放出来，从而起着调控血红蛋白的氧合和析 O_2 的功能。血红蛋白除载 O_2 功能外，还有运送 CO_2 的功能。存在于 Hb 中珠蛋白上的自由氨基可与 CO_2 结合生成氨基甲酸红蛋白，将机体组织产生的 CO_2 运送至肺部排出。此反应迅速，无需酶参加。

值得注意的是：血红蛋白与 CO 形成的配合物，即一氧化碳血红蛋白 HbCO 比 HbO_2 稳定。在体温 37℃下，HbO_2 可以被 CO 转化为 HbCO：

$$HbO_2+CO \rightleftharpoons HbCO+O_2 \quad K^{\ominus}\approx 200$$

$K^{\ominus}$ 较大，表明转化较易。即使在肺部 CO 的浓度很低时，Hb 仍能优先和 CO 分子结合。一旦发生这种情况，通往各组织的氧就被中断，细胞能量代谢发生障碍，出现肌肉麻痹、昏迷甚至死亡的缺氧症状。这就是煤气中毒的原因。经测定研究，空气中 CO 浓度达到 0.08%时，人在 2h 内就会昏迷致死。如出现 CO 中毒昏迷的症状，应迅速将病者抬出现场，在空气清新的地方做人工呼吸或输氧进行抢救。动物肝脏、肾脏、肉类、鱼类、蛋黄、白菜、油菜等食品可以作为铁的来源。

② 铜元素　铜化合物有毒性，但微量铜是必需元素。正常成人的体内含铜约 100～

200mg。铜的主要功能是参与造血过程，促进无机铁变成有机铁，有利于吸收。铜还能促进铁由贮存场所进入骨髓，加速血红蛋白的合成。铜能增强抗病能力，参与色素的形成，有人发现缺铜也是引起“少年白”的原因之一，甚至还会引起白癜风和脱发。近期的研究还表明，铜与身高有密切的关系：当骨细胞中铜不足时，酶系统的活性降低，并延缓了蛋白质的代谢作用，导致骨组织生长缓慢、身材矮小。铜在动物的肝脏、肾、鱼、虾、蛤蜊中含量较高，果汁、红糖中也有一定含量。

③ 锌元素　锌是人体中 100 多种酶的组成成分，对人体多种生理功能起着重要作用。参与各种酶的合成，加速生长发育和智力发育，增强创伤组织再生能力，增强抵抗力，促进性器官的发育和性机能，并通过唾液蛋白——含锌蛋白对味觉和食欲起促进作用。锌在鱼类、肉类、动物肝肾中含量较高。

④ 钴元素　钴是维生素 B_{12} 的重要组成部分，钴对蛋白质、脂肪、糖类代谢、血红蛋白的合成都具有重要的作用，并可扩张血管、降低血压。钴能使维生素 B_{12} 的活性提高 20 倍，甚至更高。但钴过量可引起红细胞过多症，还可引起肠胃功能紊乱、耳聋、心肌缺血。

⑤ 锰元素　锰是丙酮酸羧化酶、超氧化物歧化酶（SOD）、精氨酸酶等的组成成分，它还能激活羧化酶、磷酸化酶等，对动物的生长、发育、繁殖和内分泌有影响。锰也参与造血过程，改善机体对铜的利用。在土壤中含锰量高的地区癌症发病率低。遗传性疾病、骨畸形、智力障碍和癫痫等均和缺锰有关。

⑥ 钼元素　钼是唯一属于元素周期表第五周期的生命必需元素，以 MoO_4^{2-} 的形式存在于生命体系中。早在 20 世纪 30 年代就已知生物固氮必须有钼元素存在，豆科植物根部的根瘤菌有固氮作用即为一例。钼对植物体内维生素 C 的合成和分解有一定作用。钼是人体多种酶的重要成分，对细胞内电子的传递、氧化代谢有作用。

⑦ 碘元素　碘是人们最早发现的与人体健康有着密切联系的微量元素之一。体内碘的含量甚微，共约 20～50mg。其中 1/5 存在于甲状腺内，其余的碘分布在肌肉、皮肤、肾上腺和胸腺、卵巢中。人的血液中只含有 $75\mu g \cdot L^{-1}$ 的甲状腺素，而每个甲状腺素分子中却含有 4 个碘原子。因此碘是甲状腺素中不可缺少的微量元素。倘若没有碘，甲状腺素分子就不能产生。当人体缺碘时，体内甲状腺素合成受障碍，血液中甲状腺素浓度下降，此时通过中枢神经系统的作用，使脑垂体分泌更多的促甲状腺激素来使甲状腺细胞增生和肥大，这就引起“大脖子病”。据世界卫生组织不完全统计，全世界地方性甲状腺肿患者不少于两亿，竟占世界总人口的 5%以上。防止甲状腺肿的可行办法有：食用加碘食盐；多食海带、海藻和海鱼等含碘丰富的食品。有机碘防治甲状腺肿的效力要比无机碘高得多。

⑧ 铬元素　铬在成人体内总量约 6mg，三价铬是人体必需营养元素，六价铬对人体有害，可以致癌。铬是琥珀酸-细胞色素氧化酶、葡萄糖磷酸变位酶的必需元素，并加速脂肪氧化，有助于动脉壁中脂质的运输和清除。铬的另一重要作用是通过促进胰岛素的功能而参与糖代谢过程。粗粮、肉类、酵母中含铬较丰富，成人每日可从食物中摄取 130～250μg。

⑨ 硒元素　成人体内含硒约 14～21mg，分布于指甲、头发、肾和肝中。硒是谷胱甘肽过氧化物酶的一部分，以硒胱氨酸的形式存在于该酶分子中，其功能主要是具有抗氧化作用，保护细胞膜和血红蛋白免受氧化、破坏。海产品及肉类为硒的良好来源。

⑩ 氟元素　氟在人体内含量约为 0.0037%，骨骼、牙齿、指甲等含量较多。氟参与牙釉质的形成，使牙釉质中的羟磷灰石 $[(Ca_5P_2O_8)(OH)_2]$ 的羟基被氟取代而生成强度更高的氟磷灰石 $[(Ca_5P_2O_8)F_2]$，增强了牙釉质对龋齿的抵抗作用。在整个身体中，由于骨骼内氟磷灰石的形成，可增强骨骼的强度。饮水是人体氟的主要来源，但长期饮用含氟量在 $105\mu mol \cdot L^{-1}$ 以上的水，则会出现黄斑牙。

应该指出，许多生命必需的微量元素，只有在浓度适当时，才具有有益的一面。如果浓度低于此范围，就会出现缺乏症；如果浓度高于此范围，则会导致中毒，甚至会对生物体产生危害。有益和有害之间没有一个严格的界限，并且不同元素的适宜浓度范围并不相同。

微量元素的有益与有害不仅与其在生物体内的浓度有关，而且与其价态有关。价态不同，其作用不同。如微量的 Cr(Ⅲ) 对人体是有益的，而 Cr(Ⅵ) 则是致癌物。又如微量的 Ni^{2+} 对心血管有益，但羰基镍则会引起癌症。可见，微量元素的生物效应还与其存在的形态有着重要的关系。

10.5.2　有毒元素

生物体内除了上述必需元素外，常常发现还有一些对机体有害且不是机体固有的元素，如 Cd、Pb、Hg、Al、Be、Ga、In、Tl、Sb、Bi、Te 等。这些元素在人体中的存在和剧增，与现代工业污染有很大的关系。因此，为了人类和其他生物的健康生存，我们必须积极地防治工业污染。

① 铅　铅是人类最早发现并广泛应用的金属之一，在应用过程中，人们对其毒性也逐渐地有所了解。古罗马贵族、富豪用铅管导水，用铅制器皿作盛器，结果大量铅进入人体，引起中毒。

对人类来说，铅污染的主要来源是食物，因铅中毒的常见途径是通过肠胃道的吸收，而非呼吸道的吸收。食物在加工、贮存、运输和烹调过程中引入了铅。含铅杀虫剂在农作物上的使用也是一个污染源。使用含铅的自来水管是饮水中铅的来源。通常每个成年人每天从饮水中摄入 15～20μg 的铅。

四甲基铅和四乙基铅本身不具有毒性，在肝脏中通过去烷基化生成三烷基化合物才是毒性的根源。表观上四甲基铅的毒性明显低于四乙基铅，这是因为前者去烷基化速率较慢的缘故。一般可溶性无机铅盐都有毒，其毒性是因为 Pb^{2+} 易与蛋白质分子中半胱氨酸内的巯基(—SH) 发生反应，生成难溶化合物，中断了有关的代谢途径。

铅在体内代谢情况与钙相似，易蓄积在骨骼之中。特别是儿童对铅的吸收率要比成人高出 4 倍以上。当人体中摄入大量铅后，主要效应与四个组织系统相关：血液、神经、肠胃和肾。急性铅中毒通常表现为肠胃效应，在剧烈的爆发性腹痛后，出现厌食、消化不良和便秘。有异食癖的儿童可能经口摄入多量铅化合物而引起慢性脑病综合征，具有呕吐、嗜睡、昏迷、运动失调、活动过度等神经病学症状。铅中毒后对中枢神经系统和周围神经系统产生的不良影响也是常见的。职业上接触铅的工人容易患贫血症，这是由于铅进入人体后截断了血红素生物合成途径的缘故。

② 镉　镉对生物机体的毒性像大多数其他重金属那样，通常与抑制酶系功能有关。人体的镉中毒主要是通过消化道与呼吸道摄取被镉污染的水、食物和空气而引起的。如偏酸性或溶解氧值偏高的供水易腐蚀镀锌管路而溶出镉，通过饮水进入人体。又如长期吸烟者的肺、肾、肝等器官中含镉量超出正常值 1 倍，烟草中的镉来源于含镉的磷肥。镉在人体内的半减期长达 10～30 年。镉对人体组织和器官的毒害是多方面的，能引起肺气肿、高血压、神经痛、骨质松软、骨折、肾炎和内分泌失调等病症。有关报道指出，男性前列腺癌疾患也与人体摄入过量镉有关。

③ 汞　汞的毒性因其化学形态不同而有很大差别。经口摄入体内的元素汞基本上是无毒的，但通过呼吸道摄入的气态汞是高毒的；一价汞的盐类溶解度很小，基本上也是无毒的，但人体组织和血红细胞能将单价汞氧化为具有高毒性的二价汞；有机汞化合物是高毒性的，例如 20 世纪 50 年代和 60 年代在日本的水俣市和新瀉市分别出现的水俣病即是由甲基汞中毒引起的神经性疾病。这种疾病是由于工厂废液中甲基汞排入水系，又通过食物链浓集

于鱼体内，最后被人经口摄取所致，水俣病在日本曾引起千余人死亡。因甲基汞致人死命的事件还曾在伊拉克、巴基斯坦等国发生过。

汞及其化合物的毒性主要出自于它们对含硫化合物的高度亲和能力，因此在进入生物体后，就会破坏酶和其他蛋白质的功能并影响其重新合成，由此引起各种有害后果。甲基汞的毒性表现还有其特异之处，进入人体度过急性期后，可有几周到数月的潜伏期，然后呈现脑和神经系统的中毒症状，而且难以痊愈。此外，甲基汞还能通过母体影响胎儿的神经系统，使出生婴儿有智能发育障碍、运动机能受损、流涎等脑性小儿麻痹样症状。

除必需元素、有毒元素外，在生物体内发现的元素还包括：有益元素，这些元素的存在对生命是有益的，但没有这些元素，生命尚可存在，如 Ge 等；不确定元素，这些元素普遍存在于组织中，约有 20～30 种。它们的浓度是变化的，它们的生物效应和作用远未被人们认识，可能来自外环境的污染，因此暂将其称为不确定元素。但上述的元素划分界限不是固定不变的，随着诊断方法和检测手段的完善，它们可能会得以修正或作新的归属。

【知识拓展】

神奇的硒元素

公元 1921 年，人类攻克了结核病；公元 1952 年，人类根治了霍乱；公元 1977 年，人类彻底告别了天花；公元 2000 年，人类有史以来第一个基因组密码被成功破译。科技进步，解开了人类生命和疾病的许多难解之谜。

1817 年，瑞典化学家永斯·雅各布·贝采利乌斯(Jöns Jakob Berzelius，1779—1848) 发现硫酸厂铅室中有一种红色的沉淀物，这种物质在燃烧时会发出与碲化物燃烧时相似的味道，他认为这是一种碲的化合物。但在 1818 年，他发现这种物质中并不包含碲元素，由此他认为这是一种与碲元素性质相似的新元素。因为碲 (tellurium) 的名字来源于 tellus (在拉丁语中指地球，在罗马神话中是大地母亲的名字)，而这种新元素与碲性质形似，所以他将这种新元素命名为 selenium (硒) (selene 为希腊神话中的月亮女神)。

永斯·雅各布·贝采利乌斯

硒是一种有灰色金属光泽的固体，性脆，有毒，能导电，且其导电性随光照强度急剧变化。硒能被硝酸氧化和溶于浓碱液中，室温下不会被氧化。硒是人体必需的微量矿物质营养素，但摄入过量又会对人体产生危害。

硒在地壳中的含量为 $0.05\mu g \cdot g^{-1}$，通常极难形成工业富集。硒的赋存状态主要有三种：一种以独立矿物形式存在，其次以类质同相形式存在，第三种以黏土矿物吸附形式存在。虽然目前已发现的硒矿物有百余种，但硒以独立矿物产出的量却很少，大多数硒都是作为铜矿加工过程中的副产品回收而来。根据美国地质调查局 2015 年发布的数据，全球硒资源储量约为 12 万吨，硒资源相对丰富的国家有智利 (2.5 万吨)、俄罗斯 (2 万吨)、秘鲁 (1.3 万吨)、美国 (1.0 万吨)，其他国家硒资源总量约为 2.1 万吨。我国的硒资源主要是伴生硒，赋存在黄铜矿、黄铁矿、汞铅矿中，辉钼矿、铀矿中也有存在。截至 2007 年年底，探明全国硒资源储量为 15600t，其中基础储量 330t，资源量 15270t。全国 18 个省区均有硒资源，其中甘肃省硒资源储量最多，约 6440t，其次为广东 1730t、黑龙江 1680t、湖北 1280t、青海 1230t。

我国硒资源分布不均衡，有些地区土壤硒含量很高，有些地区则出现缺硒现象。我国早期发现的富硒地区有湖北省恩施市、陕西省安康市、贵州省开阳县、浙江省龙游县、山东省枣庄市、四川省万源市、江西省丰城市、安徽省石台县等。近几年发现的富硒地区有青海省海东市的平安-乐都一带、山西省的主要农业区、江西省鄱阳湖地区、湖南省慈利县和桃源县、浙江省杭嘉湖平原和宁绍平原地区、广东省佛山市、海南省澄迈县等。我国缺硒省份有22个，约占全国总面积的72%，其中30%为严重缺硒地区，包括东北、东部沿海、华北、华南、华中、西北、西南，以及苏、皖、鲁、宁、甘、新等省、自治区的部分地区。湖北恩施市是迄今为止全球唯一探明独立硒矿床所在地，硒矿蕴藏量居世界第一。该地区还是世界天然生物硒资源最富集的地区，被誉为“世界第一天然富硒生物圈”，并在2011年举办的第十四届国际人与动物微量元素大会（简称TEMA14大会）上荣获“世界硒都”的称号。

硒元素是人体所必需的元素，在人体内的含量为6～20mg。硒参与构成很多酶类，对人体健康具有重要作用，被国内外医药界和营养学界尊称为“生命的火种”。硒被称之为主宰生命的微量元素，缺硒能直接导致心脑血管疾病、糖尿病、肾病、癌症等五大类40多种慢性疾病，间接导致400多种慢性疾病。科学家对硒赞誉有加，世界微量元素权威博士菲尔德曾经说过，硒像一颗原子弹，量很小很小，但是作用和威慑力确实很大很大。硒是延长寿命最重要的矿物质营养元素，体现在他对人体的全面保护。

硒元素之所以能够防治多种疾病保护人类健康，其机理主要因为硒可以清除体内自由基。研究表明，癌症、心血管疾病、某些地方病、人体衰老、免疫力低下等都与自由基过多有关。人体正常新陈代谢与环境因素都可使体内产生自由基，如果体内积累过多的自由基而得不到清除，就会对机体产生破坏作用。正常情况下，机体依靠自身的谷胱甘肽过氧化物酶，不断清除体内过多的自由基，硒元素正是该酶的主要活性成分。如果机体对硒元素长期摄入不足或缺乏，谷胱甘肽过氧化物酶的活力就会下降，清除自由基的能力将丧失，所以人体必须摄入一定量的硒元素才能保证机体的正常功能，维持生命系统的正常运转。

硒失调会对人体造成不良影响。如果体内硒缺乏，就会导致未老先衰，发生克山病、大骨节病，使人精神萎靡不振，易患感冒，硒严重缺乏还会引发心肌病及心肌衰竭等。而体内硒过量则会产生皮肤痛觉迟钝、四肢麻木、头昏眼花、食欲不振、头发脱落、指甲变厚、皮疹、皮痒、面色苍白、胃肠功能紊乱、消化不良等症状。因此，人们在补硒时也应合理控制摄入量，避免盲目补硒。

年龄	日供应量/mg
1岁以内	15
1～3岁	20
4～6岁	40
5岁至成年人	50

常见富硒食物：芝麻、动物内脏、大蒜（大蒜制品）、蘑菇、海米、金针菇、鲜贝、淡菜、海参、鱿鱼、苋菜、鱼粉、黄油（油制品）、啤酒酵母、小麦胚和龙虾。

本章小结

1. s区元素通性及其重要化合物的性质。
2. p区金属元素和非金属元素的通性及其重要化合物的性质。
3. ds区元素通性及其重要化合物的性质。
4. d区元素通性及重要化合物的性质。

（1）d区元素通性。

（2）第一过渡系列：4个重要元素——钛、钒、铬、锰及其化合物的性质。

（3）铁系元素：铁、钴、镍及其化合物的性质。

5. 必需元素即生命元素的生理作用和有毒元素在生物体内的毒理作用。

习题

1. 如何检验 Na^+ 和 K^+？钠盐和钾盐的性质有哪些不同？

2. 有 5 瓶装有白色固体粉末的试剂，它们可能是 $MgCO_3$、$BaCO_3$、无水 Na_2CO_3、无水 $CaCl_2$ 和无水 Na_2SO_4，试鉴别它们。

3. 某溶液 A，加入 NaCl 溶液，有白色沉淀 B 析出，B 可溶于水，所得溶液为 C，于溶液 C 中加入 NaBr，则有一浅黄色沉淀 D 析出，D 在阳光下容易变黑，D 溶于 $Na_2S_2O_3$ 溶液，得溶液 E，于 E 中加入 NaI，则有一黄色沉淀 F 析出，F 可溶于 NaCN 溶液中，得溶液 G，往 G 加入 Na_2S，得黑色沉淀 H。自溶液中分离出 H，加入浓 HNO_3，煮沸后，滤去产生的硫黄，又可得到原来的溶液 A。写出上述实验过程的反应式，A～H 各是什么物质？

4. 为什么 Cu(Ⅰ)的化合物大多以沉淀或配合物形式存在？

5. 选择题

(1) 卤素含氧酸的下列递变规律正确的是（　　）

A. 酸性：$HClO > HClO_3 > HClO_4$

B. 热稳定性：$HClO > HClO_3 > HClO_4$

C. 氧化性：$HClO > HClO_3 > HClO_4$

D. 氧化性：$HClO_3 > HBrO_3 > HIO_3$

(2) 下列含氧酸中属于一元酸的是（　　）

A. H_3AsO_3　　B. H_3BO_3　　C. H_3PO_3　　D. H_2CO_3

(3) 既易溶于稀氢氧化钠又易溶于氨水的是（　　）

A. $Cu(OH)_2$　　B. Ag_2O　　C. $Zn(OH)_2$　　D. $Cd(OH)_2$

(4) 向 $Hg(NO_3)_2$ 溶液中加入 NaOH 溶液，生成的沉淀是（　　）

A. HgO　　B. $Hg(OH)_2$　　C. HgO＋Hg　　D. $Hg(OH)_2$＋Hg

6. 填空题

(1) 打开 $TiCl_4$（无色溶液）瓶盖时，瓶口冒白烟，这是因为 $TiCl_4$ ______，生成了______。

(2) 将 Cl_2(g) 通入热的 $Ca(OH)_2$ 溶液中，反应产物是______，低温下 Br_2 与 Na_2CO_3 溶液反应的产物是______，常温下 I_2 与 NaOH 溶液反应的产物是______。

(3) 在 $NaBO_2$ 和 $Na_2B_4O_7\cdot 10H_2O$ 的水溶液中加酸，均得到______，这是由于______。

(4) H_3PO_4 为______元酸；H_3PO_3 为______元酸；H_3PO_2 为______元酸。

(5) d 区元素的水合离子大多具有颜色是因为____________。

(6) $K_2[HgI_4]$ 和 KOH 混合溶液称为________试剂，它和微量________反应，立刻生成________色的碘化氧汞铵沉淀。

（编写人：卢　敏）

第 11 章 吸光光度法

吸光光度法（light absorption method）是基于物质对光的选择性吸收而建立起来的一类重要的仪器分析方法，包括比色法（colorimetric method）和分光光度法（spectrophotometry）。前者是通过比较被测溶液和标准溶液的颜色异同，确定被测物质含量；后者是根据物质对一定波长光的吸收程度来确定物质的含量。分光光度法包括紫外分光光度法（ultraviolet spectrophotometry）、可见光分光光度法（visible spectrophotometry）、红外分光光度法（infrared spectrophotometry）。本章主要讨论可见光分光光度法。

11.1 物质对光的选择性吸收

11.1.1 光的基本性质

光是一种电磁辐射，可以不借助任何介质在空间传播。光在真空中的传播速度为 $2.99792\times10^{10}\,cm\cdot s^{-1}$。常见的光包括可见光、紫外线和红外线几种类型。光具有波粒二象性，即波动性和粒子性。光在传播时，会表现出折射、衍射、干涉和散射等波的性质。光作用于物质时，又会产生光压、光电效应及光化学反应等，说明光具有能量，表现出粒子的性质。光的波动性可以用下式来描述：

$$c=\lambda\nu \tag{11-1}$$

式中，c 为光在真空中的传播速度；λ 是光的波长；ν 是光的频率。

光的粒子性可以用下式表示：

$$E=h\nu=hc/\lambda \tag{11-2}$$

式中的 E 是一个光子的能量；h 为普朗克常量（$6.63\times10^{-34}\,J\cdot s$）

上述两式表明：光的频率越高，则其波长就越短，其光子所携带的能量就越高。反之光的频率低，波长就长，能量就低。

光的能量范围很广，在波长或频率上相差大约 20 个数量级。不同光的波长范围及其在分析化学中的应用情况见表 11-1。

表 11-1 各种光的波长范围及其在分析化学中的应用情况

光的名称	波长范围	跃迁类型	分析方法
X 射线	10^{-1}～10nm	K 和 L 层电子	X 射线光谱法
远紫外线	10～200nm	中层电子	真空紫外光谱法
近紫外线	200～400nm	价电子	紫外光谱法
可见光	400～760nm	价电子	比色及可见光谱法
近红外线	0.76～2.5μm	分子振动	近红外光谱法
中红外线	2.5～50μm	分子振动	中红外光谱法
远红外线	50～1000μm	分子振动和低位振动	远红外光谱法
微波	0.1～100cm	分子转动	微波光谱法
无线电波	1～1000m		核自旋共振光谱

11.1.2 物质的颜色与光的关系

光可分为单色光与复合光，单色光（chromatic light）是仅具有单一波长的光，而复合光（polychromatic light）是由不同波长的光（不同能量的光子）所组成。人们肉眼所见的白光（如日光等）和各种有色光实际上都是包含一定波长范围的复合光。

物质呈现的颜色与光有密切关系。一种物质呈现什么颜色，与光的组成和物质本身的结构有关。当一束白光（日光、白炽灯光等）通过分光器件后，就可分解为红、橙、黄、绿、青、蓝、紫7种颜色的光，这种现象称光的色散。相反，不同颜色的光按照一定的强度比例混合后又可成为白光。如果两种适当的单色光按一定的强度比例混合后形成白光，这两种单色光称为互补色光。图11-1中处于直线关系的两种单色光，如绿光和紫光、蓝光和黄光为互补色光。

图11-1　光的互补色

当用不同波长的混合光照射物质分子时，不同结构的分子只选择性地吸收一定波长的光，其他波长的光（吸收光的互补色光）会透过，这就是分子对光的选择性吸收特征。物质所呈现的颜色是未被吸收的透过光的颜色。例如：有一束白光照射 $KMnO_4$ 溶液时，$KMnO_4$ 溶液会选择性地吸收白光中的绿青色光，而透过紫红色，即呈现紫红色。如果物质能把白光完全吸收，则呈现黑色，如果对白光完全不吸收，则呈现无色。

11.1.3　吸光光度法的特点

（1）灵敏度高

吸光光度法适用于微量和痕量组分的分析，可以测定组分的浓度下限（最低浓度）可达 $10^{-5}\sim10^{-6}\,mol\cdot L^{-1}$，相当于含量为0.001%～0.0001%的微量组分。

（2）准确度较高

一般比色分析的相对误差为5%～10%，分光光度法的相对误差为2%～5%，比滴定分析法及重量分析法低，但对微量组分的分析而言，基本满足准确度的要求。如一滴 $0.02mol\cdot L^{-1}$ 的 $KMnO_4$ 溶液稀释至100mL时，仍可适用于比色分析；但一滴溶液所含的 $KMnO_4$ 的量只相当于约0.06mg。显然，滴定分析法及重量分析法很难准确测定。

（3）选择性好

通过选择适当的测定条件，不经分离可直接测定混合体系中各组分的含量。

（4）操作简便、快速

比色法及分光光度法的仪器设备简单，操作简便。进行分析时，试样处理成溶液后，一般只经过显色和比色两个步骤，即可得到分析结果。

（5）应用广泛

几乎所有的无机离子和有机化合物都可直接或间接地用比色法或分光光度法进行测定。不仅用于组分的定性、定量分析，还可用于化学平衡及配合物组成的研究。

11.2　光吸收基本定律

11.2.1　朗伯-比尔定律

当一束光线穿过溶液时，溶液中的微粒会对光有选择性地吸收。朗伯（Lambert）和比尔（Beer）分别于1760年和1852年研究了溶液的吸光度与溶液液层厚度和溶液浓度之间的定量关系，得出结论：当入射光波长一定时，溶液的吸光度是待测溶液浓度和液层厚度的函数。朗伯研究的结果表明：用适当波长的单色光照射一固定浓度的溶液时，光强度的减弱与入射光的强度和溶液的液层厚度（即光在溶液中经过的距离）成正比。比尔进一步证明了单

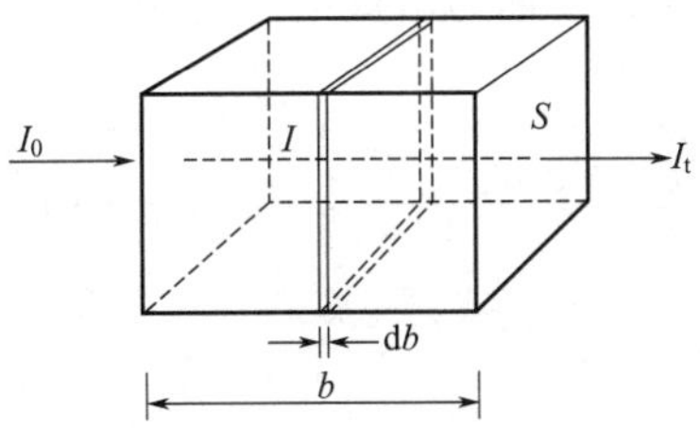

图 11-2　溶液吸光示意图

色光的强度的减弱与入射光的强度和溶液中粒子数量即浓度成正比。

当一束单色光照射溶液时，光的入射强度为 I_0，通过溶液后的光强度变为 I_t。在溶液中任一截面处的光强度都可以看成是截面之后的溶液的入射光强度 I，I 是随液层的厚度变化的。如图 11-2 所示。

光在通过某一截面薄层 db 时，光的强度减弱了 dI，则厚度 db 的溶液液层对光的吸收率为 $-\mathrm{d}I/I$，而吸收率与吸收层的厚度和浓度成正比：

$$-\frac{\mathrm{d}I}{I}=Kc\,\mathrm{d}b$$

对一液层厚度为 b、浓度为 c 的溶液则有：

$$-\int_{I_0}^{I_t}\frac{\mathrm{d}I}{I}=Kc\int_0^b\mathrm{d}b$$

所以

$$\ln\frac{I_0}{I_t}=K'bc \tag{11-3}$$

将式中的自然对数换为常用对数，并令 $K=\dfrac{K'}{2.303}$，则

$$\lg\frac{I_0}{I_t}=Kbc \tag{11-4}$$

令 $A=\lg\dfrac{I_0}{I_t}$，则有：

$$A=Kbc \tag{11-5}$$

此式即为朗伯-比尔定律的数学表达式，式中的 A 为吸光度（absorbance）。它表明：当一束单色光通过均匀的非散射的溶液时，溶液的吸光度 A 与吸光物质的浓度 c 和液层厚度 b 的乘积成正比，式中 K 为比例常数。

式(11-5) 中 K 值随 c、b 所取单位不同而不同。若吸收层厚度和溶液浓度单位分别取 cm 和 $\mathrm{mol\cdot L^{-1}}$ 时，K 则用另一符号 ε 来表示，ε 称为摩尔吸光系数（molar absorption coefficient），单位是 $\mathrm{L\cdot mol^{-1}\cdot cm^{-1}}$。式(11-5) 可写成：

$$A=\varepsilon bc \tag{11-6}$$

从式(11-6) 得

$$\varepsilon=\frac{A}{bc} \tag{11-7}$$

式(11-7) 表明，ε 是在单位液层厚度、单位浓度时，溶液对单色光的吸收程度。摩尔吸光系数 ε 是吸光物质对一定波长的单色光的吸收能力，它决定于吸光物质的本性、入射光的波长、所用溶剂以及测量时的温度等因素。朗伯-比尔定律一般适用于浓度较低的溶液，所以在分析实践中，不能直接利用浓度为 $1\mathrm{mol\cdot L^{-1}}$ 的有色溶液来测定 ε 的数值，而是利用适当的低浓度溶液测定其吸光度值 A，通过计算求得 ε 的数值。摩尔吸光系数 ε 的数值既反映吸光物质对光的吸收能力，也反映用吸光光度法测定该吸光物质的灵敏度。ε 越大，表示物质对此波长的单色光的吸收能力越强，测量时的灵敏度就越高。在通常情况下，多用 ε 来表示物质的吸光灵敏度，即显色反应的灵敏度。一般认为 $\varepsilon<10^4\mathrm{L\cdot mol^{-1}\cdot cm^{-1}}$ 属低灵敏度，ε 在 $10^4\sim5\times10^4\mathrm{L\cdot mol^{-1}\cdot cm^{-1}}$ 属中等灵敏度，$6\times10^4\sim10^5\mathrm{L\cdot mol^{-1}\cdot cm^{-1}}$ 属高等灵敏度。摩尔吸光系数可以在适当的浓度下，测定溶液在最大吸收波长时的吸光度。

在吸光分析中，将透过溶液的透射光强度与入射光强度之比称为溶液的透光率 T(light transmittance)，常用百分数来表示：

$$T=\frac{I_t}{I_0}\times 100\% \tag{11-8}$$

透光率 T 和吸光度 A 有如下关系

$$T=10^{-A} \tag{11-9}$$

或：

$$A=\lg\frac{1}{T}=-\lg T \tag{11-10}$$

溶液的透光率 T 越大，说明溶液对入射光的吸收越少，则溶液的吸光度越小。当溶液对光无吸收时，$I_0=I_t$，$A=0$，$T=100\%$；光全部被吸收时，$I_t=0$，$A=\infty$，$T=0$。

当摩尔吸光系数和液层厚度一定时，吸光度 A 与浓度 c 呈线性关系，而透光率 T 与浓度 c 之间存在指数关系。

$$T=10^{-\varepsilon bc} \tag{11-11}$$

【例 11-1】 若某溶液对某波长的单色光的吸光度为 0.301，那么相应的透光率是多少？

解： 已知 $A=0.301$，根据 $T=10^{-A}$ 有

$$T=10^{-A}=10^{-0.301}=50.0\%$$

吸光度为 0.301 时透光率为 50.0%。

【例 11-2】 取钢试样 1.00g 溶解于酸中，将其中的锰氧化成 $KMnO_4$，准确配制成 250mL，测得其吸光度为 $1.00\times10^{-3}\,mol\cdot L^{-1}$ $KMnO_4$ 溶液吸光度的 1.5 倍，计算钢样中锰的质量分数。

解： 根据 $A=\varepsilon bc$ 得

$$\frac{A_x}{A}=\frac{\varepsilon bc_x}{\varepsilon bc}=\frac{c_x}{1.00\times10^{-3}}=1.5$$

$$c_x=1.50\times10^{-3}\ (mol\cdot L^{-1})$$

钢样中锰的质量 $m=c_xVM(Mn)=1.50\times10^{-3}\times0.250\times54.94=0.0206\ (g)$

钢样中锰的质量分数 $w=(0.0206/1.00)\times100\%=2.06\%$

11.2.2 吸收曲线

选定某物质一定浓度的溶液，在不同波长的单色光入射时，测定其吸光度。扣除了溶剂的吸光度(空白)后，以入射光的波长为横坐标，以溶液的吸光度为纵坐标作图，得到一条曲线，称为该物质的吸收曲线(absorption curve)或吸收光谱(absorption spectrum)。

吸收曲线表明了物质对不同波长的入射光的吸收能力。吸收程度最大的光的波长称为最大吸收波长，记为 λ_{max}。物质对光的吸收是选择性的，其吸收波长和吸收能力是与物质的组成和结构直接关联的。物质的种类与曲线的形状一一对应。不同的物质，其吸收曲线不同，最大吸收波长也不同。

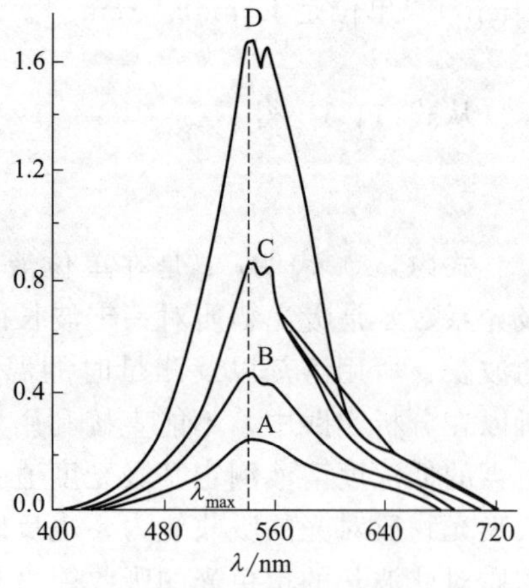

图 11-3　$KMnO_4$ 的吸收曲线

A—$1\times10^{-5}mg\cdot mL^{-1}$；B—$2\times10^{-5}mg\cdot mL^{-1}$；C—$4\times10^{-5}mg\cdot mL^{-1}$；D—$8\times10^{-5}mg\cdot mL^{-1}$

图 11-3 是不同浓度的 $KMnO_4$ 溶液的吸收曲线图，在 525nm 处，$KMnO_4$ 吸光能力最强，对

420nm 处的紫光和 680nm 处的红光吸收很弱，而对 720nm 处的光几乎不吸收。图 11-3 中的几条曲线代表不同浓度时的吸收情况，虽然这几条曲线高度不同（根据朗伯-比尔定律知道：不同浓度的物质对同一波长的单色光的吸光度不同），但曲线的形状却是完全相似的，这表明，当吸光物质确定后，其吸收曲线的形状就已确定，与溶液的浓度无关。利用吸收曲线的这一特性可以进行定性分析。另外，浓度不同的同种物质，最大吸收波长不变，但吸光度随浓度的增加而增大。一般在最大吸收波长处测定吸光度，以便提高测定灵敏度。因此，吸收曲线是吸光光度法中选择测定波长的重要依据。根据朗伯-比尔定律就可以进行定量分析。

11.2.3　偏离朗伯-比尔定律的原因

当入射光波长及光程一定时，吸光度 A 与吸光物质的浓度 c 呈线性关系。以某物质的标准溶液的浓度 c 为横坐标，以吸光度 A 为纵坐标，绘出 A-c 曲线，所得直线称标准曲线（也称工作曲线）。但实际工作中，尤其当溶液浓度较高时，标准曲线往往偏离直线，发生弯曲，如图 11-4 所示，这种现象称为偏离朗伯-比尔定律。引起这种偏离的原因主要有如下两个方面。

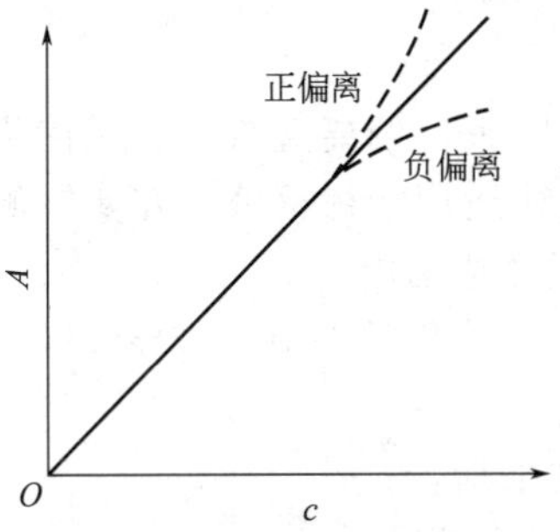

图 11-4　标准曲线及对朗伯-比耳定律的偏离

（1）单色光不纯（物理因素）引起的偏离

朗伯-比尔定律只有在入射光是单一波长的单色光时，才能真正成立，但即使是现代高精度分光光度计也难以获得真正的纯单色光。大多数分光光度计只能获得近乎单色光的狭窄光带，它仍然是具有一定波长范围的复合光。因为物质对不同波长光的吸收程度不同，所以复合光引起对朗伯-比尔定律的偏离，举例说明如下。

假设入射光是包含两个波长 λ_1 和 λ_2 的复合光，当每一个波长的光照射某种物质的溶液时，按朗伯-比尔定律可得

$$A_1=\lg\frac{I_{01}}{I_{t1}}=\varepsilon_1 bc，\ A_2=\lg\frac{I_{02}}{I_{t2}}=\varepsilon_2 bc$$

整理后，得

$$I_{t1}=I_{01}\times10^{-\varepsilon_1 bc}，\ I_{t2}=I_{02}\times10^{-\varepsilon_2 bc}$$

总的吸光度为

$$A=\lg\frac{I_{01}+I_{02}}{I_{t1}+I_{t2}}=\lg\frac{I_{01}+I_{02}}{I_{01}\times10^{-\varepsilon_1 bc}+I_{02}\times10^{-\varepsilon_2 bc}}$$

可见，当 $\varepsilon=\varepsilon_1=\varepsilon_2$ 时，$I_{01}=I_{02}$，$A=\varepsilon bc$，即入射光为单色光时，吸光度 A 与浓度 c 呈线性关系。若 $\varepsilon_1\neq\varepsilon_2$，则 A 与 c 不成线性关系，ε_1 和 ε_2 差别越大，偏离线性关系越严重。

为了克服非单色光引起的偏离，应选择较好的单色器。此外一般还应把最大吸收波长 λ_{max} 选定为入射波长，这样不仅是因为在 λ_{max} 处能获得最大灵敏度，还因为在 λ_{max} 附近的一段范围内吸收曲线较平坦，即在 λ_{max} 附近各波长光的摩尔吸光系数 ε 大体相等。图 11-5(a) 为吸收曲线与选用谱带之间的关系，图 11-5(b) 为不同谱带对应的标准曲线。若选用吸光度随波长变化不大的谱带 M 的复合光作入射光，则吸光度的变化较小，即 ε 的变化较小，引起的偏离也较小，A 与 c 基本成直线关系。若选用谱带 N 的复合光测量，则 ε 的变化较大，A 随波长的变化较明显，因此出现较大偏离，A 与 c 不成直线关系。

（2）化学因素引起的偏离

化学因素主要包括吸光质点（分子或离子）间的相互作用和化学平衡的移动。按照朗伯-比尔定律的假定，所有的吸光质点之间不发生相互作用。但实验证明只有在稀溶液（$c<10^{-2}\text{mol}\cdot\text{L}^{-1}$）时才符合假设条件。当溶液浓度较大时，吸光质点间可能发生缔合等作用，

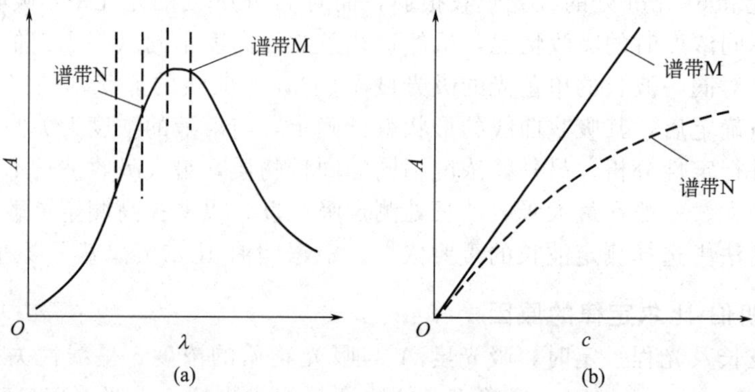

图 11-5 复合光对朗伯-比尔定律的影响

直接影响对光的吸收。例如图 11-4 中 A-c 曲线上部（高浓度区域）偏离直线，就是因为高浓度引起朗伯-比尔定律的偏离而引起的。因此，朗伯-比尔定律适用于稀溶液。在实际测定中应注意选择适当的浓度范围，使吸光度读数在标准曲线的线性范围内。

另外，溶液中存在着解离、缔合、互变异构、配合物的形成等化学平衡，可导致吸光质点的浓度和吸光性质发生变化而产生对朗伯-比尔定律的偏离。

例如，在测定重铬酸钾的含量时，其在水溶液中存在下列平衡：

$$Cr_2O_7^{2-}(\text{橙色}) + H_2O \rightleftharpoons 2CrO_4^{2-}(\text{黄色}) + 2H^+$$

CrO_4^{2-}、$Cr_2O_7^{2-}$ 的颜色不同，在同波长下的 ε 值不同，所以如果稀释溶液或增大 pH 时，平衡右移，$Cr_2O_7^{2-}$ 浓度下降，引起朗伯-比尔定律的偏离。所以，只有控制溶液为高酸度，使溶液以 $Cr_2O_7^{2-}$ 的形式存在，才能测出 $Cr_2O_7^{2-}$ 的浓度。

11.3 比色法和分光光度法及其仪器

11.3.1 目视比色法

目视比色法是用肉眼观察，比较被测溶液和标准溶液颜色异同，确定被测物质含量的方法。目视比色法采用的光源是自然光、白炽灯光等复合光，比较的是溶液吸收光的互补光的强弱。

目视比色法的操作过程：首先配制一系列不同浓度的标准溶液于比色管中，均加入辅助试剂和显色剂，然后加水至规定体积定容、摇匀，制成标准色阶。同时取一定数量的被测溶液于一比色管中，用与标准溶液同样的方法进行显色处理。待颜色稳定后，观察比较被测试样的颜色与标准色阶中各个不同浓度溶液的颜色差异。若被测溶液的颜色与标准色阶中某一标准溶液的颜色相同，则可认为它们的被测组分的浓度相同。如被测溶液的颜色介于相邻的两个标准溶液颜色之间，则其浓度可取两个标准溶液浓度的算术平均值。

目视比色法的实质是通过比较透射光的强度进行分析的，其特点是所用的仪器简单，操作方便，适宜大批试样的分析，且不要求有色溶液严格服从朗伯-比尔定律。但由于人眼的辨色能力不强，不同人的辨色能力也有差异，测定误差较大，相对误差约为 5%～10%。分析结果的准确度较低，且标准色阶不能久存，需要测定时临时配制。因此，目视比色法常用于野外现场的快速分析和准确度要求不高的常规分析中。

11.3.2 分光光度法

分光光度法是根据物质对一定波长光的吸收程度来确定物质含量的分析方法。在可见光区的分光光度法称可见光分光光度法。可见光分光光度法采用棱镜或光栅等色散元件把复合光转变为强度一定的单色光，再把单色光照射到吸光物质的溶液后，根据朗伯-比尔定律进行定量分析。

实际测量时利用分光光度计来测量溶液的透光率或吸光度。从基本结构来说，各种形式的分光光度计都是由五部分构成：光源、单色器、吸收池、检测系统和记录系统。图 11-6 是常见的分光光度计的结构框图。

图 11-6　分光光度计基本结构示意图

测定原理是光源发出的复合光经单色器获得所需的单色光，再透过吸收池中的吸光物质，透射光照射到检测器（光电池或光电管）上，所产生的光电流大小与透射光的强度成正比。通过测量光电流的大小即可得到吸光物质的透光率或吸光度。

（1）光源

光源（light source）在仪器规定的光区域内能够发射连续光谱的光，具有足够的稳定性和发射强度。光源的发射强度随波长的变化要小，即各种波长的光强度差别不大。分光光度计中常用的光源有热辐射光源和气体放电光源两类。热辐射光源用于可见光区，如钨丝灯和卤钨灯。气体放电光源用于紫外线区，如氢灯和氘灯。

钨灯的发射光波长约为 340～2500nm，属于可见光区和近红外线区。钨灯的发光强度和波长分布与灯丝的温度密切相关，而灯丝的温度直接受到施加电压的控制。当外加电压改变时，发射强度随之迅速改变。因此必须严格控制灯丝的供电电压，常通过电源稳压器来实现。在钨灯中加入一定量的卤素单质或化合物，可以减少高温下钨丝的蒸发损失，延长了使用寿命。这种灯称为卤钨灯，其发光特性与钨灯相似。

（2）单色器

单色器（monochromator）的作用是将光源的连续光谱（复合光）分解为各种波长的单色光。单色器的分辨能力越高，得到的单色光的纯度就越高。单色器的优劣是分光光度计性能的决定性因素。单色器通常由入射狭缝、色散元件及其附件和出射狭缝组成。常用的色散元件有棱镜和光栅两种。

棱镜利用不同波长光的折射率不同，将光源连续光谱的光色散开，形成各种单色光，通过转动棱镜或移动出射狭缝的位置，就可以选出所需要的单色光。图 11-7 为棱镜做色散元件的单色器分光示意图。

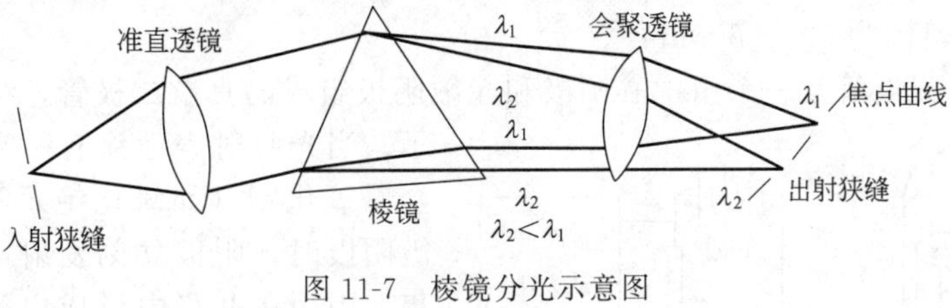

图 11-7　棱镜分光示意图

单色光的纯度取决于色散元件的色散特性和出射狭缝的宽度。使用棱镜单色器可以获得纯度较高的单色光（半峰宽 5～10nm），且可以方便地改变测定波长。在 380～800nm 区域，采用玻璃棱镜较合适；在紫外线区，可采用各种类型的石英棱镜。

光栅是在一抛光的金属表面上刻划一系列等距离的平行刻线（槽）或在复制光栅表面喷镀一层铝薄膜而制成。目前多数精密分光光度计采用光栅。光栅利用光的衍射和干涉原理进行光的色散，可用于紫外线、可见光和近红外线区，在整个波长区中具有良好的、几乎均匀一致的分辨能力。同棱镜相比，光栅具有波长范围宽、分辨率高、制造简单、色散几乎不随波长改变等优点。缺点是各级光谱会产生干扰。光栅分为透射光栅和反射光栅两种结构形式。

入射、出射狭缝与棱镜、光栅配合将光源的光分为单色光。狭缝的大小直接影响单色光的纯度。

（3）吸收池

吸收池（absorption cell）又称比色皿，用于盛装参比溶液和待测试液。仪器一般配有液层厚度为 0.5cm、1cm、2cm、3cm 等的长方形比色皿。理想的吸收池本身应不吸收光，实际上各种材料对光都有不同程度的吸收，因此一般只要求它们有恒定而均匀的吸收。吸收池的材料分为石英和玻璃两种。玻璃对紫外线的吸收很强，因此可见光区测量时一般用玻璃吸收池；而石英吸收池则既可用于可见光区又能用于紫外线区。测量时，为了减少入射光的反射损失，吸收池的透光面必须完全垂直于光束前进的方向。用于高精度测定时，要求同时使用的吸收池严格配套，保持吸收池材料的光学特性和吸收池的尺寸（光程长度）的严格一致性，以防引起较大的误差。使用吸收池时应注意保持清洁、透明，不要磨损光面。

（4）检测系统

检测系统（detection system）通常利用光电效应将透过吸收池的光信号转变成可测的电信号，而且所产生的电信号应与照射于检测器上的光信号成正比。可见分光光度计常使用光电池或光电管作检测器，采用检流计作读数装置，两者组成检测系统。

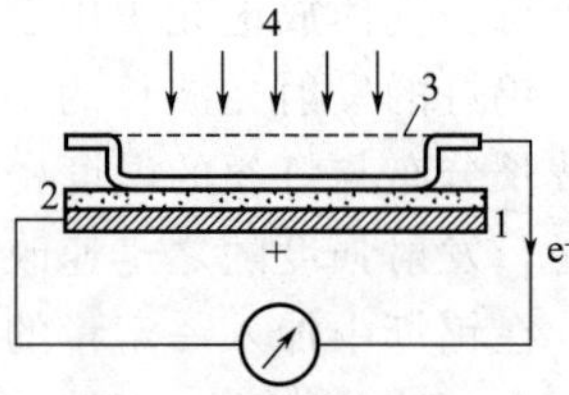

图 11-8　硒光电池示意图

1—铁片；2—半导体；3—金属薄膜；4—入射光

① 光电池　光电池是用半导体材料制成的光电转换器件，可以直接将光转变为电流。常用的有硒光电池和硅光电池两种类型。硒光电池的构造如图 11-8 所示。将硒沉积在铁和铜的基板上，在硒的表面再覆盖一层金、银或其他金属的透明薄膜，这样就形成了底、面两个电极。金属基板是正极，金属透明薄膜作为负极。当光照在半导体材料上时，产生自由电子，电子流向金属薄膜电极，通过外电路形成电流。当外电路的电阻较小时，光电池产生的电流与光照强度呈线性关系，大小为数十微安，能直接用检流计测量。硒光电池具有坚固、价廉和不需外接电源等优点，但其内阻小，电流不易放大，当照射光强度较弱时不易测量。连续长时间强光照射时，硒光电池产生的光电流会逐渐减小，这种现象称为光电池的“疲劳”，所以测定时应避免硒光电池长时间地受光照射。硅光电池的工作原理与硒光电池相似，但没有“疲劳”现象。硒光电池能对 300～800nm 的光产生响应，其最灵敏的波长范围为 500～600nm。

② 光电管　光电管是一个由中心阳极和光敏阴极组成的真空二极管，结构如图 11-9 所示。当光照射表面涂有一层碱金属或碱土金属氧化物（如氧化铯）等光敏材料的光敏阴极时，阴极立刻发射电子并被阳极收集，因而在电路中形成电流。光电管在一定电压下工作时，光电管响应的电流大小取决于照射光强度。不同的阴极材料，其光谱响应的波长范围不同。在阴极表面沉积锑和铯时，光谱响应在“蓝敏”区，波长范围为 210～625nm；当阴极表面沉积银和氧化铯时，光谱响应在“红敏”区，波长范围为 625～1000nm。光电管产生的光电流虽

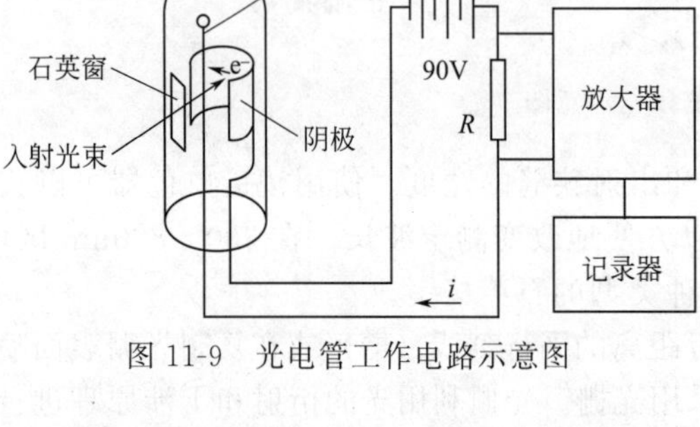

图 11-9　光电管工作电路示意图

小（约 10^{-11}A），但可借助于外部放大电路获得较高的灵敏度。光电管具有响应快（响应时间小于 1μs）、光敏响应范围广、不易疲劳等优点。

利用光电管的基本原理还可以制成光电倍增管。光电倍增管中有数个中间电极。从阴极到中间电极最后到阳极，各电极的电势依次升高。当光照射到阴极上产生光电子，光电子在电压的加速下撞击中间电极表面，从而产生更多的电子，继续撞向后面的电极。经过多级中间电极之后，产生的电子数量大大增加，最终被阳极所收集，形成较大的电流。阳极最后收集到的电子数是阴极发出的电子数的 10^5～10^8 倍，因而其灵敏度比光电管更高，适用波长范围为 160～700nm。光电倍增管在无光照时也会有电流输出，称为“暗电流”。由于光电倍增管的放大倍数很大，故使用时不能用强光照射，否则极易损坏光电倍增管。

（5）记录系统（record system）

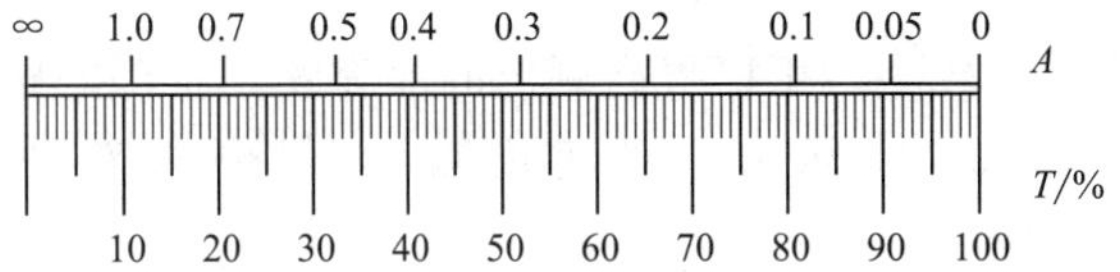

图 11-10 吸光度与透光率标尺刻度

简易的分光光度计常采用检流计测量光电流，其灵敏度约为 10^{-9}A·格$^{-1}$。其读数标尺上有两种刻度，等刻度的是透光率 T%(0→100%)，不等刻度的是吸光度 A(∞→0)，如图 11-10 所示。当吸光度较大时，刻度较密，读数误差较大。现代的分光光度计采用屏幕显示（吸收曲线、操作条件和结果均可在屏幕上显示出），并利用微机进行仪器自动控制和结果处理，提高了仪器的自动化程度和测量精度。

11.4 显色反应与测量条件的选择

在比色分析时，选用被测物质的最大吸收波长的光作为入射光，可以使较低浓度的溶液产生较大的吸光度，从而获得较高的灵敏度。本身有颜色的物质，在其最大吸收波长处，物质的吸光能力最强，吸光度最大，测量时的灵敏度最高。若被测物质溶液的颜色很浅或者根本没有颜色，即便是在其最大吸收波长处，也常常无法使测量仪器产生足够的响应信号，特别在低浓度时更是如此。以致灵敏度很低，误差很大。为了提高灵敏度，大多数物质的吸光测定都需要在被测物质的溶液中加入一种或几种适当的显色物质，使被测物质转变为颜色较深的有色物质来测定。这种使被测物质经过化学反应而生成有色物质的过程称为显色，化学反应称为显色反应，所用的反应物称为显色剂。

常见的显色反应大多数是生成螯合物的反应，少数是氧化还原反应和增加吸光能力的生化反应。应用时应该选择合适的反应条件和显色剂，以提高显色反应的灵敏度和选择性。

11.4.1 对显色反应的要求

（1）定量进行

显色剂与被测物质的反应要定量进行，生成有色物质的组成要恒定，并且符合其化学式，才能通过测定有色生成物的吸光度来确定被测物质的浓度。

如果显色反应的结果是形成多种配位比的配合物，这样就必须严格地控制显色条件，使有色物质在一定条件下符合一定的化学式，保证测定的准确度。例如采用磺基水杨酸作显色剂测定 Fe^{2+}，反应时可生成配位数从 1 到 3 的三种配合物，并且颜色均不相同。当在 pH＝8～11.5 的 NH_3-NH_4Cl 缓冲液中显色时，只生成黄色的三磺基水杨酸合铁，组成固定，测定误差小。

(2) 灵敏度高

光度法多用于微量组分的测定，因此，对显色反应的灵敏度要求较高。摩尔吸光系数 ε 的大小是显色反应灵敏度高低的重要标志。一般来说，ε 达 $10^4 \sim 10^5 L\cdot mol^{-1}\cdot cm^{-1}$ 时，可以认为灵敏度较高。对含量高、灵敏度高的组分，不一定要选择有色物质的最大吸收波长，也不一定选择灵敏度高的显色反应，首先应该保证显色反应的选择性，其次再考虑灵敏度的高低。

(3) 选择性好

选用的显色剂最好只与被测组分发生显色反应，或所选显色剂与被测组分和干扰离子生成的两种有色化合物的吸收峰相隔较远。一般来讲，在满足测定灵敏度要求的前提下，常常根据选择性的高低来选择显色剂。如 Fe^{2+} 与邻菲咯啉（邻二氮菲）显色反应的灵敏度虽然不是很高（$\varepsilon_{512nm}=1.0\times10^4 L\cdot mol^{-1}\cdot cm^{-1}$），但由于其选择性高，因此邻菲咯啉光度法已成为测铁的经典方法。

(4) 显色剂在测定波长处无明显吸收

显色剂在测定波长处无明显吸收，试剂空白较小，可以提高测定的准确度。通常把显色剂与有色化合物两者最大吸收波长之差 $\Delta\lambda_{max}$ 称为“对比度”，一般要求对比度 $\Delta\lambda_{max} > 60nm$。

(5) 有色化合物组成恒定，化学性质稳定

为保证在测定过程中吸光物质的性能不变，有色化合物的组成要恒定，而且化学性质要稳定，否则将影响吸光度测量的准确度和重现性。如有色化合物易受空气的氧化或日光的照射而分解，就会引入测量误差。

11.4.2 显色剂

显色剂有无机显色剂和有机显色剂两种：

① 无机显色剂与金属离子形成的配合物在稳定性、灵敏度和选择性方面较差，一般较少使用，目前仍有一定实用价值的无机显色剂仅有硫氰酸盐、钼酸铵、过氧化氢等几种。表 11-2 列出了它们的一些应用。

表 11-2 重要的无机显色剂

显色剂	测定元素	酸度	配合物组成	颜色	测定波长/nm
硫氰酸盐	铁	$0.1\sim0.8mol\cdot L^{-1} HNO_3$	$[Fe(SCN)_5]^{2-}$	红	480
	钼	$1.5\sim2mol\cdot L^{-1} H_2SO_4$	$[MoO(SCN)_5]^{2-}$	橙	460
	钨	$1.5\sim2mol\cdot L^{-1} H_2SO_4$	$[WO(SCN)_4]^-$	黄	405
	铌	$3\sim4mol\cdot L^{-1} HCl$	$[NbO(SCN)_4]^-$	黄	420
钼酸铵	硅	$0.15\sim0.3mol\cdot L^{-1} H_2SO_4$	$H_4SiO_4\cdot10MoO_3\cdot Mo_2O_5$	蓝	670～820
	磷	$0.5mol\cdot L^{-1} H_2SO_4$	$H_3PO_4\cdot10MoO_3\cdot Mo_2O_5$	蓝	670～820
	钒	$1mol\cdot L^{-1} HNO_3$	$P_2O_5\cdot V_2O_5\cdot22MoO_3\cdot nH_2O$	黄	420
过氧化氢	钛	$1\sim2mol\cdot L^{-1} H_2SO_4$	$TiO(H_2O_2)^{2+}$	黄	420

② 有机显色剂能与金属离子形成稳定配合物，其显色反应具有较高的灵敏度和选择性，故应用较广。

有机显色剂及其产物的颜色与其分子结构有密切关系。分子中若含有 1 个或 1 个以上不饱和基团（共轭体系）的有机化合物，往往是有颜色的，这些基团称发色团（或生色团），如偶氮基（—N═N—）、醌基（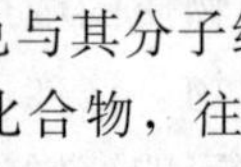）、亚硝基（—N═O）、硫羰基（$>C{=}S$）等基团都是生色团。另外，有些含孤对电子的基团，如—NH_2、—NR_2、—OR、—OH、—SH、—Cl、—Br 等，虽然其本身没有颜色，但它们的存在会影响有色化合物对光的吸

收，使颜色加深，这些基团称为助色团。

有机显色剂的种类繁多，其结构及具体应用可参见有关书籍，表 11-3 列出了一些常用的有机显色剂。

表 11-3　一些常用的有机显色剂

显　色　剂	解离常数	测　定　离　子
邻二氮菲	$pK_a^\ominus=4.96$	Fe^{2+}
双硫腙	$pK_a^\ominus=4.6$	Pb^{2+}，Hg^{2+}，Zn^{2+}，Bi^{3+} 等
丁二酮肟	$pK_a^\ominus=10.54$	Ni^{2+}，Pd^{2+}
铬天青 S(CAS)	$pK_{a_3}^\ominus=2.3$ $pK_{a_4}^\ominus=4.9$ $pK_{a_5}^\ominus=11.5$	Be^{2+}，Al^{3+}，Y^{3+}，Ti^{4+}，Zr^{4+}，Hf^{4+}
茜素红 S	$pK_{a_2}^\ominus=5.5$ $pK_{a_3}^\ominus=11.0$	Al^{3+}，Ga^{3+}，Zr(Ⅳ)，Th(Ⅳ)，F^-，Ti(Ⅳ)
偶氮胂Ⅲ①		Hf(Ⅳ)，Th^{4+}，Zr(Ⅳ)，RE^{3+}，Y^{3+}，Sc^{3+}，Ca^{2+} 等
4-(2-吡啶偶氮)间苯二酚(PAR)	$pK_{a_1}^\ominus=3.1$ $pK_{a_2}^\ominus=5.6$ $pK_{a_3}^\ominus=11.9$	Co^{2+}，Pb^{2+}，Ga^{3+}，Nb(Ⅴ)，Ni^{2+}
1-(2-吡啶偶氮)-2-萘酚(PAN)	$pK_{a_1}^\ominus=2.9$ $pK_{a_2}^\ominus=11.2$	Co^{2+}，Ni^{2+}，Zn^{2+}，Pb^{2+}
4-(2-噻唑偶氮)间苯二酚(TAR)		Co^{2+}，Ni^{2+}，Cu^{2+}，Pb^{2+}

① $K_{a1}=1.3\times10^{-2}$，$K_{a2}=1.1\times10^{-3}$，$K_{a3}=2.3\times10^{-4}$，$K_{a4}=9\times10^{-5}$，$K_{a5}=1.7\times10^{-6}$，$K_{a6}=2.3\times10^{-8}$，$K_{a7}=5\times10^{-10}$，$K_{a8}=1.4\times10^{-12}$。

11.4.3　显色反应条件的选择

显色反应往往会受显色剂用量、体系的酸度、显色反应温度、显色反应时间等因素影响。合适的显色反应条件一般是通过实验来确定的。

(1) 显色剂的用量

对于稳定性高的有色配合物，只要显色剂过量，显色反应就可以定量地进行。而稳定性差的配合物或可形成逐级配合物时，显色剂的用量要过量很多且须严格控制。例如以 SCN^- 作显色剂测定钼时，要求生成红色的配合物 $Mo(SCN)_5$ 进行测定。如果 SCN^- 浓度过高时，就会生成了浅红色的 $[Mo(SCN)_6]^-$，使溶液的吸光度降低。

显色剂的用量可以通过实验确定。实验的方法是固定被测物质的浓度和其他条件，然后用不同量的显色剂进行显色，显色后在测定波长下测量不同显色剂用量时的吸光度。以显色剂的用量为横坐标，以溶液的吸光度为纵坐标绘制吸光度 A-显色剂用量 c 关系曲线。曲线如图 11-11 所示。

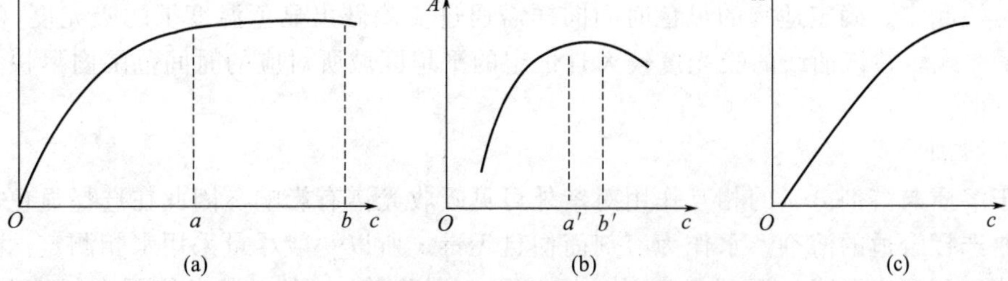

图 11-11　吸光度与显色剂浓度的关系曲线

图 11-11(a)表明当显色剂浓度 c 在 0～a 时，显色剂用量不足，待测离子没有完全转变

为有色配合物，随着显色剂浓度的增加，吸光度不断增大；在 $a \sim b$ 范围内曲线较平直，吸光度变化不大，因此可在 $a \sim b$ 选择显色剂用量。这类反应生成的有色配合物稳定，显色剂可选的浓度范围较宽，适用于光度分析。图 11-11(b)中曲线表明，显色剂过多或过少都会使吸光度变小，因此必须严格控制 c 的大小。显色剂浓度只能选择在吸光度大且较平坦的区域（$a'b'$段）。如硫氰酸盐与钼的反应就属于这种情况。

$$\underset{\text{浅红}}{[Mo(SCN)_3]^{2+}} \underset{-SCN^-}{\overset{+SCN^-}{\rightleftharpoons}} \underset{\text{橙红}}{Mo(SCN)_5} \underset{-SCN^-}{\overset{+SCN^-}{\rightleftharpoons}} \underset{\text{浅红}}{[Mo(SCN)_6]^-}$$

图 11-11(c) 中，吸光度随着显色剂浓度的增加而增大。例如：SCN^- 与 Fe^{3+} 反应生成逐级配合物 $[Fe(SCN)_n]^{3-n}$($n=1, 2, \cdots, 6$)，SCN^- 浓度增大，将生成颜色深的高配位数配合物。在这种情况下必须非常严格地控制显色剂的用量。

(2) 溶液的酸度

酸度对显色反应的影响是多方面的。许多显色剂本身就是有机弱酸或有机弱碱，溶液酸度的变化会影响它们的解离平衡和显色反应能否进行完全；另外，酸度降低可能使金属离子形成各种形式的羟基配合物乃至沉淀；某些逐级配合物的组成可能随酸度而改变，如 Fe^{3+} 与磺基水杨酸的显色反应，当 pH=2～3 时，生成组成为 1∶1 的紫红色配合物；当 pH=4～7 时，生成组成为 1∶2 的橙红色配合物；当 pH=8～10 时，生成组成为 1∶3 的黄色配合物。

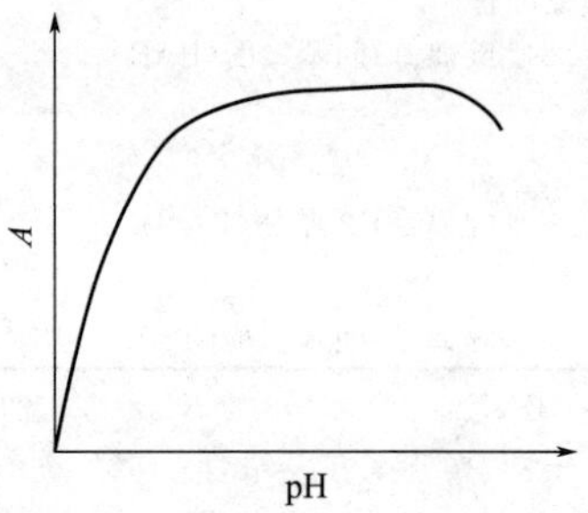

图 11-12 吸光度与 pH 的关系

一般确定适宜酸度的具体方法是，在其他实验条件相同时，分别测定不同 pH 条件下显色溶液的吸光度。通常可以得到如图 11-12 所示的吸光度与 pH 的关系曲线。适宜酸度可在吸光度较大且恒定的平坦区域所对应的 pH 范围中选择。控制溶液酸度的有效办法是加入适宜的 pH 缓冲溶液，但同时应考虑由此可能引起的干扰。

(3) 显色反应温度

多数显色反应在室温下即可很快进行，但也有少数显色反应需要在较高温度下才能较快完成。在这种情况下，需要注意升高温度带来的有色物质热分解问题。适宜的温度也是通过实验来确定的。

(4) 显色反应时间

时间对显色反应的影响需要从以下两方面综合考虑：一方面要保证足够的时间使显色反应进行完全，对于反应速率较小的显色反应，显色时间需要长一些。另一方面测定必须在有色配合物稳定的时间内完成。对于较不稳定的有色配合物，应在显色反应已完成且吸光度下降之前尽快测定。确定适宜的显色时间同样需通过实验做出显色温度下的吸光度（A)-时间（t）关系曲线，在该曲线的吸光度较大且恒定的平坦区域所对应的时间范围内尽快完成测定是最适宜的。

(5) 溶剂

由于溶质与溶剂分子的相互作用对紫外可见吸收光谱有影响，因此在选择显色反应条件的同时要选择合适的溶剂。水作为溶剂简便且无毒，所以一般尽量采用水相测定。如果水相测定不能满足测定要求（如灵敏度差、干扰无法消除等），则应考虑使用有机溶剂。例如，$[Co(SCN)_4]^{2-}$ 在水溶液中大部分解离，加入等体积的丙酮后，因水的介电常数减小而降低了配合物的解离度，溶液显示配合物的天蓝色，可用于钴的测定。对于大多数不溶于水的有机物的测定，常使用脂肪烃、甲醇、乙醇和乙醚等有机溶剂。

（6）共存离子的干扰及消除

若共存离子有色或共存离子与显色剂形成的配合物有色，将干扰待测组分的测定。通常采用下列方法消除干扰。

① 加入掩蔽剂。例如，光度法测定 Ti^{4+}，可加入 H_3PO_4 作掩蔽剂，使共存的 Fe^{3+}（黄色）生成无色的 $[Fe(HPO_4)_2]^-$，消除干扰。又如用铬天青 S 分光光度法测定 Al^{3+}，加入抗坏血酸作掩蔽剂，将 Fe^{3+} 还原为 Fe^{2+}，从而消除 Fe^{3+} 的干扰。选择掩蔽剂的原则是：掩蔽剂不与待测组分反应；掩蔽剂本身及掩蔽剂与干扰组分的反应产物不干扰待测组分的测定。

② 分离干扰离子。在不能掩蔽的情况下，一般可采用沉淀、有机溶剂萃取、离子交换和蒸馏挥发等分离方法除去干扰离子，其中以有机溶剂萃取在分光光度法中应用最多。

另外，选择适当的测量条件（如合适的波长与参比溶液等）也能在一定程度上消除干扰离子的影响。

11.4.4 分光光度法分析条件的选择

在分光光度法的实际测定中，除了需要从试样的角度选择合适的显色反应和显色条件外，还需要从仪器的角度选择适宜的测定条件，以保证测定结果的准确度。

（1）入射光波长的选择

如前所述，在最大吸收波长 λ_{max} 处测定吸光度不仅能获得高的灵敏度，而且还能减少由非单色光引起的对朗伯-比尔定律的偏离。因此，一般选择 λ_{max} 作测定波长。但若在 λ_{max} 处有共存离子的干扰，则应考虑选择灵敏度稍低但能避免干扰的入射光波长，即遵循“吸收最大，干扰最小”的原则。如图 11-13 所示，1-亚硝基-2-萘酚-3,6-磺酸显色剂及其钴配合物在 420nm 处均有最大吸收，如在此波长下测定钴，则未反应的显色剂会发生干扰而降低测定的准确度。因此，应选择 500nm 为测定波长，在此波长下显色剂无吸收，而钴配合物则有一吸收平台。虽然灵敏度有所下降，但可以消除显色剂的干扰。有时为测定高浓度组分，也选用灵敏度稍低的吸收峰波长作为入射光波长，以保证其标准曲线有足够的线性范围。

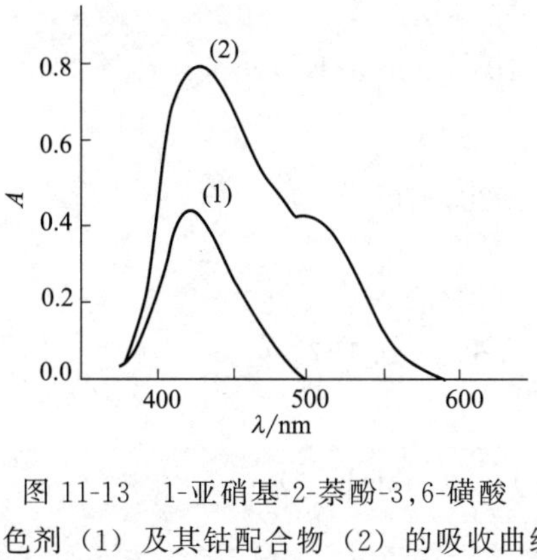

图 11-13　1-亚硝基-2-萘酚-3,6-磺酸显色剂（1）及其钴配合物（2）的吸收曲线

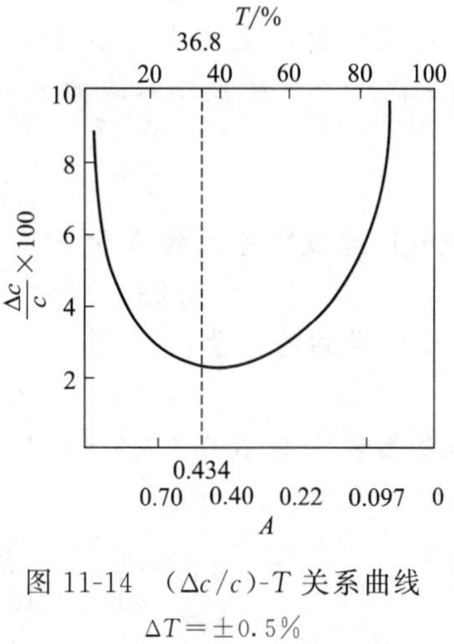

图 11-14　$(\Delta c/c)$-T 关系曲线 $\Delta T=\pm 0.5\%$

（2）吸光度读数范围的选择

对一给定的分光光度计，其透光率读数误差 ΔT 是一定的（一般为 $\pm 0.2\% \sim \pm 2\%$）。但由于透光率与浓度的非线性关系，在不同的透光率读数范围内，同样大小的 ΔT 所产生的

浓度误差 Δc 是不同的。根据朗伯-比尔定律：

$$A=-\lg T=\varepsilon bc$$

对透光率 T 和浓度 c 微分，得

$$-\mathrm{d}\lg T=-0.434\mathrm{d}\ln T=-\frac{0.434}{T}\mathrm{d}T=\varepsilon b\mathrm{d}c$$

两式相除并以微差符号 Δ 代替微分 d，可得

$$\frac{\Delta c}{c}=\frac{0.434}{T\lg T}\Delta T \tag{11-12}$$

式中，$\Delta c/c$ 为浓度测量的相对误差。式(11-12) 表明，浓度测量的相对误差不仅与仪器的透光率误差 ΔT 有关，而且还与透光率 T 有关。假设仪器的 $\Delta T=0.5\%$（只考虑正误差），则可绘出浓度测量相对误差 $\Delta c/c$ 与透光率 T 的关系曲线，如图 11-14 所示。

由图 11-14 可见，浓度的相对误差与透光率读数有关。当 $\Delta T=0.5\%$ 时，T 落在 15%～65%(吸光度读数 A 在 0.80～0.20)，浓度测量的相对误差较小，为 1.5%～2.0%。

要使浓度测量的相对误差 $\Delta c/c$ 最小，对式(11-12) 中的 T 求导数应有一极小值，即

$$\frac{\mathrm{d}}{\mathrm{d}T}\left(\frac{0.434}{T\lg T}\Delta T\right)=\frac{0.434\Delta T(\lg T+0.434)}{(T\lg T)^2}=0$$

解得 $\lg T=-0.434$ 或 $T=36.8\%$，吸光度 $A=0.434$，此时浓度相对误差最小($\Delta c/c=1.4\%$)。因此，在实际测定时，应当采用调节被测溶液的浓度或改变比色皿厚度等方法，使透光率或吸光度的读数落在误差较小的范围（一般吸光度控制在 0.20～0.80)，以减小测量误差，所以用一般分光光度法难于测准高含量或低含量的样品。

【例 11-3】 某含铁约 0.2%的试样，用邻菲咯啉亚铁光度法（$\varepsilon=1.1\times10^4\,\mathrm{L\cdot mol^{-1}\cdot cm^{-1}}$）测定。试样溶解后稀释至 100mL，用 1.0cm 比色皿在 508nm 波长下测定吸光度。若 $\Delta T=0.5\%$，为使吸光度测量引起的浓度相对误差最小，应当称取试样多少克？如果所使用的光度计透光率最适宜读数范围为 20%～65%，则测定溶液中铁的物质的量浓度范围应控制在多少？

解： 根据 $\dfrac{\Delta c}{c}=\dfrac{0.434}{T\lg T}\Delta T$

当 $\Delta T=0.5\%$时，要使浓度相对误差最小，测定的透光率应为 36.8%或吸光度为 0.434。

满足以上条件的被测溶液的浓度应为

$$c=\frac{A}{\varepsilon b}=\frac{0.434}{1.1\times10^4\times1.0}=3.95\times10^{-5}\ (\mathrm{mol\cdot L^{-1}})$$

100mL 溶液中含铁的质量

$$3.95\times10^{-5}\times0.100\times55.85=2.20\times10^{-4}\ (\mathrm{g})$$

应称取样品的质量

$$2.20\times10^{-4}/0.2\%=0.11\ (\mathrm{g})$$

若透光率 T 读数在 20%～65%，则吸光度 A 在 0.699～0.187。

根据 $A=\varepsilon bc$

得

$$c_1=\frac{0.699}{1.1\times10^4\times1.0}=6.35\times10^{-5}\ (\mathrm{mol\cdot L^{-1}})$$

$$c_2=\frac{0.187}{1.1\times10^4\times1.0}=1.70\times10^{-5}\ (\mathrm{mol\cdot L^{-1}})$$

测定溶液中铁的物质的量浓度应控制在 $(1.70\sim6.35)\times10^{-5}\,\mathrm{mol\cdot L^{-1}}$。

(3) 参比溶液的选择

在分光光度法测定中，常用参比溶液来调节仪器的零点，以消除因溶剂和比色皿壁对入射光的反射或吸收而引起的误差，即在相同的吸收池中装入参比溶液，调节仪器使吸光度为零，再测试样的吸光度，此时待测试样的吸光度为：$A=\lg\frac{I_0}{I_t}\approx\lg\frac{I_{参比}}{I_{试液}}$，相当于以透过参比池的光强度作为试样的入射光强度，这样测得的吸光度可以消除溶剂和比色皿引起的误差，能真实地反映待测组分对光的吸收。

参比溶液的选择一般遵循下列原则。

① 若仅待测组分与显色剂的反应产物在测定波长处有吸收，而试液、显色剂及其他试剂均无吸收，可用纯溶剂（如蒸馏水）作为参比溶液。

② 若显色剂或其他试剂在测定波长处略有吸收，而试液本身无吸收，可用“试剂空白”（不加被测试样的试剂溶液）作为参比溶液。

③ 若待测试液本身在测定波长处有吸收，而显色剂等无吸收，可用“试样空白”（不加显色剂的被测试液）作为参比溶液。

④ 若显色剂、试液中其他组分在测定波长处有吸收，则可在试液中加入适当掩蔽剂将待测组分掩蔽后再加显色剂作为参比溶液。

11.5　分光光度法的应用

11.5.1　单组分含量的测定

由朗伯-比尔定律 $A=\varepsilon bc$，如果已知某吸光物质的摩尔吸光系数 ε，则通过测定该物质溶液的吸光度 A，可直接求出该物质的浓度。

此法在实际测定中常采用标准曲线法。标准曲线法又称工作曲线法，具体做法是：首先配制一系列不同浓度待测物质的标准溶液，然后和被测溶液同时进行处理、显色。在相同的条件下分别测定每个溶液的吸光度。以标准溶液的浓度为横坐标，以相应的吸光度为纵坐标，绘制标准曲线。从朗伯-比尔定律可知，标准曲线应该是直线，并且经过原点。根据被测溶液的吸光度就可以从标准曲线上查出其浓度。

标准曲线使用时，应该在其线性范围之内进行，并且使未知溶液的浓度大小处于标准系列的浓度范围之中，这样才能得到较准确的结果。

11.5.2　多组分含量的测定

若试样中含有两种或两种以上的被测组分，根据吸光度具有加和性的特点，在同一试样中不经分离可直接测定各个组分的含量。假设试样中含有 x 和 y 两种组分，在一定条件下将它们转化为有色化合物，分别绘制其吸收曲线，会出现 3 种情况，如图 11-15 所示。

① 吸收曲线互不重叠。如图 11-15(a)中两组分互不干扰，此时可按单组分测定法，分别在 λ_1 和 λ_2 处测量溶液的吸光度。

② 吸收曲线部分重叠。如图 11-15(b)所示。在波长 λ_1 处，y 不干扰 x 的测定，而在波长 λ_2 处，y 和 x 均有吸收。这时可以先在 λ_1 处测量溶液的吸光度 A_{λ_1}，然后再在 λ_2 处测量溶液的吸光度 A_{λ_2}，根据吸光度的加和性原则，可列出下列方程式

$$A_{\lambda_1}=\varepsilon_{x\lambda_1}c_x b$$
$$A_{\lambda_2}=\varepsilon_{x\lambda_2}c_x b+\varepsilon_{y\lambda_2}c_y b$$

式中，c_x 和 c_y 分别为 x 组分和 y 组分的浓度，单位是 $mol\cdot L^{-1}$；$\varepsilon_{x\lambda_1}$、$\varepsilon_{y\lambda_2}$ 分别为 x 组分在波长 λ_1 和 λ_2 处的摩尔吸光系数；$\varepsilon_{y\lambda_2}$ 为 y 组分在 λ_2 处的摩尔吸光系数。

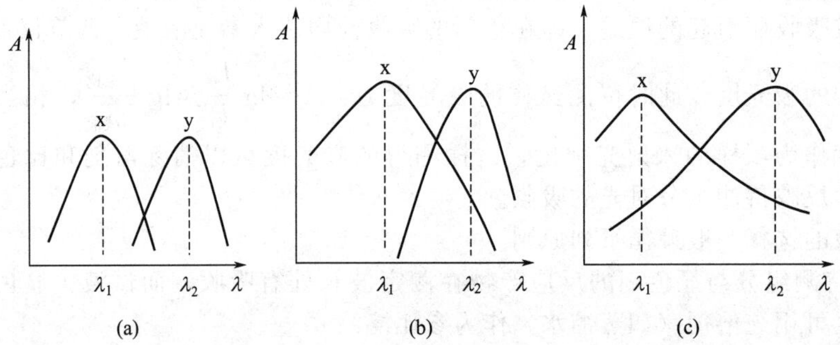

图 11-15 多组分的吸收光谱

若用 x 组分和 y 组分的标准溶液测知两波长处的摩尔吸光系数，并根据实际测定的 A_{λ_1} 和 A_{λ_2} 值，解联立方程，即可求出各自的浓度。

③ 吸收曲线互相重叠。如图 11-15(c) 所示。在 λ_1 和 λ_2 处 x 组分和 y 组分均有吸收，表明两组分彼此互相干扰。这时首先在 λ_1 处测定混合物吸光度 A_{λ_1} 和纯组分 x 及 y 的 $\varepsilon_{x\lambda_1}$、$\varepsilon_{y\lambda_1}$，然后在 λ_2 处测定混合物吸光度 A_{λ_2} 和纯组分 x 及 y 的 $\varepsilon_{x\lambda_2}$、$\varepsilon_{y\lambda_2}$。根据吸光度的加和性原则，可列出方程式：

$$A_{\lambda_1}=\varepsilon_{x\lambda_1}c_xb+\varepsilon_{y\lambda_1}c_yb$$
$$A_{\lambda_2}=\varepsilon_{x\lambda_2}c_xb+\varepsilon_{y\lambda_2}c_yb$$

式中，$\varepsilon_{x\lambda_1}$、$\varepsilon_{y\lambda_1}$、$\varepsilon_{x\lambda_2}$ 和 $\varepsilon_{y\lambda_2}$ 均由已知浓度 x 及 y 的纯溶液测得。试样的 A_{λ_1} 和 A_{λ_2} 由实验测得，解联立方程，即可求出两个组分的浓度。对于更复杂的多组分体系，可用计算机处理测定的数据。

【例 11-4】 NO_2^- 在 355nm 处 $\varepsilon_{355nm}=23.2L\cdot mol^{-1}\cdot cm^{-1}$，302nm 处 $\varepsilon_{302nm}=9.32L\cdot mol^{-1}\cdot cm^{-1}$；$NO_3^-$ 在 355nm 处的吸收可以忽略，在波长 302nm 处 $\varepsilon_{302nm}=7.24L\cdot mol^{-1}\cdot cm^{-1}$。今有一含 NO_2^- 和 NO_3^- 的试液，用 1cm 比色皿测得 $A_{302nm}=1.010$，$A_{355nm}=0.730$。计算试液中 NO_2^- 和 NO_3^- 的浓度。

解：设 NO_2^- 的浓度为 c_x，NO_3^- 的浓度为 c_y。

由吸光度的加和性得联立方程

$$1.010=9.32c_x+7.24c_y$$
$$0.730=23.2c_x$$

得

$$c_x=0.0315mol\cdot L^{-1}$$
$$c_y=0.099mol\cdot L^{-1}$$

11.5.3 高含量组分的测定

一般分光光度法仅适用于微量组分的测定，对于常量或高含量组分的测定则产生较大的误差。这是因为当待测组分浓度过高时，会偏离朗伯-比尔定律，也会因所测的吸光度值超出适宜的读数范围而产生较大的浓度相对误差，导致测定结果的准确度降低。若采用示差分光光度法（differential spectrophotometry），能较好地解决这一问题。

示差分光光度法与普通光度法的主要区别在于它们所采用的参比溶液不同。示差法一般采用一个合适浓度（接近试样浓度）的标准溶液作参比溶液来调节光度计标尺读数以进行测量。

设待测溶液的浓度为 c_x，标准溶液浓度为 $c_s(c_s<c_x)$。示差法测定时，首先用标准溶液 c_s 作参比调节仪器透光率 T 为 100%($A=0$)，然后测定待测溶液的吸光度，该吸光度为相对吸光度 ΔA。例如，用普通光度法测得待测溶液和标准溶液的吸光度分别为 A_x 和 A_s，则

$$A_x=\varepsilon bc_x,\qquad A_s=\varepsilon bc_s$$

$$\Delta A=A_x-A_s=\varepsilon bc_x-\varepsilon bc_s=\varepsilon b\Delta c \tag{11-13}$$

式(11-13) 表明，示差法所测得的吸光度实际上相当于普通光度法中待测溶液与标准溶液吸光度之差 ΔA，ΔA 与待测溶液和标准溶液的浓度差 Δc 呈线性（正比）关系。若用 c_s 为参比，测定一系列 Δc 已知的标准溶液的相对吸光度 ΔA，以 ΔA 为纵坐标、Δc 为横坐标，绘制 ΔA-Δc 工作曲线，即示差法的标准曲线。再由测得的待测溶液的相对吸光度 ΔA_x，即可从标准曲线上查出相应的 Δc，根据 $c_x=c_s+\Delta c$ 计算得出待测溶液的浓度 c_x。

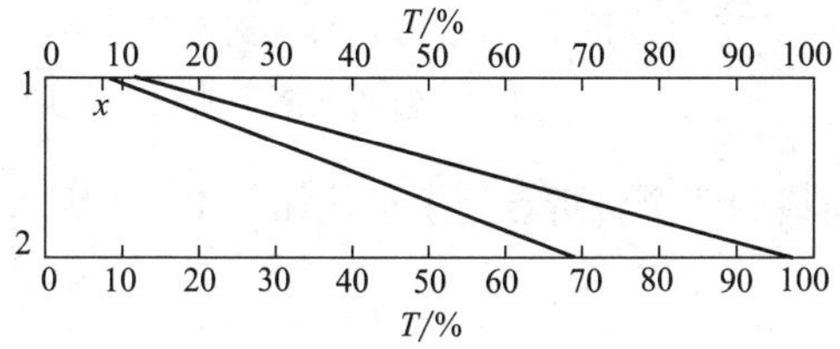

图 11-16 示差法标尺扩大原理

示差法能够测定高浓度试样的原理见图 11-16。

设普通光度法中，浓度为 c_s 的标准溶液的透光率 T_s 为 10%，而示差法中该标准溶液用作参比溶液，其透光率调至 $T_r=100\%$($A=0$)，这相当于将仪器透光率标尺扩大了 10 倍。若待测溶液 c_x 在普通光度法中的透光率为 $T_x=7\%$，则示差法中将是 $T_r=70\%$，此读数落在透光率的适宜范围内，从而提高了 Δc 测量的准确度。

【例 11-5】 用一般分光光度法测量 $0.0010\text{mol}\cdot\text{L}^{-1}$ 锌标准溶液和含锌的试液，分别测得吸光度 $A_s=0.700$ 和 $A_x=1.00$，两种溶液的透光率相差多少？如果用 $0.0010\text{mol}\cdot\text{L}^{-1}$ 锌标准溶液作为参比溶液，用示差法测定，试样的吸光度是多少？示差法与普通分光光度法相比较，读数标尺放大了多少倍？

解：$A_s=0.700$ 时，$T=10^{-A}=20\%$；$A_x=1.00$ 时，$T=10\%$

两种溶液的透光率之差为 $\Delta T=20\%-10\%=10\%$

示差法测定时，把标准溶液的透光率 20%调节为 100%，放大了 5 倍，此时，试液的透光率由 10%被放大为 50%，所以试液的吸光度为 $A=-\lg 0.5=0.301$，示差法读数标尺放大的倍数为 50/10=5 倍。

用示差法时，要求仪器光源有足够的发射强度或能增大光电流的放大倍数，以便能调节示差法所用参比溶液的透光率为 100%。因此，示差法要求仪器具有质量较高的单色器并足够稳定。

11.5.4 光度滴定法

光度滴定法可用于氧化还原、酸碱、配位及沉淀等各类滴定反应终点的确定。光度滴定是将滴定操作与吸光度的测量相结合的一种测定方法，即根据测定过程中溶液吸光度的突变来确定终点。通常用经过改装的在光路中可插入滴定容器的分光光度计或光电比色计来进行。具体步骤是：在选定的波长下，待测溶液中每加入一定体积的滴定剂后测量吸光度，以滴定剂加入的体积 V(mL) 为横坐标，以吸光度 A 为纵坐标，绘制 A-V 曲线（称光度滴定曲线），光度滴定曲线上吸光度有显著变化的转折点即为滴定终点。

如光度滴定法确定 EDTA 连续滴定 Bi^{3+} 和 Cu^{2+} 的终点。在波长 745nm 处，用

0.1mol·L^{-1}EDTA 滴定 100mL 含 Bi^{3+} 和 Cu^{2+} 的待测溶液（pH=2.0），所得的光度滴定曲线如图 11-17 所示。由于 EDTA-Bi 的稳定常数比 EDTA-Cu 的稳定常数大得多，用 EDTA 滴定混合离子时，滴入的 EDTA 首先和 Bi^{3+} 反应生成无色配合物，而且在测定波长下 Bi^{3+}、EDTA、Bi-EDTA 均无吸收，因此，Bi^{3+} 完全反应之前，即第一化学计量点前随着 EDTA 的不断加入，溶液的吸光度 A 不变。当达到第一化学计量点后，随着 EDTA 的加入，Cu^{2+} 开始与 EDTA 形成蓝色配合物 Cu-EDTA，因 Cu-EDTA 在此波长处有吸收，故吸光度 A 开始增加，直到第二化学计量点，即 Cu^{2+} 完全反应。第二化学计量点后，随 EDTA 的增加，溶液的吸光度 A 又保持恒定。滴定终点可用直线外推法在曲线的两个转折点处求得，如图 11-17 所示。

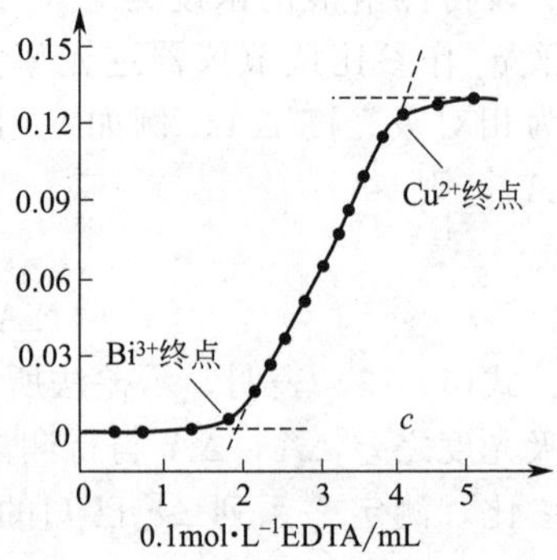

图 11-17 用 EDTA 滴定 Bi^{3+} 和 Cu^{2+} 的光度滴定曲线

11.5.5 酸碱解离常数的测定

分光光度法是测定弱酸（碱）解离常数的常用方法。现以一元弱酸 HL 为例，在溶液中有如下平衡关系。

$$HL \rightleftharpoons H^+ + L^-$$

$$K_a^{\ominus}=\frac{[c(H^+)/c^{\ominus}][c(L^-)/c^{\ominus}]}{[c(HL)/c^{\ominus}]} \text{或 } pK_a^{\ominus}=pH+\lg\frac{[c(HL)/c^{\ominus}]}{[c(L^-)/c^{\ominus}]} \tag{11-14}$$

从式(11-14) 可知，只要在某一确定的 pH 下，知道 c(HL) 和 $c(L^-)$ 的比值，就可以计算 $pK_a^{\ominus}$。HL 与 L^- 互为共轭酸碱，它们的平衡浓度之和等于弱酸 HL 的分析浓度 c。只要两者都遵从朗伯-比尔定律，就可以通过测定溶液的吸光度求得 c(HL) 和 $c(L^-)$ 的比值。具体做法是：先配制一系列总浓度（c）相等，而 pH 不同的 HL 溶液，用酸度计测定各溶液的 pH。在酸式（HL）或碱式（L^-）有最大吸收的波长处，用 1cm 比色皿测定各溶液的吸光度 A，则

$$A=\varepsilon(HL)c(HL)+\varepsilon(L^-)c(L^-)$$

根据分布系数的定义

$$A=\varepsilon(HL)\frac{c(H^+)c}{K_a^{\ominus}+c(H^+)}+\varepsilon(L^-)\frac{K_a^{\ominus}c}{K_a^{\ominus}+c(H^+)} \tag{11-15}$$

假设高酸度时，弱酸全部以酸式形式存在 [$c=c$(HL)]，测得的吸光度为 A(HL)，则

$$A(HL)=\varepsilon(HL)c \tag{11-16}$$

在低浓度时，弱酸全部以碱式形式存在 [$c=c(L^-)$]，测得的吸光度为 $A(L^-)$，则

$$A(L^-)=\varepsilon(L^-)c \tag{11-17}$$

将式(11-16) 和式(11-17) 代入式(11-15)，得 $A=\dfrac{c(H^+)A(HL)}{K_a^{\ominus}+c(H^+)}+\dfrac{K_a^{\ominus}A(L^-)}{K_a^{\ominus}+c(H^+)}$

整理得

$$K_a^{\ominus}=\frac{A(HL)-A}{A-A(L^-)}c(H^+)$$

取负对数得

$$pK_a^{\ominus}=pH+\lg\frac{A-A(L^-)}{A(HL)-A} \tag{11-18}$$

式(11-18) 是用光度法测定一元弱酸解离常数的基本公式。利用实验数据，可由此公式求算解离常数，或由图解法（图 11-18 或图 11-19）求得。

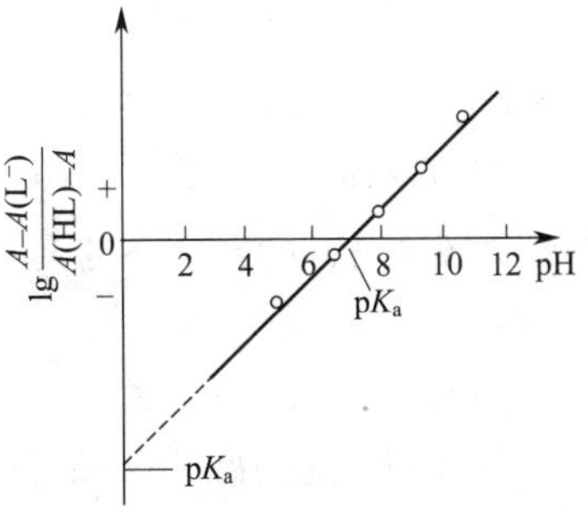

图 11-18　作图法测定一元弱酸的解离常数

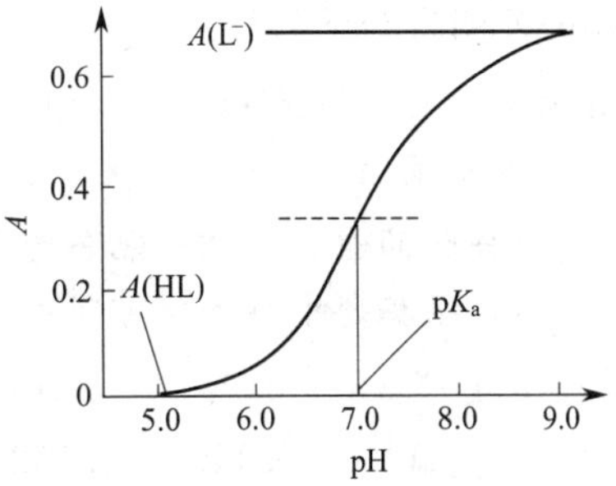

图 11-19　吸光度与 pH 的关系

11.5.6　配合物组成及稳定常数的测定

应用分光光度法还可以研究配合物组成（配位比）和测定稳定常数。其中摩尔比法最为常用。它根据金属离子 M 在与配位体 L 反应过程中被饱和的原则来测定配合物的组成。

设金属离子 M 与配位体 L 的配位反应为

$$M + nL \rightleftharpoons ML_n$$

若 M 和 L 均不干扰 ML_n 的吸收，且其分析浓度分别是 $c(M)$、$c(L)$，那么固定金属离子浓度，改变配位体 L 的浓度，可得到一系列 $c(L)/c(M)$ 不同的溶液。在适宜波长下测定各溶液的吸光度，然后以吸光度 A 为纵坐标，以 $c(L)/c(M)$ 为横坐标作图，可得图 11-20。当加入的配位体 L 还没有使 M 定量转化为 ML_n 时，曲线处于直线阶段；当加入的配位体 L 已使 M 定量转化为 ML_n 并稍有了过量时，曲线便出现转折；加入的 L 继续过量，曲线便成水平直线。转折点所对应的横坐标 $c(L)/c(M)$ 的值，就是 n 的值，配合物的配位比为 1∶n。若配合物较稳定，则曲线转折点明显；反之，则不明显，这时可用外推法求得两直线的交点，交点对应的 $c(L)/c(M)$ 即是 n。此法简便，适合于测定离解度小、配位比高的配合物的组成。

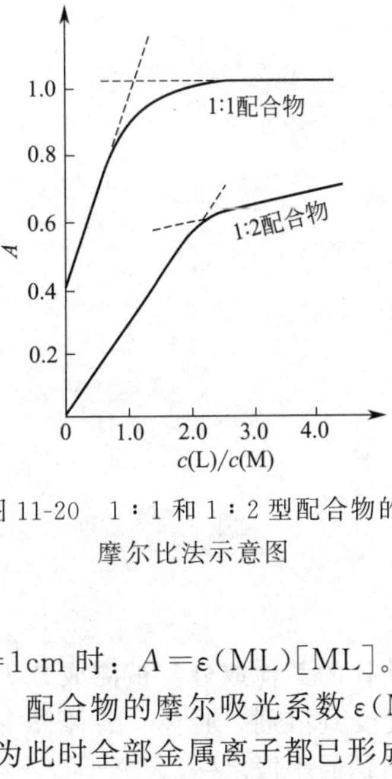

图 11-20　1∶1 和 1∶2 型配合物的摩尔比法示意图

此法也可用于配合物稳定常数的测定。如图 11-20 中，当形成 1∶1 配合物时，根据物料平衡得

$$c(M)=[M]+[ML],\ c(L)=[L]+[ML]$$

如果金属离子和配位体在测定波长处均无吸收，则 $b=1cm$ 时：$A=\varepsilon(ML)[ML]$。

配合物的摩尔吸光系数 $\varepsilon(ML)$ 可由 $c(L)/c(M)$ 的比值较高时恒定的吸光度 A_0 求得，因为此时全部金属离子都已形成配合物，$c(M)=[ML]$，故 $\varepsilon(ML)=A_0/c(M)$。

用反应不完全区域的吸光度及 $c(M)$、$c(L)$ 代入 $K^{\ominus}_{稳}$ 的定义式，即可得到 $K^{\ominus}_{稳}$ 值。

$$K^{\ominus}_{稳}=\frac{[ML]}{[M][L]}=\frac{[ML]}{(c(M)-[ML])(c(L)-[ML])}=\frac{A/\varepsilon(ML)}{[c(M)-A/\varepsilon(ML)][c(L)-A/\varepsilon(ML)]}$$

或

$$K^{\ominus}_{稳}=\frac{c(M)A/A_0}{[c(M)-c(M)A/A_0][c(L)-c(M)A/A_0]} \tag{11-19}$$

式(11-19) 适用于 1∶1 型配合物稳定常数的计算（取几组数据求其平均值），其他组成的配合物的稳定常数应根据稳定常数的定义，按照同样方法得出相应的计算公式进行计算。

【例 11-6】　Mn^{2+} 与配位体 R^- 反应生成有色配合物，用摩尔比法测定其组成及配合物的稳定常数。固定 Mn^{2+} 的浓度为 $2.00\times10^{-4}mol\cdot L^{-1}$，而改变 R^- 的浓度。用 1cm 比色皿在 525nm 处测得如下数据：

R^-的浓度 $c/\times10^{-4}mol\cdot L^{-1}$	0.500	0.750	1.00	2.00	2.50	3.00	3.50	4.00
吸光度 A	0.112	0.162	0.216	0.372	0.449	0.463	0.470	0.470

求：(1) 配合物的组成；(2) 配合物在 525nm 处的摩尔吸光系数 ε；(3) 配合物的 $K^{\ominus}_{稳}$。

解：(1) 根据题中数据，可列出下表

横坐标 $c(L)/c(M)$	0.25	0.375	0.50	1.00	1.25	1.50	1.75	2.00
纵坐标 A	0.112	0.162	0.216	0.372	0.449	0.463	0.470	0.470

并作图，可得如图 11-21 所示，由外推法确定配合物的组成为 MnR^+，即配合物的化学式为 MnR^+。

(2) 配合物在 525nm 处的摩尔吸光系数

$$\varepsilon(ML)=A_0/c(M)=0.470/2.00\times10^{-4}=2.35\times10^3(L\cdot mol^{-1}\cdot cm^{-1})$$

(3) $K^{\ominus}=\dfrac{[ML]}{[M][L]}=\dfrac{[ML]}{(c(M)-[ML])(c(L)-[ML])}=\dfrac{A/\varepsilon(ML)}{[c(M)-A/\varepsilon(ML)][c(L)-A/\varepsilon(ML)]}$

利用上式可计算不同浓度比对应的稳定常数

$A=0.216$ 时，$K^{\ominus}_{稳}=1.05\times10^5$

$A=0.162$ 时，$K^{\ominus}_{稳}=8.62\times10^4$

$A=0.112$ 时，$K^{\ominus}_{稳}=1.36\times10^5$

配合物 MnR^+ 的稳定常数可取以上数据的平均值，即 $K^{\ominus}_{稳}=1.09\times10^5$。

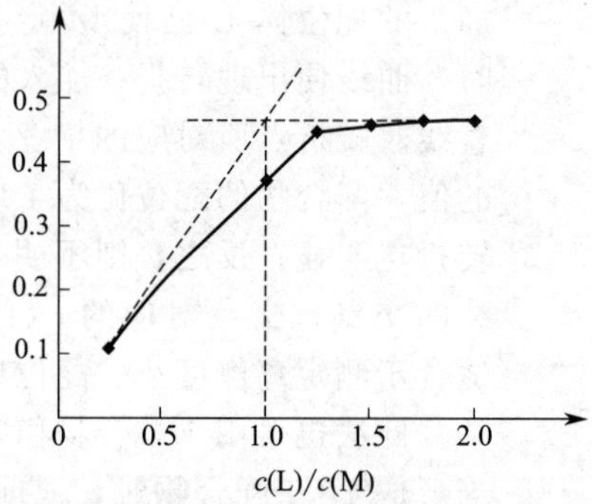

图 11-21 摩尔比法图示

11.5.7 双波长分光光度法

在单波长光度分析中，常遇到以下问题的困扰。首先是共存的其他成分与被测成分吸收带重叠，干扰测定结果。其次是在测定的波长范围内，辐射光受到溶剂、胶体、悬浮体等散射或吸收，产生背景干扰。双波长光度分析法就是解决上述问题的手段之一。

双波长分光光度法与普通分光光度法的区别在于不需要参比溶液，而需要参比波长。将光源发出的光分成两束，通过两个单色器获得两束单色光（λ_1 和 λ_2），分别称为测定波长和参比波长。再通过切光器的调节，两束单色光快速交替通过同一样品溶液之后到达检测器，从而产生交流信号。根据朗伯-比尔定律

$$A_{\lambda_1}=\varepsilon_{\lambda_1}cb+A_{b\lambda_1}$$
$$A_{\lambda_2}=\varepsilon_{\lambda_2}cb+A_{b\lambda_2}$$

式中，A_b 表示背景和干扰物质的吸收，若 λ_1 和 λ_2 处的 A_b 相同，则上述两式相减得

$$\Delta A=A_{\lambda_2}-A_{\lambda_1}=(\varepsilon_{\lambda_2}-\varepsilon_{\lambda_1})cb \qquad (11\text{-}20)$$

由式(11-20) 可知，两波长处所测得的吸光度的差值与组分的浓度呈线性关系。双波长分光光度法就是基于此原理进行定量分析的。

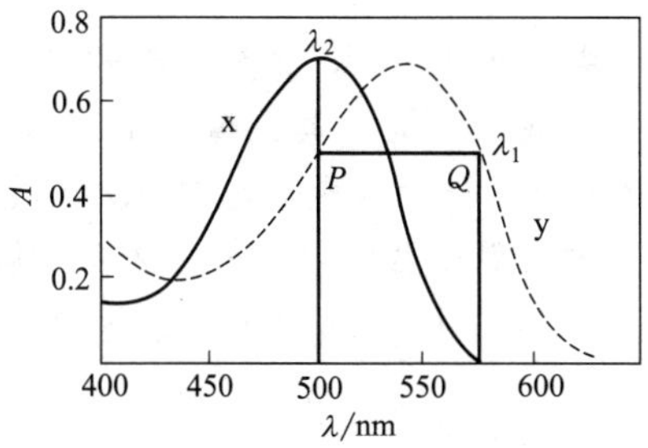

图 11-22　作图法确定测定波长和参比波长

双波长分光光度法中如何选择测定波长和参比波长，是提高测定准确度的关键问题。一般选择原则如下。

① 干扰组分在 λ_1 和 λ_2 处具有相等的吸光度。

② 待测组分在 λ_1 和 λ_2 处有足够大的吸光度差值。

通常采用等吸收波长法选择两个波长可满足上述条件。若有待测组分 x 和干扰组分 y，先分别测定单纯组分 x 和 y 标准溶液的吸收光谱（如图 11-22），然后用作图的方法选择两个波长。测定波长 λ_2 可选在待测组分 x 的吸收峰处或其附近；参比波长 λ_1 选在干扰组分 y 的吸收满足 $A_{\lambda_1}=A_{\lambda_2}$ 处，即在图 11-22 中，从 λ_2 处作波长轴的垂线，与干扰组分 y 的吸收曲线交于点 P，再过点 P 作波长轴的平行线，与干扰组分 y 的吸收曲线交于另一点 Q，则点 Q 所对应的波长为参比波长 λ_1。

双波长分光光度法通过测定参比波长 λ_1 处和测定波长 λ_2 处的吸光度的差值进行定量，由于仅用一个吸收池，且用试液本身作参比液，因此消除了吸收池及参比液所引起的误差，在一定程度上克服了单波长的局限性，扩展了分光光度法的应用范围。

【知识拓展】

光谱分析法的建立

1. 牛顿与夫琅和费的光谱研究

1663 年，24 岁的牛顿（Isaac Newton）开始研究光谱问题，这也是他科学创造生涯的开始。1672 年，牛顿在伦敦皇家学会的《哲学汇刊》上发表了处女作《光和色的新理论》，指出“阳光透过玻璃棱镜折射到对面的墙上，于是看到这束阳光变成了光艳夺目的绚丽彩带”，牛顿把这种色带命名为光谱。1675 年，他进一步指明了光的不同折射率与颜色的关系，正确地解释了日光通过三棱镜后之所以会展现成光谱的原因，消除了亚里士多德以来关于颜色问题的种种糊涂概念。

牛顿对大阳光谱的研究成果是一项划时代的科学成就，揭开了一个崭新的科学天地。从此以后，观察和研究光谱的人越来越多，观测技术也日益先进，光谱学作为一门新的学科诞生了。

140 年的漫长岁月过去了。1802 年，英国化学家武拉斯顿（William Hyde Wollaston）仔细观察了太阳光谱，发现光谱中各颜色间并不是完全连续的，其中夹杂着一些暗线。但是这种黑线说明什么问题呢？武拉斯顿并没有深入探讨，却误把这些暗线的出现归结于棱镜的缺陷，也就未能掌握这把解释宇宙奥秘的宝贵钥匙。

在武拉斯顿发现这个问题后的 12 年，太阳光谱的黑线又出现在德国物理学家夫琅和费（Joseph von Fraun-hofer，1787—1826）的眼前。他紧紧抓住了这个现象并进行了深入研究。1814 年，他在太阳光的连续光谱中发现有许多暗线，查其数目竟达 700 多条，其中最明显的黑线有八条，分别标记为 A、B、C、…、G，这就是著名的夫琅和费线。夫琅和费还进一步了解到：这些黑线的位置均一定，不管用何种玻璃制成的棱镜都无变化。概括这些现象可知，产生黑线的原因并不在于别的，而在于太阳光线本身。这些暗线的强度分布包含着丰富的有关原子内部结构的知识，当时虽未能被人们所理解，但引起了科学家们对光谱学更广泛的兴趣。

夫琅和费后来又兴致勃勃地观察了行星的光谱，发现其中也有暗线，并和太阳光谱中的暗线位置相同。他也观察了电弧光谱，发现它与太阳光谱却截然不同，其光谱是不连续的，由一系列密集但相隔开的亮线组成。当他把太阳光谱与火焰光谱进行对比后，发现火焰光谱中的两条明亮黄线恰恰落在太阳光谱中两条D暗线上（即我们现在熟知的钠D双线）。那么太阳光谱中的暗线是怎么形成的？火焰中存在的明亮黄线恰落在D暗线的位置上又意味着什么？夫琅和费百思不得其解。

2. 光谱检验法的实现

1825年，关于光谱研究有了重大突破。这一年，英国皇家学会成员、物理学家泰尔包特（William Henry Fox Talbot）制造了一种研究火焰光谱的仪器，重复了1762年马格拉夫（Marggraf）曾进行过的火焰焰色试验，观察到很多盐类都能使火焰着上特殊颜色，如：钠盐会把火焰染成黄色，钾盐总把火焰染成紫色，铜盐会把火焰染成翠绿色，镁盐把火焰染成草绿色，锶盐和锂盐则会把火焰染成鲜艳的红色。此后，他把灯芯浸在待试的盐溶液中，晾干后把它点燃，通过观察其火焰光谱来进一步搞清这种现象，从而了解了各种金属盐的特征光谱，成为第一位意识到把某一特征谱线和某种元素联系起来的人。泰尔包特在实验报告中激动地写下："我能毫不含糊地借助分光分析，即使令极小量的锂和锶混在一起，我也能够把它们区别开来，如果和其他方法比较，这种方法绝不逊色。"

而后，科学家们相继进行了深入研究。其中，瑞典物理学家昂斯特朗（Anders Jonas Angstrom）在1852年发表了一篇论文，介绍了一系列固体和气体物质的光谱，指出："某种金属和它的化合物给出相同的光谱。"这就是说，火焰光谱中那些有特征性的明亮谱线是分别属于某种元素的，在火焰光谱中某条或某些条特征谱线的出现就表明火焰中存在某种元素，或者说某种特征谱线是某种元素的标志。及至1851年，美国物理学家阿尔特（David Alter）根据大量的研究工作，正式提出了光谱定性分析的建议。他指出："一种元素的发射光谱与其他元素的发射光谱比较，无论是光谱线的数目、强度和位置都不相同。因此对发射光谱的观测，可以简便地检验出某种元素。……利用一块棱镜就可以将星球和地球上的元素检验出来。"

至于太阳光谱中的暗线以及其中的D_1、D_2线恰好与钠的两条黄线重合的真相问题引起了德国的两位科学家本生（Robert Wilhclm Bunsen）和基尔霍夫（Gustav Robcrt Kirchhoff）的兴趣。本生萌生了通过焰色信号检定元素的设想。1859年，其挚友物理学家基尔霍夫便建议并协助他制造了一台看谱镜，以提高检验的可靠性。从此光谱检验技术正式开始了。但基尔霍夫更关心的是夫琅和费的发现。他原认为太阳光谱中出现D_1、D_2双线与钠火焰光谱的双黄线恰好重合，这表明太阳中缺少钠元素，但当他以钠火焰试图去"补充"时，其效果却是加了此双线的黑度，于是他只能推测：炽热的钠蒸气既能发射钠D线，又能吸收D线。于是他用石灰光（以氢氧焰煅烧石灰所产生的耀眼白光）所产生的连续光谱验证自己的设想，结果得到了证实。于是他得出结论：在太阳中含有钠，那些夫琅和费暗线和煤气灯火焰光谱中的亮线一样，也能反映出太阳中所存在的元素。

1859年10月20日，基尔霍夫向柏林科学院报告：经过光谱考察，表明太阳中有氢、钠、铁、钙、镍等元素。他的见解和新发现立即轰动了全球的科学界，在地球上居然检定出了一亿五千万千米以外太阳的化学元素组成。从此光谱分析不仅成了化学家的重要检测手段，也成了物理学界、天文学界开展科学研究的重要武器。

本章小结

1. 物质颜色与光吸收的关系。
2. 吸光光度法的基本概念和特点；吸收曲线的特点及其应用。
3. 朗伯-比尔定律的数学表达式 $A=\varepsilon bc$、原理、应用及偏离情况。
4. 吸光系数与摩尔吸光系数之间的联系与区别。
5. 显色反应的特点、条件和测量条件的选择。
6. 吸光光度法的应用及测定所需仪器。

习题

1. 什么叫做单色光？什么叫做复合光？哪一种光适用于朗伯-比尔定律？
2. 什么叫做互补色？与物质的颜色有什么关系？
3. 什么是透光率和吸光度？两者有什么关系？
4. 朗伯-比尔定律的物理意义是什么？什么叫做吸收曲线？什么叫做标准曲线？
5. 什么是摩尔吸光系数、质量吸光系数？两者有什么关系？
6. 分光光度法的误差来源有哪些？
7. 分光光度计的基本部件有哪些？
8. 举例说明如何选择参比溶液？
9. 什么是示差分光光度法？此法主要适合于哪些样品的测定？它为什么能提高测定的准确度？
10. 利用光度滴定法判断滴定终点的依据是什么？
11. 测定工业盐酸中铁含量时，常用盐酸羟胺还原 Fe^{3+}，用邻菲咯啉显色。显色剂本身及其他试剂均无色，邻菲咯啉-Fe^{2+} 为橙色。用标准曲线法进行工业盐酸中微量铁含量分析时，应选用什么作参比溶液？
12. 有两种不同浓度的有色溶液，当液层厚度相同时，对于某一波长的光，透光率 T 分别为：(1) 65.0%，(2) 41.8%，求它们的吸光度 A。若已知溶液 (1) 的浓度为 6.51×10^{-4} mol·L^{-1}，求溶液 (2) 的浓度。
13. 一束单色光通过厚度为 1cm 的有色溶液后，透光率为 70%，当它们通过 5cm 厚的相同溶液后，透光率变为多少？
14. 某一吸光物质的摩尔吸光系数为 1.1×10^{4} L·mol^{-1}·cm^{-1}，当此物质溶液的浓度为 3.00×10^{-5} mol·L^{-1}、液层厚度为 0.5cm 时，求 A 和 T。
15. 用 1cm 的比色皿在 525nm 波长处测得浓度为 1.28×10^{-4} mol·L^{-1} $KMnO_4$ 溶液的透光率是 50%，试求：

(1) 此溶液的吸光度。

(2) 如果 $KMnO_4$ 的浓度是原来浓度的 2 倍，透光率和吸光度各是多少？

(3) 在 1cm 比色皿中，若透光率是 75%，则其浓度又是多少？

16. 浓度为 25.5μg·50mL^{-1} 的 Cu^{2+} 溶液，用双环己酮草酰二腙比色测定。在波长 600nm 处，用 1cm 的比色皿测得 $T=70.8\%$，求摩尔吸光系数 ε。
17. 0.088mg Fe^{3+}，用硫氰酸盐显色后，在容量瓶中用水稀释至 50mL，用 1cm 比色皿，在波长 480nm 处测得 $A=0.740$。求吸光系数 ε。
18. 有一化合物的分子量是 125，摩尔吸光系数为 2.50×10^{4} L·mol^{-1}·cm^{-1}，今欲配制该化合物的溶液 1L，使其在稀释 1200 倍后，在 1cm 的比色皿中测得的吸光度为 0.60，则应称取该化合物多少克？
19. 今有一台分光光度计，透光率的读数误差为 0.5%。计算在下列吸光度时，测得的浓度相对误差（只考虑正误差）？从计算结果得出何结论？

(1) 0.095　　(2) 0.631　　(3) 0.803　　(4) 0.492

20. 某溶液浓度为 c，以纯试剂作参比溶液时，吸光度 A 为 0.434，设仪器读数误差为 0.2%，(1) 求浓度的相对误差；(2) 在相同测量条件下，浓度为 $3c$ 的溶液在测量时引起的浓度相对误差为多少？（只考虑正误差)；(3) 计算结果说明什么？

21. 在 1.00cm 比色皿中测得下列数据：求 A+B 混合液中 A 和 B 的物质的量浓度分别为多少？

溶 液	浓度/mol·L^{-1}	A(450nm)	A(700nm)
A	5.0×10^{-4}	0.800	0.100
B	2.0×10^{-4}	0.100	0.600
A+B	未知	0.600	1.000

22. 用 8-羟基喹啉-氯仿萃取比色法测定 Fe^{3+} 和 Al^{3+} 时，吸收曲线有部分重叠。在相应的条件下，用含铝 1μg 时在波长 390nm 和 470nm 处分别测得 A 为 0.025 和 0.000，含铁 1μg 时在波长 390nm 和 470nm 处分别测得 A 为 0.010 和 0.020。现取 1mg 含铁、铝的试样，在波长 390nm 和 470nm 处测得试液的吸光度分别为 0.500 和 0.300。求试样中 Fe 和 Al 的质量分数。

23. 用普通的分光光度法测定 0.00100mol·L^{-1} 锌标准溶液和含锌的试样溶液，分别测得 $A_{标}=0.700$，$A_{样}=1.00$。若用 0.00100mol·L^{-1} 锌标准溶液作参比溶液，此时试样溶液的吸光度是多少？读数标尺扩大了多少倍？

24. 用硅钼蓝法测定 SiO_2。用浓度为 0.020mg·mL^{-1} 的 SiO_2 标准溶液作参比溶液，测定另一浓度为 0.100mg·mL^{-1} 的 SiO_2 标准溶液，测得透光率 T 为 14.4%。今有一未知溶液，在相同的条件下测得透光率 T 为 31.8%。求该未知溶液的 SiO_2 浓度。(提示：$A_x-A_s=ab\Delta c$。)

25. 用磺基水杨酸法测定微量铁。标准溶液是由 0.2160g 的 $NH_4Fe(SO_4)_2\cdot12H_2O$ 溶于水中稀释至 500mL 配制。根据下列数据，绘制标准曲线：

标准铁溶液体积 V/mL	0.0	2.0	4.0	6.0	8.0	10.0
吸光度 A	0.0	0.165	0.320	0.480	0.630	0.790

某试液 5.0mL，稀释至 250mL。取此稀释液 2.0mL，与绘制标准曲线相同条件下显色和测定吸光度，测得 $A=0.500$，求试液中铁的含量 (mg·mL^{-1})。

26. 若某一元弱酸的浓度为 2.0×10^{-4}mol·L^{-1} 时，在不同的 pH 缓冲溶液中，以 1.0cm 吸收池于 520nm 波长下测得如下吸光度数据：

pH	0.88	1.17	2.99	3.41	3.95	4.89	5.50
A	0.890	0.890	0.692	0.552	0.385	0.260	0.260

计算该一元弱酸的解离常数 $K_a^{\ominus}$。

27. 用摩尔比法测定镁与有机试剂的配合比，固定镁的浓度为 1.0×10^{-3}mol·L^{-1}，加入不同有机试剂的浓度分别测定吸光度，测得如下数据：

序 号	c(Mg)/mol·L^{-1}	c(HR)/mol·L^{-1}	A
1	1.0×10^{-3}	0.2×10^{-3}	0.065
2	1.0×10^{-3}	0.4×10^{-3}	0.150
3	1.0×10^{-3}	0.6×10^{-3}	0.225
4	1.0×10^{-3}	0.8×10^{-3}	0.294
5	1.0×10^{-3}	1.0×10^{-3}	0.355
6	1.0×10^{-3}	1.2×10^{-3}	0.385
7	1.0×10^{-3}	1.4×10^{-3}	0.400
8	1.0×10^{-3}	2.0×10^{-3}	0.400

求配合物的组成和稳定常数。

(编写人：台玉萍)

第 12 章　电势分析法

电势分析是利用物质的电参数（电势）与待测物热力学参数（活度）之间的确定关系，通过对电参数的测量而得到物质含量信息的电化学方法。它具有仪器设备简单、操作方便、分析快速、测定范围宽、不破坏试液、易于实现自动化的特点。因此，应用范围广。目前已广泛应用于农林、牧渔、食品卫生、环境监测等领域。

12.1　电势分析法概述

12.1.1　电势分析法的基本原理

（1）测量原理

电势分析法（potentiometry）是利用被测溶液中两电极间电极电势与溶液中待测物质离子的活度（或浓度）的关系进行分析的一种电化学分析法。能斯特方程式表示了电极电势与溶液中对应离子活度之间存在的简单关系。例如对于氧化还原体系：

$$Ox + ne^- \!=\!=\!= Red \tag{12-1}$$

$$\varphi = \varphi^{\ominus}(Ox/Red) + \frac{RT}{nF}\ln\frac{a(Ox)}{a(Red)} \tag{12-2}$$

式中，$a(Ox)$ 及 $a(Red)$ 分别为氧化态 Ox 及还原态 Red 的活度。对于金属电极，还原态是纯金属，其活度是常数，定为 1，则上式可写作：

$$\varphi(M^{n+}/M) = \varphi^{\ominus}(M^{n+}/M) + \frac{RT}{nF}\ln a(M^{n+}) \tag{12-3}$$

式中，$a(M^{n+})$为金属离子 M^{n+} 的活度。由上式可见，测定了电极电势，就可确定离子的活度（或在一定条件下确定其浓度），这就是电势分析法的理论依据。

（2）测量方法

电极电势的测量需要构成一个化学电池，一个电池有两个电极。在电势分析中，将电极电势随待测物质离子活度变化的电极称为指示电极，常用的有金属类电极和离子选择性电极。将另一个与被测物无关的、电势比较稳定、提供测量电势参考的电极称为参比电极。电解质溶液一般由被测试样及其他组分组成。在溶液平衡体系不发生变化及电池回路零电流条件下，测得电池的电动势（或指示电极的电势）：

$$E = \varphi(参比) - \varphi(指示) \tag{12-4}$$

由于 φ(参比)不变，φ(指示）符合能斯特方程式，所以 E 的大小取决于待测物质离子的活度（或浓度），从而达到分析的目的。

12.1.2　电势分析法的分类和特点

电势分析法有两类：第一类方法是选用适当的指示电极浸入被测试液中，测量其相对于一个参比电极的电势。根据测出的电势，利用电势与被测离子间的能斯特关系直接求出被测物质的浓度，这类方法称为直接电势法（direct potentiometry）。这是 20 世纪 70 年代初才发展起来的一种应用广泛的快速分析方法。第二类方法是向试液中滴加能与被测物质发生化学反应的已知浓度的试剂，观察滴定过程中指示电极电势的变化，以确定滴定终点。根据所需滴定剂的量，可计算出被测物质的含量，这类方法称为电势滴定法（potentiometric titration)。电势滴定法与一般滴定分析法的根本区别在于确定终点的方法不同。

直接电势法（离子选择电极法）的特点主要有：①应用范围广，可用于许多阴离子、阳离子、有机物离子的测定，尤其是一些其他方法较难测定的碱金属、碱土金属离子，一价阴离子及气体的测定，因为测定的是离子的活度，所以可以用于化学平衡、动力学、电化学理论的研究及热力学平衡常数的测定；②测定速度快，测定的离子浓度范围宽；③可以制作成传感器，用于工业生产流程或环境监测的自动检测；④可以微型化，做成微电极，用于微区、血液、活体、细胞等对象的分析。

电势滴定法的特点有：①准确度比指示剂滴定法高，更适合于较稀浓度溶液的滴定；②可用于指示剂法难以进行的滴定，如极弱酸、碱的滴定，配合物稳定常数较小的滴定，浑浊、有色溶液的滴定等；③可较好地应用于非水滴定。

12.1.3 电势分析中常用电极

电势分析法测量结果的准确度直接与电池电动势的测量结果有关，而电池的电动势值等于组成电池的两个电极的电势之差。所以电势分析法的关键是如何准确测定电极电势值。电极电势与离子浓度之间的关系符合能斯特方程式，见式(12-3)，忽略离子强度的影响时，可用 M^{n+} 的浓度代替活度。由式(12-3) 可知，离子的活度或浓度似乎直接从电极电势求得，但是我们已在第 9 章中提及电极电势的绝对值还不能测得，只能通过原电池测定电极电势的相对值。在电势分析中为了测定未知离子的浓度，由指示电极、参比电极和被测溶液组成工作电池。本节主要介绍电势分析中常用的参比电极和指示电极。

12.1.3.1 参比电极

参比电极（reference electrode）是一个辅助电极，是测量电池电动势和计算电极电势的基准。因此理想的参比电极要求它的电势值稳定、重现性好、结构简单、容易制作和使用寿命长。

标准氢电极是最精确的参比电极，是参比电极的一级标准。因为标准氢电极的电势值为零，当它与另外一支指示电极组成原电池时，所测得的电池电动势，即是该指示电极的电势。但标准氢电极的制备和操作难度较高，电极中的铂黑易中毒而失活，因此，在实际工作中往往采用一些易于制作、使用方便、在一定条件下电极电势恒定的其他电极作为参比电极。目前常用的参比电极有甘汞电极和银-氯化银电极，它们的电极电势值是相对于标准氢电极而测得的，故称为二级标准。

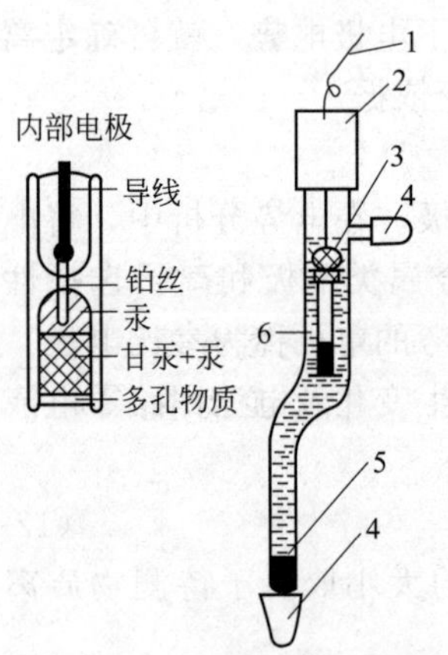

图 12-1 甘汞电极的结构

1—导线；2—绝缘体；3—内部电极；4—橡皮帽；5—多孔物质；6—饱和 KCl 溶液

(1) 甘汞电极

甘汞电极（calomel electrode）由金属汞、甘汞（Hg_2Cl_2）和 KCl 溶液组成。它的结构如图 12-1 所示。

甘汞电极的半电池组成：Hg，$Hg_2Cl_2|KCl$。

电极反应 $Hg_2Cl_2 + 2e^- \rightleftharpoons 2Hg + 2Cl^-$

在一定温度下，甘汞电极的电极电势与 KCl 溶液中 Cl^- 的活度有关。

$$\varphi(Hg_2Cl_2/Hg) = \varphi^{\ominus}(Hg_2Cl_2/Hg) + \frac{2.303RT}{2F}\lg\frac{1}{a^2(Cl^-)} \tag{12-5}$$

即
$$\varphi(Hg_2Cl_2/Hg) = \varphi^{\ominus}(Hg_2Cl_2/Hg) - 0.0592\lg a(Cl^-) \quad (298.15K) \tag{12-6}$$

由式(12-6) 可知，当 Cl^- 活度恒定时，它的电极电势值也恒定，可作参比电极。不同浓度的 KCl 溶液，可使甘汞电极的电极电势值不同。当 KCl 溶液为饱和溶液时，称为饱和甘汞电极（saturated calomel electrode，SCE），其电极电势值为 0.2445V。饱和甘汞电极的特点是它的电极电势相当稳定，只要测量时通过的电流比较小，其电势不会发生显著变化，但当温度较高时，甘汞有歧化作用：

$$Hg_2Cl_2 \rightleftharpoons Hg + HgCl_2$$

所以使用温度不得超过 80℃。

(2) Ag-AgCl 电极

Ag-AgCl 电极是在银丝上镀一层 AgCl，将其浸在 KCl 溶液中所构成。

电极的半电池组成：Ag，AgCl|KCl。

电极反应　$AgCl + e^- \rightleftharpoons Ag + Cl^-$

Ag|Ag^+ 电极的电势在 298.15K 时为：

$$\varphi(AgCl/Ag) = \varphi^{\ominus}(AgCl/Ag) + 0.0592\lg a(Ag^+) \quad (12\text{-}7)$$

当存在 AgCl 时，$a(Ag^+)$ 将由溶液中氯离子的活度 $a(Cl^-)$ 和氯化银的溶度积 K_{sp}(AgCl) 来决定，即

$$a(Ag^+) = K_{sp}(AgCl)/a(Cl^-)$$

代入式(12-7)，可得 AgCl/Ag 电极电势与 Cl^- 活度的关系为

$$\varphi(AgCl/Ag) = \varphi^{\ominus}(AgCl/Ag) + 0.0592\lg K_{sp}(AgCl) - 0.0592\lg a(Cl^-)$$

$$\varphi(AgCl/Ag) = \varphi^{\ominus}(AgCl/Ag) - 0.0592\lg a(Cl^-) \quad (12\text{-}8)$$

当 Cl^- 活度一定时，Ag-AgCl 电极的电极电势值是稳定的，电极反应是可逆的。在测量电极的相对电势时，常用它来代替标准氢电极，作参比电极用。它克服了氢电极使用氢气的不便，又比较容易制备，且可在 80℃以上使用。电分析化学中将它作为二级标准电极。

在 298.15K 时，甘汞电极和 Ag-AgCl 电极在不同浓度的 KCl 溶液中的电极电势见表 12-1。

表 12-1　不同浓度 KCl 溶液中两种参比电极的电极电势（298.15K）

KCl 溶液浓度/mol·L^{-1}	甘汞电极的电势/V	Ag-AgCl 电极的电势/V
0.1000	0.3356	0.2880
1.000	0.2830	0.2223
饱和溶液	0.2445	0.2000

甘汞电极在温度变化时，常显示出滞后效应。Ag-AgCl 电极对光敏感，性较脆，容易因操作不慎表面被刮伤、破裂。这些在使用时要注意。

12.1.3.2　指示电极

指示电极（indicator electrode）是用来指示溶液中待测离子活度的电极，指示电极可分为两大类，一类叫作金属基电极；另一类叫作离子选择性电极。

(1) 金属基电极

金属基电极是以金属为基体，其共同的特点是电极上有电子交换反应，即氧化还原反应的存在。此类电极的结构及作用原理介绍如下。

① 金属-金属离子电极　金属插入该金属离子的溶液中，就组成金属-金属离子电极，该电极的电极电势能准确地反映溶液中金属离子活度的变化。例如：Ag-Ag^+ 电极的电极反应为

$$Ag^+ + e^- \rightleftharpoons Ag$$

298K 时电极电势为

$$\varphi(Ag^+/Ag) = \varphi^{\ominus}(Ag^+/Ag) + 0.0592\lg a(Ag^+) \quad (12\text{-}9)$$

Ag-Ag^+ 电极可用于测定 Ag^+ 的活度，也可用于测定沉淀滴定或配位滴定中 Ag^+ 活度

的变化，从而确定滴定终点。

形成这类电极要求金属的标准电极电势为正值，在溶液中金属离子以一种形式存在，Cu、Ag、Hg能满足以上要求，形成这类电极。有些金属的标准电极电势虽为负值，但由于动力学因素，氢在其上有较大的超电势，也可用作此类电极，如Zn、Cd、In、Tl、Sn、Pb等。

某些活泼金属（如Fe、Co、Ni）表面易产生氧化膜，故不宜用于制备指示电极。

② 金属-金属难溶盐电极　金属表面涂上该金属的难溶盐或氧化物，将其浸在与该难溶盐具有相同阴离子的溶液中组成的电极。前述的两种参比电极（$Hg\text{-}Hg_2Cl_2$ 和 Ag-AgCl）均属于此类指示电极。由式(12-6) 和式(12-8) 可知，电极电势与溶液中 Cl^- 的活度有关，所以金属-金属难溶盐电极可用于测定金属难溶盐的阴离子。另外，锑电极属于表面涂有难溶氧化物（Sb_2O_3）的指示电极，其电极电势与溶液的pH有关，可用于测定溶液的pH值。该电极的半电池组成为 $Sb, Sb_2O_3|H^+$，其

电极反应　$Sb_2O_3(s)+6H^++6e^- \rightleftharpoons 2Sb(s)+3H_2O$

电极电势　$\varphi(Sb_2O_3/Sb)=\varphi^\ominus(Sb_2O_3/Sb)-0.0592pH$　(298.15K)　(12-10)

③ 惰性金属电极　将惰性金属如铂或金制成片状或棒状，浸入含有同一元素不同氧化态的两种离子的溶液中而组成的电极。这类电极的电极电势与两种氧化态离子的活度比有关，惰性金属只是起传递电子的作用，本身不参与氧化还原反应。例如：铂与 Fe^{3+} 和 Fe^{2+} 组成的电极，半电池组成为 $Pt|Fe^{3+}(c_1), Fe^{2+}(c_2)$，其：

电极反应　$Fe^{3+}+e^- \rightleftharpoons Fe^{2+}$

电极电势　$\varphi(Fe^{3+}/Fe^{2+})=\varphi^\ominus(Fe^{3+}/Fe^{2+})+0.0592\lg\dfrac{a(Fe^{3+})}{a(Fe^{2+})}$　(298.15K) (12-11)

此类电极可用于测定组成电极的两种离子的活度比或其中一种离子的活度。

(2) 离子选择性电极

离子选择性电极（ion selective electrode）的电化学活性元件是活性膜或敏感膜，故又称为膜电极（membrane electrode）。制膜的材料是对某离子能选择性响应的活性材料，如一定组成的硅酸盐玻璃、单晶或难熔盐压片、液态离子交换剂和中性载体等。用适当的方法将活性材料制成一定大小的膜片，用黏结剂将其封装在电极腔体（如玻璃管）的一端。电极腔体内盛一定的溶液（称为内参比溶液）并插入一适当的参比电极（称为内参比电极），或用导线直接焊在膜表面的金属镀层上，装上电极帽，即制成一支离子选择性电极。

离子选择性电极电势的产生机理与金属基电极不同，它是通过某些离子在膜两侧的扩散、迁移和离子交换等作用，选择性地对某个离子产生膜电势，而膜电势与该离子活度的关系符合能斯特方程。

离子选择性电极的基本结构如图12-2所示，主要由离子选择性膜、内参比电极和内参比溶液组成。根据膜的性质不同，离子选择性电极可分为非晶体膜电极、晶体膜电极和敏化电极等，下面介绍非晶体膜电极与晶体膜电极。

① 非晶体膜电极　最早也是最广泛应用的非晶体膜电极（non-crystalline membrane electrode）就是pH玻璃电极（glass electrode），它是电势法测定溶液pH的指示电极。其结构如图12-3所示。

玻璃电极的作用部分主要是下端的玻璃球。球的下半部是由特殊成分的玻璃制成的薄膜，其组成是在 SiO_2 基体中加入 Na_2O 或 Li_2O 及 CaO[摩尔分数约为 $x(SiO_2)=72\%$，$x(Na_2O)$ 或 $x(Li_2O)=22\%$，$x(CaO)=6\%$]，膜厚80～100μm。球内装有pH一定的缓冲溶液（称内参比溶液），其中插入一支Ag-AgCl电极（称内参比电极），即构成玻璃电极。

由于玻璃膜产生的膜电势与待测溶液 pH 之间符合能斯特方程，因而玻璃电极可用于测定溶液的 pH。

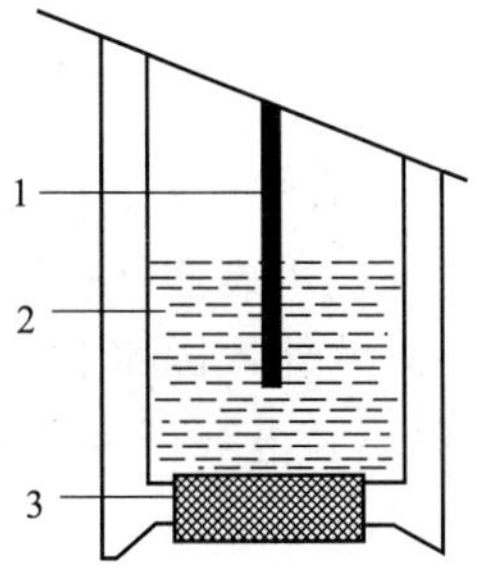

图 12-2　离子选择性电极基本结构

1—Ag-AgCl 内参比电极；2—内参比溶液 NaF-NaCl；3—氟化镧单晶膜

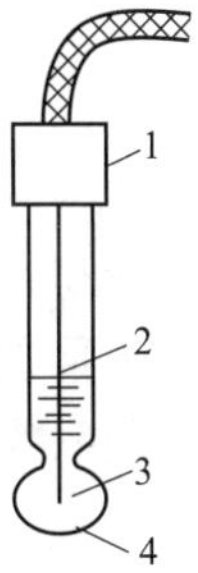

图 12-3　玻璃电极的结构

1—绝缘体；2—Ag-AgCl 内参比电极；3—内参比溶液；4—玻璃膜

玻璃电极使用前应浸入水中进行活化。玻璃膜与水溶液接触时，因为膜中的硅酸结构（GI^-）与 H^+ 的结合能力远大于与 Na^+ 的结合能力，所以膜中的 Na^+ 与水中的 H^+ 会发生如下的离子交换：

$$\underset{\text{水溶液}}{H^+} + \underset{\text{膜表面}}{Na^+GI^-} \rightleftharpoons \underset{\text{水溶液}}{Na^+} + \underset{\text{膜表面}}{H^+GI^-}$$

当交换达到平衡后，玻璃膜表面的 Na^+ 几乎全部被 H^+ 所取代，形成很薄的溶胀的水合硅胶层（简称水化层），如图 12-4 所示。水化层表面的正电荷点位几乎全部由 H^+ 占据，水化层表面至干玻璃层 H^+ 数目逐渐减少，而 Na^+ 数目逐渐增加，到干玻璃层几乎全部由 Na^+ 占据，形成 H^+ 活度梯度。同理，玻璃膜的内表面上的 Na^+ 也因和内参比溶液中 H^+ 发生交换而形成类似的水化层。

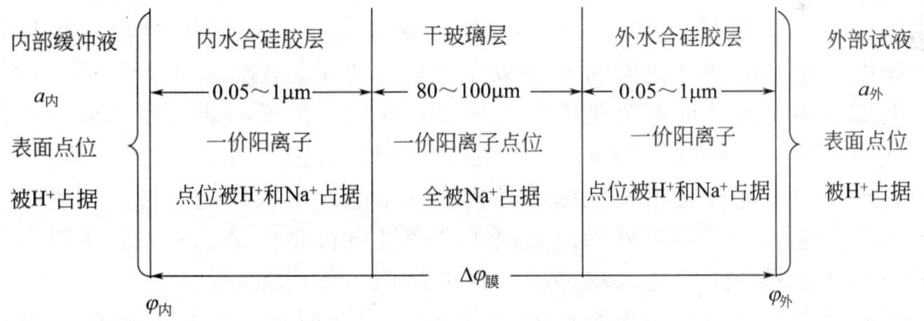

图 12-4　浸泡活化后的玻璃膜示意图

经活化的玻璃电极浸入被测溶液后，由于被测溶液中 H^+ 活度与玻璃膜表面的 H^+ 活度不同，两相之间产生活度差，引起 H^+ 从活度大的一方向活度小的一方扩散。当扩散达到平衡时，水化层表面过剩的正电荷吸引溶液中的阴离子，导致水化层与试液界面上形成双电层，称为相界电势 $\varphi_{外}$。同理，在玻璃膜内表面也会产生一个相界电势 $\varphi_{内}$。若内参比溶液与外部试液的 H^+ 活度不同，则 $\varphi_{外}$ 与 $\varphi_{内}$ 值也不同，由此产生的玻璃膜内外相界电势之差称为玻璃膜电势，用 $\Delta\varphi_M$ 表示。

可见，玻璃膜电势的产生不是由于电子得失，而是由于离子（H^+）在外部溶液和水化层界面间进行迁移的结果。

由热力学理论可知，298.15K 时，玻璃膜内、外相界电势与 H^+ 活度符合能斯特方程式，即

$$\varphi_{外}=k_{外}+0.0592\lg\frac{a_{H^+,外}}{a'_{H^+,外}} \tag{12-12}$$

$$\varphi_{内}=k_{内}+0.0592\lg\frac{a_{H^+,内}}{a'_{H^+,内}} \tag{12-13}$$

式中，$a_{H^+,外}$和$a_{H^+,内}$分别为外部溶液和内参比溶液的 H^+ 活度；$a'_{H^+,外}$、$a'_{H^+,内}$分别为玻璃膜外、内侧水化层的 H^+ 活度；$k_{外}$、$k_{内}$分别为玻璃膜外、内表面性质决定的常数。

因为玻璃膜内外表面的性质基本相同，应满足 $k_{外}=k_{内}$。另外，因水化层内外表面的 Na^+ 几乎全部被 H^+ 所取代，所以满足 $a'_{H^+,外}=a'_{H^+,内}$，则玻璃膜电势可表示为

$$\Delta\varphi_M=\varphi_{外}-\varphi_{内}=0.0592\lg\frac{a_{H^+,外}}{a_{H^+,内}} \tag{12-14}$$

因内参比溶液的 $a_{H^+,内}$是定值，故在 298.15K 时，式(12-14) 可写成

$$\Delta\varphi_M=K+0.0592\lg a_{H^+,外}=K-0.0592\text{pH}_{试液} \tag{12-15}$$

式(12-15) 为玻璃电极测定溶液 pH 的理论依据。

当被测试液的 $a_{H^+,外}$ 正好等于内参比溶液的活度 $a_{H^+,内}$ 时，$\Delta\varphi_M$ 应等于零，但实际上 $\Delta\varphi_M$ 并不等于零，此电势差称为玻璃电极的不对称电势，用 $\Delta\varphi_{不对称}$ 表示。$\Delta\varphi_{不对称}$ 是由于玻璃膜内外表面性质的微小差异导致 $k_{外}\neq k_{内}$ 而产生的。但是若将玻璃电极在纯水中浸泡足够时间（24h 以上）进行活化，使其表面形成稳定的水化层时，不对称电势很小，且稳定(约为 1～30mV)。另外，由于玻璃电极中还包含 Ag-AgCl 内参比电极，因此玻璃电极的电势应该是内参比电极的电势与膜电势之和，再扣除电极的不对称电势，即

$$\varphi_{玻璃}=\varphi(\text{AgCl/Ag}^+)+\Delta\varphi_M-\Delta\varphi_{不对称} \tag{12-16}$$

因为内参比电极电势与不对称电势均认为是定值，可以并入到膜电势表达式中的 K 项中，所以玻璃电极电势与 pH 之间的关系为

$$\varphi_{玻璃}=K'-0.0592\text{pH} \tag{12-17}$$

② 晶体膜电极　晶体膜电极（crystalline membrane electrode）分为均相与非均相膜电极。非均相膜电极是由电活性物质与某些惰性材料（如聚氯乙烯、聚苯乙烯、硅橡胶和石蜡等）组成，例如铅离子选择性电极是由聚乙烯-Ag_2S-PbS 组成的非均相晶体膜电极。均相膜电极是由一种或多种化合物的均相混合物的晶体构成，若由一种晶体组成的电极称为单晶膜电极，如氟离子选择性电极是由氟化镧单晶构成的单晶膜电极；由两种或两种以上晶体组成的电极称为多晶膜电极，如氟以外的卤素离子选择性电极是由 Ag_2S 与卤化银晶体混合制成的多晶膜电极。下面只介绍氟化镧单晶膜电极的结构与作用原理。

氟化镧电极是典型的单晶膜电极，其结构如图 12-2 所示。把氟化镧单晶膜封在塑料管的下端，管内装 $0.1\text{mol}\cdot\text{L}^{-1}$ NaF 和 $0.1\text{mol}\cdot\text{L}^{-1}$ NaCl 混合溶液作内参比溶液，以 Ag-AgCl 电极作内参比电极，即构成氟离子电极。

利用氟离子选择性电极测定 F^- 的原理，主要是利用当氟电极插入含 F^- 的溶液后，F^- 进入 LaF_3 单晶表面的晶格空隙，使固-液界面上产生相界电势。同理，在膜的内侧也产生相界电势。膜两侧相界电势差即为氟离子选择性电极的膜电势 $\Delta\varphi_M$，它与溶液中 F^- 活度之间的关系符合能斯特方程式，即在 298.15K 时：

$$\Delta\varphi_M=K-0.0592\lg a_{F^-}=K+0.0592\text{pF} \tag{12-18}$$

为了提高氟离子选择性电极的测量准确度，使用氟电极时，要求被测溶液的 pH 控制在 5～7。若溶液的碱度过高，在电极膜表面会发生下列反应：

$$LaF_3+3OH^- \xlongequal{\quad} La(OH)_3\downarrow+3F^-$$

由于 LaF_3 中的 F^- 释放出来，使试液中 F^- 活度增加，测定结果偏高；若溶液的酸度偏高，

溶液中的 F^- 易与 H^+ 反应，生成 HF 或 HF_2^-，使试液中的 F^- 活度减小，测定结果偏低。氟离子选择性电极对 F^- 的最佳响应范围是 10^{-6}～$1mol \cdot L^{-1}$，其测量下限取决于 LaF_3 的溶度积。

12.1.4　离子选择性电极的选择性

（1）离子选择性系数

理想的离子选择性电极应只对某特定的离子产生响应，而对共存的其他离子无响应，但实际上没有绝对只对某一种离子响应的电极。例如：用于测定溶液 pH 的玻璃电极，当溶液 pH 大于 9 时，H^+ 和 Na^+ 都产生响应，从而影响 pH 的测定。离子选择性电极所测得的膜电势实际上是被测离子和干扰离子对膜电势的共同响应值。为了减小干扰离子对测定的影响，干扰离子所产生的膜电势响应越小越好。

衡量离子选择性电极对各种共存离子响应能力大小的参数是选择性系数 $K_{i,j}$，$K_{i,j}$ 称为干扰离子对欲测离子的选择性系数。设被测离子（i 离子）和干扰离子（j 离子）分别带电荷 n_i 和 n_j，若在相同的测量条件下提供相同膜电势所需的被测离子和干扰离子的活度分别为 a_i 和 a_j，则离子选择性系数 $K_{i,j}$ 的定义式为

$$K_{i,j}=\frac{a_i}{(a_j)^{n_i/n_j}} \tag{12-19}$$

可见，提供相同膜电势所需干扰离子的活度越大或欲测离子的活度越小，选择性系数 $K_{i,j}$ 越小，电极对被测离子的选择性就越好。例如：测定 pH 用的玻璃电极，Na^+ 对 H^+ 的选择性系数为 $K_{H^+,Na^+}=10^{-9}$，则表示当 Na^+ 活度是 H^+ 活度的 10^9 倍时，两者在该电极上提供相同的膜电势，也可以说此电极对 H^+ 响应比干扰离子 Na^+ 的响应灵敏 10^9 倍。

（2）离子选择性系数的应用

若欲测离子分别为阳离子和阴离子，则在 298.15K 时，离子的活度与膜电势之间的关系式为

$$\Delta\varphi_M=K+\frac{0.0592}{n}\lg a_{阳离子} \tag{12-20}$$

$$\Delta\varphi_M=K-\frac{0.0592}{n}\lg a_{阴离子} \tag{12-21}$$

若测定 i 离子时，共存的 j 离子产生干扰，且已知选择性系数为 $K_{i,j}$，则膜电势的表达式应修正为

$$\Delta\varphi_M=K+\frac{0.0592}{n_i}\lg[a_i+K_{i,j}(a_j)^{n_i/n_j}] \tag{12-22}$$

$$\Delta\varphi_M=K-\frac{0.0592}{n_i}\lg[a_i+K_{i,j}(a_j)^{n_i/n_j}] \tag{12-23}$$

另外，利用选择性系数 $K_{i,j}$ 还可以估算某种干扰离子在测定中产生的相对误差大小，相对误差的计算式为

$$相对误差=\frac{K_{i,j}(a_j)^{n_i/n_j}}{a_i}\times100\% \tag{12-24}$$

例如 $K_{i,j}=10^{-9}$，当欲测离子活度等于干扰离子活度（$a_i=a_j$），且 $n_1=n_2$ 时，干扰离子引起的相对误差为 $\frac{10^{-9}a_j}{a_i}\times100\%=10^{-7}\%$。

12.2　电势分析法的应用

12.2.1　直接电势法

直接电势法是利用测定工作电池的电动势，然后根据能斯特方程式，计算被测离子活度

的定量方法。本法应用最多的是利用玻璃电极测定溶液 pH 以及用离子选择性电极测定某些离子的浓度。

12.2.1.1 溶液 pH 的测定

用电势法测定溶液 pH 的装置见图 12-5。玻璃电极作指示电极、饱和甘汞电极作参比电极，将两个电极插入被测试液中，组成工作电池。该电池符号可写成

$$(-)\mathrm{Ag},\underbrace{\mathrm{AgCl}|\text{内参比溶液}|\text{玻璃膜}}_{\varphi_{\text{玻璃}}}|\underbrace{\text{试液}\|}_{\Delta\varphi_L}\underbrace{\mathrm{KCl}(\text{饱和})|\mathrm{Hg_2Cl_2}}_{\varphi_{\text{甘汞}}},\mathrm{Hg}(+)$$

电池电动势 $$E=\varphi_{\text{甘汞}}+\Delta\varphi_L-\varphi_{\text{玻璃}} \quad (12\text{-}25)$$

式中，$\Delta\varphi_L$ 为液体接界电势。当甘汞电极插入试液中时，在甘汞电极内的 KCl 溶液与被测溶液的接触界面两侧，不同种类或不同浓度的离子会相互扩散，因不同离子的迁移率不同，界面上形成双电层，产生电势差，即为液体接界电势 $\Delta\varphi_L$。在实际测定中，由于使用盐桥，液体接界电势降至最小。

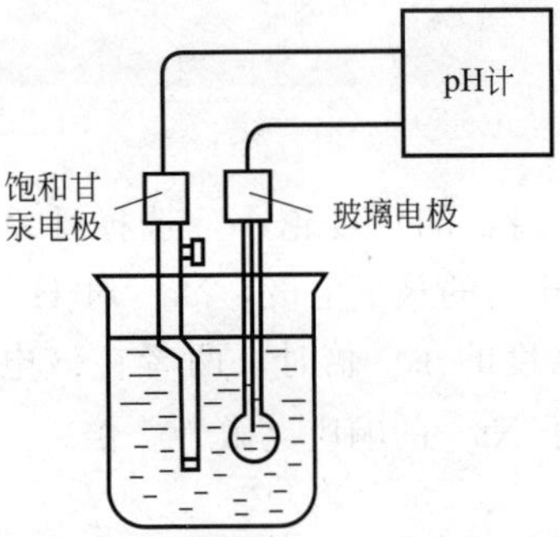

图 12-5 直接电势法

将玻璃电极电势的表达式(12-17) 代入式(12-25)，得

$$E=\varphi_{\text{甘汞}}+\Delta\varphi_L-(K'-0.0592\mathrm{pH})$$

在一定条件下，上式中的 $\varphi_{\text{甘汞}}$ 和 $\Delta\varphi_L$ 及 K' 为固定值，则上式可写成

$$E=K+0.0592\mathrm{pH} \quad (12\text{-}26)$$

式(12-26) 就是直接电势法测量溶液 pH 的理论依据。若 K 已知，则通过测量电动势，即可求出溶液的 pH。但 K 值包括难以测量和计算的 $\Delta\varphi_{\text{不对称}}$ 和 $\Delta\varphi_L$，因此在实际测量中，不能用式(12-26) 直接计算 pH，一般采用标准比较法。该法以已知 pH 的标准缓冲溶液为参比，通过比较待测溶液和标准缓冲溶液的电动势来确定待测溶液的 pH。

设待测液和标准缓冲溶液的 pH 分别为 pH_x、pH_s，相应的电动势分别为 E_x、E_s，则

$$E_x=K_x+0.0592\mathrm{pH}_x \quad (12\text{-}27a)$$

$$E_s=K_s+0.0592\mathrm{pH}_s \quad (12\text{-}27b)$$

如果两溶液的 H^+ 活度相差很小，则在测量条件相同时，$K_x \approx K_s$，式(12-27a) 和式(12-27b) 相减整理，得

$$\mathrm{pH}_x=\mathrm{pH}_s+\frac{E_x-E_s}{0.0592} \quad (12\text{-}28)$$

可见，只要测准已知 pH 缓冲溶液与试样溶液的电动势，即可利用式(12-28) 求算被测溶液的 pH。在实际用 pH 计测定溶液 pH 时，先用标准缓冲溶液对 pH 计进行定位，然后在 pH 计上直接读出未知溶液的 pH。pH 计的工作原理参阅有关资料。

12.2.1.2 离子活度或浓度的测定

(1) 测定离子活度或浓度的原理

与玻璃电极测定溶液 pH 的方法类似，把离子选择性电极与参比电极插入待测溶液中组成电池，通过测量电池电动势，再根据离子活度与电动势之间的关系，求得离子活度。对各种离子选择性电极，其电动势与离子活度之间的关系式为

$$E=K\pm\frac{0.0592}{n}\lg a_i \quad (12\text{-}29)$$

如果离子选择性电极作正极，被测离子为阳离子时，式(12-29) 中的 K 后面符号取加号；被测离子为阴离子时，取减号。

在实际分析工作中需要测定的是浓度而不是活度，为此将活度与浓度的关系 $a=\gamma c$ 代入式(12-29) 中，得

$$E=K\pm\frac{0.0592}{n}\lg\gamma_i\pm\frac{0.0592}{n}\lg c_i$$

在一定条件下，γ_i 可认为是一个常数，则可将上式中的两个常数项合并，得

$$E=K'\pm\frac{0.0592}{n}\lg c_i \tag{12-30}$$

(2) 离子浓度的测定方法

测定离子浓度一般采用标准曲线法和标准加入法。

① 标准曲线法　先配制一系列不同浓度的待测离子的标准溶液，利用离子选择性电极和参比电极组成的原电池，测量相应的电动势，然后根据实验数据绘制 E-lg$c$ 关系曲线，如图 12-6 所示。该曲线称为标准曲线，在一定浓度范围内，标准曲线是一条直线。在相同实验条件下测量待测液的 E_x 值，即可从标准曲线上求出待测离子的浓度。

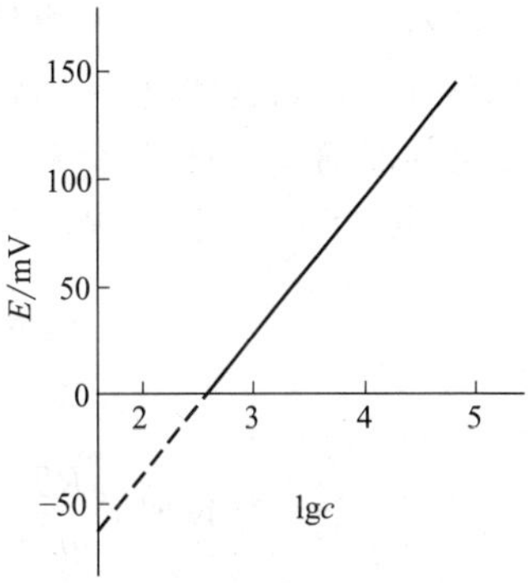

图 12-6　标准曲线

应注意：式(12-30) 成立的前提是溶液的离子强度不变，即 γ_i 为定值，但离子强度随溶液中离子浓度而变化，γ_i 也相应地发生变化。所以在实际测定中，需要在标准溶液和待测溶液中加入离子强度调节剂，使标准溶液与待测溶液的活度系数保持不变。例如，测定 F^- 时，加入一定量的总离子强度调节缓冲剂（total ionic strength adjustment buffer，简称 TISAB)，其组成为 0.1mol·L^{-1} NaCl、0.25mol·L^{-1} HAc、0.75mol·L^{-1} NaAc 及 0.001mol·L^{-1} 柠檬酸钠，TISAB 使溶液维持较大而稳定的离子强度（$I=1.75\text{mol}\cdot\text{kg}^{-1}$），同时使溶液保持适宜的 pH(pH=5.0)。

② 标准加入法　标准曲线法要求标准溶液与待测溶液具有相近的离子强度和组成，否则将会因 γ 值变化而引起误差。如果采用标准加入法，则在一定程度上减免这一误差。标准加入法是将一定体积和浓度的标准溶液加入到已知体积的待测试液中，根据加入前后的电动势变化来计算待测离子的浓度。下面介绍其原理。

设浓度为 c_x 的待测离子试液的体积为 V_0 mL，测得其电池电动势为 E_1，则有

$$E_1=K+\frac{0.0592}{n}\lg(x_1\gamma_1 c_x) \tag{12-31a}$$

式中，x_1 为游离离子的摩尔分数。

然后在原试样中准确加入浓度为 c_s(约为 c_x 的 100 倍)、体积为 V_s(约为 V_0 的 1/100) 的待测离子的标准溶液，在相同实验条件下测得电池电动势为 E_2，则有

$$E_2=K+\frac{0.0592}{n}\lg(x_2\gamma_2 c_x+x_2\gamma_2\Delta c) \tag{12-31b}$$

式中，x_2 和 γ_2 是加入标准溶液后的游离离子的摩尔分数和活度系数；Δc 是试样浓度的增量，即

$$\Delta c=\frac{c_s V_s}{V_0+V_s}\approx\frac{c_s V_s}{V_0} \tag{12-31c}$$

因为 $V_s \ll V_0$，所以可认为 $\gamma_1\approx\gamma_2$、$x_1\approx x_2$。两次测量电动势的差值为

$$E_2-E_1=\Delta E=\frac{0.0592}{n}\lg\left(1+\frac{\Delta c}{c_x}\right) \tag{12-31d}$$

令 $S=\frac{0.0592}{n}$，并代入式(12-31d) 后整理，得

$$c_x=\Delta c(10^{\Delta E/S}-1)^{-1} \tag{12-32}$$

式中，S 为常数，Δc 可由式(12-31c) 求得，所以根据测得的 ΔE 值可算出 c_x。

标准加入法的特点是仅需一种标准溶液，操作简单快速。

(3) 影响测量准确度的因素

影响测量准确度的因素主要有以下 4 个方面。

① 温度　在直接电势法中电动势与离子活度之间的关系符合能斯特方程式，即

$$E=K\pm\frac{2.303RT}{nF}\lg a_i \tag{12-33}$$

显然，温度与 E-$\lg a_i$ 直线的斜率有关。另外，因 K 项与参比电极电势、膜电势和液界电势等有关，而这些电势值都是温度的函数，所以在整个测定过程中须保持温度恒定，以提高测定的准确度。在实际测定中通过由仪器对温度进行校正或补偿的方法来维持温度不变。

② 电动势的测定　电动势的测量误差直接影响离子活度测定的准确度。若将式(12-33) 微分，得

$$dE=\left(\frac{RT}{nF}\right)\frac{da}{a}$$

当 $T=298.15$K 时，$\frac{RT}{nF}=\frac{0.02568}{n}$，则 $\frac{da}{a}=\frac{n\,dE}{0.02568}$

如果微分符号 d 替换为微差符号 Δ，可得如下活度的相对误差表达式：

$$\frac{\Delta a}{a}=\frac{n\Delta E}{0.02568}\approx 39n\Delta E \tag{12-34}$$

可见，活度的相对误差与电动势的测量误差 ΔE、离子的电荷数 n 有关。例如：电动势的测量误差 $\Delta E=1$mV 时，一价离子的相对误差为 3.9%，而二价离子的相对误差增至 7.8%。

由此可知，为了减小活度测量的相对误差，所用仪器需要具有高的准确度和灵敏度，以便减小电动势的测量误差。另外，直接电势法较适宜测量低价离子，若被测离子是高价离子，应尽可能将它还原为低价离子后再测定。

③ 干扰离子　如 12.1.4 节所述，若干扰离子在测定电极上有响应，直接影响待测离子的测定，其影响程度可用离子选择性系数来衡量。如果共存的干扰离子与被测离子反应并生成在电极上无响应的物质或与电极膜反应改变膜的特性时，都影响测定的准确度。为了消除干扰离子的影响，一般采用掩蔽或分离的方法。

④ 其他因素　除上述影响因素外，还应考虑以下因素：正确选择适宜的 pH，避免 H^+ 或 OH^- 的干扰，如使用氟离子选择性电极时，应控制 pH 为 5～7；离子选择性电极可以检测的线性范围一般为 $10^{-6}\sim10^{-1}$ mol·L^{-1}，所以试液中待测离子的浓度应与线性检测范围相符。

12.2.2 电势滴定法

12.2.2.1 电势滴定的基本原理及仪器装置

在滴定分析中遇到有色或浑浊溶液时，终点的指示就比较困难，因为找不到合适的指示剂。电势滴定就是在滴定溶液中插入指示电极与参比电极，由滴定过程中电极电势的突跃来指示终点的到达。滴定过程中，被测离子与滴定剂发生化学反应，离子活度的改变又引起电势的改变。在滴定到达终点前后，溶液中离子的浓度往往连续变化几个数量级，电势将发生突跃。被测组分的含量仍通过消耗滴定剂的量来计算。电势滴定法与一般滴定分析法的根本

区别在于确定终点的方法不同。电势滴定法又可分为手动电势滴定和自动电势滴定。典型的手动电势滴定装置如图 12-7 所示。

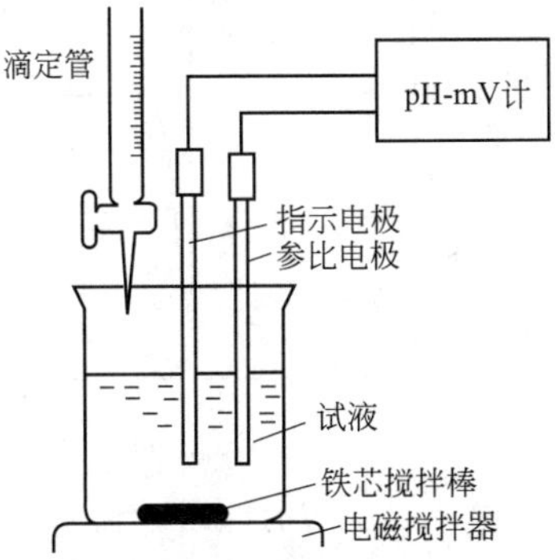

图 12-7　手动电势滴定装置

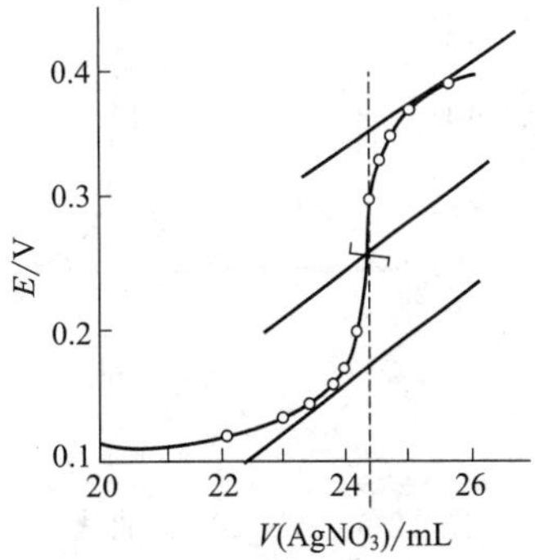

图 12-8　*E-V* 滴定曲线

12.2.2.2　电势滴定终点的确定方法

进行手动电势滴定时，在滴定过程中，每加一次滴定剂，测量一次电动势，直到超过化学计量点为止。这样就得到一系列的滴定剂用量（*V*）和相应的电动势数据（*E*）。除非要研究整个滴定过程，一般只需准确测量和记录化学计量点附近 1～2mL 的电动势变化即可。应该注意，在化学计量点附近应该每加入 0.1～0.2mL 滴定剂就测一次电动势。为便于计算，此时每次加入的量应该相等（如每次都加入 0.1mL）。例如，用 $0.1000mol \cdot L^{-1}$ $AgNO_3$ 溶液滴定 Cl^- 时所得数据经整理后列于表 12-2。

表 12-2　用 $0.1000mol \cdot L^{-1}$ $AgNO_3$ 溶液滴定 Cl^- 溶液的数据

加入 $AgNO_3$ 体积 V/mL	E/mV	$\Delta E/\Delta V$	$\Delta^2 E/\Delta V^2$	加入 $AgNO_3$ 体积 V/mL	E/mV	$\Delta E/\Delta V$	$\Delta^2 E/\Delta V^2$
5.00	0.062	0.002		24.20	0.194	0.11	+2.8
15.00	0.085	0.004		24.30	0.233	0.39	+4.4
20.00	0.107	0.008		24.40	0.316	0.83	−5.9
22.00	0.123	0.015		24.50	0.340	0.24	−1.3
23.00	0.138	0.016		24.60	0.351	0.11	−0.4
23.50	0.146	0.050		24.70	0.358	0.07	
23.80	0.161	0.065		25.00	0.373	0.05	
24.00	0.174	0.09		25.50	0.385	0.024	
24.10	0.183						

利用表 12-2 中的数据，确定终点可采用如下 3 种方法。

（1）*E-V* 曲线法

利用表 12-2 中数据，以加入滴定剂体积 *V* 为横坐标，电动势 *E* 为纵坐标，绘制 *E-V* 曲线，可得如图 12-8 所示的滴定曲线。曲线中电动势发生突跃的转折点对应的体积即为滴定终点，转折点可通过作图法求得。例如，在 S 形滴定曲线上绘制两条与两拐点相切的平行直线，两平行线的等分线与曲线的交点就是转折点，如图 12-8 所示。

（2）$\Delta E/\Delta V$-V 曲线法（一阶微商法）

一阶微商法的理论依据为 *E-V* 曲线的拐点就是一阶微商曲线的极大值。以 *E* 的变化值 ΔE 与相应的加入滴定剂体积的增量 ΔV 的比值 $\Delta E/\Delta V$ 为纵坐标，以滴定剂体积 *V* 为横坐标作图，可得到一阶微商滴定曲线，如图 12-9 所示。曲线上最高点对应的横坐标即为滴定终点体积。

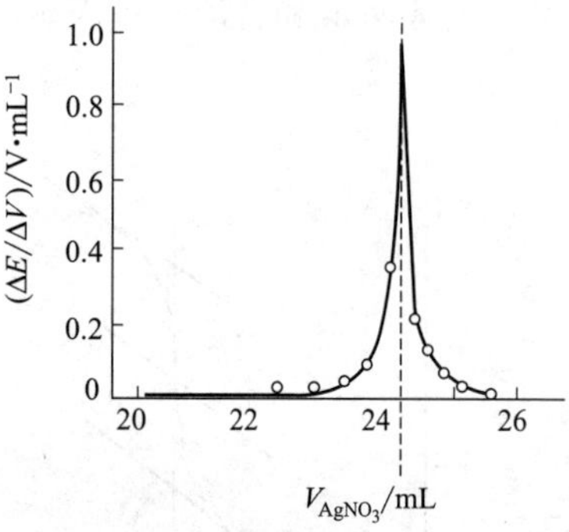

图 12-9 $\Delta E/\Delta V$-V 曲线

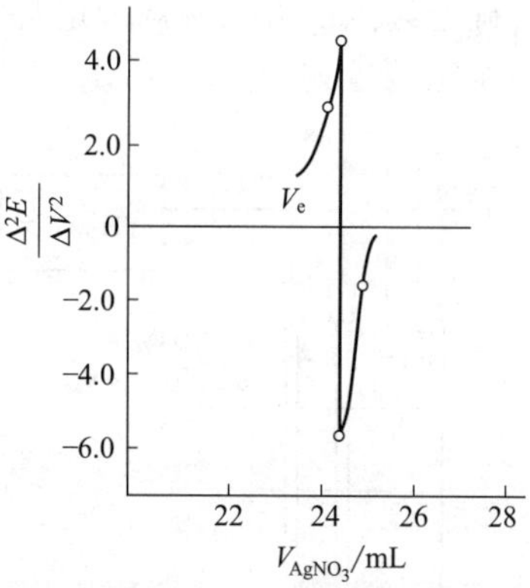

图 12-10 $\Delta^2 E/\Delta V^2$-V 曲线

(3) $\Delta^2 E/\Delta V^2$-V 曲线法（二阶微商法）

因为二阶微商等于零的点就是 S 曲线的拐点。将 $\Delta^2 E/\Delta V^2$ 为纵坐标，V_{AgNO_3} 为横坐标，绘制二阶微商图，如图 12-10 所示。曲线上 $\Delta^2 E/\Delta V^2=0$ 所对应的体积即为滴定终点。

二阶微商法除了图解法求滴定终点以外，还可以利用实验数据以内插法计算滴定终点体积。例如，根据表 12-2 中，一阶微商值 0.39 和 0.83 对应的平均体积分别为 24.25mL 和 24.35mL，则二阶微商值可计算如下。

$$\Delta^2 E/\Delta V^2=\frac{(\Delta E/\Delta V)_2-(\Delta E/\Delta V)_1}{V_2-V_1}=\frac{0.83-0.39}{24.35-24.25}=+4.4$$

同理，利用一阶微商值 0.83 和 0.24 及对应的平均体积 24.35mL 和 24.45mL，可计算二阶微商值为

$$\Delta^2 E/\Delta V^2=\frac{(\Delta E/\Delta V)_3-(\Delta E/\Delta V)_2}{V_3-V_2}=\frac{0.24-0.83}{24.45-24.35}=-5.9$$

因为二阶微商值对应的体积$\left(V=\frac{V_1+V_2}{2}\right)$分别为 24.30mL 和 24.40mL，所以二阶微商值为零时对应的体积一定在 24.30～24.40mL 之间，用内插法可求算相应的体积。设滴定终点体积为 V_{ep}，则根据内插法计算如下

$$\frac{24.30-V_{ep}}{24.30-24.40}=\frac{4.4-0}{4.4-(-5.9)}$$

$$V_{ep}=24.30+4.4\times\frac{0.1}{4.4+5.9}=24.34mL$$

用二级微商计算法确定滴定终点，因为不必绘制曲线，是一种简便、快速、准确的方法，在实际工作中被广泛应用。

由于手动电势滴定是手工进行滴定，要多次记录滴定点的电势和滴定剂的体积，绘制滴定曲线，这是一项单调费时的工作。随着电子技术的发展，自动控制滴定速度的电势滴定仪大量涌现，目前该方法已经成为一种简便易行的常用分析方法。自动电势滴定的自动化有两种途径，一种是利用仪器自动控制加入滴定剂，自动记录滴定曲线，然后根据手动电势滴定终点的方法确定滴定终点。另一种是利用仪器自动控制滴定终点。

12.2.2.3 电势滴定法应用

电势滴定在分析化学中的应用主要是酸碱滴定、氧化还原滴定、沉淀滴定、配位滴定及非水溶液中的滴定。在酸碱滴定时，可以用 pH 玻璃电极作指示电极与一个参比电极组成

电池：

玻璃电极|测定试液||饱和甘汞电极

在滴定过程中记录 pH（或 mV）数据与滴定剂的体积（mL），得到滴定曲线，用 E-V 曲线法、一级微商或二级微商法确定滴定终点，用它所对应的滴定剂体积来计算滴定物的含量。在氧化还原滴定中，可以用铂电极作指示电极。在沉淀滴定中，如以硝酸银滴定卤素离子时，可以用银电极作指示电极。

下面以电势滴定法测定卤素离子混合液中 Cl^-、Br^-、I^- 的浓度为例来说明它的应用。测定时用的指示电极为银电极，参比电极为 217 型双盐桥饱和甘汞电极，采用 pH 计测量电动势。以 $AgNO_3$ 标准溶液为滴定剂，滴定 Cl^-、Br^-、I^- 混合溶液时，由于 $K_{sp}(AgI) \ll K_{sp}(AgBr) \ll K_{sp}(AgCl)$，所以首先生成 AgI 沉淀，再生成 AgBr 沉淀，最后生成 AgCl 沉淀，产生三次电势突跃。在滴定过程中，沉淀对 Br^-、Cl^- 吸附，共沉淀现象严重。此时可加入 NH_4NO_3 为凝聚剂，以减少共沉淀，使测定结果准确。

用测得的 E 对 $V(AgNO_3)$ 作图，得到混合离子滴定曲线，曲线有三次突跃。用二阶微商法确定三个化学计量点所消耗的 $AgNO_3$ 溶液的体积，求出混合液中 Cl^-、Br^-、I^- 的浓度。

【知识拓展】

The Founder of Electrochemistry——Michael Faraday

Michael Faraday was a great scientist in the 19th century who made outstanding contributions to physical chemistry, especially electrochemistry. His discoveries also laid the foundation of electromagnetism. Faraday was born in Surrey, England, in September 1791. Because of his poor family, Faraday had a very poor childhood. He did not go to school, but he taught himself to read.

When he was young, Faraday worked as a worker in a bookbinding factory. He spent several years reading a variety of works on physics, chemistry, astronomy and geology. Once, one of his friends lent him a popular science reading *The Chemical Dialogue*, which was wrote by the female scientist Mrs. Marhit. This book was lively and interesting, showed a magical and mysterious chemical world, all kinds of strange chemicals, chemists found elements, the composition of the material, wonderful spectroscope, bizarre medical effect of chemicals, etc. Faraday was so captivated by the book that he read it voraciously seven times, furthermore, he had developed a strong interest in chemistry.

At that time, the famous British electrochemical scientist David and other well-known experts often gave academic reports in the Royal Academy lecture conference. Faraday often spent spare time to listen to these academic reports. Faraday was fascinated by David's presentation, and admired David's skillful demonstration of his experiments. He wrote to David about some of his thoughts on electricity. "Electrolysis is likely to have a strictly quantitative relationship," he wrote. Soon after, Faraday received a reply from David to ask him to meet. Through conversation, David discovered Faraday's talent and decided to accept him as assistant. Thus Faraday's scientific career began. He worked in the laboratory from morning till night every day, and arranged everything in order. He also spent time to read a lot of scientific books in his spare time. David was very pleased with Faraday's work. In the autumn of

1813, Faraday followed David on a scientific trip. They collected volcanic rocks, mineral water samples, rock samples, soil samples and so on for experiments. In 1816 David asked Faraday to analyse the composition of the Tuscany soil and published the results in a paper. In his paper, Faraday wrote: "Sir David suggested that I took this study as my first experiment in chemistry. I had more fear than confidence at the time, and I had never learned how to write a real paper, but an accurate description of the results of the analysis will help readers understand the Tuscany soil." Since then, Faraday continued to publish papers, and his confidence in scientific research became stronger. At the same time, Faraday's talents began to come to light. In 1821, he was promoted to general director of the Laboratory of the Royal Academy. Faraday has been working with David on the liquefaction of gases and has successfully liquefied CO_2, SO_2, NH_3, N_2O_3 and other gases.

Later, he became interested in electrochemistry, determined the law of electromagnetic induction and made an experimental instrument to make a magnetic needle constantly revolving around a current wire, and thus determined the principle of the motor. After 1829, Faraday devoted himself to the problem of electrochemistry, and discovered that when an electric current passed through an electrolyte solution, chemical changes occurred simultaneously at both poles. Through the quantitative study of this phenomenon, Faraday discovered the law of electrolysis. In 1833, Faraday put forward two laws of electrolysis: ① During electrolysis, the mass of material precipitated or dissolved on the electrode is proportional to the amount of electricity passing through the electrode; ② If the amount of electricity through is the same, the amount of different substances precipitated or dissolved is the same. This is known as Faraday's Law. The discovery of the law of electrolysis unified charge chemistry, which made Faraday a world-renowned electrochemist.

本章小结

1. 电势分析法的基本原理。
2. 离子选择性电极的分类、基本结构、各类电极的响应机理及其应用。
3. 电极选择系数的物理意义及相关运算。
4. 用电势法测定某些物理化学常数。

习题

1. 什么叫指示电极？什么叫参比电极？常见的有哪些？
2. 什么是直接电势法？理论依据是什么？
3. 金属基电极与离子选择性电极的响应原理有什么区别？
4. 用玻璃电极测定溶液 pH 的原理是什么？
5. 用直接电势法测定溶液 pH 时，为什么采用与标准缓冲溶液 pH 比较的方法？
6. 离子选择性电极有哪几种？如何衡量某一电极的选择性大小？
7. 影响离子选择性电极测定离子活度准确度的因素有哪几个方面？应该如何避免？
8. 何谓电势滴定法？确定终点的方法有哪几种？
9. 用下列电池：

(－) Pt, H_2(100kPa) | 未知 pH 的试液 || SCE (＋)

在 298.15K 时测得不同溶液时的电动势分别为：(1) 0.806V；(2) 0.608V；(3) 0.496V。计算 3 种溶液的 pH。

10. 已知下列电池：

(−)Pt, H_2(100kPa) | HA(1.00×10^{-2} mol·L^{-1})，A^-(1.00×10^{-2} mol·L^{-1}) || SCE(+)

在 298.15K 时，测得电动势为 0.525V。试计算该弱酸 HA 的解离常数 $K_a^{\ominus}$。

11. 已知：溶液中 $a(Cl^-)=1.0\times10^{-4}$ mol·L^{-1}，$a(Br^-)=0.1$mol·L^{-1}，已知 Br^- 对 Cl^- 的选择性系数 $K_{Cl^-,Br^-}=3.25\times10^{-6}$。现用氯离子选择性电极测定溶液中的 Cl^-，试问 Br^- 对 Cl^- 的测定引起多大的相对误差？

12. 某一电极 SO_4^{2-} 对 NO_3^- 的选择性系数为 $K_{NO_3^-,SO_4^{2-}}=2.9\times10^{-6}$。用该电极在 1.0mol·$L^{-1}$ H_2SO_4 介质中测定 NO_3^-，测得 $a(NO_3^-)=8.4\times10^{-4}$mol·$L^{-1}$。计算 SO_4^{2-} 引起的相对误差。

13. 下列电池：

(−) 玻璃电极 | 标准溶液或试液 || SCE(+)

在 pH=4.00 的标准缓冲溶液中，测得电动势为 0.209V。用两种试液代替缓冲液时，测得电动势分别为：(1) 0.108V；(2) 0.327V。求两种未知试液的 pH。

14. KCl 浓度为 1.0mol·L^{-1}的甘汞电极作为正极，氢电极作为负极与试液组成电池。在 298.15K 下，$p(H_2)=100$kPa 时测得试样 HCl 溶液的电动势为 0.342V。在相同条件下，当试样为 NaOH 溶液时，测得电动势为 1.050V。用此碱溶液中和 20.00mL 上述 HCl 溶液，需要 NaOH 溶液多少毫升？

15. 在 298.15K 时，用氟离子选择性电极测定水样中的 F^-，取 25.00mL 水样，加入 10mL TISAB(总离子强度调节剂)，定容到 50.00mL，测得电动势为 0.137V，若试液中加入 1.00×10^{-3}mol·L^{-1} F^- 标准溶液 1.00mL 后，再测得电动势为 0.117V。计算水样中 F^- 含量。

16. 在 298.15K 时，测定水样中 Ca^{2+} 浓度。取水样 50.00mL，其中加入 0.50mL 100μg·L^{-1}的钙标准溶液，测得电动势增加 30.05mV，求水样中 Ca^{2+} 的浓度（以 μg·L^{-1}表示）。

17. 20.00mL 未知浓度的一元弱酸 HA，稀释至 100mL，以 0.1000mol·L^{-1} NaOH 标准溶液电势滴定。所用指示电极为氢电极，参比电极为饱和甘汞电极，当中和一半酸时，电池电动势为 0.524V；滴定至终点时电动势为 0.749V。求

(1) 该弱酸的解离常数；

(2) 终点时溶液的 pH；

(3) 终点时所消耗 NaOH 溶液的体积；

(4) 未知弱酸 HA 的浓度。

18. 下表是用 0.1000mol·L^{-1} NaOH 标准溶液电势滴定 50.00mL 某一元弱酸的数据：

V/mL	pH	V/mL	pH	V/mL	pH
0.00	2.90	14.00	6.60	17.00	11.30
1.00	4.00	15.00	7.04	18.00	11.60
2.00	4.50	15.50	7.70	20.00	11.96
4.00	5.05	15.60	8.24	24.00	12.39
7.00	5.47	15.70	9.43	28.00	12.57
10.00	5.85	15.80	10.03		
12.00	6.11	16.00	10.61		

(1) 绘制 pH-V 曲线与一阶微商曲线。

(2) 用二阶微商法确定滴定终点（内插法）。

(3) 计算试样中弱酸的浓度。

（编写人：台玉萍）

第 13 章　生活中的化学

13.1　颜色与化学

大自然为我们绘制了一副万紫千红的画卷，化学变化则是自然演化的最基本形式。让我们以化学为舟，遨游于这色彩缤纷的世界，领略颜色之美。

13.1.1　生命的热情——红色

红色（red）是人类最早认识的颜色之一。红色光谱的波长范围是 605～760nm。在距今一万年前的旧石器时代，山顶洞人就用红色涂染的物品作为装饰物。原始时期的壁画也多是用红色绘制的。红色系列的颜色有很多，例如大红、火红、朱红、酒红、洋红、绯红、粉红等，这些多样的红色为世界提供了美丽的色彩。

生命的热情——红色

红色是生命的颜色。人类的生命离不开红色的血液。血红素是高等动物血液、肌肉中的红色色素，它是由一个铁离子和一个卟啉环组成的配位化合物，它与蛋白质结合成血红蛋白而存在于红细胞中。血红蛋白是高等动物体内输送氧和二氧化碳的载体。在制药行业中，血红素是半合成法制备胆红素的前体，也是制备抗癌药的重要原料。临床上血红素常用作补铁及治疗因缺铁引起的贫血病。在食品工业中血红素主要应用于肉制品加工。

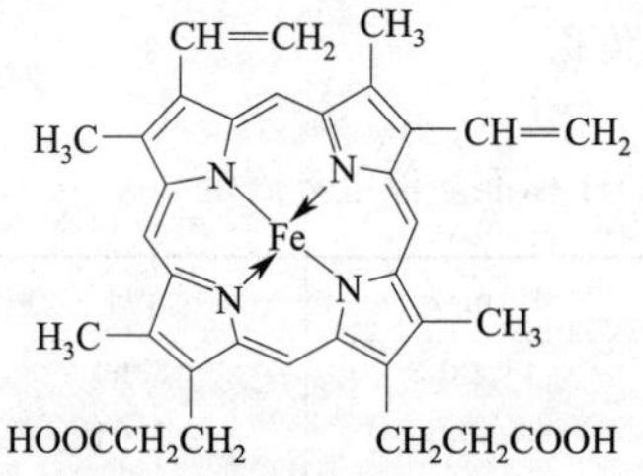

血红素

花青素是一类广泛存在于植物中的水溶性天然色素。水果、蔬菜、花卉中的主要呈色物质大部分与花青素有关。花青素的种类很多，植物中常见的有 6 种，即天竺葵色素、矢车菊色素、芍药色素、飞燕草色素、牵牛花色素和锦葵色素。花青素常因环境条件的变化而改变颜色，影响变色的原因主要包括 pH 值、氧化剂、酶、金属离子、温度等因素。例如：矢车菊色素在 pH 小于 7 时呈红色，pH＝ 7～8 时呈紫色，pH ＞ 11 时呈黄色。花青素和其他的植物色素一起为我们呈现了多姿多彩的美丽的植物世界。花青素在食品中主要用来着色，在染料、医药、化妆品等方面也有应用。

除了自然界中有红色外，人类创作的艺术作品也不乏红色。我国自古崇尚红色，把红色视为“五彩之首”。

我国先民发明了陶器，红陶在新石器时代就已经出现，是中国最早的陶器品种之一。红陶的出现是人类文明发展的重要产物。红陶的红色是因为陶土中含有的铁元素在烧制过程中转化为红色的三价铁氧化物，所以烧制成的陶器呈现红色。

正红色也被称为“中国红”，指的就是朱砂的颜色，它是红色颜料中的佼佼者。我国古代使用最广泛、色泽最漂亮艳丽的红色颜料就是朱砂了。晋代葛洪的《抱朴子》中记载了“朱砂”。朱砂是天然硫化汞（HgS），因湖南辰州出产的品质最佳，也叫辰砂。朱砂作为颜料主要用于书画、陶器彩绘、纺织品、油漆、化妆用品、宗教用品等。我国使用朱砂的历史要追溯至新石器时代，在湖南辰州高庙文化群出土的距今 7400 年的彩陶器上，就涂有朱砂作为装饰。马王堆西汉古墓中出土的漆器，红色部分也是朱砂绘制。朱砂在古代也被称为“丹”，它和青色组成了“丹青”，成为中国画的雅称。唐代周昉的《簪花仕女图》中鲜艳的红色衣裙就是用朱砂绘制的。书画作品中不可或缺的“印泥”，其主要成分也是朱砂。除了装饰作用外，朱砂也可入药，在《本草纲目》等古代医术书中有所记载，在《中国药典 2020 版》也有收录。中国三大印石之一的鸡血石就是含有朱砂条带的地开石，鸡血石由于软硬适中，颜色美丽，文化底蕴深厚受到人们喜爱。朱砂中含有汞元素，是提取金属汞的重要原料，朱砂常与金矿伴生，可以作金矿找矿的指示矿物。朱砂是古代道家炼丹的重要原料之一，古代炼丹术催生了化学，推动了矿山开采和矿石冶炼的发展。

我国古代就从茜草、苏木、红蓝花等植物中提取了红色染料，这些染料可用于织物染色、绘画及化妆品中。

在中国传统文化中，红色象征着喜庆。在我们的生活中，逢年过节、婚嫁喜事，从服装、用具到装饰配备，常常用大红的颜色来体现喜事的风采。这象征吉祥的红色，也绵延地传递了恒久的喜庆气息。

随着社会的发展，红色的内涵也更加丰富。时至今日，红色更是成为我们国家的代表颜色，是国旗的颜色，是党旗的颜色，象征了朝气、奋发、蓬勃的生命力，也代表现代中国的信念——红色精神。红色精神是指中国共产党领导中国人民在新民主主义革命、社会主义建设初期、改革开放各个时期所形成的伟大革命精神。在中国共产党百年的历史中，形成了很多可歌可泣的“红色精神”。红色精神已经深深融入中华民族的血脉和灵魂，成为鼓舞和激励中国人民不断攻坚克难、不断前进的强大精神动力。

13.1.2　温暖的颜色——黄色

黄色（yellow）光谱是可见光部分中的中频部分，波长 595～570nm，是三原色之一。黄色是大地的自然之色，中国古代崇尚黄色，黄色常常被看作君权的象征。梵高称黄色是一种金子般的色彩，它具有阳光、乐观、成熟的含义，是一种温暖的色彩。黄色象征着乐观开朗、积极向上，代表着光明与希望。生产生活中，黄色颜料有很多，除了敦煌莫高窟壁画上用到的雄黄，古人校书改字用到的雌黄，还有以下化学物质。

温暖的颜色——黄色

（1）铅铬黄

铅铬黄简称铬黄，多年来一直在涂料工业中作为黄色颜料，主要成分是铬酸铅，以及铬酸铅和各种不同比例的硫酸铅的混合结晶体，其分子式通常用 $PbCrO_4 \cdot xPbSO_4$ 表示。铅铬黄因制造条件和成分的不同，其颜色介于柠檬色与深黄之间，颜色深浅随着混合晶体铬酸铅的含量而定，铬酸铅含量越高，则颜色越深，遮盖力越好。根据其颜色的深浅，铅铬黄可分为 5 种：即柠檬黄（$PbCrO_4 \cdot PbSO_4$）、浅铬黄（$5PbCrO_4 \cdot PbSO_4$）、中铬黄（正铬黄，$PbCrO_4$）、深铬黄（$PbCrO_4 \cdot PbO + PbCrO_4$）、橘铬黄［碱式铬酸铅，$PbCrO_4 \cdot Pb(OH)_2$］。

铅铬黄颜色鲜艳，是黄色颜料中遮盖力和着色力较好的一种。在大气中不粉化，但未经表面处理的铅铬黄耐光性不好，受日光作用时颜色会变暗，遇强无机酸溶解，遇硫化氢变成黑色的硫化铅，有毒性。各种铅铬黄遇碱均能转变成橘铬黄，因此显橘红色，故不适于与碱性颜料共同使用。

铅铬黄经无机物包膜处理或有机表面处理后，可大大提高其耐候性，大量应用于各类涂料中。但因其含有大量的有害重金属铅和六价铬而易造成环境和健康危害，其应用日益受到限制。

(2) 钛铬黄

钛铬黄属于彩色复合无机颜料（CICP），由多种无机盐经高温复合而成。钛铬黄又名镍锑钛棕、红光钛黄，其色谱从正黄直至红光黄。该颜料易分散，具有良好的遮盖力，有优异的耐光性、耐候性、耐热稳定性、耐化学品性，无渗色和迁移，兼有优异的红外反射性能。与大多数热塑性和热固性树脂相容，是一种国际上公认的无毒环保型颜料。可取代铅铬黄。

该系列颜料经 SGS 检测，完全符合欧盟 ROHS 标准、欧盟 EN71-3 标准、美国 ASTM F963 标准和日本 SONY 标准，可应用于对环保性能有较高要求的领域，如食品包装容器、儿童玩具、生活餐具等。

(3) 氧化铁黄

氧化铁黄颜料，分子式为 $Fe_2O_3 \cdot H_2O$，其制备方法为：硫酸与铁屑反应生成硫酸亚铁，加入氢氧化钠并通入空气氧化制备晶核，再在晶核悬浮液中加硫酸亚铁和铁屑，加热鼓入空气氧化，经压滤、漂洗、干燥、粉碎制得氧化铁黄。氧化铁黄颜料遮盖力强、着色力好、无毒、耐旋光性好、耐碱，但不耐酸，遇酸分解，不耐高温，当温度达到 150℃以上时即会脱水变色，转变为铁红颜料。因铁黄颜色不很鲜明，所以不易制造色彩鲜艳的面漆，广泛用于建筑业中人造大理石、水磨石的着色。

(4) 镉黄

镉黄纯品为 CdS 或(Cd/Zn)S。晶体有两种，α 型呈柠檬黄色粉末，β 型呈橘红色粉末。微溶于水，溶于酸，微溶于氨水。市场上还有主要由硫化镉 CdS 和硫酸钡 $BaSO_4$ 组成的填充型 CdS-$BaSO_4$ 或(Cd/Zn)S-$BaSO_4$，又称镉钡黄。镉黄纯品颜色非常鲜艳，随着生产条件的不同，处于柠檬黄色至橙色之间。相对密度为 4.7。耐光、耐热、耐碱，但不耐酸，遇潮汽易粉化。若用在涂料中，当有大量基料存在时，镉黄在潮湿的空气中颜色会褪去，着色力和遮盖力不如铅铬黄。

(5) 锶黄

锶黄即铬酸锶，是艳丽的柠檬黄颜料。耐有机溶剂，对高温作用稳定，在 550℃下煅烧 1h 色光不变，并具有较好的防锈性能，无油渗性。耐光性较铅铬黄、锌铬黄均强，但耐酸和耐碱性略差，遮盖力和着色力也较低。遇碱分解，在无机酸中能完全溶解。具有较高的耐旋光性，质地松软，容易研磨，不会渗色，但着色力及遮盖力均较低。在水中溶解度较小，在无机酸中能完全溶解，遇酸分解。但是价格较高，多用于航空工业，在剧烈的气候变化和较高的表面温度下，能获得良好的阻蚀效果。

(6) 金属氧化物混相黄颜料

包括钛镍黄(颜色黄 53)、铋黄(颜色黄 184)。这种颜料的第一个特点是无毒环保，可替代传统的铅镉颜料制作“无铅”油漆；具有优异的耐热性，可制作耐高温漆；具有更为优异的耐候性，可制作有高耐候性要求的氟碳漆、汽车涂料等。但目前这类黄颜料价格较贵，导致涂料中颜料成本较高。

13.1.3　千里江山——绿色

绿色（green）是自然界中常见的颜色，是可见光中的中高频部分，波长为 577～492nm，在光谱中介于黄与青之间，类似于春天的绿叶和嫩草的颜色。

千里江山——绿色

绿色与大自然和植物紧密相关。地球上最早出现的绿色植物是蓝藻，它来自于海洋深处，此后，地球便开始了壮丽的生命乐章。经过亿万年的发展与进化，绿色从海洋到陆地，从匍匐于地到伸向蓝天，菌藻、蕨类植物、裸子植物、被子植物逐渐开始征服陆地，构成了一个参差错落的植物世界。植物中的叶绿素，是杂环化合物，可利用二氧化碳、水和阳光，制造生命所需的能量，并释放出氧气。这个被称为光合作用的过程为植物世界打开了大门，从此，绿色开始了史诗般的进化，成为地球天堂的底色。时至今日，绿色已与我们的生活息息相关，不仅是因为我们很大一部分的食物来源于它们，也不仅是因为我们呼吸的氧气是它们光合作用的产物，而是因为绿色是整个生命世界得以生存的基础，更是大自然画卷的浓厚一笔。

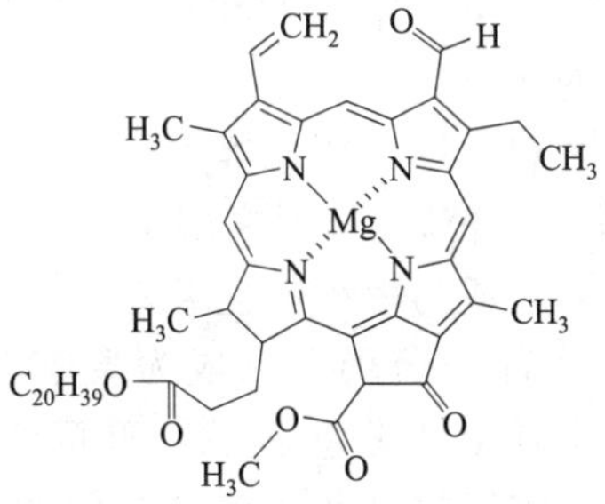

叶绿素

在自然界中，绿色是生命的基础；而在艺术史上，绿色则是艺术家的宠儿，艺术家用绿色矿石颜料来描绘着美丽的自然画卷。祖母绿就是其中典型的代表，它的成分主要为乙酰亚砷酸铜［$Cu(C_2H_3O_2)_2 \cdot 3Cu(AsO_2)_2$］，是以三氧化二砷（$As_2O_3$）为原料，在 1808 年被首次合成出来，而后进入商业生产和销售。祖母绿的出现，使其成为了容易硫化发黑的谢勒绿的改良产品。谢勒绿是一种比较偏黄的砷绿色，化学成分是酸式亚砷酸铜（$CuHAsO_3$）。它是在 1775 年由瑞典化学家卡尔·威廉·谢勒在实验室中合成的。除此之外，还有胡克绿、钴绿、莎普绿、永固绿、橄榄绿等一系列矿物颜料。这些颜料是现代化学工业的一大成就，它们影响了一个家喻户晓的绘画艺术流派——印象派。自影响印象派至深的威廉·透纳起，绿色出现在几乎所有印象派画家的调色盘上，莫奈、梵高等画家的经典之作《睡莲》《摘橄榄的女人们》《麦田与柏树》等都能看到大片的绿色身影。

不仅如此，绿色在中国艺术史上更是发挥着不可替代的作用。敦煌，以精美的壁画和塑像闻名于世，成为世界著名的文化遗产。颜料，使得石窟艺术绚烂多彩。其中的绿色颜料早期以绿铜矿为主，我国史书中记载了两种含铜化合物：绿盐和铜绿，其化学成分是水合氯化铜（$CuCl_2 \cdot 2H_2O$），最早是西北新疆等地少数民族的地方特产。较早记载绿盐制备方法的是唐代医学家苏敬的《新修本草》。著名文物学家李最雄认为，在唐代时，绿铜矿已有生产。

中国画青绿色系——石青石绿更是绿色颜料的典型代表。石绿由孔雀石研磨而成，化学成分为碱式碳酸铜［$Cu_2(OH)_2CO_3$］。与孔雀石共生的蓝铜矿研磨得石青。中国十大传世名画之一的《千里江山图》便是青绿山水的杰出代表作。2022 年央视春晚，一出《只此青绿》，我们仿佛都穿越时光，来到了人心向美的北宋。如诗如剧又如画的《只此青绿》便取自北宋画家王希孟的《千里江山图》。画中采用了大量的石青、石绿等矿物颜料，勾勒出层峦叠嶂的山谷、沟壑起伏的丘陵、郁郁葱葱的平原、万顷碧波的江河。图中繁复的林木村野、舟船桥梁、楼台殿阁、各种人物布局井然有序。整个画面层次分明，鲜艳如宝石之光，灿烂夺目，描绘出一幅国泰民安、美丽绝伦的江山画卷，为祖国锦绣河山颂唱，在历史上呈现出无与伦比的艺术及文化价值。画卷最后用明胶（蛋白质类分子）等固色，历经七百多年不褪色。

这些艺术成就“润物细无声”地展现着历史之美、山河之美、文化之美。而这些“高光时刻”，更体现着中华优秀传统文化的薪火相传、绵延不绝，让我们看到中华文化的强大感召力和吸引力。

13.1.4 海天一色——蓝色

蓝色（blue）是一种冷色调颜色，在电磁波的可见光中，波长 600～660nm，仅次于紫光，属于高频光。蓝色是光的三原色和心理四色之一。法国艺术家伊夫·克莱因（Yves Klein）说：“蓝色是天空，是水，是空气，是深度和无限，是自由与生命，蓝色是宇宙最本质的颜色”。“克莱因蓝”是世界上首个、也是唯一一个拥有专利的颜色。

海天一色
——蓝色

蓝的种类繁多，有蓝、缥、月白、绀、秘色等。

“蓝”最早并不指颜色，而是一种植物。《说文解字》中记载：“蓝，染青草也。”到了唐代，蓝色才逐渐从青色中分离出来，成为一种颜色名称。元代时期，由于蒙古族崇尚苍狼白鹿，代表着苍狼的蓝色便跃上了帝都的琉璃瓦，成为皇家尊崇之色。青花瓷也源于此时。“青出于蓝，而胜于蓝。”古人多用青指代蓝绿多色，青草的绿，到青天的蓝，再到青丝的黑，甚至紫灰，都可以称为青。中古以后，昔日魂牵梦萦的“青青子衿”，到了唐代却成了同是天涯沦落人的“司马青衫”。

“缥，帛青白色也”，是一种浅青色。缥色常见于衣物，在早期的青瓷中，由于釉中含铁，烧制温度受限，呈现浅青色，故而又称为缥瓷。

古人将月亮的颜色取名为“月白”，是一种淡淡的青蓝色。清代皇帝月坛祭月时，所穿朝袍和所用祭器都是月白色的。

“雨初晴、雁空绀碧”，绀是一种深沉而肃穆的蓝色，周朝时期，斋戒服装用的颜色就是绀。

“秘色”——一种专门为器物而诞生的颜色。这种器物是越窑精品青瓷，诞生于晚唐，但自宋代就失传了。直到法门寺地宫古物重见天日，其中的十三件越窑瓷器的问世，世人才真正领略了秘色：这一带有玉的质感，介于青白与青绿之间的微妙之色。

大千世界中，有许多令人惊艳的蓝色。动植物对光线进行特殊处理后会呈现蓝色。知更鸟蛋蓝，有一个高级而贵气的名字——蒂芙尼蓝。荧光蓝海是海洋中发光的蜉蝣生物受到外物刺激时产生的，大连、珠海、山东东营等地都出现过这种自然现象。靛蓝（青花瓷蓝：蓝中带紫），是有着三千多年历史的染料，是最早发现的天然染料之一，也是中国古代最重要的蓝色染料。

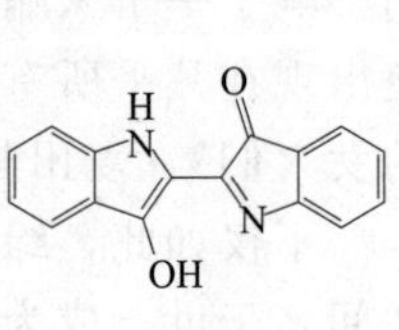

靛蓝

蓝色代表忠诚。在欧洲，作为对国家忠诚的象征；在中国，警车和救护车的警灯是蓝色，空军和海军的军装、警察制服也是蓝色。

蓝色代表永恒，能让人联想到天空、大海和浩瀚的宇宙。

蓝色代表忧郁，梵高的《星月夜》《罗纳河上的星空》都以蓝色为主色调；毕加索的代表作是抽象的，而毕加索的蓝更是孤独和忧郁的典范。

13.1.5 从高贵到平凡的蜕变——紫色

紫色（purple）是日常生活中一种常见的颜色，《说文解字》："紫，帛青赤色也。"，指出紫色是由红色和蓝色复合而成。此外，物体如果对黄绿光有吸收，也会呈现出紫色。其实，人们看到的颜色是电磁辐射的化学效应。只有合适能量的光，才能在视网膜上实现视黄醛的顺反异构转变，进而被感知。人眼可以看到波长范围在400～760nm的光，所以紫色（波长范围380～470nm）是人眼所能看到频率最高的颜色。

从高贵到平凡的蜕变——紫色

紫色是我国古代贵族极为喜欢的一种颜色。实际上，紫色在我国古代也经历了一番波澜。中国古代的颜色体系分为正色和间色。由于紫色是一种混合色，属于间色，因而起初紫色并不为古人所喜。转变发生在春秋时期，由于齐桓公喜欢紫色，所以在齐国爆发了我国有史记载的第一次流行色，也就是紫色。然而，孔子推崇周礼，周代尚赤，所以孔子认为由齐桓公带起的紫色大流行属于"恶紫夺朱"，孔子掀起的"恶紫潮"在西汉持续了一段时间。但是，美丽的紫色就如同"锥处囊中必脱颖而出"。东汉时期，《后汉书·舆服志》记载"公、侯、将军紫绶，二采，紫白、淳紫圭，长丈七尺，百八十首。公主封君服紫绶。"可见，从西汉到东汉，紫色的地位日渐上升。东汉时期紫色出现在国家礼制中，已经作为贵族标准色了。南北朝时期创立了五等官服制度：朱、紫、绯（深红色）、绿、青。唐代时三品以上穿紫色官服，四品着深绯色。宋朝时官服三品以上用紫，四五品用朱，六七品用绿。北宋神宗元丰年间改为四品以上紫色，五六品用绯色。"少小须勤学，文章可立身。满朝朱紫贵，尽是读书人"。朱紫贵就是用官服指代文武高官。除了皇帝的龙袍是黄色外，自南北朝以来以紫色为百官之首的官服。

由于在天象中将天帝所居称作"紫宫"，因此，紫色也开始用于跟皇家有关的事情。如皇帝居住的紫禁城，"紫盖"被用来指帝王车辇。我国古代帝王非常热衷于星相学。星辰的变化运行被视为人间兴衰的象征和预言。传说道家的创始人老子过函谷关时，有紫气从东而来。因此道家认为紫色有吉祥的寓意，这个观念也被中国古代很多帝王接受，他们皆以紫色为祥瑞之色。

我国古代对紫色染料和颜料的制备也具有较高的研究水平。先秦文献记载了从自然界植物紫草染紫方法。在秦始皇陵兵马俑中发现的紫色矿物硅酸铜钡$BaCuSi_2O_6$，兵马俑是已知最早使用硅酸铜钡的实物，人们将其称作"中国紫"。

随着社会的进步，作为古代贵族代表的紫色已经成为百姓日常生活中喜闻乐见的色彩。众多的紫色物品给人们的生活带来诸多便利。紫色不仅仅是一种柔美的颜色，又充满诗意，给人深刻的印象。生活中常见的紫色花卉如薰衣草、紫罗兰、紫荆花、紫薇等使人赏心悦目，心旷神怡。植物之所以呈现出绚烂多彩的颜色，是由于细胞液中的花青素的颜色会随pH值变化而发生改变。如当细胞液为酸性时，花青素呈现红色，中性时呈现出紫色，碱性时，呈现出蓝色。此外，花青素还是一种天然抗氧化剂，因而富含花青素的紫色食品洋葱、紫薯、葡萄等可以有效保护心脑血管健康。紫红色的高锰酸钾溶液是一种常用的氧化剂、消毒剂，龙胆紫溶液，俗称紫药水，可用作消毒剂。紫水晶饰品寓意着纯真的爱情。紫水晶的紫色是因为其含有微量的铁，经辐照作用三价铁离子的电子受到激发，产生空穴使水晶产生紫色。

简而言之，紫色是一种充满诗意，给人深刻印象的颜色，现如今洗尽铅华的紫色早已不再独属于某一个阶层，完成了自己的蜕变，已飞入寻常百姓家，受到广大人民的喜爱。

13.2　味道与化学

中华文明源远流长，饮食文化更是享誉全球，与中国哲学思想的精髓“和”相同，传统的烹饪工艺讲究“五味调和”。酸、甜、苦、辣、咸，共存相生，百味纷呈，这些神奇的味道不仅让人齿颊留香，更是与化学之间有着千丝万缕的联系。

13.2.1　清爽的味道——有点酸

味道，指人的味觉感受器接受外来刺激后在味觉中枢引起的感觉。在中国悠久的历史中，自古就有“酸、甜、苦、辣、咸”五味的说法。正是这五种不同的味道，给我们的味蕾带来了奇妙的刺激，使人们能够感受世界上各种味道迥异的美食。作为排名第一的酸，自然是实至名归。很多食材以酸示人，让人垂涎不已、欲罢不能。比如含有乳酸的酸奶、含有柠檬酸的橘子、橙子、柚子和柠檬等水果。此外，诸如苹果、草莓、百香果、猕猴桃、山楂、黑布林等大部分水果都带有酸味，且营养丰富，给人以清爽的感觉。

清爽的味道——有点酸

中国传统调味品醋也给人独特的酸味。早在西周时期，古人就掌握了生产醋的方法。《周礼·天官·醯人》：“醯人掌共五齐七菹，凡醯物。以共祭祀之齐菹，凡醯酱之物。”其中的“醯”就是醋的雏形，据史料考证，大致可以推算出醋的历史距今已经有3000余年。在汉朝时期，酿醋技术已日渐成熟。由于酿醋需要大量的小麦，受到古代生产力的限制，小麦主要作为粮食使用，所以一直到唐朝以前，醋还只是贵族及上层社会的人们才能享用。到南北朝时期，贾思勰的《齐民要术》中详细记载了酿造不同种类醋的方法，可见，那时醋已不单纯用小麦来制作了，南北朝时期的人们还发明了用大豆来酿醋的技术。

根据醋的原料不同，有米醋、苹果醋、柿子醋、石榴醋等，味道迥异，香味不同，因为原料的不同给人带来不同的口感。根据生产地的不同，历史上诞生了四大名醋，即山西老陈醋、镇江香醋、福建永春老醋、阆中保宁醋。醋是每个家庭必不可少的调味品。以醋为调味剂，可以制作出香味诱人的各种美味佳肴，如深受人们喜爱的凉拌藕片、糖醋鱼、酸辣土豆丝、酸辣粉等。值得注意的是，有酸味的物质不一定是酸，酸碱是物质按照其化学性质的不同而得出的概念。比如按照质子理论，酸是能够给出质子的物质，然而酸不一定都呈现出酸味。比如单宁酸的涩味，大多数氨基酸呈现出甜味等。

很多酸味的中药材，对人体具有重要的生理意义。如山茱萸可以补益肝肾，收涩固脱；金樱子可以固崩止带，涩肠止泻；五倍子能敛肺降火，涩肠止泻；白刺能健脾胃，助消化。需要注意的是，也有很多中药材如广防己、青木香、天仙藤、马兜铃、寻骨风、朱砂莲含有马兜铃酸，不但有致癌危险，还有比较大的毒性，可能引起肾损伤。

带有酸味的玻尿酸，又称为透明质酸，分子式为$(C_{14}H_{21}NO_{11})_n$，是D-葡萄糖醛酸及*N*-乙酰葡糖胺组成的双糖单位糖胺聚糖，在医疗美容方面具有重要的应用价值，如润滑关节，调节血管壁的通透性，调节蛋白质、水和电解质扩散及运转，促进创伤愈合等。此外，玻尿酸可保持皮肤滋润光滑、富有弹性，具有防皱、抗皱、美容保健和恢复皮肤生理功能的作用。

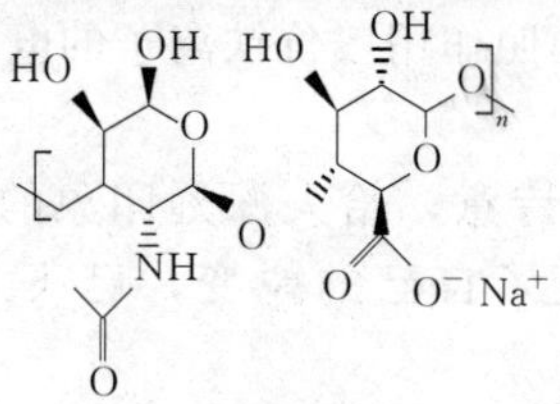

玻尿酸

水杨酸是一种酸味的脂溶性有机酸，化学式为 $C_7H_6O_3$，为白色结晶粉状物，自然界中存在于柳树皮、白珠树叶及桦树中，是重要的精细化工原料。在人工合成方面，苯酚与氢氧化钠反应生成苯酚钠，蒸馏脱水后，中压下通二氧化碳生成碳酸苯酚酯，然后加压进行分子重排，生成水杨酸钠，再经酸化后处理得到水杨酸。在化妆品领域，水杨酸主要用于花露水、痱子水等的制备。除防腐杀菌作用外，水杨酸还有祛除汗臭、止痒消肿、止痛消炎、去除角质等功能。在医药工业领域，水杨酸可用于制备阿司匹林、水杨酸钠、水杨酰胺、止痛灵、水杨酸苯酯等药物。在工业生产中还用于染料、橡胶硫化延缓剂、消毒防腐剂、荧光指示剂、配位指示剂、防焦剂、紫外线吸收剂、电镀配合剂等。

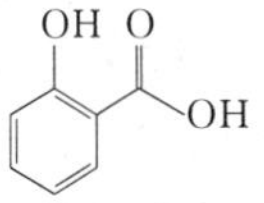

水杨酸

13.2.2　幸福的味道——有点甜

甜品会使人脑产生多巴胺，多巴胺是一种神经传导物质，一种用来帮助细胞传送脉冲的化学物质。这种脑内分泌物和人的情欲、感觉有关，它会给大脑发出一个信号，让人感觉到开心愉悦。所以，吃完甜食会有满足感，在五味的概念中，大多认为甜味最美。

幸福的味道——有点甜

糖是人类最主要的营养来源之一，人体活动所需要的能量由近七成需要由糖类来提供，糖也是世界上最古老的商品之一，在古代贸易中占有重要的地位。史前时期的人类就已经知道从鲜果、蜂蜜、植物根茎中摄取甜味食物，后来发展为从谷物中制取饴糖，对甜味的渴望已经刻进了人类的基因。

中国人对于糖的研究可以追溯到春秋时期，当时人们就已经生产出了饴糖，即麦芽糖。麦芽糖是用糯米、玉米等淀粉类粮食经蒸煮后，再经麦芽里面的酵素发酵水解后提炼而成。麦芽糖具有很好的补益作用，具有润肺、生津、去燥、健脾养胃等功效。麦芽糖主要用于加工焦糖酱色及糖果、果汁饮料、酒类、罐头、豆酱、酱油，其用途广泛，用于食品行业的各个领域。

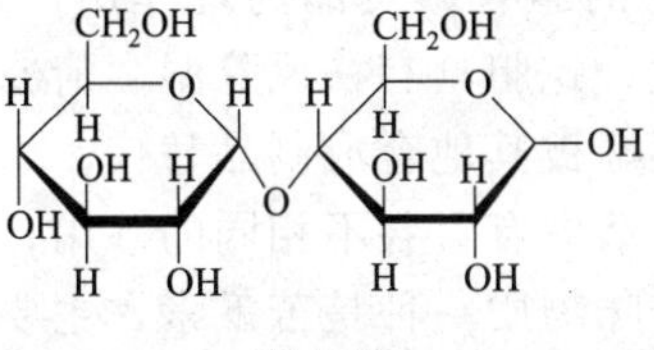

麦芽糖

经丝绸之路，古印度的制蔗糖技术在唐代传入中国。但受地域气候等限制，种植于南方的甘蔗产量还是不能满足大部分人的需要。这期间的中国甘蔗制糖技术还比较落后，无论在工艺、效率还是质量上都不很理想。北方中原地区，还是很难获得充足的蔗糖，只有繁华富庶地区使用蔗浆。公元 674 年，中国发明用滴漏法制取土白糖，制糖过程就是利用压榨或浸润等措施将含糖植物中的细胞液提取出来，经过一系列的提纯、净化、分离等措施除去其中的非糖物质，结晶成白砂糖成品。白糖的出现标志着中国制糖技术达到了一个新的高度，而这种土法制糖在中国一直沿用了千余年，该方法在古代《糖霜谱》中有详细的记载。

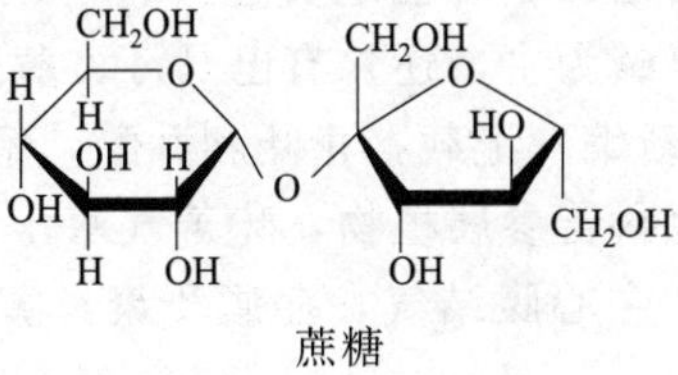

蔗糖

到了宋代，制糖业快速发展，糖的品种和质量都达到了相当高的水平，在遂宁制造出了糖霜，也就是冰糖。在宋之前，糖主要提供给宫廷及显贵，宋朝始，甘蔗种植扩大、品种增多、生产技术提高，糖的产量和质量提升，糖成为一种普遍商品。不仅能够做到自给自足，还远销海外，促进了国际贸易的发展。南宋时，闽、粤、浙等省糖坊数以千计，糖在经济繁荣发展过程中扮演着重要角色。

清末，我国东北地区开始使用甜菜制糖，北方甜菜糖料被用于制糖，使得糖的产量大幅提高。

我国是世界重要的食糖生产国和消费国，食糖生产量和消费量分别位居世界第四位和第三位，进口量位居世界第六位。食糖是我国四大重要农产品和三大经济作物之一，是关系到国计民生和国家经济安全的重要战略物资。我国制糖工艺经历了早期制糖、手工制糖和机械自动化制糖三个技术发展阶段。进入 21 世纪以来，中国制糖行业在信息技术和智能技术的大力推动下，糖制品生产厂家也开始引进自动化生产设备，新型煮糖设备——连续煮糖罐的出现极大地改善了落后的制糖工艺，大大提高了制糖的生产效率。

13.2.3 健康的味道——有点苦

“苦”味是五味之中不可或缺的元素。食物中的天然苦味化合物，主要源自生物碱、萜类、糖苷类等。如啤酒独特的苦味是由啤酒花带来的。啤酒花被誉为啤酒的灵魂物质，它赋予了啤酒独特的苦味和香气，其化学成分主要为 α-酸、β-酸及一系列的氧化、聚合产物，又称为“软树脂”。柑橘皮是柑橘果实加工后余留的副产品，中医观点认为，柑橘皮味辛、苦，性温，其功能主要为化痰止咳、理气止痛、助眠、助消化。其中的苦味物质为柚皮苷和新橙皮苷，均属于黄烷酮糖苷类化合物。

健康的味道
——有点苦

动物中的苦味物质主要是胆汁，胆汁是动物肝脏分泌并储存在胆囊中的一种液体，味极苦，其苦味成分主要是胆汁酸和胆红素。胆汁酸在脂肪代谢中起着重要作用，胆红素则是医学上判断黄疸的依据。有些动物的胆有珍贵的药理作用，是名贵的中药。如熊胆有清热解毒、平肝明目、杀虫止血的功效；蛇胆具有祛风除湿、清凉明目、解毒去痱的功效。随着现代医学的发展，胆的医药价值逐渐被其他合成制品替代。

形形色色的苦味物质，在生活中有着各不相同的妙用，它是生活中的保健佳品。夏季餐桌上的常见蔬菜——苦瓜，其苦味物质一种是苦瓜素，主要是以糖苷的形式存在，另一种是野黄瓜汁酶。它们具有降血糖、清热解毒、养血滋肝等功效。在民间传说中，苦瓜有“不传己苦与他物”的品质，与任何菜共同烹饪，绝不会把苦味传给对方，所以苦瓜“有君子之德，有君子之功”，被誉为“君子菜”。中国是茶的原产地，中国人发现并利用茶，据说始于神农时代。茶叶中含有茶碱等生物碱、茶皂素等类脂物质、酯类儿茶素类等多酚物质。茶不仅能提神醒脑，减肥去脂，更有助于抑制心血管疾病，预防和治疗辐射伤害，还能抑制和抵抗病毒，是绝佳的饮品。如今，茶更被赋予了深厚的文化内涵，从中国走向世界，弘扬了中国的传统文化。

苦味物质还是生活中的良药。古语云“良药苦口利于病”，良药往往味苦难吃。黄连就是一种广为人知的苦味中药，俗语曰“哑巴吃黄连，有苦说不出”，其苦可见一斑。生物碱是黄连的主要有效成分，以小檗碱为主，还含有巴马汀、黄连碱、甲基黄连碱等，具有清热燥湿、泻火解毒的功效。《本草新编》记载：止吐利吞酸，解口渴，治火眼，安心，止梦遗，定狂躁，除痞满。中药苦参为豆科苦参属植物，味苦气寒，含苦参碱、臭豆碱、槐定碱等多种生物碱，《神农本草经》曰：“主心腹结气，症瘕积聚，黄疸，溺有余沥，逐水，除痈肿，补中，明目止泪。”

单纯的苦味一般不为人所喜好，但人生千万不能惧怕“吃苦”。于饮食而言，苦是调和之味，酸、甜、苦、辣、咸，五味调和，相辅相成。味如此，事犹是，人亦然。对人体健康而言，苦味是健康之味，苦味入心，心火过旺，以苦味消之，调和健康之体。

13.2.4　火热的滋味——有点辣

辣作为五味之一，在饮食中扮演了重要的角色。

辣味滋养了中国人豪爽率直、热情奔放、乐观开朗的性格和不畏艰难、力争上游、敢为人先的精神，已经形成了一种“辣”文化。

火热的滋味——有点辣

辣味严格来说并不是一种味觉，而是一种痛觉。人在品尝辣味食品的时候，刺激性分子通过激活口腔和咽喉部位的痛觉受体（TRPV-1），将信号送入中枢神经系统，人在感受到灼烧感的同时，因为神经反射导致心率上升、呼吸加速，同时大脑释放内啡肽。内啡肽具有镇痛和产生快感的效果。“痛并快乐着”，可能就是大家喜欢辣味食品的原因。不管是舌头还是身体的其他器官，只要有神经的地方就能感受到辣的痛感和灼烧感。当皮肤接触到辣椒的时候，同样会觉得皮肤发热，感觉到疼痛。

目前，辣椒是使用最广泛的辣味调料之一。辣椒原产美洲，据考证美洲的玛雅人很早就食用辣椒。哥伦布发现美洲后，辣椒开始全球传播。大约在十六世纪传入中国。辣椒在我国经历了观赏-药用-食用的过程，在清朝道光年间被中国人广泛作为调料使用。史高维尔指数是国际通用的辛辣测量指标之一。这种测量方法是美国药剂师威伯·史高维尔于1912 年发明的。史高维尔指数（Scoville Scale）定义为：将一定质量的被测干辣椒溶解于水里进行稀释，直到无法尝出辣味为止，稀释倍数即为被测物的史高维尔辣度单位（SHU）。史高维尔指数越大，代表这种辣椒越辣。

辣椒中含有辣椒素及其同系物和衍生物。辣椒素属于香草基胺的酰胺衍生物，又称为辣椒碱、辣椒辣素和辣素等，是引起辣椒辛辣味的主要化学物质。辣椒素纯品为单斜长方形片状或针状无色结晶。辣椒素同系物及其衍生物称为辣椒素类物质。辣椒素类物质以辣椒素为主，还包括二氢辣椒素、降二氢辣椒素、高二氢辣椒素、高辣椒素等。辣椒素类物质的化学性质稳定。

除了作为调味品外，辣椒素类物质在医药方面也有所应用，具有消炎、抗菌、抗肿瘤、调节脂质过氧化、保护心肌、保护肠胃、特殊的长效镇痛等作用。辣椒素类物质可以作为一种不产生药物依赖的神经类药物，能减轻吗啡类药物的戒断综合征，具有强大的解毒作用。辣椒素可以加快自由脂肪酸的体内循环，影响脂肪的沉积和代谢，具有一定的减肥功效。

辣椒素类物质在军事领域也有所应用。由于辣椒素类物质具有催泪作用，并且无毒副作用，可以作为防卫武器的原料之一。在美国、日本、德国以及东南亚等国家已有多种辣椒防卫剂出售，可在瞬间造成防卫对象眼睛瘫痪，但不会对人造成长期伤害，已经得到广泛应用。辣椒素在农业领域也有应用，具有杀虫、灭菌作用。1991 年美国环境保护署（EPA）认定辣椒素类化合物为生物农药，并免除了适用于水果、蔬菜及谷物上残留的限制。辣椒素作为驱避剂，具有强烈的驱赶作用，用于涂料。将含有辣椒素的涂料用于轮船外壳，可以防止海藻和海洋生物的附着而不伤害海洋生物，生态效益十分明显；可以将辣椒素用于树木、金属、塑料管的表面涂层；木质建筑上也可应用，防止白蚁对木料的危害。辣椒素类物质可以有效地抑止微生物的生长，延长食品的保质期，可作为植物源天然防腐剂被用于食品工业中。

生姜也是常用的辣味调料之一。我国食用生姜的历史悠久，春秋时期即已开始成为餐桌上的常客。姜辣素是姜中一些具有辣味物质的总称，是多种物质组成的混合物。姜辣素类物质主要包括姜酚类、姜酮类、姜烯酚类、姜二酚类、姜二醇类等物质。姜辣素组分不仅是姜特征性辛辣风味的主要呈味物质，也是姜多种生物活性作用的主要功能成分，在调味品、保健食品、药品、化妆品等行业应用广泛，具有良好的应用前景和社会效益。姜的根茎（干姜）、栓皮（姜皮）、叶（姜叶）均可入药。生姜在中医药学中具有发散、止呕、止咳等功效。

大蒜，也叫胡蒜，也是一种重要的辣味调料。大蒜原产地西亚和中亚，汉代张骞出使西域带回大蒜，至今已有两千多年的历史。大蒜的苗、叶和鳞茎都可以食用，通常我们说的大蒜是鳞茎部分。大蒜不仅可以作为调料，也是一种重要的蔬菜。大蒜含有丰富的蛋白质、糖类、多种维生素及矿物质。大蒜在我国有广泛的种植，我国是世界上重要的大蒜生产国。蒜氨酸是大蒜活性成分大蒜素的前体物质，占大蒜干重的0.6%～2%。蒜氨酸为针簇状的白色晶体，存在于大蒜的细胞质中，其纯品无臭无刺激性。当大蒜细胞膜破裂时，蒜氨酸接触到存在于细胞液中的蒜氨酸酶，在酶的作用下，瞬间作用生成具有辣味和特殊气味的大蒜素。大蒜素是淡黄色粉末或淡黄色油状液体，一般有较浓的大蒜气味，对热不稳定，受热后容易分解。大蒜素也存在于洋葱和葱等其他葱科植物中。

大蒜是我国重要的药食同源植物，药用历史悠久。大蒜素具有抑制病原微生物生长和繁殖、抑制肿瘤细胞生长和增殖、降低血脂、改善心血管病、降低血糖等作用，已经被制成保健品。

辣味的调料还有很多，各种各样的辣为我们的生活增添了不同的滋味，在品味这火辣滋味的同时，又给我们带来了健康幸福。

13.2.5　历史的味道——有点咸

人间至味，酸甜苦辣咸。五味之中咸为首：咸能助甜，咸是鲜味的引发剂，咸能压制苦味和异味。五味调和，共存相生。

历史的味道——有点咸

盐是食物中咸味的主要来源。柴米油盐酱醋茶，是百姓家中的必需品。盐之外，还有一些咸味物质。碱蓬，因天生带有咸味，被称为具有特别海鲜味的蔬菜；入药的碱蓬，还具有清热、消积的功效。海带含有藻胶酸、多糖等化学成分；性味咸、寒，有化痰、利水泄热的功效；也可用于治疗瘿瘤结核、疝瘕、水肿、脚气等疾病。盐肤木结出的果实能凝结出一层白霜，吃不起盐的穷苦百姓把它刮下来，保存在罐子中，它是大自然赐予贫苦百姓的救命植物；盐肤木还可以作为常用的园艺植物，美化环境。冰菜自带咸味，营养价值非常高，其独特的口感和超高的颜值，受到消费者的青睐；冰菜中富含氨基酸、抗酸化物质等功能性高的成分，可以降血糖、降胆固醇、降血压。蕲蛇，最初记载在《雷公炮炙论》中，又叫白花蛇，性温、味甘、咸，有毒；具有祛风湿、散风寒、舒筋活络的药效。

食盐的主要成分是氯化钠，一般认为氯化钠的咸味来自钠离子。氯化钾口感上与氯化钠相近（苦涩），可用作低钠盐的添加剂，其中钾离子有一定毒性，过多食用会出现高钾血症，增加糖尿病、肾功能衰竭的概率。氯化铵可以用于各类食品中，瑞典的甘草冰激凌，除了浓郁的甘草味外，其中所含的氯化铵尝起来是奇咸无比，口味堪比喝了一口海水，但氯化铵的咸味不如食盐正宗，略带一丝凉，特殊体质的人不宜大量食用。苹果酸钠（$C_4H_4O_5Na_2$）的咸度约是食盐的三分之一，可用来制造无盐酱油，常添加在火腿、香肠中，但价格高昂。

$$\begin{array}{c}NaOOC\underset{\displaystyle\overset{|}{OH}}{CH}CH_2COONa\end{array}$$

苹果酸钠

盐贯穿整个人类历史，在人类文明发展中起着至关重要的作用。据专家考证，中国最早的战争，就是黄帝、炎帝、蚩尤三大部落为争夺山西运城地区的盐池而进行的。历史上，许多城镇也因盐而生，如山西的运城，因"运盐之城"而得名；四川的自贡，由"自流井"和"贡井"两个盐井名字而来；美国犹他州的盐湖城，也因靠近大盐湖而得名。随着社会的发展，这些主要的盐湖、盐矿变成了美丽的旅游景点。

四川井盐丰富，清朝时期就逐渐形成了以自贡盐场为中心的川盐古道。罗马修筑的第一条路，就是用来运输盐的线路——"盐路"，"条条大路通罗马"就是由此而来。中世纪，德意志地区为捕鱼船队提供盐分的老盐路，间接催生了一个著名的城市同盟——汉萨同盟。

盐在历史上的崇高地位，衍生出了各种与盐有关的文化和现象。在日本，相扑比赛前，场地里撒盐向神明祈祷。在欧洲，习俗认为打翻盐瓶会导致不幸。《最后的晚餐》中，犹大打翻了面前的盐瓶，也暗示了他惨死的命运。斯拉夫文化中，用面包和盐欢迎最尊贵的客人，很多宇航员进入国际空间站或者返回地球时，就会收到盐与面包的迎接。希腊神话中的女神——阿芙洛狄忒，就是从含盐的海水泡沫中诞生的。盐也隐喻财富和地位。在古罗马，士兵领取的报酬叫作买盐钱，英语中"salary"和"soldier"都由"salt"而来。另外，盐井、盐矿周围天然气、石油的发现也推动了地质学和地质勘探的发展。

13.2.6 美妙的滋味——有点鲜

很多人可能不知道，"鲜"其实也是一种味道。无论提起"酸甜苦辣咸"中的哪一味，人们都能在脑海中找到对应而明确的感受。偏偏是鲜味，玄妙得像风捉摸不住。甜味来源于糖类化合物，为生命提供能量；咸味暗示着盐分的存在，确保细胞器官的正常运作；酸味能促进食欲，让人远离不成熟的水果；苦味主要来自生物碱，多数有毒，可以说是某种警示；辣，其实并不是真实的味道，只是刺激到神经，产生的灼痛感。鲜味不同于明显可感的酸甜苦辣咸，它隐含在不同食物的多层次风味中。鲜是一种最美妙但难以描述的味道。

美妙的滋味
——有点鲜

据说古时"鲜"字的写法本是三个鱼字。鱼本鲜中之最，三个鱼就更鲜了。春秋时，齐国烹饪大师易牙创制的名馔"鱼腹藏羊肉"成为汉字"鲜"的起源。长期以来，生理学家认为人类只有酸、甜、苦、咸四种基本味觉，"鲜味只是使人感到愉悦的综合性味觉感受"。直到1908年，日本东京大学的池田菊苗教授在海带汤中发现决定味道的关键——谷氨酸，"鲜"味才逐渐被科学认知。2000年，科学家首次发现存在于味蕾上的鲜味受器细胞，"鲜"才正式被确认为第五味。

$$\text{HOOCCH}_2\text{CH}_2\underset{\underset{\text{NH}_2}{|}}{\text{CH}}\text{COOH}$$

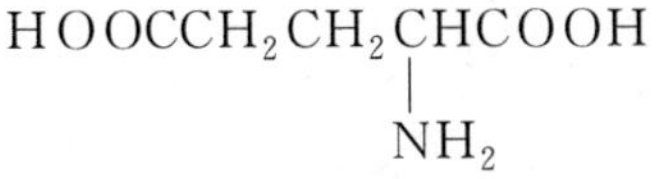

谷氨酸

鲜味，是蛋白质的信号，它存在于各种天然食物当中。含蛋白质多的食物通常会给人们带来鲜味，比如鱼、鱼汤、肉、肉汤、虾蟹类、蛤蜊等，都有大量的鲜味成分渗出。池田菊苗教授从海带中发现了鲜味成分谷氨酸钠，意识到那美妙又无法言说的风味，原来是这化学成分的功劳。后来他的学生从鲣鱼花中发现了肌苷酸钠；其后又有人从香菇中发现鸟苷酸钠。由此我们可以清晰地知道，鲜味主要来源于三种化学成分：谷氨酸钠、肌苷酸钠、鸟苷酸钠。这些物质呈现的味道，明显区别于"咸=盐=氯化钠"，它是多种风味的复合体，是综合味感，这也是鲜味难以形容的原因。谷氨酸钠是味精的主要成分，广泛存在于各类食物中，海带、豆类、鱼、肉中的含量相对较高。通常在发酵过程中，谷氨酸钠浓度会大幅增加，所以酱油、豆豉、鱼露等发酵调味品，具有明显的增鲜作用。肌苷酸钠主要存在于鱼虾和肉类中。鸟苷酸钠广泛存在于菌类，尤其是香菇中。但是只有经过烹饪或干燥，其中的相关物质才会转化成鸟苷酸钠，所以干香菇比鲜香菇闻起来更香。不同鲜味组合起来，鲜味的感受会有明显的飞跃，所以食材搭配很重要，蘑菇炖鸡很鲜美，蘑菇炖青菜就不一定了。

“鲜”不只是一种味道，也是对食材的不辜负，甚至是一种节制考究、细致用心的生活态度。酸甜咸苦皆可述，唯“鲜”一言难蔽，这种难以言喻，又令人欲罢不能的味道，是鲜的高妙所在。

（编写人：台玉萍　牛睿祺　杜西刚　黄新辉　刘红宇　卢　敏）

附　　录

附录一　常见物理常数

真空中的光速	$c=2.99792458\times10^{8}\,m\cdot s^{-1}$	摩尔气体常数	$R=8.314510\,J\cdot mol^{-1}\cdot K^{-1}$
电子的电荷	$e=1.60217733\times10^{-19}\,C$	阿伏伽德罗常量	$N_A=6.0221367\times10^{23}\,mol^{-1}$
原子质量单位	$u=1.6605402\times10^{-27}\,kg$	里德堡常数	$R_\infty=1.0973731534\times10^{7}\,m^{-1}$
质子静质量	$m_p=1.6726231\times10^{-27}\,kg$	法拉第常量	$F=9.6485309\times10^{4}\,C\cdot mol^{-1}$
中子静质量	$m_n=1.6749543\times10^{-27}\,kg$	普朗克常量	$h=6.6260755\times10^{-34}\,J\cdot s$
电子静质量	$m_o=9.1093897\times10^{-31}\,kg$	玻尔兹曼常量	$k=1.380658\times10^{-23}\,J\cdot K^{-1}$
理想气体摩尔体积	$V_m=2.241410\times10^{-2}\,m^3\cdot mol^{-1}$		

附录二　物质的标准摩尔燃烧焓（298.15K）

物　　质	$-\Delta_c H_m^\ominus/kJ\cdot mol^{-1}$	物　　质	$-\Delta_c H_m^\ominus/kJ\cdot mol^{-1}$
CH_4(g)甲烷	890.31	HCHO(g)甲醛	563.6
C_2H_2(g)乙炔	1299.63	CH_3CHO(g)乙醛	1192.4
C_2H_4(g)乙烯	1410.97	CH_3COCH_3(l)丙酮	1802.9
C_2H_6(g)乙烷	1559.88	$CH_3COOC_2H_5$(l)乙酸乙酯	2254.21
C_3H_6(g)丙烯	2058.49	$(COOCH_3)_2$(l)草酸甲酯	1677.8
C_3H_8(g)丙烷	2220.07	$(C_2H_5)_2O$(l)乙醚	2730.9
C_4H_{10}(g)正丁烷	2878.51	HCOOH(l)甲酸	269.9
C_4H_{10}(g)异丁烷	2871.65	CH_3COOH(l)乙酸	871.5
C_4H_8(g)丁烯	2718.60	$(COOH)_2$(s)草酸	246.0
C_5H_{12}(g)戊烷	3536.15	C_6H_5COOH(s)苯甲酸	3227.5
C_6H_6(l)苯	3267.62	$C_{17}H_{35}COOH$(s)硬脂酸	11274.6
C_6H_{12}(l)环己烷	3919.91	COS(g)氧硫化碳	553.1
C_7H_8(l)甲苯	3909.95	CS_2(l)二硫化碳	1075
C_8H_{10}(l)对二甲苯	4552.86	C_2N_2(g)氰	1087.8
$C_{10}H_8$(s)萘	5153.9	$CO(NH_2)_2$(s)尿素	631.99
CH_3OH(l)甲醇	726.64	$C_6H_5NO_2$(l)硝基苯	3097.8
C_2H_5OH(l)乙醇	1366.75	$C_6H_5NH_2$(l)苯胺	3397.0
$(CH_2OH)_2$(l)乙二醇	1192.9	$C_6H_{12}O_6$(s)葡萄糖	2815.8
$C_3H_8O_3$(l)甘油	1664.4	$C_{12}H_{22}O_{11}$(s)蔗糖	5648
C_6H_5OH(s)苯酚	3063	$C_{10}H_{16}O$(s)樟脑	5903.6

附录三　一些物质的$\Delta_f H_m^\ominus$、$\Delta_f G_m^\ominus$和$S_m^\ominus$（298.15K）

物　质	状　态	$\Delta_f H_m^\ominus/kJ \cdot mol^{-1}$	$\Delta_f G_m^\ominus/kJ \cdot mol^{-1}$	$S_m^\ominus/J \cdot mol^{-1} \cdot K^{-1}$
Ag	s	0	0	42.72
AgBr	s	−99.5	−95.94	107.11
AgCl	s	−127.03	−109.68	96.11
AgF	s	−202.9	−184.9	84
AgI	s	−62.38	−66.32	114.2
$AgNO_3$	s	−123.14	−32.10	140.92
Ag_2CO_3	s	−506.14	−437.09	167.4
Ag_2O	s	−30.59	−10.82	121.71
Ag_2S	s(菱形)	−31.80	−40.25	145.6
Ag_2SO_4	s	−713.37	−615.69	200
Al	s	0.0	0.0	28.3
$AlBr_3$	s	−526.3	−505.0	184.1
$AlCl_3$	s	−695.38	−636.75	167.36
AlF_3	s	−1301	−1230	96
AlI_3	s	−314.6	−313.8	200
AlN	s	−214.4	−209.2	20.9
Al_2O_3	s(刚玉)	−1669.79	−1576.36	51.00
$Al(OH)_3$	s	−1272	−1306	71
$Al_2(SO_4)_3$	s	−3435	−3092	240
As	s(灰砷)	0.0	0.0	35
AsH_3	g	171.5	68.89	222.7
As_2S_3	s	−146	−169	164
B	s	0.0	0.0	6.52
B_4C	s	−71	−71	27.1
BBr_3	l	−221	−219	229
BCl_3	l	−418.4	−379	209
BF_3	g	−1110.4	−1093.3	254.1
B_2H_6	g	31.4	82.8	233.0
BN	s	−134.3	−228	14.8
B_2O_3	s	−1263.4	−1184.1	54.0
Ba	s	0.0	0.0	67
$BaCl_2$	s	−860.1	−810.8	125
$BaCO_3$	s	−1218.8	−1138.9	112.1
BaO	s	−558.1	−528.4	70.30
BaS	s	−443.5	−456	78.2
$BaSO_4$	s	−1465.2	−1353.1	132.2
Bi	s	0.0	0.0	56.9
$BiCl_3$	s	−379	−315	177
Bi_2O_3	s	−577.0	−496.6	151.5
BiOCl	s	−365.3	−322.2	86.2
Bi_2S_3	s	−183.2	−164.8	174.6
Br_2	l	0.0	0.0	152.23
Br_2	g	30.71	3.14	245.46
C	s(石墨)	0.0	0.0	5.69
C	s(金刚石)	1.88	2.89	2.43
CO	g	−110.54	−137.30	198.01
CO_2	g	−393.51	−394.38	213.79

续表

物 质	状 态	$\Delta_f H_m^\ominus$/kJ·mol^{-1}	$\Delta_f G_m^\ominus$/kJ·mol^{-1}	$S_m^\ominus$/J·mol^{-1}·K^{-1}
CS_2	l	87.9	63.6	151.0
Ca	s	0.0	0.0	41.6
CaC_2	s	−62.8	−67.8	70.3
$CaCO_3$	s(方解石)	−1206.87	−1128.71	92.9
$CaCl_2$	s	−759.0	−750.2	113.8
CaH_2	s	−188.7	−149.8	42
CaO	s	−635.5	−604.2	39.7
$Ca(OH)_2$	s	−986.59	−896.69	76.1
$CaSO_4$	s(硬石膏)	−1432.68	−1320.23	106.7
$CaSO_4\cdot\frac{1}{2}H_2O$	s(α)	−1575.15	−1435.13	130.5
$CaSO_4\cdot 2H_2O$	s	−2021.12	−1795.66	193.97
Cd	s(α)	0.0	0.0	51.5
$CdCl_2$	s	−389.11	−342.55	118.4
CdS	s	−144.3	−140.6	71
$CdSO_4$	s	−926.17	−819.95	137.2
Cl_2	g	0.0	0.0	223.07
Cu	s	0.0	0.0	33.30
CuCl	s	−136.0	−118.0	84.5
$CuCl_2$	s	−206	−162	108.1
CuO	s	−155.2	−127.2	43.5
CuS	s	−48.5	−48.9	66.5
$CuSO_4$	s	−769.86	−661.9	113.4
Cu_2O	s	−166.7	−146.3	100.8
F_2	g	0.0	0.0	202.81
Fe	s	0.0	0.0	27.1
$FeCl_2$	s	−341.0	−302.1	119.7
FeS	s(α)	−95.06	−97.57	67.4
FeS_2	s	−177.90	−166.69	53.1
Fe_2O_3	s(赤铁矿)	−822.2	−741.0	90.0
Fe_3O_4	s(磁铁矿)	−1117.1	−1014.1	146.4
H_2	g	0.0	0.0	130.70
HBr	g	−36.23	−53.28	198.6
HCl	g	−92.30	−95.27	186.8
HF	g	−271.12	−273.22	173.79
HI	g	26.36	1.57	206.59
HCN	g	130.54	120.12	201.82
HNO_3	l	−173.23	−79.83	155.60
H_2O	g	−241.84	−228.59	188.85
H_2O	l	−285.85	−237.14	69.96
H_2O_2	l	−187.61	−118.04	102.26
H_2O_2	g	−136.11	−105.45	232.99
H_2S	g	−20.17	−33.05	205.88
H_2SO_4	l	−813.58	−689.55	156.86
Hg	l	0.0	0.0	77.4
Hg	g	60.83	31.76	175.0
$HgCl_2$	s	−223.4	−176.6	144.3
Hg_2Cl_2	s	−264.93	−210.6	195.8
$Hg(NO_3)_2\cdot\frac{1}{2}H_2O$	s	389		

续表

物 质	状 态	$\Delta_f H_m^{\ominus}$/kJ·mol^{-1}	$\Delta_f G_m^{\ominus}$/kJ·mol^{-1}	$S_m^{\ominus}$/J·mol^{-1}·K^{-1}
HgO	s(红、斜方)	−90.71	−58.51	72.0
HgS	s(红)	−58.16	−48.83	77.8
Hg_2SO_4	s	−741.99	−623.85	200.75
I_2	s	0.0	0.0	116.14
I_2	g	62.26	19.37	260.69
K	s	0.0	0.0	63.6
KBr	s	−392.2	−379.2	96.44
KCl	s	−435.89	−408.28	82.68
KF	s	−562.58	−533.10	66.57
KI	s	−327.65	−322.29	104.35
$KMnO_4$	s	−813.4	−713.8	171.7
KNO_3	s	−492.71	−393.06	132.93
KOH	s	−425.85	−376.6	78.87
K_2SO_4	s	−1433.69	−1316.30	175.7
Mg	s	0.0	0.0	32.51
$MgCO_3$	s	−1112.9	−1012	65.7
$MgCl_2$	s	−641.82	−592.83	89.54
MgO	s	−601.83	−569.55	26.8
$Mg(OH)_2$	s	−924.66	−833.68	63.14
$MgSO_4$	s	−1278.2	−1173.6	91.6
Mn	s(α)	0.0	0.0	31.76
MnO_2	s	−520.9	−466.1	53.1
N_2	g	0.0	0.0	191.60
NH_3	g	−45.96	−16.12	192.70
NH_4Cl	s	−315.39	−203.79	94.56
$(NH_4)_2SO_4$	s	−1191.85	−900.12	220.29
NO	g	90.37	86.69	210.77
NO_2	g	33.85	51.99	240.06
N_2O	g	81.55	103.66	220.02
N_2O_4	g	9.66	98.36	304.41
N_2O_5	g	2.5	109	343
Na	s	0.0	0.0	51.0
NaCl	s	−410.99	−384.03	72.38
NaF	s	−569.0	−541.0	58.6
$NaHCO_3$	s	−947.7	−851.9	102.1
NaI	s	−288.03	−286.1	98.53
$NaNO_3$	s	−466.68	−365.82	116.3
NaOH	s	−426.8	−380.7	64.18
Na_2CO_3	s	−1130.9	−1047.7	136.0
O_2	g	0.0	0.0	205.14
O_3	g	142.26	162.82	238.81
PCl_3	g	−306.35	−286.25	311.4
PCl_5	g	−398.94	−324.59	352.82
Pb	s	0.0	0.0	64.89
$PbCO_3$	s	−700.0	−626.3	131.0
$PbCl_2$	s	−359.20	−313.94	136.4
PbO	s(红)	−219.24	−189.31	67.8
PbO	s(黄)	−217.86	−188.47	69.4
PbO_2	s	−276.65	−218.96	76.6
PbS	s	−94.31	−92.67	91.2

续表

物 质	状 态	$\Delta_f H_m^{\ominus}$/kJ·mol^{-1}	$\Delta_f G_m^{\ominus}$/kJ·mol^{-1}	$S_m^{\ominus}$/J·mol^{-1}·K^{-1}
S	s(斜方)	0.0	0.0	31.93
SO_2	g	−296.85	−300.16	248.22
SO_3	g	−395.26	−370.35	256.13
Sb	s	0.0	0.0	43.9
$SbCl_3$	s	−382.17	−324.71	186.2
Sb_2O_3	s	−689.9		123.0
Sb_2O_5	s	−980.7	−838.9	125.1
Si	s	0.0	0.0	17.70
SiC	s(立方)	−111.7	−109.2	16.5
$SiCl_4$	g	−609.6	−569.9	331.5
SiF_4	g	−1548	−1506	284.6
SiH_4	g	61.9	39.3	203.9
SiO_2	s(石英)	−859.4	−805.0	41.84
Sn	s(白)	0.0	0.0	51.5
SnO_2	s	−580.7	−519.6	52.3
$SrCO_3$	s	−1218.4	−1137.6	97.1
$SrCl_2$	s	−828.4	−781.1	117
SrO	s	−590.4	−559.8	54.4
$Sr(OH)_2$	s	−959.4	−882.0	97.1
$SrSO_4$	s	−1444.7	−1334.3	121.7
Ti	s	0.0	0.0	30.3
$TiCl_4$	l	−750.2	−674.5	252.7
$TiCl_4$	g	−763.2	−726.8	353.1
TiO_2	s(金红石)	−912.1	−852.7	50.2
Zn	s	0.0	0.0	41.6
Zn	g	130.50	94.93	160.98
ZnO	s	−347.98	−318.17	43.93
$Zn(OH)_2$	s	−641.91	−553.58	81.2
ZnS	s(闪锌矿)	−202.9	−198.3	57.7
$ZnSO_4$	s	−978.55	−871.50	124.7
CH_4 甲烷	g	−74.85	−50.81	186.38
C_2H_6 乙烷	g	−84.68	−32.86	229.60
C_3H_8 丙烷	g	−103.85	−23.37	270.02
C_4H_{10} 正丁烷	g	−126.15	−17.02	310.23
C_2H_4 乙烯	g	52.30	68.15	219.56
C_3H_6 丙烯	g	20.42	62.79	267.05
C_2H_2 乙炔	g	226.73	209.20	200.94
C_6H_{12} 环己烷	g	−123.14	31.92	298.35
C_6H_6 苯	l	49.04	124.45	173.26
C_6H_6 苯	g	82.93	129.73	269.31
C_7H_8 甲苯	l	12.01	113.89	220.96
C_7H_8 甲苯	g	50.00	122.11	320.77
C_8H_8 苯乙烯	l	103.89	202.51	237.57
C_8H_8 苯乙烯	g	147.36	213.90	345.21
C_2H_6O 甲醚	g	−184.05	−112.85	267.17
$C_4H_{10}O$ 乙醚	l	−279.5	−122.75	253.1
$C_4H_{10}O$ 乙醚	g	−252.21	−122.19	342.78
CH_4O 甲醇	l	−238.57	−166.15	126.8
CH_4O 甲醇	g	−201.17	−162.46	239.81
C_2H_6O 乙醇	l	−276.98	−174.03	160.67

续表

物 质	状 态	$\Delta_f H_m^\ominus$/kJ·mol^{-1}	$\Delta_f G_m^\ominus$/kJ·mol^{-1}	$S_m^\ominus$/J·mol^{-1}·K^{-1}
C_2H_6O 乙醇	g	−234.81	−168.20	282.70
CH_2O 甲醛	g	−115.90	−109.89	218.89
C_2H_4O 乙醛	l	−192.0		
C_2H_4O 乙醛	g	−166.36	−133.25	264.33
C_3H_6O 丙酮	l	−248.1	−155.28	200.4
C_3H_6O 丙酮	g	−217.57	−152.97	295.04
$C_2H_4O_2$ 乙酸	l	−484.09	−389.26	159.83
$C_2H_4O_2$ 乙酸	g	−434.84	−376.62	282.61
$C_4H_6O_2$ 乙酸乙酯	l	−479.03	−382.55	259.4
$C_4H_6O_2$ 乙酸乙酯	g	−442.92	−327.27	362.86
C_6H_6O 苯酚	s	−165.02	−50.31	144.01
C_6H_6O 苯酚	g	−96.36	−32.81	315.71
C_2H_7N 乙胺	g	−46.02	37.38	284.96
CHF_3 三氟甲烷	g	−697.51	−663.05	259.69
CF_4 四氟化碳	g	−933.03	−888.40	261.61
CH_2Cl_2 二氯甲烷	g	−95.40	−68.84	270.35
$CHCl_3$ 氯仿	l	−132.2	−71.77	202.9
$CHCl_3$ 氯仿	g	−101.25	−68.50	295.75
CCl_4 四氯化碳	l	−132.84	−62.56	216.19
CCl_4 四氯化碳	g	−100.42	−58.21	310.23
C_2H_5Cl 氯乙烷	l	−136.0	−58.81	190.79
C_2H_5Cl 氯乙烷	g	−111.71	−59.93	275.96
CH_3Br 溴甲烷	g	−37.66	−28.14	245.92

附录四 常见弱酸、弱碱在水中的解离常数（298.15K）

弱 酸	结 构 式	$K_a^\ominus$	$pK_a^\ominus$
砷酸	H_3AsO_4	$6.3\times10^{-3}(K_{a_1})$	2.2
		$1.0\times10^{-7}(K_{a_2})$	7.00
		$3.2\times10^{-12}(K_{a_3})$	11.50
亚砷酸	H_3AsO_3	6.0×10^{-10}	9.22
硼酸	H_3BO_3	5.8×10^{-10}	9.24
焦硼酸	$H_2B_4O_7$	$1\times10^{-4}(K_{a_1})$	4
		$1\times10^{-9}(K_{a_2})$	9
碳酸	$H_2CO_3(CO_2+H_2O)$	$4.2\times10^{-7}(K_{a_1})$	6.38
		$5.6\times10^{-11}(K_{a_2})$	10.25
氢氰酸	HCN	6.2×10^{-10}	9.21
铬酸	H_2CrO_4	$1.8\times10^{-1}(K_{a_1})$	0.74
		$3.2\times10^{-7}(K_{a_2})$	6.50
氢氟酸	HF	6.6×10^{-4}	3.18
亚硝酸	HNO_2	5.1×10^{-4}	3.29
过氧化氢	H_2O_2	1.8×10^{-12}	11.75
磷酸	H_3PO_4	$7.6\times10^{-3}(K_{a_1})$	2.12
		$6.3\times10^{-8}(K_{a_2})$	7.20
		$4.4\times10^{-13}(K_{a_3})$	12.36
焦磷酸	$H_4P_2O_7$	$3.0\times10^{-2}(K_{a_1})$	1.52
		$4.4\times10^{-3}(K_{a_2})$	2.36
		$2.5\times10^{-7}(K_{a_3})$	6.60
		$5.6\times10^{-10}(K_{a_4})$	9.25
亚磷酸	H_3PO_3	$5.0\times10^{-2}(K_{a_1})$	1.30
		$2.5\times10^{-7}(K_{a_2})$	6.60
氢硫酸	H_2S	$1.2\times10^{-7}(K_{a_1})$	6.92
		$1.0\times10^{-14}(K_{a_2})$	14.00
硫酸	HSO_4^-	$1.0\times10^{-2}(K_{a_2})$	1.99

续表

弱　酸	结　构　式	$K_a^{\ominus}$	$pK_a^{\ominus}$
亚硫酸	$H_2SO_3(SO_2+H_2O)$	$1.3\times10^{-2}(K_{a_1})$	1.90
		$6.3\times10^{-8}(K_{a_2})$	7.20
偏硅酸	H_2SiO_3	$1.7\times10^{-10}(K_{a_1})$	9.77
		$1.6\times10^{-12}(K_{a_2})$	11.8
甲酸	HCOOH	1.8×10^{-4}	3.74
乙酸	CH_3COOH	1.8×10^{-5}	4.74
一氯乙酸	$CH_2ClCOOH$	1.4×10^{-3}	2.86
二氯乙酸	$CHCl_2COOH$	5.0×10^{-2}	1.30
三氯乙酸	CCl_3COOH	0.23	0.64
氨基乙酸盐	$^+NH_3CH_2COOH$	$4.5\times10^{-3}(K_{a_1})$	2.35
	$^+NH_3CH_2COO^-$	$2.5\times10^{-10}(K_{a_2})$	9.60
抗坏血酸	O═C—C(OH)═C(OH)—CH—（C与CH之间以—O—相连成环）	$5.0\times10^{-5}(K_{a_1})$	4.30
	—CHOH—CH_2OH	$1.5\times10^{-10}(K_{a_2})$	9.82
乳酸	$CH_3CHOHCOOH$	1.4×10^{-4}	3.86
苯甲酸	C_6H_5COOH	6.2×10^{-5}	4.21
草酸	$H_2C_2O_4$	$5.9\times10^{-2}(K_{a_1})$	1.22
		$6.4\times10^{-5}(K_{a_2})$	4.19
d-酒石酸	CH(OH)COOH | CH(OH)COOH	$9.1\times10^{-4}(K_{a_1})$	3.04
		$4.3\times10^{-5}(K_{a_2})$	4.37
邻苯二甲酸	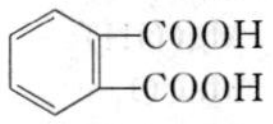	$1.1\times10^{-3}(K_{a_1})$	2.95
		$3.9\times10^{-6}(K_{a_2})$	5.41
柠檬酸	CH_2COOH | C(OH)COOH | CH_2COOH	$7.4\times10^{-4}(K_{a_1})$	3.13
		$1.7\times10^{-5}(K_{a_2})$	4.76
		$4.0\times10^{-7}(K_{a_3})$	6.40
苯酚	C_6H_5OH	1.1×10^{-10}	9.95
乙二胺四乙酸	H_6-EDTA^{2+}	$0.13(K_{a_1})$	0.9
	H_5-EDTA$^+$	$3\times10^{-2}(K_{a_2})$	1.6
	H_4-EDTA	$1\times10^{-2}(K_{a_3})$	2.0
	H_3-EDTA$^-$	$2.1\times10^{-3}(K_{a_4})$	2.67
	H_2-EDTA^{2-}	$6.9\times10^{-7}(K_{a_5})$	6.16
	H-EDTA^{3-}	$5.5\times10^{-11}(K_{a_6})$	10.26
氨水	$NH_3\cdot H_2O$	1.8×10^{-5}	4.74
联氨	H_2NNH_2	$3.0\times10^{-6}(K_{b_1})$	5.52
		$7.6\times10^{-15}(K_{b_2})$	14.12
羟胺	NH_2OH	9.1×10^{-9}	8.04
甲胺	CH_3NH_2	4.2×10^{-4}	3.38
乙胺	$C_2H_5NH_2$	5.6×10^{-4}	3.25
二甲胺	$(CH_3)_2NH$	1.2×10^{-4}	3.93
二乙胺	$(C_2H_5)_2NH$	1.3×10^{-3}	2.89
乙醇胺	$HOCH_2CH_2NH_2$	3.2×10^{-5}	4.50
三乙醇胺	$(HOCH_2CH_2)_3N$	5.8×10^{-7}	6.24
六亚甲基四胺	$(CH_2)_6N_4$	1.4×10^{-9}	8.85
乙二胺	$H_2NCH_2CH_2NH_2$	$8.5\times10^{-5}(K_{b_1})$	4.07
		$7.1\times10^{-8}(K_{b_2})$	7.15
吡啶	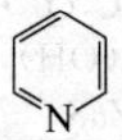	1.7×10^{-9}	8.77

注：氨水以下为碱性。

附录五 溶度积常数（298.15K）

化合物	$K_{sp}^{\ominus}$	化合物	$K_{sp}^{\ominus}$
AgAc	1.94×10^{-3}	$Cu_2P_2O_7$	8.3×10^{-16}
AgBr	5.35×10^{-13}	CuS	6.3×10^{-36}
Ag_2CO_3	8.46×10^{-12}	Cu_2S	2.5×10^{-48}
AgCl	1.77×10^{-10}	$FeCO_3$	3.2×10^{-11}
$Ag_2C_2O_4$	5.40×10^{-12}	$FeC_2O_4\cdot2H_2O$	3.2×10^{-7}
Ag_2CrO_4	1.12×10^{-12}	$Fe(OH)_2$	4.87×10^{-17}
$Ag_2Cr_2O_7$	2.0×10^{-7}	$Fe(OH)_3$	2.79×10^{-39}
AgI	8.52×10^{-17}	FeS	6.3×10^{-18}
$AgIO_3$	3.17×10^{-8}	Hg_2Cl_2	1.43×10^{-18}
$AgNO_2$	6.0×10^{-4}	Hg_2I_2	5.2×10^{-29}
AgOH	2.0×10^{-8}	$Hg(OH)_2$	3.0×10^{-26}
Ag_3PO_4	8.89×10^{-17}	Hg_2S	1.0×10^{-47}
Ag_2S	6.3×10^{-50}	HgS(红)	4.0×10^{-53}
Ag_2SO_4	1.20×10^{-5}	HgS(黑)	1.6×10^{-52}
$Al(OH)_3$	1.3×10^{-33}	Hg_2SO_4	6.5×10^{-7}
AuCl	2.0×10^{-13}	KIO_4	3.71×10^{-4}
$AuCl_3$	3.2×10^{-25}	$K_2[PtCl_6]$	7.48×10^{-6}
$Au(OH)_3$	5.5×10^{-46}	$K_2[SiF_6]$	8.7×10^{-7}
$BaCO_3$	2.58×10^{-9}	Li_2CO_3	8.15×10^{-4}
BaC_2O_4	1.6×10^{-7}	LiF	1.84×10^{-3}
$BaCrO_4$	1.17×10^{-10}	$MgCO_3$	6.82×10^{-6}
BaF_2	1.84×10^{-7}	MgF_2	5.16×10^{-11}
$Ba_3(PO_4)_2$	3.4×10^{-23}	$Mg(OH)_2$	5.61×10^{-12}
$BaSO_3$	5.0×10^{-10}	$MnCO_3$	2.24×10^{-11}
$BaSO_4$	1.08×10^{-10}	$Mn(OH)_2$	1.9×10^{-13}
BaS_2O_3	1.6×10^{-5}	MnS(无定形)	2.5×10^{-10}
$Bi(OH)_3$	4.0×10^{-31}	(结晶)	2.5×10^{-13}
BiOCl	1.8×10^{-31}	Na_3AlF_6	4.0×10^{-10}
Bi_2S_3	1×10^{-97}	$NiCO_3$	1.42×10^{-7}
$CaCO_3$	3.36×10^{-9}	$Ni(OH)_2$ 新析出	2.0×10^{-13}
$CaC_2O_4\cdot H_2O$	2.32×10^{-9}	α-NiS	3.2×10^{-19}
$CaCrO_4$	7.1×10^{-4}	β-NiS	1.0×10^{-24}
CaF_2	3.45×10^{-11}	γ-NiS	2.0×10^{-26}
$CaHPO_4$	1.0×10^{-7}	$Pb(OH)_2$	1.43×10^{-20}
$Ca(OH)_2$	5.02×10^{-6}	$Pb(OH)_4$	3.2×10^{-44}
$Ca_3(PO_4)_2$	2.07×10^{-33}	$Pb_3(PO_4)_2$	8.0×10^{-40}
$CaSO_4$	4.93×10^{-5}	$PbMoO_4$	1.0×10^{-13}
$CaSO_3\cdot0.5H_2O$	3.1×10^{-7}	PbS	8.0×10^{-28}
$CdCO_3$	1.0×10^{-12}	$PbBr_2$	6.60×10^{-6}
$CdC_2O_4\cdot3H_2O$	1.42×10^{-8}	$PbCO_3$	7.4×10^{-14}
$Cd(OH)_2$(新析出)	2.5×10^{-14}	$PbCl_2$	1.70×10^{-5}
CdS	8.0×10^{-27}	PbC_2O_4	4.8×10^{-10}
$CoCO_3$	1.4×10^{-13}	$PbCrO_4$	2.8×10^{-13}
$Co(OH)_2$(新析出)	1.6×10^{-15}	PbI_2	9.8×10^{-9}
$Co(OH)_3$	1.6×10^{-44}	$PbSO_4$	2.53×10^{-8}
α-CoS(新析出)	4.0×10^{-21}	$Sn(OH)_2$	5.45×10^{-27}
β-CoS(陈化)	2.0×10^{-25}	$Sn(OH)_4$	1×10^{-56}
$Cr(OH)_3$	6.3×10^{-31}	SnS	1.0×10^{-25}
CuBr	6.27×10^{-9}	$SrCO_3$	5.60×10^{-10}
CuCN	3.47×10^{-20}	$SrC_2O_4\cdot H_2O$	1.6×10^{-7}
$CuCO_3$	1.4×10^{-10}	$SrCrO_4$	2.2×10^{-5}
CuCl	1.72×10^{-7}	$SrSO_4$	3.44×10^{-7}
$CuCrO_4$	3.6×10^{-6}	$ZnCO_3$	1.46×10^{-10}
CuI	1.27×10^{-12}	$ZnC_2O_4\cdot2H_2O$	1.38×10^{-9}
CuOH	1.0×10^{-14}	$Zn(OH)_2$	3.0×10^{-17}
$Cu(OH)_2$	2.2×10^{-20}	α-ZnS	1.6×10^{-24}
$Cu_3(PO_4)_2$	1.40×10^{-37}	β-ZnS	2.5×10^{-22}

附录六　电极反应的标准电极电势（298.15K）

A. 在酸性溶液中

电　极　反　应	$\varphi^{\ominus}/V$	电　极　反　应	$\varphi^{\ominus}/V$
$Li^{+}+e^{-}=Li$	−3.0403	$Sn^{4+}+2e^{-}=Sn^{2+}$	0.151
$Cs^{+}+e^{-}=Cs$	−3.02	$SO_4^{2-}+4H^{+}+2e^{-}=H_2SO_3+H_2O$	0.172
$Rb^{+}+e^{-}=Rb$	−2.98	$AgCl+e^{-}=Ag+Cl^{-}$	0.22216
$K^{+}+e^{-}=K$	−2.931	$Hg_2Cl_2+2e^{-}=2Hg+2Cl^{-}$	0.26791
$Ba^{2+}+2e^{-}=Ba$	−2.912	$VO^{2+}+2H^{+}+e^{-}=V^{3+}+H_2O$	0.337
$Sr^{2+}+2e^{-}=Sr$	−2.899	$Cu^{2+}+2e^{-}=Cu$	0.3417
$Ca^{2+}+2e^{-}=Ca$	−2.868	$[Fe(CN)_6]^{3-}+e^{-}=[Fe(CN)_6]^{4-}$	0.358
$Na^{+}+e^{-}=Na$	−2.71	$[HgCl_4]^{2-}+2e^{-}=Hg+4Cl^{-}$	0.38
$Mg^{2+}+2e^{-}=Mg$	−2.372	$Ag_2CrO_4+2e^{-}=2Ag+CrO_4^{2-}$	0.4468
$\frac{1}{2}H_2+e^{-}=H^{-}$	−2.23	$H_2SO_3+4H^{+}+4e^{-}=S+3H_2O$	0.449
$Sc^{3+}+3e^{-}=Sc$	−2.077	$Cu^{+}+e^{-}=Cu$	0.521
$[AlF_6]^{3-}+3e^{-}=Al+6F^{-}$	−2.069	$I_2+2e^{-}=2I^{-}$	0.5353
$Be^{2+}+2e^{-}=Be$	−1.847	$MnO_4^{-}+e^{-}=MnO_4^{2-}$	0.558
$Al^{3+}+3e^{-}=Al$	−1.662	$H_3AsO_4+2H^{+}+2e^{-}=H_3AsO_3+H_2O$	0.560
$Ti^{2+}+2e^{-}=Ti$	−1.37	$Cu^{2+}+Cl^{-}+e^{-}=CuCl$	0.56
$[SiF_6]^{2-}+4e^{-}=Si+6F^{-}$	−1.24	$Sb_2O_5+6H^{+}+4e^{-}=2SbO^{+}+3H_2O$	0.581
$Mn^{2+}+2e^{-}=Mn$	−1.185	$TeO_2+4H^{+}+4e^{-}=Te+2H_2O$	0.593
$V^{2+}+2e^{-}=V$	−1.175	$O_2+2H^{+}+2e^{-}=H_2O_2$	0.695
$Cr^{2+}+2e^{-}=Cr$	−0.913	$H_2SeO_3+4H^{+}+4e^{-}=Se+3H_2O$	0.74
$TiO^{2+}+2H^{+}+4e^{-}=Ti+H_2O$	−0.89	$H_3SbO_4+2H^{+}+2e^{-}=H_3SbO_3+H_2O$	0.75
$H_3BO_3+3H^{+}+3c^{-}=B+3H_2O$	0.8700	$Fe^{3+}+e^{-}=Fe^{2+}$	0.771
$Zn^{2+}+2e^{-}=Zn$	−0.7600	$Hg_2^{2+}+2e^{-}=2Hg$	0.7971
$Cr^{3+}+3e^{-}=Cr$	−0.744	$Ag^{+}+e^{-}=Ag$	0.7994
$As+3H^{+}+3e^{-}=AsH_3$	−0.608	$2NO_3^{-}+4H^{+}+2e^{-}=N_2O_4+2H_2O$	0.803
$Ga^{3+}+3e^{-}=Ca$	−0.549	$Hg^{2+}+2e^{-}=Hg$	0.851
$Fe^{2+}+2e^{-}=Fe$	−0.447	$HNO_2+7H^{+}+6e^{-}=NH_4^{+}+2H_2O$	0.86
$Cr^{3+}+e^{-}=Cr^{2+}$	−0.407	$NO_3^{-}+3H^{+}+2e^{-}=HNO_2+H_2O$	0.934
$Cd^{2+}+2e^{-}=Cd$	−0.4032	$NO_3^{-}+4H^{+}+3e^{-}=NO+2H_2O$	0.957
$PbI_2+2e^{-}=Pb+2I^{-}$	−0.365	$HIO+H^{+}+2e^{-}=I^{-}+H_2O$	0.987
$PbSO_4+2e^{-}=Pb+SO_4^{2-}$	−0.3590	$HNO_2+H^{+}+e^{-}=NO+H_2O$	0.983
$Co^{2+}+2e^{-}=Co$	−0.28	$VO_4^{3-}+6H^{+}+e^{-}=VO^{2+}+3H_2O$	1.031
$H_3PO_4+2H^{+}+2e^{-}=H_3PO_3+H_2O$	−0.276	$N_2O_4+4H^{+}+4e^{-}=2NO+2H_2O$	1.035
$Ni^{2+}+2e^{-}=Ni$	−0.257	$N_2O_4+2H^{+}+2e^{-}=2HNO_2$	1.065
$CuI+e^{-}=Cu+I^{-}$	−0.180	$Br_2+2e^{-}=2Br^{-}$	1.066
$AgI+e^{-}=Ag+I^{-}$	−0.15241	$IO_3^{-}+6H^{+}+6e^{-}=I^{-}+3H_2O$	1.085
$GeO_2+4H^{+}+4e^{-}=Ge+2H_2O$	−0.15	$SeO_4^{2-}+4H^{+}+2e^{-}=H_2SeO_3+H_2O$	1.151
$Sn^{2+}+2e^{-}=Sn$	−0.1377	$ClO_4^{-}+2H^{+}+2e^{-}=ClO_3^{-}+H_2O$	1.189
$Pb^{2+}+2e^{-}=Pb$	−0.1264	$IO_3^{-}+6H^{+}+5e^{-}=\frac{1}{2}I_2+3H_2O$	1.195
$WO_3+6H^{+}+6e^{-}=W+3H_2O$	−0.090	$MnO_2+4H^{+}+2e^{-}=Mn^{2+}+2H_2O$	1.224
$[HgI_4]^{2-}+2e^{-}=Hg+4I^{-}$	−0.04	$O_2+4H^{+}+4e^{-}=2H_2O$	1.229
$2H^{+}+2e^{-}=H_2$	0	$Cr_2O_7^{2-}+14H^{+}+6e^{-}=2Cr^{3+}+7H_2O$	1.33
$[Ag(S_2O_3)_2]^{3-}+e^{-}=Ag+2S_2O_3^{2-}$	0.01	$2HNO_2+4H^{+}+4e^{-}=N_2O+3H_2O$	1.297
$AgBr+e^{-}=Ag+Br^{-}$	0.07116	$HBrO+H^{+}+2e^{-}=Br^{-}+H_2O$	1331
$S_4O_6^{2-}+2e^{-}=2S_2O_3^{2-}$	0.08	$Cl_2+2e^{-}=2Cl^{-}$	1.35793
$S+2H^{+}+2e^{-}=H_2S$	0.142	$ClO_4^{-}+8H^{+}+7e^{-}=\frac{1}{2}Cl_2+4H_2O$	1.39

续表

电 极 反 应	$\varphi^{\ominus}/V$	电 极 反 应	$\varphi^{\ominus}/V$
$IO_4^- + 8H^+ + 8e^- = I^- + 4H_2O$	1.4	$2HClO + 2H^+ + 2e^- = Cl_2 + 2H_2O$	1.611
$BrO_3^- + 6H^+ + 6e^- = Br^- + 3H_2O$	1.423	$MnO_4^- + 4H^+ + 3e^- = MnO_2 + 2H_2O$	1.679
$ClO_3^- + 6H^+ + 6e^- = Cl^- + 3H_2O$	1.451	$Au^+ + e^- = Au$	1.692
$PbO_2 + 4H^+ + 2e^- = Pb^{2+} + 2H_2O$	1.455	$Ce^{4+} + e^- = Ce^{3+}$	1.72
$ClO_3^- + 6H^+ + 5e^- = \frac{1}{2}Cl_2 + 3H_2O$	1.47	$H_2O_2 + 2H^+ + 2e^- = 2H_2O$	1.776
$HClO + H^+ + 2e^- = Cl^- + H_2O$	1.482	$Co^{3+} + e^- = Co^{2+}$	1.92
$2BrO_3^- + 12H^+ + 10e^- = Br_2 + 6H_2O$	1.482	$S_2O_8^{2-} + 2e^- = 2SO_4^{2-}$	2.010
$Au^{3+} + 3e^- = Au$	1.498	$O_3 + 2H^+ + 2e^- = O_2 + H_2O$	2.076
$MnO_4^- + 8H^+ + 5e^- = Mn^{2+} + 4H_2O$	1.507	$F_2 + 2e^- = 2F^-$	2.866
$NaBiO_3 + 6H^+ + 2e^- = Bi^{3+} + Na^+ + 3H_2O$	1.60		

B. 碱性溶液中

电 极 反 应	$\varphi^{\ominus}/V$	电 极 反 应	$\varphi^{\ominus}/V$
$Mg(OH)_2 + 2e^- = Mg + 2OH^-$	−2.690	$CrO_4^{2-} + 4H_2O + 3e^- = Cr(OH)_3 + 5OH^-$	−0.13
$Al(OH)_3 + 3e^- = Al + 3OH^-$	−2.31	$[Cu(NH_3)_2]^+ + e^- = Cu + 2NH_3(aq)$	−0.11
$SiO_3^{2-} + 3H_2O + 4e^- = Si + 6OH^-$	−1.697	$O_2 + H_2O + 2e^- = HO_2^- + OH^-$	−0.076
$Mn(OH)_2 + 2e^- = Mn + 2OH^-$	−1.56	$MnO_2 + 2H_2O + 2e^- = Mn(OH)_2 + 2OH^-$	−0.05
$As + 3H_2O + 3e^- = AsH_3 + 3OH^-$	−1.37	$NO_3^- + H_2O + 2e^- = NO_2^- + 2OH^-$	0.01
$Cr(OH)_3 + 3e^- = Cr + 3OH^-$	−1.48	$[Co(NH_3)_6]^{3+} + e^- = [Co(NH_3)_6]^{2+}$	0.108
$[Zn(CN)_4]^{2-} + 2e^- = Zn + 4CN^-$	−1.26	$2NO_2^- + 3H_2O + 4e^- = N_2O + 6OH^-$	0.15
$Zn(OH)_2 + 2e^- = Zn + 2OH^-$	−1.249	$IO_3^- + 2H_2O + 4e^- = IO^- + 4OH^-$	0.15
$N_2 + 4H_2O + 4e^- = N_2H_4 + 4OH^-$	−1.15	$Co(OH)_3 + e^- = Co(OH)_2 + OH^-$	0.17
$PO_4^{3-} + 2H_2O + 2e^- = HPO_3^{2-} + 3OH^-$	−1.05	$IO_3^- + 3H_2O + 6e^- = I^- + 6OH^-$	0.26
$[Sn(OH)_6]^{2-} + 2e^- = H_2SnO_2 + 4OH^-$	−0.93	$ClO_3^- + H_2O + 2e^- = ClO_2^- + 2OH^-$	0.33
$SO_4^{2-} + H_2O + 2e^- = SO_3^{2-} + 2OH^-$	−0.93	$Ag_2O + H_2O + 2e^- = 2Ag + 2OH^-$	0.342
$P + 3H_2O + 3e^- = PH_3 + 3OH^-$	−0.87	$ClO_4^- + H_2O + 2e^- = ClO_3^- + 2OH^-$	0.36
$Fe(OH)_2 + 2e^- = Fe + 2OH^-$	−0.877	$[Ag(NH_3)_2]^+ + e^- = Ag + 2NH_3(aq)$	0.373
$2NO_3^- + 2H_2O + 2e^- = N_2O_4 + 4OH^-$	−0.85	$O_2 + 2H_2O + 4e^- = 4OH^-$	0.401
$[Co(CN)_6]^{3-} + e^- = [Co(CN)_6]^{4-}$	−0.83	$2BrO^- + 2H_2O + 2e^- = Br_2 + 4OH^-$	0.45
$2H_2O + 2e^- = H_2 + 2OH^-$	−0.8277	$NiO_2 + 2H_2O + 2e^- = Ni(OH)_2 + 2OH^-$	0.490
$AsO_4^{3-} + 2H_2O + 2e^- = AsO_2^- + 4OH^-$	−0.71	$IO^- + H_2O + 2e^- = I^- + 2OH^-$	0.485
$AsO_2^- + 2H_2O + 3e^- = As + 4OH^-$	−0.68	$ClO_4^- + 4H_2O + 8e^- = Cl^- + 8OH^-$	0.51
$SO_3^{2-} + 3H_2O + 6e^- = S^{2-} + 6OH^-$	−0.61	$2ClO^- + 2H_2O + 2e^- = Cl_2 + 4OH^-$	0.52
$[Au(CN)_2]^- + e^- = Au + 2CN^-$	−0.60	$BrO_3^- + 2H_2O + 4e^- = BrO^- + 4OH^-$	0.54
$2SO_3^{2-} + 3H_2O + 4e^- = S_2O_3^{2-} + 6OH^-$	−0.571	$MnO_4^- + 2H_2O + 3e^- = MnO_2 + 4OH^-$	0.595
$Fe(OH)_3 + e^- = Fe(OH)_2 + OH^-$	−0.56	$MnO_4^{2-} + 2H_2O + 2e^- = MnO_2 + 4OH^-$	0.60
$S + 2e^- = S^{2-}$	−0.47644	$BrO_3^- + 3H_2O + 6e^- = Br^- + 6OH^-$	0.61
$NO_2^- + H_2O + e^- = NO + 2OH^-$	−0.46	$ClO_3^- + 3H_2O + 6e^- = Cl^- + 6OH^-$	0.62
$[Cu(CN)_2]^- + e^- = Cu + 2CN^-$	−0.43	$ClO_2^- + H_2O + 2e^- = ClO^- + 2OH^-$	0.66
$[Co(NH_3)_6]^{2+} + 2e^- = Co + 6NH_3(aq)$	−0.422	$BrO^- + H_2O + 2e^- = Br^- + 2OH^-$	0.761
$[Hg(CN)_4]^{2-} + 2e^- = Hg + 4CN^-$	−0.37	$ClO^- + H_2O + 2e^- = Cl^- + 2OH^-$	0.81
$[Ag(CN)_2]^- + e^- = Ag + 2CN^-$	−0.30	$N_2O_4 + 2e^- = 2NO_2^-$	0.867
$NO_3^- + 5H_2O + 6e^- = NH_2OH + 7OH^-$	−0.30	$HO_2^- + H_2O + 2e^- = 3OH^-$	0.878
$Cu(OH)_2 + 2e^- = Cu + 2OH^-$	−0.222	$FeO_4^{2-} + 2H_2O + 3e^- = FeO_2^- + 4OH^-$	0.9
$PbO_2 + 2H_2O + 4e^- = Pb + 4OH^-$	−0.16	$O_3 + H_2O + 2e^- = O_2 + 2OH^-$	1.24

附录七 条件电极电势

半反应	$\varphi^{\ominus\prime}$/V	介质
$Ag(Ⅱ)+e^- \rightleftharpoons Ag^+$	1.927	$4mol\cdot L^{-1}$ HNO_3
$Ce(Ⅳ)+e^- \rightleftharpoons Ce(Ⅲ)$	1.70	$1mol\cdot L^{-1}$ $HClO_4$
	1.61	$1mol\cdot L^{-1}$ HNO_3
	1.44	$0.5mol\cdot L^{-1}$ H_2SO_4
	1.28	$1mol\cdot L^{-1}$ HCl
$Co^{3+}+e^- \rightleftharpoons Co^{2+}$	1.85	$4mol\cdot L^{-1}$ HNO_3
$[Co(乙二胺)_3]^{3+}+e^- \rightleftharpoons [Co(乙二胺)_3]^{2+}$	−0.2	$0.1mol\cdot L^{-1}$ KNO_3 +$0.1mol\cdot L^{-1}$乙二胺
$Cr(Ⅲ)+e^- \rightleftharpoons Cr(Ⅱ)$	−0.40	$5mol\cdot L^{-1}$ HCl
$Cr_2O_7^{2-}+14H^++6e^- \rightleftharpoons 2Cr^{3+}+7H_2O$	1.00	$1mol\cdot L^{-1}$ HCl
	1.025	$1mol\cdot L^{-1}$ $HClO_4$
	1.08	$3mol\cdot L^{-1}$ HCl
	1.05	$2mol\cdot L^{-1}$ HCl
	1.15	$4mol\cdot L^{-1}$ H_2SO_4
$CrO_4^{2-}+2H_2O+3e^- \rightleftharpoons CrO_2^-+4OH^-$	−0.12	$1mol\cdot L^{-1}$ NaOH
$Fe(Ⅲ)+e^- \rightleftharpoons Fe(Ⅱ)$	0.73	$1mol\cdot L^{-1}$ $HClO_4$
	0.71	$0.5mol\cdot L^{-1}$ HCl
	0.68	$1mol\cdot L^{-1}$ H_2SO_4
	0.68	$1mol\cdot L^{-1}$ HCl
	0.46	$2mol\cdot L^{-1}$ H_3PO_4
	0.51	$1mol\cdot L^{-1}$ HCl
	0.51	$0.25mol\cdot L^{-1}$ H_3PO_4
$H_3AsO_4+2H^++2e^- \rightleftharpoons H_3AsO_3+H_2O$	0.557	$1mol\cdot L^{-1}$ HCl
	0.557	$1mol\cdot L^{-1}$ $HClO_4$
$[Fe(EDTA)]^-+e^- \rightleftharpoons [Fe(EDTA)]^{2-}$	0.12	$0.1mol\cdot L^{-1}$ EDTA, pH4～6
$[Fe(CN)_6]^{3-}+e^- \rightleftharpoons [Fe(CN)_6]^{4-}$	0.48	$0.01mol\cdot L^{-1}$ HCl
	0.56	$0.1mol\cdot L^{-1}$ HCl
	0.71	$1mol\cdot L^{-1}$ HCl
	0.72	$1mol\cdot L^{-1}$ $HClO_4$
$I_2(水)+2e^- \rightleftharpoons 2I^-$	0.628	$1mol\cdot L^{-1}$ H^+
$I_3^-+2e^- \rightleftharpoons 3I^-$	0.545	$1mol\cdot L^{-1}$ H^+
$MnO_4^-+8H^++5e^- \rightleftharpoons Mn^{2+}+4H_2O$	1.45	$1mol\cdot L^{-1}$ $HClO_4$
	1.27	$8mol\cdot L^{-1}$ H_3PO_4
$Os(Ⅷ)+4e^- \rightleftharpoons Os(Ⅳ)$	0.79	$5mol\cdot L^{-1}$ HCl
$[SnCl_6]^{2-}+2e^- \rightleftharpoons [SnCl_4]^{2-}+2Cl^-$	0.14	$1mol\cdot L^{-1}$ HCl
$Sn^{2+}+2e^- \rightleftharpoons Sn$	−0.16	$1mol\cdot L^{-1}$ $HClO_4$
$Sb(Ⅴ)+2e^- \rightleftharpoons Sb(Ⅲ)$	−0.75	$3.5mol\cdot L^{-1}$ HCl
$[Sb(OH)_4]^-+2e^- \rightleftharpoons SbO_2^-+2OH^-+2H_2O$	−0.428	$3mol\cdot L^{-1}$ NaOH
$SbO_2^-+2H_2O+3e^- \rightleftharpoons Sb+4OH^-$	−0.675	$10mol\cdot L^{-1}$ KOH
$Ti(Ⅳ)+e^- \rightleftharpoons Ti(Ⅲ)$	−0.01	$0.2mol\cdot L^{-1}$ H_2SO_4
	0.12	$2mol\cdot L^{-1}$ H_2SO_4
	−0.04	$1mol\cdot L^{-1}$ HCl
	−0.05	$1mol\cdot L^{-1}$ H_3PO_4
$Pb(Ⅱ)+2e^- \rightleftharpoons Pb$	−0.32	$1mol\cdot L^{-1}$ NaAc
	−0.14	$1mol\cdot L^{-1}$ $HClO_4$
$UO_2^{2+}+4H^++2e^- \rightleftharpoons U(Ⅳ)+2H_2O$	0.41	$0.5mol\cdot L^{-1}$ H_2SO_4

附录八　配离子的标准稳定常数（298.15K）

配离子生成反应	$K^{\ominus}_{稳}$	配离子生成反应	$K^{\ominus}_{稳}$
$Au^{3+}+2Cl^- \rightleftharpoons [AuCl_2]^+$	6.3×10^{9}	$Co^{3+}+3en \rightleftharpoons [Co(en)_3]^{3+}$	4.90×10^{48}
$Cd^{2+}+4Cl^- \rightleftharpoons [CdCl_4]^{2-}$	6.33×10^{2}	$Cr^{2+}+2en \rightleftharpoons [Cr(en)_2]^{2+}$	1.55×10^{9}
$Cu^{+}+3Cl^- \rightleftharpoons [CuCl_3]^{2-}$	5.0×10^{5}	$Cu^{+}+2en \rightleftharpoons [Cu(en)_2]^{+}$	6.33×10^{10}
$Cu^{+}+2Cl^- \rightleftharpoons [CuCl_2]^{-}$	3.1×10^{5}	$Cu^{2+}+3en \rightleftharpoons [Cu(en)_3]^{2+}$	1.0×10^{21}
$Fe^{2+}+Cl^- \rightleftharpoons [FeCl]^{+}$	2.29	$Fe^{2+}+3en \rightleftharpoons [Fe(en)_3]^{2+}$	5.00×10^{9}
$Fe^{3+}+4Cl^- \rightleftharpoons [FeCl_4]^{-}$	1.02	$Hg^{2+}+2en \rightleftharpoons [Hg(en)_2]^{2+}$	2.00×10^{23}
$Hg^{2+}+4Cl^- \rightleftharpoons [HgCl_4]^{2-}$	1.17×10^{15}	$Mn^{2+}+3en \rightleftharpoons [Mn(en)_3]^{2+}$	4.67×10^{5}
$Pb^{2+}+4Cl^- \rightleftharpoons [PbCl_4]^{2-}$	39.8	$Ni^{2+}+3en \rightleftharpoons [Ni(en)_3]^{2+}$	2.14×10^{18}
$Pt^{2+}+4Cl^- \rightleftharpoons [PtCl_4]^{2-}$	1.0×10^{16}	$Zn^{2+}+3en \rightleftharpoons [Zn(en)_3]^{2+}$	1.29×10^{14}
$Sn^{2+}+4Cl^- \rightleftharpoons [SnCl_4]^{2-}$	30.2	$Al^{3+}+6F^- \rightleftharpoons [AlF_6]^{3-}$	6.94×10^{19}
$Zn^{2+}+4Cl^- \rightleftharpoons [ZnCl_4]^{2-}$	1.58	$Fe^{3+}+6F^- \rightleftharpoons [FeF_6]^{3-}$	1.0×10^{16}
$Ag^{+}+2CN^- \rightleftharpoons [Ag(CN)_2]^{-}$	1.3×10^{21}	$Ag^{+}+3I^- \rightleftharpoons [AgI_3]^{2-}$	4.78×10^{13}
$Ag^{+}+4CN^- \rightleftharpoons [Ag(CN)_4]^{3-}$	4.0×10^{20}	$Ag^{+}+2I^- \rightleftharpoons [AgI_2]^{-}$	5.49×10^{11}
$Au^{+}+2CN^- \rightleftharpoons [Au(CN)_2]^{-}$	2.0×10^{38}	$Cd^{2+}+4I^- \rightleftharpoons [CdI_4]^{2-}$	2.57×10^{5}
$Cd^{2+}+4CN^- \rightleftharpoons [Cd(CN)_4]^{2-}$	6.02×10^{18}	$Cu^{+}+2I^- \rightleftharpoons [CuI_2]^{-}$	7.09×10^{8}
$Cu^{+}+2CN^- \rightleftharpoons [Cu(CN)_2]^{-}$	1.0×10^{16}	$Pb^{2+}+4I^- \rightleftharpoons [PbI_4]^{2-}$	2.95×10^{4}
$Cu^{+}+4CN^- \rightleftharpoons [Cu(CN)_4]^{3-}$	2.00×10^{30}	$Hg^{2+}+4I^- \rightleftharpoons [HgI_4]^{2-}$	6.76×10^{29}
$Fe^{2+}+6CN^- \rightleftharpoons [Fe(CN)_6]^{4-}$	1.0×10^{35}	$Ag^{+}+2NH_3 \rightleftharpoons [Ag(NH_3)_2]^{+}$	1.12×10^{7}
$Fe^{3+}+6CN^- \rightleftharpoons [Fe(CN)_6]^{3-}$	1.0×10^{42}	$Cd^{2+}+6NH_3 \rightleftharpoons [Cd(NH_3)_6]^{2+}$	1.38×10^{5}
$Hg^{2+}+4CN^- \rightleftharpoons [Hg(CN)_4]^{2-}$	2.5×10^{41}	$Cd^{2+}+4NH_3 \rightleftharpoons [Cd(NH_3)_4]^{2+}$	1.32×10^{7}
$Ni^{2+}+4CN^- \rightleftharpoons [Ni(CN)_4]^{2-}$	2.0×10^{31}	$Co^{2+}+6NH_3 \rightleftharpoons [Co(NH_3)_6]^{2+}$	1.29×10^{5}
$Zn^{2+}+4CN^- \rightleftharpoons [Zn(CN)_4]^{2-}$	5.0×10^{16}	$Co^{3+}+6NH_3 \rightleftharpoons [Co(NH_3)_6]^{3+}$	1.58×10^{35}
$Ag^{+}+4SCN^- \rightleftharpoons [Ag(SCN)_4]^{3-}$	1.20×10^{10}	$Cu^{+}+2NH_3 \rightleftharpoons [Cu(NH_3)_2]^{+}$	7.25×10^{10}
$Ag^{+}+2SCN^- \rightleftharpoons [Ag(SCN)_2]^{-}$	3.72×10^{7}	$Cu^{2+}+4NH_3 \rightleftharpoons [Cu(NH_3)_4]^{2+}$	2.09×10^{13}
$Au^{+}+4SCN^- \rightleftharpoons [Au(SCN)_4]^{3-}$	1.0×10^{42}	$Fe^{2+}+2NH_3 \rightleftharpoons [Fe(NH_3)_2]^{2+}$	1.6×10^{2}
$Au^{+}+2SCN^- \rightleftharpoons [Au(SCN)_2]^{-}$	1.0×10^{23}	$Hg^{2+}+4NH_3 \rightleftharpoons [Hg(NH_3)_4]^{2+}$	1.90×10^{19}
$Cd^{2+}+4SCN^- \rightleftharpoons [Cd(SCN)_4]^{2-}$	3.98×10^{3}	$Mg^{2+}+2NH_3 \rightleftharpoons [Mg(NH_3)_2]^{2+}$	20
$Co^{2+}+4SCN^- \rightleftharpoons [Co(SCN)_4]^{2-}$	1.00×10^{5}	$Ni^{2+}+6NH_3 \rightleftharpoons [Ni(NH_3)_6]^{2+}$	5.49×10^{8}
$Cr^{3+}+2SCN^- \rightleftharpoons [Cr(NCS)_2]^{+}$	9.52×10^{2}	$Ni^{2+}+4NH_3 \rightleftharpoons [Ni(NH_3)_4]^{2+}$	9.09×10^{7}
$Cu^{+}+2SCN^- \rightleftharpoons [Cu(SCN)_2]^{-}$	1.51×10^{5}	$Pt^{2+}+6NH_3 \rightleftharpoons [Pt(NH_3)_6]^{2+}$	2.00×10^{35}
$Fe^{3+}+2SCN^- \rightleftharpoons [Fe(NCS)_2]^{+}$	2.29×10^{3}	$Zn^{2+}+4NH_3 \rightleftharpoons [Zn(NH_3)_4]^{2+}$	2.88×10^{9}
$Hg^{2+}+4SCN^- \rightleftharpoons [Hg(SCN)_4]^{2-}$	1.70×10^{21}	$Al^{3+}+4OH^- \rightleftharpoons [Al(OH)_4]^{-}$	1.07×10^{33}
$Ni^{2+}+3SCN^- \rightleftharpoons [Ni(SCN)_3]^{-}$	64.5	$Bi^{3+}+4OH^- \rightleftharpoons [Bi(OH)_4]^{-}$	1.59×10^{35}
$Ag^{+}+EDTA \rightleftharpoons [AgEDTA]^{3-}$	2.09×10^{5}	$Cd^{2+}+4OH^- \rightleftharpoons [Cd(OH)_4]^{2-}$	4.17×10^{8}
$Al^{3+}+EDTA \rightleftharpoons [AlEDTA]^{-}$	1.29×10^{16}	$Cr^{3+}+4OH^- \rightleftharpoons [Cr(OH)_4]^{-}$	7.94×10^{29}
$Ca^{2+}+EDTA \rightleftharpoons [CaEDTA]^{2-}$	4.90×10^{10}	$Cu^{2+}+4OH^- \rightleftharpoons [Cu(OH)_4]^{2-}$	3.16×10^{18}
$Cd^{2+}+EDTA \rightleftharpoons [CdEDTA]^{2-}$	2.5×10^{7}	$Fe^{2+}+4OH^- \rightleftharpoons [Fe(OH)_4]^{2-}$	3.80×10^{8}
$Co^{2+}+EDTA \rightleftharpoons [CoEDTA]^{2-}$	2.04×10^{16}	$Ca^{2+}+P_2O_7^{4-} \rightleftharpoons [Ca(P_2O_7)]^{2-}$	4.0×10^{4}
$Co^{3+}+EDTA \rightleftharpoons [CoEDTA]^{-}$	1.0×10^{36}	$Cd^{2+}+P_2O_7^{4-} \rightleftharpoons [Cd(P_2O_7)]^{2-}$	4.0×10^{5}
$Cu^{2+}+EDTA \rightleftharpoons [CuEDTA]^{2-}$	5.0×10^{18}	$Cu^{2+}+P_2O_7^{4-} \rightleftharpoons [Cu(P_2O_7)]^{2-}$	1.0×10^{8}
$Fe^{2+}+EDTA \rightleftharpoons [FeEDTA]^{2-}$	2.14×10^{14}	$Pb^{2+}+P_2O_7^{4-} \rightleftharpoons [Pb(P_2O_7)]^{2-}$	2.0×10^{5}
$Fe^{3+}+EDTA \rightleftharpoons [FeEDTA]^{-}$	1.70×10^{24}	$Ni^{2+}+2P_2O_7^{4-} \rightleftharpoons [Ni(P_2O_7)_2]^{6-}$	2.5×10^{2}
$Hg^{2+}+EDTA \rightleftharpoons [HgEDTA]^{2-}$	6.33×10^{21}	$Ag^{+}+S_2O_3^{2-} \rightleftharpoons [Ag(S_2O_3)]^{-}$	6.62×10^{8}
$Mg^{2+}+EDTA \rightleftharpoons [MgEDTA]^{2-}$	4.90×10^{8}	$Ag^{+}+2S_2O_3^{2-} \rightleftharpoons [Ag(S_2O_3)_2]^{3-}$	2.88×10^{13}
$Mn^{2+}+EDTA \rightleftharpoons [MnEDTA]^{2-}$	6.3×10^{13}	$Cd^{2+}+2S_2O_3^{2-} \rightleftharpoons [Cd(S_2O_3)_2]^{2-}$	2.75×10^{6}
$Ni^{2+}+EDTA \rightleftharpoons [NiEDTA]^{2-}$	3.64×10^{18}	$Cu^{+}+2S_2O_3^{2-} \rightleftharpoons [Cu(S_2O_3)_2]^{3-}$	1.66×10^{12}
$Zn^{2+}+EDTA \rightleftharpoons [ZnEDTA]^{2-}$	2.5×10^{16}	$Pb^{2+}+2S_2O_3^{2-} \rightleftharpoons [Pb(S_2O_3)_2]^{2-}$	1.35×10^{5}
$Ag^{+}+2en \rightleftharpoons [Ag(en)_2]^{+}$	5.00×10^{7}	$Hg^{2+}+4S_2O_3^{2-} \rightleftharpoons [Hg(S_2O_3)_4]^{6-}$	1.74×10^{33}
$Cd^{2+}+3en \rightleftharpoons [Cd(en)_3]^{2+}$	1.20×10^{12}	$Hg^{2+}+2S_2O_3^{2-} \rightleftharpoons [Hg(S_2O_3)_2]^{2-}$	2.75×10^{29}
$Co^{2+}+3en \rightleftharpoons [Co(en)_3]^{2+}$	8.69×10^{13}		

附录九 化合物的分子量

Ag_3AsO_4	462.52	$Co(NO_3)_2$	182.94	$H_2C_2O_4$	90.035
$AgBr$	187.77	$Co(NO_3)_2\cdot 6H_2O$	291.03	$H_2C_2O_4\cdot 2H_2O$	126.07
$AgCl$	143.32	CoS	90.99	HCl	36.461
$AgCN$	133.89	$CoSO_4$	154.99	HF	20.006
$AgSCN$	165.95	$CoSO_4\cdot 7H_2O$	281.10	HI	127.91
Ag_2CrO_4	331.73	$CO(NH_2)_2$	60.06	HIO_3	175.91
AgI	234.77	$CrCl_3$	158.35	HNO_3	63.013
$AgNO_3$	169.87	$CrCl_3\cdot 6H_2O$	266.45	HNO_2	47.013
$AlCl_3$	133.34	$Cr(NO_3)_3$	238.01	H_2O	18.015
$AlCl_3\cdot 6H_2O$	241.43	Cr_2O_3	151.99	H_2O_2	34.015
$Al(NO_3)_3$	213.00	$CuCl$	98.999	H_3PO_4	97.995
$Al(NO_3)_3\cdot 9H_2O$	375.13	$CuCl_2$	134.45	H_2S	34.08
Al_2O_3	101.96	$CuCl_2\cdot 2H_2O$	170.48	H_2SO_3	82.07
$Al(OH)_3$	78.00	$CuSCN$	121.62	H_2SO_4	98.07
$Al_2(SO_4)_3$	342.14	CuI	190.45	$Hg(CN)_2$	252.63
$Al_2(SO_4)_3\cdot 18H_2O$	666.41	$Cu(NO_3)_2$	187.56	$HgCl_2$	271.50
As_2O_3	197.84	$Cu(NO_3)_2\cdot 3H_2O$	241.60	Hg_2Cl_2	472.09
As_2O_5	229.84	CuO	79.545	HgI_2	454.40
As_2S_3	246.02	Cu_2O	143.09	$Hg_2(NO_3)_2$	525.19
		CuS	95.61	$Hg_2(NO_3)_2\cdot 2H_2O$	561.22
$BaCO_3$	197.34	$CuSO_4$	159.60	$Hg(NO_3)_2$	324.60
BaC_2O_4	225.35	$CuSO_4\cdot 5H_2O$	249.68	HgO	216.59
$BaCl_2$	208.24			HgS	232.65
$BaCl_2\cdot 2H_2O$	244.27	$FeCl_2$	126.75	$HgSO_4$	296.65
$BaCrO_4$	253.32	$FeCl_2\cdot 4H_2O$	198.81	Hg_2SO_4	497.24
BaO	153.33	$FeCl_3$	162.21		
$Ba(OH)_2$	171.34	$FeCl_3\cdot 6H_2O$	270.30	$KAl(SO_4)_2\cdot 12H_2O$	474.38
$BaSO_4$	233.39	$FeNH_4(SO_4)_2\cdot 12H_2O$	482.18	KBr	119.00
$BiCl_3$	315.34	$Fe(NO_3)_3$	241.86	$KBrO_3$	167.00
$BiOCl$	260.43	$Fe(NO_3)_3\cdot 9H_2O$	404.00	KCl	74.551
		FeO	71.846	$KClO_3$	122.55
CO_2	44.01	Fe_2O_3	159.69	$KClO_4$	138.55
CaO	56.08	Fe_3O_4	231.54	KCN	65.116
$CaCO_3$	100.09	$Fe(OH)_3$	106.87	$KSCN$	97.18
CaC_2O_4	128.10	FeS	87.91	K_2CO_3	138.21
$CaCl_2$	110.99	Fe_2S_3	207.87	K_2CrO_4	194.19
$CaCl_2\cdot 6H_2O$	219.08	$FeSO_4$	151.90	$K_2Cr_2O_7$	294.18
$Ca(NO_3)_2\cdot 4H_2O$	236.15	$FeSO_4\cdot 7H_2O$	278.01	$K_3Fe(CN)_6$	329.25
$Ca(OH)_2$	74.09	$FeSO_4\cdot (NH_4)_2SO_4\cdot 6H_2O$	392.13	$K_4Fe(CN)_6$	368.35
$Ca_3(PO_4)_2$	310.08			$KFe(SO_4)_2\cdot 12H_2O$	503.24
$CaSO_4$	136.14	H_3AsO_3	125.94	$KHC_2O_4\cdot H_2O$	146.14
$CdCO_3$	172.42	H_3AsO_4	141.94	$KHC_2O_4\cdot H_2C_2O_4\cdot 2H_2O$	254.19
$CdCl_2$	183.32	H_3BO_3	61.83	$KHC_4H_4O_6$	188.18
CdS	144.47	HBr	80.912	$KHSO_4$	136.16
$Ce(SO_4)_2$	332.24	HCN	27.026	KI	166.00
$Ce(SO_4)_2\cdot 4H_2O$	404.30	$HCOOH$	46.026	KIO_3	214.00
$CoCl_2$	129.84	CH_3COOH	60.052	$KIO_3\cdot HIO_3$	389.91
$CoCl_2\cdot 6H_2O$	237.93	H_2CO_3	62.025	$KMnO_4$	158.03

续表

$KNaC_4H_4O_6\cdot 4H_2O$	282.22	Na_3AsO_3	191.89	$Pb(NO_3)_2$	331.20
KNO_3	101.10	$Na_2B_4O_7$	201.22	PbO	223.20
KNO_2	85.104	$Na_2B_4O_7\cdot 10H_2O$	381.37	PbO_2	239.20
K_2O	94.196	$NaBiO_3$	279.97	$Pb_3(PO_4)_2$	811.54
KOH	56.106	$NaCN$	49.007	PbS	239.30
K_2SO_4	174.25	$NaSCN$	81.07	$PbSO_4$	303.30
		Na_2CO_3	105.99		
$MgCO_3$	84.314	$Na_2CO_3\cdot 10H_2O$	286.14	SO_3	80.06
$MgCl_2$	95.211	$Na_2C_2O_4$	134.00	SO_2	64.06
$MgCl_2\cdot 6H_2O$	203.30	CH_3COONa	82.034	$SbCl_3$	228.11
MgC_2O_4	112.33	$CH_3COONa\cdot 3H_2O$	136.08	$SbCl_5$	299.02
$Mg(NO_3)_2\cdot 6H_2O$	256.41	$NaCl$	58.443	Sb_2O_3	291.50
$MgNH_4PO_4$	137.32	$NaClO$	74.442	Sb_2S_3	339.68
MgO	40.304	$NaHCO_3$	84.007	SiF_4	104.08
$Mg(OH)_2$	58.32	$Na_2HPO_4\cdot 12H_2O$	358.14	SiO_2	60.084
$Mg_2P_2O_7$	222.55	$Na_2H_2Y\cdot 2H_2O$	372.24	$SnCl_2$	189.60
$MgSO_4\cdot 7H_2O$	246.47	$NaNO_2$	68.995	$SnCl_2\cdot 2H_2O$	225.63
$MnCO_3$	114.95	$NaNO_3$	84.995	$SnCl_4$	260.50
$MnCl_2\cdot 4H_2O$	197.91	Na_2O	61.979	$SnCl_4\cdot 5H_2O$	350.58
$Mn(NO_3)_2\cdot 6H_2O$	287.04	Na_2O_2	77.978	SnO_2	156.69
MnO	70.937	$NaOH$	39.997	SnS	150.75
MnO_2	86.937	Na_3PO_4	163.94	$SrCO_3$	147.63
MnS	87.00	Na_2S	78.04	SrC_2O_4	175.64
$MnSO_4$	151.00	$Na_2S\cdot 9H_2O$	240.18	$SrCrO_4$	203.61
$MnSO_4\cdot 4H_2O$	223.06	Na_2SO_3	126.04	$Sr(NO_3)_2$	211.63
		Na_2SO_4	142.04	$Sr(NO_3)_2\cdot 4H_2O$	283.69
NO	30.006	$Na_2S_2O_3$	158.10	$SrSO_4$	183.68
NO_2	46.006	$Na_2S_2O_3\cdot 5H_2O$	248.17		
NH_3	17.03	$NiCl_2\cdot 6H_2O$	237.69	$UO_2(CH_3COO)_2\cdot 2H_2O$	424.15
CH_3COONH_4	77.083	NiO	74.69		
NH_4Cl	53.491	$Ni(NO_3)_2\cdot 6H_2O$	290.79	$ZnCO_3$	125.39
$(NH_4)_2CO_3$	96.086	NiS	90.75	ZnC_2O_4	153.40
$(NH_4)_2C_2O_4$	124.10	$NiSO_4\cdot 7H_2O$	280.85	$ZnCl_2$	136.29
$(NH_4)_2C_2O_4\cdot H_2O$	142.11			$Zn(CH_3COO)_2$	183.47
NH_4SCN	76.12	P_2O_5	141.94	$Zn(CH_3COO)_2\cdot 2H_2O$	219.50
NH_4HCO_3	79.005	$PbCO_3$	267.20	$Zn(NO_3)_2$	189.39
$(NH_4)_2MoO_4$	196.01	PbC_2O_4	295.22	$Zn(NO_3)_2\cdot 6H_2O$	297.48
NH_4NO_3	80.043	$PbCl_2$	278.10	ZnO	81.38
$(NH_4)_2HPO_4$	132.06	$PbCrO_4$	323.20	ZnS	97.44
$(NH_4)_2S$	68.14	$Pb(CH_3COO)_2$	325.30	$ZnSO_4$	161.44
$(NH_4)_2SO_4$	132.13	$Pb(CH_3COO)_2\cdot 3H_2O$	379.30	$ZnSO_4\cdot 7H_2O$	287.54
NH_4VO_3	116.98	PbI_2	461.00		

附录十 国际单位制

表 1 SI 基本单位

量的名称	单位名称	单位符号	量的名称	单位名称	单位符号
长度	米	m	热力学温度	开[尔文]	K
质量	千克(公斤)	kg	物质的量	摩[尔]	mol
时间	秒	s	发光强度	坎[德拉]	cd
电流	安[培]	A			

表 2 包括 SI 辅助单位在内的具有专门名称的 SI 导出单位

量的名称	SI 导出单位		
	名称	符号	用 SI 基本单位和 SI 导出单位表示
[平面]角	弧度	rad	$1rad=1m \cdot m^{-1}=1$
立体角	球面度	sr	$1sr=1m^2 \cdot m^{-2}=1$
频率	赫 [兹]	Hz	$1Hz=1s^{-1}$
力	牛 [顿]	N	$1N=1kg \cdot m \cdot s^{-2}$
压力，压强，应力	帕斯卡	Pa	$1Pa=1N \cdot m^{-2}$
能 [量]，功，热量	焦 [耳]	J	$1J=1N \cdot m$
功率,辐 [射能] 通量	瓦 [特]	W	$1W=1J \cdot s^{-1}$
电荷 [量]	库 [仑]	C	$1C=1A \cdot s$
电压,电动势，电位，(电势)	伏 [特]	V	$1V=1W \cdot A^{-1}$
电容	法 [拉第]	F	$1F=1C \cdot V^{-1}$
电阻	欧 [姆]	Ω	$1\Omega=1V \cdot A^{-1}$
电导	西 [门子]	S	$1S=1\Omega^{-1}$
磁通 [量]	韦 [伯]	Wb	$1Wb=1V \cdot s$
磁通[量] 密度，磁感应强度	特 [斯拉]	T	$1T=1Wb \cdot m^{-2}$
电感	亨 [利]	H	$1H=1Wb \cdot A^{-1}$
光通量	流 [明]	lm	$1lm=1cd \cdot sr$
[光] 照度	勒 [克斯]	lx	$1lx=1lm \cdot m^{-2}$

表 3 SI 词头

因数	词头名称		符号	因数	词头名称		符号
	英文	中文			英文	中文	
10^{24}	yotta	尧[它]	Y	10^{-1}	deci	分	d
10^{21}	zetta	泽[它]	Z	10^{-2}	centi	厘	c
10^{18}	exa	艾[可萨]	E	10^{-3}	milli	毫	m
10^{15}	peta	拍[它]	P	10^{-6}	micro	微	μ
10^{12}	tera	太[拉]	T	10^{-9}	nano	纳[诺]	n
10^{9}	giga	吉[咖]	G	10^{-12}	pico	皮[可]	p
10^{6}	mega	兆	M	10^{-15}	femto	飞[母托]	f
10^{3}	kilo	千	k	10^{-18}	atto	阿[托]	a
10^{2}	hecto	百	h	10^{-21}	zepto	仄普[托]	z
10^{1}	deca	十	da	10^{-24}	yocto	幺[科托]	y

表 4 可与国际单位制单位并用的我国法定计量单位

量的名称	单位名称	单位符号	与SI单位的关系
时间	分	min	1min=60s
	[小]时	h	1h=60min=3600s
	日(天)	d	1d=24h=86400s
[平面]角	度	°	1°=(π/180)rad
	[角]分	′	1′=(1/60)°=(π/10800)rad
	[角]秒	″	1″=(1/60)=(π/648000)rad
体积	升	l,L	$1l=1dm^3=10^{-3}m^3$
质量	吨	t	$1t=10^3kg$
	原子质量单位	u	$1u\approx1.660540\times10^{-27}kg$
旋转速度	转每分	$r\cdot min^{-1}$	$1r\cdot min^{-1}=(1/60)\ s^{-1}$
长度	海里	n mile	1n mile=1852m（只用于航行）
速度	节	kn	$1kn=1n\ mile\cdot h^{-1}=(1852/3600)\ m\cdot s^{-1}$（只用于航行）
能	电子伏	eV	$1eV\approx1.602177\times10^{-19}J$
级差	分贝	dB	
线密度	特［克斯］	tex	$1tex=10^{-6}kg\cdot m^{-1}$
面积	公顷	hm^2	$1hm^2=10^4m^2$

附录十一 希腊字母表

正体		斜体		英文注音	国际音标注音
大写	小写	大写	小写		
Α	α	*Α*	*α*	alpha	alfa
Β	β	*Β*	*β*	beta	bet'a
Γ	γ	*Γ*	*γ*	gamma	gamma
Δ	δ	*Δ*	*δ*	delta	delt'a
Ε	ε	*Ε*	*ε*	epsilon	ep'silon
Ζ	ζ	*Ζ*	*ζ*	zeta	zet'a
Η	η	*Η*	*η*	eta	et'a
Θ	ϑ,θ	*Θ*	*ϑ,θ*	theta	θit'a
Ι	ι	*Ι*	*ι*	iota	iot'a
Κ	κ	*Κ*	*κ*	kappa	k'app'a
Λ	λ	*Λ*	*λ*	lambda	lambda
Μ	μ	*Μ*	*μ*	mu	miu
Ν	ν	*Ν*	*ν*	nu	niu
Ξ	ξ	*Ξ*	*ξ*	xi	ksi
Ο	ο	*Ο*	*ο*	omicron	omik'ron
Π	π	*Π*	*π*	pi	p'ai
Ρ	ρ	*Ρ*	*ρ*	rho	rou
Σ	σ	*Σ*	*σ*	sigma	sigma
Τ	τ	*Τ*	*τ*	tau	t'au
Υ	υ	*Υ*	*υ*	upsilon	jup'silon
Φ	φ,ϕ	*Φ*	*φ,ϕ*	phi	fai
Χ	χ	*Χ*	*χ*	chi	khai
Ψ	ψ	*Ψ*	*ψ*	psi	p'sai
Ω	ω	*Ω*	*ω*	omega	omiga

（编写人：郑喜俊）

参 考 文 献

[1] 张长水，仝克勤，大学基础化学．2版［M］．北京：化学工业出版社，2017.

[2] 呼世斌，翟彤宇主编．无机及分析化学．4版．北京：高等教育出版社，2019.

[3] 南京大学无机及分析化学编写组．无机及分析化学．5版．北京：高等教育出版社，2015.

[4] 王运，胡先文主编，无机及分析化学．5版．北京：科学出版社，2019.

[5] 北京师范大学等编，无机化学．5版．北京：高等教育出版社，2021.

[6] 华中师范大学等编，分析化学．4版．北京：高等教育出版社，2011.

[7] 武汉大学等编．无机化学．3版．北京：高等教育出版社，2007.

[8] 武汉大学等编．分析化学．6版．北京：高等教育出版社，2016.

[9] 傅献彩编，大学化学．4版．北京：高等教育出版社，2007.

[10] 揭念芹主编，基础化学．第2版．北京：科学出版社，2007.

[11] 唐有祺，王夔主编．化学与社会．北京：高等教育出版社，1999.

[12] 曲保中，朱炳林，周伟红主编．新大学化学．4版．北京：科学出版社，2021.

[13] Silberbery Martin. Chemistry：The Molecular Nature of matter and change. Fourth edition. New York：Mc Graw Hill Company，2006.

[14] Shrives D F，Atkins P，et al. Inorganic Chemistry. 2nd ed. New York：Freeman W H and company，1994.

[15] 胡琴，祁嘉义主编．基础化学．3版．北京：高等教育出版社，2003.

[16] 魏祖期主编．基础化学．8版，北京：人民卫生出版社，2021.

[17] 赵匡华编著．化学通史．北京：高等教育出版社，1990.

[18] 范文秀，王天喜，郝海玲主编．无机及分析化学．3版．北京：化学工业出版社，2020.

[19] 姚兰英，彭蜀晋．化学动力学的发展与百年诺贝尔化学奖［J］．大学化学，2005，20（1）：59-63.

[20] 彭万华．从诺贝尔化学奖看20世纪化学的发展——纪念诺贝尔奖颁发100周年［J］．化学通报，2001，（11）：735-742.

[21] 史锁芳，张晓娜，王博寒．中医药干预新型冠状病毒恢复期后遗症的研究进展［J］．南京中医药大学学报，2021，37（3）：473-476.

[22] 王小波，支文兰，赵福来等．浅谈新型冠状病毒肺炎合并基础病的中医药防治策略［J］．世界科学技术—中医药现代化，2021，23（2）：344-350.

[23] 国家自然科学基金委员会化学科学版组编．分析化学学科前沿与展望［M］．北京：科学出版社，2012.

[24] 田露梅．中国古代红色颜料考［D］．西安：陕西师范大学，2018.

[25] 章西焕．中国传统颜料矿物［J］．中国非金属矿工业报，2020（4）：10-14.

[26] 王进玉，王进聪．中国古代朱砂的应用研究［J］．文物保护与考古科学，1999，11（1）：40-45.

[27] 王之峰，袁桂琴．朱砂文化［J］．自然资源科普与文化，2020（4）：50-55.

[28] 王欣，石汉平．辣椒素的摄取、代谢与生物学效应［J］．肿瘤代谢与营养电子杂质，2018，5（4）：419-423.

[29] 曹雨．中国食辣史：辣椒在中国的四百年［M］．北京：北京联合出版公司：2019.

[30] 詹家荣，施险峰，安国城等．辣椒素的制备技术及应用前景［J］．化学试剂，2010，32（5）：417-421.

[31] 姜越君，刘素纯，李佳莲等．辣椒素的生理功能及提取研究进展［J］．安徽农业科学，2009，37（31）：15426-15428.

元素周期表

IUPAC 2013

图例	
+2 +3 +4 +5 +6（氧化态(单质的氧化态为0，未列入；常见的为红色)）	
95	原子序数
Am	元素符号(红色的为放射性元素)
镅▲	元素名称(注▲的为人造元素)
$5f^77s^2$	价层电子构型
243.06138(2)✦	以 $^{12}C=12$ 为基准的原子量(注✦的是半衰期最长同位素的原子量)

s区元素　p区元素　d区元素　ds区元素　f区元素　稀有气体

族 / 周期	1 ⅠA	2 ⅡA	3 ⅢB	4 ⅣB	5 ⅤB	6 ⅥB	7 ⅦB	8	9 ⅧB(Ⅷ)	10	11 ⅠB	12 ⅡB	13 ⅢA	14 ⅣA	15 ⅤA	16 ⅥA	17 ⅦA	18 ⅧA(0)	电子层
1	−1 +1; 1 H 氢 $1s^1$ 1.008																	2 He 氦 $1s^2$ 4.002602(2)	K
2	+1; 3 Li 锂 $2s^1$ 6.94	+2; 4 Be 铍 $2s^2$ 9.0121831(5)											+3; 5 B 硼 $2s^22p^1$ 10.81	−4 +2 +4; 6 C 碳 $2s^22p^2$ 12.011	−3 −2 −1 +1 +2 +3 +4 +5; 7 N 氮 $2s^22p^3$ 14.007	−2 −1; 8 O 氧 $2s^22p^4$ 15.999	−1; 9 F 氟 $2s^22p^5$ 18.998403163(6)	10 Ne 氖 $2s^22p^6$ 20.1797(6)	L K
3	−1 +1; 11 Na 钠 $3s^1$ 22.98976928(2)	+2; 12 Mg 镁 $3s^2$ 24.305											+3; 13 Al 铝 $3s^23p^1$ 26.9815385(7)	−4 +2 +4; 14 Si 硅 $3s^23p^2$ 28.085	−3 −2 +1 +3 +5; 15 P 磷 $3s^23p^3$ 30.973761998(5)	−2 +2 +4 +6; 16 S 硫 $3s^23p^4$ 32.06	−1 +1 +3 +5 +7; 17 Cl 氯 $3s^23p^5$ 35.45	18 Ar 氩 $3s^23p^6$ 39.948(1)	M L K
4	−1 +1; 19 K 钾 $4s^1$ 39.0983(1)	+2; 20 Ca 钙 $4s^2$ 40.078(4)	+3; 21 Sc 钪 $3d^14s^2$ 44.955908(5)	−1 0 +2 +3 +4; 22 Ti 钛 $3d^24s^2$ 47.867(1)	0 ±1 +2 +3 +4 +5; 23 V 钒 $3d^34s^2$ 50.9415(1)	−3 0 ±1 ±2 +3 +4 +5 +6; 24 Cr 铬 $3d^54s^1$ 51.9961(6)	−2 0 ±1 +2 ±3 +4 +5 +6 +7; 25 Mn 锰 $3d^54s^2$ 54.938044(3)	−2 0 ±1 +2 +3 +4 +5 +6; 26 Fe 铁 $3d^64s^2$ 55.845(2)	0 ±1 +2 +3 +4 +5; 27 Co 钴 $3d^74s^2$ 58.933194(4)	0 ±1 +2 +3 +4; 28 Ni 镍 $3d^84s^2$ 58.6934(4)	+1 +2 +3 +4; 29 Cu 铜 $3d^{10}4s^1$ 63.546(3)	+1 +2; 30 Zn 锌 $3d^{10}4s^2$ 65.38(2)	+1 +3; 31 Ga 镓 $4s^24p^1$ 69.723(1)	+2 +4; 32 Ge 锗 $4s^24p^2$ 72.630(8)	−3 +3 +5; 33 As 砷 $4s^24p^3$ 74.921595(6)	−2 +2 +4 +6; 34 Se 硒 $4s^24p^4$ 78.971(8)	−1 +1 +3 +5 +7; 35 Br 溴 $4s^24p^5$ 79.904	+2 +4; 36 Kr 氪 $4s^24p^6$ 83.798(2)	N M L K
5	−1 +1; 37 Rb 铷 $5s^1$ 85.4678(3)	+2; 38 Sr 锶 $5s^2$ 87.62(1)	+3; 39 Y 钇 $4d^15s^2$ 88.90584(2)	+1 +2 +3 +4; 40 Zr 锆 $4d^25s^2$ 91.224(2)	0 ±1 ±2 ±3 +4 +5; 41 Nb 铌 $4d^45s^1$ 92.90637(2)	0 ±1 ±2 +3 +4 +5 +6; 42 Mo 钼 $4d^55s^1$ 95.95(1)	0 ±1 +2 +3 +4 +5 +6 +7; 43 Tc 锝▲ $4d^55s^2$ 97.90721(3)✦	0 +1 ±2 +3 +4 +5 +6 +7 +8; 44 Ru 钌 $4d^75s^1$ 101.07(2)	0 ±1 +2 +3 +4 +5 +6; 45 Rh 铑 $4d^85s^1$ 102.90550(2)	0 +1 +2 +3 +4; 46 Pd 钯 $4d^{10}$ 106.42(1)	+1 +2 +3; 47 Ag 银 $4d^{10}5s^1$ 107.8682(2)	+1 +2; 48 Cd 镉 $4d^{10}5s^2$ 112.414(4)	+1 +3; 49 In 铟 $5s^25p^1$ 114.818(1)	+2 +4; 50 Sn 锡 $5s^25p^2$ 118.710(7)	−3 +3 +5; 51 Sb 锑 $5s^25p^3$ 121.760(1)	−2 +2 +4 +6; 52 Te 碲 $5s^25p^4$ 127.60(3)	−1 +1 +3 +5 +7; 53 I 碘 $5s^25p^5$ 126.90447(3)	+2 +4 +6 +8; 54 Xe 氙 $5s^25p^6$ 131.293(6)	O N M L K
6	−1 +1; 55 Cs 铯 $6s^1$ 132.90545196(6)	+2; 56 Ba 钡 $6s^2$ 137.327(7)	57~71 La~Lu 镧系	+1 +2 +3 +4; 72 Hf 铪 $5d^26s^2$ 178.49(2)	0 ±1 +2 +3 +4 +5; 73 Ta 钽 $5d^36s^2$ 180.94788(2)	0 ±1 ±2 +3 +4 +5 +6; 74 W 钨 $5d^46s^2$ 183.84(1)	0 ±1 +2 +3 +4 +5 +6 +7; 75 Re 铼 $5d^56s^2$ 186.207(1)	0 +1 +2 +3 +4 +5 +6 +7 +8; 76 Os 锇 $5d^66s^2$ 190.23(3)	0 ±1 +2 +3 +4 +5 +6; 77 Ir 铱 $5d^76s^2$ 192.217(3)	0 +2 +3 +4 +5 +6; 78 Pt 铂 $5d^96s^1$ 195.084(9)	+1 +2 +3 +5; 79 Au 金 $5d^{10}6s^1$ 196.966569(5)	+1 +2 +3; 80 Hg 汞 $5d^{10}6s^2$ 200.592(3)	+1 +3; 81 Tl 铊 $6s^26p^1$ 204.38	+2 +4; 82 Pb 铅 $6s^26p^2$ 207.2(1)	−3 +3 +5; 83 Bi 铋 $6s^26p^3$ 208.98040(1)	−2 +2 +3 +4 +6; 84 Po 钋 $6s^26p^4$ 208.98243(2)✦	±1 +5 +7; 85 At 砹 $6s^26p^5$ 209.98715(5)✦	+2; 86 Rn 氡 $6s^26p^6$ 222.01758(2)✦	P O N M L K
7	+1; 87 Fr 钫▲ $7s^1$ 223.01974(2)✦	+2; 88 Ra 镭 $7s^2$ 226.02541(2)✦	89~103 Ac~Lr 锕系	104 Rf 𬬻▲ $6d^27s^2$ 267.122(4)✦	105 Db 𬭊▲ $6d^37s^2$ 270.131(4)✦	106 Sg 𬭳▲ $6d^47s^2$ 269.129(3)✦	107 Bh 𬭛▲ $6d^57s^2$ 270.133(2)✦	108 Hs 𬭶▲ $6d^67s^2$ 270.134(2)✦	109 Mt 鿏▲ $6d^77s^2$ 278.156(5)✦	110 Ds 𫟼▲ 281.165(4)✦	111 Rg 𬬭▲ 281.166(6)✦	112 Cn 鿔▲ 285.177(4)✦	113 Nh 鿭▲ 286.182(5)✦	114 Fl 𫓧▲ 289.190(4)✦	115 Mc 镆▲ 289.194(6)✦	116 Lv 𫟷▲ 293.204(4)✦	117 Ts 鿬▲ 293.208(6)✦	118 Og 鿫▲ 294.214(5)✦	Q P O N M L K

★ 镧系	+3; 57 La★ 镧 $5d^16s^2$ 138.90547(7)	+2 +3 +4; 58 Ce 铈 $4f^15d^16s^2$ 140.116(1)	+3 +4; 59 Pr 镨 $4f^36s^2$ 140.90766(2)	+2 +3 +4; 60 Nd 钕 $4f^46s^2$ 144.242(3)	+3; 61 Pm 钷▲ $4f^56s^2$ 144.91276(2)✦	+2 +3; 62 Sm 钐 $4f^66s^2$ 150.36(2)	+2 +3; 63 Eu 铕 $4f^76s^2$ 151.964(1)	+3; 64 Gd 钆 $4f^75d^16s^2$ 157.25(3)	+3 +4; 65 Tb 铽 $4f^96s^2$ 158.92535(2)	+3 +4; 66 Dy 镝 $4f^{10}6s^2$ 162.500(1)	+3; 67 Ho 钬 $4f^{11}6s^2$ 164.93033(2)	+3; 68 Er 铒 $4f^{12}6s^2$ 167.259(3)	+2 +3; 69 Tm 铥 $4f^{13}6s^2$ 168.93422(2)	+2 +3; 70 Yb 镱 $4f^{14}6s^2$ 173.045(10)	+3; 71 Lu 镥 $4f^{14}5d^16s^2$ 174.9668(1)
★ 锕系	+3; 89 Ac★ 锕 $6d^17s^2$ 227.02775(2)✦	+3 +4; 90 Th 钍 $6d^27s^2$ 232.0377(4)	+3 +4 +5; 91 Pa 镤 $5f^26d^17s^2$ 231.03588(2)	+2 +3 +4 +5 +6; 92 U 铀 $5f^36d^17s^2$ 238.02891(3)	+3 +4 +5 +6 +7; 93 Np 镎 $5f^46d^17s^2$ 237.04817(2)✦	+3 +4 +5 +6 +7; 94 Pu 钚 $5f^67s^2$ 244.06421(4)✦	+2 +3 +4 +5 +6; 95 Am 镅▲ $5f^77s^2$ 243.06138(2)✦	+3 +4; 96 Cm 锔▲ $5f^76d^17s^2$ 247.07035(3)✦	+3 +4; 97 Bk 锫▲ $5f^97s^2$ 247.07031(4)✦	+2 +3 +4; 98 Cf 锎▲ $5f^{10}7s^2$ 251.07959(3)✦	+2 +3; 99 Es 锿▲ $5f^{11}7s^2$ 252.0830(3)✦	+2 +3; 100 Fm 镄▲ $5f^{12}7s^2$ 257.09511(5)✦	+2 +3; 101 Md 钔▲ $5f^{13}7s^2$ 258.09843(3)✦	+2 +3; 102 No 锘▲ $5f^{14}7s^2$ 259.1010(7)✦	+3; 103 Lr 铹▲ $5f^{14}6d^17s^2$ 262.110(2)✦